Klemens Burg, Herbert Haf,
Friedrich Wille

Höhere Mathematik für Ingenieure

Klemens Burg, Herbert Haf,
Friedrich Wille

Höhere Mathematik für Ingenieure

Band II: Lineare Algebra

6., überarbeitete Auflage

Bearbeitet von Prof. Dr. rer. nat. Herbert Haf, Universität Kassel
und Prof. Dr. rer. nat. Andreas Meister, Universität Kassel

Teubner

Bibliografische Information der Deutschen Nationalbibliothek
Die Deutsche Nationalbibliothek verzeichnet diese Publikation in der Deutschen Nationalbibliografie; detaillierte bibliografische Daten sind im Internet über <http://dnb.d-nb.de> abrufbar.

Prof. Dr. rer. nat. Klemens Burg †, geb. 1934 in Bochum. 1954 - 1956 Tätigkeit in der Industrie. 1956 - 1961 Studium der Mathematik und Physik an der RWTH Aachen. 1961 Diplomprüfung in Mathematik. 1964 Promotion, 1961 - 1973 Wiss. Ass. und Akad. Rat/Oberrat, 1970 Habilitation. 1973 - 1975 Wiss. Rat und Prof. an der Universität Karlsruhe. 1975 - 2002 Prof. für Ingenieurmathematik an der Universität Kassel. Arbeitsgebiete: Mathematische Physik, Ingenieurmathematik

Prof. Dr. rer. nat. Herbert Haf, geb. 1938 in Pfronten/Allgäu. 1956 - 1960 Studium der Feinwerktechnik-Optik am Oskar-von-Miller-Polytechnikum München. 1960 - 1966 Studium der Mathematik und Physik an der RWTH Aachen. 1966 Diplomprüfung in Mathematik. 1966 - 1970 Wiss. Ass., 1968 Promotion. 1970 - 1974 Akad. Rat/Oberrat an der Universität Stuttgart. 1968 - 1974 Lehraufträge an der Universität Stuttgart. 1974 - 2003 Prof. für Mathematik (Analysis) an der Universität Kassel. Arbeitsgebiete: Funktionalanalysis, Verzweigungstheorie, Approximationstheorie

Prof. Dr. rer. nat. Friedrich Wille †, geb. 1935 in Bremen. 1955 - 1961 Studium der Mathematik und Physik an den Universitäten Marburg, Berlin und Göttingen. 1961 Diplom, anschließend Industriepraxis. 1963 - 1968 Wiss. Mitarb. der Aerodynamischen Versuchsanstalt (AVA) Göttingen. 1965 Promotion, Leiter des Rechenzentrums Göttingen. 1968 - 1971 Wiss. Ass. der Deutschen Forschungs- und Versuchsanstalt für Luft- und Raumfahrt (DFVLR). 1970 Battelle-Institut Genf. 1971 Habilitation, 1972 Wiss. Rat und Prof. in Düsseldorf. 1973 - 1995 Prof. für Angewandte Mathematik an der Universität Kassel. Arbeitsgebiete: Aeroelastik, Nichtlineare Analysis, math. Modellierung

Prof. Dr. rer. nat. Andreas Meister, geb. 1966 in Einbeck. 1987 - 1993 Studium der Mathematik mit Nebenfach Informatik an der Georg-August-Universität Göttingen. 1993 Diplomprüfung in Mathematik. 1993 - 1996 Promotionsstipendium an der Deutschen Forschungsanstalt für Luft- und Raumfahrt in Göttingen, 1996 Promotion an der TH Darmstadt. 1996 Wiss. Mitarb. am Fraunhofer Institut für Techno- und Wirtschaftsmathematik Kaiserslautern. 1996 - 1997 Wiss. Mitarb., 1997 - 2002 Wiss. Ass. an der Universität Hamburg. 2001 Habilitation und Privatdozent am FB Mathematik der Universität Hamburg. 2002 - 2003 Hochschuldozent an der Universität zu Lübeck. Seit 2003 Prof. für Angewandte Mathematik an der Universität Kassel. Arbeitsgebiete: Numerik partieller Differentialgleichungen und Numerik linearer Gleichungssysteme.

1. Auflage 1987
6., überarbeitete Auflage 2008

Lektorat: Ulrich Sandten / Kerstin Hoffmann

Der B.G. Teubner Verlag ist ein Unternehmen von Springer Science+Business Media.
www.teubner.de

Umschlaggestaltung: Ulrike Weigel, www.CorporateDesignGroup.de
Druck und buchbinderische Verarbeitung: Strauss Offsetdruck, Mörlenbach
Gedruckt auf säurefreiem und chlorfrei gebleichtem Papier.
Printed in Germany

ISBN 978-3-8351-0242-2

Vorwort

Der vorliegende Band II der Höheren Mathematik für Ingenieure enthält eine in sich geschlossene Darstellung der »Linearen Algebra« mit vielfältigen Bezügen zur Technik und Naturwissenschaft.

Adressaten sind in erster Linie Ingenieurstudenten, aber auch Studenten der Angewandten Mathematik und Physik, etwa der Richtungen Technomathematik, mathematische Informatik, theoretische Physik. Sicherlich wird auch der »reine« Mathematiker für ihn Interessantes in dem Buch finden.

Der Band ist — bis auf wenige Querverbindungen — unabhängig vom Band I »Analysis« gestaltet, so daß man einen Kursus über Ingenieurmathematik auch mit dem vorliegenden Buch beginnen kann. (Beim Studium der Elektrotechnik wird z.B. gerne mit Linearer Algebra begonnen.) Vorausgesetzt werden lediglich Kenntnisse aus der Schulmathematik.

Auch die einzelnen Abschnitte des Buches sind mit einer gewissen Unabhängigkeit voneinander konzipiert, so daß Quereinstiege möglich sind. Dem Leser, der schon einen ersten Kursus über Lineare Algebra absolviert hat, steht mit diesem Band ein Nachschlagewerk zur Verfügung, welches ihm in der Praxis oder beim Examen eine Hilfe ist.

Die Bedeutung der Linearen Algebra für Technik und Naturwissenschaft ist in diesem Jahrhundert stark gestiegen. Insbesondere ist die Matrizen-Rechnung, die sich erst in den dreißiger Jahren in Physik und Technik durchzusetzen begann, heute ein starkes Hilfsmittel in der Hand des Ingenieurs. Darüber hinaus führt die Synthese von Linearer Algebra und Analysis zur Funktionalanalysis, die gerade in den letzten Jahrzehnten zu einem leistungsfähigen theoretischen Instrumentarium für Naturwissenschaft und Technik geworden ist.

Im ganzen erweist sich die Lineare Algebra — abgesehen von der elementaren Vektorrechnung — als ein Stoff mit höherem Abstraktionsgrad als er bei der Analysis auftritt. Obwohl dies dem Ingenieurstudenten zu Anfang gewisse Schwierigkeiten bereiten kann, so entspricht es doch der Entwicklung unserer heutigen Technik, die nach immer effektiveren mathematischen Methoden verlangt.

Zum **Inhalt**: Im Abschnitt 1 wird die Vektorrechnung in der Ebene und im dreidimensionalen Raum ausführlich entwickelt. Ihre Verwendbarkeit wird an vielen Anwendungsbeispielen aus dem Ingenieurbereich gezeigt.

Im Abschnitt 2 werden endlichdimensionale Vektorräume behandelt, wobei mit dem Spezialfall des $\mathbb{R}^n$ begonnen wird, sowie dem Gaußschen Algorithmus zur Lösung linearer Gleichungssyteme. Der Gaußsche Algorithmus zieht sich dann als Schlüsselmethode sowohl bei praktischen wie bei theoretischen Folgerungen durch das ganze Buch.

Im zweiten Teil des Abschnittes 2 werden algebraische Grundstrukturen (Gruppen, Körper sowie Vektorräume in moderner abstrakter Form eingeführt. Diesen Teil mag der Ingenieurstudent beim ersten Durchgang überspringen, wenngleich die algebraischen Strukturen für ein späteres tieferes Verständnis notwendig sind.

Der Abschnitt 3 enthält dann in ausführlicher Form die Theorie der Matrizen, verbunden mit linearen Gleichungssystemen, Eigenwertproblemen und geometrischen Anwendungen im dreidimensionalen Raum. Zu diesem mächtigen Instrument für Theorie und Anwendung werden überdies numerische Verfahren für den Computereinsatz angegeben, und zwar bei linearen Gleichungssytemen mit kleinen und großen (schwach besetzten) Matrizen, sowie bei Eigenwertproblemen.

Der vierte Abschnitt behandelt in exemplarischer Weise aktuelle Anwendungen der Linearen Algebra auf die Theorie der Stabwerke, der elektrischen Netzwerke, sowie der Robotik. Hier wird insbesondere ein Einblick in die Kinematik technischer Roboter gegeben.

Da der Band weit mehr Stoff enthält, als man in einer Vorlesung unterbringen kann, ließe sich ein Kursus für Anfänger an Hand des folgenden »Fahrplans« zusammenstellen:

- Vektorrechnung im $\mathbb{R}^2$ und $\mathbb{R}^3$ (Auswahl aus Abschnitt 1)
- Vektorräume $\mathbb{R}^n$ und $\mathbb{C}^n$, lineare Gleichungssysteme, Gaußscher Algorithmus (Abschnitte 2.1 und 2.2 bis 2.2.4)
- Matrizenrechnung (Auswahl aus 3.1-3.3, dazu 3.5.1)
- Determinanten (Auswahl aus 3.4, Schwerpunkt 3.4.9)
- Lineare Gleichungssysteme (Abschnitte 3.6.1 und 3.6.3)[1]
- Eigenwerte und Eigenvektoren (3.7.1, 3.7.2, 3.7.5; Auswahl aus 3.7.3 und 3.7.4)[1]
- Matrix-Polynome (Auswahl aus 3.9.1-3.9.3)
- Drehungen, Koordinatentransformationen (Abschnitte 3.10.1, 3.10.3, 3.10.6 und
- 3.10.8: Satz über Hauptachsentransformation ohne Beweis)
- Kegelschnitte und Flächen 2. Ordnung (Abschnitte 3.10.9, 3.10.10, zur Erholung, falls noch Zeit bleibt)

Durch eingestreute Anwendungen, insbesondere aus dem Abschnitt 4, läßt sich der Stoff anreichern.

Das Buch ist in Zusammenarbeit aller drei Verfasser entstanden. Die Kapitel 1 und 2, die Abschnitte 3.1 bis 3.8 sowie Abschnitt 3.10 wurden von Friedrich Wille verfaßt. Das Anwendungskapitel 4, Abschnitt 3.9 und einige weitere Teile stammen von Herbert Haf. Dabei wurden beide Autoren durch ein Skriptum von Klemens Burg unterstützt.

Die Autoren danken Herrn Doz.Dr. W. Strampp, Herrn Dr. B. Billhardt und Herrn F. Renner für geleistete Korrekturarbeiten und Aufgabenlösungen. Herrn K. Strube gilt unser Dank für das sorgfältige Anfertigen der Bilder und Frau E. Münstedt für begleitende Schreibarbeiten. Unser besonderer Dank gilt Frau F. Ritter, die mit äußerster Sorgfalt den allergrößten Teil der Reinschrift erstellt hat. Schließlich danken wir dem Teubner-Verlag für geduldige und hilfreiche Zusammenarbeit in allen Phasen.

Die günstige Aufnahme dieses Bandes erfordert schon nach kurzer Zeit eine Neuauflage. Der Text ist gegenüber der Erstauflage unverändert geblieben. Es wurden lediglich einige Figuren

---

1 Man beachte, daß in der Neuauflage aus Abschnitt 3.6 Abschnitt 3.8 wurde (also aus 3.6.1 3.8.1 usw.) und aus Abschnitt 3.7 der Abschnitt 3.6 (also aus 3.7.1 3.6.1 usw.).

verbessert und Druckfehler ausgemerzt. Die Verfasser erhoffen ein weiterhin positives Echo auch dieser Auflage durch den Leser.

Kassel, September 1989 *Die Verfasser*

Vorwort zur fünften Auflage

Die vorliegende fünfte Auflage des Bandes »Lineare Algebra« stellt eine Überarbeitung und Erweiterung der früheren Auflage dar. Dabei wurden die Numerik-Anteile mit Rücksicht auf die Anwender deutlich erweitert und durch die Angabe von MATLAB-Programmen ergänzt. Ferner haben wir den Abschnitt über lineare Ausgleichsprobleme ausgebaut und, wie wir meinen, im Gesamtkontext günstiger plaziert (s. Abschn. 3.11).

Die Verfasser hoffen nun, daß dieser zweite Band unseres sechsteiligen Gesamtwerkes »Mathematik für Ingenieure« auch weiterhin eine freundliche Aufnahme durch die Leser findet. Für Anregungen sind wir dankbar.

Unser Dank gilt insbesondere Herrn Dr.-Ing. Jörg Barner für die Erstellung der hervorragenden LaTeX-Vorlage und seine sorgfältige und mitdenkende Unterstützung bei den Korrekturen, ferner Frau Jennylee Müller für ihr gewissenhaftes Korrekturlesen. Erneut besteht dem Verlag B.G. Teubner gegenüber Anlaß zum Dank für eine bewährte und angenehme Zusammenarbeit.

Kassel, Februar 2007 *Herbert Haf, Andreas Meister*

Vorwort zur sechsten Auflage

Nach umfangreichen Erweiterungen der fünften Auflage des Bandes »Lineare Algebra«, insbesondere der Numerik-Anteile, enthält die vorliegende sechste Auflage nur kleinere Veränderungen, u.a. wurden Druckfehler beseitigt.

Wir freuen uns darüber, daß eine starke Nachfrage diese Nachauflage so rasch erforderlich gemacht hat und hoffen auf eine weiterhin freundliche Aufnahme dieses Bandes durch den Leser.

Kassel, Februar 2008 *Herbert Haf, Andreas Meister*

Inhaltsverzeichnis

Band I: Analysis (F. Wille†, bearbeitet von H. Haf, A. Meister)

Band III: Gewöhnliche Differentialgleichungen, Distributionen, Integraltransformationen (H. Haf)

Band Funktionentheorie: (H. Haf)

Band Partielle Differentialgleichungen: (H. Haf)

1 Vektorrechnung in zwei und drei Dimensionen

In Physik und Technik hat man es oft mit Größen zu tun, die durch einen positiven Zahlenbetrag und eine Richtung gekennzeichnet sind. Dazu gehören Kräfte, Verschiebungen, Geschwindigkeiten, Beschleunigungen, Impulse, Feldstärken u.a.

Größen dieser Art nennt man *Vektoren*. Sie werden durch Pfeile dargestellt. Die Pfeillänge entspricht dabei dem Betrag des dargestellten Vektors, während die Pfeilspitze in die Richtung des Vektors weist. (In Fig. 1.1 ist z.B. ein Kraftvektor dargestellt.)

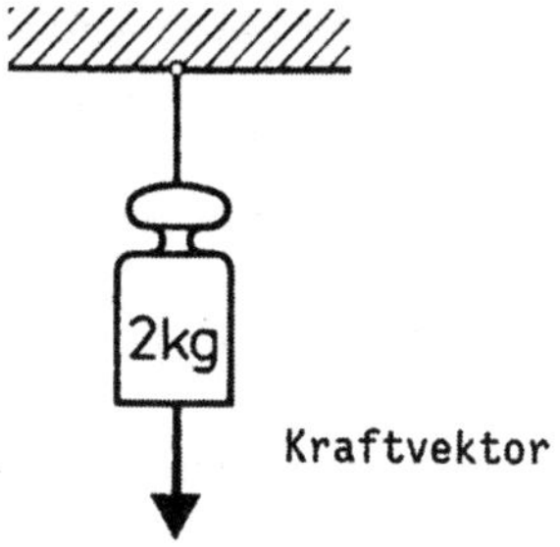

Fig. 1.1: Gewichtskraft, als Vektor dargestellt

Um mit Vektoren rechnen zu können, werden Koordinatensysteme verwendet. Vektoren in der Ebene und im dreidimensionalen Raum sind dabei besonders wichtig, da wir mit ihnen Vorgänge im realen Raum, in dem wir leben, beschreiben können.

Aber auch Vektoren in höherdimensionalen Räumen haben große Bedeutung. Ab vier Dimensionen sind sie zwar nur noch algebraische Objekte, doch schreiben wir ihnen trotzdem geometrische Eigenschaften zu, wie Längen, Winkel usw., in Analogie zum dreidimensionalen Fall. Bei der Lösung linearer Gleichungssysteme und anderer Probleme sind die höherdimensionalen Vektoren von größtem Nutzen. Man wird staunen.

1.1 Vektoren in der Ebene

Wir beginnen mit Vektoren in der Ebene. In anschaulicher Weise werden hier viele allgemeine Gesetzmäßigkeiten der Vektorrechnung deutlich, wie sie auch in höherdimensionalen Räumen gelten. Überdies gibt es für ebene Vektoren viele technische Anwendungen.

1.1.1 Kartesische Koordinaten und Zahlenmengen

Rechtwinklige Koordinaten in der Ebene sind dem Leser sicherlich bekannt. Wir erläutern trotzdem kurz, und zwar hauptsächlich, weil jedes Kapitel einen Anfang haben muß, und zweitens, weil die Analytische Geometrie historisch und systematisch mit dem Koordinatenkreuz beginnt. Außerdem werden dabei einige immer wiederkehrende Bezeichnungen eingeführt.

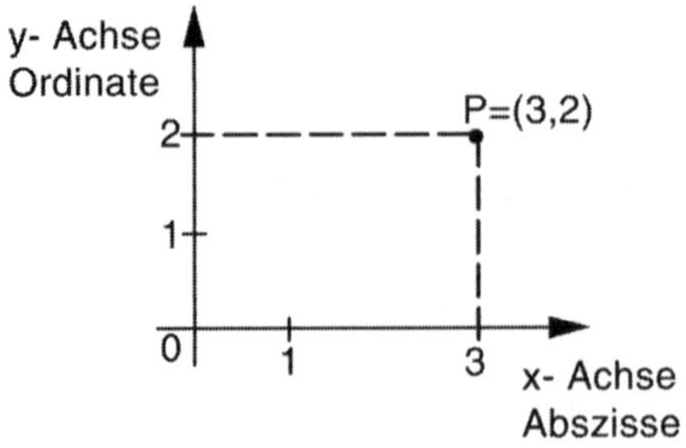

Fig. 1.2: Kartesisches Koordinatensystem

Ein *kartesisches Koordinatensystem*[1] in der Ebene wird aus zwei Geraden gebildet, die sich rechtwinklig kreuzen. Eine der Geraden heißt *Abszisse* oder x-Achse (Sie wird üblicherweise waagerecht skizziert.) die andere Gerade heißt *Ordinate* oder y-Achse (s. Fig. 1.2). Die beiden Achsen sind wie die reelle Zahlenachse skaliert, und zwar beide im gleichen Maßstab. Sie schneiden sich in ihrem Skalenpunkt Null. Die Skalenwerte auf der Abszisse nennt man x-Werte und auf der Ordinate (na, wie wohl? - Richtig:) y-Werte. Der Kreuzungspunkt der Achsen heißt *Ursprung* oder *Nullpunkt* 0 des Koordinatensystems.

Jedem Punkt Pder Ebene wird umkehrbar eindeutig ein Zahlenpaar (x, y) zugeordnet, indem man durch P die Parallelen zu den Achsen zieht. Sie schneiden Abszisse und Ordinate in den Skalenwerten x bzw. y. Wir skizzieren P mit dem Zahlenpaar

$$P = (x, y).$$

x und y heißen die *kartesischen Koordinaten*[2] des Punktes P.

In allen Teilen der Mathematik, also auch in der Vektorrechnung, dient die Mengennotation der Klarheit und Kürze. Es sei daher an die folgenden Schreibweisen erinnert:

$x \in M$ bedeutet: x ist ein Element der Menge M, und $x \notin M$ das Gegenteil davon.

Eine endliche Menge aus den Elementen $x_1, x_2, \ldots, x_n$ kann man in der Form $\{x_1, x_2, \ldots, x_n\}$ angeben. Dagegen bedeutet $\{x | A(x)\}$ die Menge der Elemente x, für die die Aussage $A(x)$ zutrifft, und $\{x \in M | A(x)\}$ die Menge aller Elemente x aus M, für die die Aussage $A(x)$ zutrifft.

Im Folgenden sind die Bezeichnungen einiger gebräuchlicher Zahlenmengen notiert.

$\mathbb{N}$ = Menge der natürlichen Zahlen $1, 2, 3, 4, \ldots$

$\mathbb{Z}$ = Menge der ganzen Zahlen $\ldots, -3, -2, -1, 0, 1, 2, 3, \ldots$

$\mathbb{Q}$ = Menge der rationalen Zahlen a/b $(a \in \mathbb{Z}, b \in \mathbb{N})$

$\mathbb{R}$ = Menge der reellen Zahlen (alle Dezimalzahlen, abbrechende und nichtabbrechende)

$\mathbb{C}$ = Menge der komplexen Zahlen (s. Burg/Haf/Wille (Analysis) [27], Abschn. 2.5.)

Die komplexen Zahlen werden in den ersten Abschnitten dieses Buches nicht gebraucht.

Es seien a und b, $a < b$, zwei reelle Zahlen. Damit werden die folgenden Mengen definiert,

1 Nach René Descartes (1596 – 1650), franz. Philosoph, Mathematiker und Physiker.

2 Auch der Ausdruck »kartesische Komponenten« ist gebräuchlich.

die alle als *Intervalle* bezeichnet werden.

$[a, b] = \{x \in \mathbb{R} \mid a \le x \le b\}$ *abgeschlossenes beschränktes Intervall*

$(a, b) = \{x \in \mathbb{R} \mid a < x < b\}$ *offenes beschränktes Intervall*[3]

$(a, b] = \{x \in \mathbb{R} \mid a < x \le b\}$

$[a, b) = \{x \in \mathbb{R} \mid a \le x < b\}$ *halboffene, beschränkte Intervalle*

Ferner definiert man die folgenden *unbeschränkten Intervalle*:

$$[a, \infty) = \{x \in \mathbb{R} \mid a \le x\}, \quad (-\infty, a] = \{x \in \mathbb{R} \mid x \le a\},$$
$$(a, \infty) = \{x \in \mathbb{R} \mid a < x\}, \quad (-\infty, a) = \{x \in \mathbb{R} \mid x < a\}, \quad (-\infty, \infty) = \mathbb{R}.$$

Übung 1.1:

Berechne den Abstand der Punkte $P = (-3,1)$ und $Q = (9, 6)$.

Übung 1.2*

Berechne den Flächeninhalt des Dreiecks Δ mit den drei Eckpunkten $A = (1,2)$, $B = (6, -1)$, $C = (8,7)$.

Hinweis: Umschreibe das Dreieck Δ mit dem kleinstmöglichen Rechteck R, dessen Seiten zu den Koordinatenachsen parallel sind, und berechne zuerst den Flächeninhalt von $R \setminus \Delta$ (R »ohne« Δ)!

1.1.2 Winkelfunktionen und Polarkoordinaten

Über die Winkelfunktionen Sinus, Cosinus, Tangens und Cotangens fassen wir kurz das Wichtigste zusammen. Ausführlicher sind sie in Burg/Haf/Wille (Analysis) [27], Abschn. 2.3 erörtert.

Wir legen wieder ein kartesisches Koordinatensystem in der Ebene zugrunde. Man erkennt: Die Menge der Punkte (x, y) mit $x^2 + y^2 = 1$ (x, y reell) bildet eine Kreislinie in der Ebene (nach Pythagoras, s. Fig. 1.3). Man nennt sie die *Einheitskreislinie*.

Sinus und Cosinus: Es sei $P = (x, y)$ ein beliebiger Punkt auf der Einheitskreislinie und α der *zugehörige Winkel*. Man versteht darunter den Winkel zwischen der Strecke $\overline{0P}$ und der positiven x-Achse, der durch Drehung *gegen den Uhrzeigersinn*, ausgehend von der positiven x-Achse, bestimmt ist (s. Fig. 1.3).

Damit definiert man *Sinus* (sin) und *Cosinus* (cos) wie folgt

$$x := \cos\alpha, \quad y := \sin\alpha. \tag{1.1}$$

$\cos\alpha$ und $\sin\alpha$ sind also die Koordinaten eines Punktes der Einheitskreislinie.

Bemerkung: Winkel werden, wenn nichts anderes gesagt ist, im *Bogenmaß* gemessen. Darunter verstehen wir die Länge des Einheitskreisbogens (um den Scheitelpunkt des Winkels), der im

3 Aus dem Zusammenhang muß jeweils hervorgehen, ob mit (a, b) ein offenes Intervall oder ein Paar aus den Elementen a und b gemeint ist.

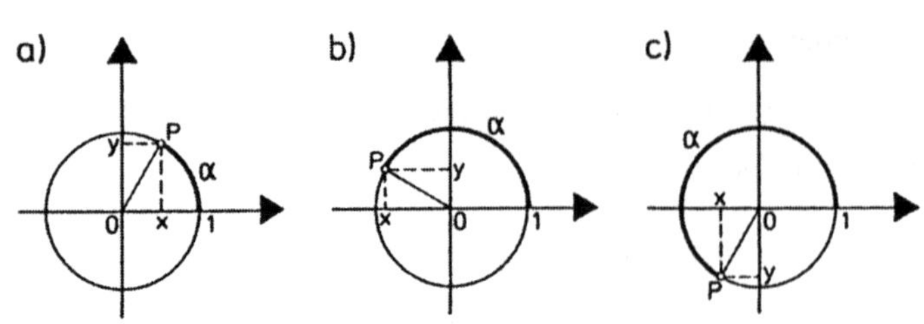

Fig. 1.3: Zu P gehörender Winkel α

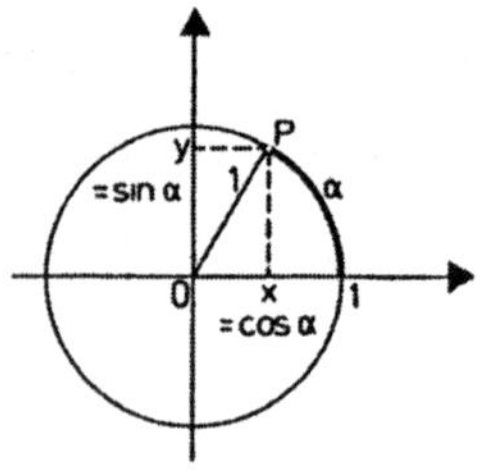

Fig. 1.4: sin α und cos α

zugehörigen Winkelbereich liegt und dessen Endpunkte auf den Schenkeln des Winkelbereichs liegen (in Fig. 1.3 und 1.4 ist dieser Bogen durch einen stärkeren Strich hervorgehoben). Gradmaß und Bogenmaß eines Winkels hängen dabei folgendermaßen zusammen:

$$\frac{\text{Gradmaß}}{180} = \frac{\text{Bogenmaß}}{\pi} \tag{1.2}$$

mit der Kreiszahl $\pi = 3{,}141\,592\,653\,589\,793\ldots$ [4]. Die Bedeutung von π liegt bekanntlich darin, daß die Länge einer Kreislinie mit dem Radius r gleich $2\pi r$ ist.

In (1.1) sind $\cos\alpha$ und $\sin\alpha$ für $0 \leq \alpha \leq 2\pi$ (d.h.. von 0° bis 360°) erklärt. Man definiert weiterhin:

$$\left.\begin{aligned} \cos(\alpha + k2\pi) &:= \cos\alpha\,, \\ \sin(\alpha + k2\pi) &:= \sin\alpha\,, \end{aligned}\right\} \begin{array}{l} \text{für } 0 \leq \alpha < 2\pi \\ \text{und ganzes } k \end{array}$$

Da alle reellen Zahlen t in der Form $t = \alpha + 2k\pi$ dargestellt werden können, sind damit $\cos t$ und $\sin t$ *für alle reellen Zahlen t* erklärt (s. Funktionsdiagramme in Fig. 1.5).

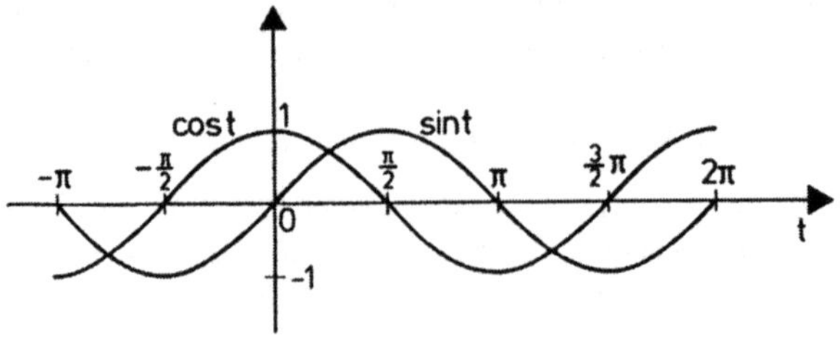

Fig. 1.5: Sinus- und Cosinusfunktion

Folgerung 1.1:
Für alle reellen Zahlen α, β *gilt*:

$$\sin^2\alpha + \cos^2\alpha = 1 \tag{1.3}$$

4 Zur Berechnung von π s. Burg/Haf/Wille (Analysis) [27], Abschn. 3.2.5.

$$\sin(-\alpha) = -\sin\alpha \qquad \cos(-\alpha) = \cos\alpha \tag{1.4}$$

$$\sin(\pi - \alpha) = \sin\alpha \qquad \cos(\pi - \alpha) = -\cos\alpha \tag{1.5}$$

$$\sin(\alpha \pm \frac{\pi}{2}) = \pm\cos\alpha \qquad \cos(\alpha \pm \frac{\pi}{2}) = \mp\sin\alpha \tag{1.6}$$

$$\sin(\alpha + 2k\pi) = \sin\alpha \qquad \cos(\alpha + 2k\pi) = \cos\alpha \tag{1.7}$$

$(k \text{ ganz}) \qquad (k \text{ ganz})$

Additionstheoreme für Sinus und Cosinus

$$\sin(\alpha \pm \beta) = \sin\alpha\cos\beta \pm \cos\alpha\sin\beta \tag{1.8}$$

$$\cos(\alpha \pm \beta) = \cos\alpha\cos\beta \mp \sin\alpha\sin\beta \tag{1.9}$$

(Die Gesetze (1.3) bis (1.7) folgen unmittelbar aus der Definition von sin und cos. Die Additionstheoreme werden in Burg/Haf/Wille (Analysis) [27], Abschn. 3.1.7, Satz 3.10 bewiesen.)

Tangens und Cotangens. Die Funktionen *Tangens* (tan) und *Cotangens* (cot) werden folgendermaßen erklärt:

$$\tan\alpha := \frac{\sin\alpha}{\cos\alpha} \quad \text{für alle } \alpha \neq \frac{\pi}{2} + k\pi\,,\ k \text{ ganz} \tag{1.10}$$

$$\cot\alpha := \frac{\cos\alpha}{\sin\alpha} \quad \text{für alle } \alpha \neq k\pi\,,\ k \text{ ganz} \tag{1.11}$$

(s. Fig. 1.6, 1.7). Es folgt aus den Additionstheoremen von Sinus und Cosinus:

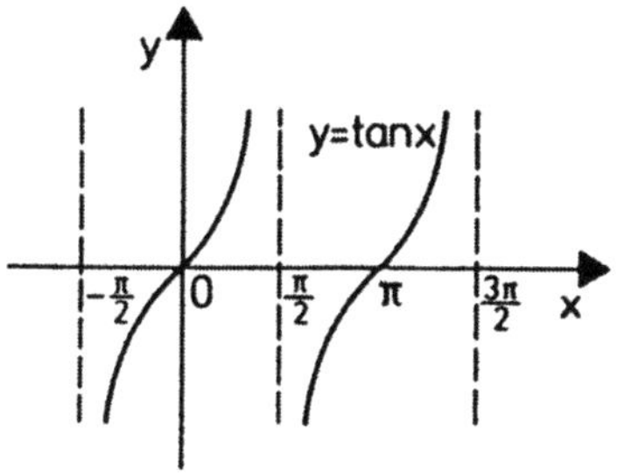

Fig. 1.6: Tangensfunktion

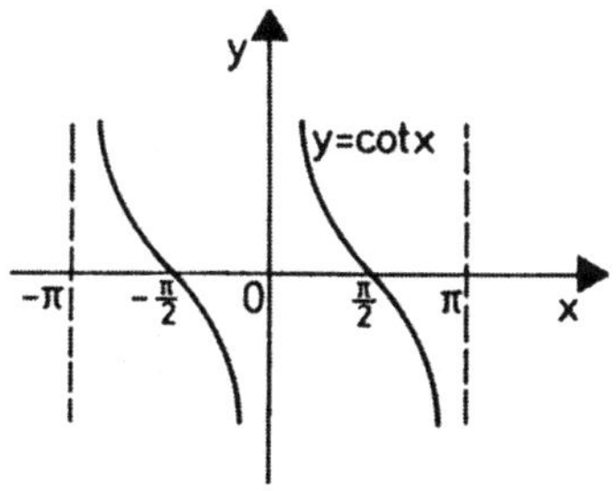

Fig. 1.7: Cotangensfunktion

Folgerung 1.2:
(*Additionstheoreme für Tangens und Cotangens*)

$$\tan(\alpha \pm \beta) = \frac{\tan\alpha \pm \tan\beta}{1 \mp \tan\alpha\tan\beta} \tag{1.12}$$

$$\cot(\alpha \pm \beta) = \frac{\cot\alpha \cot\beta \mp 1}{\cot\beta \pm \cot\alpha} \tag{1.13}$$

Winkelfunktionen am rechtwinkligen Dreieck: An einem rechtwinkligen Dreieck $[A, B, C]$ mit dem rechten Winkel bei C, dem Winkel α bei A und den Seitenlängen a, b, c gilt (s. Fig. 1.8):

$$\sin\alpha = \frac{a}{c}, \quad \cos\alpha = \frac{b}{c} \tag{1.14}$$

$$\tan\alpha = \frac{a}{b}, \quad \cot\alpha = \frac{b}{a} \tag{1.15}$$

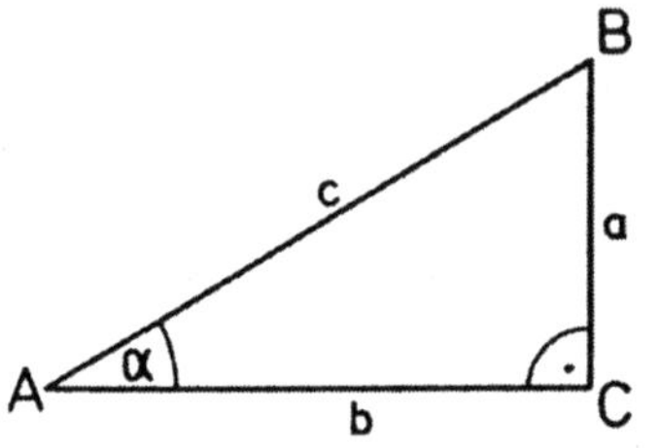

Fig. 1.8: Winkelfunktionen am rechtwinkligen Dreieck

Man gewinnt die Gleichungen (1.14) durch Vergleich mit dem Dreieck in Fig. 1.4 (Dort ist $\sin\alpha = y/1, \cos\alpha = x/1$, wobei die Seitenlängen $x, y, 1$ den Seitenlängen a, b, c in Fig. 1.5 entsprechen). (1.15) folgt aus $\tan\alpha = \sin\alpha/\cos\alpha$, $\cot\alpha = \cos\alpha/\sin\alpha$.

Arcus-Funktionen: Die Funktionen arcsin (*Arcussinus*, arccos (*Arcuscosinus*), arctan (*Arcustangens*), arccot (*Arcuscotangens*) sind die Umkehrfunktionen von sin, cos, tan und cot, definiert auf den im Folgenden notierten Intervallen

$$\begin{aligned}
&t = \arcsin x,\ x \in [-1,1] && \text{bedeutet: } x = \sin t,\ t \in \left[-\frac{\pi}{2}, \frac{\pi}{2}\right] \\
&t = \arccos x,\ x \in [-1,1] && \text{bedeutet: } x = \cos t,\ t \in [0, \pi] \\
&t = \arctan x,\ x \in \mathbb{R} && \text{bedeutet: } x = \tan t,\ t \in \left(-\frac{\pi}{2}, \frac{\pi}{2}\right) \\
&t = \operatorname{arccot} x,\ x \in \mathbb{R} && \text{bedeutet: } x = \cot t,\ t \in (0, \pi)
\end{aligned} \tag{1.16}$$

Polarkoordinaten. Jeder Punkt $P = (x, y) \neq 0$ der Ebene ist eindeutig festgelegt durch seinen Abstand r vom Ursprung 0 des Koordinatensystems,und durch den Winkel φ zwischen der Strecke $\overline{0P}$ und der positiven x-Achse. Dabei mißt φ den Winkelbereich, den eine Halbgerade überstreicht, die man gegen den Uhrzeigersinn um 0 dreht, und zwar ausgehend von der positiven x-Achse bis zur Halbgeraden durch P(mit Anfangspunkt 0), siehe Fig. 1.10.

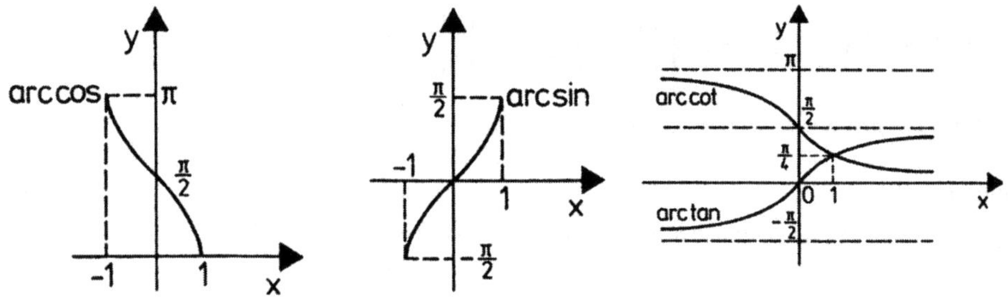

Fig. 1.9: Diagramme der Arcusfunktionen

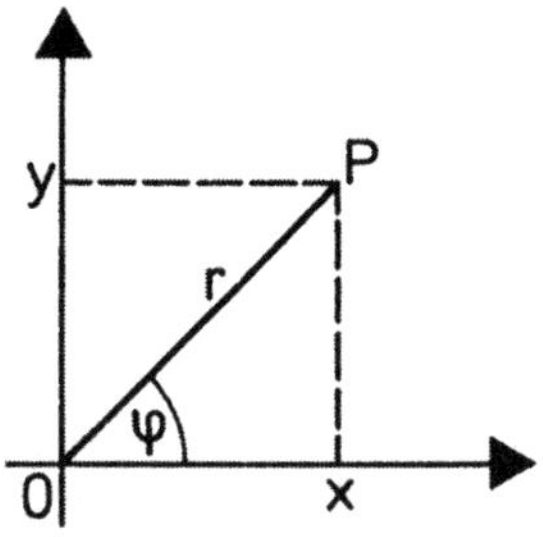

Fig. 1.10: Polarkoordinaten

r und φ heißen die *Polarkoordinaten* von P. Jedem Punkt $P = (x, y) \neq 0$ ist auf diese Weise umkehrbar eindeutig ein Paar (r, φ) von Polarkoordinaten zugeordnet, wobei

$$0 < r \quad \text{und} \quad 0 \leq \varphi < 2\pi$$

gilt.

Dem Ursprung 0 werden alle Paare (r, φ) mit $r = 0$, φ beliebig reell, als Polarkoordinaten zugeordnet (Hier ist die umkehrbare Eindeutigkeit verletzt).

Zwischen den kartesischen Koordinaten x, y und den Polarkoordinaten r, φ eines Punktes $P \neq 0$ besteht folgender Zusammenhang (s. Fig. 1.10).

$$x = r\cos\varphi, \qquad y = r\sin\varphi \text{ [5]} \tag{1.17}$$

$$r = \sqrt{x^2 + y^2}, \quad \varphi = \begin{cases} \arccos\frac{x}{r} & \text{falls } y \geq 0 \\ 2\pi - \arccos\frac{x}{r} & \text{falls } y < 0. \end{cases} \tag{1.18}$$

5 Gelegentlich wird auch

$$\varphi = \begin{cases} \arccos\frac{x}{r} & \text{falls } y \geq 0 \\ -\arccos\frac{x}{r} & \text{falls } y < 0 \end{cases}$$

gesetzt, wobei dann $-\pi < \varphi \leq \pi$ ist, (s. Burg/Haf/Wille (Analysis) [27], Abschn. 7.1.6)

$$\text{Im Bereich } x > 0 \text{ ist } \varphi = \begin{cases} \arctan \frac{y}{x} & \text{falls } y \geq 0 \\ 2\pi + \arctan \frac{y}{x} & \text{falls } y < 0. \end{cases}$$

Formel (1.17) gilt auch für $P = (0{,}0)$, d.h. $r = 0$.

Übung 1.3:

Berechne die Polarkoordinaten der Punkte $P = (1{,}3)$, $Q = (-3, -1)$, $S = (-4, -5)$.

Übung 1.4:

Berechne die kartesischen Koordinaten der Punkte $T(r = 3, \varphi = 70°)$, $U(r = 1, \varphi = \frac{4}{3}\pi)$, $V(r = 2, \varphi = 2{,}34)$.

Übung 1.5*

$y = -\frac{1}{2}x + 2$ beschreibt eine Gerade. Wie lautet die zugehörige Geradengleichung $r = f(\varphi)$ in Polarkoordinaten? In welchem Intervall variiert φ dabei?

1.1.3 Vektoren im $\mathbb{R}^2$

Unter einem *zweidimensionalen Vektor* $\boldsymbol{v}$ verstehen wir ein Zahlenpaar, das wir senkrecht anordnen wollen:

$$\boldsymbol{v} = \begin{bmatrix} v_x \\ v_y \end{bmatrix}, \quad v_x, v_y \in \mathbb{R}.$$

v_x und v_y heißen die *Koordinaten* (oder *Komponenten*) des Vektors. Die Menge aller dieser Vektoren wird $\mathbb{R}^2$ genannt.

Man stellt die Vektoren des $\mathbb{R}^2$ anschaulich als Pfeile dar. Unter einem *Pfeil* $\overrightarrow{AB}$[6] in der Ebene versteht man dabei ein Paar (A, B) aus verschiedenen Punkten der Ebene, die durch eine Strecke verbunden sind.[7] A heißt *Aufpunkt* (oder *Fußpunkt*) des Pfeils und B *Spitze* (markiert durch eine Pfeilspitze). Sonderfall: Unter einem *Pfeil* $\overrightarrow{AA}$ versteht man einfach den Punkt A.

Definition 1.1:

Ein Pfeil $\overrightarrow{AB}$, mit $A = (a_x, a_y)$, $B = (b_x, b_y)$, stellt genau dann den Vektor

$$\boldsymbol{v} = \begin{bmatrix} v_x \\ v_y \end{bmatrix}$$

dar, wenn die Koordinaten von $\boldsymbol{v}$ die Differenzen entsprechender Koordinaten von B und A sind:

$$v_x = b_x - a_x, \quad v_y = b_y - a_y. \tag{1.19}$$

(Dabei liegt ein kartesisches Koordinatensystem zugrunde.)

6 Handschriftlich wird der Pfeil $\rightarrow$ häufig so skizziert: $\rightharpoonup$.

7 Man beachte: $(A, B) \neq (B, A) \Rightarrow \overrightarrow{AB} \neq \overrightarrow{BA}$ (unter der Voraussetzung $A \neq B$).

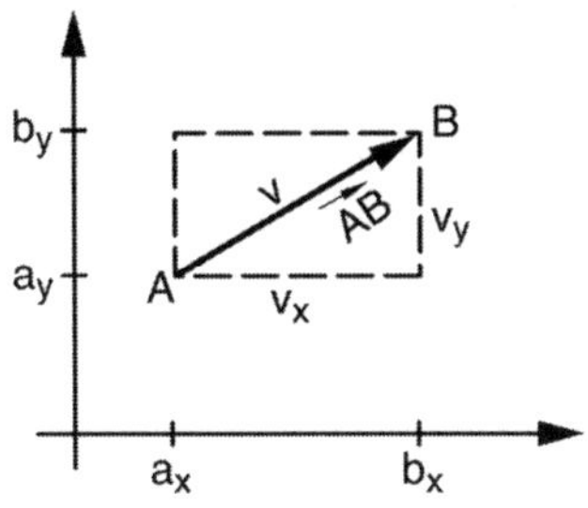

Fig. 1.11: Vektor $\boldsymbol{v}$, dargestellt durch einen Pfeil $\overrightarrow{AB}$

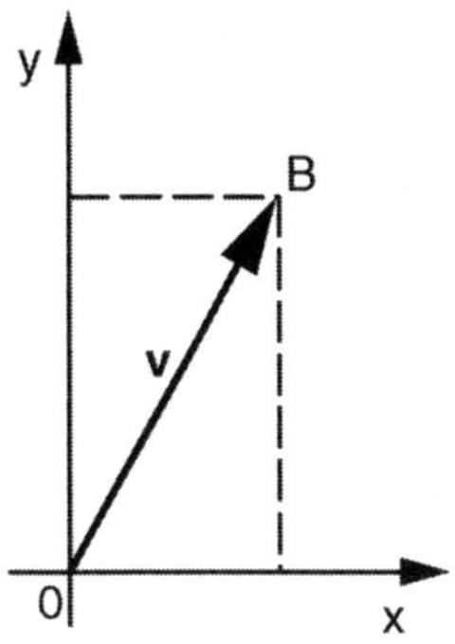

Fig. 1.12: Ortspfeil

Fig. 1.11 macht den Zusammenhang anschaulich. Man sieht sofort: Es gibt viele Pfeile, die ein- und denselben Vektor darstellen. Sie gehen alle durch Parallelverschiebung auseinander hervor.[8] Wir können dies so ausdrücken: Alle Pfeile, die parallel und gleich lang sind und in die gleiche Richtung weisen, stellen denselben Vektor dar.

Zwei Pfeile, die nicht durch Parallelverschiebung ineinander zu überführen sind, stellen verschiedene Vektoren dar.

Sonderfall: Der *Nullvektor*

$$\mathbf{0} = \begin{bmatrix} 0 \\ 0 \end{bmatrix}$$

wird durch den *Nullpunkt* der Ebene dargestellt.

Ein Pfeil $\overrightarrow{0B}$, dessen Fußpunkt 0 der Ursprung des Koordinatensystems ist, heißt ein *Ortspfeil* (oder *Ortsvektor*). Der durch den Ortspfeil dargestellte Vektor $\boldsymbol{v}$ hat zweifellos dieselben Koordinaten wie B. Die *Ortspfeile* der Ebene sind also den *Vektoren* des $\mathbb{R}^2$ umkehrbar eindeutig zugeordnet.

Arithmetik im $\mathbb{R}^2$

Definition 1.2:

Es seien

$$\boldsymbol{u} = \begin{bmatrix} u_x \\ u_y \end{bmatrix}, \quad \boldsymbol{v} = \begin{bmatrix} v_x \\ v_y \end{bmatrix}$$

8 Das ist vergleichbar mit der Situation, daß ein Gegenstand mehrere Schatten werfen kann: Der Vektor - das Zahlenpaar - ist der Gegenstand, und die ihn darstellenden Pfeile sind gleichsam seine Schatten

zwei beliebige Vektoren des $\mathbb{R}^2$. Damit werden folgende Rechenoperationen erklärt:

Addition $$\boldsymbol{u} + \boldsymbol{v} := \begin{bmatrix} u_x + v_x \\ u_y + v_y \end{bmatrix}$$

Subtraktion $$\boldsymbol{u} - \boldsymbol{v} := \begin{bmatrix} u_x - v_x \\ u_y - v_y \end{bmatrix}$$

Multiplikation mit einem Skalar [9] $$\lambda \boldsymbol{u} := \begin{bmatrix} \lambda u_x \\ \lambda u_y \end{bmatrix} \quad (\lambda \in \mathbb{R}).$$

Man vereinbart: $$\boldsymbol{u}\lambda := \lambda \boldsymbol{u}.$$

Der *negative Vektor* zu $\boldsymbol{u}$ ist definiert durch

$$-\boldsymbol{u} := (-1)\boldsymbol{u} = \begin{bmatrix} -u_x \\ -u_y \end{bmatrix}.$$

Die beschriebenen Rechenarten werden also — kurz gesprochen — »zeilenweise« ausgeführt.

Beispiel 1.1:
Mit $\boldsymbol{u} = \begin{bmatrix} 3 \\ 5 \end{bmatrix}$, $\boldsymbol{v} = \begin{bmatrix} 4 \\ -2 \end{bmatrix}$ gilt: $\boldsymbol{u} + \boldsymbol{v} = \begin{bmatrix} 7 \\ 3 \end{bmatrix}$, $\boldsymbol{u} - \boldsymbol{v} = \begin{bmatrix} -1 \\ 7 \end{bmatrix}$, $2\boldsymbol{u} = \begin{bmatrix} 6 \\ 10 \end{bmatrix}$, $-\boldsymbol{u} = \begin{bmatrix} -3 \\ -5 \end{bmatrix}$.

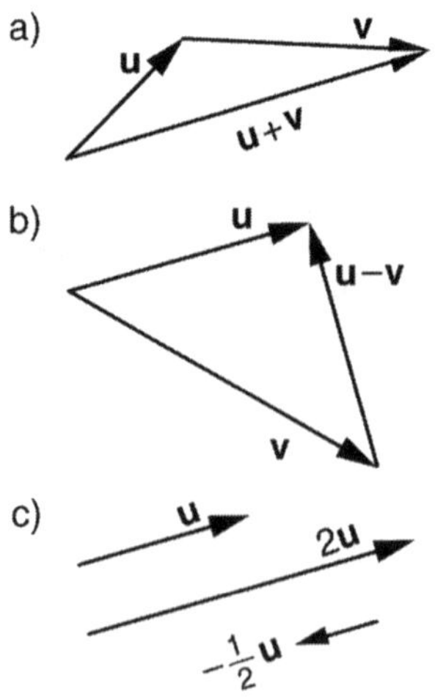

Fig. 1.13: Rechnen mit Vektoren

Veranschaulichung. In Fig. 1.13 sind die Rechenoperationen durch Pfeilkonstruktionen veranschaulicht. Man sieht insbesondere, daß Addition und Subtraktion von Vektoren durch Dreiecks-

9 Reelle Zahlen werden in der Vektorrechnung auch Skalare genannt (ein Brauch, der von den Physikern kommt.)

konstruktionen widergespiegelt werden. Multiplikation mit Skalaren $\lambda \in \mathbb{R}$ bewirkt dagegen Verlängerungen oder Verkürzungen der Pfeile, bzw. eine Richtungsumkehr im Fall $\lambda < 0$. (Der Leser mache sich dies alles an Beispielen klar, indem er Pfeile auf Millimeterpapier oder Karopapier zeichnet.) Bei der Darstellung der Rechenoperationen durch *Ortspfeile* gelangt man zu den Bildern in Fig. 1.14. Summe $\boldsymbol{u} + \boldsymbol{v}$ und Differenz $\boldsymbol{u} - \boldsymbol{v} = \boldsymbol{u} + (-\boldsymbol{v})$ von Vektoren werden hier durch Parallelogrammkonstruktion gewonnen.

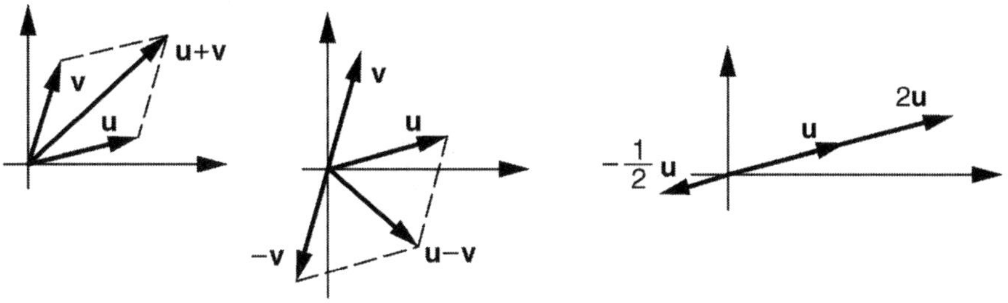

Fig. 1.14: Ortspfeile und ihre Arithmetik

Die folgenden Rechenregeln weist der Leser leicht nach, indem er die folgenden Gleichungen ausführlich in Koordinaten hinschreibt.

Satz 1.1:

Für alle $\boldsymbol{u}$, $\boldsymbol{v}$, $\boldsymbol{w}$ aus $\mathbb{R}^2$ gilt:

(I)	$(\boldsymbol{u} + \boldsymbol{v}) + \boldsymbol{w} = \boldsymbol{u} + (\boldsymbol{v} + \boldsymbol{w})$	*Assoziativgesetz für* $+$
(II)	$\boldsymbol{u} + \boldsymbol{v} = \boldsymbol{v} + \boldsymbol{u}$	*Kommutativgesetz für* $+$
(III)	Zu beliebigen $\boldsymbol{u}, \boldsymbol{v} \in \mathbb{R}^2$ gibt es stets ein $\boldsymbol{x} \in \mathbb{R}^2$ mit $\boldsymbol{u} + \boldsymbol{x} = \boldsymbol{v}$ (nämlich $\boldsymbol{x} = \boldsymbol{v} - \boldsymbol{u}$)	*Gleichungslösung*

Für alle anderen $\boldsymbol{u}, \boldsymbol{v} \in \mathbb{R}^2$ und alle reelle λ *und* μ gilt:

(IV)	$(\lambda\mu)\boldsymbol{u} = \lambda(\mu\boldsymbol{u})$	*Assoziativgesetz für die Multiplikation mit Skalaren*
(V)	$\lambda(\boldsymbol{u} + \boldsymbol{v}) = \lambda\boldsymbol{u} + \lambda\boldsymbol{v}$	*Distributivgesetze*
(VI)	$(\lambda + \mu)\boldsymbol{u} = \lambda\boldsymbol{u} + \mu\boldsymbol{u}$	
(VII)	$1\boldsymbol{u} = \boldsymbol{u}$.	

Bemerkung:

(a) Eine algebraische Struktur, die diese Gesetze erfüllt, heißt ein *Vektorraum* (über $\mathbb{R}$). Aus diesem Grunde sprechen wir im Folgenden auch vom *Vektorraum* $\mathbb{R}^2$.

(b) Statt $\frac{1}{\lambda}\boldsymbol{v}$ schreibt man auch kurz $\frac{\boldsymbol{v}}{\lambda}$.

(c) Aufgrund der Assoziativgesetze werden Summen $\boldsymbol{u} + \boldsymbol{v} + \boldsymbol{w}$ und Produkte $\lambda\mu\boldsymbol{x}$ auch ohne Klammern geschrieben. Es kann kein Irrtum auftreten. Dasselbe gilt auch für längere Summen und Produkte. Eine Summe von 5 Vektoren wird z.B. so geschrieben:

$$\boldsymbol{u} + \boldsymbol{v} + \boldsymbol{w} + \boldsymbol{x} + \boldsymbol{y}\,.$$

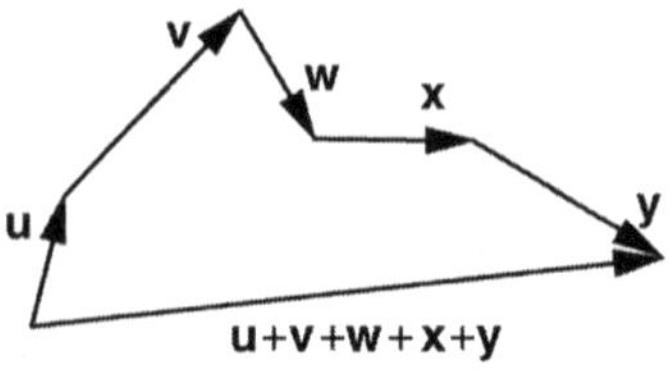

Fig. 1.15: Summe mehrerer Vektoren

Zur Veranschaulichung werden ihre Pfeile einfach kettenartig aneinander gehängt, siehe Fig. 1.15. Die Summe wird dann durch einen Pfeil repräsentiert, der vom Anfangspunkt bis zum Endpunkt der Kette reicht.

Als *Länge* oder *Betrag* eines Vektors $\boldsymbol{v} = \begin{bmatrix} v_x \\ v_y \end{bmatrix}$ bezeichnet man die Zahl

$$v := \sqrt{v_x^2 + v_y^2} \quad \text{(Kurzschreibweise } v := |\boldsymbol{v}|). \tag{1.20}$$

$|\boldsymbol{v}|$ ist gleich der Länge der Pfeile, die $\boldsymbol{v}$ darstellen. Man erkennt dies (mit Pythagoras) aus Fig. 1.11 unmittelbar.[10] Die Beträge der Vektoren erfüllen folgende Gesetze:

Folgerung 1.3:
Für alle $\boldsymbol{u}, \boldsymbol{v} \in \mathbb{R}^2$ und alle reellen Zahlen λ gilt

$$|\lambda \boldsymbol{u}| = |\lambda||\boldsymbol{u}| \tag{1.21}$$

$$|\boldsymbol{u}| = 0 \Leftrightarrow \boldsymbol{u} = \boldsymbol{0} \tag{1.22}$$

$$|\boldsymbol{u} + \boldsymbol{v}| \leq |\boldsymbol{u}| + |\boldsymbol{v}| \quad \textit{Dreiecksungleichung} \tag{1.23}$$

$$|\boldsymbol{u} - \boldsymbol{v}| \geq ||\boldsymbol{u}| - |\boldsymbol{v}|| \tag{1.24}$$

Beweis:
Die ersten beiden Regeln sieht man unmittelbar ein, wenn man Koordinaten einsetzt.

Die Dreiecksungleichung (1.23) folgt aus der geometrischen Darstellung der Addition in Fig. 1.13a. Man sieht, daß sich dabei folgender Sachverhalt am Dreieck widerspiegelt: Die Länge $|\boldsymbol{u} + \boldsymbol{v}|$ einer Dreiecksseite ist niemals größer als die Summe der Längen $|\boldsymbol{u}|$ und $|\boldsymbol{v}|$ der beiden übrigen Seiten.

---

10 $|\boldsymbol{v}|$ wird auch als *Euklidische Norm* von $|\boldsymbol{v}|$ bezeichnet, wahrscheinlich sehr zur Erheiterung von Euklides im Hades, der ja zu Lebzeiten noch nichts von Vektoren wußte.

Die Ungleichung (1.24) — auch *zweite Dreiecksungleichung* genannt — ergibt sich unmittelbar aus der »ersten« Dreiecksungleichung (1.23). Im Fall $|\boldsymbol{u}| \geq |\boldsymbol{v}|$ gehen wir so vor: Es gilt

$$|\boldsymbol{u} - \boldsymbol{v}| + |\boldsymbol{v}| \geq |(\boldsymbol{u} - \boldsymbol{v}) + \boldsymbol{v}| \, .$$

Die rechte Seite ist gleich $|\boldsymbol{u}|$, woraus (1.24) folgt. Im Fall $|\boldsymbol{u}| \leq |\boldsymbol{v}|$ tauschen $\boldsymbol{u}$ und $\boldsymbol{v}$ einfach die Rollen. □

Übung 1.6:

Gegeben sind

$$\boldsymbol{u} = \begin{bmatrix} 3 \\ -4 \end{bmatrix}, \quad \boldsymbol{v} = \begin{bmatrix} 6 \\ 11 \end{bmatrix}, \quad \boldsymbol{w} = \begin{bmatrix} -0{,}5 \\ -5{,}7 \end{bmatrix}.$$

(a) Berechne: $\boldsymbol{u} + \boldsymbol{v}$, $\boldsymbol{u} - \boldsymbol{v}$, $3\boldsymbol{u} - 7\boldsymbol{w}$, $|\boldsymbol{v}|$, $|2\boldsymbol{v} - \boldsymbol{w}|$.

(b) Skizziere $\boldsymbol{u}$, $\boldsymbol{v}$, $\boldsymbol{w}$ und $\boldsymbol{u} + \boldsymbol{v} + \boldsymbol{w}$.

Übung 1.7:

Beweise

$$\left| \sum_{i=1}^{N} \boldsymbol{u}_i \right| \leq \sum_{i=1}^{N} |\boldsymbol{u}_i|$$

durch vollständige Induktion.

Übung 1.8*

Es seien $A = (4{,}3)$, $B = (1{,}6)$ gegeben. Welche Entfernung hat der Mittelpunkt der Strecke $\overline{AB}$ vom Nullpunkt?

1.1.4 Physikalische und technische Anwendungen

In diesem Abschnitt werden Anwendungen beschrieben, die die Brauchbarkeit der ebenen Vektoren zeigen. Wer mehr am systematischen Aufbau der Vektorrechnung interessiert ist, kann gleich mit Abschn. 1.1.5 fortfahren.

Kraftvektoren. *Kräfte* lassen sich als Vektoren deuten, da sie durch Betrag und Richtung charakterisiert sind. Greifen zwei Kräfte $\boldsymbol{F}_1$ und $\boldsymbol{F}_2$ an einem Punkt P an, so heißt $\boldsymbol{F} = \boldsymbol{F}_1 + \boldsymbol{F}_2$ die daraus *Resultierende*. Sie übt die gleiche Wirkung auf den Punkt P aus wie die beiden Kräfte $\boldsymbol{F}_1$ *und* $\boldsymbol{F}_2$ zusammen. $\boldsymbol{F}_1$, $\boldsymbol{F}_2$ und $\boldsymbol{F}$ bilden ein sogenanntes *Kräfteparallelogramm*, s. Fig. 1.16.

Es folgt analog: Greifen mehrere Kräfte $\boldsymbol{F}_1, \ldots, \boldsymbol{F}_n$ in P an, so wirken sie genauso wie ihre *Resultierende*

$$\boldsymbol{F} = \boldsymbol{F}_1 + \boldsymbol{F}_2 + \ldots + \boldsymbol{F}_n$$

auf P. Ist die Resultierende insbesondere gleich $\mathbf{0}$, so befindet sich der Punkt im Gleichgewicht.

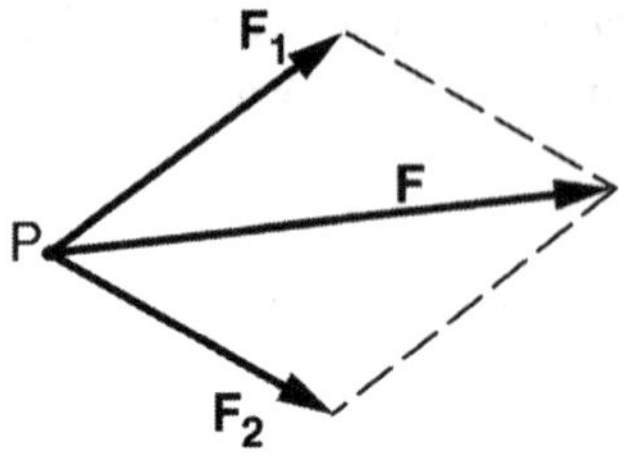

Fig. 1.16: Kräfteparallelogramm

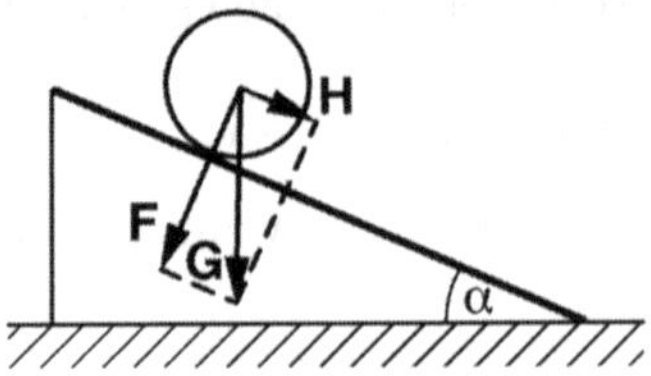

Fig. 1.17: Walze auf schiefer Ebene

Beispiel 1.2:
Mit welcher Kraft $\boldsymbol{F}$ drückt eine *Walze* der Masse $m = 50$ kg auf eine *schiefe Ebene* mit einem Neigungswinkel von $\alpha = 23°$? Die Rolle hat das Gewicht $|\boldsymbol{G}| =$ mg. ($g = 9{,}81\text{m/s}^2$ = Erdbeschleunigung). Fig. 1.17 liefert $|\boldsymbol{F}| = mg\cos\alpha = 451{,}4\text{N}$. Mit der »Hangkraft« $\boldsymbol{H}$ ($|\boldsymbol{H}| = mg\sin\alpha = 191{,}7\text{N}$) ist $\boldsymbol{G} = \boldsymbol{F} + \boldsymbol{H}$.

Beispiel 1.3:
(*Krafteck*) An einem Körper greifen drei Kräfte $\boldsymbol{F}_1$, $\boldsymbol{F}_2$, $\boldsymbol{F}_3$ an und zwar in den Punkten P_1, P_2, P_3. Die Kräfte wirken alle in einer Ebene (s. Fig.1.18a). Die Geraden durch P_1, P_2, P_3 in Richtung der dort angreifenden Kräfte heißen die *Wirkungslinien* der Kräfte.

Gesucht ist die *Wirkungslinie der Resultierenden*

$$\boldsymbol{R} = \boldsymbol{F}_1 + \boldsymbol{F}_2 + \boldsymbol{F}_3.$$

Man findet sie so: Zunächst bilde man aus den Pfeilen von $\boldsymbol{F}_1$, $\boldsymbol{F}_2$, $\boldsymbol{F}_3$ einen Streckenzug und konstruiere so $\boldsymbol{R}$, s. Fig. 1.18b.

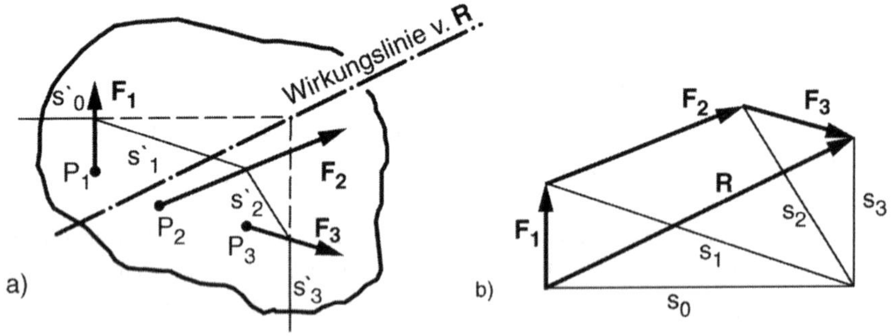

Fig. 1.18: a) Kräfte an einem Körper, b) Krafteck dazu

Von einem beliebigen Punkt Q aus ziehe man dann Strecken s_0, s_1, s_2, s_3 zu den Ecken des Streckenzuges. Anschließend lege man in Fig. 1.18a eine Parallele s_0' zu s_0. Durch ihren Schnittpunkt mit der Wirkungslinie von $\boldsymbol{F}_1$ aus trage man eine Parallele s_1' von s_1 ab, durch den Schnittpunkt von s_1' mit der Wirkungslinie von $\boldsymbol{F}_2$ dann eine Parallele s_2' zu s_2 usw. Die Geraden s_0' und

s'_3, also die erste und letzte der Parallelen, bringe man zum Schnitt. Durch diesen Schnittpunkt S verläuft dann die Wirkungslinie der Resultanten, natürlich in Richtung von $\boldsymbol{R}$. (Zahlenbeispiel in Üb. 1.10.)

Zerlegung von Kräften. In der Mechanik tritt oft das Problem auf, einen Kraftvektor $\boldsymbol{F}$ in zwei *Komponenten* zu zerlegen, deren Richtungen vorgegeben sind, etwa durch Einheitsvektoren $\boldsymbol{e}_1, \boldsymbol{e}_2$. D.h. man möchte $\boldsymbol{F}$ so darstellen:

$$\boldsymbol{F} = \lambda \boldsymbol{e}_1 + \mu \boldsymbol{e}_2, \quad \lambda, \mu \in \mathbb{R}. \tag{1.25}$$

Dabei sind $\boldsymbol{F}_1 = \lambda \boldsymbol{e}_1$, $\boldsymbol{F}_2 = \mu \boldsymbol{e}_2$ die gesuchten Komponenten (s. Fig. 1.19). Schreibt man (1.25) in Koordinaten hin, so entstehen zwei Gleichungen für die zwei Unbekannten λ, μ. Daraus sind λ und μ leicht zu gewinnen, womit das Problem gelöst ist.

In Einzelfällen führen einfache geometrische Überlegungen zum Ziel.

Beispiel 1.4:

Eine Straßenlampe der Masse $m = 2{,}446\,\mathrm{kg}$ hängt in der Mitte eines Haltedrahtes, der an den Straßenseiten in gleicher Höhe an Masten befestigt ist (s. Fig. 1.20a). Die Masten sind 15 m voneinander entfernt, und die Lampe hängt 0,6 m durch. Wie groß sind die Spannkräfte in den Drähten?

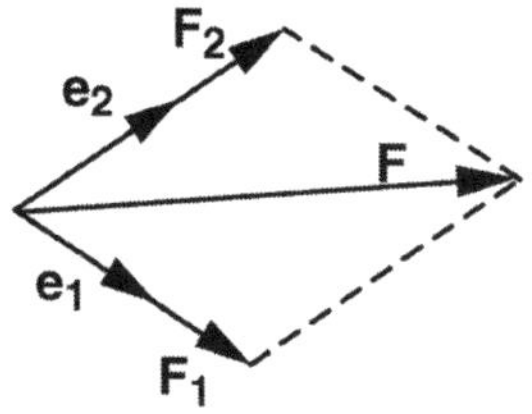

Fig. 1.19: Zerlegung einer Kraft in zwei Komponenten

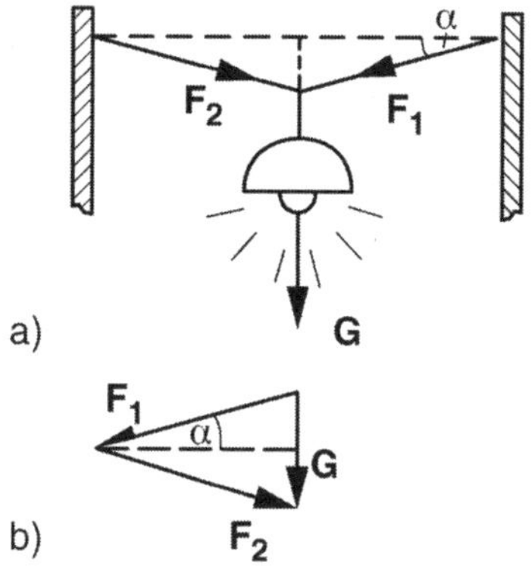

Fig. 1.20: Spannkräfte bei einer Lampe

Antwort. In Fig.1.20b sind die Kraftvektoren zu einem Additionsdreieck zusammengesetzt: $\boldsymbol{F}_1 + \boldsymbol{F}_2 = \boldsymbol{G}$. Man erkennt, daß die Koordinaten x_1, y_1 von $\boldsymbol{F}_1$ den Gleichung $\frac{x_1}{y_1} = \frac{7{,}5}{0{,}6} = 12{,}5$ genügen. Wegen $y_1 = G/2 = (2{,}446 \cdot 9{,}81)/2\,\mathrm{N} = 12{,}000\,\mathrm{N}$ folgt

$$\boldsymbol{F}_1 = \begin{bmatrix} x_1 \\ y_1 \end{bmatrix} = \begin{bmatrix} 12{,}5 \cdot G/2 \\ -G/2 \end{bmatrix} = \begin{bmatrix} 150 \\ -12 \end{bmatrix} \mathrm{N}\ ^{11} \Rightarrow |\boldsymbol{F}_1| = 150{,}48\,\mathrm{N}.$$

11 Maßeinheiten hinter einem Vektor (hier N = Newton) beziehen sich auf jede Koordinate.

Beispiel 1.5:
An einem Kran (s. Fig. 1.21a) hänge eine Last, die die Kraft $\boldsymbol{F}$ ausübt. Wie groß sind die Beträge der Kräfte $\boldsymbol{F}_1, \boldsymbol{F}_2$ in den Streben s_1, s_2 (Schließe und Strebe)? Dabei seien $F = 20000\text{N}$[12], $\alpha = 40°$, $\beta = 30°$ gegeben.

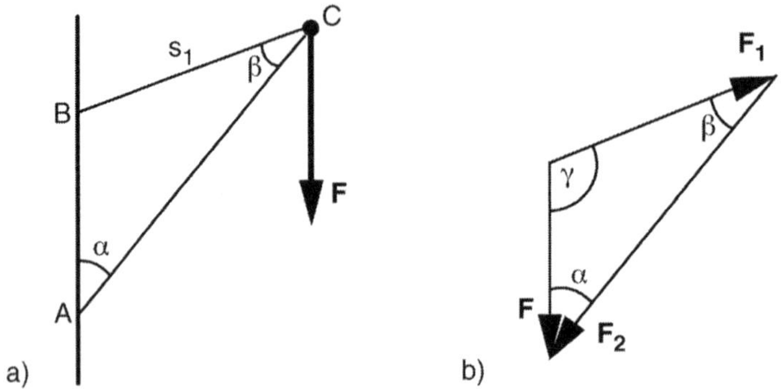

Fig. 1.21: Kran

Zur Beantwortung errechnet man $\gamma = 180° - \alpha - \beta = 110°$(s. Fig. 1.21 b) und erhält mit dem Sinussatz

$$\frac{F_1}{F} = \frac{\sin\alpha}{\sin\beta}, \quad \frac{F_2}{F} = \frac{\sin\gamma}{\sin\beta} \Rightarrow \begin{cases} F_1 = 25\,712\,\text{N} \\ F_2 = 37\,588\,\text{N} \end{cases}.$$

Geschwindigkeit. Da Geschwindigkeiten durch Betrag und Richtung bestimmt sind, lassen sie sich als Vektoren auffassen.

Beispiel 1.6:
Ein Fluß der Breite b (mit geradlinigen, parallelen Ufern) wird von einem *Schwimmer rechtwinklig* zu den Ufern durchquert.

Die Geschwindigkeit des Flußwassers ist konstant gleich $\boldsymbol{v}$. Der Schwimmer schwimmt mit der Geschwindigkeit $\boldsymbol{c}$ durchs Wasser. Dieser Geschwindigkeitsvektor ist schräg stromaufwärts gerichtet, da der Schwimmer sich rechtwinklig zum Ufer bewegen möchte (s. Fig. 1.22).

Frage: Wie lange Zeit benötigt der Schwimmer für die Überquerung des Flusses?

Antwort: Sind c, v, w die Beträge der Vektoren $\boldsymbol{c}, \boldsymbol{v}, \boldsymbol{w}$ (d.h. die zugehörigen Pfeillängen), so folgt aus Fig. 1.22 nach Pythagoras: $w^2 = c^2 - v^2$. Für die gesuchte Zeitdauer t gilt $w = b/t$ also

$$t = \frac{b}{w} = \frac{b}{\sqrt{c^2 - v^2}} = \frac{b}{c\sqrt{1 - (v/c)^2}}.$$

12 Wir benutzen hier die praktische Kurznotation: $F = |\boldsymbol{F}|$, $F_1 = |\boldsymbol{F}_1|$, $F_2 = |\boldsymbol{F}_2|$.

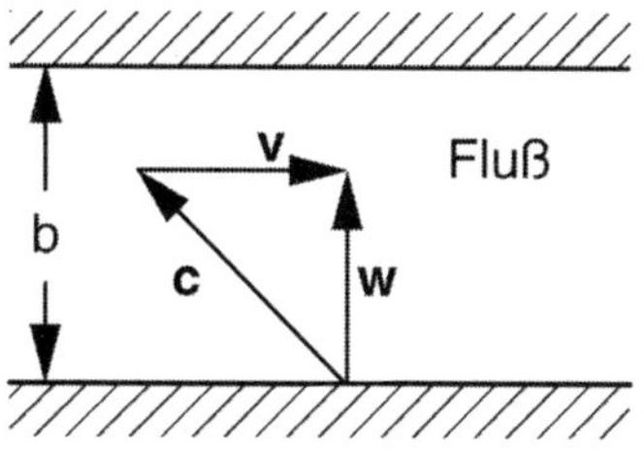

Fig. 1.22: Schwimmer in Fluß

(Dazu sei folgendes bemerkt: Diese Formel spielt in der *Relativitätstheorie* beim *Michelson-Versuch* eine Rolle, mit dem die Nichtexistenz des »Äthers« gezeigt wird. Hierbei bedeutet $\boldsymbol{c}$ die Lichtgeschwindigkeit, $\boldsymbol{v}$ die Geschwindigkeit der Erde im hypothetisch angenommenen Äther und b die Länge des Lichtweges in der Versuchsapparatur).

Beschleunigung, Fliehkraft, Coriolis-Kraft.[13] Die Bewegung eines Massenpunktes in einer Ebene mit kartesischen Koordinaten kann durch

$$\boldsymbol{r}(t) = \begin{bmatrix} x(t) \\ y(t) \end{bmatrix}, \quad t \text{ aus einem Intervall,}$$

beschrieben werden, wobei $x(t)$, $y(t)$ die Koordinaten des Massenpunktes zur Zeit t sind. Man denkt sich $\boldsymbol{r}(t)$ durch einen Ortspfeil repräsentiert, an dessen Spitze sich der Massenpunkt befindet. Dabei werden $x(t)$ und $y(t)$ als zweimal stetig differenzierbar vorausgesetzt.

Die Geschwindigkeit $\boldsymbol{v}(t)$ und die Beschleunigung $\boldsymbol{a}(t)$ des Punktes zur Zeit t ergeben sich aus

$$\boldsymbol{v}(t) = \dot{\boldsymbol{r}}(t) := \begin{bmatrix} \dot{x}(t) \\ \dot{y}(t) \end{bmatrix}, \quad \boldsymbol{a}(t) := \ddot{\boldsymbol{r}}(t) := \begin{bmatrix} \ddot{x}(t) \\ \ddot{y}(t) \end{bmatrix}, \tag{1.26}$$

wobei $\dot{x}$, $\dot{y}$ die ersten Ableitungen und $\ddot{x}$, $\ddot{y}$ die zweiten Ableitungen von x, y bedeuten.[14] Wirkt zur Zeit t die Kraft $\boldsymbol{F}(t)$ auf den Massenpunkt und ist seine Masse gleich m so gilt das Newtonsche Grundgesetz der Mechanik

$$\boldsymbol{F}(t) = m\boldsymbol{a}(t) \quad \text{kurz:} \quad \boldsymbol{F} = m\boldsymbol{a}\,. \tag{1.27}$$

Ein oft vorkommender Fall ebener Bewegungen ist die Rotation auf einer Kreisbahn.

Beispiel 1.7:

(*Gleichförmige Drehbewegung*) Bewegt sich ein Massenpunkt der Masse m auf einer Kreisbahn mit der konstanten Winkelgeschwindigkeit $\omega = 2\pi/T$ (T=Umlaufzeit), so kann seine Bewegung

13 Hierfür sind elementare Kenntnisse der Differentialrechnung notwendig.

14 Ableitungen nach Zeit werden gerne durch Punkte markiert

durch

$$r(t) = \begin{bmatrix} \varrho \cos(\omega t) \\ \varrho \sin(\omega t) \end{bmatrix}, \quad t \in \mathbb{R},\ \varrho > 0,$$

beschrieben werden (Kreisbahn um den Nullpunkt mit Radius ϱ). Man errechnet durch zweimaliges Differenzieren der Koordinaten

$$a(t) = -\omega^2 r(t), \quad \text{kurz: } a = -\omega^2 r \,. \tag{1.28}$$

Die Beschleunigung - auch *Zentripetalbeschleunigung* genannt - hat also den konstanten Betrag $\omega^2|r| = \omega^2\varrho$ und die gleiche Richtung wie $-r$. Auf den Massenpunkt wirkt daher die Kraft

$$F = -m\omega^2 r \quad \text{mit dem Betrag} \quad |F| = m\omega^2\varrho \,. \tag{1.29}$$

F heißt *Zentripetalkraft*. Der Massenpunkt übt seinerseits auf den Nullpunkt die Gegenkraft

$$Z = m\omega^2 r \tag{1.30}$$

aus. Sie heißt *Zentrifugalkraft* oder *Fliehkraft*.

Beispiel 1.8:

(*Corioliskraft im drehenden Koordinatensystem*) Gegenüber einem festen kartesischen x, y-System in der Ebene drehe sich ein rechtwinkliges ξ, η-Koordinatensystem mit konstanter Winkelgeschwindigkeit ω (s. Fig. 1.23a). $u(t)$ und $w(t)$ seien Vektoren der Länge 1, die in Richtung der ξ-bzw. η-Achse weisen (t=Zeit). $u(t)$ und $w(t)$ lassen sich so beschreiben:

$$u(t) = \begin{bmatrix} \cos(\omega t) \\ \sin(\omega t) \end{bmatrix}, \quad w(t) = \begin{bmatrix} -\sin(\omega t) \\ \cos(\omega t) \end{bmatrix}, \quad t \in \mathbb{R}.$$

Hat ein Punkt $r = \begin{bmatrix} x \\ y \end{bmatrix}$ zur Zeit t im drehenden Koordinatensystem die Koordinaten $\xi(t)$, $\eta(t)$, so läßt er sich durch

$$r = \xi u + \eta w \quad \text{(s. Fig. 1.23)}$$

ausdrücken. (Die Abhängigkeit von t wurde der Übersichtlichkeit halber nicht hingeschrieben.)

Der Punkt möge sich frei bewegen, d.h. $\xi(t)$ und $\eta(t)$ seien beliebige zweimal stetig differenzierbare Funktionen der Zeit t. Differenziert man nun $r = \xi u + \eta w$ koordinatenweise zweimal nach t, so erhält man

$$\ddot{r} = (\ddot{\xi} u + \ddot{\eta} w) - 2\omega(\dot{\eta} u - \dot{\xi} w) - \omega^2 r \,. \tag{1.31}$$

(Der Leser führe diese Zwischenrechnung aus.) $\ddot{\xi} u + \ddot{\eta} w$ ist dabei die *Relativbeschleunigung* bzgl. des drehenden Systems, $-2\omega(\dot{\eta} u - \dot{\xi} w)$ heißt *Coriolis-Beschleunigung*, und $-\omega^2 r$ ist die wohlbekannte *Zentripetalbeschleunigung*.

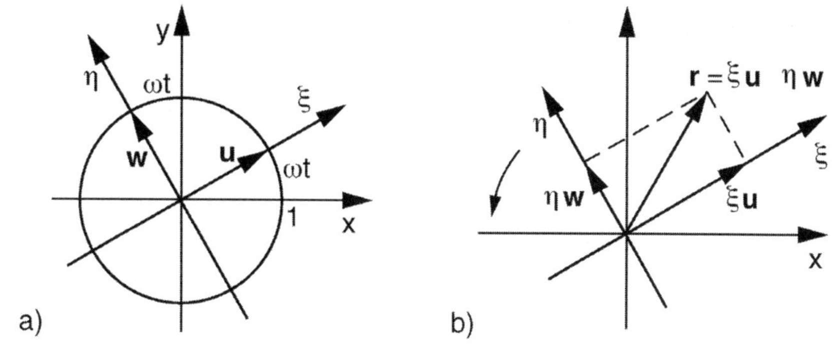

Fig. 1.23: Drehendes $\xi - \eta$-Koordinatensystem

Ist der Punkt mit der Masse m behaftet, so wirkt auf ihn die Kraft

$$\boldsymbol{F} = m\ddot{\boldsymbol{r}} = m(\ddot{\xi}\boldsymbol{u} + \ddot{\eta}\boldsymbol{w}) - 2m\omega(\dot{\eta}\boldsymbol{u} - \dot{\xi}\boldsymbol{w}) - m\omega^2\boldsymbol{r}.$$

Die Kraft setzt sich also aus drei Anteilen zusammen: $m(\ddot{\xi}\boldsymbol{u} + \ddot{\eta}\boldsymbol{\omega})$ heißt die *relative Trägheitskraft*, $-2m\omega(\dot{\eta}\boldsymbol{u} - \dot{\xi}\boldsymbol{w})$ die *Corioliskraft*, und $-m\omega^2\boldsymbol{r}$, wie schon erläutert, die Zentripetalkraft.

Als neuer Kraftanteil tritt hier die Corioliskraft auf. Wir sehen, daß sie verschwindet, wenn sich der Massenpunkt gegenüber dem drehenden System nicht bewegt. Andernfalls wirkt die *Corioliskraft rechtwinklig zur Relativgeschwindigkeit* im drehenden System. (Man macht sich dies leicht klar, wenn man den Faktor $\dot{\eta}\boldsymbol{u} - \dot{\xi}\boldsymbol{w}$ in der Corioliskraft mit der Relativgeschwindigkeit $\dot{\xi}\boldsymbol{u} + \dot{\eta}\boldsymbol{w}$ vergleicht.)

Es ist schon eine merkwürdige Kraft, die der Franzose Gaspard Gustave Coriolis (1792 – 1843) seinerzeit entdeckt hat. Sie ist z.B. wichtig zum Verständnis der Luftströmungen in der Erdatmosphäre, aber selbstverständlich auch in allen drehenden technischen Systemen.

Elektrischer Leiter im Magnetfeld

Beispiel 1.9:
Ein gradliniger elektrischer Leiter befindet sich in einem Magnetfeld mit konstanter Kraftflußdichte $\boldsymbol{B}$. Die Richtung des Vektors $\boldsymbol{B}$ steht rechtwinklig zum Leiter. Der Vektor $\boldsymbol{B}$ hat in einer Ebene, die zum Leiter rechtwinklig liegt, die Koordinatendarstellung

$$\boldsymbol{B} = 10^{-2}\begin{bmatrix}4\\1\end{bmatrix}\frac{V\,s}{m^2}.$$

Durch den Leiter fließt ein Strom der Stärke $I = 20$ A.

Frage: Welche Kraft übt das Magnetfeld auf ein Leiterstück von 1 cm Länge aus?

Antwort. Die Kraft $\boldsymbol{F}$ auf ein Leiterstück der Länge L hat den Betrag $F = I \cdot L \cdot B$. [15] $\boldsymbol{F}$ steht rechtwinklig auf $\boldsymbol{B}$ und auf dem Leiter, und zwar so, wie es die Fig. 1.24a zeigt: Stromrichtung, $\boldsymbol{B}$ und $\boldsymbol{F}$ bilden ein »Rechtssystem«. (D.h. es gilt die Korkenzieherregel: Ein zum Leiter paralleler

15 $F = |\boldsymbol{F}|$, $B = |\boldsymbol{B}|$.

Korkenzieher mit Rechtsgewinde bewegt sich in Stromrichtung, wenn man seinen Griff aus der Richtung von B in die Richtung von $\boldsymbol{F}$ um 90° dreht.) Dies alles lehrt die Physik.

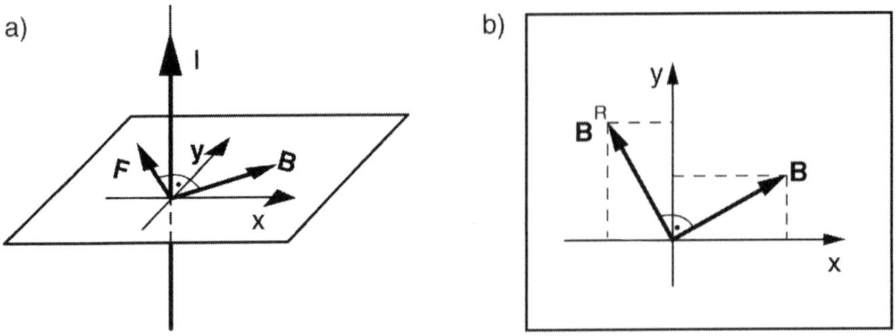

Fig. 1.24: a) Elektrischer Leiter im Magnetfeld, b) Koordinatenebene, rechtwinklig zum Leiter

Um die Koordinaten von $\boldsymbol{F}$ in der x-y-Ebene zu bekommen (s. Fig. 1.24b), drehen wir zunächst $\boldsymbol{B} = \begin{bmatrix} x \\ y \end{bmatrix}$ um 90° gegen den Uhrzeigersinn. Es entsteht der Vektor $\boldsymbol{B}^R = \begin{bmatrix} -y \\ x \end{bmatrix}$ wie man aus Fig. 1.24b erkennt. Damit ist

$$\boldsymbol{F} = \lambda \boldsymbol{B}^{\mathrm{R}} \text{ mit } \lambda = \frac{F}{B} = \frac{I \cdot L \cdot B}{B} = I \cdot L,$$

also

$$\boldsymbol{F} = IL\boldsymbol{B}^{\mathrm{R}}.$$

Setzt man die angegebenen Zahlenwerte ein, so erhält man die gesuchte Kraft als Vektor in der angegebenen Weise

$$\boldsymbol{F} = 20 \cdot 10^{-2} \begin{bmatrix} -1 \\ 4 \end{bmatrix} 10^{-2} N = 10^{-3} \begin{bmatrix} -2 \\ 8 \end{bmatrix} N.$$

Übung 1.9*

Eine Fabrikhalle habe einen Querschnitt, wie in Fig. 1.25 ($\alpha = 60°$, $\beta = 40°$). Unter dem Dachfirst soll ein Laufkran angebracht werden, der mit der maximalen Masse von $m = 3\,\mathrm{t} = 3000\,\mathrm{kg}$ belastet werden soll. Diese Last muß vom Dach aufgefangen werden, d.h. entlang der Dachschrägen treten die Belastungskräfte $\boldsymbol{F}_1$ und $\boldsymbol{F}_2$ auf (s. Fig. 1.25). Berechne $\boldsymbol{F}_1$ und $\boldsymbol{F}_2$, sowie sich daraus ergebende Querkräfte $\boldsymbol{Q}_1$, $\boldsymbol{Q}_2$, die rechtwinklig auf den Wänden stehen.

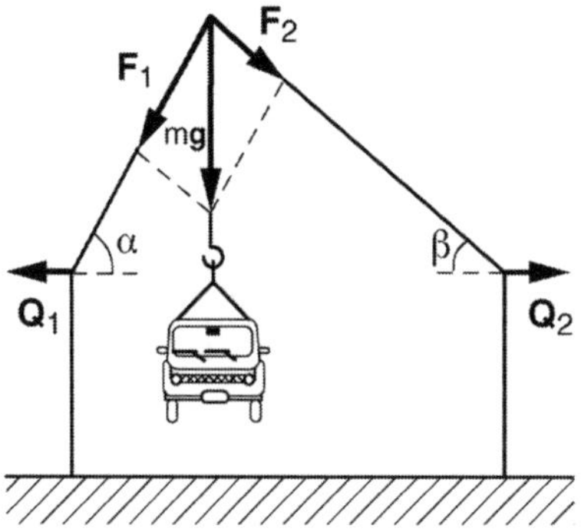

Fig. 1.25: Dachbelastung

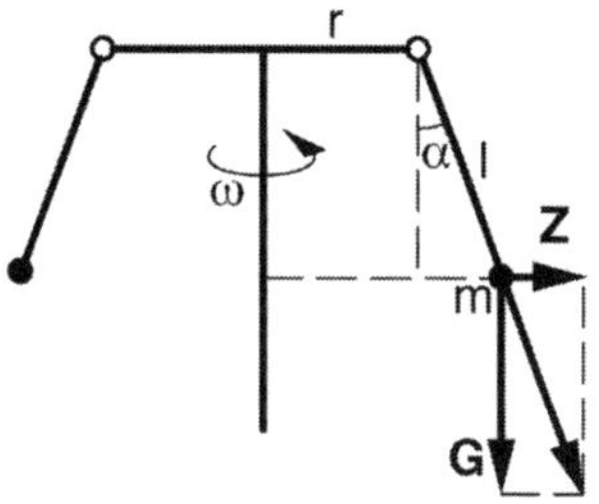

Fig. 1.26: Kettenkarussell

Übung 1.10:

Knüpfe an das Beispiel 1.3 mit dem Krafteck an. Es sei dort

$$\boldsymbol{F}_1 = \begin{bmatrix} 0 \\ 20 \end{bmatrix} \text{N}, \quad \boldsymbol{F}_2 = \begin{bmatrix} 17 \\ 25 \end{bmatrix} \text{N}, \quad \boldsymbol{F}_3 = \begin{bmatrix} 28 \\ -4 \end{bmatrix} \text{N},$$

$$P_1 = (-2{,}2), \quad P_2 = (1{,}1), \quad P_2 = (2, -1).$$

Berechne die Resultante $\boldsymbol{R}$ und bestimme graphisch die Wirkungslinie von $\boldsymbol{R}$.

Übung 1.11*

Betrachte eine Straßenlampe ähnlich wie in Beispiel 1.4. Die Masten haben wieder die Entfernung 15 m voneinander und die Lampe hat die Masse 2,446 kg. Wie groß muß der Durchhang mindestens sein, wenn die Beträge der Spannkräfte 100 N nicht übersteigen dürfen?

Übung 1.12*

Beim Kran in Beispiel 1.5, Fig. 1.21a, denken wir uns den Punkt B senkrecht verschiebbar, während A und C fest bleiben. Wo muß B liegen, wenn die Kraft $\boldsymbol{F}_1$ längs der Strebe s_1 den kleinsten Betrag haben soll? Gib die Lage von B durch Angabe des Winkels β an!

Übung 1.13*

In Beispiel 1.6 habe die Geschwindigkeit $\boldsymbol{c}$ des Schwimmers den Betrag $c = 0{,}4$ m/s und die Strömungsgeschwindigkeit $\boldsymbol{v}$ des Flusses den Betrag $v = 0{,}23$ m/s. Gib $\boldsymbol{c}$ und $\boldsymbol{v}$ in einem Koordinatensystem an, dessen x-Achse parallel zum Ufer verläuft. Wie groß ist die Zeitdauer t der Flußüberquerung ($b = 50$ m)?

Übung 1.14*

Ein Kettenkarussell habe eine Tragstange der Länge $r = 2{,}1$ m, eine Kettenlänge von $l = 3{,}7$ m, und eine Belastung am Ende der Kette von $m = 90$ kg. Bei einer bestimmten Umdrehungszeit sei der Auslenkungswinkel α gleich 21°.

Frage: Wie groß ist die Umdrehungszeit T? *Anleitung*: Berechne zuerst die Fliehkraft $\boldsymbol{Z}$ aus dem Gewicht $\boldsymbol{G}$ mit $|\boldsymbol{G}| = mg(g = 9{,}81\ \text{m/s}^2)$ und dem Rechteck aus $\boldsymbol{G}$ und $\boldsymbol{Z}$. Aus $\boldsymbol{Z}$ gewinnt man T (s. Beisp. 1.6).

Übung 1.15*

Im Beispiel 1.8 bewege sich ein Massenpunkt der Masse $m = 2$ kg auf einer Geraden im drehenden System mit $\omega = 2{,}1 \cdot 10^{-2}\text{s}^{-1}$. Die Bewegung des Punktes wird beschrieben durch

$$\xi(t) = 1 + 0{,}25t, \quad \eta(t) = 0{,}11t\,,$$

wobei t in Sekunden und ξ, η in Metern angegeben sind. Berechne

(a) die Kraft $\boldsymbol{F}(t)$, die zur Zeit t auf den Massenpunkt wirkt und

(b) insbesondere die Corioliskraft zur Zeit t.

Übung 1.16*

Zu Beispiel 1.9: Berechne die Kraft $\boldsymbol{F}$ auf ein Stück von 1 cm Länge des elektrischen Leiters, wenn $I = 14$ A, $\boldsymbol{B} = 10^{-2}\begin{bmatrix} 3 \\ -2 \end{bmatrix} \frac{\text{V s}}{\text{m}^2}$ ist und wenn der Strom in entgegengesetzter Richtung fließt. (Also von oben nach unten in Fig.1.17a).

1.1.5 Inneres Produkt (Skalarprodukt)

Definition 1.3:

Das innere Produkt (*oder* Skalarprodukt) zweier Vektoren $\boldsymbol{u}$, $\boldsymbol{v}$ aus $\mathbb{R}^2$ ist folgendermaßen definiert

$$\boldsymbol{u} \cdot \boldsymbol{v} := |\boldsymbol{u}| \cdot |\boldsymbol{v}| \cdot \cos\varphi \tag{1.32}$$

Dabei ist

$$\varphi = \sphericalangle(\boldsymbol{u}, \boldsymbol{v})$$

der Zwischenwinkel der Vektoren $\boldsymbol{u}$, $\boldsymbol{v}$. Man versteht darunter das Bogenmaß $\varphi \in [0, \pi]$ des kleineren Winkels zwischen zwei Pfeilen, die $\boldsymbol{u}$ und $\boldsymbol{v}$ darstellen. Die Pfeile haben dabei den gleichen Fußpunkt, s. Fig. 1.27.

Das innere Produkt $\boldsymbol{u} \cdot \boldsymbol{v}$ läßt sich geometrisch auf folgende Weise verdeutlichen: Man projiziert den Pfeil von $\boldsymbol{v}$ senkrecht auf die Gerade, die durch den Pfeil von $\boldsymbol{u}$ bestimmt ist, und erhält als Projektion einen Vektor $\boldsymbol{p}$. $\boldsymbol{p}$ wird kurz die *Projektion von* $\boldsymbol{v}$ *auf* $\boldsymbol{u}$ genannt s. Fig. 1.28.

$\boldsymbol{p}$ weist in die gleiche Richtung wie $\boldsymbol{u}$, wenn $\varphi < \frac{\pi}{2}$, in die entgegengesetzte, wenn $\varphi > \frac{\pi}{2}$, und ist $\boldsymbol{0}$, falls $\varphi = \pi/2$ ist.

Wegen $|\boldsymbol{p}| = |\boldsymbol{v}|\cos\varphi$, falls $0 \le \varphi \le \dfrac{\pi}{2}$, und $|\boldsymbol{p}| = -|\boldsymbol{v}|\cos\varphi$, falls $\frac{\pi}{2} < \varphi \le \pi$, gilt

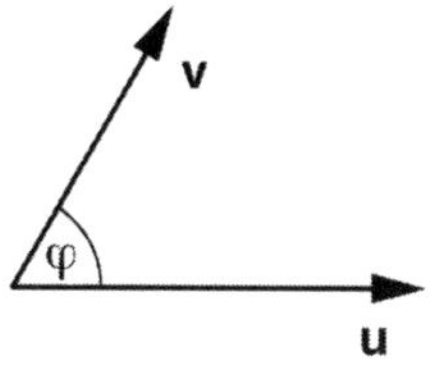

Fig. 1.27: Zum inneren Produkt

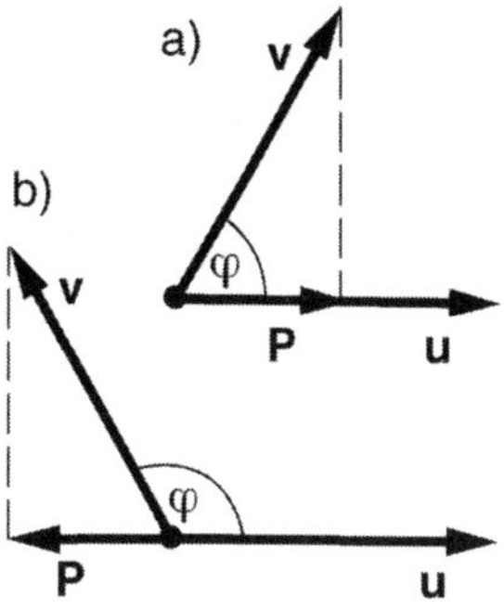

Fig. 1.28: Projektion $\boldsymbol{p}$ von $\boldsymbol{v}$ auf $\boldsymbol{u}$

$$\boldsymbol{u} \cdot \boldsymbol{v} := \begin{cases} |\boldsymbol{u}| \cdot |\boldsymbol{p}| & \text{falls } 0 \leq \varphi \leq \frac{\pi}{2} \\ -|\boldsymbol{u}| \cdot |\boldsymbol{p}| & \text{falls } \frac{\pi}{2} \leq \varphi \leq \pi \end{cases} \tag{1.33}$$

oder kürzer:

$$\boldsymbol{u} \cdot \boldsymbol{v} = \boldsymbol{u} \cdot \boldsymbol{p} \tag{1.34}$$

Folgerung 1.4:

(a) Der Betrag des inneren Produkts $\boldsymbol{u} \cdot \boldsymbol{v}$ ist gleich dem Produkt aus der Länge des Vektors $\boldsymbol{u}$ und der Länge der Projektion $\boldsymbol{p}$ von $\boldsymbol{v}$ auf $\boldsymbol{u}$. (Natürlich können $\boldsymbol{u}$ und $\boldsymbol{v}$ dabei auch ihre Rollen tauschen).

(b) $\boldsymbol{u} \cdot \boldsymbol{v}$ ist positiv, falls der Zwischenwinkel von $\boldsymbol{u}$ und $\boldsymbol{v}$ kleiner als der rechte Winkel ist, und negativ, falls er größer ist.

Stehen zwei Vektoren $\boldsymbol{u}$ und $\boldsymbol{v}$ *rechtwinklig* aufeinander, d.h. $\sphericalangle(\boldsymbol{u}, \boldsymbol{v}) = \pi/2$, so beschreibt man dies kurz durch $\boldsymbol{u} \perp \boldsymbol{v}$. Man sagt auch, sie stehen *senkrecht* (oder *orthogonal*) aufeinander. Mit dem inneren Produkt ist dies folgendermaßen verknüpft:

Merke: Zwei Vektoren stehen genau dann rechtwinklig aufeinander, wenn ihr inneres Produkt Null ist:

$$\boldsymbol{u} \perp \boldsymbol{v} \quad \Leftrightarrow \quad \boldsymbol{u} \cdot \boldsymbol{v} = 0 .$$

Physikalische Anwendung des inneren Produktes

Eine konstante Kraft $\boldsymbol{F}$ bewege einen Massenpunkt von P nach Q, wobei $\boldsymbol{F}$ nicht notwendig in Richtung von $\boldsymbol{P\,Q}$ wirke. $\boldsymbol{s}$ sei der Vektor, den $\boldsymbol{P\,Q}$ darstellt. Dann ist die geleistete *Arbeit*

$$A = \boldsymbol{F} \cdot \boldsymbol{s} ,$$

denn es kommt ja nur der Kraftbetrag F' der Projektion von $\boldsymbol{F}$ auf $\boldsymbol{P}\,\boldsymbol{Q}$ zur Wirkung (s. Fig. 1.29). Man kann diesen physikalischen Sachverhalt als Motivation des inneren Produkts auffassen.

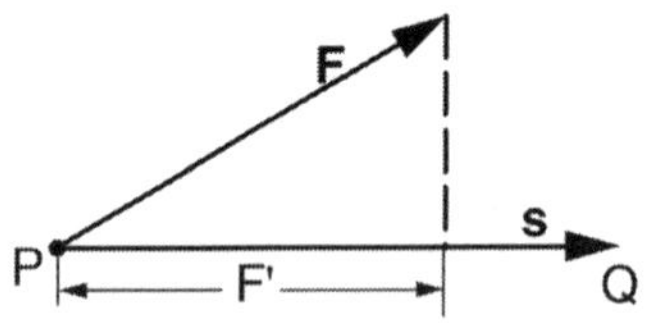

Fig. 1.29: Arbeit

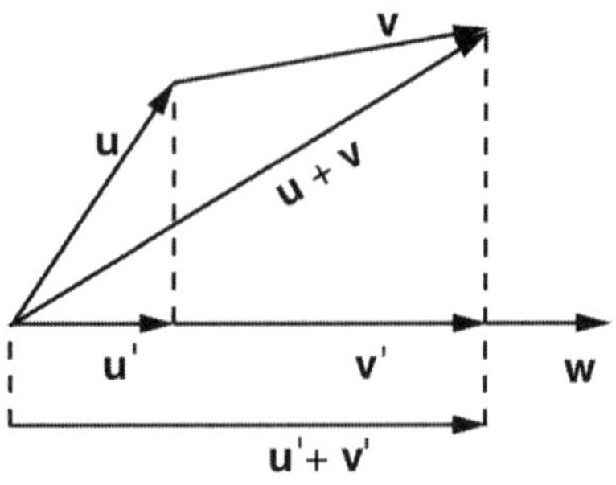

Fig. 1.30: Zum Distributivgesetz

Satz 1.2:

(*Regeln für das innere Produkt*) Für alle Vektoren $\boldsymbol{u}$, $\boldsymbol{v}$, $\boldsymbol{w} \in \mathbb{R}^2$ und alle $\lambda \in \mathbb{R}$ gilt

(I)	$\boldsymbol{u} \cdot \boldsymbol{v} = \boldsymbol{v} \cdot \boldsymbol{u}$	*Kommutativgesetz*
(II)	$(\boldsymbol{u} + \boldsymbol{v}) \cdot \boldsymbol{w} = \boldsymbol{u} \cdot \boldsymbol{w} + \boldsymbol{v} \cdot \boldsymbol{w}$	*Distributivgesetz*
(III)	$\lambda(\boldsymbol{u} \cdot \boldsymbol{v}) = (\lambda\boldsymbol{u}) \cdot \boldsymbol{v} = \boldsymbol{u} \cdot (\lambda\boldsymbol{v})$	*Assoziativgesetz*
(IV)	$\boldsymbol{u} \cdot \boldsymbol{u} = \|\boldsymbol{u}\|^2$	*inneres Produkt und Betrag*

Beweis:

Die Gesetze (I), (III), (IV) sieht man unmittelbar ein. Das Distributivgesetz (II) gilt zweifellos für den Spezialfall, daß alle Vektoren $\boldsymbol{u}$, $\boldsymbol{v}$, $\boldsymbol{w}$ parallel sind.[16] Sind $\boldsymbol{u}$, $\boldsymbol{v}$, $\boldsymbol{w}$ nicht parallel, so folgt (II) mit Fig. 1.30 folgendermaßen:

$$(\boldsymbol{u} + \boldsymbol{v}) \cdot \boldsymbol{w} = (\boldsymbol{u}' + \boldsymbol{v}') \cdot \boldsymbol{w} = \boldsymbol{u}' \cdot \boldsymbol{w} + \boldsymbol{v}' \cdot \boldsymbol{w} = \boldsymbol{u} \cdot \boldsymbol{w} + \boldsymbol{v} \cdot \boldsymbol{w}\,. \qquad \square$$

Achtung: Allgemein gilt nicht $\boldsymbol{u}(\boldsymbol{v} \cdot \boldsymbol{w}) = (\boldsymbol{u} \cdot \boldsymbol{v})\boldsymbol{w}$! Suche Gegenbeispiele!

Folgerung 1.5:

Das innere Produkt zweier Vektoren

$$\boldsymbol{u} = \begin{bmatrix} u_x \\ u_y \end{bmatrix}, \quad \boldsymbol{v} = \begin{bmatrix} v_x \\ v_y \end{bmatrix}$$

läßt sich in kartesischen Koordinaten so ausdrücken:

16 D.h. durch parallele Pfeile dargestellt werden

$$\boldsymbol{u} \cdot \boldsymbol{v} = u_x v_x + u_y v_y \tag{1.35}$$

Merke: Das innere Produkt zweier Vektoren ergibt sich als Summe der Produkte entsprechender Koordinaten.

Beweis:
Für die *Koordinateneinheitsvektoren*

$$\boldsymbol{i} = \begin{bmatrix} 1 \\ 0 \end{bmatrix}, \quad \boldsymbol{j} = \begin{bmatrix} 0 \\ 1 \end{bmatrix} \quad \text{gilt} \quad \boldsymbol{i} \cdot \boldsymbol{i} = 1, \ \boldsymbol{j} \cdot \boldsymbol{j} = 1, \ \boldsymbol{i} \cdot \boldsymbol{j} = 0,$$

da $\boldsymbol{i}$, $\boldsymbol{j}$ die Länge 1 haben und rechtwinklig aufeinander stehen. Für

$$\boldsymbol{u} = u_x \boldsymbol{i} + u_y \boldsymbol{j}, \quad \boldsymbol{v} = v_x \boldsymbol{i} + v_y \boldsymbol{j}$$

folgt durch »Ausmultiplizieren«, was nach (II) erlaubt ist:

$$\boldsymbol{u} \cdot \boldsymbol{v} = u_x v_x \underbrace{\boldsymbol{i} \cdot \boldsymbol{i}}_{1} + u_x v_y \underbrace{\boldsymbol{i} \cdot \boldsymbol{j}}_{0} + u_y v_x \underbrace{\boldsymbol{j} \cdot \boldsymbol{i}}_{0} + u_y v_y \underbrace{\boldsymbol{j} \cdot \boldsymbol{j}}_{1} = u_x v_x + u_y v_y . \qquad \square$$

Der Zwischenwinkel $\varphi = \sphericalangle(\boldsymbol{u}, \boldsymbol{v})$ zweier Vektoren

$$\boldsymbol{u} = \begin{bmatrix} u_x \\ u_y \end{bmatrix}, \quad \boldsymbol{v} = \begin{bmatrix} v_x \\ v_y \end{bmatrix} \quad (\boldsymbol{u}, \boldsymbol{v} \neq 0)$$

läßt sich nun leicht aus $\boldsymbol{u} \cdot \boldsymbol{v} = |\boldsymbol{u}||\boldsymbol{v}| \cos \varphi$ berechnen. Es folgt $\cos \varphi = (\boldsymbol{u} \cdot \boldsymbol{v})/(|\boldsymbol{u}||\boldsymbol{v}|)$, also *Zwischenwinkel*:

$$\varphi = \arccos \frac{\boldsymbol{u} \cdot \boldsymbol{v}}{|\boldsymbol{u}||\boldsymbol{v}|} = \arccos \frac{u_x v_x + u_y v_y}{\sqrt{(u_x^2 + u_y^2)(v_x^2 + v_y^2)}} . \tag{1.36}$$

Beispiel 1.10:
Gegeben sind $\boldsymbol{u} = \begin{bmatrix} 5 \\ 2 \end{bmatrix}$, $\boldsymbol{v} = \begin{bmatrix} -1 \\ 6 \end{bmatrix}$. Rechnung:

$$\boldsymbol{u} \cdot \boldsymbol{v} = 5 \cdot (-1) + 2 \cdot 6 = 7 . \quad |\boldsymbol{u}|^2 = 5^2 + 2^2 = 29, \ |\boldsymbol{v}|^2 = (-1)^2 + 6^2 = 37 .$$

Daraus ergibt sich

$$\varphi = \arccos \frac{7}{\sqrt{29 \cdot 37}} \doteq 1{,}3554 \doteq 77{,}66^\circ .$$

Quadrat eines Vektors $\boldsymbol{v}$: Man setzt zur Abkürzung

$$\boldsymbol{v}^2 = \boldsymbol{v} \cdot \boldsymbol{v}$$

(Dies ist überdies gleich $|\boldsymbol{v}|^2$). Beachte: Andere Potenzen von $\boldsymbol{v}$ sind *nicht erklärt*! Z.B ergibt $\boldsymbol{v}^3$ keinen Sinn!–Mit der Quadratschreibweise erhält man durch explizites Ausrechnen sofort die *binomischen Formeln*:

$$(\boldsymbol{a} \pm \boldsymbol{b})^2 = \boldsymbol{a}^2 \pm 2\boldsymbol{a} \cdot \boldsymbol{b} + \boldsymbol{b}^2, \quad (\boldsymbol{a} + \boldsymbol{b}) \cdot (\boldsymbol{a} - \boldsymbol{b}) = \boldsymbol{a}^2 - \boldsymbol{b}^2 . \tag{1.37}$$

Übung 1.17

$A = (-2, -1)$, $B = (5,1)$, $C = (1,6)$ seien die Ecken eines Dreiecks. Berechne die drei Winkel des Dreiecks.

Übung 1.18*

Ein Wagen von 2500 kg soll auf einer schiefen Ebene mit 7° Steigungswinkel 20 m weit hinaufgezogen werden. Die ihn ziehende konstante Motorkraft betrage 4000 N. Wie groß ist die aufzuwendende Arbeit? — Beachte, daß auf den Wagen zusätzlich die Schwerkraft wirkt!

1.1.6 Parameterform und Hessesche Normalform einer Geraden

Bei der Behandlung geometrischer Themen werden Ortspfeile $\overrightarrow{0P}$ gerne mit den dargestellten Vektoren $\boldsymbol{r}$ gleichgesetzt. Um diese Verschmelzung zu verdeutlichen, spricht man von »Ortsvektoren«. D.h.:

Unter dem *Ortsvektor* $\boldsymbol{r} = \begin{bmatrix} x \\ y \end{bmatrix}$ des Punktes $P = (x, y)$ *verstehen wir den* Ortspfeil $\overrightarrow{0P}$.

Alle eingeführten Rechenoperationen lassen sich mit Ortsvektoren unverändert ausführen, alle Rechenregeln bleiben dabei erhalten. Wen wundert's?

Parameterform einer Geraden. Wir betrachten eine Gerade in einer Ebene mit kartesischem Koordinatensystem. Es sei $\boldsymbol{r}_0$ der *Ortsvektor eines Punktes* P_0 *der Geraden*, und $\boldsymbol{s} \neq \boldsymbol{0}$ ein *Vektor*, der zur Geraden parallel liegt. Dann werden alle Geradenpunkte P — und nur diese — durch Ortsvektoren der Form

$$\boldsymbol{r} = \boldsymbol{r}_0 + \lambda \boldsymbol{s}\,, \quad mit \quad \lambda \in \mathbb{R} \tag{1.38}$$

dargestellt. Man macht sich dies an Fig. 1.31 klar. Die Gleichung (1.38) heißt *Parameterform der Geraden*.

Mit $\boldsymbol{r} = \begin{bmatrix} x \\ y \end{bmatrix}$, $\boldsymbol{r}_0 = \begin{bmatrix} x_0 \\ y_0 \end{bmatrix}$, $\boldsymbol{s} = \begin{bmatrix} s_x \\ s_y \end{bmatrix}$ erhalten wir die *Koordinatendarstellung* der Parameterform der *Geraden*:

$$\begin{matrix} x = x_0 + \lambda s_x \\ y = y_0 + \lambda s_y \end{matrix} \quad \lambda \in \mathbb{R}\,,$$

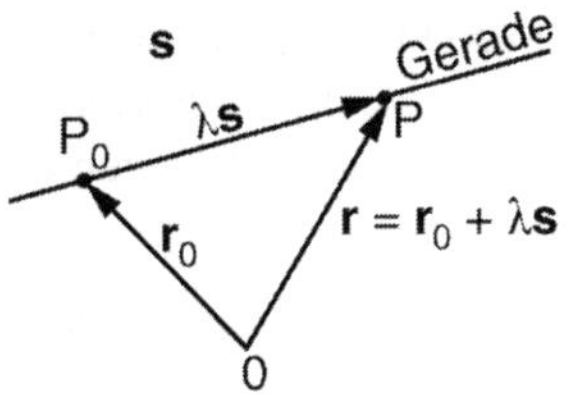

Fig. 1.31: Zur Parameterform einer Geraden

Jeder reelle Wert λ (genannt *Parameter*) liefert dabei genau einen Punkt der Geraden. Alle reellen λ zusammen liefern die gesamte Gerade.

Sind zwei Punkte $\boldsymbol{r}_0, \boldsymbol{r}_1$ einer Geraden gegeben [17], so ist $\boldsymbol{r}_1 - \boldsymbol{r}_0 = \boldsymbol{s}$ zweifellos zur Geraden parallel, und die *Parameterform* der Geraden bekommt die Gestalt

$$\boldsymbol{r} = \boldsymbol{r}_0 + \lambda(\boldsymbol{r}_1 - \boldsymbol{r}_0), \quad \lambda \in \mathbb{R}. \tag{1.39}$$

Mit

$$\boldsymbol{r} = \begin{bmatrix} x \\ y \end{bmatrix}, \quad \boldsymbol{r}_0 = \begin{bmatrix} x_0 \\ y_0 \end{bmatrix}, \quad \boldsymbol{r}_1 = \begin{bmatrix} x_1 \\ y_1 \end{bmatrix}$$

lautet die zugehörige *Koordinatendarstellung*:

$$\begin{aligned} x &= x_0 + \lambda(x_1 - x_0) \\ y &= y_0 + \lambda(y_1 - y_0). \end{aligned}$$

Beispiel 1.11:
Die Parameterform der Geraden durch die beiden Punkte

$$\boldsymbol{r}_0 = \begin{bmatrix} 3 \\ 1 \end{bmatrix}, \quad \boldsymbol{r}_1 = \begin{bmatrix} -1 \\ 6 \end{bmatrix} \text{ lautet } \boldsymbol{r} = \boldsymbol{r}_0 + \lambda(\boldsymbol{r}_1 - \boldsymbol{r}_0), \text{ mit}$$

$$\boldsymbol{r} = \begin{bmatrix} x \\ y \end{bmatrix}, \boldsymbol{s} = \boldsymbol{r}_1 - \boldsymbol{r}_0 = \begin{bmatrix} -4 \\ 5 \end{bmatrix}, \quad \text{also } \begin{bmatrix} x \\ y \end{bmatrix} = \begin{bmatrix} 3 \\ 1 \end{bmatrix} + \lambda \begin{bmatrix} -4 \\ 5 \end{bmatrix},$$

oder:

$$\begin{aligned} x &= 3 - \lambda 4 \\ y &= 1 + \lambda 5. \end{aligned}$$

17 Genauer gesagt: Es sind die *Ortsvektoren* $\boldsymbol{r}_0, \boldsymbol{r}_1$ zweier Punkte gegeben. Wir werden die hier benutzte vereinfachte Sprechweise aber auch in Zukunft benutzen, um sprachliche Überladung zu vermeiden.

Hessesche[18] **Normalform einer Geraden**: Eine Gerade habe vom Ursprung 0 den Abstand $\varrho \geq 0$. Der Vektor $\boldsymbol{n}$ mit Länge 1 stehe rechtwinklig zur Geraden, wobei $\varrho\boldsymbol{n}$ der Ortsvektor eines Geradenpunktes ist. Für den Ortsvektor $\boldsymbol{r}$ eines beliebigen Geradenpunktes gilt damit

$$\boldsymbol{n}\cdot\boldsymbol{r} = \varrho \quad \textit{Hessesche Normalform einer Geraden im } \mathbb{R}^2. \tag{1.40}$$

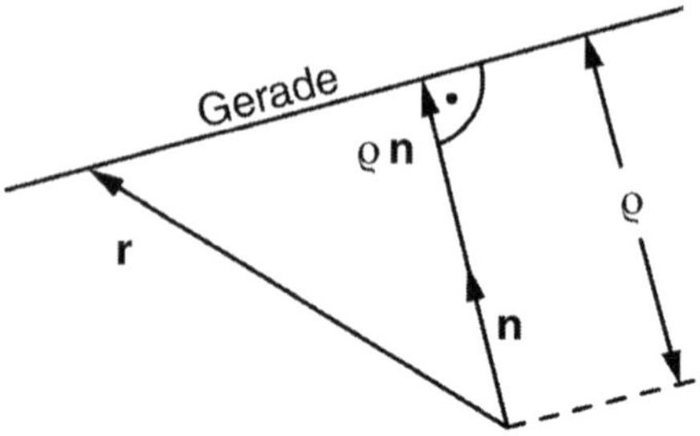

Fig. 1.32: Zur Hesseschen Normalform

Wir erkennen dies aus Fig. 1.32. Denn das innere Produkt $\boldsymbol{r}\cdot\boldsymbol{n}$ ist gleich dem Produkt aus $|\boldsymbol{n}| = 1$ und der Länge der Projektion von $\boldsymbol{r}$ auf die Gerade in Richtung von $\boldsymbol{n}$. Diese Projektionslänge ist aber gleich ϱ. Also $\boldsymbol{n}\cdot\boldsymbol{r} = 1\cdot\varrho = \varrho$. Andere als die Geradenpunkte erfüllen (1.40) offenbar nicht.

Die *Hessesche Normalform* (1.40) einer Geraden ist im Fall $\varrho > 0$ eindeutig bestimmt. Im Fall $\varrho = 0$ gibt es für $\boldsymbol{n}$ offenbar genau zwei Möglichkeiten.

Koordinatendarstellung. Mit $\boldsymbol{r} = \begin{bmatrix} x \\ y \end{bmatrix}$ und $\boldsymbol{n} = \begin{bmatrix} n_x \\ n_y \end{bmatrix}$ erhält die Hessesche Normalform der Geraden die Gestalt

$$n_x x + n_y y = \varrho\,. \tag{1.41}$$

Ist hierbei $n_y \neq 0$, so folgt

$$y = -\frac{n_x}{n_y}x + \frac{\varrho}{n_y}\,. \tag{1.42}$$

Dies ist die eine Geradengleichung, wie sie dem Leser sicherlich bekannt ist. Es sei umgekehrt eine Gerade durch die Gleichung

$$y = mx + b \qquad (m, b, x \in \mathbb{R}) \tag{1.43}$$

gegeben, oder allgemeiner durch

18 Nach Ludwig Otto Hesse (1811 – 1874), Prof. für Mathematik in Heidelberg und München, Mitbegründer der modernen analytischen Geometrie.

$$ax + by = c \qquad \text{mit} \quad c \geq 0\,. \tag{1.44}$$

Dabei sind a und b nicht beide Null. Wie gewinnen wir die zugehörige Hessesche Normalform? Ein Vergleich von $ay + bx = c$ mit $n_x x + n_y y = \varrho$ zeigt, daß der einzige Unterschied darin besteht, daß $n_x^2 + n_y^2 = |\boldsymbol{n}|^2 = 1$ gilt. Man erzwingt dies für die Koeffizienten der ersten Gleichung offenbar, wenn man die ganze Gleichung durch $\sqrt{a^2 + b^2}$ dividiert. Also

Folgerung 1.6:

Die Hessesche Normalform *der durch*

$$ax + by = c, \quad \text{mit } c \geq 0, a^2 + b^2 > 0 \tag{1.45}$$

gegebenen Geraden lautet

$$\frac{a}{\sqrt{a^2 + b^2}}x + \frac{b}{\sqrt{a^2 + b^2}}y = \frac{c}{\sqrt{a^2 + b^2}}\,. \tag{1.46}$$

Mit

$$n_x = \frac{a}{\sqrt{a^2 + b^2}}, \quad n_y = \frac{b}{\sqrt{a^2 + b^2}}, \quad \varrho = \frac{c}{\sqrt{a^2 + b^2}}, \quad \boldsymbol{n} = \begin{bmatrix} n_x \\ n_y \end{bmatrix} \tag{1.47}$$

erhält (1.46) die vektorielle Gestalt $\boldsymbol{n} \cdot \boldsymbol{r} = \varrho$, womit sich der Kreis schließt.

Wir haben dabei als Nebenergebnis bewiesen:

Folgerung 1.7:

Der Abstand einer Geraden $ax + by = c$ von 0 ist gleich

$$\varrho = \frac{|c|}{\sqrt{a^2 + b^2}} \tag{1.48}$$

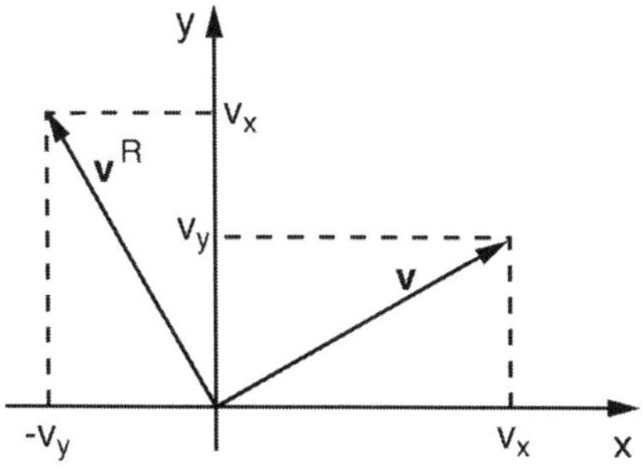

Fig. 1.33: Rechtwinkliges Komplement eines Vektors

Rechtwinkliges Komplement eines Vektors

Oft wird zu einem Vektor $\boldsymbol{v} = \begin{bmatrix} v_x \\ v_y \end{bmatrix} \neq \boldsymbol{0}$ ein dazu rechtwinkliger Vektor benötigt. Aus Fig. 1.33 erkennt man, daß der Vektor

$$\boldsymbol{v}^R := \begin{bmatrix} -v_y \\ v_x \end{bmatrix} \tag{1.49}$$

zu $\boldsymbol{v}$ rechtwinklig steht und die gleiche Länge wie $\boldsymbol{v}$ hat. Wir nennen $\boldsymbol{v}^R$ das *rechtwinklige Komplement* von $\boldsymbol{v}$. Der Vektor $\boldsymbol{v}^R$ geht aus $\boldsymbol{v}$ durch Drehung um 90^0 gegen den Uhrzeigersinn hervor.

Umwandlung der Parameterform einer Geraden in die Hessesche Normalform

Es sei eine Gerade in der Parameterform

$$\boldsymbol{r} = \boldsymbol{r}_0 + \lambda \boldsymbol{s}, \quad \boldsymbol{s} \neq \boldsymbol{0}, \quad \lambda \in \mathbb{R} \tag{1.50}$$

gegeben. Man bildet mit dem rechtwinkligen Komplement $\boldsymbol{s}^R$ von $\boldsymbol{s}$ daraus

$$\boldsymbol{n}' := \frac{\boldsymbol{s}^R}{|\boldsymbol{s}|}, \varrho' = \boldsymbol{r}_0 \cdot \boldsymbol{n}', \varrho := |\varrho'|, \quad \text{und} \quad \begin{cases} \boldsymbol{n} := \boldsymbol{n}' & \text{falls } \varrho' \geq 0 \\ \boldsymbol{n} := -\boldsymbol{n}' & \text{falls } \varrho' < 0 \end{cases}. \tag{1.51}$$

Damit ist $\boldsymbol{n} \cdot \boldsymbol{r} = \varrho$ die Hessesche Normalform der Geraden.

Beispiel 1.12:

Eine Gerade habe die Parameterform $\begin{array}{l} x = 5 + \lambda 3 \\ y = -10 + \lambda 4 \end{array}$ mit

$$\boldsymbol{r} = \begin{bmatrix} x \\ y \end{bmatrix}, \quad \boldsymbol{r}_0 = \begin{bmatrix} 5 \\ -10 \end{bmatrix}, \quad \boldsymbol{s} = \begin{bmatrix} 3 \\ 4 \end{bmatrix}, \quad \text{also } \boldsymbol{r} = \boldsymbol{r}_0 + \lambda \boldsymbol{s}.$$

Es folgt:

$$\boldsymbol{n}' = \frac{1}{|\boldsymbol{s}|}\boldsymbol{s}^R = \frac{1}{5}\begin{bmatrix} -4 \\ 3 \end{bmatrix}, \quad \varrho' = \boldsymbol{r}_0 \cdot \boldsymbol{n}' = -10 \Rightarrow \varrho = 10, \ \boldsymbol{n} = -\boldsymbol{n}' = \frac{1}{5}\begin{bmatrix} 4 \\ -3 \end{bmatrix}.$$

Die Hessesche Normalform $\boldsymbol{n} \cdot \boldsymbol{r} = \varrho$ lautet damit explizit: $\frac{4}{5}x - \frac{3}{5}y = 10$. Aufgelöst nach y also $y = \frac{4}{3}x - \frac{50}{3}$.

Es gibt noch eine zweite Methode: Man geht dabei von dem Ansatz $\varrho \boldsymbol{n} = \boldsymbol{r}_0 + \lambda_0 \boldsymbol{s}$ aus, da $\varrho \boldsymbol{n}$ Ortsvektor eines Geradenpunktes sein muß. Da $\boldsymbol{n}$ und $\boldsymbol{s}$ rechtwinklig zueinander stehen, gilt $0 = \varrho \boldsymbol{n} \cdot \boldsymbol{s} = (\boldsymbol{r}_0 + \lambda_0 \boldsymbol{s}) \cdot \boldsymbol{s} = \boldsymbol{r}_0 \cdot \boldsymbol{s} + \lambda_0 \boldsymbol{s} \cdot \boldsymbol{s}$, woraus

$$\lambda_0 = -\frac{\boldsymbol{r}_0 \cdot \boldsymbol{s}}{|\boldsymbol{s}|^2}, \quad \boldsymbol{n} = \frac{\boldsymbol{r}_0 + \lambda_0 \boldsymbol{s}}{|\boldsymbol{r}_0 + \lambda_0 \boldsymbol{s}|}, \quad \varrho = \boldsymbol{r}_0 \cdot \boldsymbol{n} \tag{1.52}$$

folgt, und damit die Hessesche Normalform $\boldsymbol{n} \cdot \boldsymbol{r} = \varrho$.

Der Rechenaufwand ist hier ein wenig größer. Für praktische Rechnungen ist daher die erste Methode vorzuziehen. Für theoretische Zwecke kann (1.52) gelegentlich nützlich sein, da $\boldsymbol{n}$ hier in einer geschlossenen Formel ohne Fallunterscheidung und ohne Rückgriff auf $\boldsymbol{s}^R$ vorliegt.

Umwandlung der Hesseschen Normalform einer Geraden in die Parameterform. Aus der Hesseschen Normalform $\boldsymbol{n} \cdot \boldsymbol{r} = \varrho$ gewinnt man sofort die Parameterform:

$$\boldsymbol{r} = \varrho \boldsymbol{n} + \lambda \boldsymbol{n}^R, \quad \lambda \in \mathbb{R}. \tag{1.53}$$

Dies ist natürlich nicht die einzige, denn die Parameterform einer Geraden ist nicht eindeutig bestimmt. Man kann z.B. zwei beliebige Punkte $\boldsymbol{r}_0, \boldsymbol{r}_1$ der Geraden auswählen (ausgerechnet aus $\boldsymbol{n} \cdot \boldsymbol{r} = \varrho$) und daraus die Parameterdarstellung

$$\boldsymbol{r} = \boldsymbol{r}_0 + \lambda(\boldsymbol{r}_1 - \boldsymbol{r}_0)$$

bilden.

Liegt dagegen eine Gerade in der allgemeinen Gestalt

$$ax + by = c \quad (a, b \text{ nicht beide } 0)$$

vor, so ist es nicht nötig, die Gleichung zuerst in eine Hessesche Normalform zu verwandeln.. Man erhält eine Parameterform $\boldsymbol{r} = \boldsymbol{r}_0 + \lambda \boldsymbol{s}$ mit

$$\boldsymbol{s} = \begin{bmatrix} -b \\ a \end{bmatrix}, \quad \boldsymbol{r}_0 = \begin{bmatrix} x_0 \\ y_0 \end{bmatrix}, \tag{1.54}$$

wobei x_0, y_0 die Koordinaten irgendeines Punktes der Geraden sind (z.B. $x_0 = 0$, $y_0 = c/b$, falls $b \neq 0$, oder $x_0 = c/a$, $y_0 = 0$, falls $b = 0$).

Beispiel 1.13:
Gegeben sei die Geradengleichung

$$12x - 5y = 26\,. \tag{1.55}$$

Hessesche Normalform dazu: $\frac{12}{13}x - \frac{5}{13}y = 2$, mit

$$\boldsymbol{n} = \frac{1}{13}\begin{bmatrix} 12 \\ -5 \end{bmatrix}, \quad \boldsymbol{r} = \begin{bmatrix} x \\ y \end{bmatrix}, \quad \text{also: } \boldsymbol{n} \cdot \boldsymbol{r} = 2 \ \ (\varrho = 2)\,.$$

Daraus gewinnt man eine Parameterform (nach (1.53))

$$\boldsymbol{r} = \frac{2}{13}\begin{bmatrix} 12 \\ -5 \end{bmatrix} + \lambda \frac{1}{13}\begin{bmatrix} 5 \\ 12 \end{bmatrix}, \quad \lambda \in \mathbb{R}.$$

Wir können aber auch einen beliebigen Punkt $\boldsymbol{r}_0 = \begin{bmatrix} x_0 \\ y_0 \end{bmatrix}$ wählen, der die Geradengleichung (1.55) erfüllt; z.B. errechnet man mit $x_0 = 0$ aus (1.55): $y = -26/5$. Ferner erhält man $\boldsymbol{s} = \begin{bmatrix} 5 \\ 12 \end{bmatrix}$ nach (1.54). Zusammen ergibt sich die Parameterform

$$\boldsymbol{r} = \begin{bmatrix} 0 \\ -26/5 \end{bmatrix} + \lambda \begin{bmatrix} 5 \\ 12 \end{bmatrix}, \quad \lambda \in \mathbb{R}. \tag{1.56}$$

(1.55) und (1.56) beschreiben beide die gleiche Gerade!

Übung 1.19:

(a) Gib die Hessesche Normalform und eine Parameterform der Geraden $y = x + 1$ an!

(b) Wie lautet die Hessesche Normalform der Geraden

$$\boldsymbol{r} = \begin{bmatrix} 1 \\ 1 \end{bmatrix} + \lambda \begin{bmatrix} -2 \\ 1 \end{bmatrix} ?$$

Welchen Abstand hat die Gerade vom Nullpunkt?

Übung 1.20:

Beweise für die rechtwinkligen Komplemente von Vektoren die folgenden Rechenregeln. Dabei sei $\boldsymbol{v}^{RR} := (\boldsymbol{v}^R)^R$.

(a) $\boldsymbol{v}^{RR} = -\boldsymbol{v}$,

(b) $(\boldsymbol{v} + \boldsymbol{u})^R = \boldsymbol{v}^R + \boldsymbol{u}^R$,

(c) $(\lambda \boldsymbol{v})^R = \lambda \boldsymbol{v}^R$,

(d) $\boldsymbol{v}^R \cdot \boldsymbol{u}^R = \boldsymbol{v} \cdot \boldsymbol{u}$,

(e) $\boldsymbol{v}^R \cdot \boldsymbol{u} = -\boldsymbol{v} \cdot \boldsymbol{u}^R$,

(f) $\xi \boldsymbol{a} + \eta \boldsymbol{b} = \boldsymbol{c}, \quad \boldsymbol{a}^R \cdot \boldsymbol{b} \neq 0 \quad \Rightarrow \quad \xi = \frac{\boldsymbol{c}^R \cdot \boldsymbol{b}}{\boldsymbol{a}^R \cdot \boldsymbol{b}}, \quad \eta = \frac{\boldsymbol{a}^R \cdot \boldsymbol{c}}{\boldsymbol{a}^R \cdot \boldsymbol{b}}$.

1.1.7 Geometrische Anwendungen

Schnittwinkel zweier Geraden: Zwei Geraden bilden zwei Winkel φ und ψ miteinander, deren Summe π ist, s. Fig. 1.34. Der kleinere der beiden Winkel sei φ, d.h $0 \leq \varphi \leq \frac{\pi}{2}$[19]. Seine Berechnung geht aus Tabelle 1.1 hervor.

19 Im Fall paralleler Geraden ist $\varphi = 0$, $\psi = \pi$.

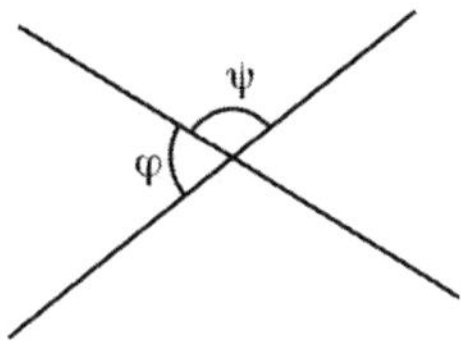

Fig. 1.34: Winkel zwischen zwei Geraden

Tabelle 1.1: Zwischenwinkel zweier Geraden

Geraden, gegeben durch	Zwischenwinkel $\varphi \in \left[0, \frac{\pi}{2}\right]$	
Parameterformen $\boldsymbol{r} = \boldsymbol{r}_1 + \lambda \boldsymbol{s}_1$, $\boldsymbol{r} = \boldsymbol{r}_2 + \lambda \boldsymbol{s}_2$	$\varphi = \arccos \frac{\lvert \boldsymbol{s}_1 \cdot \boldsymbol{s}_2 \rvert}{\lvert \boldsymbol{s}_1 \rvert \cdot \lvert \boldsymbol{s}_2 \rvert}$	(1.57)
Hessesche Normalformen $\boldsymbol{n}_1 \cdot \boldsymbol{r} = \rho_1$, $\boldsymbol{n}_2 \cdot \boldsymbol{r} = \rho_2$	$\varphi = \arccos \lvert \boldsymbol{n}_1 \cdot \boldsymbol{n}_2 \rvert$	(1.58)
Parameterform $\boldsymbol{r} = \boldsymbol{r}_0 + \lambda \boldsymbol{s}$ und Hessesche Normalform $\boldsymbol{n} \cdot \boldsymbol{r} = \rho$	$\varphi = \arccos \frac{\lvert \boldsymbol{s} \cdot \boldsymbol{n}^R \rvert}{\lvert \boldsymbol{s} \rvert}$	(1.59)
allg. Geradengleichungen $a_1 x + b_1 y = c_1$, $a_2 x + b_2 y = c_2$	$\varphi = \arccos \frac{\lvert a_1 a_2 + b_1 b_2 \rvert}{\sqrt{(a_1^2 + b_1^2)(a_2^2 + b_2^2)}}$	(1.60)

Aus den vorangegangenen geometrischen Übungen leitet der Leser leicht die Formeln her.
Lot von einem Punkt auf eine Gerade. Abstand eines Punktes von einer Geraden: Es sei eine Gerade durch die *Parameterform*

$$\boldsymbol{r} = \boldsymbol{r}_0 + \lambda \boldsymbol{s}, \quad \lambda \in \mathbb{R}$$

gegeben, sowie ein beliebiger Punkt der Ebene mit Ortsvektor $\boldsymbol{r}_1$.

Das *Lot* des Punktes ist die kürzeste Strecke, die Punkt und Gerade verbindet. Das Lot steht rechtwinklig auf der Geraden. Der Schnittpunkt des Lotes mit der Geraden heißt der *Fußpunkt* des Lotes auf die Gerade. Er wird durch den Ortsvektor $\boldsymbol{r}^*$ markiert, s. Fig.1.35.

Damit gelten die in Tab. 1.2 enthaltenen Formeln.

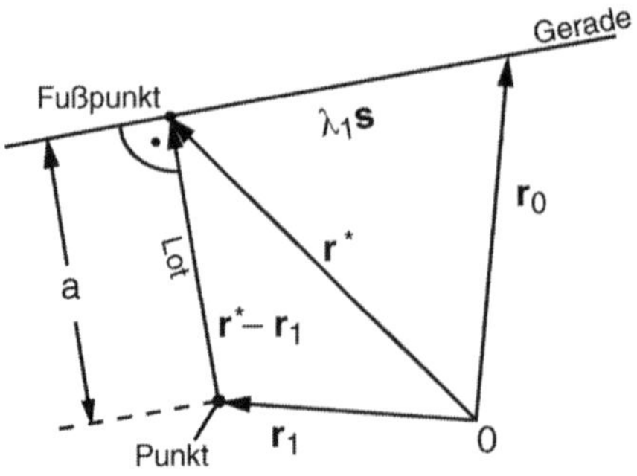

Fig. 1.35: Lot von einem Punkt auf eine Gerade

Tabelle 1.2: Lot auf Gerade, Abstand Punkt-Gerade

Geradenform	*Fußpunkt* r^* *des Lotes* von einem Punkt r_1 auf die Gerade	*Abstand* a des Punktes r_1 von der Geraden
Parameterform: $r = r_0 + \lambda s$	$r = r_0 + \lambda_1 s$ mit $\lambda_1 = \dfrac{(r_1 - r_0) \cdot s}{s^2}$	$a = \lvert r^* - r_1 \rvert = \lvert r_0 - r_1 + \lambda_1 s \rvert$, λ_1 wie links
Hessesche Normalform: $n \cdot r = \rho$	$r^* = \rho n + \lambda n^R$ mit $\lambda = r_1 \cdot n^R$	$a = \lvert n \cdot r_1 - \rho \rvert$
	Die Punkte $\mathbf{0}$ und r_1 liegen auf • verschiedenen Seiten der Geraden, wenn $n \cdot r_1 > \rho$ • gleichen Seiten der Geraden, wenn $n \cdot r_1 < \rho$	

Nachweis der Formeln in der Tabelle 1.2: Die Gerade sei in Parameterform $r = r_0 + \lambda s$ gegeben. Da der Fußpunkt r^* des Lotes Geradenpunkt ist, gilt

$$r^* = r_0 + \lambda_1 s \tag{1.61}$$

mit noch unbekanntem λ_1. Man errechnet λ_1 aus der Bedingung

$$(r^* - r_1) \cdot s = (r_0 + \lambda_1 s - r_1) \cdot s = 0; \tag{1.62}$$

dies besagt, daß der Vektor $r^* - r_1$ rechtwinklig zu s steht (s . Fig. 1.8). Aus (1.62) folgt $\lambda_1 = [(r_1 - r_0) \cdot s]/s^2$, wie in der Tabelle angegeben. Der Abstand $a = |r^* - r_1|$ ist klar.

Ist die Gerade in *Hessescher Normalform* $n \cdot r = \varrho$ gegeben, so ist eine zugehörige Parameterform $r = \varrho n + \lambda n^R$. Setzen wir ϱn statt r_0 und n^R statt s in die Gleichung (1.61) ein, so folgt für den Fußpunkt des Lotes $r^* = \varrho n + (r_1 \cdot n^R) n^R$, wie in der Tabelle notiert.

Der *Abstand a* des Punktes r_1 von der Geraden in Hessescher Normalform ergibt sich besonders einfach. Man erkennt aus Fig. 1.36

$$n \cdot r_1 = \tau$$

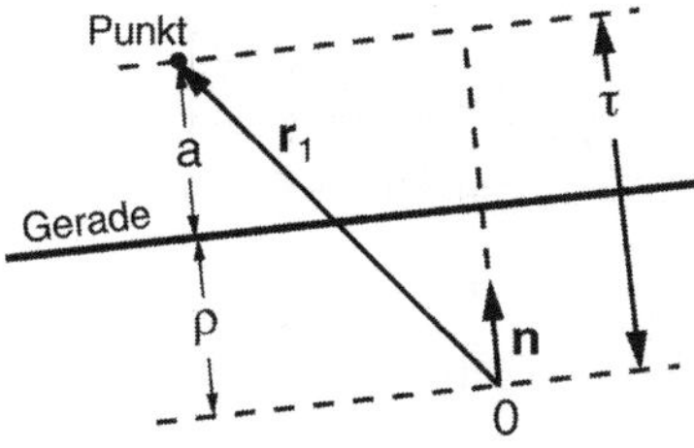

Fig. 1.36: Abstand Punkt - Gerade

(Der Betrag von τ ist die Länge der Projektion von $\boldsymbol{r}_1$ auf eine zu $\boldsymbol{n}$ parallele Gerade, da $\boldsymbol{n} \cdot \boldsymbol{r}_1 = |\boldsymbol{n}| \cdot \tau = 1 \cdot \tau = \tau$). Der gesuchte Abstand ist damit gleich

$$a = |\tau - \varrho| = |\boldsymbol{n} \cdot \boldsymbol{r}_1 - \varrho|.$$

Die Behauptung über die Lage der Punkte $\mathbf{0}$ und $\boldsymbol{r}_1$ zur Geraden (in Tab. 1.2) macht sich der Leser leicht selbst klar.

Beispiel 1.14:

Eine Gerade $\boldsymbol{r} = \boldsymbol{r}_0 + \lambda \boldsymbol{s}$ und ein Punkt $\boldsymbol{r}_1$ seien durch folgende Vektoren gegeben:

$$\boldsymbol{r}_0 = \begin{bmatrix} 2 \\ -4 \end{bmatrix}, \quad \boldsymbol{s} = \begin{bmatrix} 2 \\ 5 \end{bmatrix}, \boldsymbol{r}_1 = \begin{bmatrix} -4 \\ 10 \end{bmatrix}.$$

Damit ist der *Fußpunkt* des Lotes von $\boldsymbol{r}_1$ auf die Gerade nach Tab. 1.2:

$$\boldsymbol{r}^* = \begin{bmatrix} 2 \\ -4 \end{bmatrix} + \frac{\begin{bmatrix} -4-2 \\ 10+4 \end{bmatrix} \cdot \begin{bmatrix} 2 \\ 5 \end{bmatrix}}{2^2 + 5^2} \begin{bmatrix} 2 \\ 5 \end{bmatrix} = \begin{bmatrix} 2 \\ -4 \end{bmatrix} + \frac{58}{29} \begin{bmatrix} 2 \\ 5 \end{bmatrix} = \begin{bmatrix} 6 \\ 6 \end{bmatrix}.$$

Der Abstand der Geraden vom Punkt $\boldsymbol{r}_1$ ist

$$a = |\boldsymbol{r}^* - \boldsymbol{r}_1| = \left| \begin{bmatrix} 6-(-4) \\ 6-10 \end{bmatrix} \right| = \sqrt{10^2 + 4^2} = \sqrt{116} \doteq \underline{10{,}7703}.$$

Beispiel 1.15:

Wie groß ist der Abstand des Punktes $P = (-8{,}5)$ von der Geraden mit der Gleichung $y = 3x - 1$?

Zur *Beantwortung* bilden wir die zugehörige Hessesche Normalform $\boldsymbol{n} \cdot \boldsymbol{r} = \varrho$, d.h. wir formen um in $3x - y = 1$ und dividieren durch $\sqrt{3^2 + 1^2} = \sqrt{10}$. Somit ergibt sich die Hessesche Normalform

$$\frac{3}{\sqrt{10}} x - \frac{1}{\sqrt{10}} y = \frac{1}{\sqrt{10}}.$$

Wir setzen $\boldsymbol{n} = \dfrac{1}{\sqrt{10}}\begin{bmatrix} 3 \\ -1 \end{bmatrix}$, $\varrho = \dfrac{1}{\sqrt{10}}$ und $\boldsymbol{r}_1 = \begin{bmatrix} -8 \\ 5 \end{bmatrix}$.
Aus $a = |\boldsymbol{n} \cdot \boldsymbol{r}_1 - \varrho|$ gewinnt man den gesuchten Abstand:

$$a = \left| \frac{1}{\sqrt{10}} \begin{bmatrix} 3 \\ -1 \end{bmatrix} \cdot \begin{bmatrix} -8 \\ 5 \end{bmatrix} - \frac{1}{\sqrt{10}} \right| = \frac{1}{\sqrt{10}} \left| -3 \cdot 8 - 1 \cdot 5 - 1 \right| \doteq \underline{9{,}48683}.$$

Aus $\boldsymbol{n} \cdot \boldsymbol{r}_1 = -29/\sqrt{10} < 0$ entnehmen wir, daß die Punkte P und 0 auf der gleichen Seite der Geraden liegen.

Zweireihige Determinanten. Ein Zahlenschema der Form

$$\begin{bmatrix} a_{11} & a_{12} \\ a_{21} & a_{22} \end{bmatrix}, \quad \text{z.B.} \quad \begin{bmatrix} 3 & 2 \\ 4 & 7 \end{bmatrix}$$

nennen wir eine zweireihige quadratische *Matrix*. Unter der Determinante der Matrix verstehen wir den Zahlenwert $a_{11}a_{22} - a_{21}a_{12}$. Wir beschreiben diese »*zweireihige Determinante*« durch

$$\begin{vmatrix} a_{11} & a_{12} \\ a_{21} & a_{22} \end{vmatrix} = a_{11}a_{22} - a_{21}a_{12}. \tag{1.63}$$

Zum Beispiel

$$\begin{vmatrix} 3 & 2 \\ 4 & 7 \end{vmatrix} = 3 \cdot 7 - 4 \cdot 2 = 13.$$

Die Zahlen werden also »über Kreuz« multipliziert und die Produkte voneinander subtrahiert. Was ist die geometrische Bedeutung dieser Determinante?

Flächeninhalte von Parallelogramm und Dreieck

Satz 1.3:
Sind $\boldsymbol{a} = \begin{bmatrix} a_1 \\ a_2 \end{bmatrix}$, $\boldsymbol{b} = \begin{bmatrix} b_1 \\ b_2 \end{bmatrix}$ zwei Vektoren des $\mathbb{R}^2$, so ist der Absolutbetrag der daraus gebildeten Determinante

$$\begin{bmatrix} a_1 & b_1 \\ a_2 & b_2 \end{bmatrix} = a_1b_2 - a_2b_1$$

gleich dem Flächeninhalt des von $\boldsymbol{a}, \boldsymbol{b}$ aufgespannten Parallelogramms. (Darunter verstehen wir das Parallelogramm, bei dem zwei Seiten von den Ortsvektoren $\boldsymbol{a}, \boldsymbol{b}$ gebildet werden, s. Fig. 1.37a).

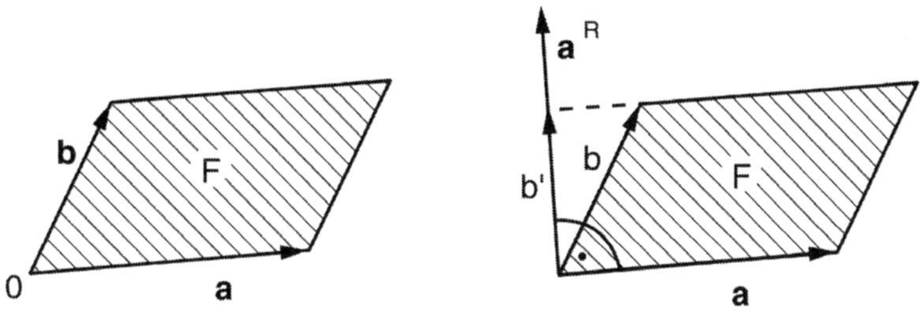

Fig. 1.37: a) Flächeninhalt F eines Parallelogramms, b) Berechnung von F

Beweis:

(s. Fig. 1.37b): Der Flächeninhalt F des Parallelogramms ist mit der Projektion $\boldsymbol{b}'$ von $\boldsymbol{b}$ auf $\boldsymbol{a}^R$ gleich

$$F = |\boldsymbol{a}| \cdot |\boldsymbol{b}'| = |\boldsymbol{a}^R| \cdot |\boldsymbol{b}'| = |\boldsymbol{a}^R \cdot \boldsymbol{b}| = \left| \begin{bmatrix} -a_2 \\ a_1 \end{bmatrix} \cdot \begin{bmatrix} b_1 \\ b_2 \end{bmatrix} \right| = | - a_2 b_1 + a_1 b_2 | \, .$$

Das ist der Absolutbetrag der Determinante in Satz 1.3 □

Die Determinante $\begin{vmatrix} a_1 & b_1 \\ a_2 & b_2 \end{vmatrix}$ aus zwei Vektoren $\boldsymbol{a} = \begin{bmatrix} a_1 \\ a_2 \end{bmatrix}$, $\boldsymbol{b} = \begin{bmatrix} b_1 \\ b_2 \end{bmatrix}$ wird auch

$\det(\boldsymbol{a}, \boldsymbol{b})$

symbolisiert. Z.B.: $\boldsymbol{a} = \begin{bmatrix} 4 \\ 2 \end{bmatrix}$, $\boldsymbol{b} = \begin{bmatrix} 9 \\ 3 \end{bmatrix}$ liefert $\det(\boldsymbol{a}, \boldsymbol{b}) = \begin{vmatrix} 4 & 9 \\ 2 & 3 \end{vmatrix} = 4 \cdot 3 - 2 \cdot 9 = -6$.

Folgerung 1.8:

(*Flächeninhalt eines Dreiecks*) Sind die Ecken eines Dreiecks durch die Ortsvektoren $\boldsymbol{r}_0, \boldsymbol{r}_1, \boldsymbol{r}_2 \in \mathbb{R}^2$ markiert, so ist der Flächeninhalt des Dreiecks gleich

$$\left| \frac{1}{2} \det(\boldsymbol{r}_1 - \boldsymbol{r}_0,\ \boldsymbol{r}_2 - \boldsymbol{r}_0) \right| . \tag{1.64}$$

Der Schwerpunkt des Dreiecks ist gegeben durch

$$\boldsymbol{s} = \frac{1}{3}(\boldsymbol{r}_0 + \boldsymbol{r}_1 + \boldsymbol{r}_2) \, . \tag{1.65}$$

Beweis:

(der Schwerpunktgleichung) Ein Vektor in Richtung der Seitenhalbierenden durch $\boldsymbol{r}_0$ ist $\boldsymbol{t} = \frac{1}{2}((\boldsymbol{r}_1 - \boldsymbol{r}_0) + (\boldsymbol{r}_2 - \boldsymbol{r}_0))$. Der Schwerpunkt teilt die Seitenhalbierende im Verhältnis 1 : 2, also ist $\boldsymbol{s} = \boldsymbol{r}_0 + \frac{2}{3}\boldsymbol{t} = \frac{1}{3}(\boldsymbol{r}_0 + \boldsymbol{r}_1 + \boldsymbol{r}_2)$ der Ortsvektor des Schwerpunktes. □

Beispiel 1.16:
Das Dreieck mit den Ecken

$$\boldsymbol{r}_0 = \begin{bmatrix} 1 \\ 2 \end{bmatrix}, \quad \boldsymbol{r}_1 = \begin{bmatrix} 3 \\ 5 \end{bmatrix}, \quad \boldsymbol{r}_2 = \begin{bmatrix} 4 \\ -6 \end{bmatrix}$$

hat den Flächeninhalt

$$\left| \frac{1}{2} \det \left(\begin{bmatrix} 3-1 \\ 5-2 \end{bmatrix}, \begin{bmatrix} 4-1 \\ -6-2 \end{bmatrix} \right) \right| = \left| \frac{1}{2} \begin{bmatrix} 2 & 3 \\ 3 & -8 \end{bmatrix} \right| = \underline{12{,}5}$$

und den Schwerpunkt $\boldsymbol{s} = \frac{1}{3}(\boldsymbol{r}_0 + \boldsymbol{r}_1 + \boldsymbol{r}_2) = \begin{bmatrix} 8/3 \\ 1/3 \end{bmatrix}$.

Zum Schluß leiten wir mit der Vektorrechnung zwei geometrische Formeln her.

Satz 1.4:
(*Cosinus-Satz*) Im Dreieck, $[A, B, C]$ den Seitenlängen a, b, c und dem Winkel γ bei C (s. Fig. 1.38) gilt

$$c^2 = a^2 + b^2 - 2ab\cos\gamma\,. \tag{1.66}$$

Beweis:
Die Pfeile $\overrightarrow{CA}$, $\overrightarrow{CB}$ und $\overrightarrow{AB}$ stellen Vektoren $\boldsymbol{a}$, $\boldsymbol{b}$ und $\boldsymbol{c} = \boldsymbol{a} - \boldsymbol{b}$ dar. Ihre Längen sind a, b und c. Damit folgt

$$c^2 = \boldsymbol{c}^2 = (\boldsymbol{a} - \boldsymbol{b})^2 = \boldsymbol{a}^2 + \boldsymbol{b}^2 - 2\boldsymbol{a} \cdot \boldsymbol{b} = a^2 + b^2 - 2ab\,\cos\gamma\,.$$ □

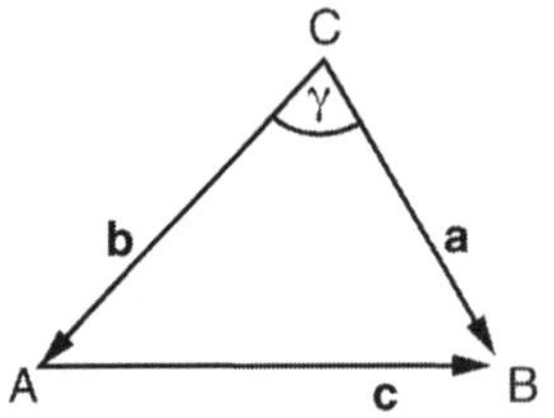

Fig. 1.38: Zum Cosinus-Satz

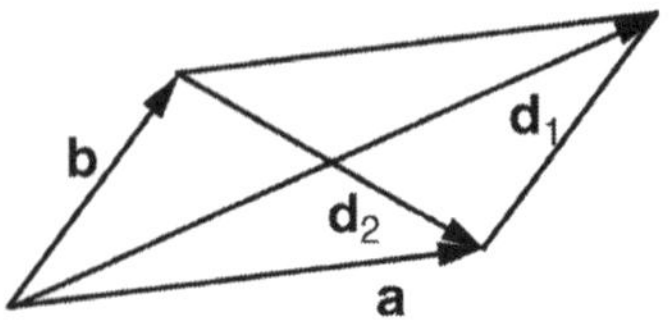

Fig. 1.39: Zur Parallelogrammgleichung

Satz 1.5:
(*Parallelogrammgleichung*) Sind a, b die Längen zweier anliegender Seiten eines Parallelogramms, und sind d_1, d_2 die Längen der Diagonalen, so gilt

$$a^2 + b^2 = \frac{d_1^2 + d_2^2}{2}\,.$$

Wir bemerken dazu: Die Diagonalen $\boldsymbol{d}_1, \boldsymbol{d}_2$ (als Vektoren aufgefaßt) errechnen sich aus den Seiten $\boldsymbol{a}, \boldsymbol{b}$ durch

$$\boldsymbol{d}_1 = \boldsymbol{a} + \boldsymbol{b}, \quad \boldsymbol{d}_2 = \boldsymbol{a} - \boldsymbol{b} \tag{1.67}$$

(s. Fig. 1.39). Umgekehrt erhält man durch Addition bzw Subtraktion dieser Gleichungen

$$\boldsymbol{a} = \frac{1}{2}(\boldsymbol{d}_1 + \boldsymbol{d}_2), \quad \boldsymbol{b} = \frac{1}{2}(\boldsymbol{d}_1 - \boldsymbol{d}_2).$$

Aus (1.67) folgt nun erstaunlich leicht der

Beweis:
(des Satzes 1.5) d_1, d_2, a, b seien die Längen von $\boldsymbol{d}_1, \boldsymbol{d}_2, \boldsymbol{a}, \boldsymbol{b}$:

$$d_1^2 + d_2^2 = \boldsymbol{d}_1^2 + \boldsymbol{d}_2^2 = (\boldsymbol{a} + \boldsymbol{b})^2 + (\boldsymbol{a} - \boldsymbol{b})^2 = 2(\boldsymbol{a}^2 + \boldsymbol{b}^2)\,. \qquad \square$$

Bemerkung: In einem *Dreieck* seien die Seitenlängen a, b, c bekannt. Lassen sich aus der Parallelogrammgleichung Formeln für die Längen s_a, s_b, s_c der *Seitenhalbierenden* herleiten? Natürlich ja! Der Leser entwickle diese Formeln!

Lineares Gleichungssystem mit zwei Unbekannten

Ein Gleichungssystem der Form

$$\begin{aligned} \xi a_1 + \eta b_1 &= c_1 \\ \xi a_2 + \eta b_2 &= c_2 \end{aligned}$$

wird mit $\boldsymbol{a} = \begin{bmatrix} a_1 \\ a_2 \end{bmatrix}, \boldsymbol{b} = \begin{bmatrix} b_1 \\ b_2 \end{bmatrix}, \boldsymbol{c} = \begin{bmatrix} c_1 \\ c_2 \end{bmatrix}$ zu

$$\xi \boldsymbol{a} + \eta \boldsymbol{b} = \boldsymbol{c}\,. \tag{1.68}$$

$\boldsymbol{a}, \boldsymbol{b}, \boldsymbol{c}$ sind gegeben, ξ, η gesucht. Dabei seien $\boldsymbol{a}$ und $\boldsymbol{b}$ nicht parallel, d.h. es sei $\boldsymbol{a}^R \cdot \boldsymbol{b} \neq 0$. Aus geometrischen Gründen existieren reelle ξ, η, die (1.68) erfüllen. Man errechnet sie, indem man (1.68) mit $\boldsymbol{a}^R$ bzw. $\boldsymbol{b}^R$ durchmultipliziert. Wegen $\boldsymbol{a}^R \cdot \boldsymbol{a} = \boldsymbol{b}^R \cdot \boldsymbol{b} = 0$ erhält man $\eta \boldsymbol{a}^R \cdot \boldsymbol{b} = \boldsymbol{a}^R \cdot \boldsymbol{c}$ bzw. $\xi \boldsymbol{b}^R \cdot \boldsymbol{a} = \boldsymbol{b}^R \cdot \boldsymbol{c}$. Auflösen nach η und ξ, unter Benutzung von $\det(\boldsymbol{a}, \boldsymbol{b}) = \boldsymbol{a}^R \cdot \boldsymbol{b} = -\boldsymbol{b}^R \cdot \boldsymbol{a}$, liefert die

$$\text{Lösung: } \xi = \frac{\det(\boldsymbol{c}, \boldsymbol{b})}{\det(\boldsymbol{a}, \boldsymbol{b})}, \quad \eta = \frac{\det(\boldsymbol{a}, \boldsymbol{c})}{\det(\boldsymbol{a}, \boldsymbol{b})}, \quad \text{Cramersche Regel}^{20}\,. \tag{1.69}$$

20 Gabriel Cramer (1704 – 1752), schweizerischer Mathematiker

Beispiel 1.17:

$$\left.\begin{aligned} 4\xi - 2\eta &= 14 \\ 7\xi + 3\eta &= -8 \end{aligned}\right\} \Rightarrow \xi = \frac{\begin{vmatrix} 14 & -2 \\ -8 & 3 \end{vmatrix}}{\begin{vmatrix} 4 & -2 \\ 7 & 3 \end{vmatrix}} = 1, \quad \eta = \frac{\begin{vmatrix} 4 & 14 \\ 7 & -8 \end{vmatrix}}{\begin{vmatrix} 4 & -2 \\ 7 & 3 \end{vmatrix}} = -5\,.$$

Übung 1.21*

Berechne die Winkel zwischen den Geraden

(a) $3x + 5y = 4,\ \ 2x - 6y = 9.$

(b) $\boldsymbol{r} = \begin{bmatrix} 2 \\ 9 \end{bmatrix} + \lambda \begin{bmatrix} -8 \\ 1 \end{bmatrix}, \boldsymbol{r} = \begin{bmatrix} 6{,}73 \\ -5{,}94 \end{bmatrix} + \lambda \begin{bmatrix} 3 \\ 4 \end{bmatrix}.$

(c) $\boldsymbol{r} = \begin{bmatrix} 2 \\ 9 \end{bmatrix} + \lambda \begin{bmatrix} -8 \\ 1 \end{bmatrix},\ \ 3x + 5y = 4.$

(d) $y = 6x - 100,\ \ y = -5x + 1.9.$

Übung 1.22:

Berechne den Abstand des Punktes $P = (6,10)$ von den im Folgenden angegebenen Geraden (a), (b), (c), sowie die Fußpunkte der Lote vom Punkt P auf die Geraden. Skizziere Punkt, Geraden und Lote! (a) $\boldsymbol{r} = \begin{bmatrix} 2 \\ -6 \end{bmatrix} + \lambda \begin{bmatrix} 1 \\ 1 \end{bmatrix}$, (b) $y = -\frac{1}{2}x + 1$, (c) $6x - 8y = 20$.

Übung 1.23*

Berechne zwei Vektoren in Richtung der Winkelhalbierenden der beiden Geraden (a) und (b) aus Übung 1.22. Die Vektoren sollen die Länge 1 haben. Bilde das innere Produkt dieser Vektoren!

Übung 1.24*

(a) Berechne Flächeninhalt und den Schwerpunkt des Dreiecks mit den Ecken $A = (-1, -2)$, $B = (5, 1)$, $C = (7, -3)$.

(b) Berechne die Längen der drei Höhen des Dreiecks. (Die Höhen sind Lote von Eckpunkten auf die gegenüberliegenden Seiten.)

Übung 1.25*

Die Seitenlängen eines Parallelogramms sind $a = 8\,\mathrm{cm}$, $b = 13\,\mathrm{cm}$. Eine der Diagonalen hat die Länge $d_1 = 10\,\mathrm{cm}$. Wie weit sind die Ecken des Parallelogramms vom Mittelpunkte des Parallelogramms entfernt?

Übung 1.26*

Ein Dreieck hat die Seitenlängen $a = 5\,\mathrm{cm}$, $b = 3\,\mathrm{cm}$, $c = 6\,\mathrm{cm}$. Berechne die Winkel des Dreiecks und die Längen der Seitenhalbierenden!

Übung 1.27*

Berechne den Flächeninhalt des Fünfecks $[A, B, C, D, E]$ mit den Ecken

$$A = (-2, -2), \quad B = (2, -3), \quad C = (5,1), \quad D = (1,5), \quad E = (-3,4).$$

Übung 1.28*

Eine waagerechte dreieckige Platte wird in ihrem Schwerpunkt (= Schnittpunkt der Seitenhalbierenden) unterstützt. Die Platte rotiert um eine senkrechte Achse durch den Schwerpunkt. (Es kann sich um einen modernen Aussichtsturm handeln.) Die Seitenlängen des Dreiecks seien $a = 10\,\text{m}$, $b = 7\,\text{m}$, $c = 9\,\text{m}$. Welchen Radius hat der kleinste Kreis, in dem das Dreieck um die Achse rotieren kann? (Hinweis: Der Schwerpunkt teilt jede Seitenhalbierende im Verhältnis $1 : 2$).

Übung 1.29*

(a) Löse folgendes Gleichungssystem mit der Cramerschen Regel:

$$5\xi + 3\eta = 11, \quad -4\xi + \eta = 15,$$

(b) In Fig. 1.40 ist $U_1 = 20\,\text{V}$, $U_2 = 10\,\text{V}$, $R_1 = 150\,\Omega$, $R_2 = 280\,\Omega$. Es gilt

$$U_1 = U + R_1 I, \quad U_2 = U + R_2 I.$$

Berechne Spannung U und Strom I!

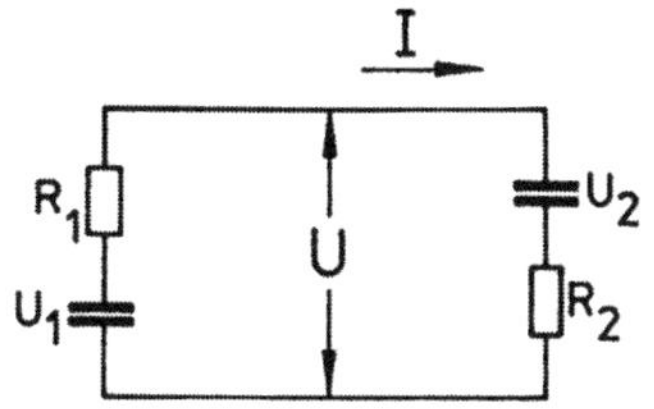

Fig. 1.40: Schaltkreis

1.2 Vektoren im dreidimensionalen Raum

1.2.1 Der Raum $\mathbb{R}^3$

Der Raum $\mathbb{R}^3$ ist die Menge aller Zahlentripel

$$v = \begin{bmatrix} v_x \\ v_y \\ v_z \end{bmatrix} \quad (v_x, v_y, v_z \in \mathbb{R}),$$

die wir *räumliche* oder *dreidimensionale Vektoren* nennen. v_x, v_y, v_z heißen die Koordinaten von $\boldsymbol{v}$. Zwei Vektoren

$$\boldsymbol{u} = \begin{bmatrix} u_x \\ u_y \\ u_z \end{bmatrix}, \quad \boldsymbol{v} = \begin{bmatrix} v_x \\ v_y \\ v_z \end{bmatrix}$$

aus $\mathbb{R}^3$ sind genau dann gleich: $\boldsymbol{u} = \boldsymbol{v}$, wenn $u_x = v_x$, $u_y = v_y$ und $u_z = v_z$ gilt, kurz, wenn sie »zeilenweise« übereinstimmen.

Bemerkung: Ganz analog zum $\mathbb{R}^2$ werden Addition, Subtraktion, Multiplikation mit einem Skalar und inneres Produkt im $\mathbb{R}^3$ eingeführt und behandelt. Der eilige Leser kann daher diesen und den nächsten Abschnitt ohne Schaden überschlagen. Wer trotzdem weiterliest, hat den Trost, daß er alles wiedererkennt und sein räumliches Vorstellungsvermögen trainiert wird.

Pfeildarstellung: Räumliche Vektoren werden — wie im ebenen Fall — durch Pfeile[21] dargestellt. Dabei liegt ein räumliches rechtwinkliges Koordinatensystem zu Grunde, bestehend aus x, y und z-Achse, s. Fig. 1.41. Jedem Punkt P des Raumes ist umkehrbar eindeutig das Zahlentripel (x, y, z) seiner Koordinaten x, y, z zugeordnet. Man schreibt: $P = (x, y, z)$.

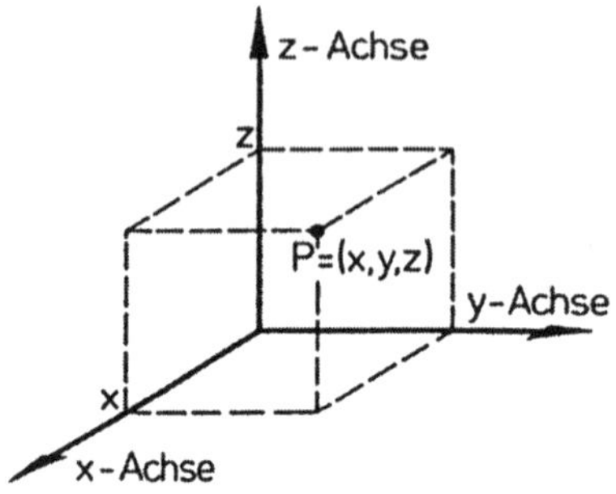

Fig. 1.41: Raumpunkt P

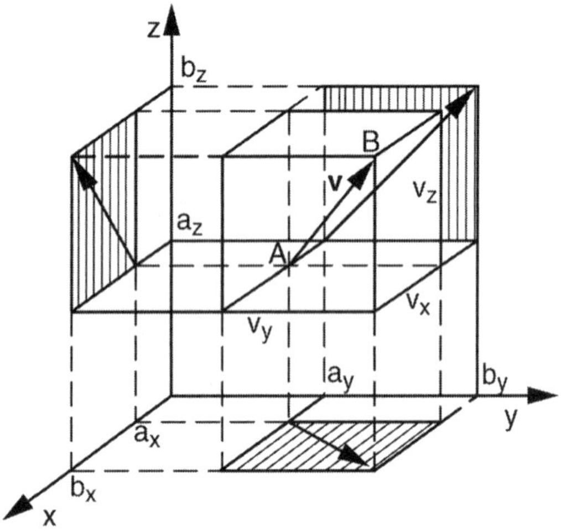

Fig. 1.42: Pfeildarstellung eines Vektors $\boldsymbol{v}$ im Raum

Definition 1.4:

Ein *Pfeil* $\overrightarrow{AB}$ mit $A = (a_x, a_y, a_z)$, $B = (b_x, b_y, b_z)$ stellt genau dann den Vektor

$$\boldsymbol{v} = \begin{bmatrix} v_x \\ v_y \\ v_z \end{bmatrix}$$

21 Ein *Pfeil* $\overrightarrow{AB}$ ist ein Paar (A, B) von Punkten A, B die durch eine Strecke verbunden sind. A heißt *Fußpunkt* und B *Spitze* des Pfeils.

dar, wenn

$$v_x = b_x - a_x \qquad v_y = b_y - a_y \qquad v_z = b_z - a_z$$

gilt (s. Fig. 1.42).

Alle Pfeile, die aus einem Pfeil durch Parallelverschiebung hervorgehen, stellen denselben Vektor dar. Lassen sich zwei Pfeile nicht durch Parallelverschiebung zur Deckung bringen, so repräsentieren sie verschiedene Vektoren.

Ortsvektoren: Die Pfeile $\overrightarrow{0P}$ mit Fußpunkt im Koordinatenursprung 0 heißen *Ortspfeile*. Der durch $\overrightarrow{0P}$ dargestellte Vektor $\boldsymbol{r}$ hat die gleichen Koordinaten wie P:

$$P = (x, y, z), \quad \boldsymbol{r} = \begin{bmatrix} x \\ y \\ z \end{bmatrix}.$$

Vektoren und die sie darstellenden Ortspfeile sind daher umkehrbar eindeutig einander zugeordnet, s. Fig. 1.43. Was liegt nun näher, als sie einfach zu identifizieren.

Bei der Beschreibung geometrischer Figuren — wie Geraden, Ebenen, Kugelflächen usw. — ist dies zweckmäßig. Will man ausdrücken, daß man mit dieser *Gleichsetzung* arbeitet, so spricht man vom »Ortsvektor«: Unter dem Ortsvektor $\boldsymbol{r} = \begin{bmatrix} x \\ y \\ z \end{bmatrix}$ versteht man den Ortspfeil $\overrightarrow{0P}$ mit $P = (x, y, z)$.

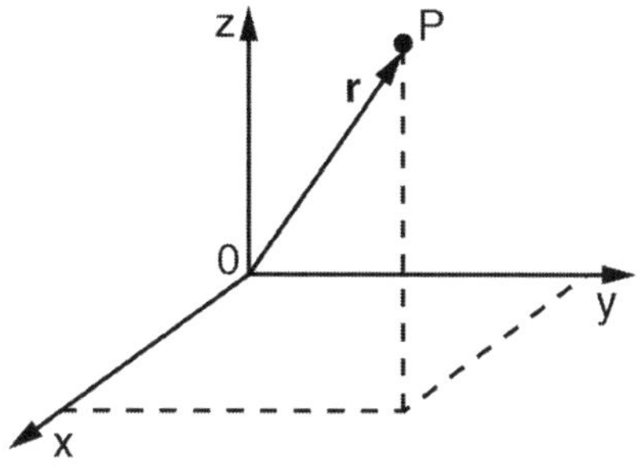

Fig. 1.43: Ortsvektor

Bemerkung: Arbeitet man nicht mit Ortsvektoren, sondern läßt, wie bisher, unendlich viele Pfeildarstellungen — parallel und gleichgerichtet — für einen Vektor zu, so spricht man zur Unterscheidung von Ortsvektoren auch von *verschieblichen Vektoren*.

Die Rechenoperationen für verschiebliche Vektoren und Ortsvektoren sind aber gleich, da es sich ja in beiden Fällen um Zahlentripel handelt. Man vereinbart:

Definition 1.5:
Sind

$$\boldsymbol{u} = \begin{bmatrix} u_x \\ u_y \\ u_z \end{bmatrix}, \quad \boldsymbol{v} = \begin{bmatrix} v_x \\ v_y \\ v_z \end{bmatrix}$$

zwei beliebige Vektoren aus $\mathbb{R}^3$, definiert man

$$\boldsymbol{u} \pm \boldsymbol{v} := \begin{bmatrix} u_x \pm v_x \\ u_y \pm v_y \\ u_z \pm v_z \end{bmatrix} \quad \text{Addition und Subtraktion,}$$

$$\lambda \boldsymbol{u} := \begin{bmatrix} \lambda u_x \\ \lambda u_y \\ \lambda u_z \end{bmatrix} \quad \text{Multiplikation mit einem »Skalar« } \lambda \in \mathbb{R}.$$

Zur Bezeichnung: $\boldsymbol{u}\lambda := \lambda \boldsymbol{u}$, $\frac{\boldsymbol{u}}{\lambda} := \frac{1}{\lambda}\boldsymbol{u}$ $(\lambda \neq 0)$.

$$-\boldsymbol{u} := \begin{bmatrix} -u_x \\ -u_y \\ -u_z \end{bmatrix}, \quad \boldsymbol{0} = \begin{bmatrix} 0 \\ 0 \\ 0 \end{bmatrix}, \quad |\boldsymbol{v}| := \sqrt{v_x^2 + v_y^2 + v_z^2} \text{ Betrag (Länge) von } \boldsymbol{v}\text{ [22].}$$

$|\boldsymbol{v}|$ ist die Länge eines Pfeiles, der $\boldsymbol{v}$ darstellt. Man sieht das an Hand von Fig. 1.42 geometrisch leicht ein (sogenannter räumlicher Pythagoras). Die Pfeildarstellungen der Rechenoperationen sind die gleichen wie im $\mathbb{R}^2$, s. Fig. 1.13, 1.14 in Abschn. 1.1.3.

Beispiel 1.18:
Mit

$$\boldsymbol{u} = \begin{bmatrix} 3 \\ 1 \\ 7 \end{bmatrix}, \quad \boldsymbol{v} = \begin{bmatrix} 4 \\ -2 \\ 9 \end{bmatrix} \quad \text{ist } \boldsymbol{u} + \boldsymbol{v} = \begin{bmatrix} 7 \\ -1 \\ 16 \end{bmatrix}, \quad \boldsymbol{u} - \boldsymbol{v} = \begin{bmatrix} -1 \\ 3 \\ -2 \end{bmatrix},$$

$$3\boldsymbol{u} = \begin{bmatrix} 9 \\ 3 \\ 21 \end{bmatrix}, \quad -\boldsymbol{u} = \begin{bmatrix} -3 \\ -1 \\ -7 \end{bmatrix}, \quad |\boldsymbol{u}| = \sqrt{3^2 + 1^2 + 7^2} \doteq 7{,}681146\,.$$

Die *Rechenregeln* aus Satz 1.1 (Abschn. 1.1.3) gelten auch hier (Assoziativgesetz für +, Kommutativgesetz für +, usw), wie auch die *Gesetze über die Beträge* in Folgerung 1.2 (Abschn. 1.1.3). Insbesondere gilt die *Dreiecksungleichung*

$$|\boldsymbol{u} + \boldsymbol{v}| \leq |\boldsymbol{u}| + |\boldsymbol{v}|\,, \quad \text{nebst } |\boldsymbol{u} - \boldsymbol{v}| \geq ||\boldsymbol{u}| - |\boldsymbol{v}||\,.$$

22 Der Betrag $|\boldsymbol{v}|$ wird auch einfach durch v bezeichnet.

Anwendungen. Die physikalischen und technischen Anwendungen des Abschn. 1.1.4 lassen sich sinngemäß ins Dreidimensionale übertragen: Kräfte mit Resultierenden, Kraftfelder, Verschiebungen usw. Die Bewegung eines Massenpunktes der Masse m im Raum ist durch

$$\boldsymbol{r}(t) = \begin{bmatrix} x(t) \\ y(t) \\ z(t) \end{bmatrix}$$

gegeben, wobei $x(t)$, $y(t)$, $z(t)$ zweimal stetig differenzierbare reellwertige Funktionen auf einem Intervall sind. $\boldsymbol{r}(t)$ ist dabei der Ortsvektor des Massenpunktes zur Zeit t (d.h.: Der Massenpunkt befindet sich an der Spitze des Ortsvektors $\boldsymbol{r}(t)$). Geschwindigkeit $\boldsymbol{v}(t)$ und Beschleunigung $\boldsymbol{a}(t)$ erhält man durch ein- bzw. zweimaliges Differenzieren der Koordinatenfunktionen:

$$\boldsymbol{v}(t) = \dot{\boldsymbol{r}}(t) = \begin{bmatrix} \dot{x}(t) \\ \dot{y}(t) \\ \dot{z}(t) \end{bmatrix}, \quad \boldsymbol{a}(t) = \ddot{\boldsymbol{r}}(t) = \begin{bmatrix} \ddot{x}(t) \\ \ddot{y}(t) \\ \ddot{z}(t) \end{bmatrix}.$$

Die Kraft $\boldsymbol{F}(t)$, die zur Zeit t auf den Massenpunkt wirkt, ist dann nach Newton $\boldsymbol{F}(t) = m\boldsymbol{a}(t)$.

Übung 1.30*

Zerlege die Kraft $\boldsymbol{F}$ in drei Kraftkomponenten, die in Richtung der Vektoren $\boldsymbol{a}, \boldsymbol{b}, \boldsymbol{c}$ liegen. Dabei sei

$$\boldsymbol{F} = \begin{bmatrix} 16 \\ 3 \\ -6 \end{bmatrix} N, \quad \boldsymbol{a} = \begin{bmatrix} 5 \\ 2 \\ -1 \end{bmatrix}, \quad \boldsymbol{b} = \begin{bmatrix} -3 \\ -7 \\ 1 \end{bmatrix}, \quad \boldsymbol{c} = \begin{bmatrix} 4 \\ 8 \\ -2 \end{bmatrix}.$$

Anleitung: Setze $\boldsymbol{F} = \lambda\boldsymbol{a} + \mu\boldsymbol{b} + \nu\boldsymbol{c}$ und berechne daraus λ, μ und ν.

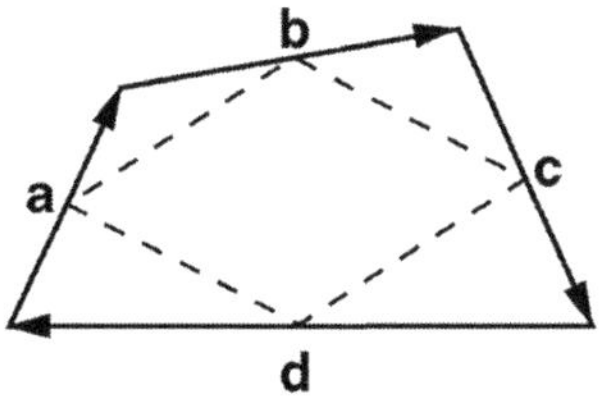

Fig. 1.44: Parallelogramm aus Seitenmittelpunkten

Übung 1.31*

Zeige, daß die Mittelpunkte der Seiten eines Vierecks stets die Eckpunkte eines Parallelogramms sind. Dabei brauchen die Ecken des Vierecks noch nicht einmal in einer Ebene zu liegen.

Anleitung: Fasse die Seiten des Vierecks als Pfeile von Vektoren $\boldsymbol{a}, \boldsymbol{b}, \boldsymbol{c}, \boldsymbol{d}$ auf, wie es die Fig. 1.44 zeigt und lege eine Ecke des Vierecks in den Ursprung 0. Berechne dann die Ortsvektoren der Seitenmitten.

Übung 1.32*

Es sei $\boldsymbol{u} = \begin{bmatrix} 1 \\ 2 \\ -1 \end{bmatrix}$. Berechne $\boldsymbol{v} \in \mathbb{R}^3$ aus den Gleichungen $|\boldsymbol{u} - \boldsymbol{v}| = 15,\ |\boldsymbol{u} + \boldsymbol{v}| = |\boldsymbol{u}| + |\boldsymbol{v}|$.

1.2.2 Inneres Produkt (Skalarprodukt)

Wie im $\mathbb{R}^2$ definiert man den *Zwischenwinkel* $\varphi = \sphericalangle(\boldsymbol{u}, \boldsymbol{v})$ zweier Vektoren $\boldsymbol{u} \neq \boldsymbol{0}, \boldsymbol{v} \neq \boldsymbol{0}$, durch den »kleineren« Winkel (d.h. $0 \leq \varphi \leq \pi$) zwischen zwei Pfeilen, die $\boldsymbol{u}$ und $\boldsymbol{v}$ darstellen, die Pfeile haben dabei den gleichen Fußpunkt. $\boldsymbol{v} = \boldsymbol{0}$ bildet jeden Winkel $\varphi \in [0, \pi]$ mit $\boldsymbol{u} \in \mathbb{R}^3$.

Definition 1.6:
Das innere Produkt (oder Skalarprodukt) zweier Vektoren $\boldsymbol{u}, \boldsymbol{v} \in \mathbb{R}^3$ ist

$$\boldsymbol{u} \cdot \boldsymbol{v} := |\boldsymbol{u}| \cdot |\boldsymbol{v}| \cos\varphi \quad (\varphi = \sphericalangle(\boldsymbol{u}, \boldsymbol{v}))\,. \tag{1.70}$$

Wie in der Ebene überlegt man sich, daß

$$|\boldsymbol{u} \cdot \boldsymbol{v}| = |\boldsymbol{u}| \cdot |\boldsymbol{p}|, \quad \boldsymbol{u} \cdot \boldsymbol{v} \begin{cases} \geq 0\,, & \text{falls } 0 \leq \varphi \leq \frac{\pi}{2} \\ \leq 0\,, & \text{falls } \frac{\pi}{2} \leq \varphi \leq \pi \end{cases}, \tag{1.71}$$

wobei $\boldsymbol{u} \neq \boldsymbol{0}$ vorausgesetzt ist, und $\boldsymbol{p}$ der *Projektionsvektor* von $\boldsymbol{v}$ auf $\boldsymbol{u}$ ist (s. Fig. 1.28, Abschn. 1.1.5). Speziell gilt

$$\boldsymbol{u} \perp \boldsymbol{v} \quad \Leftrightarrow \quad \boldsymbol{u} \cdot \boldsymbol{v} = 0 \text{ [23]}. \tag{1.72}$$

Die Regeln für das innere Produkt.

$\boldsymbol{u} \cdot \boldsymbol{v} = \boldsymbol{v} \cdot \boldsymbol{u}$	*Kommutativgesetz*
$(\boldsymbol{u} + \boldsymbol{v}) \cdot \boldsymbol{w} = \boldsymbol{u} \cdot \boldsymbol{w} + \boldsymbol{v} \cdot \boldsymbol{w}$	*Distributivgesetz*
$\lambda(\boldsymbol{u} \cdot \boldsymbol{v}) = (\lambda\boldsymbol{u}) \cdot \boldsymbol{v} = \boldsymbol{u} \cdot (\lambda\boldsymbol{v})$	*Assoziativgesetz*
$\boldsymbol{u}^2 := \boldsymbol{u} \cdot \boldsymbol{u} = \|\boldsymbol{u}\|^2$	*Betragsquadrat*

gelten für alle $\boldsymbol{u}, \boldsymbol{v}, \boldsymbol{w} \in \mathbb{R}^3$ und $\lambda \in \mathbb{R}$ wie im $\mathbb{R}^2$. (Sie werden genauso wie im Satz 1.2, Abschn. 1.1.5 bewiesen).

Die *Koordinateneinheitsvektoren* im $\mathbb{R}^3$ sind

$$\boldsymbol{i} := \begin{bmatrix} 1 \\ 0 \\ 0 \end{bmatrix}, \quad \boldsymbol{j} := \begin{bmatrix} 0 \\ 1 \\ 0 \end{bmatrix}, \quad \boldsymbol{k} := \begin{bmatrix} 0 \\ 0 \\ 1 \end{bmatrix}.$$

Um zur algebraischen Darstellung des inneren Produkts zu gelangen, stellen wir die zwei Vektoren

23 $\boldsymbol{u} \perp \boldsymbol{v}$ bedeutet: $\boldsymbol{v}$ *rechtwinklig* zu $\boldsymbol{u}$ ($\sphericalangle(\boldsymbol{u}, \boldsymbol{v}) = \frac{\pi}{2}$). Der Nullvektor $\boldsymbol{0}$ steht rechtwinklig zu jedem Vektor.

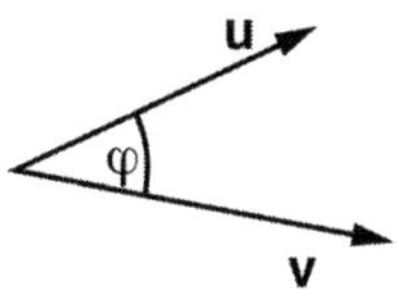

Fig. 1.45: $\sphericalangle(\boldsymbol{u}, \boldsymbol{v})$

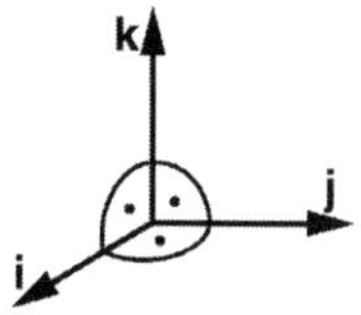

Fig. 1.46: Koordinateneinheitsvektoren

$$\boldsymbol{u} = \begin{bmatrix} u_x \\ u_y \\ u_z \end{bmatrix}, \quad \boldsymbol{v} = \begin{bmatrix} v_x \\ v_y \\ v_z \end{bmatrix}$$

als *Linearkombination* von $\boldsymbol{i}, \boldsymbol{j}, \boldsymbol{k}$ dar:

$$\boldsymbol{u} = u_x\boldsymbol{i} + u_y\boldsymbol{j} + u_z\boldsymbol{k}, \quad \boldsymbol{v} = v_x\boldsymbol{i} + v_y\boldsymbol{j} + v_z\boldsymbol{k}.$$

Multiplikation dieser Ausdrücke nebst »Ausmultiplizieren« (nach Distributivgesetz) und Verwendung von

$$\boldsymbol{i}^2 = \boldsymbol{j}^2 = \boldsymbol{k}^2 = 1, \quad \boldsymbol{i} \cdot \boldsymbol{j} = \boldsymbol{j} \cdot \boldsymbol{k} = \boldsymbol{k} \cdot \boldsymbol{i} = 0$$

ergibt die

Folgerung 1.9:

(*Algebraische Form des inneren Produkts*)

$$\boldsymbol{u} \cdot \boldsymbol{v} = u_x v_x + u_y v_y + u_z v_z . \tag{1.73}$$

Aus $\cos\varphi = (\boldsymbol{u} \cdot \boldsymbol{v})/(|\boldsymbol{u}| \cdot |\boldsymbol{v}|)$, wobei $\varphi = \sphericalangle(\boldsymbol{u}, \boldsymbol{v})$, gewinnt man damit die *Formel für den Zwischenwinkel der Vektoren* $\boldsymbol{u} \neq \boldsymbol{0}$, $\boldsymbol{v} \neq \boldsymbol{0}$:

$$\varphi = \arccos \frac{u_x v_x + u_y v_y + u_z v_z}{\sqrt{(u_x^2 + u_y^2 + u_z^2)(v_x^2 + v_y^2 + v_z^2)}} . \tag{1.74}$$

Bemerkung: Legt man ein anderes rechtwinkliges Koordinatensystem im Raum zugrunde, so erhält man in den zugehörigen Koordinaten die gleiche algebraische Form, da alle Rechnungen dabei genauso verlaufen wie oben.

Richtungscosinus: Einen Vektor $\boldsymbol{e}$ der Länge $|\boldsymbol{e}| = 1$ nennt man einen *Einheitsvektor* oder eine *Richtung*. Setzt man

$$\boldsymbol{e} = e_x\boldsymbol{i} + e_y\boldsymbol{j} + e_z\boldsymbol{k} ,$$

wobei e_x, e_y, e_z die Komponenten von $\boldsymbol{e}$ sind, so folgt durch Multiplikation mit $\boldsymbol{i}$, $\boldsymbol{j}$ oder $\boldsymbol{k}$:

$$\boldsymbol{e} \cdot \boldsymbol{i} = e_x, \quad \boldsymbol{e} \cdot \boldsymbol{j} = e_y, \quad \boldsymbol{e} \cdot \boldsymbol{k} = e_z ,$$

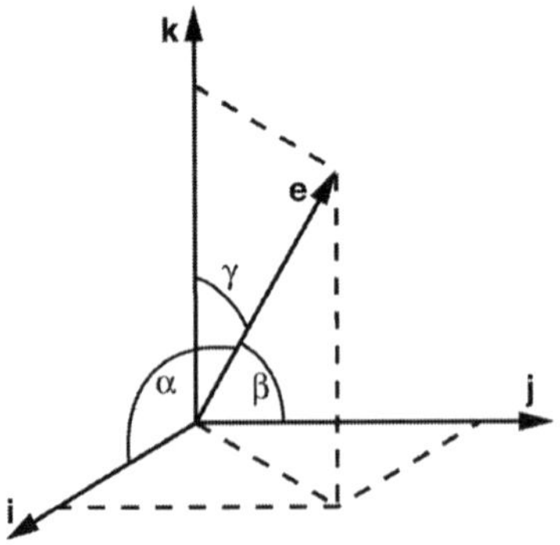

Fig. 1.47: Richtungswinkel α, β, γ

also nach Definition des inneren Produktes

$$\boldsymbol{e}_x = \cos\alpha, \quad \boldsymbol{e}_y = \cos\beta, \quad \boldsymbol{e}_z = \cos\gamma\,, \tag{1.75}$$

wobei α, β, γ die *Winkel* sind, die $\boldsymbol{e}$ mit den Koordinatenrichtungen bildet, s. Fig. 1.47. Wegen $|\boldsymbol{e}| = 1$ folgt

$$\cos^2\alpha + \cos^2\beta + \cos^2\gamma = 1\,. \tag{1.76}$$

Ist $\boldsymbol{a} \neq \boldsymbol{0}$ ein beliebiger Vektor aus $\mathbb{R}^3$, so kann man aus ihm den Einheitsvektor $\boldsymbol{e} = \boldsymbol{a}/|\boldsymbol{a}|$ bilden. Die Komponenten e_x, e_y, e_z von $\boldsymbol{e}$ heißen wegen (1.75) — die *Richtungscosini* von $\boldsymbol{a}$.

Projektion eines Vektors in bestimmter Richtung. Die Projektion von $\boldsymbol{v}$ in die Richtung $\boldsymbol{e}$ ($|\boldsymbol{e}| = 1$) ist der Vektor

$$\boldsymbol{v}' = (\boldsymbol{v} \cdot \boldsymbol{e})\boldsymbol{e}. \tag{1.77}$$

Es handelt sich um die Projektion von $\boldsymbol{v}$ auf $\boldsymbol{e}$, wie in Abschn. 1.1.5 beschrieben. Man erkennt übrigens, daß $\boldsymbol{v}'$ vom Vorzeichen von $\boldsymbol{e}$ nicht abhängt: Für $-\boldsymbol{e}$ statt $\boldsymbol{e}$ erhält man die gleiche Projektion $\boldsymbol{v}$.

Übung 1.33*

Welche Winkel bildet der Vektor $\boldsymbol{r} = 5.32\boldsymbol{i} + 7{,}89\boldsymbol{j} - 2{,}56\boldsymbol{k}$ mit den Koordinatenachsen (x-, y- und z-Achse) und mit den Koordinatenebenen (x-y-Ebene, y-z-Ebene)?

Übung 1.34*

Berechne die Projektion $\boldsymbol{F}'$ der Kraft $\boldsymbol{F} = [2, 9, -1]^T$ in einer Richtung $\boldsymbol{e}$, die mit der x-Achse den Winkel $\alpha = 60°$ bildet, mit der y-Achse den Winkel $\beta = 75°$ und mit der z-Achse einen Winkel γ zwischen 0° und 70° (der zu berechnen ist).

1.2.3 Dreireihige Determinanten

Ein Zahlenschema der Form

$$A = \begin{bmatrix} a_{11} & a_{12} & a_{13} \\ a_{21} & a_{22} & a_{23} \\ a_{31} & a_{32} & a_{33} \end{bmatrix}$$

heißt eine (3, 3)-Matrix. Die (dreireihige) *Determinante* dieser Matrix ist definiert durch

$$\det A := \begin{vmatrix} a_{11} & a_{12} & a_{13} \\ a_{21} & a_{22} & a_{23} \\ a_{31} & a_{32} & a_{33} \end{vmatrix} = \begin{cases} a_{11}a_{22}a_{33} - a_{31}a_{22}a_{13} \\ +a_{21}a_{32}a_{13} - a_{11}a_{32}a_{23} \\ +a_{31}a_{12}a_{23} - a_{21}a_{12}a_{33} \, . \end{cases} \tag{1.78}$$

Als Merkhilfe ist die *Sarrussche Regel*[24] praktisch. Man schreibt dazu die ersten beiden Matrixzeilen unter die Determinante

$$\begin{vmatrix} a_{11} & a_{12} & a_{13} \\ a_{21} & a_{22} & a_{23} \\ a_{31} & a_{32} & a_{33} \end{vmatrix} \atop {\begin{matrix} a_{11} & a_{12} & a_{13} \\ a_{21} & a_{22} & a_{23} \end{matrix}} \quad \text{Zahlenbeispiel:} \quad \begin{vmatrix} 3 & 1 & 5 \\ 6 & -1 & 2 \\ 4 & 7 & -9 \end{vmatrix} \atop {\begin{matrix} 3 & 1 & 5 \\ 6 & -1 & 2 \end{matrix}} \, . \tag{1.79}$$

Dann zieht man die sechs skizzierten schrägen Linien. Die durchgezogenen Linien kennzeichnen Dreierprodukte, die addiert werden, und die gestrichelten Dreierprodukte, die subtrahiert werden. Man erhält auf diese Weise gerade (1.78). Das Zahlenbeispiel (1.79) ergibt damit:

$$\begin{vmatrix} 3 & 1 & 5 \\ 6 & -1 & 2 \\ 4 & 7 & -9 \end{vmatrix} = \begin{Bmatrix} 3(-1)(-9) & -3 \cdot 7 \cdot 2 \\ +6 \cdot 7 \cdot 5 & -6 \cdot 1(-9) \\ +4 \cdot 1 \cdot 2 & -4(-1) \cdot 5 \end{Bmatrix} = 277 \, .$$

Da dreireihige Determinanten im Zusammenhang mit dem *Spatprodukt* in Abschn. 1.1.6 näher betrachtet werden, brechen wir ihre Erörterung hier ab.

Übung 1.35*

Berechne

$$\begin{vmatrix} 3 & 1 & 9 \\ -1 & 6 & 1 \\ 5 & -2 & 0 \end{vmatrix}, \quad \begin{vmatrix} 3 & 5 & 1 \\ 6 & 10 & 2 \\ 9 & 8 & 4 \end{vmatrix}, \quad \begin{vmatrix} 4 & 8 & 3 \\ 9 & 5 & 0 \\ 2 & 0 & 0 \end{vmatrix} .$$

24 Die Sarrussche Regel gilt *nur* für dreireihige Determinanten.

Übung 1.36:

Zeige

$$\begin{vmatrix} a_{11} & a_{12} & a_{13} \\ 0 & a_{22} & a_{23} \\ 0 & 0 & a_{33} \end{vmatrix} = a_{11}a_{22}a_{33}\,, \quad \begin{vmatrix} a_{11}a_{12}a_{13} \\ a_{21}a_{22}a_{23} \\ a_{31}a_{32}a_{33} \end{vmatrix} = a_{11}\begin{vmatrix} a_{22} & a_{23} \\ a_{32} & a_{33} \end{vmatrix} - a_{12}\begin{vmatrix} a_{21} & a_{23} \\ a_{31} & a_{33} \end{vmatrix} + a_{13}\begin{vmatrix} a_{21} & a_{22} \\ a_{31} & a_{32} \end{vmatrix}$$

Man nennt dies *Entwicklung der Determinante* nach der ersten Zeile.

1.2.4 Äußeres Produkt (Vektorprodukt)

Definition 1.7:

Das *äußere Produkt* (oder *Vektorprodukt*) zweier Vektoren $\boldsymbol{a}$, $\boldsymbol{b}$ ist ein Vektor $\boldsymbol{p}$, symbolisiert durch

$$\boldsymbol{p} = \boldsymbol{a} \times \boldsymbol{b},$$

(I) dessen Länge $|\boldsymbol{p}| = |\boldsymbol{a}| \cdot |\boldsymbol{b}| \sin\varphi$ ist, ($\varphi = \sphericalangle(\boldsymbol{a}, \boldsymbol{b})$)

(II) der rechtwinklig auf $\boldsymbol{a}$ und $\boldsymbol{b}$ steht,

(III) der mit $\boldsymbol{a}$, $\boldsymbol{b}$ im Fall $|\boldsymbol{p}| \neq 0$ ein Rechtssystem $(\boldsymbol{a}, \boldsymbol{b}, \boldsymbol{p})$ bildet. [25]

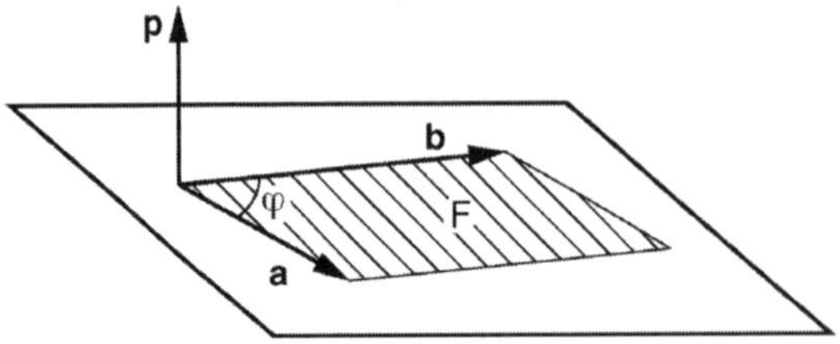

Fig. 1.48: Äußeres Produkt

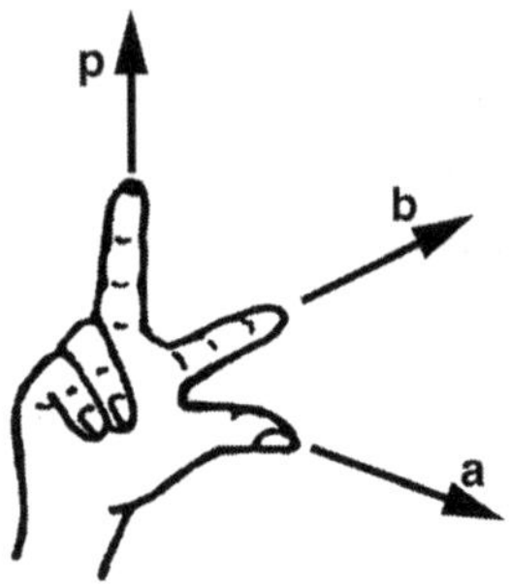

Fig. 1.49: Rechte-Hand-Regel

Dabei bilden die drei Vektoren $(\boldsymbol{a}, \boldsymbol{b}, \boldsymbol{p})$ ein *Rechtssystem*, wenn sie der *Rechte-Hand-Regel* folgen: Man spreize die rechte Hand so, daß der Daumen in Richtung von $\boldsymbol{a}$ weist, der Zeigefinger in Richtung von $\boldsymbol{b}$, und der Mittelfinger rechtwinklig zu Daumen und Zeigefinger steht (s. Fig. 1.49). Dann weist der Mittelfinger in Richtung von $\boldsymbol{p}$.

Vorausgesetzt wird dabei, daß auch die Koordinateneinheitsvektoren ein Rechtssystem $(\boldsymbol{i}, \boldsymbol{j}, \boldsymbol{k})$ bilden, wie es allgemein üblich ist.

25 Als Motivation kann das Moment einer Kraft angesehen werden (Beisp. 1.16, Abschn. 1.2.4). Aber auch bei elektromagnetischen, strömungsmechanischen oder geometrischen Zusammenhängen erweist sich die hohe Nützlichkeit des äußeren Produktes, s. nächster Abschnitt.

Bemerkung: Beim Nachweis von Rechtssystemen kann man auch die *Korkenzieherregel* benutzen, die bequem zu handhaben ist: Man denkt sich einen Korkenzieher, dessen Achse rechtwinklig zu $\boldsymbol{a}$ und $\boldsymbol{b}$ steht, s. Fig. 1.50. Der Griff habe die Richtung von $\boldsymbol{a}$. Dreht man nun den Griff um den Winkel $\varphi = \sphericalangle(\boldsymbol{a}, \boldsymbol{b})$ in die Richtung von $\boldsymbol{b}$, so bewegt sich die Korkenzieherachse in die Richtung von $\boldsymbol{p}$.

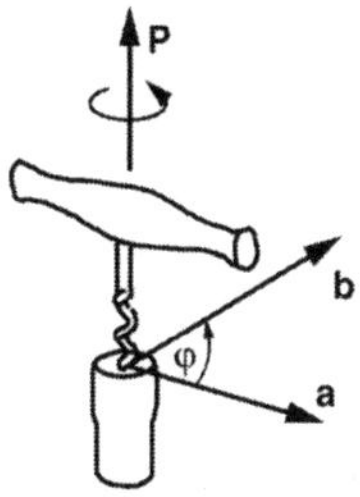

Fig. 1.50: Korkenzieherregel

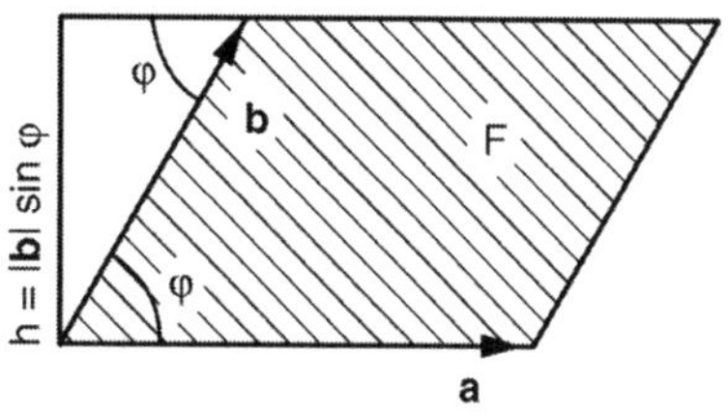

Fig. 1.51: $F = |\boldsymbol{a} \times \boldsymbol{b}|$

Die *Länge* $|\boldsymbol{p}|$ des Produktes $\boldsymbol{p} = \boldsymbol{a} \times \boldsymbol{b}$ ist der *Flächeninhalt* F des »*von* $\boldsymbol{a}$ *und* $\boldsymbol{b}$ *aufgespannten Parallelogramms*«, wie in Fig. 1.51 skizziert:

$$F = |\boldsymbol{a}|h = |\boldsymbol{a}||\boldsymbol{b}|\sin\varphi.$$

Im Fall $\boldsymbol{b} = \lambda\boldsymbol{a}$ oder $\boldsymbol{a} = \boldsymbol{0}$ verkümmert das Parallelogramm zu einer Linie oder gar zu einem Punkt, denen man den Flächeninhalt 0 zuschreibt.

Satz 1.6:

Für alle $\boldsymbol{a}, \boldsymbol{b}, \boldsymbol{c} \in \mathbb{R}^3$ und $\lambda \in \mathbb{R}$ gilt:

(a) $\boldsymbol{a} \times \boldsymbol{b} = -\boldsymbol{b} \times \boldsymbol{a}$ *Antikommutativgesetz*

(b) $\boldsymbol{a} \times (\boldsymbol{b} + \boldsymbol{c}) = \boldsymbol{a} \times \boldsymbol{b} + \boldsymbol{a} \times \boldsymbol{c}$ *Distributivgesetz*

(c) $\lambda(\boldsymbol{a} \times \boldsymbol{b}) = (\lambda\boldsymbol{a}) \times \boldsymbol{b} = \boldsymbol{a} \times (\lambda\boldsymbol{b})$ *Assoziativgesetz*

Wegen dieser Regel läßt man die Klammern auch weg und schreibt einfach $\lambda\boldsymbol{a} \times \boldsymbol{b}$.

(d) $\boldsymbol{a} \times \boldsymbol{a} = \boldsymbol{0}$

(e) $|\boldsymbol{a} \times \boldsymbol{b}|^2 = \boldsymbol{a}^2\boldsymbol{b}^2 - (\boldsymbol{a} \cdot \boldsymbol{b})^2$.

Beweis:

(a), (c), (d) folgen unmittelbar aus der Definition des äußeren Produkt. Zu (e):

$$|\boldsymbol{a} \times \boldsymbol{b}|^2 = \boldsymbol{a}^2\boldsymbol{b}^2 sin^2\varphi = \boldsymbol{a}^2\boldsymbol{b}^2(1 - \cos^2\varphi) = \boldsymbol{a}^2\boldsymbol{b}^2 - \boldsymbol{a}^2\boldsymbol{b}^2\cos^2\varphi = \boldsymbol{a}^2\boldsymbol{b}^2 - (\boldsymbol{a} \cdot \boldsymbol{b})^2.$$

Zum Nachweis des *Distributivgesetzes* (b) beginnen wir mit einem einfachen Fall:

1. Fall: $c = \lambda a$. Mit Hilfe der Flächeninhaltsinterpretation von $|a \times b|$ erkennt man

$$a \times (b + \lambda a) = a \times b = a \times b + \underbrace{a \times (\lambda a)}_{0}.$$

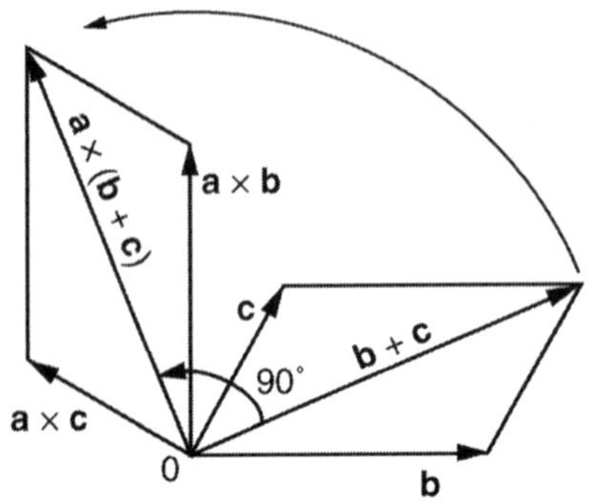

Fig. 1.52: Zum Distributivgesetz für das äußere Produkt

2. Fall: $a \perp b$, $a \perp c$ und $|a| = 1$. Alle Vektoren werden als Ortsvektoren aufgefaßt. In Fig. 1.52 ist eine Ebene eingezeichnet in der b und c liegen. a steht auf der Ebene, in Richtung auf den Beschauer zu (durch $\odot$ angedeutet; man stelle hier einen Bleistift senkrecht aufs Papier). Das von b, c aufgespannte Parallelogramm wird durch Multiplikation mit a um 90° gedreht. (Dies folgt aus der Definition des äußeren Produktes.) Aus dem gedrehten Parallelogramm erhält man sofort:

$$a \times (b + c) = a \times b + a \times c.$$

3. Fall: $a \neq 0$, b, c beliebig. (Der Fall $a = 0$ ist unmittelbar klar.) Wir setzen

$$a' = \frac{a}{\lambda}, \; b' = b - \mu a\,, c' = c - \nu a\,,$$

wobei $\lambda, \mu, \nu \in \mathbb{R}$ so gewählt werden, daß $|a'| = 1$, $a \cdot b' = 0$, $a \cdot c' = 0$ erfüllt ist. Damit folgt:

$$\begin{aligned} a \times (b + c) &= \lambda a' \times (b' + c' + \mu a + \nu a)\,, && \text{Fall 1}\Rightarrow \\ &= \lambda a' \times (b' + c')\,, && \text{Fall 2}\Rightarrow \\ &= \lambda (a' \times b' + a' \times c')\,, && \\ &= \lambda a' \times b' + \lambda a' \times c'\,, && \text{Fall 1}\Rightarrow \\ &= a \times b + a \times c. && \end{aligned}$$

□

Folgerung 1.10:
(Algebraische Form des äußeren Produkts) *Es gilt für beliebige Vektoren*

$$\boldsymbol{a} = \begin{bmatrix} a_x \\ a_y \\ a_z \end{bmatrix}, \quad \boldsymbol{b} = \begin{bmatrix} b_x \\ b_y \\ b_z \end{bmatrix} : \boldsymbol{a} \times \boldsymbol{b} = \begin{bmatrix} \begin{vmatrix} a_y & b_y \\ a_z & b_z \end{vmatrix} \\ \begin{vmatrix} a_z & b_z \\ a_x & b_x \end{vmatrix} \\ \begin{vmatrix} a_x & b_x \\ a_y & b_y \end{vmatrix} \end{bmatrix} = \begin{bmatrix} a_y b_z - a_z b_y \\ a_z b_x - a_x b_z \\ a_x b_y - a_y b_x \end{bmatrix}.$$

Beweis:
Für die Koordinateneinheitsvektoren $\boldsymbol{i}$, $\boldsymbol{j}$, $\boldsymbol{k}$ gilt auf Grund der Definition des äußeren Produkts:

$$\boldsymbol{i} \times \boldsymbol{j} = \boldsymbol{k}, \quad \boldsymbol{k} \times \boldsymbol{i} = \boldsymbol{j}, \quad \boldsymbol{j} \times \boldsymbol{k} = \boldsymbol{i}.$$

Unter Verwendung der Regeln aus Satz 1.6 folgt damit durch »Ausmultiplizieren«:

$$\begin{aligned} \boldsymbol{a} \times \boldsymbol{b} &= (a_x \boldsymbol{i} + a_y \boldsymbol{j} + a_z \boldsymbol{k}) \times (b_x \boldsymbol{i} + b_y \boldsymbol{j} + b_z \boldsymbol{k}) \\ &= (a_y b_z - a_z b_y)\boldsymbol{i} + (a_z b_x - a_x b_z)\boldsymbol{j} + (a_x b_y - a_y b_x)\boldsymbol{k}. \end{aligned}$$ □

Bemerkung: Man erkennt, daß man in jedem rechtwinkligen Koordinatensystem die gleiche algebraische Form herausbekommt, sofern die Koordinateneinheitsvektoren $\boldsymbol{e}_1, \boldsymbol{e}_2, \boldsymbol{e}_3$ nur die Gleichungen $\boldsymbol{e}_1 \times \boldsymbol{e}_2 = \boldsymbol{e}_3$, $\boldsymbol{e}_2 \times \boldsymbol{e}_3 = \boldsymbol{e}_1$, $\boldsymbol{e}_3 \times \boldsymbol{e}_1 = \boldsymbol{e}_2$ erfüllen. Denn die Rechnung im obigen Beweis verläuft für $\boldsymbol{a} = \sum_{i=1}^{3} a_i \boldsymbol{e}_i$, $\boldsymbol{b} = \sum_{i=1}^{3} b_i \boldsymbol{e}_i$ ganz analog.

Merkregel zur Berechnung. Die algebraische Darstellung des äußeren Produkts läßt sich gut merken, wenn man das Produkt in folgender Weise als »*symbolische Determinante*« schreibt:

$$\boldsymbol{a} \times \boldsymbol{b} = \begin{vmatrix} a_x & b_x & \boldsymbol{i} \\ a_y & b_y & \boldsymbol{j} \\ a_z & b_z & \boldsymbol{k} \end{vmatrix}. \quad \text{Zur Sarrusschen Regel:} \quad \begin{vmatrix} a_x & b_x & \boldsymbol{i} \\ a_y & b_y & \boldsymbol{j} \\ a_z & b_z & \boldsymbol{k} \end{vmatrix} \begin{matrix} \\ \\ \\ a_x & b_x & \boldsymbol{i} \\ a_y & b_y & \boldsymbol{j} \end{matrix}. \tag{1.80}$$

Zur Auswertung wird die *Sarrussche Regel* verwendet: Man schreibt die ersten beiden Zeilen der Determinante noch einmal darunter. Anschließend zieht man sechs Schräglinien, wie in (1.80) dargestellt. Die durchgezogenen Linien kennzeichnen dabei Produkte, die addiert werden, die gestrichelten Produkte, die subtrahiert werden, also:

$$\begin{aligned} \boldsymbol{a} \times \boldsymbol{b} = \; & a_x b_y \boldsymbol{k} + a_y b_z \boldsymbol{i} + a_z b_x \boldsymbol{j} \\ & - a_z b_y \boldsymbol{i} - a_x bz \boldsymbol{j} - a_y b_x \boldsymbol{k}. \end{aligned}$$

Umordnen und Ausklammern der $\boldsymbol{i}$, $\boldsymbol{j}$, $\boldsymbol{k}$ ergibt die algebraische Form des äußeren Produktes.

Beispiel 1.19:

$$\begin{bmatrix}5\\7\\9\end{bmatrix} \times \begin{bmatrix}6\\1\\-3\end{bmatrix} = \begin{vmatrix}5 & 6 & \boldsymbol{i}\\ 7 & 1 & \boldsymbol{j}\\ 9 & -3 & \boldsymbol{k}\end{vmatrix} \begin{matrix}\\ \\ \\ 5 & 6 & \boldsymbol{i}\\ 7 & 1 & \boldsymbol{j}\end{matrix} = \left\{\begin{matrix} 5\boldsymbol{k} & -21\boldsymbol{i}+54\boldsymbol{j}\\ -9\boldsymbol{i} & +15\boldsymbol{j}-42\boldsymbol{k}\end{matrix}\right\} = \begin{bmatrix}-30\\69\\-37\end{bmatrix}.$$

Schnelle Berechnungsmethode: Eine besonders schnelle Berechnungsvorschrift für das *äußere Produkt* beruht auf der Darstellung durch zweireihige Determinanten (s. Folgerung 1.7). Wir erläutern dies am folgenden Zahlenbeispiel: Zunächst schreibt man die zu multiplizierenden Vektoren mit ihren Koordinaten hin. Dann *denkt man sich die erste Zeile herausgestrichen*. Die Determinante aus den verbleibenden vier Zahlen ist die erste Koordinate des Produktes. Dann *streicht man* in Gedanken *die zweite Zeile heraus*. Die verbleibenden Zahlen formen eine Determinante, deren *Negatives* die zweite Koordinate des Produktes ist. *Streichung der dritten* Zeile liefert schließlich eine Determinante, die die dritte Ergebniskoordinate ist.

Beispiel 1.20:

$$\begin{bmatrix}2\\ \\ 5\\ \\ 7\end{bmatrix} \times \begin{bmatrix}4\\ \\ 1\\ \\ 6\end{bmatrix} \begin{matrix}\rightarrow & \begin{vmatrix}5 & 1\\ 7 & 6\end{vmatrix} & \rightarrow\\ \rightarrow & -\begin{vmatrix}2 & 4\\ 7 & 6\end{vmatrix} & \rightarrow =\\ \rightarrow & \begin{vmatrix}2 & 4\\ 5 & 1\end{vmatrix} & \rightarrow\end{matrix} \begin{bmatrix}23\\ \\ 16\\ \\ -18\end{bmatrix}.$$

Die Pfeile und die Determinanten in der Mitte schreibt man dabei nicht wirklich hin, da man die Determinanten am linken Produkt »mit bloßem Auge« sieht.

Der Leser übe die Methode an Beispiel 1.19 und einigen selbst gewählten Vektoren (s. auch Übung 1.37).

Bemerkung. Es sei besonders darauf hingewiesen, daß das Assoziativgesetz $\boldsymbol{a} \times (\boldsymbol{b} \times \boldsymbol{c}) = (\boldsymbol{a} \times \boldsymbol{b}) \times \boldsymbol{c}$ *nicht allgemein gilt*! Für dreifache Produkte $\boldsymbol{a} \times (\boldsymbol{b} \times \boldsymbol{c})$ ist statt dessen folgendes erfüllt.

Satz 1.7:
(Graßmannscher Entwicklungssatz im $\mathbb{R}^3$) Für alle $\boldsymbol{a}, \boldsymbol{b}, \boldsymbol{c} \in \mathbb{R}^3$ gilt

$$\boldsymbol{a} \times (\boldsymbol{b} \times \boldsymbol{c}) = (\boldsymbol{a} \cdot \boldsymbol{c})\boldsymbol{b} - (\boldsymbol{a} \cdot \boldsymbol{b})\boldsymbol{c}. \tag{1.81}$$

Beweis:

Man wählt das Koordinatensystem so, daß $\boldsymbol{a}$, $\boldsymbol{b}$, $\boldsymbol{c}$ folgende spezielle Gestalten haben

$$\boldsymbol{a} = \begin{bmatrix} a_x \\ 0 \\ 0 \end{bmatrix}, \quad \boldsymbol{b} = \begin{bmatrix} b_x \\ b_y \\ 0 \end{bmatrix}, \quad \boldsymbol{c} = \begin{bmatrix} c_x \\ c_y \\ c_z \end{bmatrix}.$$

Das ist immer möglich. Man rechnet nun leicht die algebraischen Darstellungen der rechten und linken Seite von (1.81) aus und stellt fest, daß sie gleich sind. (Der Leser führe dies durch) □

Übung 1.37:

Berechne die Produkte $\boldsymbol{a}\times\boldsymbol{b}$, $\boldsymbol{b}\times\boldsymbol{c}$, $\boldsymbol{c}\times\boldsymbol{a}$, $\boldsymbol{a}\times(\boldsymbol{b}\times\boldsymbol{c})$, $(\boldsymbol{b}\times\boldsymbol{a})\times\boldsymbol{c}$, $(\boldsymbol{a}\times\boldsymbol{b})\times(\boldsymbol{c}-3\boldsymbol{a})$, $(\boldsymbol{a}+\boldsymbol{b})\times\boldsymbol{a}$ der folgenden Vektoren:

$$\boldsymbol{a} = \begin{bmatrix} 5 \\ 1 \\ -1 \end{bmatrix}, \quad \boldsymbol{b} = \begin{bmatrix} 2 \\ -7 \\ 1 \end{bmatrix}, \quad \boldsymbol{c} = \begin{bmatrix} 3 \\ 0 \\ 8 \end{bmatrix}.$$

Übung 1.38*

$A = (7, 1, 0)$, $B = (2, 8, -1)$, $C = (0, 2, 5)$, $D = (-5, 0, -1)$ sind vier Punkte im Raum. Berechne den (kleineren) Winkel zwischen der Ebene durch A, B, C und der Ebene B, C, D! (Hinweis: Man berechne zunächst für jede Ebene einen Vektor, der auf ihr rechtwinklig steht!)

Übung 1.39:

Zeige: $\boldsymbol{a} \times \boldsymbol{b} = \boldsymbol{0}$ gilt genau dann, wenn $\boldsymbol{a} = \lambda \boldsymbol{b}$ oder $\boldsymbol{b} = \mu \boldsymbol{a}$ ($\lambda, \mu \in \mathbb{R}$) ist.

Übung 1.40*

Wie schon erwähnt, ist $\boldsymbol{a} \times (\boldsymbol{b} \times \boldsymbol{c}) = (\boldsymbol{a} \times \boldsymbol{b}) \times \boldsymbol{c}$ *nicht* für alle $\boldsymbol{a}, \boldsymbol{b}, \boldsymbol{c} \in \mathbb{R}^3$ richtig. Die Gleichung kann also als Rechenregel nicht verwendet werden! Trotzdem trifft sie für spezielle $\boldsymbol{a}, \boldsymbol{b}, \boldsymbol{c}$ zu. Zeige:

$$\boldsymbol{a} \times (\boldsymbol{b} \times \boldsymbol{c}) = (\boldsymbol{a} \times \boldsymbol{b}) \times \boldsymbol{c} \text{ gilt genau dann, wenn } (\boldsymbol{b} \cdot \boldsymbol{c})\boldsymbol{a} = (\boldsymbol{a} \cdot \boldsymbol{b})\boldsymbol{c} \text{ ist.}$$

1.2.5 Physikalische, technische und geometrische Anwendungen

Viele Anwendungen des äußeren Produktes findet der Leser in Physikbüchern beschrieben, z.B. in [72], Kap. II, §2 (Mechanik); Kap. VII §3 (Elektrodynamik). [97], Kap. 2 (Mechanik), [6], Kap. C, G (Formelsammlung zur Elektrodynamik). Aus diesem Grunde begnügen wir uns mit Stichproben typischer Anwendungen.

Mechanik

Beispiel 1.21:
(*Moment einer Kraft*) An einem starren oder elastischen Körper[26] im Raum greife im Punkt P eine Kraft $\boldsymbol{F}$ an. A sei ein weiterer Punkt inner- oder außerhalb des Körpers. Wir nennen ihn *Bezugspunkt*. Der Vektor $\boldsymbol{r}$ stelle den Pfeil $\overrightarrow{AP}$ dar. Dann ist

$$\boldsymbol{M} = \boldsymbol{r} \times \boldsymbol{F}$$

das *Moment der Kraft* $\boldsymbol{F}$ in P bezüglich des Punktes A.

Nehmen wir an, daß der Körper drehbar gelagert ist, mit einer Drehachse durch A, die rechtwinklig zu $\boldsymbol{F}$ steht, so heißt $\boldsymbol{M}$ das *Drehmoment*, das von $\boldsymbol{F}$ erzeugt wird. Steht $\boldsymbol{F}$ nicht rechtwinklig zur Achse, so ist das bewirkte *Drehmoment* die Projektion von $\boldsymbol{M}$ in Richtung Achse.

Zahlenbeispiel. $A = (1,1,0)\,\text{m}$, $P = (4,-1,3)\,\text{m}$

$$\boldsymbol{F} = \begin{bmatrix} 6 \\ -5 \\ 1 \end{bmatrix} \text{N}, \quad \text{Achsenrichtung: } \boldsymbol{e} = \frac{1}{7}\begin{bmatrix} 2 \\ 6 \\ 3 \end{bmatrix}, \quad \Rightarrow \overrightarrow{AP}: \quad \boldsymbol{r} = \begin{bmatrix} 3 \\ -2 \\ 3 \end{bmatrix} \text{m},$$

$$\boldsymbol{M} = \boldsymbol{r} \times \boldsymbol{F} = \begin{bmatrix} 13 \\ 15 \\ -3 \end{bmatrix} \text{Nm}.$$

$$\textit{Drehmoment}: \ \boldsymbol{D} = (\boldsymbol{M} \cdot \boldsymbol{e})\boldsymbol{e} = \frac{107}{7} \cdot \frac{1}{7}\begin{bmatrix} 2 \\ 6 \\ 3 \end{bmatrix} \text{Nm} \doteq \begin{bmatrix} 4{,}367 \\ 13{,}102 \\ 6{,}551 \end{bmatrix} \text{Nm}.$$

Der *Betrag des Drehmoments* ist $|\boldsymbol{D}| \doteq 15{,}286\,\text{Nm}$. □

Greifen an einem räumlichen Körper mehrere Kräfte $\boldsymbol{F}_1, \ldots, \boldsymbol{F}_n$ in den entsprechenden Punkten $P_1, \ldots, P_n$ an, und repräsentieren die Pfeile $\overrightarrow{AP_1}, \ldots, \overrightarrow{AP_n}$ (A Bezugspunkt) die Vektoren $\boldsymbol{r}_1, \ldots, \boldsymbol{r}_n$, so ist das *Moment der Kräfte* $\boldsymbol{F}_1, \ldots, \boldsymbol{F}_n$ bzgl. A gleich der Summe

$$\boldsymbol{M} = \sum_{k=1}^{n} \boldsymbol{r}_k \times \boldsymbol{F}_k.$$

Beispiel 1.22:
(*Drehimpuls bei einer Zentralkraft*[27]) Auf einen Massenpunkt der Masse m wirke eine Kraft $\boldsymbol{F}$, die vom Massenpunkt stets in Richtung des Nullpunktes weist oder in die entgegengesetzte Richtung, d.h $\boldsymbol{F} = \lambda \boldsymbol{r}$, wenn $\boldsymbol{r}$ der Ortsvektor des Massenpunktes ist. $\boldsymbol{F}$ heißt eine *Zentralkraft bzgl.* 0 (Beispiel: Gravitationskraft der Sonne auf einen Planeten, elastische Drehbewegung).

Bewegt sich der Massenpunkt, so wird sein Ort durch den Vektor $\boldsymbol{r}(t)$ beschrieben (t Zeit),

---

26 Unter einem Körper verstehen wir einen Gegenstand, der im dreidimensionalen Raum eine beschränke Punktmenge mit Volumen > 0 ausfüllt. (Zum Volumenbegriff s. Burg/Haf/Wille (Analysis) [27], Abschn.7.1.1, Def. 7.7.)

27 Hier wird eine elementare Differentialrechnung verwendet.

wobei $\boldsymbol{r}(t)$ koordinatenweise 2 mal stetig differenzierbar sei. Aus dem Newtonschen Bewegungsgesetz $\boldsymbol{F}(t) = m\ddot{\boldsymbol{r}}(t)$ folgt durch äußere Multiplikation mit $\boldsymbol{r}(t) : \boldsymbol{F}(t) \times \boldsymbol{r}(t) = \boldsymbol{0}$ (da $\boldsymbol{F}$ und $\boldsymbol{r}$ parallel), also

$$m\boldsymbol{r}(t) \times \ddot{\boldsymbol{r}}(t) = \boldsymbol{0}.$$

Dies ist die Ableitung von

$$m\boldsymbol{r}(t) \times \dot{\boldsymbol{r}}(t) = \boldsymbol{c} \quad (= \text{konstant}), \tag{1.82}$$

wie man durch Differenzieren nach Produktregel feststellt. (Der Leser rechne nach, daß die Produktregel des Differenzierens beim äußeren Produkt gilt)

Die linke Seite von (1.82) heißt der *Drehimpuls* $\boldsymbol{p}$ des Massenpunktes bzgl. des Nullpunktes. Aus (1.82) zieht man die Folgerungen:

(a) Der *Drehimpuls* des Massenpunktes bzgl.0 ist *konstant*

(b) Die *Bahn* des Massenpunktes liegt *in einer Ebene*, denn $\boldsymbol{r}(t)$ steht rechtwinklig auf dem konstanten Vektor $\boldsymbol{c}$.

(c) Die *Flächengeschwindigkeit* $\left|\frac{1}{2}\boldsymbol{r}(t) \times \dot{\boldsymbol{r}}(t)\right|$ ist konstant (2. *Keplersches*[28] *Gesetz*). Denn ist $\Delta\boldsymbol{r}$ die in der Zeit Δt erfolgte Verschiebung des Massenpunktes, so hat der Ortsvektor des Punktes ein Dreieck mit (ungefährem) Flächeninhalt $|\frac{1}{2}(\boldsymbol{r} \times \Delta\boldsymbol{r})|$ überstrichen. Division durch Δt und Grenzübergang $\Delta t \to 0$ liefert die Flächengeschwindigkeit, die nach (1.82) konstant ist.

Beispiel 1.23:

(*Gesamt-Drehimpuls*) Ein System von Punkten mit den Massen $m_1, \ldots, m_n$ mit den Ortsvektoren $\boldsymbol{r}_k(t)$ zur Zeit t hat den *Gesamt-Drehimpuls*

$$\boldsymbol{p} := \sum_{k=1}^{n} m_k(\boldsymbol{r}_k \times \dot{\boldsymbol{r}}_k) \quad (\text{bzgl.}0).$$

(Die Variable t wurde der Übersichtlichkeit weggelassen.) Die Bewegung der Massenpunkte wird durch äußere Kräfte $\boldsymbol{F}_k$ auf den jeweils k-ten Massenpunkt und innere Kräfte der Massenpunkte untereinander bewirkt. Letztere heben sich weg, da sie in Richtung der Verbindungslinien der Punkte wirken (aktio gleich reaktio). Differenzieren und Verwenden von $\boldsymbol{F}_k = m_k\ddot{\boldsymbol{r}}_k$ liefert

$$\frac{\mathrm{d}}{\mathrm{d}t}\boldsymbol{p} = \boldsymbol{M} \quad \text{mit} \quad \boldsymbol{M} = \sum_{k=1}^{n} \boldsymbol{r}_k \times \boldsymbol{F}_k\,. \tag{1.83}$$

28 Johann Kepler (1571 – 1630), deutscher Astronom, Physiker und Mathematiker

Dies ist der bekannte Drehimpulssatz:

Für ein System von Massenpunkten ist die zeitliche Änderung des Gesamt- Drehimpulses bzgl. eines Punktes gleich dem Gesamt-Moment aller äußeren Kräfte, wieder bezogen auf den genannten Punkt.

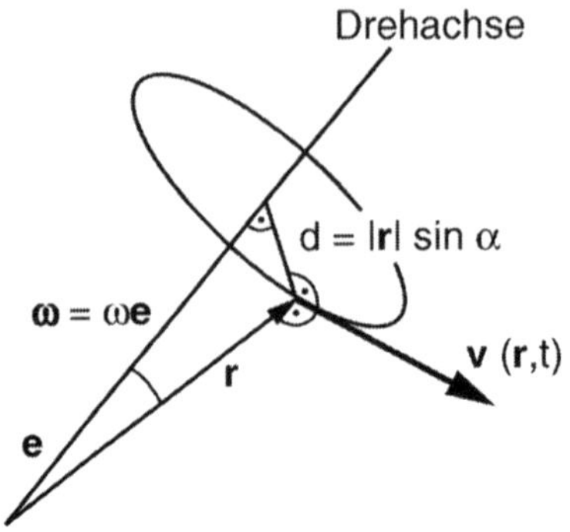

Fig. 1.53: Winkelgeschwindigkeitsvektor $\boldsymbol{\omega}$

Beispiel 1.24:

(*Drehbewegung, Drehgeschwindigkeitsvektor*) Die Rotation eines starren Körpers können wir durch einen Vektor $\boldsymbol{\omega} = \omega \boldsymbol{e}$ beschreiben, dessen Betrag $\omega = |\boldsymbol{\omega}|$ die Drehgeschwindigkeit (Winkelgeschwindigkeit) ist, und dessen Richtung $\boldsymbol{e}$ die Richtung der Drehachse darstellt (Im Sinne einer Rechtsschraube).

Beschreibt der Ortsvektor $\boldsymbol{r}(t)$ die momentane Lage eines beliebigen Punktes P des rotierenden Körpers, so gilt für die Geschwindigkeit $\boldsymbol{v}$ von P:

$$\dot{\boldsymbol{r}}(t) = \boldsymbol{v}(\boldsymbol{r}, t) = \boldsymbol{\omega} \times \boldsymbol{r}(t) \,. \tag{1.84}$$

Diese Beziehung ist zu verstehen, wenn man sich vorstellt, daß sich der Punkt P momentan auf einer Kreisbahn bewegt. Da der Radius d dieses Kreises gleich dem Abstand des Punktes P von der Drehachse ist:

$$\mathrm{d} = |\boldsymbol{r}| \sin\alpha,$$

gilt für den Betrag der Bahngeschwindigkeit

$$|\boldsymbol{v}| = \omega d = |\boldsymbol{\omega}||\boldsymbol{r}| \sin\alpha \tag{1.85}$$

(vgl. Fig. 1.53). Aus der Geometrie ergibt sich, daß der Geschwindigkeitsvektor $\boldsymbol{v}$ sowohl mit der Drehachse als auch mit dem Ortsvektor $\boldsymbol{r}$ einen rechten Winkel bildet. Ferner bilden die Vektoren $\boldsymbol{\omega}$, $\boldsymbol{r}$ und $\boldsymbol{v}$ ein Rechtssystem. Damit ist Beziehung (1.84) begründet.

Bemerkung: Aus der »Lagrangeschen Darstellung« der Starrkörperbewegung (s. einschlägige Fachliteratur) ergibt sich *allgemein* für das Geschwindigkeitsfeld einer Starrkörperbewegung:

$$\boldsymbol{v}(\boldsymbol{r}, t) = \dot{\boldsymbol{r}}_0(t) + \boldsymbol{\omega}(t) \times (\boldsymbol{r}(t) - \boldsymbol{r}_0(t))$$

(Eulersche Darstellung des Geschwindigkeitsfeldes). Darin bedeuten:

$\boldsymbol{r}_0(t)$:	Ortsvektor eines beliebigen (fest gewählten) Körperpunktes (z.B. den des Schwerpunktes)
$\boldsymbol{\omega}(t)$:	Drehgeschwindigkeitsvektor (er ist unabhängig von der Wahl von $\boldsymbol{r}_0$)
$\dot{\boldsymbol{r}}_0(t)$:	Translationsgeschwindigkeit
$\boldsymbol{\omega} \times (\boldsymbol{r} - \boldsymbol{r}_0)$:	Drehgeschwindigkeit um eine Achse durch $\boldsymbol{r}_0$.

Geometrie

Beispiel 1.25:

(*Flächennormale*) Ist ein ebenes Flächenstück im Raum gegeben, so versteht man unter einer zugehörigen *Flächennormalen* $\boldsymbol{n}$ einen Vektor, der rechtwinklig auf dem Flächenstück steht und dessen Länge gleich dem zugehörigen Flächeninhalt ist.

Beispielsweise hat ein Parallelogramm, das von den Vektoren $\boldsymbol{a}, \boldsymbol{b} \in \mathbb{R}^3$ aufgespannt wird, die Normalenvektoren $\boldsymbol{n} = \boldsymbol{a} \times \boldsymbol{b}$ und $-(\boldsymbol{a} \times \boldsymbol{b})$. Entsprechend hat ein von $\boldsymbol{a}, \boldsymbol{b}$ aufgespanntes Dreieck (s. Fig. 1.54) die Flächennormale $\boldsymbol{n} = \frac{1}{2}(\boldsymbol{a} \times \boldsymbol{b})$, wie auch den dazu negativen Vektor.

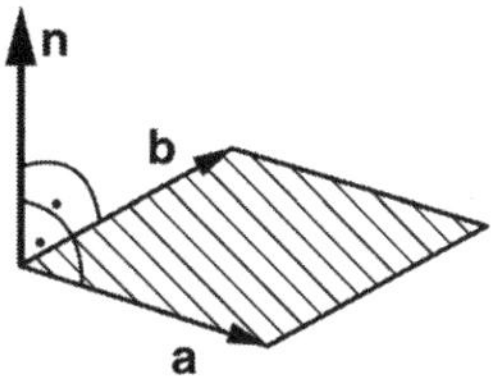

Fig. 1.54: Flächennormale

Bei Körpern, die von endlich vielen ebenen Flächenstücken berandet werden, gilt, daß die *Summe der nach außen weisenden Flächennormalen Null ist.*

Man beweist diese Aussage zuerst für Tetraeder (s. Übung 1.45). Daraus folgt die Aussage für die beschriebenen Körper durch Zusammenfügen der Körper aus Tetraedern, da die innen liegenden Flächennormalen der Tetraeder sich in der Summe aller Flächennormalen gegenseitig wegheben. Hierbei benutzt man die Tatsache, daß die genannten Körper sich in endlich viele Tetraeder zerlegen lassen, wobei je zwei solcher Tetraeder entweder eine Seite gemeinsam haben, oder eine Kante, oder eine Ecke, oder nichts. (Auf einen Beweis dieses anschaulichen Sachverhalts wird hier verzichtet.)

Beispiel 1.26:
(*Flächeninhalt eines Dreiecks*) Die Eckpunkte eines Dreiecks im Raum seien $A = (-1{,}6, 2)$, $B = (-6, -2, 4)$, $C = (1, 3, 9)$. Wie groß ist der Flächeninhalt des Dreiecks?

Antwort: Die Kanten des Dreiecks, als Pfeile aufgefaßt, repräsentieren folgende Vektoren

$$\overrightarrow{CB} : \boldsymbol{a} = \begin{bmatrix} -7 \\ -5 \\ -5 \end{bmatrix}, \quad \overrightarrow{CA} : \boldsymbol{b} = \begin{bmatrix} -2 \\ 3 \\ -7 \end{bmatrix}$$

und $\boldsymbol{c} = \boldsymbol{a} - \boldsymbol{b}$. Man sagt, *die Vektoren* $\boldsymbol{a}, \boldsymbol{b}$ *spannen das Dreieck* auf. Da das Dreieck ein halbes Parallelogramm ist, folgt für den Flächeninhalt:

$$F = \frac{1}{2}|\boldsymbol{a} \times \boldsymbol{b}| = \frac{1}{2}\left|\begin{bmatrix} 50 \\ -39 \\ -31 \end{bmatrix}\right| = \frac{1}{2}\sqrt{50^2 + 39^2 + 31^2} \doteq \underline{35{,}2916}$$

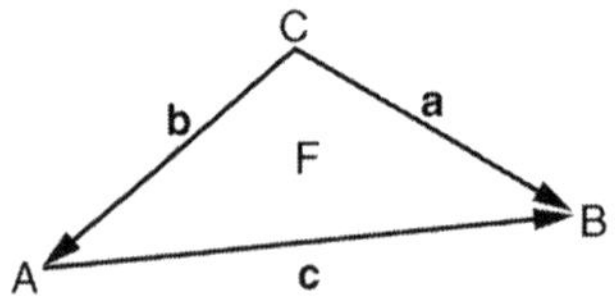

Fig. 1.55: Flächeninhalt eines Dreiecks

Elektrodynamik

Bei der Behandlung elektromagnetischer Felder treten äußere Produkte vielfach auf. Wir erwähnen

Kraftwirkung auf eine bewegte Ladung	$\boldsymbol{F} = e(\boldsymbol{E} + \boldsymbol{v} \times \boldsymbol{B})$,
Poyntingscher Vektor	$\boldsymbol{S} = \boldsymbol{E} \times \boldsymbol{H}$

mit folgenden Größen

$\boldsymbol{E}$ = elektrische Feldstärke,
$\boldsymbol{H}$ = magnetische Feldstärke,
$\boldsymbol{B}$ = magnetische Flußdichte,
e = elektrische Ladung,
$\boldsymbol{v}$ = Geschwindigkeit der Ladung.

Für die Umwandlung von elektrischer Energie in mechanische ist folgendes Beispiel grundlegend:

Beispiel 1.27:

(*Kraft auf elektrischen Leiter*) In einem geraden elektrischen Leiter fließe der Strom I. Der Leiter befinde sich in einem Magnetfeld mit konstanter magnetischer Feldstärke $\boldsymbol{B}$. Ist $\boldsymbol{e}$ ein Einheitsvektor in Richtung des Stromes, so wirkt auf ein Leiterstück der Länge s die Kraft

$$\boldsymbol{F} = Is\boldsymbol{e} \times \boldsymbol{B} . \tag{1.86}$$

Übung 1.41:

An einem starren Körper greifen zwei Kräfte an:

$$\boldsymbol{F}_1 = \begin{bmatrix} 5 \\ -1 \\ -2 \end{bmatrix} \text{N}, \quad \boldsymbol{F}_2 = \begin{bmatrix} 3 \\ 2 \\ 1 \end{bmatrix} \text{N},$$

und zwar $\boldsymbol{F}_1$ im Punkt $A = (1, 2, 1)\,\text{m}$[29], und $\boldsymbol{F}_2$ im Punkt $B = (-2, 1, -1)$m. Wie groß ist das Moment dieser Kräfte bzgl. $\boldsymbol{0}$?

Übung 1.42*

Ein starrer Körper sei drehbar um eine Achse durch die beiden Punkte $A = (1, 3, 0)$m, $B = (7, 2, 5)$m gelagert. Am Punkte $P = (5, 6{,}5)$m greife eine Kraft $\boldsymbol{F} = \begin{bmatrix} 3 \\ -5 \\ 3 \end{bmatrix}$ N an. Wie groß ist das Moment $\boldsymbol{M}$ der Kraft in P bzgl. A? Wie groß ist das erzeugte Drehmoment bzgl. der Achse?

Übung 1.43*

Durch $\boldsymbol{r}(t) = \begin{bmatrix} 3\cos t \\ 5\sin t \\ 1 \end{bmatrix}$ m ist der Ortsvektor einer ebenen Bewegung gegeben. Berechne die Flächengeschwindigkeit bzgl. des Zentrums 0.

Übung 1.44:

Berechne die Geschwindigkeit $\boldsymbol{v}$ eines Punktes P der sich auf einer Kreisbahn um eine Achse durch 0 bewegt. Dabei seien der Drehvektor $\boldsymbol{\omega}$ und der momentane Ort des Punktes durch

$$\boldsymbol{\omega} = \begin{bmatrix} 3 \\ 1 \\ -2 \end{bmatrix} \text{s}^{-1}, \quad \boldsymbol{r} = \begin{bmatrix} -1 \\ 4 \\ 0 \end{bmatrix} \text{m}$$

gegeben.

---

29 m = Meter bezieht sich auf alle Koordinaten.

Übung 1.45*

Zeige, daß die nach außen weisenden 4 Flächennormalen auf den Seiten eines Tetraeders die Summe **0** ergeben. *Hinweis*: Nimm an, daß eine Ecke des Tetraeders im Punkte 0 liegt, und daß die übrigen drei Ecken A, B, C des Tetraeders die Ortsvektoren $\boldsymbol{a}$, $\boldsymbol{b}$, $\boldsymbol{c}$ haben. Aus diesen lassen sich die Flächennormalen gewinnen.

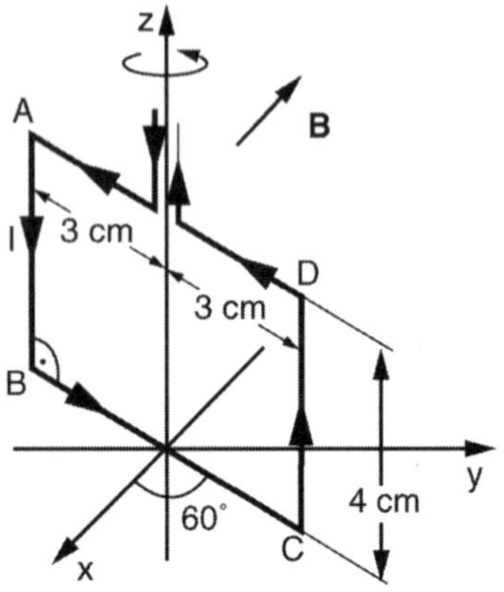

Fig. 1.56: Leiterschleife

Übung 1.46*

Welchen Flächeninhalt hat das Dreieck mit den Ecken $A = (-2{,}3{,}9)$, $B = (5{,}1{,}2)$, $C = (-1{,}0{,}6)$?

Übung 1.47*[30]

Eine Drahtschleife (*Leiterschleife*) liegt so im Raum, wie es die Fig. 1.56 zeigt. Sie ist um die z-Achse drehbar gelagert. Sie befindet sich in einem Magnetfeld mit der magnetischen Flußdichte

$$\boldsymbol{B} = \begin{bmatrix} 4 \\ 4 \\ 3 \end{bmatrix} 10^{-2} \frac{\mathrm{Vs}}{\mathrm{m}^2}.$$

Durch die Leiterschleife fließt der Strom $I = 15\,\mathrm{A}$ in Richtung der skizzierten Pfeile.

(a) Berechne die vier Kräfte $\boldsymbol{F}_{AB}$, $\boldsymbol{F}_{BC}$, $\boldsymbol{F}_{CD}$, $\boldsymbol{F}_{DA}$, die auf die vier Leiterstücke AB, BC, CD, DA wirken!

(b) Wie groß ist das zugehörige Drehmoment $\boldsymbol{M}$ bzgl. der z-Achse auf die gesamte Leiterschleife?

30 nach [156], Bd. 1, S. 24

1.2.6 Spatprodukt, mehrfache Produkte

Definition 1.8:

Für je drei Vektoren $\boldsymbol{a}, \boldsymbol{b}, \boldsymbol{c}$ aus $\mathbb{R}^3$ ist das Spatprodukt definiert durch

$$[\boldsymbol{a}, \boldsymbol{b}, \boldsymbol{c}] := (\boldsymbol{a} \times \boldsymbol{b}) \cdot \boldsymbol{c} \;^{31}. \tag{1.87}$$

Es handelt sich also um ein Dreierprodukt aus Vektoren, dessen Wert eine reelle Zahl ist. Mit den Koordinatendarstellungen

$$\boldsymbol{a} = \begin{bmatrix} a_1 \\ a_2 \\ a_3 \end{bmatrix}, \boldsymbol{b} = \begin{bmatrix} b_1 \\ b_2 \\ b_3 \end{bmatrix}, \boldsymbol{c} = \begin{bmatrix} c_1 \\ c_2 \\ c_3 \end{bmatrix}$$

ist das Spatprodukt gleich dem Wert der Determinante aus diesen Vektoren, wie man leicht nachrechnet.

$$(\boldsymbol{a} \times \boldsymbol{b}) \cdot \boldsymbol{c} = \begin{vmatrix} a_1 & b_1 & c_1 \\ a_2 & b_2 & c_2 \\ a_3 & b_3 & c_3 \end{vmatrix} = \left\{ \begin{array}{r} a_1b_2c_3 - a_1b_3c_2 \\ +a_2b_3c_1 - a_2b_1c_3 \\ +a_3b_1c_2 - a_3b_2c_1 \end{array} \right\}. \tag{1.88}$$

Insbesondere kann man die Sarrussche Regel zur praktischen Berechnung heranziehen.

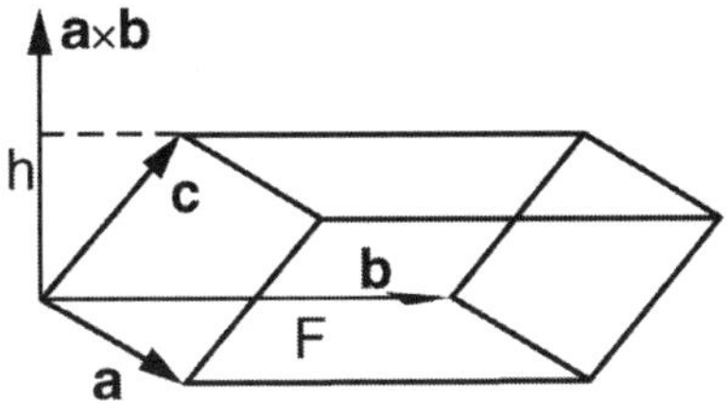

Fig. 1.57: Spat = Parallelflach

Geometrisch ist der Absolutbetrag $|[\boldsymbol{a}, \boldsymbol{b}, \boldsymbol{c}]|$ des Spatproduktes gleich dem Volumen des von $\boldsymbol{a}, \boldsymbol{b}, \boldsymbol{c}$ *aufgespannten Parallelflaches* (Spats), wie die Fig. 1.57 zeigt. Denn $\boldsymbol{a} \times \boldsymbol{b}$ steht rechtwinklig auf dem durch $\boldsymbol{a}, \boldsymbol{b}$ aufgespannten Parallelogramm. Mit dem Flächeninhalt des Parallelogramms und der »Höhe« h (s. Fig. 1.57) ist also das Volumen V des Parallelflaches

$$V = F \cdot h = |\boldsymbol{a} \times \boldsymbol{b}| \cdot h = |(\boldsymbol{a} \times \boldsymbol{b}) \cdot \boldsymbol{c}|.$$

Satz 1.8:

(*Rechenregeln für das Spatprodukt*)

(a) Bei zyklischer Umordnung der Faktoren $\boldsymbol{a}, \boldsymbol{b}, \boldsymbol{c}$ bleibt das Spatprodukt erhalten

$$[\boldsymbol{a}, \boldsymbol{b}, \boldsymbol{c}] = [\boldsymbol{b}, \boldsymbol{c}, \boldsymbol{a}] = [\boldsymbol{c}, \boldsymbol{a}, \boldsymbol{b}].$$

31 Auch die einfache Schreibweise $\boldsymbol{abc}$ ist für das Spatprodukt gebräuchlich.

(b) Bei Vertauschung zweier Faktoren ändert das Spatprodukt sein Vorzeichen

$$[\boldsymbol{a}, \boldsymbol{b}, \boldsymbol{c}] = -[\boldsymbol{b}, \boldsymbol{a}, \boldsymbol{c}] = -[\boldsymbol{a}, \boldsymbol{c}, \boldsymbol{b}] = -[\boldsymbol{c}, \boldsymbol{b}, \boldsymbol{a}] .$$

(c) Distributivgesetze:

$[\boldsymbol{a}+\boldsymbol{d}, \boldsymbol{b}, \boldsymbol{c}] = [\boldsymbol{a}, \boldsymbol{b}, \boldsymbol{c}]+[\boldsymbol{d}, \boldsymbol{b}, \boldsymbol{c}]$. Entsprechendes gilt für den 2. und 3. Faktor.

(d) $\lambda[\boldsymbol{a}, \boldsymbol{b}, \boldsymbol{c}] = [\lambda \boldsymbol{a}, \boldsymbol{b}, \boldsymbol{c}] = [\boldsymbol{a}, \lambda \boldsymbol{b}, \boldsymbol{c}] = [\boldsymbol{a}, \boldsymbol{b}, \lambda \boldsymbol{c}]$.

(e) $[\boldsymbol{i}, \boldsymbol{j}, \boldsymbol{k}] = 1$. Ferner:

(f) Sind zwei Faktoren gleich, so ist das Spatprodukt 0:

$$[\boldsymbol{a}, \boldsymbol{a}, \boldsymbol{b}] = 0 .$$

(g) Addiert man ein Vielfaches eines Faktors zu einem anderen, so ändern sich der Wert des Spatproduktes nicht:

$$[\boldsymbol{a} + \lambda \boldsymbol{b}, \boldsymbol{b}, \boldsymbol{c}] = [\boldsymbol{a}, \boldsymbol{b}, \boldsymbol{c}] \quad \text{(entsprechend für alle übrigen Faktoren).}$$

(h) Gilt $\alpha \boldsymbol{a} + \beta \boldsymbol{b} + \gamma \boldsymbol{c} = \boldsymbol{0}$ mit gewissen $\alpha, \beta, \gamma \in \mathbb{R}$, die nicht alle 0 sind, so folgt

$$[\boldsymbol{a}, \boldsymbol{b}, \boldsymbol{c}] = 0 .$$

(i) $\boldsymbol{a} \cdot \boldsymbol{b} = \boldsymbol{b} \cdot \boldsymbol{c} = \boldsymbol{c} \cdot \boldsymbol{d} = 0 \Rightarrow |[\boldsymbol{a}, \boldsymbol{b}, \boldsymbol{c}]| = |\boldsymbol{a}||\boldsymbol{b}||\boldsymbol{c}|$.

Beweis:
(a) folgt aus der Determinantendarstellung des Spatproduktes, (b) bis (g) und (i) ergeben sich aus der Definition 1.8 und (h) folgt so: Da α, β, γ nicht alle 0 sind, nehmen wir ohne Beschränkung der Allgemeinheit $\alpha \neq 0$ an. Damit ist

$$[\boldsymbol{a}, \boldsymbol{b}, \boldsymbol{c}] = \frac{1}{\alpha}[\alpha \boldsymbol{a}, \boldsymbol{b}, \boldsymbol{c}] = \frac{1}{\alpha}[\alpha \boldsymbol{a} + \beta \boldsymbol{b} + \gamma \boldsymbol{c}, \boldsymbol{b}, \boldsymbol{c}] = \frac{1}{\alpha}[\boldsymbol{0}, \boldsymbol{b}, \boldsymbol{c}] = 0. \qquad \square$$

Regel (a) liefert die Formel

$$(\boldsymbol{a} \times \boldsymbol{b}) \cdot \boldsymbol{c} = \boldsymbol{a} \cdot (\boldsymbol{b} \times \boldsymbol{c}) , \tag{1.89}$$

denn die linke Seite ist gleich

$$[\boldsymbol{a}, \boldsymbol{b}, \boldsymbol{c}] = [\boldsymbol{b}, \boldsymbol{c}, \boldsymbol{a}] = (\boldsymbol{b} \times \boldsymbol{c}) \cdot \boldsymbol{a} = \boldsymbol{a} \cdot (\boldsymbol{b} \times \boldsymbol{c}).$$

Mehrfache Produkte: Produkte aus mehreren Vektoren, wobei innere und äußere Produkte beliebig kombiniert werden, lassen sich mit Hilfe der Formel (1.89) über das *Spatprodukt* und mit dem *Graßmannschen Entwicklungssatz* (Satz 1.7, Abschn. 1.2.4)

$$\boldsymbol{a} \times (\boldsymbol{b} \times \boldsymbol{c}) = (\boldsymbol{a} \cdot \boldsymbol{c})\boldsymbol{b} - (\boldsymbol{a} \cdot \boldsymbol{b})\boldsymbol{c} \tag{1.90}$$

vereinfachen. Weitere Hilfsmittel sind nicht nötig! Zur Demonstration zunächst

Folgerung 1.11:
(*Lagrange-Identität*) Für alle $\boldsymbol{a}, \boldsymbol{b}, \boldsymbol{c}, \boldsymbol{d}$ aus $\mathbb{R}^3$ gilt:

$$(\boldsymbol{a} \times \boldsymbol{b}) \cdot (\boldsymbol{c} \times \boldsymbol{d}) = (\boldsymbol{a} \cdot \boldsymbol{c})(\boldsymbol{b} \cdot \boldsymbol{d}) - (\boldsymbol{a} \cdot \boldsymbol{d})(\boldsymbol{b} \cdot \boldsymbol{c})\,. \tag{1.91}$$

Beweis:
Mit $\boldsymbol{u} := \boldsymbol{c} \times \boldsymbol{d}$ ist

$$(\boldsymbol{a} \times \boldsymbol{b}) \cdot (\boldsymbol{c} \times \boldsymbol{d}) = (\boldsymbol{a} \times \boldsymbol{b}) \cdot \boldsymbol{u} = \boldsymbol{a} \cdot (\boldsymbol{b} \times \boldsymbol{u}) = \boldsymbol{a} \cdot (\boldsymbol{b} \times (\boldsymbol{c} \times \boldsymbol{d})).$$

Der Graßmannsche Entwicklungssatz angewandt auf $\boldsymbol{b} \times (\boldsymbol{c} \times \boldsymbol{d})$, liefert damit Gleichung (1.91).□

Weitere Mehrfachprodukte:

$$\begin{aligned}(\boldsymbol{a} \times \boldsymbol{b}) \times (\boldsymbol{c} \times \boldsymbol{d}) &= (\boldsymbol{a} \times \boldsymbol{b}) \times \boldsymbol{u} = (\boldsymbol{a} \cdot \boldsymbol{u})\boldsymbol{b} - (\boldsymbol{b} \cdot \boldsymbol{u})\boldsymbol{a} \\ &= [\boldsymbol{a}, \boldsymbol{c}, \boldsymbol{d}]\boldsymbol{b} - [\boldsymbol{b}, \boldsymbol{c}, \boldsymbol{d}]\boldsymbol{a}, \quad \text{analog} \qquad (1.92) \\ &= [\boldsymbol{a}, \boldsymbol{b}, \boldsymbol{d}]\boldsymbol{c} - [\boldsymbol{a}, \boldsymbol{b}, \boldsymbol{c}]\boldsymbol{d}\end{aligned}$$

$$(\boldsymbol{a} \times \boldsymbol{b}) \cdot ((\boldsymbol{b} \times \boldsymbol{c}) \times (\boldsymbol{c} \times \boldsymbol{a})) = [\boldsymbol{a}, \boldsymbol{b}, \boldsymbol{c}]^2\,. \tag{1.93}$$

Der Leser beweise die letzte Gleichung.

Rauminhalte von Prisma und Tetraeder: Wir denken uns ein *Prisma* so von den Vektoren $\boldsymbol{a}, \boldsymbol{b}, \boldsymbol{c}$ aufgespannt, wie es die Fig. 1.58a zeigt. Da das Prisma ein halbes Parallelflach ist, folgt für sein Volumen:

$$V_P := \frac{1}{2}|[\boldsymbol{a}, \boldsymbol{b}, \boldsymbol{c}]| \; \textit{Prisma-Volumen}\,. \tag{1.94}$$

Ein *Tetraeder*, aufgespannt von $\boldsymbol{a}, \boldsymbol{b}, \boldsymbol{c}$ (s. Fig. 1.58b)) hat ein Volumen V_T, welches ein Drittel des entsprechenden Prisma-Volumens ist(denn V_T) = Grundflächeninhalt × Höhe/3, V_T = Grundflächeninhalt × Höhe. Somit folgt

$$V_T := \frac{1}{6}|[\boldsymbol{a}, \boldsymbol{b}, \boldsymbol{c}]| \; \textit{Tetraeder-Volumen}\,. \tag{1.95}$$

Anwendungen

Beispiel 1.28:
Eine Flüssigkeit fließt mit konstanter Geschwindigkeit $\boldsymbol{v}$ durch eine Parallelogramm-Fläche, die von $\boldsymbol{a}, \boldsymbol{b}$ aufgespannt wird. Wie groß ist die Flüssigkeitsmenge, die in einer Sekunde durch die Fläche strömt? Dabei werden $\boldsymbol{v}$ in m/s gemessen und $\boldsymbol{a}, \boldsymbol{b}$ in m.

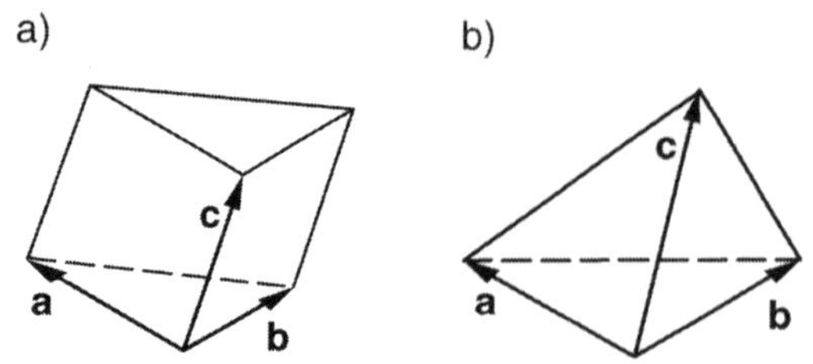

Fig. 1.58: Prisma und Tetraeder

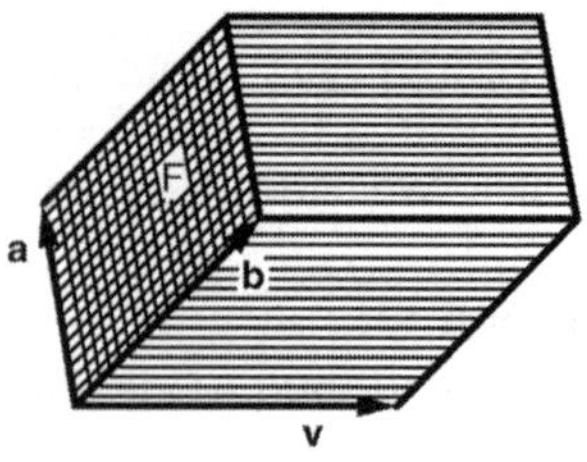

Fig. 1.59: Strömung durch eine Parallelogrammfläche

Antwort. Die Flüssigkeitsmenge hat das Volumen $V = |[\boldsymbol{a}, \boldsymbol{b}, \boldsymbol{v}]| m^3$, da in einer Sekunde sich das in Fig. 1.59 skizzierte Parallelflach durch die Fläche geschoben hat.

Übung 1.48*

Welche der folgenden Ausdrücke sind sinnvoll und welche sinnlos?

$(a)\ (\boldsymbol{a}+\boldsymbol{b})\cdot\boldsymbol{c}+\boldsymbol{d};\quad (b)\ (\boldsymbol{a}\times\boldsymbol{b})\cdot\boldsymbol{c}+5{,}3;$

$(c)\ \dfrac{\boldsymbol{a}\times\boldsymbol{b}}{\boldsymbol{b}}\cdot\boldsymbol{b}\ (\boldsymbol{b}\neq\boldsymbol{0});\quad (d)\ \dfrac{\boldsymbol{a}\times\boldsymbol{b}}{\boldsymbol{b}^2}\boldsymbol{b}^2;\quad (e)\ \langle\boldsymbol{a}\times\boldsymbol{b})\cdot(\boldsymbol{c}\times\boldsymbol{d})+\boldsymbol{f};$

$(f)\ 6+\lambda(\boldsymbol{a}\cdot\boldsymbol{b})\cdot(\boldsymbol{c}\cdot\boldsymbol{d})(((\boldsymbol{p}+\boldsymbol{d})\times\boldsymbol{f})\cdot\boldsymbol{a}/8)-|\boldsymbol{a}-\boldsymbol{b}|.$

Übung 1.49*

Vereinfache folgende Ausdrücke so, daß Ausdrücke entstehen, in denen $\boldsymbol{a}$, $\boldsymbol{b}$, $\boldsymbol{c}$ höchstens einmal auftreten:

$(a)\ \dfrac{1}{2}(\boldsymbol{a}+\boldsymbol{b})\cdot((\boldsymbol{b}+\boldsymbol{d})\times(\boldsymbol{c}+\boldsymbol{a}))=\,?$

$(b)\ (\boldsymbol{a}-\boldsymbol{c})\cdot((\boldsymbol{a}+\boldsymbol{c})\times\boldsymbol{b})=\,?$

$(c)\ \boldsymbol{a}\times(\boldsymbol{b}\times\boldsymbol{c})+\boldsymbol{b}\times(\boldsymbol{c}\times\boldsymbol{a})+\boldsymbol{c}\times(\boldsymbol{a}\times\boldsymbol{b})=\,?$

Übung 1.50*

Ein Dreieck mit den Eckpunkten $A = (2,1,2)\,\text{cm}$, $B = (5,7,4)\,\text{cm}$, $C = (8,0,1)\,\text{cm}$ wird von einer Flüssigkeit mit konstanter Geschwindigkeit

$$\boldsymbol{v} = \begin{bmatrix} -1 \\ -1 \\ 8 \end{bmatrix} \frac{\text{cm}}{\text{s}}$$

durchströmt. Wie groß ist das Volumen der Flüssigkeitsmenge, die in 7 Sekunden durch das Dreieck fließt?

1.2.7 Lineare Unabhängigkeit

Definition 1.9:

(a) Eine Summe der Form

$$\lambda_1 \boldsymbol{a}_1 + \lambda_2 \boldsymbol{a}_2 + \ldots + \lambda_k \boldsymbol{a}_k \quad (\lambda_i \in \mathbb{R}) \tag{1.96}$$

heißt eine Linearkombination der Vektoren $\boldsymbol{a}_1, \ldots, \boldsymbol{a}_k$[32]

(b) Die Vektoren $\boldsymbol{a}_1, \boldsymbol{a}_2 \ldots, \boldsymbol{a}_m$ heißen linear abhängig, wenn wenigstens einer unter ihnen als Linearkombination der übrigen geschrieben werden kann, oder wenn einer der Vektoren $\mathbf{0}$ ist.

Andernfalls heißen die Vektoren $\boldsymbol{a}_1 \ldots, \boldsymbol{a}_m$ linear unabhängig.[33]

Folgerung 1.12:

Die Vektoren $\boldsymbol{a}_1, \ldots, \boldsymbol{a}_m$ sind genau dann linear abhängig, wenn

$$\lambda_1 \boldsymbol{a}_1 + \lambda_2 \boldsymbol{a}_2 + \ldots + \lambda_m \boldsymbol{a}_m = \mathbf{0} \tag{1.97}$$

erfüllt ist, und zwar mit reellen Zahlen $\lambda_1, \ldots, \lambda_m$, die nicht alle Null sind.

Beweis:

Sei $m > 2$. Gilt $\lambda_i \neq 0$, so kann man (1.97) nach $\boldsymbol{a}_i$ auflösen, d.h. $\boldsymbol{a}_i$ ist Linearkombination der übrigen $\boldsymbol{a}_k$, d.h. die $\boldsymbol{a}_1, \ldots, \boldsymbol{a}_m$ sind linear abhängig. Umgekehrt bedeutet lineare Abhängigkeit der $\boldsymbol{a}_1, \ldots, \boldsymbol{a}_m$, daß ein $\boldsymbol{a}_i$ Linearkombination der übrigen ist, woraus man eine Gleichung der Form (1.97) gewinnt, mit $\lambda_i = 1$ ($m = 1$ trivial). □

Veranschaulichung. Zwei linear abhängige Vektoren $\boldsymbol{a}, \boldsymbol{b}$ nennt man *kollinear*, da wegen $\boldsymbol{a} = \lambda \boldsymbol{b}$ oder $\boldsymbol{b} = \mu \boldsymbol{a}$ beide Vektoren — als Ortsvektoren aufgefaßt — auf einer Geraden liegen. $\boldsymbol{a} \neq \mathbf{0}, \boldsymbol{b} \neq \mathbf{0}$ sind genau dann linear unabhängig (nicht kollinear), wenn sie nicht parallel sind, d.h. $0 < \sphericalangle(\boldsymbol{a}, \boldsymbol{b}) < \pi$, s. Fig. 1.60.

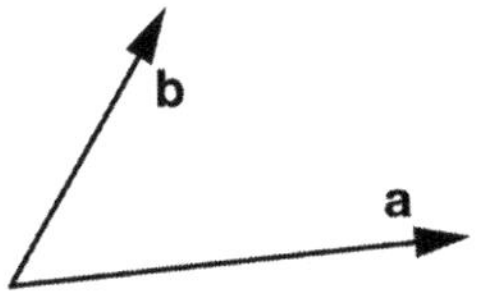

Fig. 1.60: Zwei linear unabhängige Vektoren

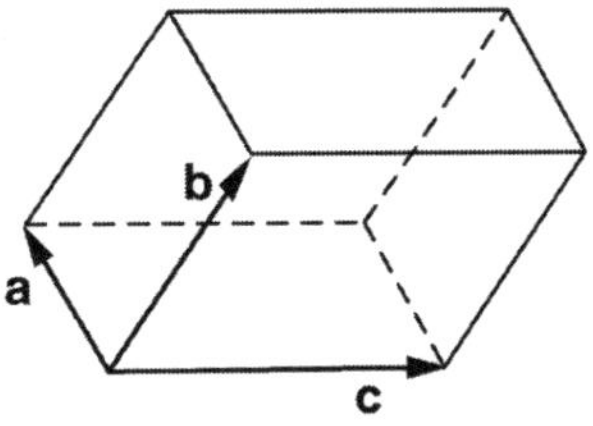

Fig. 1.61: Drei linear unabhängige Vektoren

Drei Vektoren $\boldsymbol{a}, \boldsymbol{b}, \boldsymbol{c} \in \mathbb{R}^3$, die linear abhängig sind, werden *komplanar* genannt, da sie — als Ortsvektoren interpretiert — in einer Ebene liegen, wie man sich leicht klar macht.

32 aus $\mathbb{R}^3$ oder $\mathbb{R}^2$ (oder aus $\mathbb{R}^n$, Abschnitt 2)

33 Für $m = 1$ folgt: $\boldsymbol{a} \neq \mathbf{0}$ ist linear unabhängig; $\mathbf{0}$ ist linear abhängig.

Drei Vektoren $\boldsymbol{a}, \boldsymbol{b}, \boldsymbol{c} \in \mathbb{R}^3$, sind also genau dann *linear unabhängig*, wenn sie nicht in einer Ebene liegen. Dies ist gleichbedeutend damit, daß ihr *Spatprodukt* nicht 0 ist:

$$[\boldsymbol{a}, \boldsymbol{b}, \boldsymbol{c}] \neq 0\,,$$

da nur dann das von $\boldsymbol{a}, \boldsymbol{b}, \boldsymbol{c}$ aufgespannte Parallelogramm ein Volumen $\neq 0$ hat (s. Fig. 1.61). *Vier Vektoren $\boldsymbol{a}, \boldsymbol{b}, \boldsymbol{c}, \boldsymbol{d} \in \mathbb{R}^3$ sind stets linear abhängig.* Denn wären sie linear unabhängig, dann wären auch $\boldsymbol{a}, \boldsymbol{b}, \boldsymbol{c}$ linear unabhängig. Dann gäbe es aber eindeutig bestimmte $\xi, \eta, \zeta \in \mathbb{R}$ mit $\boldsymbol{d} = \xi\boldsymbol{a} + \eta\boldsymbol{b} + \zeta\boldsymbol{a}$, wie man geometrisch einsieht (oder durch den Gaußschen Algorithmus, s. Abschn.2.2.4), d.h. $\boldsymbol{d}$ ist Linearkombination der $\boldsymbol{a}, \boldsymbol{b}, \boldsymbol{c}$ und die vier Vektoren wären doch linear abhängig. — Damit folgt:

Satz 1.9:

Sind $\boldsymbol{a}, \boldsymbol{b}, \boldsymbol{c} \in \mathbb{R}^3$ linear unabhängige Vektoren, so läßt sich jeder Vektor $\boldsymbol{x} \in \mathbb{R}^3$ aus ihnen linear kombinieren

$$\boldsymbol{x} = \xi\boldsymbol{a} + \eta\boldsymbol{b} + \zeta\boldsymbol{c}\,. \tag{1.98}$$

Die Zahlen ξ, η, ζ sind dabei eindeutig bestimmt. Man berechnet sie aus

$$\xi = \frac{[\boldsymbol{x}, \boldsymbol{b}, \boldsymbol{c}]}{[\boldsymbol{a}, \boldsymbol{b}, \boldsymbol{c}]}, \quad \eta = \frac{[\boldsymbol{a}, \boldsymbol{x}, \boldsymbol{c}]}{[\boldsymbol{a}, \boldsymbol{b}, \boldsymbol{c}]}, \quad \zeta = \frac{[\boldsymbol{a}, \boldsymbol{b}, \boldsymbol{x}]}{[\boldsymbol{a}, \boldsymbol{b}, \boldsymbol{c}]}, \text{ Cramersche Regel}^{34}. \tag{1.99}$$

Zum Beweis von (1.99) hat man (1.98) nur mit $(\boldsymbol{b} \times \boldsymbol{c})$ bzw. $(\boldsymbol{a} \times \boldsymbol{b})$ durchzumultiplizieren (beachte $\boldsymbol{b} \cdot (\boldsymbol{b} \times \boldsymbol{c}) = 0$ usw.) und die entstehenden Gleichungen nach ξ, η und ζ aufzulösen. □

Lineares Gleichungssystem mit drei Unbekannten: (1.98) ist ein solches, und (1.99) ist die Lösung, vorausgesetzt $[\boldsymbol{a}, \boldsymbol{b}, \boldsymbol{c}] \neq 0$.

Basis: Ein Tripel $(\boldsymbol{a}, \boldsymbol{b}, \boldsymbol{c})$ aus drei linear unabhängigen Vektoren $\boldsymbol{a}, \boldsymbol{b}, \boldsymbol{c} \in \mathbb{R}^3$ heißt eine *Basis* des $\mathbb{R}^3$. Man kann $\boldsymbol{a}, \boldsymbol{b}, \boldsymbol{c}$ als Koordinatenvektoren eines neuen Koordinatensystems auffassen. Ein beliebiger Vektor $\boldsymbol{x} \in \mathbb{R}^3$ hat dann die neuen Koordinaten ξ, η, ζ die aus (1.98) und (1.99) hervorgehen. Der Übergang von den ursprünglichen Koordinateneinheitsvektoren $\boldsymbol{i}, \boldsymbol{j}, \boldsymbol{k}$ zu $\boldsymbol{a}, \boldsymbol{b}, \boldsymbol{c}$ nennt man einen *Basiswechsel*[35]. Als neue Basis verwendet man dabei meistens eine

Orthonormalbasis. Drei Einheitsvektoren $\boldsymbol{e}_1, \boldsymbol{e}_2, \boldsymbol{e}_3 \in \mathbb{R}^3$ bilden eine *Orthonormalbasis* $(\boldsymbol{e}_1, \boldsymbol{e}_2, \boldsymbol{e}_3)$ im $\mathbb{R}^3$, wenn sie paarweise rechtwinklig aufeinander stehen, d.h.

$$\boldsymbol{e}_i \cdot \boldsymbol{e}_k = \delta_{ik} \text{ für alle } i, k \in \{1,2,3\}\,.$$

Dabei ist δ_{ik} das *Kronecker-Symbol*, definiert durch

$$\delta_{ik} := \begin{cases} 1 & \text{wenn } i = k \\ 0 & \text{wenn } i \neq k \end{cases}. \tag{1.100}$$

34 $[\boldsymbol{a}, \boldsymbol{b}, \boldsymbol{c}] = (\boldsymbol{a} \times \boldsymbol{b}) \cdot \boldsymbol{c}$ Spatprodukt

35 s. Abschn. 3.9.5

Natürlich sind $\boldsymbol{e}_1, \boldsymbol{e}_2, \boldsymbol{e}_3$ linear unabhängig, denn es ist ja $[\boldsymbol{e}_1, \boldsymbol{e}_2, \boldsymbol{e}_3] = 1$. Ist $\boldsymbol{x} \in \mathbb{R}^3$ beliebig, so erhält man die Linearkombination

$$\boldsymbol{x} = \xi \boldsymbol{e}_1 + \eta \boldsymbol{e}_2 + \zeta \boldsymbol{e}_3 \tag{1.101}$$

einfach durch

$$\xi = \boldsymbol{x} \cdot \boldsymbol{e}_1, \quad \eta = \boldsymbol{x} \cdot \boldsymbol{e}_2, \quad \zeta = \boldsymbol{x} \cdot \boldsymbol{e}_3 . \tag{1.102}$$

Dies folgt aus (1.101), wenn man beide Seiten nacheinander mit $\boldsymbol{e}_1, \boldsymbol{e}_2, \boldsymbol{e}_3$ multipliziert.

Faßt man $\boldsymbol{e}_1, \boldsymbol{e}_2, \boldsymbol{e}_3$ als Koordinateneinheitsvektoren eines neuen Koordinatensystems auf, so sind darin ξ, η, ζ die Koordinaten von $\boldsymbol{x}$. Die Gleichungen (1.101), (1.102) beschreiben also einen Wechsel des Koordinatensystems, oder, wie man auch sagt, einen *orthonormalen Basiswechsel*. (Im $\mathbb{R}^2$ verläuft alles analog mit zwei *Basisvektoren*.)

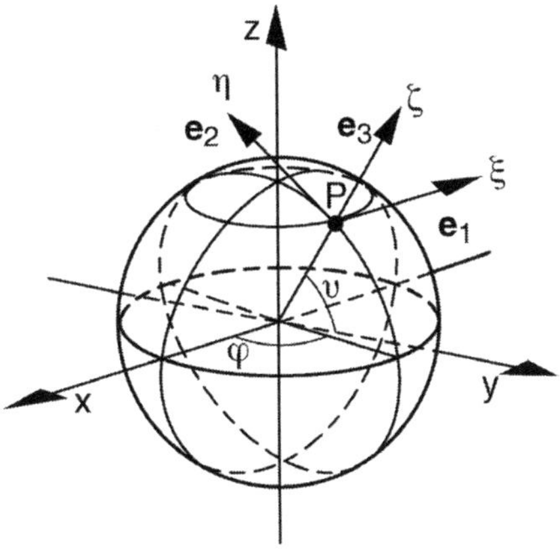

Fig. 1.62: Koordinatenwechsel

Übung 1.51*

Auf der Erdoberfläche im Punkt P mit der geographischen Breite $\vartheta = 60°$ und der geographischen Länge $\varphi = 70°$ wird ein $\xi - \eta - \zeta$ Koordinatensystem errichtet: ζ-Achse rechtwinklig auf der Erdoberfläche nach außen weisend, ξ-Achse nach Osten, η-Achse nach Norden gerichtet (s. Fig. 1.62).

(a) Gib die Koordinateneinheitsvektoren $\boldsymbol{e}_1, \boldsymbol{e}_2, \boldsymbol{e}_3$ des ξ-η-ζ-Koordinatensystem an (in Koordinaten bzgl. des $\boldsymbol{x}$, $\boldsymbol{y}$, $\boldsymbol{z}$ Systems ausgedrückt, s. 1.62)!

(b) Ein Punkt A im Weltraum habe die Koordinaten $x = 20000\text{km}$, $y = 30000\text{km}$, $z = 70000\text{km}$. Gib seine Koordinaten im $\xi - \eta - \zeta$-System an! Der Erdradius ist $R = 6367\text{km}$.

Übung 1.52:

Prüfe nach, ob die folgenden drei Vektoren linear abhängig sind

$$\boldsymbol{a} = \begin{bmatrix} 1 \\ -3 \\ 2 \end{bmatrix}, \quad \boldsymbol{b} = \begin{bmatrix} -2 \\ 5 \\ 1 \end{bmatrix}, \quad \boldsymbol{c} = \begin{bmatrix} -1 \\ 0 \\ 13 \end{bmatrix}.$$

1.2.8 Geraden und Ebenen im $\mathbb{R}^3$

Gerade: Eine *Gerade* im $\mathbb{R}^3$ wird (wie im $\mathbb{R}^2$) durch folgende *Parameterform* beschrieben:

$$\boldsymbol{r} = \boldsymbol{r}_0 + \lambda \boldsymbol{s}, \quad \lambda \in \mathbb{R}, \quad \text{wobei } \boldsymbol{s} \neq \boldsymbol{0} \text{ gilt.} \tag{1.103}$$

D.h.: Durchläuft λ alle reellen Zahlen, so durchläuft die Spitze des Ortsvektors $\boldsymbol{r}$ alle Punkte der Geraden.

Lot auf eine Gerade: Von einem Punkt $\boldsymbol{r}_1$[36] ziehe man die kürzeste Verbindungsstrecke zur Geraden, das sogenannte *Lot*. Wie in Abschn. 1.1.7 erhält man den *Fußpunkt des Lotes* von $\boldsymbol{r}_1$ auf der Geraden als

$$\boldsymbol{r}^* = \boldsymbol{r}_0 + \lambda_1 \boldsymbol{s} \quad \text{mit } \lambda_1 = \frac{(\boldsymbol{r}_1 - \boldsymbol{r}_0) \cdot \boldsymbol{s}}{\boldsymbol{s}^2}, \tag{1.104}$$

und den *Abstand a* des Punktes $\boldsymbol{r}_1$ von der Geraden durch

$$a = |\boldsymbol{r}^* - \boldsymbol{r}_1|. \tag{1.105}$$

Abstand zweier Geraden. Es seien

$$\boldsymbol{r} = \boldsymbol{r}_1 + \lambda \boldsymbol{s}_1, \quad \boldsymbol{r} = \boldsymbol{r}_2 + \mu \boldsymbol{s}_2$$

die Parameterformen zweier nicht paralleler Geraden im $\mathbb{R}^3$, d.h. $\boldsymbol{s}_1, \boldsymbol{s}_2$ sind nicht kollinear.[37] Schneiden sich die Geraden nicht, so heißen sie *windschief* zueinander. Will man den Abstand der beiden Geraden berechnen, so errechnet man zuerst den Vektor

$$\boldsymbol{c} = \boldsymbol{s}_1 \times \boldsymbol{s}_2,$$

der rechtwinklig auf beiden Geraden steht, und löst dann das folgende Gleichungssystem nach λ, μ und ν auf:

$$(\boldsymbol{r}_1 + \lambda \boldsymbol{s}_1) - (\boldsymbol{r}_2 + \mu \boldsymbol{s}_2) = \nu \boldsymbol{c}.$$

Die Gleichung besagt, daß $\boldsymbol{r}_1 + \lambda \boldsymbol{s}_1$ und $\boldsymbol{r}_2 + \mu \boldsymbol{s}_2$ die *Punkte der beiden Geraden* sind, die den *kleinsten Abstand* voneinander haben. (Ihre Differenz muß parallel zu $\boldsymbol{c}$ sein, also gleich $\nu \boldsymbol{c}$).

36 Genauer: Von einem Punkt mit Ortsvektor $\boldsymbol{r}_1$.

37 D.h.: nicht $\boldsymbol{s}_2 = \mu_1 \boldsymbol{s}_1$ oder $\boldsymbol{s}_2 = \mu_2 \boldsymbol{s}_1$, s. Abschn. 1.2.7

Damit ist

$$a = |\nu \boldsymbol{c}| \tag{1.106}$$

der *Abstand* der beiden Geraden voneinander.

Ebene: Eine Ebene im $\mathbb{R}^3$ wird durch folgende *Parameterform* beschrieben:

$$\boldsymbol{r} = \boldsymbol{r}_0 + \lambda \boldsymbol{a} + \mu \boldsymbol{b}, \quad \lambda, \mu \in \mathbb{R} \tag{1.107}$$

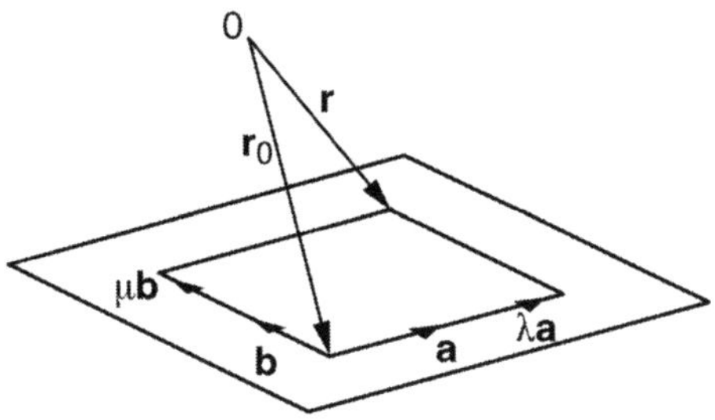

Fig. 1.63: Zur Parameterform der Ebene

wobei $\boldsymbol{a}$ und $\boldsymbol{b}$ nicht kollinear sind. Fig 1.63 zeigt, daß $\boldsymbol{r}$ Ortsvektor eines Punktes auf einer Ebene durch die Spitze von $\boldsymbol{r}_0$ ist, und daß alle Ebenenpunkte so beschrieben werden, wenn λ, μ alle reellen Zahlen durchlaufen. Man sagt auch, die Ebene wird in $\boldsymbol{r}_0$ durch $\boldsymbol{a}$ und $\boldsymbol{b}$ *»aufgespannt«*.

Sind drei Punkte einer Ebene gegeben, die die Ortsvektoren $\boldsymbol{r}_0, \boldsymbol{r}_1, \boldsymbol{r}_2$ haben, und sind $\boldsymbol{a} = \boldsymbol{r}_1 - \boldsymbol{r}_0, \boldsymbol{b} = \boldsymbol{r}_2 - \boldsymbol{r}_0$ nicht kollinear, so bilden die Vektoren $\boldsymbol{a}, \boldsymbol{b}, \boldsymbol{r}_0$ eine Parameterform (1.107) der Ebene.

Die Ebene kann auch durch die *Hessesche Normalform*

$$\boldsymbol{r} \cdot \boldsymbol{n} = \varrho \tag{1.108}$$

beschrieben werden, wobei $\boldsymbol{n}$ ein Einheitsvektor ist, der rechtwinklig auf der Ebene steht, und $\varrho \geq 0$ der Abstand der Ebene von 0. (Die geometrische Begründung dafür ist völlig analog zur Hesseschen Normalform einer Geraden im $\mathbb{R}^2$, s. Abschn. 1.1.6).

Will man die Parameterform der Ebene in die Hessesche Normalform $\boldsymbol{r} \cdot \boldsymbol{n} = \varrho$ umwandeln, so berechnet man $\boldsymbol{n}$ und ϱ so:

$$\boldsymbol{c} = \frac{\boldsymbol{a} \times \boldsymbol{b}}{|\boldsymbol{a} \times \boldsymbol{b}|}, \quad |\boldsymbol{c} \cdot \boldsymbol{r}_0| = \varrho \text{ und } \boldsymbol{n} = \begin{cases} \boldsymbol{c} & \text{falls } \boldsymbol{c} \cdot \boldsymbol{r}_0 \geq 0, \\ -\boldsymbol{c} & \text{falls } \boldsymbol{c} \cdot \boldsymbol{r}_0 < 0 \end{cases}.$$

Liegt umgekehrt eine Ebene in Hessescher Normalform vor, so berechne man aus ihr drei beliebige Punkte $\boldsymbol{r}_0, \boldsymbol{r}_1, \boldsymbol{r}_2$ der Ebene, wobei $\boldsymbol{r}_1 - \boldsymbol{r}_0$ und $\boldsymbol{r}_2 - \boldsymbol{r}_0$ nicht kollinear sein sollen. Dann erhält man mit $\boldsymbol{a} = \boldsymbol{r}_1 - \boldsymbol{r}_0, \boldsymbol{b} = \boldsymbol{r}_2 - \boldsymbol{r}_0$ und $\boldsymbol{r}_0$ daraus die Parameterform (1.107).

Die Hessesche Normalform $\boldsymbol{r} \cdot \boldsymbol{n} = \varrho$ lautet mit

$$\boldsymbol{r} = \begin{bmatrix} x \\ y \\ z \end{bmatrix}, \quad \boldsymbol{n} = \begin{bmatrix} n_x \\ n_y \\ n_z \end{bmatrix},$$

ausführlich

$$n_x x + n_y y + n_z z = \varrho\,. \tag{1.109}$$

Damit beschreibt auch jede Gleichung der Form

$$ax + by + cz = d \tag{1.110}$$

(wobei a, b, c nicht alle gleich Null sind) eine Ebene, da man sie durch die Formeln

$$\tau = \pm\sqrt{a^2 + b^2 + c^2}\,, \quad \text{wobei} \quad \begin{cases} + & \text{falls } d \geq 0, \\ - & \text{falls } d < 0, \end{cases}$$

$$n_x = \frac{a}{\tau}, \quad n_y = \frac{b}{\tau}, \quad n_z = \frac{c}{\tau}, \quad \varrho = \frac{d}{\tau},$$

in die Hessesche Normalform (1.109) verwandeln kann.

Lot auf eine Ebene: Von einem Punkt $\boldsymbol{r}_1$ denke man sich die kürzeste Verbindungsstrecke zur Ebene gezogen. Sie heißt das *Lot* von $\boldsymbol{r}_1$ auf die Ebene. Hat die Ebene die Parameterform (1.107), so ist $\boldsymbol{c} = \boldsymbol{a} \times \boldsymbol{b}$ parallel zum Lot. Den *Fußpunkt* $\boldsymbol{r}^*$ des Lotes auf die Ebene findet man, indem man λ^*, μ^*, ν aus dem Gleichungssystem

$$\boldsymbol{r}_0 + \lambda^* \boldsymbol{a} + \mu^* \boldsymbol{b} - \boldsymbol{r}_1 = \nu \boldsymbol{c} \tag{1.111}$$

berechnet und

$$\boldsymbol{r}^* = \boldsymbol{r}_0 + \lambda^* \boldsymbol{a} + \mu^* \boldsymbol{b} \tag{1.112}$$

setzt. (Denn Gleichung (1.111) besagt, daß die Differenz $\boldsymbol{r}^* - \boldsymbol{r}_1$ ein Vielfaches von $\boldsymbol{n}$ ist, also rechtwinklig auf der Ebene steht.)

Der *Abstand* des Punktes $\boldsymbol{r}_1$ von der Ebene ist damit gleich

$$a = |\boldsymbol{r}^* - \boldsymbol{r}_1|\,. \tag{1.113}$$

Mit der Hesseschen Normalform (1.108) der Ebene findet man den Abstand noch bequemer durch

$$a = |\boldsymbol{r}_1 \cdot \boldsymbol{n} - \varrho|\,. \tag{1.114}$$

Schnittgerade zweier Ebenen: Wir denken uns zwei Ebenen durch ihre Hesseschen Normalformen

$$\boldsymbol{r} \cdot \boldsymbol{n}_1 = \varrho_1, \ \boldsymbol{r} \cdot \boldsymbol{n}_2 = \varrho_2 \tag{1.115}$$

gegeben, wobei $\boldsymbol{n}_1, \boldsymbol{n}_2$ nicht kollinear sind. Aus diesen beiden Gleichungen berechnen wir einen Punkt $\boldsymbol{r}_0$, der beide Gleichungen erfüllt, indem wir eine Koordinate von $\boldsymbol{r}_0$ gleich 0 setzen, und aus dem Gleichungssystem (1.115) die übrigen beiden Koordinaten von $\boldsymbol{r}_0$ ermitteln (welche Koordinate 0 gesetzt werden darf, muß evtl. ausprobiert werden). Da die Gerade in beiden Ebenen liegt, steht sie rechtwinklig auf $\boldsymbol{n}_1$ und $\boldsymbol{n}_2$. D.h.: $\boldsymbol{s} = \boldsymbol{n}_1 \times \boldsymbol{n}_2$ ist zur Geraden parallel. Damit lautet die Parameterform der Geraden

$$\boldsymbol{r} = \boldsymbol{r}_0 + \lambda \boldsymbol{s} \quad \text{mit} \quad \boldsymbol{s} = \boldsymbol{n}_1 \times \boldsymbol{n}_2 \,. \tag{1.116}$$

Übung 1.53*

Berechne den Abstand der beiden Geraden

$$\boldsymbol{r} = \begin{bmatrix} 2 \\ 0 \\ 1 \end{bmatrix} + \lambda \begin{bmatrix} -1 \\ 5 \\ 0 \end{bmatrix}, \quad \boldsymbol{r} = \begin{bmatrix} 8 \\ 7 \\ 1 \end{bmatrix} + \lambda \begin{bmatrix} 8 \\ -2 \\ 1 \end{bmatrix}.$$

Übung 1.54:

Beschreibe die Ebene durch die Punkte $A = (3,1,1)$, $B = (1,5,0)$, $C = (2,1,6)$ in Parameterform und Hessescher Normalform.

Übung 1.55*

Neben der Ebene aus Übung 1.54 sei noch eine zweite Ebene gegeben, die rechtwinklig auf $\boldsymbol{u} = \begin{bmatrix} 1 \\ 1 \\ 1 \end{bmatrix}$ steht und durch den Punkt $\boldsymbol{r}_0 = \begin{bmatrix} 5 \\ 9 \\ 4 \end{bmatrix}$ verläuft. Gib eine Parameterform der Schnittgeraden beider Ebenen an.

Übung 1.56*

Durch $x + 2y + 2z = 12$ ist eine Ebene im $\mathbb{R}^3$ gegeben. Ein Lichtstrahl, der entlang der Geraden mit der Parameterform

$$\boldsymbol{x} = \boldsymbol{r}_0 + \lambda \boldsymbol{s} \quad \text{mit} \quad \boldsymbol{r}_0 = \begin{bmatrix} 11 \\ -2 \\ 10 \end{bmatrix}, \quad \boldsymbol{s} = \begin{bmatrix} 11 \\ -2 \\ 10 \end{bmatrix}$$

auf die Ebene zuläuft, und zwar in Richtung von $\boldsymbol{s}$, wird an der Ebene reflektiert (man stelle sich die Ebene als Spiegel vor).

(a) In welchem *Punkte* trifft der Lichtstrahl auf die Ebene?

(b) Welchen Wert hat der Einfallswinkel des Lichtstrahls (Winkel zwischen Lichtstrahl und Senkrechter auf der Ebene)?

(c) Auf welcher Geraden verläuft der reflektierte Strahl? Gib die Parameterform $\boldsymbol{r} = \boldsymbol{r}_1 + \lambda \boldsymbol{a}$ dazu an, in der $\boldsymbol{r}_1$ der Auftreffpunkt des Strahls auf den Spiegel ist und $|\boldsymbol{a}| = 1$.

2 Vektorräume beliebiger Dimensionen

In diesem Abschnitt werden zunächst die Vektorräume $\mathbb{R}^n$ und $\mathbb{C}^n$ behandelt, einschließlich linearer Gleichungssysteme. Anschließend werden allgemeinere algebraische Strukturen erörtert: Gruppen, Körper und Vektorräume über beliebigen Körpern samt linearen Abbildungen. Diese abstrakteren Teile (ab Abschn. 2.3) können vom anwendungsorientierten Leser zunächst übersprungen werden.

2.1 Die Vektorräume $\mathbb{R}^n$ und $\mathbb{C}^n$

2.1.1 Der Raum $\mathbb{R}^n$ und seine Arithmetik

Analog zum $\mathbb{R}^2$ und $\mathbb{R}^3$ führt man $\mathbb{R}^n$ ein: Der $\mathbb{R}^n$ ist die Menge aller *reellen Spaltenvektoren*

$$\boldsymbol{x} = \begin{bmatrix} x_1 \\ x_2 \\ \vdots \\ x_n \end{bmatrix} \quad (x_1, \ldots, x_n \in \mathbb{R}) .$$

Die reellen Zahlen $x_1, \ldots, x_n$ heißen dabei die *Koordinaten* (*Komponenten*, *Einträge*) des Spaltenvektors $\boldsymbol{x}$[1], und n ist seine *Dimension*. Zwei Spaltenvektoren $\boldsymbol{x}$ und $\boldsymbol{y}$, s. (2.1), sind genau dann *gleich*, $\boldsymbol{x} = \boldsymbol{y}$, wenn ihre entsprechenden Koordinaten übereinstimmen, d.h. wenn $x_1 = y_1, x_2 = y_2, \ldots, x_n = y_n$ gilt. (Spaltenvektoren verschiedener Dimensionen sind natürlich verschieden.)

$$\boldsymbol{x} = \begin{bmatrix} x_1 \\ x_2 \\ \vdots \\ x_n \end{bmatrix}, \quad \boldsymbol{y} = \begin{bmatrix} y_1 \\ y_2 \\ \vdots \\ y_n \end{bmatrix}, \quad \boldsymbol{x} \pm \boldsymbol{y} = \begin{bmatrix} x_1 \pm y_1 \\ x_2 \pm y_2 \\ \vdots \\ x_n \pm y_n \end{bmatrix}, \quad \lambda \boldsymbol{x} = \begin{bmatrix} \lambda x_1 \\ \lambda x_2 \\ \vdots \\ \lambda x_n \end{bmatrix} . \tag{2.1}$$

Addition, Subtraktion, Multiplikation mit einem Skalar $\lambda \in \mathbb{R}$ (auch s-Multiplikation genannt), werden mit den Vektoren des $\mathbb{R}^n$ koordinatenweise ausgeführt, wie in (2.1) angegeben. Es gelten alle Regeln des Satzes 1.1 aus Abschn. 1.1.3 entsprechend: Assoziativgesetz für $+$, Kommutativgesetz für $+$, usw. Auf Grund dieser Gesetze nennt man $\mathbb{R}^n$ einen n-dimensionalen *reellen Vektorraum*.

Klammern werden bei längeren Summen und Multiplikationen mit Skalaren normalerweise

1 Auch die waagerechte Schreibweise $[x_1, \ldots, x_n]$ (oder $(x_1, \ldots, x_n)$) wird viel verwendet. Man spricht dann von *Zeilenvektoren*. Der gemeinsame Ausdruck für Zeilen- und Spaltenvektoren ist n-Tupel. Wir bevorzugen beim $\mathbb{R}^n$ die senkrechte Anordnung, da sie sich später zwangloser in die Matrizenrechnung einordnet.

weggelassen, man schreibt also $\boldsymbol{a}+\boldsymbol{b}+\boldsymbol{c}$, $\boldsymbol{a}+\boldsymbol{b}+\boldsymbol{c}+\boldsymbol{d}$ usw., $\lambda\mu\boldsymbol{a}$, $\lambda\mu\nu\boldsymbol{a}$ usw. Weitere Bräuche:

$$-\boldsymbol{x} := (-1)\boldsymbol{x}\,, \quad \boldsymbol{x}\lambda := \lambda\boldsymbol{x}\,, \quad \frac{\boldsymbol{x}}{\lambda} := \frac{1}{\lambda}\boldsymbol{x}\,, \ (\lambda \neq 0)\,, \quad \boldsymbol{0} := \begin{bmatrix} 0 \\ \vdots \\ 0 \end{bmatrix}. \tag{2.2}$$

Dies alles hat niemand anders erwartet!
Bemerkung:

(a) Die Vektoren des $\mathbb{R}^n$ werden auch *Punkte* oder *Elemente* genannt, um sprachliche Eintönigkeit zu vermeiden.

(b) $\mathbb{R}^1$ und $\mathbb{R}$ werden als gleich angesehen, d.h. man setzt einfach $[x] = x \in \mathbb{R}$.

(c) Im $\mathbb{R}^2$ und $\mathbb{R}^3$ werden Vektoren gerne durch Pfeile über den Buchstaben symbolisiert. $\vec{x}$ und $\boldsymbol{x}$ bedeuten im $\mathbb{R}^n$ mit $n = 2$ oder $n = 3$ also dasselbe.[2]

Aus schreibtechnischen Gründen notiert man Spaltenvektoren des $\mathbb{R}^n$ auch in der Form

$$\boldsymbol{x} = [x_1, x_2, \ldots, x_n]^{\mathrm{T}}\,,$$

wobei ^{T} die Abkürzung für »transponiert« ist.

Beispiel 2.1:
Ein physikalisches Beispiel für einen höherdimensionalen Raum ist der sechsdimensionale Phasenraum $\mathbb{R}^6$ in der kinetischen Gastheorie. Jedem Punkt (Gasmolekül) ordnet man dabei seine drei Ortskoordinaten und seine drei Impulskoordinaten zu, die zu einem 6-dimensionalen Vektor zusammengefaßt werden (s. [72], S. 545ff).

2.1.2 Inneres Produkt, Beträge von Vektoren

Definition 2.1:
(a) Das *innere Produkt* (*Skalarprodukt*) zweier Vektoren

$$\boldsymbol{x} = \begin{bmatrix} x_1 \\ \vdots \\ x_n \end{bmatrix}, \quad \boldsymbol{y} = \begin{bmatrix} y_1 \\ \vdots \\ y_n \end{bmatrix}$$

aus $\mathbb{R}^n$ ist definiert durch

$$\boldsymbol{x} \cdot \boldsymbol{y} = x_1 y_1 + x_2 y_2 + \ldots + x_n y_n \tag{2.3}$$

2 Die Kennzeichnung der Vektoren des $\mathbb{R}^2$ und $\mathbb{R}^3$ durch Pfeile kommt von der Veranschaulichung durch geometrische Pfeile $\overrightarrow{AB}$ her. Ab Dimension 4 versagt die Anschauung aber. Hier sind Vektoren nur noch algebraische Objekte. Aus diesem Grunde wählen wir bei allgemeinen Erörterungen des $\mathbb{R}^n$ die neutrale Schreibweise $\boldsymbol{x}$ also die Darstellung durch fett geschriebene Zeichen.

(b) Der *Betrag* von $\boldsymbol{x}$, auch *Länge* oder *euklidische Norm* genannt, ist

$$|\boldsymbol{x}| := \sqrt{\boldsymbol{x} \cdot \boldsymbol{x}} = \sqrt{x_1^2 + x_2^2 + \ldots + x_n^2}\,. \tag{2.4}$$

Abkürzung $\boldsymbol{x}^2 = \boldsymbol{x} \cdot \boldsymbol{x}$.

Satz 2.1:

(*Regeln für das innere Produkt*) Für alle Vektoren $\boldsymbol{x}$, $\boldsymbol{y}$, $\boldsymbol{z}$ aus $\mathbb{R}^n$ und alle $\lambda \in \mathbb{R}$ gilt:

(I)	$\boldsymbol{x} \cdot \boldsymbol{y} = \boldsymbol{y} \cdot \boldsymbol{x}$	*Kommutativgesetz*
(II)	$(\boldsymbol{x} + \boldsymbol{y}) \cdot \boldsymbol{z} = \boldsymbol{x} \cdot \boldsymbol{z} + \boldsymbol{y} \cdot \boldsymbol{z}$	*Distributivgesetz*
(III)	$\lambda(\boldsymbol{x} \cdot \boldsymbol{y}) = (\lambda \boldsymbol{x}) \cdot \boldsymbol{y} = \boldsymbol{x} \cdot (\lambda \boldsymbol{y})$	*Assoziativgesetz*
(IV)	$\boldsymbol{x} \neq \boldsymbol{0} \Leftrightarrow \boldsymbol{x} \cdot \boldsymbol{x} > 0$	*positive Definitheit*

Ferner: Regeln für die Beträge von Vektoren:

(V)	$|\lambda \boldsymbol{x}| = |\lambda||\boldsymbol{x}|$	*Homogenität*
(VI)	$|\boldsymbol{x} \cdot \boldsymbol{y}| \leq |\boldsymbol{x}||\boldsymbol{y}|$	*Schwarzsche Ungleichung*
(VII)	$|\boldsymbol{x} + \boldsymbol{y}| \leq |\boldsymbol{x}| + |\boldsymbol{y}|$	*Dreiecksungleichung*
(VIII)	$|\boldsymbol{x} - \boldsymbol{y}| \geq ||\boldsymbol{x}| - |\boldsymbol{y}||$	2. *Dreiecksungleichung*
(IX)	$|\boldsymbol{x}| = 0 \Leftrightarrow \boldsymbol{x} = \boldsymbol{0}$	*Definitheit*

Bemerkung: Es handelt sich hier um die gleichen Regeln, wie wir sie aus $\mathbb{R}^2$ und $\mathbb{R}^3$ kennen.

Beweis:

Die Nachweise von (I) bis (V) und (IX) ergeben sich unmittelbar aus den Koordinatendarstellungen der Vektoren.-Zum Beweis der *Schwarzschen Ungleichung* (VI) bemerken wir zunächst, daß sie im Falle $\boldsymbol{y} = \boldsymbol{0}$ erfüllt ist. Im Falle $\boldsymbol{y} \neq \boldsymbol{0}$ arbeitet man mit dem Hilfsvektor $\boldsymbol{p} = ((\boldsymbol{x} \cdot \boldsymbol{y})/\boldsymbol{y}^2)\boldsymbol{y}$ (der Projektion von $\boldsymbol{x}$ auf $\boldsymbol{y}$, wenn man an $\mathbb{R}^2$ oder $\mathbb{R}^3$ denkt). Damit ist

$$0 \leq (\boldsymbol{x} - \boldsymbol{p})^2 = \boldsymbol{x}^2 - 2\frac{(\boldsymbol{x} \cdot \boldsymbol{y})^2}{\boldsymbol{y}^2} + \frac{(\boldsymbol{x} \cdot \boldsymbol{y})^2}{\boldsymbol{y}^2} = \boldsymbol{x}^2 - \frac{(\boldsymbol{x} \cdot \boldsymbol{y})^2}{\boldsymbol{y}^2}$$

$$\Rightarrow 0 \leq \boldsymbol{x}^2\boldsymbol{y}^2 - (\boldsymbol{x} \cdot \boldsymbol{y})^2 \Rightarrow (\boldsymbol{x} \cdot \boldsymbol{y})^2 \leq \boldsymbol{x}^2\boldsymbol{y}^2 \Rightarrow |\boldsymbol{x} \cdot \boldsymbol{y}| \leq |\boldsymbol{x}||\boldsymbol{y}|\,.$$

Die *Dreiecksungleichung* ergibt sich nun leicht aus (VI):

$$|\boldsymbol{x} + \boldsymbol{y}|^2 = (\boldsymbol{x} + \boldsymbol{y})^2 = |\boldsymbol{x}|^2 + 2\boldsymbol{x} \cdot \boldsymbol{y} + |\boldsymbol{y}|^2\,, \quad \text{(VI) liefert:}$$
$$\leq |\boldsymbol{x}|^2 + 2|\boldsymbol{x}||\boldsymbol{y}| + |\boldsymbol{y}|^2 = (|\boldsymbol{x}| + |\boldsymbol{y}|)^2\,.$$

Die 2. Dreiecksungleichung erhält man analog zu Folg. 1.3 in Abschn. 1.1.3. □

Mit dem Distributivgesetz (II) leitet man wieder die *binomischen Formeln* her:

$$(\boldsymbol{a} + \boldsymbol{b})^2 = \boldsymbol{a}^2 + 2\boldsymbol{a} \cdot \boldsymbol{b} + \boldsymbol{b}^2\,, \quad (\boldsymbol{a} - \boldsymbol{b})^2 = \boldsymbol{a}^2 - 2\boldsymbol{a} \cdot \boldsymbol{b} + \boldsymbol{b}^2\,,$$
$$(\boldsymbol{a} + \boldsymbol{b}) \cdot (\boldsymbol{a} - \boldsymbol{b}) = \boldsymbol{a}^2 - \boldsymbol{b}^2\,. \tag{2.5}$$

Bemerkung: Das innere Produkt ist hier algebraisch eingeführt worden, da wir ja im unanschaulichen Raum $\mathbb{R}^n$ zunächst keine geometrischen Begriffe wie Winkel, Geraden usw. haben. Diese können wir nun aber analog zum $\mathbb{R}^2$ oder $\mathbb{R}^3$ erklären, wobei wir das innere Produkt heranziehen. Dies geschieht in den folgenden Abschnitten.

Übung 2.1:

Zeige: $|\boldsymbol{x}+\boldsymbol{y}| = |\boldsymbol{x}| + |\boldsymbol{y}|$ gilt genau dann, wenn $|\boldsymbol{x}|\boldsymbol{y} = |\boldsymbol{y}|\boldsymbol{x}$ gilt.

2.1.3 Unterräume, lineare Mannigfaltigkeiten

Die Begriffe *Linearkombination*, *lineare Abhängigkeit* und *Unabhängigheit* werden wörtlich aus Abschn. 1.2.7 vom $\mathbb{R}^3$ in den $\mathbb{R}^n$ übernommen:

(I) $\sum_{i=1}^{m} \lambda_i \boldsymbol{a}_i$ (mit $\lambda_i \in \mathbb{R}$) heißt eine *Linearkombination* der Vektoren $\boldsymbol{a}_1, \ldots, \boldsymbol{a}_m \in \mathbb{R}^n$.

(II) $\boldsymbol{a}_1, \ldots, \boldsymbol{a}_m \in \mathbb{R}^n$ sind *linear abhängig*, wenn wenigstens einer der Vektoren als Linearkombination der übrigen darstellbar ist, oder einer der Vektoren $\boldsymbol{0}$ ist. Andernfalls heißen $\boldsymbol{a}_1, \ldots, \boldsymbol{a}_m$ *linear unabhängig*.

(III) Es folgt: $\boldsymbol{a}_1, \ldots, \boldsymbol{a}_m \in \mathbb{R}^n$ sind genau dann linear unabhängig, wenn die Linearkombination

$$\sum_{i=1}^{m} \lambda_i \boldsymbol{a}_i = \boldsymbol{0} \tag{2.6}$$

nur mit $\lambda_1 = \lambda_2 = \ldots = \lambda_m = 0$ möglich ist. (s. Folg. 1.12, Abschn. 1.2.7)

Satz 2.2:
(*Fundamentallemma*) Je $n+1$ Vektoren des $\mathbb{R}^n$ sind linear abhängig.

Beweis:
Beweis: Sind $\boldsymbol{a}_1, \boldsymbol{a}_2, \ldots, \boldsymbol{a}_{n+1}$ beliebige $n+1$ Vektoren des $\mathbb{R}^n$, so betrachten wir die Gleichung $\sum_{k=1}^{n+1} \lambda_k \boldsymbol{a}_k = \boldsymbol{0}$. Koordinatenweise hingeschrieben, ist dies ein Gleichungssystem von n Gleichungen für die $n+1$ Unbekannten $\lambda_1, \ldots, \lambda_{n+1}$. Wir denken uns die »Nullzeile« $0 \cdot \lambda_1 + \ldots + 0 \cdot \lambda_{n+1} = 0$ noch darunter geschrieben, um ebenso viele Gleichungen wie Unbekannte zu haben. Die Nullzeile ändert die Lösungsgesamtheit nicht. Mit dem Gaußschen Algorithmus[3] ergibt sich aber, daß dieses Gleichungssystem unendlich viele Lösungen hat. (Es entsteht kein Dreieckssystem und Folgerung 2.4(b) in Abschn. 2.2.3 gilt.) Damit gibt es Lösungen, bei denen die λ_k nicht alle 0 sind, d.h.: Die $\boldsymbol{a}_1, \ldots, \boldsymbol{a}_{n+1}$ sind linear abhängig. □

3 Hier wird auf die Abschnitte 2.2.1 und 2.2.3 vorgegriffen. Dabei entsteht kein logischer Zirkel, da die dortige Erläuterung des Gaußschen Algorithmus (bis Folg. 2.4) unabhängig vom vorliegenden und nächsten Abschnitt verstanden werden kann.

Da die Koordinateneinheitsvektoren $\boldsymbol{e}_1, \dots, \boldsymbol{e}_n$ ($\boldsymbol{e}_i := [0, \dots, 0,1,0, \dots, 0]^T$, 1 an i-ter Stelle, sonst Nullen) sicherlich linear unabhängig sind, ist n die maximale Zahl linear unabhängiger Vektoren des $\mathbb{R}^n$. Dies motiviert zu folgendem Dimensionsbegriff:

Definition 2.2:

(I) Eine Teilmenge U von $\mathbb{R}^n$ heißt ein *Unterraum* oder *Teilraum* von $\mathbb{R}^n$, wenn mit je zwei Vektoren $\boldsymbol{a}, \boldsymbol{b}$ aus U auch $\boldsymbol{a} + \boldsymbol{b}$ und $\lambda \boldsymbol{a}$ (für alle $\lambda \in \mathbb{R}$) in U liegen.

(II) Die maximale Anzahl linear unabhängiger Vektoren aus U heißt die *Dimension* von U.

(III) Es sei m die Dimension von U. Darin wird jedes m-Tupel $(\boldsymbol{a}_1, \boldsymbol{a}_2 \dots, \boldsymbol{a}_m)$ von linear unabhängigen Vektoren aus U eine *Basis* von U genannt. Man schreibt symbolisch:

$$\dim U = m .$$

Bemerkung. Der kleinste Unterraum von $\mathbb{R}^n$ ist $U = \{\boldsymbol{0}\}$. Er hat die Dimension 0. Der größte Unterraum von $\mathbb{R}^n$ ist $\mathbb{R}^n$ selbst, mit der Dimension n.

Allgemein läßt sich ein Unterraum von $\mathbb{R}^n$ so beschreiben:

Satz 2.3:

(a) Ist $(\boldsymbol{a}_1, \dots, \boldsymbol{a}_m)$ eine Basis des m-dimensionalen Unterraumes U von $\mathbb{R}^n$, so ist U die Menge aller Linearkombinationen

$$\boldsymbol{x} = \lambda_1 \boldsymbol{a}_1 + \lambda_2 \boldsymbol{a}_2 + \dots + \lambda_m \boldsymbol{a}_m \quad (\lambda_i \in \mathbb{R}) . \tag{2.7}$$

(b) Die reellen Zahlen $\lambda_1, \dots, \lambda_m$ sind dabei eindeutig durch $\boldsymbol{x}$ und die Basis $(\boldsymbol{a}_1, \dots, \boldsymbol{a}_m)$ bestimmt.

Beweis:

(a) Ist $\boldsymbol{x}$ ein beliebiger Vektor aus U, so sind $\boldsymbol{x}, \boldsymbol{a}_1, \dots, \boldsymbol{a}_m$ linear abhängig, da es nicht mehr als m linear unabhängige Vektoren in U gibt (wegen $\dim U = m$). Also gibt es eine Linearkombination

$$\mu_0 \boldsymbol{x} + \mu_1 \boldsymbol{a}_1 + \dots + \mu_m \boldsymbol{a}_m = \boldsymbol{0} , \quad (\mu_i \in \mathbb{R}) . \tag{2.8}$$

in der nicht alle μ_i Nullen sind. Dann ist aber $\mu_0 \neq 0$, sonst wären die $(\boldsymbol{a}_1, \dots, \boldsymbol{a}_m)$ linear abhängig. Division der Gl. (2.8) durch μ_0 und $\lambda_i := -\mu_i/\mu_0$ liefern Gleichung (2.7).

Umgekehrt muß jedes $\boldsymbol{x}$ der Form (2.7) zu U gehören, da nach Definition des Unterraumes folgendes gilt: $\lambda_i \boldsymbol{a}_i \in U$ für alle i, $\lambda_1 \boldsymbol{a}_1 + \lambda_2 \boldsymbol{a}_2 \in U$, $(\lambda_1 \boldsymbol{a}_1 + \lambda_2 \boldsymbol{a}_2) + \lambda_3 \boldsymbol{a}_3 \in U$ usw.

(b) Zum Nachweis der Eindeutigkeit der λ_i nehmen wir an, daß es neben (2.7) eine weitere Linearkombination $\boldsymbol{x} = \sum_{i=1}^{m} \mu_i \boldsymbol{a}_i$ gibt. Subtraktion von (2.7) liefert $\boldsymbol{0} = \sum_{i=1}^{m} (\lambda_i - \mu_i) \boldsymbol{a}_i$. Da die $\boldsymbol{a}_1, \dots, \boldsymbol{a}_m$ linear unabhängig sind, folgt $\lambda_i - \mu_i = 0$, also $\lambda_i = \mu_i$ für alle i, d.h. die λ_i sind eindeutig bestimmt. □

Umgekehrt regt (2.7) zur *Konstruktion* von Unterräumen an: Ist A eine beliebige nichtleere Teilmenge des $\mathbb{R}^n$, so bildet die Menge aller Linearkombinationen $\boldsymbol{x} = \sum_{i=1}^{p} \lambda_i \boldsymbol{a}_i$ mit beliebigen $\lambda_i \in \mathbb{R}$, $\boldsymbol{a}_i \in A$ und $p \in \mathbb{N}$ offenbar einen Unterraum U von $\mathbb{R}^n$. Er wird durch

$$U =: \operatorname{Span} A$$

symbolisiert. Man sagt, »A spannt den Unterraum U auf«, oder: A ist ein *Erzeugendensystem* von U. Oft ist A dabei eine endliche Menge $\{\boldsymbol{a}_1, \ldots, \boldsymbol{a}_m\}$. Der *von* $\{\boldsymbol{a}_1, \ldots, \boldsymbol{a}_m\}$ *aufgespannte Unterraum*

$$U = \operatorname{Span}\{\boldsymbol{a}_1, \ldots, \boldsymbol{a}_m\}$$

besteht also aus allen Linearkombinationen $\boldsymbol{x} = \sum_{i=1}^{m} \lambda_i \boldsymbol{a}_i$. Sind die $\boldsymbol{a}_1, \ldots, \boldsymbol{a}_m$ hierbei linear unabhängig, so bilden sie eine Basis von U, wie wir im Folgenden beweisen:

Satz 2.4:

(*Konstruktion von Unterräumen im* $\mathbb{R}^n$) Sind die Vektoren $\boldsymbol{a}_1, \ldots, \boldsymbol{a}_m \in \mathbb{R}^n$ linear unabhängig, so bilden die Vektoren der Form

$$\boldsymbol{x} = \lambda_1 \boldsymbol{a}_1 + \ldots + \lambda_m \boldsymbol{a}_m \quad (\lambda_i \in \mathbb{R}) \tag{2.9}$$

einen m-dimensionalen Unterraum von $\mathbb{R}^n$. Die Menge $\{\boldsymbol{a}_1, \ldots, \boldsymbol{a}_m\}$ ist also eine Basis des Unterraumes.

Beweis:

(I) Die Vektoren der Form (2.9) bilden einen Unterraum U, wie oben erläutert. Seine Dimension ist mindestens m, da er ja die m Vektoren $(\boldsymbol{a}_1, \ldots, \boldsymbol{a}_m)$ enthält. Frage: Gibt es mehr als m linear unabhängige Vektoren in U? Wir zeigen, daß dies nicht der Fall ist, d.h. es wird folgendes bewiesen:

(II) Je $m + 1$ Vektoren aus U sind linear abhängig. Zum Beweis wählt man $m + 1$ beliebige Vektoren $\boldsymbol{b}_1, \ldots, \boldsymbol{b}_{m+1} \in U$ aus. Sie lassen sich in folgender Form darstellen:

$$\boldsymbol{b}_i = \sum_{k=1}^{m} \gamma_{ik} \boldsymbol{a}_k \quad (\gamma_{ik} \in \mathbb{R}), \quad i = 1, \ldots, m+1 .$$

Man betrachtet nun die Gleichung

$$\sum_{i=1}^{m+1} \lambda_i \boldsymbol{b}_i = \boldsymbol{0} . \tag{2.10}$$

Sie wird umgeformt in

$$\boldsymbol{0} = \sum_{i=1}^{m+1} \lambda_i \boldsymbol{b}_i = \sum_{i=1}^{m+1} \lambda_i \sum_{k=1}^{m} \gamma_{ik} \boldsymbol{a}_k = \sum_{k=1}^{m} \boldsymbol{a}_k \sum_{i=1}^{m+1} \lambda_i \gamma_{ik} . \tag{2.11}$$

Da die $\boldsymbol{a}_k$ linear unabhängig sind, muß

$$\sum_{i=1}^{m+1} \lambda_i \gamma_{ik} = 0 \quad \text{für alle } k = 1, \ldots, m$$

gelten. Wir fassen die γ_{ik} zu Vektoren $\boldsymbol{c}_i = [\gamma_{i1}, \ldots, \gamma_{im}]^{\mathrm{T}}$ zusammen. Die letzte Gleichung wird damit zu

$$\sum_{i=1}^{m+1} \lambda_i \boldsymbol{c}_i = \boldsymbol{0}, \qquad \boldsymbol{c}_i \in \mathbb{R}^m . \tag{2.12}$$

Da aber je $m+1$ Vektoren des $\mathbb{R}^m$ linear abhängig sind (Satz 2.2), gibt es λ_i, die nicht alle Null sind, und die (2.12) erfüllen. Wegen (2.11) ist damit auch (2.10) mit diesen λ_i richtig, d.h. die $\boldsymbol{b}_i$ sind linear abhängig. □

Satz 2.5:

(*Austausch von Basiselementen*) Es sei U ein m-dimensionaler Unterraum von $\mathbb{R}^n$ mit der Basis $(\boldsymbol{a}_1, \ldots, \boldsymbol{a}_m)$. Sind $\boldsymbol{b}_1, \ldots, \boldsymbol{b}_k$ (mit $k < m$) beliebige linear unabhängige Vektoren aus U, so kann man sie zu einer Basis $(\boldsymbol{b}_1, \ldots, \boldsymbol{b}_k, \boldsymbol{b}_{k+1}, \ldots, \boldsymbol{b}_m)$ von U ergänzen, wobei die $\boldsymbol{b}_{k+1}, \ldots, \boldsymbol{b}_m$ aus $\{\boldsymbol{a}_1, \ldots, \boldsymbol{a}_m\}$ entnommen sind.

Beweis:

Es gibt ein $\boldsymbol{a}_i$, das nicht Linearkombination der $\boldsymbol{b}_1, \ldots, \boldsymbol{b}_k$ ist. Wären nämlich alle $\boldsymbol{a}_1, \ldots, \boldsymbol{a}_m$ Linearkombinationen der $\boldsymbol{b}_1, \ldots, \boldsymbol{b}_k$, so wären damit alle $\boldsymbol{x} = \sum_{i=1}^{m} \lambda_i \boldsymbol{a}_i \in U$ auch Linearkombination der $\boldsymbol{b}_1, \ldots, \boldsymbol{b}_k$, (nach Ersetzen der $\boldsymbol{a}_i$ durch Linearkombinationen der $\boldsymbol{b}_1, \ldots, \boldsymbol{b}_k$). Damit hätte U eine Dimension $\leq k$ (nach Satz 2.4). Wegen $k < m$ kann dies nicht sein. Also ist wenigstens ein $\boldsymbol{a}_i$ keine Linearkombination der $\boldsymbol{b}_1, \ldots, \boldsymbol{b}_k$. Setze $\boldsymbol{b}_{k+1} := \boldsymbol{a}_i$ und wende den gleichen Schluß auf $\boldsymbol{b}_1, \ldots, \boldsymbol{b}_{k+1}$ an, (falls $k+1 < m$). So fortfahrend erhält man die neue Basis $(\boldsymbol{b}_1, \ldots, \boldsymbol{b}_m)$ von U. □

Geraden und Ebenen im $\mathbb{R}^2$ und $\mathbb{R}^3$ hatten wir durch Parameterdarstellungen beschrieben. Ihre Verallgemeinerungen auf den $\mathbb{R}^n$ heißen »lineare Mannigfaltigkeiten«.

Definition 2.3:

Es seien $\boldsymbol{r}_0, \boldsymbol{a}_1, \ldots, \boldsymbol{a}_m$ $(m \leq n)$ Vektoren des $\mathbb{R}^n$, wobei $\boldsymbol{a}_1, \boldsymbol{a}_2, \ldots, \boldsymbol{a}_m$ linear unabhängig seien. Dann heißt die Menge aller Vektoren

$$\boldsymbol{x} = \boldsymbol{r}_0 + \lambda_1 \boldsymbol{a}_1 + \lambda_2 \boldsymbol{a}_2 + \ldots + \lambda_m \boldsymbol{a}_m \quad (\lambda_i \in \mathbb{R}) \tag{2.13}$$

eine *m-dimensionale lineare Mannigfaltigkeit*. Im Falle $m = 1$, also $\boldsymbol{x} = \boldsymbol{r}_0 + \lambda_1 \boldsymbol{a}_1$ $(\lambda_1 \in \mathbb{R})$ nennt man sie eine Gerade, im Falle $m = n - 1$ eine *Hyperebene* im $\mathbb{R}^n$.

Gleichung (2.13) wird die *Parameterdarstellung* der linearen Mannigfaltigkeit genannt. Die Vektoren $\sum_{k=1}^{m} \lambda_k \boldsymbol{a}_k$, mit den $\boldsymbol{a}_k$ aus (2.13), bilden einen m-dimensionalen Unterraum U (siehe Satz 2.4). Aus diesem Grunde symbolisiert man die Mannigfaltigkeit M in Def. 2.3 auch durch

$$M = \boldsymbol{r}_0 + U . \tag{2.14}$$

Folgerung 2.1:

Ist M eine m-dimensionale lineare Mannigfaltigkeit in $\mathbb{R}^n$ und $\boldsymbol{x}_0$ irgendein Vektor aus M, so ist

$$M - \boldsymbol{x}_0 := \{\boldsymbol{x} - \boldsymbol{x}_0 \mid \boldsymbol{x} \in M\} \tag{2.15}$$

ein m-dimensionaler Unterraum von $\mathbb{R}^n$.

Eine *Hyperebene* H, gegeben durch $\boldsymbol{x} = \boldsymbol{r}_0 + \sum_{i=1}^{n-1} \lambda_i \boldsymbol{a}_i$, (s. (2.13)) kann auch in der *Hesseschen Normalform* $\boldsymbol{x} \cdot \boldsymbol{n} = \rho$ ($\rho \geq 0$) beschrieben werden (analog zu $\mathbb{R}^2$ und $\mathbb{R}^3$). $\boldsymbol{n} \neq \boldsymbol{0}$ wird dabei aus dem Gleichungssystem $\boldsymbol{a}_i \cdot \boldsymbol{n} = 0$ ($i = 1, \ldots, n-1$) berechnet (eindeutig bis auf einen reellen Faktor $\neq 0$, s. Gaußscher Algorithmus für rechteckige Systeme, Abschn. 2.2.5). Durch $|\boldsymbol{n}| = 1$ und $\boldsymbol{n} \cdot \boldsymbol{r}_0 > 0$ ist $\boldsymbol{n}$ und $\rho = \boldsymbol{n} \cdot \boldsymbol{r}_0$ eindeutig bestimmt (falls $\rho > 0$).

Übung 2.2*

Es sei eine Hyperebene im $\mathbb{R}^4$ durch folgende Parameterdarstellung gegeben

$$\boldsymbol{x} = \sum_{i=1}^{3} \lambda_i \boldsymbol{a}_i , \quad \text{mit} \quad \boldsymbol{a}_1 = \begin{bmatrix} 1 \\ 8 \\ 2 \\ 0 \end{bmatrix}, \quad \boldsymbol{a}_2 = \begin{bmatrix} -1 \\ 2 \\ 7 \\ -2 \end{bmatrix}, \quad \boldsymbol{a}_3 = \begin{bmatrix} 10 \\ -1 \\ 3 \\ 4 \end{bmatrix}.$$

Gib die Hessesche Normalform dazu an. *Hinweis*: Löse zunächst das Gleichungssystem $\boldsymbol{a}_1 \cdot \boldsymbol{n}' = 0$, $\boldsymbol{a}_2 \cdot \boldsymbol{n}' = 0$, $\boldsymbol{a}_3 \cdot \boldsymbol{n}' = 0$ für einen (unbekannten) Vektor $\boldsymbol{n}'$, dessen letzte Komponente 1 gesetzt wird. Denke an die Cramersche Regel in 1.2.8. Berechne dann $\boldsymbol{n}$ und ρ aus $\boldsymbol{n}'$.

2.1.4 Geometrie im $\mathbb{R}^n$, Winkel, Orthogonalität

Winkel

Definition 2.4:

Der Winkel φ zwischen zwei Vektoren $\boldsymbol{a}, \boldsymbol{b} \in \mathbb{R}^n$ mit $\boldsymbol{a} \neq \boldsymbol{0}$, $\boldsymbol{b} \neq \boldsymbol{0}$, ist

$$\varphi = \sphericalangle(\boldsymbol{a}, \boldsymbol{b}) := \arccos \frac{\boldsymbol{a} \cdot \boldsymbol{b}}{|\boldsymbol{a}| \cdot |\boldsymbol{b}|} . \tag{2.16}$$

Ist $\boldsymbol{a} = \boldsymbol{0}$ oder $\boldsymbol{b} = \boldsymbol{0}$, so kann $\sphericalangle(\boldsymbol{a}, \boldsymbol{b})$ jede Zahl aus $[0, \pi]$ sein.

Man sagt, $\boldsymbol{a}$ und $\boldsymbol{b}$ aus $\mathbb{R}^n$ stehen *rechtwinklig* (*senkrecht*, *orthogonal*) aufeinander — in Zeichen $\boldsymbol{a} \perp \boldsymbol{b}$ — wenn $\boldsymbol{a} \cdot \boldsymbol{b} = 0$ ist (also $\sphericalangle(\boldsymbol{a}, \boldsymbol{b}) = \pi/2$ im Falle $\boldsymbol{a} \neq \boldsymbol{0}$, $\boldsymbol{b} \neq \boldsymbol{0}$).

Man gewinnt daraus unmittelbar:

Folgerung 2.2:

(a) *Pythagoras im* $\mathbb{R}^n$. Zwei Vektoren $\boldsymbol{a}, \boldsymbol{b} \in \mathbb{R}^n$ stehen genau dann rechtwinklig aufeinander, wenn Folgendes erfüllt ist:

$$(\boldsymbol{a} + \boldsymbol{b})^2 = \boldsymbol{a}^2 + \boldsymbol{b}^2 \quad \text{(wie auch } (\boldsymbol{a} - \boldsymbol{b})^2 = \boldsymbol{a}^2 + \boldsymbol{b}^2\text{)}. \tag{2.17}$$

Für alle $\boldsymbol{a}, \boldsymbol{b} \in \mathbb{R}^n$ gelten die folgenden Gleichungen:

(b) *Cosinussatz*:

$$(\boldsymbol{a} - \boldsymbol{b})^2 = \boldsymbol{a}^2 + \boldsymbol{b}^2 - 2|\boldsymbol{a}||\boldsymbol{b}| \cos \sphericalangle(\boldsymbol{a}, \boldsymbol{b})\,. \tag{2.18}$$

(c) *Parallelogrammgleichung*:

$$(\boldsymbol{a} + \boldsymbol{b})^2 + (\boldsymbol{a} - \boldsymbol{b})^2 = 2(\boldsymbol{a}^2 + \boldsymbol{b}^2)\,. \tag{2.19}$$

Orthonormalbasis

Definition 2.5:

(a) Sind $\boldsymbol{a}_1, \ldots, \boldsymbol{a}_m \in \mathbb{R}^n$ Vektoren der Länge 1, die paarweise rechtwinklig aufeinander stehen, so nennt man das m-Tupel $(\boldsymbol{a}_1, \ldots, \boldsymbol{a}_m)$ dieser Vektoren ein Orthonormalsystem. Es gilt also dabei:

$$\boldsymbol{a}_i \cdot \boldsymbol{a}_k = \delta_{ik} \quad \text{für alle} \quad i, k \in \{1, \ldots, m\} \tag{2.20}$$

$$\text{mit dem } \textit{Kroneckersymbol } \delta_{ik} := \begin{cases} 1\,, & \text{falls } i = k \\ 0\,, & \text{falls } i \neq k. \end{cases} \tag{2.21}$$

(b) Eine Orthonormalbasis von $\mathbb{R}^n$, *oder eines Unterraumes von* $\mathbb{R}^n$, ist eine Basis, die gleichzeitig ein Orthonormalsystem ist.

Bemerkung:

(a) die Koordinateneinheitsvektoren $\boldsymbol{e}_i \in \mathbb{R}^n$ bilden eine Orthonormalbasis von $\mathbb{R}^n$.

(b) Die Vektoren $\boldsymbol{a}_i$ eines Orthonormalsystems $(\boldsymbol{a}_1, \ldots, \boldsymbol{a}_m)$ sind linear unabhängig, denn aus $\sum\limits_{i=1}^{m} \lambda_i \boldsymbol{a}_i = \boldsymbol{0}$ folgt nach Multiplikation mit $\boldsymbol{a}_k$ sofort: $\lambda_k \boldsymbol{a}_k \cdot \boldsymbol{a}_k = 0$, also $\lambda_k = 0$ (wegen $\boldsymbol{a}_k \cdot \boldsymbol{a}_k = |\boldsymbol{a}_k|^2 = 1$), für alle $k = 1, \ldots, m$.

Ist nun $(\boldsymbol{b}_1, \ldots, \boldsymbol{b}_m)$ eine beliebige Basis eines m-dimensionalen Unterraumes U von $\mathbb{R}^n$ (der auch gleich $\mathbb{R}^n$ sein kann), so können wir sie in eine *Orthonormalbasis* von U verwandeln. Das gelingt (z.B.) mit dem folgenden *Orthogonalisierungsverfahren von Erhard Schmidt*[4]: Man setzt

$$\text{(I)} \quad \boldsymbol{a}_1 := \boldsymbol{b}_1/|\boldsymbol{b}_1|. \tag{2.22}$$

(II) Für $k = 2,3, \ldots, m$ bildet man nacheinander

$$\boldsymbol{d}_k := \boldsymbol{b}_k - \sum_{i=1}^{k-1} (\boldsymbol{b}_k \cdot \boldsymbol{a}_i)\boldsymbol{a}_i \;^{5} \tag{2.23}$$

und $\boldsymbol{a}_k := \boldsymbol{d}_k/|\boldsymbol{d}_k|$.

Damit ist für zwei beliebige verschiedene $\boldsymbol{a}_j$, $\boldsymbol{a}_k$, wobei wir ohne Beschränkung der Allgemeinheit $j < k$ annehmen, nach (2.23):

$$\boldsymbol{a}_k \cdot \boldsymbol{a}_j = \frac{1}{|\boldsymbol{d}_k|}(\boldsymbol{d}_k \cdot \boldsymbol{a}_j) = \frac{1}{|\boldsymbol{d}_k|}(\boldsymbol{b}_k \cdot \boldsymbol{a}_j - (\boldsymbol{b}_k \cdot \boldsymbol{a}_j)1) = 0\,.$$

Ferner ist offensichtlich $|\boldsymbol{a}_k| = 1$ für alle k. Damit bilden die $\boldsymbol{a}_1, \ldots, \boldsymbol{a}_m$ eine Orthonormalbasis von U. — Wir haben somit gezeigt:

Satz 2.6:
Jeder Unterraum von $\mathbb{R}^n$ besitzt eine Orthonormalbasis.

Ferner gilt:

Satz 2.7:
Ist $(\boldsymbol{a}_1, \ldots, \boldsymbol{a}_m)$ ein Orthonormalsystem und $\boldsymbol{x}$ eine Linearkombination daraus:

$$\boldsymbol{x} = \sum_{i=1}^{m} \lambda_i \boldsymbol{a}_i\,,$$

so lassen sich die Komponenten λ_i auf folgende Weise leicht berechnen:

$$\lambda_i = \boldsymbol{x} \cdot \boldsymbol{a}_i \quad \text{für alle } i = 1, \ldots, m\,. \tag{2.24}$$

Beweis:
$\boldsymbol{x} \cdot \boldsymbol{a}_k = \sum_{i=1}^{m} \lambda_i \boldsymbol{a}_i \cdot \boldsymbol{a}_k = \lambda_k \boldsymbol{a}_k \cdot \boldsymbol{a}_k = \lambda_k$, also $\boldsymbol{x} \cdot \boldsymbol{a}_k = \lambda_k$. Ersetzt man hier k durch i, so folgt (2.24). □

4 Erhard Schmidt (1876–1959), deutscher Mathematiker

5 Es ist $\boldsymbol{d}_k \neq \boldsymbol{0}$. Denn $\boldsymbol{d}_k$ ist eine Linearkombination der $\boldsymbol{b}_1, \ldots, \boldsymbol{b}_k$ (durch Induktion leicht nachweisbar). Der Koeffizient von $\boldsymbol{b}_k$ ist dabei 1, s. (2.23). Wäre $\boldsymbol{d}_k = \boldsymbol{0}$, so müßte er aber 0 sein, da $\boldsymbol{b}_1, \ldots, \boldsymbol{b}_k$ linear unabhängig sind. Also ist $\boldsymbol{d}_k \neq \boldsymbol{0}$.

Orthogonales Komplement

Definition 2.6:

(a) Ist U ein Unterraum von $\mathbb{R}^n$, so heißt die Menge der Vektoren $\boldsymbol{x} \in \mathbb{R}^n$, die auf jedem Vektor von U rechtwinklig stehen, das orthogonale Komplement $U^\perp$ von U. In Formeln:

$$U^\perp := \{\boldsymbol{x} \in \mathbb{R}^n \mid \boldsymbol{x} \cdot \boldsymbol{u} = 0 \text{ für alle } \boldsymbol{u} \in U\}\,.$$

(b) Allgemeiner: Ist V ein Unterraum von $\mathbb{R}^n$, der den Unterraum U umfaßt: $U \subset V$, so heißt

$$U_V^\perp := \{\boldsymbol{x} \in V \mid \boldsymbol{x} \cdot \boldsymbol{u} = 0 \text{ für alle } \boldsymbol{u} \in U\}$$

das *orthogonale Komplement von U bzgl. V*. $U^\perp$ und $U_V^\perp$ sind offenbar Unterräume von $\mathbb{R}^n$.

Folgerung 2.3:

Es sei $U \subset V$, wobei U, V Unterräume von $\mathbb{R}^n$ sind. Damit folgt

(a) $\dim U + \dim U_V^\perp = \dim V$.

(b) Jedes $\boldsymbol{v} \in V$ läßt sich eindeutig als Summe $\boldsymbol{v} = \boldsymbol{u} + \boldsymbol{u}^*$ mit $\boldsymbol{u} \in U$, $\boldsymbol{u}^* \in U_V^\perp$ darstellen.
Im Fall $V = \mathbb{R}^n$ folgt: $\dim U + \dim U^\perp = n$.

Beweis:

(a) Man wähle eine Orthonormalbasis $(\boldsymbol{b}_1, \ldots, \boldsymbol{b}_m)$ in U (nach Satz 2.6 möglich), erweitere sie zu einer Basis in V (nach Satz 2.5 in Abschn. 2.1.3) und verwandle sie mit dem Schmidtschen Orthogonalisierungsverfahren in eine Orthonormalbasis $(\boldsymbol{b}_1, \ldots, \boldsymbol{b}_m, \boldsymbol{b}_{m+1}, \ldots, \boldsymbol{b}_p)$ in V. Dann spannen $\boldsymbol{b}_{m+1}, \ldots, \boldsymbol{b}_p$ offenbar den Raum $U_V^\perp$ auf, und es gilt (a).

(b) $\boldsymbol{v} = \underbrace{\lambda_1 \boldsymbol{b}_1 + \ldots + \lambda_m \boldsymbol{b}_m}_{\boldsymbol{u}} + \underbrace{\lambda_{m+1} \boldsymbol{b}_{m+1} + \ldots + \lambda_p \boldsymbol{b}_p}_{\boldsymbol{u}^*}\,.$ □

Bemerkung: Dies trockene Zeug erweist sich bei linearen Gleichungssystemen und Eigenwertproblemen später als nützlich.

2.1.5 Der Raum $\mathbb{C}^n$

Analog zum Raum $\mathbb{R}^n$ wird der Raum $\mathbb{C}^n$ gebildet. Er besteht aus allen *Spaltenvektoren* (*n-Tupeln*)

$$\boldsymbol{z} = \begin{bmatrix} z_1 \\ \vdots \\ z_n \end{bmatrix} \quad (z_i \in \mathbb{C})$$ [6]

mit *komplexen Zahlen* z_i, *Koordinaten* genannt. Addition und Multiplikation mit Skalaren $\lambda \in \mathbb{C}$ sind, wie im $\mathbb{R}^n$, koordinatenweise definiert, womit auch alle Gesetze über Addition und Multiplikation mit Skalaren unverändert gelten.

Das *innere Produkt* aus $z = \begin{bmatrix} z_1 \\ \vdots \\ z_n \end{bmatrix}$, $\boldsymbol{w} = \begin{bmatrix} w_1 \\ \vdots \\ w_n \end{bmatrix} \in \mathbb{C}^n$ ist so erklärt

$$z \cdot \boldsymbol{w} := \sum_{i=1}^{n} z_i \overline{w}_i ,$$

wobei $\overline{w}_i$ die zu w_i konjugiert komplexe Zahl ist. Damit gilt

$$z \cdot \boldsymbol{w} = \overline{\boldsymbol{w} \cdot z}$$

für alle z, $\boldsymbol{w} \in \mathbb{C}^n$. Alle anderen Gesetze des inneren Produktes gelten unverändert (s. Satz 2.1 (II), (III), (IV)). Mit der Definition

$$|z| = \sqrt{z \cdot z} = \sqrt{\sum_{i=1}^{n} |z_i|^2}$$

des Betrages von z sind überdies die Regeln (V) bis (IX) in Satz 2.1 auch im $\mathbb{C}^n$ erfüllt (Beweis analog zum $\mathbb{R}^n$).

Wir kommen auf den Raum $\mathbb{C}^n$ in Abschn. 2.4.2 kurz zurück. Wesentlich benötigen wir diesen Raum aber in der Eigenwerttheorie von Matrizen in Abschn. 3.

2.2 Lineare Gleichungssysteme, Gaußscher Algorithmus

Ein Gleichungssystem der Form

$$\begin{aligned} a_{11}x_1 + a_{12}x_2 + \ldots + a_{1n}x_n &= b_1 \\ a_{21}x_1 + a_{22}x_2 + \ldots + a_{2n}x_n &= b_2 \\ \vdots \qquad \vdots \qquad\qquad \vdots \\ a_{m1}x_1 + a_{m2}x_2 + \ldots + a_{mn}x_n &= b_m \end{aligned} \tag{2.25}$$

($a_{ik}, b_i \in \mathbb{R}$) gegeben, $x_k \in \mathbb{R}$ gesucht) heißt ein (reelles) *lineares Gleichungssystem von m Gleichungen mit n Unbekannten*. Sind alle $b_i = 0$ ($i = 1, \ldots, m$), so liegt ein *homogenes* lineares Gleichungssystem vor, andernfalls ein *inhomogenes*.

Als *Lösung* des *Gleichungssystems* (2.25) bezeichnet man jeden Vektor $\boldsymbol{x} = [x_1, x_2, \ldots, x_n]^{\mathrm{T}}$ aus $\mathbb{R}^n$, dessen Koordinaten $x_1, \ldots, x_n$ alle Gleichungen in (2.25) erfüllen.

6 $\mathbb{C}$ = Menge der komplexen Zahlen, s. Bd. Burg/Haf/Wille (Analysis) [27], Abschn. 2.5.

Wir beschäftigen uns zunächst mit dem Fall $m = n$, der für die Praxis am wichtigsten ist. Man spricht hier von *quadratischen* linearen Gleichungssystemen.[7]

2.2.1 Lösung quadratischer Gleichungssysteme

Zur Lösung eines quadratischen *linearen Gleichungssystems*

$$\begin{aligned} a_{11}x_1+a_{12}x_2+\ldots+a_{1n}x_n &= b_1 \\ a_{21}x_1+a_{22}x_2+\ldots+a_{2n}x_n &= b_2 \\ \vdots \qquad \vdots \qquad\qquad \vdots \quad & \\ a_{n1}x_1+a_{n2}x_2+\ldots+a_{nn}x_n &= b_n \end{aligned} \tag{2.26}$$

von n Gleichungen mit n Unbekannten ($a_{ik}, b_i \in \mathbb{R}$ gegeben, $x_k \in \mathbb{R}$ gesucht) kann der *Gaußsche Algorithmus*[8], auch *Subtraktions-* oder *Eliminationsverfahren* genannt, verwendet werden.

Der *Grundgedanke* ist einfach: Man multipliziert die Gleichungen mit konstanten Faktoren und subtrahiert sie dann so voneinander, daß möglichst viele Unbekannte x_k dabei verschwinden, um, bei Fortführung dieses Prozesses, zu einer Gleichung mit nur einer Unbekannten zu gelangen. Diese Unbekannte wird berechnet und ihr Wert in die übrigen Gleichungen eingesetzt. Sukzessive ermittelt man aus diesen Gleichungen dann die übrigen Unbekannten. — Wir beschreiben diesen Prozeß genauer:

Gaußscher Algorithmus: Zunächst reduziert man das System (2.26) zu einem Gleichungssystem von $n-1$ Gleichungen mit $n-1$ Unbekannten, und zwar auf folgende Weise:

Erster Reduktionsschritt: Wir gehen davon aus, daß $a_{11} \neq 0$ ist.

Multipliziert man nun die erste Gleichung in (2.26) rechts und links mit dem Faktor $c_{21} := a_{21}/a_{11}$ und subtrahiert die Seiten der so entstandenen Gleichung von den entsprechenden Seiten der zweiten Gleichung, so entsteht eine Gleichung, in der x_1 nicht mehr vorkommt. Auf die gleiche Weise verfährt man mit allen weiteren Gleichungen: Man multipliziert also als nächstes die erste Gleichung mit $c_{31} := a_{31}/a_{11}$ und subtrahiert sie von der dritten Gleichung; wobei wiederum x_1 herausfällt. Anschließend multipliziert man die erste Gleichung mit $c_{41} := a_{41}/a_{11}$, subtrahiert sie von der vierten Gleichung usw. Führt man diesen Prozeß bis zur n-ten Gleichung durch, so entsteht ein Gleichungssystem

$$\begin{aligned} a_{22}^{(2)}x_2+a_{23}^{(2)}x_3+\ldots+a_{2n}^{(2)}x_n &= b_2^{(2)} \\ a_{32}^{(2)}x_2+a_{33}^{(2)}x_3+\ldots+a_{3n}^{(2)}x_n &= b_3^{(2)} \\ \vdots \qquad \vdots \qquad\qquad \vdots \quad & \\ a_{n2}^{(2)}x_2+a_{n3}^{(2)}x_3+\ldots+a_{nn}^{(2)}x_n &= b_n^{(2)} \end{aligned} \tag{2.27}$$

---

7 Wer vorrangig an der *praktischen Lösungsberechnung* interessiert ist, findet alles Notwendige dazu in den Abschn. 2.2.1 bis 2.2.3 (bis Beisp. 2.3). Zum Verständnis wird nur der Begriff des Vektors aus $\mathbb{R}^n$ vorausgesetzt, s. Abschn. 2.1.1.

8 Für zwei- und dreireihige Systeme ($n = 2$ oder 3) ist die direkte Auflösung mit der Cramerschen Regel ebenfalls eine gute Methode ($n = 2$: Abschn. 1.1.7, (1.69), $n = 3$: Abschn. 1.2.7, (1.99), $n \in \mathbb{N}$ beliebig: Abschn. 3.4.6). Für $n \geq 4$ ist aber in der Praxis der Gaußsche Algorithmus respektive ein iteratives Verfahren vorzuziehen.

dessen Koeffizienten sich auf folgende Art ergeben:

$$a_{ik}^{(2)} = a_{ik} - c_{i1}a_{1k}\,, \quad b_i^{(2)} = b_i - c_{i1}b_1\,, \quad \text{mit } c_{i1} = \frac{a_{i1}}{a_{11}} \text{ und } i,k = 2,3,\ldots,n.$$

Jede Lösung $[x_1,\ldots,x_n]^{\mathrm{T}}$ von (2.26) liefert offenbar eine Lösung $[x_2,\ldots,x_n]^{\mathrm{T}}$ von (2.27), während man umgekehrt jede Lösung $[x_2,\ldots,x_n]^{\mathrm{T}}$ von (2.27) zu einer Lösung von (2.26) erweitern kann, wenn man die $x_2,\ldots,x_n$ in die erste Gleichung von (2.26) einsetzt und daraus x_1 berechnet.

Den Reduktionsschritt wendet man nun auf das System (2.27) abermals an. Das dann entstandene System reduziert man abermals usw.

Allgemein geht man folgendermaßen vor: *p-ter Reduktionsschritt.* Es sei

$$\begin{array}{l} a_{pp}^{(p)}x_p + \ldots + a_{pn}^{(p)}x_n = b_p^{(p)} \\ \quad\vdots \qquad\qquad \vdots \quad \vdots \\ a_{np}^{(p)}x_p + \ldots + a_{nn}^{(p)}x_n = b_n^{(p)}\,, \qquad p < n \end{array} \tag{2.28}$$

eins der reduzierten Gleichungssysteme. Unter der Voraussetzung, daß $a_{pp}^{(p)} \neq 0$ gilt, bildet man (nach dem Muster von (2.27)) das neue Gleichungssystem

$$\begin{array}{l} a_{p+1,p+1}^{(p+1)}x_{p+1} + \ldots + a_{p+1,n}^{(p+1)}x_n = b_{p+1}^{(p+1)} \\ \qquad\vdots \qquad\qquad\quad \vdots \quad \vdots \\ a_{n,p+1}^{(p+1)}x_{p+1} + \ldots + a_{nn}^{(p+1)}x_n = b_n^{(p+1)} \end{array} \tag{2.29}$$

mit $a_{ik}^{(p+1)} = a_{ik}^{(p)} - c_{ip}a_{pk}^{(p)}$, $b_i^{(p+1)} = b_i^{(p)} - c_{ip}b_p^{(p)}$, wobei $c_{ip} = \dfrac{a_{ip}^{(p)}}{a_{pp}^{(p)}}$, $i,k = p+1,\ldots,n$.

Führt man dies für alle $p = 2,3,\ldots,n-1$ durch — vorausgesetzt, daß bei jedem der reduzierten Gleichungssyteme $a_{pp}^{(p)} \neq 0$ ist — und schreibt die ersten Gleichungen aller betrachteten Gleichungssysteme untereinander, so erhält man folgendes *Dreieckssystem*

$$\begin{array}{rcl} a_{11}x_1 + a_{12}x_2 + a_{13}x_3 + \ldots + a_{1n}x_n &=& b_1 \\ + a_{22}^{(2)}x_2 + a_{23}^{(2)}x_3 + \ldots + a_{2n}^{(2)}x_n &=& b_2^{(2)} \\ a_{33}^{(3)}x_3 + \ldots + a_{3n}^{(3)}x_n &=& b_3^{(3)} \\ \ddots \quad \vdots &&\vdots \\ a_{nn}^{(n)}x_n &=& b_n^{(n)}\,. \end{array} \tag{2.30}$$

Sei $a_{nn}^{(n)} \neq 0$, so wird dieses System von unten her durch die sogenannte *Rückwärtselimination* gelöst: Man gewinnt x_n aus der letzten Gleichung, dann x_{n-1} aus der vorletzten usw., d.h., man berechnet nacheinander

$$x_n = \frac{b_n^{(n)}}{a_{nn}^{(n)}} \quad \text{und} \quad x_i = \frac{1}{a_{ii}^{(i)}}\left(b_i^{(i)} - \sum_{k=i+1}^{n} a_{ik}^{(i)} x_k\right) \tag{2.31}$$

in der Reihenfolge $i = n-1, n-2, \ldots, 1$ (dabei $a_{ik}^{(1)} := a_{ik}$ und $b_i^{(1)} := b_i$ gesetzt). Die so errechnete Lösung $[x_1, \ldots, x_n]^\mathrm{T}$ des Dreieckssystems ist *eindeutig bestimmt*. Damit ist $[x_1, \ldots, x_n]^\mathrm{T}$ auch die einzige Lösung des ursprünglichen Systems (2.26), denn bei jedem Reduktionsschritt bleibt die Lösungsmenge unverändert, wenn man zum reduzierten System die erste Gleichung des vorangehenden Systems hinzunimmt. Aus dem Dreieckssystem (2.30) gewinnen wir also die eindeutig bestimmte Lösung des ursprünglichen Gleichungssystems (2.26).

Beispiel 2.2:

Gesucht sind reelle x_1, x_2, x_3 mit

$$\begin{aligned} 4x_1 - 8x_2 + 2x_3 &= -8 \qquad \text{(G1)} \\ -2x_1 + 6x_2 - 2x_3 &= -1 \qquad \text{(G2)} \\ 3x_1 + 6x_2 - \frac{1}{2}x_3 &= 4 \qquad \text{(G3)}. \end{aligned} \tag{2.32}$$

Multipliziert man Gleichung (G1) auf beiden Seiten mit $-2/4 = -1/2$ und subtrahiert sie dann von (G2), so folgt

$$2x_2 - x_3 = -5 . \qquad \text{(G4)}$$

Entsprechend ergibt die Multiplikation von (G1) mit $3/4$ und anschließende Subtraktion von (G3):

$$12x_2 - 2x_3 = 10 . \qquad \text{(G5)}$$

Mit dem reduzierten System (G4), (G5) verfahren wir entsprechend. (G4) wird mit $12/2 = 6$ multipliziert und von (G5) subtrahiert. Es folgt

$$4x_3 = 40 . \qquad \text{(G6)}$$

Aus (G6) berechnet man x_3, aus (G4) anschließend x_2 und aus (G1) x_1, d.h. wir lösen das Dreieckssystem

$$\begin{aligned} 4x_1 - 8x_2 + 2x_3 &= -8 \qquad \text{(G1)} \\ 2x_2 - x_3 &= -5 \qquad \text{(G4)} \\ 4x_3 &= 40 \qquad \text{(G6)} \end{aligned}$$

von unten her auf. Man erhält

$$x_3 = 10\,, \quad x_2 = \frac{5}{2}\,, \quad x_1 = -2\,,$$

und hat damit die eindeutige bestimmte Lösung von (2.32) berechnet.

Übung 2.3*

Löse folgendes Gleichungssystem

$$\begin{aligned} 3x_1 + 8x_2 - 2x_3 + 2x_4 &= 3 \\ 6x_1 - x_2 + 2x_3 - 3x_4 &= 14 \\ -2x_1 + 3x_2 + 12x_3 + 5x_4 &= 4 \\ 4x_1 - 5x_2 + 6x_3 - 10x_4 &= 19 \end{aligned}$$

2.2.2 Matlab-Programme zur Lösung quadratischer Gleichungssysteme

Für das in Kurzform

$$\sum_{k=1}^{n} a_{ik}x_k = b_i\,, \quad i = 1, \ldots, n \tag{2.33}$$

geschriebene Gleichungssystem (2.26) liefert uns das in Fig. 2.1 gezeigte Matlab-Programm eine direkte Umsetzung der in Abschnitt 2.2.1 beschriebenen Vorgehensweise.
Nutzen wir das numerische Verfahren zur Lösung des Gleichungssystems

$$\begin{aligned} 4x_1 - 18x_2 - 2x_3 - x_4 &= 5 \\ -12x_1 + 6x_2 - 5x_3 - 2x_4 &= -8 \\ -3x_1 + 7x_2 - 23x_3 + 8x_4 &= -1 \\ 2x_1 + 9x_2 + x_3 - 19x_4 &= 7\,, \end{aligned} \tag{2.34}$$

so erhalten wir die Lösung

$$x_1 = 0{,}7678\,, \quad x_2 = -0{,}0675\,, \quad x_3 = -0{,}1919\,, \quad x_4 = -0{,}3297\,.$$

Es läßt sich hierbei leicht nachprüfen, daß die erfolgreiche Berechnung auf dem Umstand beruht, daß alle Koeffizienten

$$a_{11}^{(1)} = a_{11}\,, \ a_{22}^{(2)}\,, \ a_{33}^{(3)} \text{ und } a_{44}^{(4)}$$

von Null verschieden sind. Bereits durch das einfache System

$$\begin{aligned} x_2 &= 1 \\ x_1 + x_2 &= 2 \end{aligned} \tag{2.35}$$

```
% Gaußscher Algorithmus ohne Pivotierung
%
function x = Gauss(A,b)
%
% OUTPUT VARIABLES:
% ----------------
% x: Loesungsvektor
%
% INPUT VARIABLES:
% ---------------
% A: quadratische n * n Matrix.
% b: rechte Seite.
%
  n = size(b,1);
  x = zeros(n,1);

% Reduktionsschritte zur Überführung in Dreiecksgestalt
  for p=1:n-1
    for i=p+1:n
      if (abs(A(p,p)) < 10^(-25))
        error('Diagonalelement kleiner als 10^(-25)');
      end;
      c_ip = A(i,p) / A(p,p);
      b(i) = b(i) - c_ip * b(p);
      for k=p+1:n
        A(i,k) = A(i,k) - c_ip * A(p,k);
      end;
    end;
  end;

% Rueckwärtselimination
  for i=n:-1:1
    x(i) = b(i);
    if(i < n)
      for k=i+1:n
        x(i) = x(i) - A(i,k) * x(k);
      end;
    end;
    x(i) = x(i) / A(i,i);
  end;

  return;
```

Fig. 2.1: MATLAB-Implementierung des Gaußschen Algorithmus ohne Pivotierung

wird deutlich, daß dieser Sachverhalt auch bei Gleichungssystemen mit eindeutiger Lösung, hier $x_1 = x_2 = 1$, nicht stets gewährleistet werden kann. Während diese Problematik beim Gleichungssystem (2.35) noch offensichtlich ist, existieren auch Systeme, die trotz der eindeutigen Lösbarkeit zu einem Verfahrensabbruch beim Gaußschen Algorithmus führen, ohne daß dieser im Vorfeld notwendigerweise erwartet werden konnte.

So liefert das Modellproblem

$$\begin{aligned} x_1 + \ 2x_2 + 5x_3 &= 12 \\ 2x_1 + \ 4x_2 + 2x_3 &= 16 \\ 3x_1 + 10x_2 + \ x_3 &= 30 \end{aligned} \tag{2.36}$$

einen Verfahrensabbruch erst innerhalb des zweiten Schleifendurchlaufs, da zwar $a_{11}^{(1)} = a_{11} \neq 0$ gilt, sich jedoch $a_{22}^{(2)} = 0$ ergibt.

Wie wir im Folgenden sehen werden, lassen sich derartige Verfahrensabbrüche bei gewissen Matrizen durch eine sogenannte Pivotierung vermeiden.

Bezeichnen wir die Koeffizienten a_{ik}, $i, k = 1, \ldots, n$ des Ausgangssystems mit dem Superskript (1), d.h. $a_{ik}^{(1)}$, so heißt ein Gleichungssystem regulär, falls für alle $p = 1, \ldots, n$ stets

$$\sum_{i,k=p}^{n} |a_{ik}^{(p)}| > 0 \tag{2.37}$$

gilt.[9] Anschaulich ausgedrückt bedeutet die Bedingung (2.37), daß in den auftretenden Systemen niemals alle Koeffizienten identisch verschwinden. Aus der Eigenschaft (2.37) läßt sich sowohl

$$\sum_{k=p}^{n} |a_{pk}^{(p)}| > 0 \tag{2.38}$$

als auch

$$\sum_{i=p}^{n} |a_{ip}^{(p)}| > 0 \tag{2.39}$$

folgern. Bei einem regulären Gleichungssystem kann daher im Fall $a_{pp}^{(p)} = 0$ durch einen Zeilentausch der p-ten mit einer j-ten Zeile ($j > p$) ein nicht verschwindendes Diagonalelement generiert werden, so daß der Gauß-Algorithmus fortgesetzt werden kann. Hierbei nimmt man Zeilenvertauschungen meistens so vor, daß ein *betragsgrößter Koeffizient der ersten Spalte in die linke obere Ecke* des zu behandelnden (reduzierten) Systems gelangt. Damit werden die Faktoren c_{ip}, mit denen die erste Gleichung des betrachteten Systems multipliziert wird, betragsmäßig ≤ 1. Nach anschließender Subtraktion von den übrigen Gleichungen des Systems entsteht ein reduziertes System, in dem (normalerweise) die Unterschiede zwischen den Gleichungen nicht vom Anteil der ersten Gleichung des vorangehenden Systems »erdrückt« worden sind, so

9 Die Eigenschaft (2.37) bedeutet, daß die Matrix des Gleichungssystems regulär ist.

daß das Weiterrechnen Erfolg verspricht. Dieses Verfahren heißt Gaußscher Algorithmus mit *Spalten-Pivotierung*.

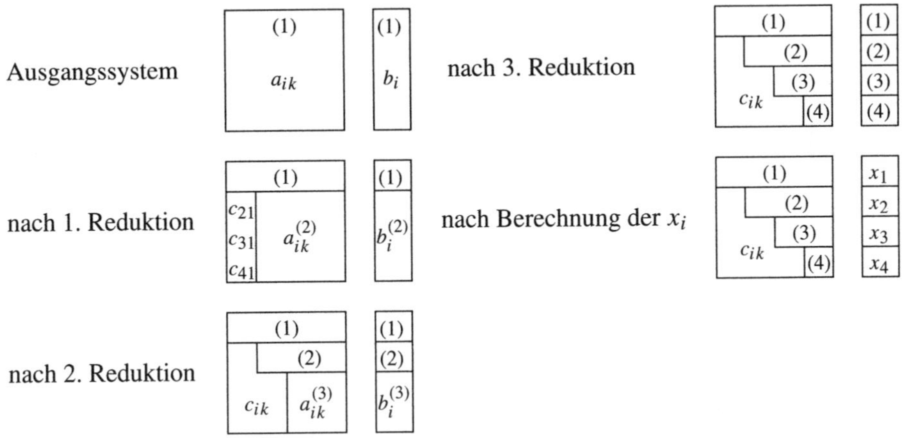

Fig. 2.2: Speicherbelegung für $n = 4$

Zur ökonomischen Speicherbelegung im Computer verfährt man so, wie es Fig. 2.2 für den Fall $n = 4$ zeigt: Die ursprünglich vorhandenen Koeffizienten $a_{ik} =: a_{ik}^{(1)}$, $b_i =: b_i^{(1)}$, werden nach und nach von den c_{ik} und den reduzierten Größen $a_{ik}^{(j)}$, $b_i^{(j)}$ überschrieben. Zum Schluß speichert man die berechneten $x_n, x_{n-1}, \ldots, x_1$ auf den Speicherplätzen ab, auf denen am Anfang die b_i standen.

Auf diese Weise kommt man mit minimalem Speicherplatzbedarf aus. Man benötigt nur die $n^2 + n$ Speicherplätze für Koeffizienten a_{ik} und b_i, sowie wenige zusätzliche Speicherplätze zur Organisation (Umspeichern, Festhalten eines Zeilenindex usw.).

Wird analog eine Spaltenpivotierung derart durchgeführt, daß ein betragsgrößter Koeffizient der ersten Zeile des (reduzierten) Systems in die linke obere Ecke überführt wird, so spricht man von einer *Zeilen-Pivotierung*. Wird ein betragsmäßig größtes Element des (reduzierten) Systems durch eine Kombination von Zeilen- und Spaltentausch in die linke obere Ecke transformiert, so wird von einer *vollständigen Pivotierung* gesprochen.

Mit dem in Fig. 2.3 dargestellten Gauß-Algorithmus mit Spaltenpivotierung erhalten wir für die Beispielsysteme (2.35) und (2.36) im Gegensatz zum vorherigen Verfahren, die gesuchten Lösungen

$$x_1 = x_2 = 1$$

respektive

$$x_1 = 3\,, \quad x_2 = 2\,, \quad x_3 = 1\,.$$

Neben der grundsätzlichen Durchführbarkeit des Gauß-Verfahrens für reguläre Systeme ergibt sich durch die Pivotierung auch aus Sicht der Rundungsfehlereinflüsse eine Stabilisierung der

```
% Gaußscher Algorithmus mit Spaltenpivotierung
%
function x = Gauss_Pivot(A,b)
%
% OUTPUT VARIABLES:
% ----------------
% x: Loesungsvektor
%
% INPUT VARIABLES:
% ---------------
% A: quadratische n * n Matrix.
% b: rechte Seite.
%
  n = size(b,1);
  x = zeros(n,1);

  % Reduktionsschritte zur Überführung in Dreiecksgestalt
  for p=1:n-1
    % Spaltenpivotierung
    max = abs(A(p,p));
    index = p;
    for j=p+1:n
      if(max < abs(A(j,p)))
        index = j;
      end;
    end;
    if(index > p)
      tmp = b(p);
      b(p) = b(index);
      b(index) = tmp;
      for j=p:n
        tmp = A(p,j);
        A(p,j) = A(index,j);
        A(index,j) = tmp;
      end;
    end;
    % Ende der Spaltenpivotierung
    for i=p+1:n
      c_ip = A(i,p) / A(p,p);
      b(i) = b(i) - c_ip * b(p);
      for k=p+1:n
        A(i,k) = A(i,k) - c_ip * A(p,k);
      end;
    end;
  end;

% Rueckwärtselimination
  for i=n:-1:1
    x(i) = b(i);
    if(i < n)
      for k=i+1:n
        x(i) = x(i) - A(i,k) * x(k);
      end;
    end;
    x(i) = x(i) / A(i,i);
  end;

  return;
```

Fig. 2.3: MATLAB-Implementierung des Gaußschen Algorithmus mit Pivotierung

Methode. Zur Verdeutlichung dieser Auswirkungen betrachten wir das System

$$\begin{aligned} \varepsilon x_1 + 2x_2 &= 1 \\ x_1 + x_2 &= 1 \end{aligned}$$

mit einem frei wählbaren Parameter $\varepsilon \in \mathbb{R} \setminus \{2\}$.

Die exakte Lösung des Systems lautet

$$x_1 = \frac{1}{2-\varepsilon}, \quad x_2 = \frac{1-\varepsilon}{2-\varepsilon}. \tag{2.40}$$

In der Tabelle 2.1 sind die, mit dem vorgestellten Algorithmus erzielten Ergebnisse für $\varepsilon = 10^{-i}$ mit $i \in \{1,2,10,12,13,15,16,20\}$ dargestellt.

Tabelle 2.1: Gauß-Algorithmus mit und ohne Spalten-Pivotierung

	Gauß-Algorithmus ohne Pivotierung		Gauß-Algorithmus mit Pivotierung	
ε	x_1	x_2	x_1	x_2
10^{-1}	0,5263	0,4737	0,5263	0,4737
10^{-2}	0,5025	0,4975	0,5025	0,4975
10^{-10}	0,5000	0,5000	0,5000	0,5000
10^{-12}	0,5000	0,5000	0,5000	0,5000
10^{-13}	0,4996	0,5000	0,5000	0,5000
10^{-15}	0,5551	0,5000	0,5000	0,5000
10^{-16}	0	0,5000	0,5000	0,5000
10^{-20}	0	0,5000	0,5000	0,5000

Während zunächst für $\varepsilon = 10^{-i}$ mit $i = 1,2,10,12$ beide Verfahren identische Resultate liefern, zeigt sich beim Algorithmus ohne Pivotierung ein zunehmend stärker werdender Rundungsfehlereinfluß bei kleiner werdendem Parameter ε, der für $\varepsilon = 10^{-i}$ mit $i = 13,15,16$ und 20 zu unbrauchbaren Ergebnissen führt, obwohl kein Verfahrensabbruch eintritt. Die Spalten-Pivotierung liefert hier eine deutlich erkennbare Stabilisierung der Methode, so daß die im Grenzfall $\varepsilon \to 0$ laut (2.40) vorliegende Lösung $x_1 = x_2 = \frac{1}{2}$ erzielt wird. Eine mathematische Analyse der Rundungsfehler wird in [96] präsentiert.

Bemerkung: Eine formale Spezifizierung der Gleichungssysteme, für die der Gaußsche Algorithmus mit und evtl. sogar ohne Pivotierung bei jeweiliger Vernachlässigung von Rundungsfehlern die eindeutig bestimmte Lösung ermittelt, wird in Abschnitt 3.8.3 präsentiert.

Übung 2.4*

Löse das folgende Gleichungssystem durch den Gaußschen Algorithmus mit Spaltenpivotierung:

$$\begin{aligned}
3078x_1 - {} & 261x_2 + {} & 1587x_3 &= -401 \\
0{,}126x_1 - {} & 0{,}049x_2 - {} & 3{,}956x_3 &= 2{,}647 \\
1{,}981 \cdot 10^6 x_1 + {} & 7{,}217 \cdot 10^6 x_2 + {} & 0{,}221 \cdot 10^6 x_3 &= 0{,}512 \cdot 10^5 \,.
\end{aligned}$$

2.2.3 Singuläre lineare Gleichungssysteme

Es sei ein beliebiges quadratisches lineares Gleichungssystem

$$\sum_{k=1}^{n} a_{ik} x_k = b_i \,, \quad i = 1, \ldots, n \tag{2.41}$$

vorgelegt, von dem wir zunächst nicht wissen, ob es *regulär* ist (d.h. ob es durch den Gaußschen Algorithmus in ein Dreieckssystem übergeht), oder ob es *singulär* ist (d.h. nicht regulär).

Um das Gleichungssystem zu lösen wenden wir den Gaußschen Algorithmus an, wie er in Abschn. 2.2.1 beschrieben ist, d.h. mit Zeilen-und Spaltenvertauschungen, falls nötig. Hierbei können wir an *Totalpivotierungen* denken, bei denen stets der absolut größte Koeffizient auf der linken Seite eines (reduzierten) Systems in die linke obere Ecke gebracht wird.

Ist das System nicht regulär, so muß schließlich ein (reduziertes) Gleichungssystem entstehen, in dem *alle Koeffizienten auf der linken Seite Null* sind.

Die Reduktion bricht bei diesem Gleichungssystem ab. Schreibt man die jeweils ersten Gleichungen aller bis dahin erhaltenen Gleichungssysteme untereinander und fügt das zuletzt erhaltene System, das links nur Nullen aufweist, hinzu, so ergibt sich

$$\begin{array}{ccccccccccc}
a_{11}x_1 & + & a_{12}x_2 + \ldots + & a_{1p}x_p & + & a_{1,p+1}x_{p+1} & + \ldots + & a_{1n}x_n & = & b_1 \\
 & & a_{22}^{(2)}x_2 + \ldots + & a_{2p}^{(2)}x_p & + & a_{2,p+1}^{(2)}x_{p+1} & + \ldots + & a_{2n}^{(2)}x_n & = & b_2 \\
 & & \ddots & \vdots & & \vdots & & \vdots & & \vdots \\
 & & & a_{pp}^{(p)}x_p & + & a_{p,p+1}^{(p)}x_{p+1} & + \ldots + & a_{p,n}^{(p)}x_n & = & b_p^{(p)} \\
 & & & 0 & + & \ldots & + \ldots + & 0 & = & b_{p+1}^{(p)} \\
 & & & \vdots & & & & \vdots & & \vdots \\
 & & & 0 & + & \ldots & + \ldots + & 0 & = & b_n^{(p)}
\end{array} \tag{2.42}$$

mit $a_{11} \neq 0, a_{22}^{(2)} \neq 0, \ldots, a_{pp}^{(p)} \neq 0, (p < n)$.

Wir wollen ein solchen System ein *p-zeiliges Trapezsystem* nennen (wobei dieser Name von den ersten p Zeilen herrührt). Dieses System besitzt, aus den Abschn. 2.2.1 genannten Gründen, die gleiche Lösungsmenge wie das Ausgangssystem (2.41). Man sieht sofort:

Folgerung 2.4:

(a) Ist in (2.42) eins der $b_{p+1}^{(p)}, \dots, b_n^{(p)}$ ungleich Null, so ist das Gleichungssystem unlösbar;

(b) gilt dagegen $b_{p+1}^{(p)} = b_{p+2}^{(p)} = \dots = b_n^{(p)} = 0$, so gibt es unendlich viele Lösungen.

Beweis:

Beweis: (a) ist klar. Zu (b): Setzt man, zur besseren Unterscheidung

$$x_{p+1} = t_1\,, \quad x_{p+2} = t_2\,, \quad \dots, \quad x_n = t_{n-p} \tag{2.43}$$

und bringt man die zugehörigen Glieder in (2.42) auf die rechte Seite, so kann man (2.42) im Falle (b) wieder »von unten nach oben« auflösen. Die Lösungen hängen von den frei wählbaren *Parametern* $t_1, \dots, t_{n-p}$ ab. □

Das skizzierte Auflösen des Systems (2.42) »von unten nach oben« führt auf

$$x_p = \frac{1}{a_{pp}^{(p)}} \left(b_p^{(p)} - \sum_{j=1}^{n-p} a_{p,p+j}^{(p)} t_j \right)$$

und für $i = p-1, p-2, \dots, 1$:

$$x_i = \frac{1}{a_{ii}^{(i)}} \left(b_i^{(i)} - \sum_{j=1}^{n-p} a_{i,p+j}^{(i)} t_j - \sum_{k=i+1}^{p} a_{i,k}^{(i)} x_k \right). \tag{2.44}$$

In der oberen Gleichung ist x_p in Abhängigkeit von $t_1, \dots, t_{n-p}$ gegeben. Die untere Gleichung wird nun in der Reihenfolge $i = p-1, p-2, \dots, 1$ ausgewertet, wobei man jeweils rechts alle vorher berechneten Ausdrücke für $x_{i+1}, x_{i+2}, \dots, x_p$ einsetzt. So entstehen Formeln für die Lösungszahlen x_i, bei denen die rechten Seiten nur noch von den Parametern $t_1, \dots, t_{n-p}$ abhängen. Sie haben die Form:

$$x_i = u_i + \sum_{j=1}^{n-p} v_{ij} t_j\,, \quad i = 1, \dots, n\,. \tag{2.45}$$

Dabei wurden auch die Gleichungen (2.43) mit eingeordnet, denn sie haben die Gestalt (2.45), wenn man den Koeffizienten von t_j gleich 1 setzt und die übrigen Null, also $v_{p+s,j} = \delta_{sj}$ (Kronecker-Symbol).

Beispiel 2.3:
Es soll die Lösungsmenge L des folgenden Gleichungssystems berechnet werden

$$\begin{aligned} 8x_1 + \ 2x_2 - 3x_3 + 5x_4 &= \ 1 \\ 3x_1 - \ 7x_2 + 5x_3 - \ x_4 &= -2 \\ 14x_1 - 12x_2 + 7x_3 + 3x_4 &= -3 \\ -5x_1 - \ 9x_2 + 8x_3 - 6x_4 &= -3\,. \end{aligned} \tag{2.46}$$

Der Gaußsche Algorithmus mit Spaltenpivotierung ergibt nach 2 Reduktionen das Trapezsystem

$$\begin{aligned} 14x_1 - \quad 12x_2 + \quad 7x_3 + \quad 3x_4 &= -3 \\ - 13{,}2857x_2 + 10{,}5000x_3 - 4{,}2985x_4 &= -4{,}0714 \\ 0 &= \ 0 \\ 0 &= \ 0\,. \end{aligned} \tag{2.47}$$

Das Gleichungssystem ist also singulär — und lösbar! Man setzt nun $x_3 = t_1$, $x_4 = t_2$, löst dann die zweite Gleichung in (2.47) nach x_2 auf, setzt den gefundenen Ausdruck für x_2 in die erste Gleichung von (2.47) ein und löst nach x_1 auf. Damit erhält man die Lösungsgesamtheit in der Form

$$\left.\begin{aligned} x_1 &\doteq 0{,}04839 - 0{,}17742t_1 + 0{,}53226t_2 \\ x_2 &\doteq 0{,}30645 - 0{,}79032t_1 + 0{,}37097t_2 \\ x_3 &= t_1 \\ x_4 &= t_2 \end{aligned}\right\} \quad (t_1, t_2 \in \mathbb{R})\,. \tag{2.48}$$

Die Lösungsmenge L besteht also aus allen Vektoren $\boldsymbol{x} = [x_1, x_2, x_3, x_4]^{\mathrm{T}}$ von der Form (2.48), wobei die *Parameter* t_1, t_2 als beliebige reelle Zahlen gewählt werden dürfen. (Die Dezimalzahlen sind gerundet, was durch $\doteq$ statt $=$ symbolisiert wird.)

Algebraische Struktur der Lösungsmenge im singulären Fall

Die Gleichung (2.45) erhält mit

$$\boldsymbol{x} = \begin{bmatrix} x_1 \\ \vdots \\ x_n \end{bmatrix}, \quad \boldsymbol{u} = \begin{bmatrix} u_1 \\ \vdots \\ u_n \end{bmatrix}, \quad \boldsymbol{v}_j = \begin{bmatrix} v_{1j} \\ \vdots \\ v_{nj} \end{bmatrix}, \quad j = 1, \ldots, n-p\,,$$

die vektorielle Gestalt

$$\boldsymbol{x} = \boldsymbol{u} + \sum_{j=1}^{n-p} \boldsymbol{v}_j t_j\,, \quad (t_j \in \mathbb{R})\,. \tag{2.49}$$

Die $\boldsymbol{v}_j$ sind dabei linear unabhängig, wegen $v_{p+s,j} = \delta_{sj}$ für $s,\ j = 1, \ldots, n-p$ (denn läßt man die ersten p Koordinaten weg, so werden die $\boldsymbol{v}_j$ zu Koordinateneinheitsvektoren).

Gleichung (2.49) ist die Parameterdarstellung einer $(n-p)$-dimensionalen Mannigfaltigkeit. Also:

Satz 2.8:

(a) Ist das lineare Gleichungssystem

$$\sum_{k=1}^{n} a_{ik}x_k = b_i \quad (i = 1, \ldots, n)$$

singulär, so ist die Lösungsmenge entweder leer oder eine $(n-p)$-dimensionale lineare Mannigfaltigkeit ($p < n$ wie in (2.42)).

(b) Ist die rechte Seite dabei Null ($b_i = 0$ für alle $i = 1, \ldots, n$), so ist die Lösungsmenge L ein $(n-p)$-dimensionaler Unterraum (d.h. $\boldsymbol{u} = \boldsymbol{0}$ in (2.49)).

Beweis:

(a) ist klar. Zu (b): Im Fall $b_j = 0$ $(i = 1, \ldots, n)$ ist $\boldsymbol{x}_0 = \boldsymbol{0}$ eine Lösung. Folgerung 2.1 in Abschn. 2.1.3 ergibt, daß $L - \boldsymbol{x}_0 = L - \boldsymbol{0} = L$ ein $(n-p)$-dimensionaler Unterraum ist. □

Bemerkung: Satz 2.8 macht klar, daß der Gaußsche Algorithmus, unabhängig von der speziellen Wahl der Zeilen- und Spaltenvertauschungen, stets auf ein Trapezsystem mit der gleichen Zeilenzahl p führt. Denn die Dimension $n-p$ der Lösungsmenge — und damit die Zahl p — ist sicherlich unabhängig vom Berechnungsverfahren für die Lösungen.

Beispiel 2.3: (*Fortsetzung*) Mit den Vektoren

$$\boldsymbol{u} \doteq \begin{bmatrix} 0{,}04839 \\ 0{,}30645 \\ 0 \\ 0 \end{bmatrix}, \quad \boldsymbol{v}_1 \doteq \begin{bmatrix} -0{,}17742 \\ -0{,}79032 \\ 1 \\ 0 \end{bmatrix}, \quad \boldsymbol{v}_2 \doteq \begin{bmatrix} 0{,}53226 \\ 0{,}37097 \\ 0 \\ 1 \end{bmatrix}$$

gewinnt man die Aussage: Die Lösungsmenge L des Gleichungssystems (2.46) besteht aus allen Vektoren der Form

$$\boldsymbol{x} = \boldsymbol{u} + t_1\boldsymbol{v}_1 + t_2\boldsymbol{v}_2 \quad (t_1, t_2 \text{ beliebig reell}).$$

Veranschaulichung: Im Fall eines dreireihigen quadratischen linearen Gleichungssystems läßt sich die Lösungsstruktur gut anschaulich machen. Es sei das folgende Gleichungssystem gegeben:

$$\begin{aligned} a_{11}x_1 + a_{12}x_2 + a_{13}x_3 &= b_1 & & \hat{\boldsymbol{a}}_1 \cdot \boldsymbol{x}^{\mathrm{T}} = b_1 \\ a_{21}x_1 + a_{22}x_2 + a_{23}x_3 &= b_2 & \text{kurz} \quad & \hat{\boldsymbol{a}}_2 \cdot \boldsymbol{x}^{\mathrm{T}} = b_2 \\ a_{31}x_1 + a_{32}x_2 + a_{33}x_3 &= b_3 & & \hat{\boldsymbol{a}}_3 \cdot \boldsymbol{x}^{\mathrm{T}} = b_3 \end{aligned}$$

mit den Zeilenvektoren $\hat{\boldsymbol{a}}_i = [a_{i1}, a_{i2}, a_{i3}]$, $\boldsymbol{x}^{\mathrm{T}} = [x_1, x_2, x_3]$.[10] Die Gleichungen rechts können

10 Mit Zeilenvektoren rechnet man analog wie mit Spaltenvektoren.

als Hessesche Normalformen dreier Ebenen E_1, E_2, E_3 aufgefaßt werden, da wir uns die Gleichungen durch Multiplikation mit Faktoren $\neq 0$ so umgewandelt denken können, daß $|\hat{\boldsymbol{a}}_i| = 1$ ist, für alle $i = 1,2,3$.

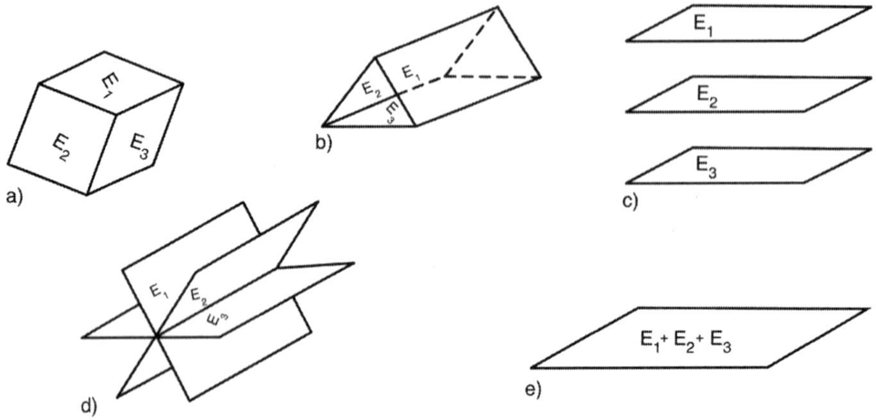

Fig. 2.4: Zur Lösbarkeit linearer Gleichungssysteme

Die gemeinsamen Punkte aller drei Ebenen E_1, E_2, E_3 bilden die Lösungen. Figur 2.4 zeigt fünf charakteristische Möglichkeiten: Im Falle a) haben wir eindeutige Lösbarkeit, da $E_1 \cap E_2 \cap E_3$ aus einem Punkt besteht. b) und c) zeigen unlösbare Fälle. $E_1 \cap E_2 \cap E_3 = \emptyset$, d), e) zeigen Fälle mit unendlich vielen Lösungen: d) Gerade, e) Ebene.

Übung 2.5:

(a) Gib die Lösungsmenge des folgenden Gleichungssystems an:

$$\begin{aligned} 3x_1 + 4x_2 - 5x_3 + x_4 &= 1 \\ 7x_1 - 2x_2 + x_3 - 2x_4 &= -2 \\ x_1 - 10x_2 + 11x_3 - 4x_4 &= -4 \\ -4x_1 + 6x_2 - 6x_3 - 3x_4 &= -3\,. \end{aligned}$$

(b) Gib die Lösungsmenge für den Fall an, daß die -3 auf der rechten Seite unten in -2 verwandelt wird.

(c) Streiche aus dem Gleichungssystem in (a) die letzte Zeile heraus, wie auch die Spalte mit x_4. Es entsteht ein dreireihiges quadratische Gleichungssystem. Skizziere die drei Ebenen, die durch die Gleichungen gegeben sind, in einem räumlichen Koordinatensystem (man denke sich einen genügend großen »gläsernen« achsenparallelen Quader gezeichnet und veranschauliche die Ebenen durch ihre Schnittlinien mit den Quaderwänden). Wie liegt hier die Lösungsmenge?

2.2.4 Allgemeiner Satz über die Lösbarkeit linearer quadratischer Gleichungssysteme

Das Gleichungssystem (2.26) nennen wir ein *quadratisches* System, da ebenso viele Zeilen wie Unbekannte vorkommen. Aus den Spalten des Systems bildet man die *Spaltenvektoren*:

$$\boldsymbol{a}_1 = \begin{bmatrix} a_{11} \\ \vdots \\ a_{n1} \end{bmatrix}, \quad \boldsymbol{a}_2 = \begin{bmatrix} a_{12} \\ \vdots \\ a_{n2} \end{bmatrix}, \quad \ldots, \quad \boldsymbol{a}_n = \begin{bmatrix} a_{1n} \\ \vdots \\ a_{nn} \end{bmatrix}, \quad \boldsymbol{b} = \begin{bmatrix} b_1 \\ \vdots \\ b_n \end{bmatrix}. \tag{2.50}$$

Damit erhält unser Gleichungssystem die knappere vektorielle Gestalt

$$x_1\boldsymbol{a}_1 + x_2\boldsymbol{a}_2 + \ldots + x_n\boldsymbol{a}_n = \boldsymbol{b} \quad (\boldsymbol{a}_k, \boldsymbol{b} \in \mathbb{R}^n). \tag{2.51}$$

Mit den Zeilen des Systems geht man entsprechend vor: Man kann sie zu *Zeilenvektoren* zusammenfassen:

$$\begin{aligned} \hat{\boldsymbol{a}}_1 &= [a_{11}, a_{12}, \ldots, a_{1n}] \\ &\vdots \\ \hat{\boldsymbol{a}}_n &= [a_{n1}, a_{n2}, \ldots, a_{nn}]. \end{aligned} \tag{2.52}$$

Mit solchen Zeilenvektoren rechnet man völlig analog wie mit Spaltenvektoren: Man kann sie addieren, subtrahieren, mit $\lambda \in \mathbb{R}$ multiplizieren, innere Produkte bilden usw. Führen wir noch den Zeilenvektor

$$\boldsymbol{x}^{\mathrm{T}} = [x_1, \ldots, x_n]$$

ein, so läßt sich unser Gleichungssystem so beschreiben

$$\hat{\boldsymbol{a}}_i \cdot \boldsymbol{x}^{\mathrm{T}} = b_i, \quad i = 1, \ldots, n. \tag{2.53}$$

Voilà! — Damit gilt der folgende zusammenfassende Satz

Satz 2.9:

Bei einem quadratischen linearen Gleichungssystem

$$\sum_{k=1}^{n} a_{ik}x_k = b_i, \quad i = 1, \ldots, n \tag{2.54}$$

tritt genau einer der folgenden Fälle ein:

1. Fall: (a) Das Gleichungssystem ist *regulär*, d.h. der Gaußsche Algorithmus liefert ein *Dreieckssystem*, in dem alle Diagonalkoeffizienten $a_{11}, a_{22}^{(2)}, \ldots, a_{nn}^{(n)}$ ungleich Null sind. Dies bedeutet, daß das Gleichungssystem *für jede rechte Seite* $\boldsymbol{b} \in \mathbb{R}^n$ *genau eine Lösung* $\boldsymbol{x} = [x_1, \ldots, x_n]^{\mathrm{T}} \in \mathbb{R}^n$ hat.

(b) Das Gleichungssystem ist genau dann *regulär*, wenn die *Spaltenvektoren* $\boldsymbol{a}_1, \ldots, \boldsymbol{a}_n$ *linear unabhängig* sind. Dies ist genau dann der Fall, wenn die *Zeilenvektoren linear unabhängig* sind.

2. Fall: (c) Das Gleichungssystem ist *singulär*, d.h. der Gaußsche Algorithmus liefert ein *p-zeiliges Trapezsystem*, mit $p < n$. Das bedeutet: Es gibt *entweder keine Lösung* ($b_{p+1}^{(p)}, \ldots, b_n^{(p)}$ nicht alle Null), *oder* es gibt *unendlich viele Lösungen* (im Falle $b_{p+1}^{(p)} = \ldots = b_n^{(p)} = 0$). Im letzteren Fall ist die Lösungsmenge eine *lineare Mannigfaltigkeit* der Dimension $n - p$ im Raum $\mathbb{R}^n$.

(d) Das Gleichungssystem ist genau dann *singulär* (mit p-zeiligem Trapezsystem), wenn die *Spaltenvektoren* $\boldsymbol{a}_1, \ldots, \boldsymbol{a}_n$ linear abhängig sind. In diesem Fall ist p die maximale Anzahl linear unabhängiger Vektoren unter den $\boldsymbol{a}_1, \ldots, \boldsymbol{a}_n$. Für *Zeilenvektoren* gilt die entsprechende Aussage.

Beweis:
[11]Die Aussagen (a), (c) sind durch die vorangehenden Abschnitte klar. Es müssen nur noch (b) und (d) bewiesen werden.

Beweis von (d): Im *singulären* Fall verwandelt der Gaußsche Algorithmus das homogene Gleichungssystem

$$\sum_{k=1}^{n} x_k \boldsymbol{a}_k = \boldsymbol{0}\,, \qquad i = 1, \ldots, n \tag{2.55}$$

in ein p-zeiliges Trapezsystem. Wir denken uns nun alle vorgenommenen Zeilen- und Spaltenvertauschungen schon vor Beginn der Rechnung ausgeführt, und bezeichnen das entstandene System wieder wie in (2.55). Dann liefert der Gaußsche Algorithmus ein p-zeiliges Trapezsystem auch *ohne* Vertauschungen von Zeilen und Spalten. Von dieser Situation gehen wir aus!

(d_1) Die Lösungsmenge von (2.55) wird nach Satz 2.8 (b) im vorigen Abschnitt durch

$$\boldsymbol{x} = \sum_{j=1}^{n-p} \boldsymbol{v}_j t_j \quad (t_j = x_{p+j}) \tag{2.56}$$

beschrieben. Wählt man alle $t_j = x_{p+j} = 0$, so verkürzt sich (2.55) zu $\sum\limits_{k=1}^{p} x_k \boldsymbol{a}_k = \boldsymbol{0}$. Nach (2.56) ist dann aber $\boldsymbol{x} = \boldsymbol{0}$, also auch $x_1 = \ldots = x_p = 0$, d.h. die $\boldsymbol{a}_1, \ldots, \boldsymbol{a}_p$ sind linear unabhängig.

Im Fall $t_j = x_{p+j} = -1$ und $t_i = 0$ für alle $i \neq j$ ($i \in \{1, \ldots, n-p\}$) wird (2.55) zu

$$\sum_{k=1}^{p} x_k \boldsymbol{a}_k - \boldsymbol{a}_{p+j} = \boldsymbol{0}\,,$$

11 Kann vom anwendungsorientierten Leser überschlagen werden.

wobei die x_k aus (2.56) gewonnen werden. D.h.: $\boldsymbol{a}_{p+j}$ ist eine Linearkombination der $\boldsymbol{a}_1, \ldots, \boldsymbol{a}_p$ (für jedes $j \in \{1, \ldots, n+p\}$). Folglich liegen alle $\boldsymbol{a}_{p+j}$ in dem von $\boldsymbol{a}_1, \ldots, \boldsymbol{a}_p$ aufgespannten Unterraum der Dimension p. Folglich ist p die maximale Anzahl linear unabhängiger Vektoren unter den *Spaltenvektoren* $\boldsymbol{a}_1, \ldots, \boldsymbol{a}_p$.

(d_2) Beschreibt man das Gleichungssystem (2.55) mit den *Zeilenvektoren* $\hat{\boldsymbol{a}}_1, \ldots, \hat{\boldsymbol{a}}_n$, so erhält es die Gestalt

$$\hat{\boldsymbol{a}}_i \cdot \boldsymbol{x}^{\mathrm{T}} = 0\,, \quad \boldsymbol{x}^{\mathrm{T}} = [x_1, \ldots, x_n]\,. \tag{2.57}$$

Alle Lösungen $\boldsymbol{x}^{\mathrm{T}}$ stehen also rechtwinklig auf den $\hat{\boldsymbol{a}}_i$, und damit auf jedem Vektor des von $\hat{\boldsymbol{a}}_1, \ldots, \hat{\boldsymbol{a}}_n$ aufgespannten Unterraumes $U \subset \mathbb{R}^n$. Kurz: Der Lösungsraum L ist das orthogonale Komplement von U. Mit $\dim L = n - p$ und der Gleichung $\dim U + \dim L = n$ (s. Folg. 2.3, Abschn. 2.1.4) folgt $\dim U = p$. Da die $\hat{\boldsymbol{a}}_1, \ldots, \hat{\boldsymbol{a}}_n$ den Raum U aufspannen, ist die maximale Anzahl linear unabhängiger unter ihnen gleich $\dim U = p$.

Beweis von (b): Ist das Gleichungssystem (2.54) regulär, so hat es nach (a) für jede rechte Seite genau eine Lösung, also hat $\sum\limits_{i=1}^{n} \boldsymbol{a}_i x_k = \boldsymbol{0}$ $(i = 1, \ldots, n)$ nur die Lösung $x_1 = x_2 = \ldots = x_n = 0$, d.h. die $\boldsymbol{a}_1, \ldots, \boldsymbol{a}_n$ sind linear unabhängig. — Setzen wir umgekehrt die $\boldsymbol{a}_1, \ldots, \boldsymbol{a}_n$ als linear unabhängig voraus, so hat $\sum\limits_{i=1}^{n} \boldsymbol{a}_i x_k = \boldsymbol{0}$ nur die Lösung $x_1 = \ldots = x_n = 0$. Damit ist $\sum\limits_{i=1}^{n} \boldsymbol{a}_i x_k = \boldsymbol{0}$ ein reguläres Gleichungssystem, denn im singulären Fall läge ja keine eindeutige Lösbarkeit vor. Der Gaußsche Algorithmus erzeugt also ein Dreieckssystem, d.h. auch (2.54) ist regulär.

Die lineare Unabhängigkeit der Zeilenvektoren $\hat{\boldsymbol{a}}_i$ folgt im regulären Fall wie oben in (d_2). Man hat $p = n$ zu setzen.

Da die a_{ik} ein quadratisches Schema bilden, folgt umgekehrt aus Symmetriegründen aus der linearen Unabhängigkeit der Zeilenvektoren auch die der Spaltenvektoren. □

Folgerung 2.5:

Ist ein quadratisches lineares Gleichungssystem

$$\sum_{k=1}^{n} x_k \boldsymbol{a}_k = \boldsymbol{b} \quad (\boldsymbol{a}_k, \boldsymbol{b} \in \mathbb{R}^n)$$

für eine rechte Seite $\boldsymbol{b}$ eindeutig lösbar, so ist es für jede beliebige rechte Seite eindeutig lösbar.

Beweis:

Eindeutige Lösbarkeit für eine rechte Seite bedeutet, daß der Gauß-Algorithmus ein Dreieckssystem erzeugt. Für jede andere rechte Seite entsteht aber links vom Gleichheitszeichen die gleiche Dreiecksstruktur, d.h. es liegt bei jeder linken Seite eindeutige Lösbarkeit vor. □

Es ist klar, daß diese schöne Eigenschaft für beliebige Gleichungen $\boldsymbol{f}(\boldsymbol{x}) = \boldsymbol{b}$ nicht allgemein gilt. Sie ist eine Besonderheit linearer quadratischer Gleichungssysteme. Sie ist die Kernaussage der sogenannten *Fredholmschen Alternative*: Entweder liegt für alle rechten Seiten eindeutige Lösbarkeit vor, oder für keine!

2.2.5 Rechteckige Systeme, Rangkriterium

Zur praktischen Lösung. Gleichungssysteme der Form

$$\begin{aligned} a_{11}x_1 + a_{12}\,x_2 + \ldots + a_{1n}\,x_n &= b_1 \\ a_{21}x_1 + a_{22}\,x_2 + \ldots + a_{2n}\,x_n &= b_2 \\ \vdots \qquad \vdots \qquad\qquad \vdots \quad & \;\; \vdots \\ a_{m1}x_1 + a_{m2}x_2 + \ldots + a_{mn}x_n &= b_m \end{aligned} \tag{2.58}$$

mit $n \neq m$, nennen wir *rechteckige lineare Gleichungssysteme*. Durch Ergänzen von Nullzeilen oder Nullspalten kann man sie stets zu quadratischen Systemen erweitern, womit sie auf den behandelten Fall zurückgeführt sind.

Man kann aber auch den Gaußschen Algorithmus völlig analog zum Vorherigen direkt auf Rechtecksysteme anwenden.

Oft liegt dabei keine eindeutige Lösbarkeit vor. Man gelangt durch die Rekursionsschritte i.a. zu einem Trapezsystem mit unterschiedlicher Zeilen- und Spaltenzahl auf der linken Seite. Dann geht man so vor, wie in Abschn. 2.2.3 erläutert.

Entsteht jedoch ein Dreieckssystem mit noch folgenden Nullzeilen (nur im Fall $m > n$ möglich), so liegt wieder eindeutige Lösbarkeit vor, und wir berechnen die Lösungen wie in Abschn. 2.2.1.

Rangkriterium, Lösungsstruktur.[12] Mit den Spaltenvektoren

$$\boldsymbol{a}_k = \begin{bmatrix} a_{1k} \\ \vdots \\ a_{mk} \end{bmatrix}, \quad k = 1, \ldots, n \quad \text{und} \quad \boldsymbol{b} = \begin{bmatrix} b_1 \\ \vdots \\ b_m \end{bmatrix}$$

aus $\mathbb{R}^m$ bekommt das Gleichungssystem (2.58) die Form

$$\sum_{k=1}^{n} x_k \boldsymbol{a}_k = \boldsymbol{b} \quad (\boldsymbol{a}_k, \boldsymbol{b} \in \mathbb{R}^m)\,. \tag{2.59}$$

Dabei nehmen wir $n, m \in \mathbb{N}$ als beliebig an, also gleich oder ungleich. Das Gleichungssystem heißt *homogen*, wenn $\boldsymbol{b} = \boldsymbol{0}$ ist, andernfalls *inhomogen*.

---

12 Kann vom praxisorientierten Leser beim ersten Lesen übersprungen werden.

Definition 2.7:

Es seien $\boldsymbol{c}_1, \ldots, \boldsymbol{c}_k$ beliebige Vektoren aus $\mathbb{R}^n$. Als *Rang* der Menge $\{\boldsymbol{c}_1, \ldots, \boldsymbol{c}_k\}$,

$$\mathrm{Rang}\{\boldsymbol{c}_1, \ldots, \boldsymbol{c}_k\},$$

bezeichnet man die maximale Anzahl linear unabhängiger Vektoren unter ihnen.

Damit gilt für beliebige lineare Gleichungssysteme, rechteckig oder quadratisch, der

Satz 2.10:

(*Rangkriterium*) Das lineare Gleichungssystem (2.59) ist genau dann lösbar, wenn folgendes gilt:

$$\mathrm{Rang}\{\boldsymbol{a}_1, \ldots, \boldsymbol{a}_n\} = \mathrm{Rang}\{\boldsymbol{a}_1, \ldots, \boldsymbol{a}_n, \boldsymbol{b}\}. \tag{2.60}$$

Das Gleichungssystem ist genau dann eindeutig lösbar, wenn die Ränge in (2.60) gleich n sind, also gleich der Anzahl der Unbekannten.

Beweis:

Lösbarkeit von (2.59) bedeutet, daß $\boldsymbol{b}$ als Linearkombination der $\boldsymbol{a}_1, \ldots, \boldsymbol{a}_n$ geschrieben werden kann, d.h., daß $\boldsymbol{b}$ in dem von $\boldsymbol{a}_1, \ldots, \boldsymbol{a}_n$ aufgespannten Unterraum U liegt, d.h.: $\{\boldsymbol{a}_1, \ldots, \boldsymbol{a}_n\}$ und $\{\boldsymbol{a}_1, \ldots, \boldsymbol{a}_n, \boldsymbol{b}\}$ spannen den gleichen Unterraum auf; d.h.: Beide Mengen $\{\boldsymbol{a}_1, \ldots, \boldsymbol{a}_n\}$ und $\{\boldsymbol{a}_1, \ldots, \boldsymbol{a}_n, \boldsymbol{b}\}$ haben gleiche Maximalzahl linear unabhängiger Vektoren; d.h.: Es gilt (2.60). — Die Eindeutigkeitsaussage folgt aus Satz 2.3 (b) in Abschn. 2.1.3. □

Satz 2.11:

(*Struktur der Lösungsmenge*) Für das lineare Gleichungssystem

$$\sum_{k=1}^{n} x_k \boldsymbol{a}_k = \boldsymbol{b} \quad (\boldsymbol{a}_k, \boldsymbol{b} \in \mathbb{R}^m) \tag{2.61}$$

gelte:

$$p := \mathrm{Rang}\{\boldsymbol{a}_1, \ldots, \boldsymbol{a}_n\} = \mathrm{Rang}\{\boldsymbol{a}_1, \ldots, \boldsymbol{a}_n, \boldsymbol{b}\}$$

(d.h. das Rangkriterium ist erfüllt). Dann folgt

(a) Die Lösungsmenge ist eine $(n-p)$-dimensionale lineare Mannigfaltigkeit im $\mathbb{R}^n$.

(b) Die Lösungsmenge des zu (2.61) gehörenden homogenen linearen Gleichungssystems

$$\sum_{k=1}^{n} x_k \boldsymbol{a}_k = \boldsymbol{0} \tag{2.62}$$

ist ein $(n-p)$-dimensionaler Unterraum von $\mathbb{R}^n$.

(c) Ist $\boldsymbol{x}_0 \in \mathbb{R}^n$ ein beliebiger, aber festgewählter Lösungsvektor des inhomogenen linearen Gleichungssystems (2.61), so besteht die Lösungsmenge dieses Systems aus allen Vektoren der Form

$$\boldsymbol{x} = \boldsymbol{x}_0 + \boldsymbol{x}_h\,, \quad \text{wobei } \boldsymbol{x}_h \text{ Lösung des homogenen Systems (2.62) ist.}$$

Beweis:
(a) folgt unmittelbar aus Satz 2.9 (b), Abschn. 2.2.4, wenn man (2.61) im Fall $m \neq n$ durch Nullzeilen oder Nullspalten zu einem quadratischen System ergänzt. (b) ergibt sich entsprechend aus Satz 2.8 (b) in Abschn. 2.2.3.

Zu (c): Alle $\boldsymbol{x} = \boldsymbol{x}_0 + \boldsymbol{x}_h$ sind offensichtlich Lösungen von (2.61) (einsetzen!). Ist umgekehrt $\boldsymbol{x}_1$ eine beliebige Lösung von (2.61), so ist $\boldsymbol{x}_1 - \boldsymbol{x}_0 =: \boldsymbol{x}'_h$ zweifellos Lösung von (2.62), woraus $\boldsymbol{x}_1 = \boldsymbol{x}_0 + \boldsymbol{x}'_h$ folgt, d.h. $\boldsymbol{x}_1$ hat die behauptete Form. □

Bemerkung: Die Sätze 2.9 und 2.10 haben hauptsächlich theoretische Bedeutung (als Beweishilfsmittel für weitere Sätze). Praktisch wird die Frage nach der Lösbarkeit und der Berechnung durch den Gaußschen Algorithmus angegangen. (Wir bemerken, daß im Fall sehr großer $n = m$ auch andere — sogenannte iterative — Verfahren ins Bild kommen, s. Abschn. 3.8.4. Als »sehr groß« ist dabei etwa $n = m \geq 100$ anzusehen).

Übung 2.6*

Gib die Lösungsmengen der folgenden beiden Systeme an:

$$\text{(a)}\quad \begin{aligned} 3x_1 + 5x_2 - 7x_3 + x_4 &= 0 \\ 8x_1 - 2x_2 + x_3 - 3x_4 &= 1 \end{aligned} \qquad \text{(b)}\quad \begin{aligned} 9x_1 - 8x_2 &= 1 \\ 5x_1 + 2x_2 &= 7 \\ x_1 + 12x_2 &= 13 \end{aligned} \;.$$

2.3 Algebraische Strukturen: Gruppen und Körper

Es werden zwei algebraische Strukturen — Gruppen und Körper — erläutert. Sie bilden das algebraische Fundament für die spätere allgemeine Vektorraumtheorie. Da unmittelbare Anwendungen im Ingenieurbereich jedoch selten sind, mag der anwendungsorientierte Leser den Abschnitt beim ersten Lesen überspringen und später bei Bedarf hier nachschlagen.

2.3.1 Einführung: Beispiel einer Gruppe

Wir beginnen mit einer Spielerei: Ein Plättchen von der Form eines gleichseitigen Dreiecks liegt auf dem Tisch. Seine Ecken sind mit 1, 2, 3 markiert. Die Lage des Dreiecks ist durch einen gezeichneten Umriß auf dem Tisch vermerkt, wobei die Ecken des Umrisses mit ①, ②, ③ gekennzeichnet sind (s. Fig. 2.5).

Wir fragen nun nach allen *Bewegungen* des Plättchens, nach deren Ausführung es wieder exakt auf dem Umriß liegt. Auch Umdrehen ist erlaubt, so daß die Unterseite des Plättchens nach oben kommt. Alle diese Bewegungen heißen *Kongruenzabbildungen* des gleichseitigen Dreiecks. Sie werden nach ihren Endlagen unterschieden.

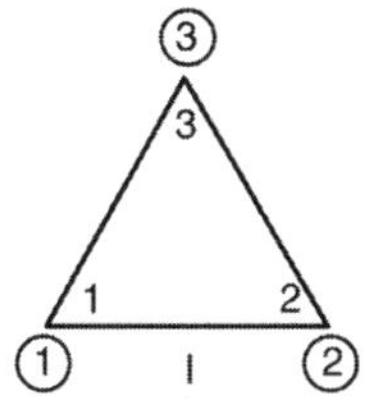

Fig. 2.5: Plättchen in Form eines gleichseitigen Dreiecks.

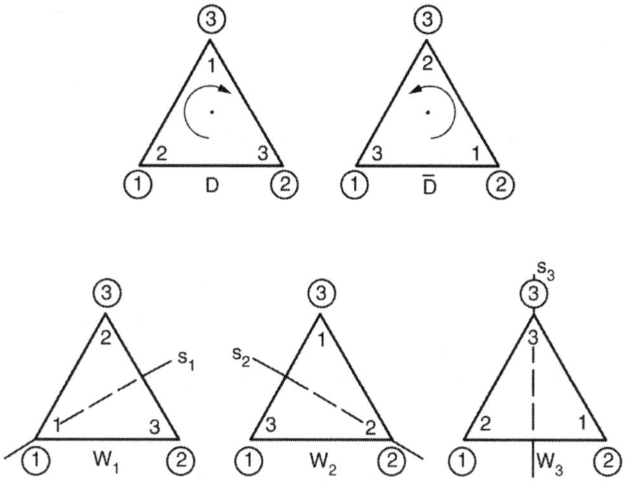

Fig. 2.6: Kongruenzabbildungen des gleichseitigen Dreiecks.

Dem Leser fallen sicher die folgenden fünf Bewegungen ein (Fig. 2.6):

D = Drehung um 120° im Uhrzeigersinn[13]

$\overline{D}$ = Drehung um 120° gegen den Uhrzeigersinn

W_1 = Spiegelung an der (tischfesten) Seitenhalbierenden s_1

W_2 = Spiegelung an der (tischfesten) Seitenhalbierenden s_2

W_3 = Spiegelung an der (tischfesten) Seitenhalbierenden s_3

(W von »Wenden«). Der Vollständigkeit halber zählen wir noch die »triviale Bewegung« dazu:

I = Identität, d.h. die Lage bleibt unverändert.

Mehr als diese sechs Kongruenzabbildungen des Dreiecks gibt es sicherlich nicht! (Warum?)

13 eine Achse durch den Dreiecksmittelpunkt, die senkrecht auf dem Dreieck steht.

Wir beschreiben die Bewegungen des Dreiecks kürzer durch:

$$\begin{aligned} I &= \begin{pmatrix} 1 & 2 & 3 \\ 1 & 2 & 3 \end{pmatrix}, \quad D = \begin{pmatrix} 1 & 2 & 3 \\ 3 & 1 & 2 \end{pmatrix}, \quad \overline{D} = \begin{pmatrix} 1 & 2 & 3 \\ 2 & 3 & 1 \end{pmatrix}, \\ W_1 &= \begin{pmatrix} 1 & 2 & 3 \\ 1 & 3 & 2 \end{pmatrix}, \quad W_2 = \begin{pmatrix} 1 & 2 & 3 \\ 3 & 2 & 1 \end{pmatrix}, \quad W_3 = \begin{pmatrix} 1 & 2 & 3 \\ 2 & 1 & 3 \end{pmatrix}. \end{aligned} \tag{2.63}$$

Was bedeutet dies? — Nun, ganz einfach: Hier wird angegeben, wie die Ecken des Dreiecks bewegt werden! In $D = \begin{pmatrix} 1 & 2 & 3 \\ 3 & 1 & 2 \end{pmatrix}$ wird z.B. ausgedrückt, daß durch diese Drehung die Ecke 1 des Dreiecks in Ecke ③ des Umrisses überführt wird, ferner Ecke 2 in Ecke ① des Umrisses usw. Man beschreibt dies auch so:

$$D(1) = 3\,, \quad D(2) = 1\,, \quad D(3) = 2\,, \quad \overline{D}(1) = 2 \quad \text{usw.}$$

D.h.: Die Kongruenzabbildungen in (2.63) werden als Funktionen aufgefaßt, die die Menge $\mathbb{N}_3 := \{1,2,3\}$ umkehrbar eindeutig auf sich abbilden. Da in den unteren Zeilen der Schemata in (2.63) gerade die Permutationen der Zahlen 1,2,3 stehen (d.h. die verschiedenen Reihenfolgen dieser Zahlen), identifiziert man die Kongruenzabbildungen I, D, $\overline{D}$, W_1, W_2, W_3 auch mit diesen Permutationen. — So weit, so gut! —

Jetzt führen wir zwei unserer Kongruenzabbildungen *nacheinander* aus. Es muß wieder eine der sechs Kongruenzabbildungen entstehen, denn andere gibt es nicht. Wird z.B. zuerst die Drehung D ausgeführt und dann die Spiegelung W_1, so ergibt sich insgesamt die Spiegelung W_3 (wie man mit einem ausgeschnittenen Papierdreieck schnell überprüft). Wir beschreiben dies durch

$$W_3 = W_1 * D_1\,,$$

gesprochen: »W_1 *nach* D« oder »W_1 *verknüpft mit* D«, oder »W_1 *mal* D«. $W_1 * D$ nennt man das *Produkt* aus W_1 und D und bezeichnet die Verknüpfung $*$ als Multiplikation.

Tabelle 2.2: Multiplikationstabelle der Kongruenzabbildungen des gleichseitigen Dreiecks.

$*$	I	D	$\overline{D}$	W_1	W_2	W_3
I	I	D	$\overline{D}$	W_1	W_2	W_3
D	D	$\overline{D}$	I	W_2	W_3	W_1
$\overline{D}$	$\overline{D}$	I	D	W_3	W_1	W_2
W_1	W_1	W_3	W_2	I	$\overline{D}$	D
W_2	W_2	W_1	W_3	D	I	$\overline{D}$
W_3	W_3	W_2	W_1	$\overline{D}$	D	I

Sämtliche möglichen Produkte zweier Kongruenzabbildungen des gleichseitigen Dreiecks sind in obenstehender Multiplikationstabelle verzeichnet (s. Tab. 2.2).

Sind A, B, H drei von unseren Kongruenzabbildungen für die $H = A * B$ gilt, so folgt für jede Ecknummer x des Dreiecks $H(x) = A(B(x))$. Man sieht dies ein, wenn man den Weg einer

Ecke dabei verfolgt (überprüfe dies mit $W_3 = W_1 * D$). Ersetzt man H durch $A * B$ in der letzten Gleichung, so folgt

$$(A * B)(x) = A(B(x)) . \tag{2.64}$$

für alle Ecknummern x. Für je drei beliebige Kongruenzabbildungen A, B, C unseres Dreiecks folgern wir damit

(I) $\quad (A * B) * C = A * (B * C)$.

Denn für alle Ecken x gilt wegen (2.64)

$$\begin{aligned}((A * B) * C)(x) &= (A * B)(C(x)) = A(B(C(x))) \\ &= A((B * C)(x)) = (A * (B * C))(x) .\end{aligned}$$

Für jede beliebige Kongruenzabbildung A des gleichseitigen Dreiecks gilt ferner

(II) $\quad I * A = A * I = A$, und

(III) Es gibt zu A eine Kongruenzabbildung X des Dreiecks mit

$A * X = I = X * A$.

Man bezeichnet X durch A^{-1} und nennt es *Inverses* zu A.

Man beachte, daß $A * B = B * A$ nicht allgemein gilt, z.B. $W_2 * W_1 = D$, $W_1 * W_2 = \overline{D}$.

Eine Menge mit einer Verknüpfung, in der die drei Gesetze (I), (II), (III) gelten, nennt man eine *Gruppe*. Wir haben es also hier mit der *Gruppe der Kongruenzabbildungen* eines gleichseitigen Dreiecks zu tun.

Im Folgenden wird der Gruppenbegriff allgemein gefaßt. Er ist der wichtigste Grundbegriff der modernen Algebra.

Übung 2.7:

Beschreibe die Gruppe der Kongruenzabbildungen eines Rechtecks (es soll sich um ein »echtes« Rechteck dabei handeln, also kein Quadrat). *Anmerkung* dazu: Nicht alle Permutationen der Ecken entsprechen Kongruenzabbildungen des Rechtecks, sondern nur einige. Die entstehende Gruppe heißt die *Kleinsche*[14] *Vierergruppe*.

2.3.2 Gruppen

Definition 2.8:

Eine *Gruppe* $(G, *)$ *besteht* aus einer Menge G und einer Verknüpfung[15] $*$, die jedem Paar (x, y) von Elementen $x, y \in G$ genau ein Element $x * y \in G$ zuordnet, wobei

14 Felix Christian Klein (1849 – 1925), deutscher Mathematiker.

die folgenden drei Gesetze erfüllt sind:

(I) Für alle $x, y, z \in G$ gilt (Assoziativgesetz)

$$(x * y) * z = x * (y * z) .$$

(II) Es gibt ein Element $e \in G$ mit (neutrales Element)

$$x * e = x = e * x$$

für alle $x \in G$. e heißt *neutrales Element* in G.

(III) Zu jedem Element $x \in G$ gibt es ein Element $y \in G$ mit (Inverses)

$$x * y = e = y * x .$$

y heißt *Inverses zu* x, symbolisiert durch x^{-1}.

Fig. 2.7: Zu Übung 2.7, Kleinsche Vierergruppe (mit Klein)

Neutrales Element e und Inverses von x sind *eindeutig* bestimmt, denn würde auch e' der Bedingung (II) genügen so folgte $e = e' * e = e'$, und wären y und y' Inverse von x, so erhielte man $y = e * y = (y' * x) * y = y' * (x * y) = y' * e = y'$.

Wegen (I) schreibt man auch $x * y * z$ statt $(x * y) * z$, da es ja gleichgültig ist, wie man klammert. Entsprechend $x * y * z * w$ usw.

Definition 2.9:
Gilt in einer Gruppe $(G, *)$ zusätzlich

(IV) $x * y = y * x$ für alle $x, y \in G$, (Kommutativgesetz)

so liegt eine *kommutative* Gruppe vor, auch *abelsche*[16] *Gruppe* genannt.

15 Unter einer (binären) *Verknüpfung* aus einer Menge M verstehen wir eine beliebige Vorschrift, die jedem Paar (x, y) mit $x, y \in M$ genau ein Element aus M zuordnet.

Statt $*$ werden auch andere Symbole verwandt, oder $*$ wird ganz weggelassen. Dies ist in der Algebra üblich: Man schreibt einfach xy statt $x * y$ und spricht von *multiplikativer Schreibweise* bzw. *multiplikativer Gruppe* G.

Bei abelschen Gruppen schreibt man häufig $+$ statt $*$, wobei das neutrale Element mit 0 bezeichnet wird, und das Inverse zu $x \in G$ mit $-x$. Man spricht von *additiver Schreibweise* bzw. *additiver Gruppe*. Die gerahmten Gleichungen in (I), (II), (III), (IV) bekommen dann die Form

$$\begin{aligned} (x+y)+z &= x+(y+z)\,, & x+0 &= x = 0+x\,, \\ x+(-x) &= 0 = (-x)+x\,, & x+y &= y+x\,. \end{aligned} \tag{2.65}$$

Die *Subtraktion* in einer additiven abelschen Gruppe wird folgendermaßen definiert:

$$x - y := x + (-y)\,.$$

Eine *Gruppe* $(G, *)$ heißt *endlich* wenn G eine *endliche Menge* ist. Die Anzahl der Elemente von G heißt die *Ordnung* der Gruppe $(G, *)$. Eine nichtendliche Gruppe heißt *unendliche Gruppe*.

Statt von der Gruppe $(G, *)$ oder $(G, \cdot)$ oder $(G, +)$ spricht man auch einfach von der *Gruppe* G, wenn aus dem Zusammenhang klar ist, mit welcher Verknüpfung gearbeitet wird. Dadurch wird sprachliche Überladung vermieden.

Beispiele für Gruppen

Beispiel 2.4:
Die Menge $\mathbb{Z}$ (der ganzen Zahlen), $\mathbb{Q}$ (der rationalen Zahlen), $\mathbb{R}$ (der reellen Zahlen) und $\mathbb{C}$ (der komplexen Zahlen), sowie $\mathbb{R}^n$ und $\mathbb{C}^n$ bilden *additive abelsche Gruppen*:

$$(\mathbb{Z}, +)\,, \quad (\mathbb{Q}, +)\,, \quad (\mathbb{R}, +)\,, \quad (\mathbb{C}, +)\,, \quad (\mathbb{R}^n, +)\,, \quad (\mathbb{C}^n, +)\,.$$

Beispiel 2.5:
Streicht man aus $\mathbb{Q}$, $\mathbb{R}$ und $\mathbb{C}$ jeweils die 0 heraus, so liefern die entstehenden Mengen $\mathbb{Q}'$, $\mathbb{R}'$, $\mathbb{C}'$ *multiplikative abelsche Gruppen*

$$(\mathbb{Q}', \cdot)\,, \quad (\mathbb{R}', \cdot)\,, \quad (\mathbb{C}', \cdot)\,.$$

Beispiel 2.6:
$G = \{-1, 1\}$ bildet eine multiplikative abelsche Gruppe aus 2 Elementen.

Beispiel 2.7:
Die Menge G der komplexen Zahlen mit Absolutbetrag 1 stellt eine multiplikative abelsche Gruppe dar.

---

16 Nach dem norwegischen Mathematiker Niels Henrik Abel (1802 – 1829).

Beispiel 2.8:
Die Menge aller Kongruenzabbildungen einer ebenen oder räumlichen Figur auf sich selbst ergibt eine Gruppe bezüglich der Hintereinanderausführung der Kongruenzabbildungen. Gruppen dieser Art sind meistens nicht kommutativ (s. Beispiel in Abschn. 2.3.1).

Beispiel 2.9:
(*Gruppe der bijektiven Abbildungen einer Menge auf sich*) Wir haben es hier mit dem *Paradebeispiel* für Gruppen zu tun. Zunächst sei kurz wiederholt[17]: Eine Abbildung $f : M \to N$ heißt *injektiv* (*eineindeutig*), wenn aus $x_1, x_2 \in M$ mit $x_1 \neq x_2$ folgt: $f(x_1) \neq f(x_2)$, kurz: »Verschiedene Urbilder haben verschiedene Bilder«. $f : M \to N$ heißt *surjektiv* (Abbildung von M *auf* N), wenn zu jedem $y \in N$ ein $x \in M$ existiert mit $f(x) = y$, m.a.W.: »Der Bildbereich N wird durch die Werte $f(x)$ ausgeschöpft.« (d.h $f(M) = N$). $f : M \to N$ heißt *bijektiv* (*umkehrbar eindeutig*), wenn f injektiv und surjektiv ist.

Wir betrachten die Menge G aller bijektiven Abbildungen $f : M \to M$ einer Menge M auf sich. Zwei solche Abbildungen $f : M \to M$ und $g : M \to M$ werden durch ihre Hintereinanderausführung (Komposition) verknüpft: Man definiert $f \circ g$ durch

$$(f \circ g)(x) := f(g(x)) \quad \text{für alle } x \in M.$$

$(f \circ g) : M \to M$ ist also wieder eine bijektive Abbildung von M auf sich. Es ist sonnenklar, daß $(G, \circ)$ eine Gruppe ist, denn es gilt für alle $f, g, h \in G$:

$$\text{(I)} \quad (f \circ g) \circ h = f \circ (g \circ h) \tag{2.66}$$

wegen

$$\begin{aligned} ((f \circ g) \circ h)(x) &= (f \circ g)(h(x)) = f(g(h(x))) = (f(g \circ h))(x) \\ &= (f \circ (g \circ h))(x) \quad \text{für alle } x \in M. \end{aligned}$$

(II) Die Abbildung $I : M \to M$ mit $I(x) = x$ für alle $x \in M$ — *Identität* genannt — erfüllt

$$I \circ f = f = f \circ I \quad \text{für alle } f \in G. \tag{2.67}$$

(III) Zu jeder bijektiven Abbildung f existiert die Umkehrabbildung f^{-1}, die folgendes erfüllt

$$f \circ f^{-1} = I = f^{-1} \circ f\,. \tag{2.68}$$

Die Gruppengesetze sind somit erfüllt. Besitzt M nur ein oder zwei Elemente, so ist die Gruppe $(G, \circ)$ kommutativ (man prüfe dies nach!), hat M drei oder mehr Elemente, evtl. sogar unendlich viele, so ist sie nicht kommutativ (s. Abschn. 2.3.1: Die dortige Gruppe kann als Gruppe der bijektiven Abbildungen auf der Eckpunktmenge $M = \{1,2,3\}$ aufgefaßt werden. Sie ist nicht kommutativ).

Die beschriebene Gruppe G aller bijektiven Abbildungen einer Menge M auf sich wird *Per-*

17 s. Burg/Haf/Wille (Analysis) [27], Abschn. 1.3.4, Def. 1.3 und Abschn. 1.3.5, letzter Absatz.

mutationsgruppe von M genannt, symbolisiert durch

$$\operatorname{Perm} M := G .$$

Ist M der Zahlenabschnitt $\mathbb{N}_n := \{1,2, \ldots, n\}$, so schreibt man

$$S_n := \operatorname{Perm} \mathbb{N}_n .$$

Diese endlichen Permutationsgruppen werden wir im nächsten Abschnitt genauer betrachten.

Definition 2.10:

Es sei $(G, *)$ eine Gruppe und U eine nichtleere Teilmenge von G. Man nennt U (bzgl. $*$) eine *Untergruppe* von $(G, *)$[18], wenn folgendes gilt

(U. I) Wenn $x, y \in U$, so auch $x * y \in U$.

(U. II) Wenn $x \in U$, so auch $x^{-1} \in U$.

(In additiver Schreibweise: $x, y \in U \Rightarrow x + y \in U$ und $x \in U \Rightarrow -x \in U$.)

Es folgt unmittelbar, daß dann auch gilt

(U. III) $e \in U$, wobei e das neutrale Element von G ist,

denn: da $U \neq \emptyset$ so existiert ein $x \in U$, damit auch $x^{-1} \in U$ (nach (U. II)) und somit $x * x^{-1} = e$ in U (nach (U. I)).

Die Untergruppenbeziehung beschreiben wir einfach durch

$$(U, *) \subset (G, *) .$$

U bildet mit der Verknüpfung $*$, eingeschränkt auf die Paare (x, y) mit $x, y \in U$, natürlich wieder eine Gruppe, wie der Name Untergruppe schon sagt.

G und $\{e\}$ sind Untergruppen von $(G, *)$. Sie heißen die *volle* und die *triviale* Untergruppe. Alle anderen Untergruppen von G werden *echte* Untergruppen genannt.

Definition 2.11:

Eine Untergruppe U von $(G, *)$ heißt ein *Normalteiler*, wenn für jedes $u \in U$ und jedes $a \in G$ gilt:

$$a * u * a^{-1} \in U .$$

(Die Bedeutung der Normalteiler wird später bei Gruppenhomomorphismen klar.)

In kommutativen Gruppen sind alle Untergruppen offenbar auch Normalteiler.

Beispiel 2.10:

$(\mathbb{Z}, +) \subset (\mathbb{Q}, +) \subset (\mathbb{R}, +) \subset (\mathbb{C}, +)$.

---

18 Oder kurz: Untergruppe von G.

Beispiel 2.11:
$(\mathbb{Q}', \cdot) \subset (\mathbb{R}', \cdot) \subset (\mathbb{C}', \cdot)$.

Beispiel 2.12:
Die in Abschn. 2.3.1 beschriebene Gruppe $G = \{I, D, \overline{D}, W_1, W_2, W_3\}$ hat die echten Untergruppen $U_0 = \{I, D, \overline{D}\}$, $U_1 = \{I, W_1\}$, $U_2 = \{I, W_2\}$, $U_3 = \{I, W_3\}$. Man prüfe an Hand der Gruppentafel (Tab. 2.2) nach: U_0 ist ein Normalteiler, U_1, U_2, U_3 sind es nicht.

Übung 2.8*

Welche echten Untergruppen hat die Kleinsche Vierergruppe aus Übung 2.7?

2.3.3 Endliche Permutationsgruppen

Wir sehen uns in diesem Abschnitt die Permutationsgruppen S_n genauer an. S_n war definiert als die Menge aller bijektiven Abbildungen der Menge $\mathbb{N}_n = \{1,2,\dots,n\}$ auf sich. Die Permutationsgruppen S_n — auch *Symmetriegruppen* genannt — spielen in vielen Bereichen der Mathematik eine Rolle, z.B. in der Kombinatorik, Wahrscheinlichkeitsrechnung, Algebra der Polynomgleichungen und der Behandlung der Determinanten (s. Abschn. 3.5).

Ist $f : \mathbb{N}_n \to \mathbb{N}_n$ eine bijektive Abbildung, so wollen wir Funktionswerte $f(i)$ auch durch k_i bezeichnen:

$$f(i) =: k_i\,.$$

Die Abbildung f kann damit vollständig durch das Schema

$$f = \begin{pmatrix} 1 & 2 & 3 & \cdots & n \\ k_1 & k_2 & k_3 & \cdots & k_n \end{pmatrix}$$

beschrieben werden, wobei $(k_1, k_2, \dots, k_n)$ eine *Permutation* von $(1, 2, \dots, n)$ ist (daher der Name »Permutationsgruppe«). Die Permutationen von $(1, 2, \dots, n)$ (d.h. die n-Tupel $(k_1, \dots, k_n)$, bestehend aus allen Zahlen $1, 2, \dots, n$) sind also den Abbildungen $f \in S_n$ umkehrbar eindeutig zugeordnet, so daß wir sie miteinander identifizieren können:

$$\begin{pmatrix} 1 & 2 & \cdots & n \\ k_1 & k_2 & \cdots & k_n \end{pmatrix} = (k_1, \dots, k_n)\,.$$

Die Abbildungen $f \in S_n$ werden wir also auch als Permutationen bezeichnen. Die *Ordnung von S_n* ist $n!$ (s. Burg/Haf/Wille (Analysis) [27], Abschn. 1.2.2) Die Verknüpfung von $f, g \in S_n$ bezeichnen wir einfach durch fg. Als explizites Beispiel siehe die Gruppe S_3 in Abschn. 2.3.1.

Definition 2.12:

Als *Transposition* t bezeichnen wir jede Permutation aus S_n, die genau zwei Zahlen vertauscht und alle übrigen fest läßt, also

$$t(i) = j\,, \quad t(j) = i \quad \text{für zwei Zahlen } i, j \in \mathbb{N}_n, i \neq j,$$

und $t(k) = k$ für alle $k \neq i$ und $k \neq j$.

Satz 2.12:

Jede Permutation aus S_n läßt sich als Produkt von endlich vielen Transpositionen darstellen.

Beweis:

Zur Erzeugung von $(k_1, k_2, \ldots, k_n)$ aus $(1, 2, \ldots, n)$ bringt man zuerst k_1 an die erste Stelle, durch Vertauschen von 1 mit k_1 (falls nicht $k_1 = 1$). Dann wird 2 und k_2 vertauscht, falls nicht $k_2 = 2$, usw. Diese Folge von Vertauschungen läßt sich als Produkt von Transpositionen schreiben. □

Für weitere Überlegungen unterscheiden wir *gerade* und *ungerade* Permutationen:

Definition 2.13:

Als *Fehlstand* einer Permutation $(k_1, k_2, \ldots, k_n)$ bezeichnet man ein Paar k_i, k_j mit

$$i < j\,, \quad \text{aber} \quad k_i > k_j\,.$$

Eine Permutation heißt *gerade*, wenn die Anzahl ihrer Fehlstände gerade ist. Andernfalls heißt sie *ungerade*. Z.B.: Die Permutation (2, 3, 1) hat die Fehlstände (2, 1), (3, 1), und keine weiteren. (2, 3, 1) ist also eine gerade Permutation.

Man vereinbart weiter:

$$\operatorname{sgn}(p) := \begin{cases} 1 & \text{falls } p \text{ gerade Permutation} \\ -1 & \text{falls } p \text{ ungerade Permutation} \end{cases}$$

($\operatorname{sgn}(p)$ wird gesprochen als »Signum p«).

Satz 2.13:

Eine Permutation p ist genau dann *gerade*, wenn bei jeder Darstellung

$$p = t_1 t_2 \ldots t_m\,, \quad t_i \text{ Transpositionen}\,,$$

die Anzahl m der verwendeten Transpositionen gerade ist. Für ungerade Permutationen gilt Entsprechendes.

Beweis:

Eine Transposition wird als Vertauschung zweier Zahlen aufgefaßt. Wir können also die Permutation $p = t_1 t_2 \ldots t_m e$ (mit dem neutralen Element $e = (1,2,\ldots,n)(= \begin{pmatrix} 1 & 2 & \ldots & n \\ 1 & 2 & \ldots & n \end{pmatrix})$ aus S_n) so auffassen, also ob p aus $(1, 2, \ldots, n)$ durch sukzessives Vertauschen je zweier Zahlen entsteht, und zwar entsprechend den Transpositionen $t_m, t_{m-1}, \ldots t_r$, die in dieser Reihenfolge nacheinander angewandt werden. Jede Vertauschung zweier Zahlen erzeugt aber genau einen neuen Fehlstand, oder vernichtet genau einen. Ist m also gerade, so kommt am Ende eine gerade Anzahl von Fehlständen heraus, anderenfalls eine ungerade. □

Mit Satz 2.13 beweist man leicht

$$\operatorname{sgn}(p_1 * p_2) = \operatorname{sgn}(p_1)\operatorname{sgn}(p_2), \quad \operatorname{sgn}(p^{-1}) = \operatorname{sgn} p .$$

Übung 2.9:

(a) Welche der folgenden Permutationen sind gerade und welche ungerade

$$(3, 1, 2), \quad (3, 2, 1), \quad (5, 7, 1, 2, 6, 3, 4)\,?$$

(b) Schreibe diese Permutationen als Produkte aus Transpositionen.

2.3.4 Homomorphismen, Nebenklassen

Dieser Abschnitt rundet das »Einmaleins« über Gruppen ab. Unmittelbare Anwendungen auf die Ingenieurpraxis kommen dabei nicht vor (sehr wohl aber mittelbare für die »Darstellungstheorie von Gruppen« und damit für Kristallographie und Quantenmechanik). Der anwendungsorientierte Leser mag sich zunächst mit »Querlesen« begnügen.

Im vorliegenden Abschnitt schreiben wir i.a. Gruppen multiplikativ, d.h. Produkte werden in der Form xy oder $x \cdot y$ ausgedrückt. Gruppen $(G, \cdot)$ werden auch einfach durch G beschrieben.

Definition 2.14:

Es seien G, H zwei Gruppen. Ein *Homomorphismus* von G nach H ist eine Abbildung $f : G \to H$, die folgendes erfüllt:

$$f(xy) = f(x)f(y) \quad \text{für alle} \quad x, y \in G .$$

Diese Gleichung heißt *Homomorphiebedingung*.

Ist f zusätzlich bijektiv, so heißt f ein *Isomorphismus* von G auf H. Im Falle $G = H$ nennt man den Isomorphismus $f : G \to G$ *Automorphismus*.

Beispiel 2.13:

Durch $f(x) = \mathrm{e}^x$ wird ein Isomorphismus von $(\mathbb{R}, +)$ auf $(\mathbb{R}^+, \cdot)$ vermittelt, wobei $\mathbb{R}^+ := (0, \infty)$. Der Leser überprüfe dies.

Beispiel 2.14:

Für alle $z \in \mathbb{C}$ sei $f(z) = |z|$. Mit $\mathbb{C}' = \mathbb{C} \setminus \{0\}$, und $\mathbb{R}^+ = (0, \infty)$ folgt: $f : \mathbb{C}' \to \mathbb{R}^+$ ist ein Homomorphismus bezüglich $\cdot$ von $(\mathbb{C}, \cdot)$ auf $(\mathbb{R}^+, \cdot)$.

Beispiel 2.15:

Für unser Beispiel $G = \{I, D, \overline{D}, W_1, W_2, W_3\}$ aus Abschn. 2.3.1 definieren wir $1 = f(I) = f(D) = f(\overline{D})$ und $-1 = f(W_i)$ für alle $i = 1{,}2{,}3$. Damit ist $f : G \to \{-1{,}1\}$ ein Homomorphismus, wobei $\{-1, 1\}$ bzgl. $\cdot$ eine Gruppe ist.

Als *Kern* des Gruppen-Homomorphismus $f : G \to H$ — kurz Kern f — bezeichnet man die Menge aller $x \in G$ mit $f(x) = e'$, wobei e' das neutrale Element von H ist. Das *Bild* des

Homomorphismus $f : G \to H$ ist einfach die Menge $f(G) = \{f(x) \mid x \in G\}$ (also der *Wertebereich* von f.)

Satz 2.14:

Eigenschaften von Homomorphismen: Es sei $f : G \to H$ ein Homomorphismus der Gruppe G in die Gruppe H. Ferner seien $e \in G$ und $e' \in H$ die neutralen Elemente. Damit gilt

(a) $f(e) = e'$.

(b) $f(x^{-1}) = (f(x))^{-1}$ für alle $x \in G$.

(c) Das Bild von f ist eine Untergruppe von H.

(d) Der Kern von f ist ein Normalteiler in G.

(e) Ist $g : H \to K$ ein weiterer Gruppen-Homomorphismus, so ist auch die Komposition $g \circ f : G \to K$ ein Gruppen-Homomorphismus.

(f) Ist $f : G \to H$ ein Isomorphismus, so ist auch die Umkehrabbildung $f^{-1} : H \to G$ ein Isomorphismus.

Die einfachen Beweise bleiben dem Leser überlassen (s. z.B. [86], S. 38 – 40).

Definition 2.15:

Es sei U eine Untergruppe der Gruppe G. Dann heißt jede Menge

$$aU := \{ax \mid x \in U\}, \quad a \in G$$

eine *Linksnebenklasse* von U, und entsprechend

$$Ua := \{xa \mid x \in U\}$$

eine *Rechtsnebenklasse* von U. Der gemeinsame Begriff für Links- und Rechtsnebenklasse ist — na was wohl? — *Nebenklasse*.

Folgerung 2.6:

Die Gruppe G wird in Linksnebenklassen von U zerlegt, d.h. verschiedene Linksnebenklassen sind elementfremd und G ist die Vereinigung aller Linksnebenklassen. (Für Rechtsnebenklassen gilt Entsprechendes.)

Beweis:

Die letzte Aussage ist offensichtlich richtig, da jedes $x \in G$ ja in »seiner« Nebenklasse xU liegt. — Es seien aU, bU zwei verschiedene Linksnebenklassen. Wir können (ohne Beschränkung der Allgemeinheit) annehmen, daß $au \in aU$ nicht in bU liegt. Hätten aU und bU aber ein gemeinsames Element z, hätte es die Form $z = ax = by$ mit passendem $x, y \in U$. Es folgte $a = byx^{-1}$ (durch Rechtsmultiplikation mit x^{-1}), also $au = (byx^{-1})u = b(yx^{-1}u) \in bU$, im Widerspruch zu $au \notin bU$. Daher gilt $aU \cap bU = \emptyset$. $\square$

Folgerung 2.7:

Ist G eine endliche Gruppe, so haben alle Nebenklassen einer Untergruppe U von G gleichviele Elemente.

Beweis:

Mit $U = \{a_1, a_2, \ldots, a_n\}$ ist $aU = \{aa_1, aa_2, \ldots, aa_n\}$, wobei $aa_i \neq aa_j$ für $j \neq i$ ist, denn aus $aa_i = aa_j$ folgte nach Linksmultiplikation mit $a^{-1} : a_i = a_j$. Entsprechend $Ua = \{a_1 a, \ldots, a_n a\}$. □

Satz 2.15:

(*von Lagrange*) Es sei G eine endliche Gruppe. Es folgt: Die Ordnung jeder Untergruppe U von G ist Teiler der Gruppenordnung.

Beweis:

G wird in »gleichgroße« Linksnebenklassen von U zerlegt, wobei $U = eU$ selbst eine Nebenklasse ist. Damit folgt die Behauptung. □

Bemerkung: Dieser Satz ist eine große Hilfe beim Aufsuchen aller Untergruppen einer endlichen Gruppe, denn alle Teilmengen, deren Elementanzahlen die Gruppenordnung nicht teilen, entfallen schon als Kandidaten für Untergruppen.

Eine Untergruppe U einer Gruppe G ist genau dann ein *Normalteiler*, wenn $aU = Ua$ für alle $a \in G$ gilt, d.h. wenn *jede Linksnebenklasse gleich der entsprechenden Rechtsnebenklasse* ist. Denn $aU = Ua$ bedeutet: Für jedes $u \in U$ gibt es ein $v \in U$ mit $au = va$, d.h. für jedes u gilt $aua^{-1} = v \in U$, d.h. U ist Normalteiler.

Definition 2.16:

Ist N ein Normalteiler einer Gruppe G, so bildet die Menge aller Nebenklassen von N eine Gruppe bzgl. der Verknüpfung

$$aN \cdot bN = abN\,. \tag{2.69}$$

Diese Gruppe heißt *Faktorgruppe von G nach N* und wird mit G/N symbolisiert. (Es ist N neutrales Element von G/N und $(aN)^{-1} = a^{-1}N$.)

Folgerung 2.8:

Durch $f(x) = xN$ wird ein Homomorphismus von G auf G/N vermittelt. Dabei ist N der Kern von f.

Jeder Normalteiler einer Gruppe G ist also Kern eines Homomorphismus und jeder Homomorphismus auf G hat einen Normalteiler als Kern. Man kann sagen: Die Normalteiler beschreiben alle Homomorphismen. Der folgende Satz faßt dies noch deutlicher zusammen.

Satz 2.16:

(*Homomorphiesatz für Gruppen*) Für jeden Gruppenhomomorphismus $f : G \to H$ mit Kern N gilt: Die Faktorgruppe G/N ist isomorph zu $f(G) \subset H$ bezüglich der Abbildung $\alpha : G/N \to f(G)$, definiert durch $\alpha(aN) = f(a)$.

Beweis:
Es ist hauptsächlich zu zeigen, daß f alle Elemente aus aN auf $f(a)$ abbildet. Man erkennt dies sofort aus $f(au) = f(a)f(u) = f(a)e' = f(a)$ für alle u $\in N$ (e' neutral in H). Damit ist α sinnvoll erklärt, und der Nachweis, daß α ein Isomorphismus ist, elementar. □

Übung 2.10:

Gib die Faktorgruppe G/N an für $G = \{I, D, \overline{D}, W_1, W_2, W_3\}$ und $N = \{I, D, \overline{D}\}$, s. Abschn. 2.3.1.

Übung 2.11:

Durch sgn p (p Permutation aus S_n) ist eine *Abbildung* sgn : $S_n \to \{-1, 1\}$ gegeben. Zeige, daß sie ein *Homomorphismus* ist ($G = \{-1, 1\}$ ist eine Gruppe bzgl. der Multiplikation).

Anleitung: Stelle zum Nachweis der Homomorphiebedingung die Permutationen als Produkte von Transpositionen dar und verwende Satz 2.13 aus Abschn. 2.3.3.

2.3.5 Körper

Definition 2.17:
Ein algebraischer Körper $(\mathbb{K}, +, \cdot)$ — kurz Körper[19]— besteht aus einer Menge $\mathbb{K}$ und zwei Verknüpfungen $+$ (Addition) und $\cdot$ (Multiplikation), die jedem Paar (a, b), $a, b \in \mathbb{K}$, jeweils genau ein Element $a + b$ bzw. $a \cdot b$ zuordnen. $a + b$ heißt die *Summe* von a, b, $a \cdot b$ *Produkt* von a, b. Dabei müssen folgende Gesetze erfüllt sein.

Für alle $a, b, c \in \mathbb{K}$ gilt:

(A1) $a + (b + c) = (a + b) + c$.

(A2) $a + b = b + a$.

(A3) Es gibt ein Element $0 \in \mathbb{K}$ mit $a + 0 = a$ für alle $a \in \mathbb{K}$.

(A4) Zu jedem $a \in \mathbb{K}$ gibt es genau ein $x \in \mathbb{K}$ mit $a + x = 0$. Man schreibt dafür $x =: -a$.

(M1) $a \cdot (b \cdot c) = (a \cdot b) \cdot c$.

(M2) $a \cdot b = b \cdot a$.

(M3) Es gibt ein Element $1 \in \mathbb{K}$ mit $a \cdot 1 = a$ für alle $a \in \mathbb{K}$.

(M4) Zu jedem $a \neq 0$ aus $\mathbb{K}$ gibt es genau ein $y \in \mathbb{K}$ mit $ay = 1$. Man schreibt dafür $y =: a^{-1}$ oder $y = \dfrac{1}{a}$.

(D1) $a \cdot (b + c) = a \cdot b + a \cdot c$.

(D2) $0 \neq 1$.

19 Da Beiwort *algebraisch* soll zur Unterscheidung von *physikalischen Körpern* im Raum dienen. Das Beiwort wird weggelassen, wenn Irrtümer ausgeschlossen sind.

Bemerkung: Die Gesetze (A1) und (M1) heißen *Assoziativgesetze* der *Addition* bzw. *Multiplikation*. (A2) und (M2) werden entsprechend *Kommutativgesetze* genannt, während (D1) *Distributivgesetz* heißt. Der Multiplikationspunkt · wird auch weggelassen: $a \cdot b = ab$.

Die Assoziativgesetze (A1), (M1) bedeuten, wie bei Gruppen, daß es gleichgültig ist, wie man Klammern setzt. Wir lassen sie daher auch einfach weg, sowohl bei dreifachen Summen und Produkten, wie auch bei längeren. Die *Körperaxiome* (A1) bis (D2) zeigen, daß $(\mathbb{K}, +)$ und $(\mathbb{K}', \cdot)$ (mit $\mathbb{K}' = \mathbb{K} \setminus \{0\}$) abelsche Gruppen sind; 0 und 1 sind damit eindeutig bestimmt. Die Gruppen sind durch die Gesetze (D1) und (D2) verknüpft.

Subtraktion bzw. *Division* werden folgendermaßen definiert

$$a - b := a + (-b)\,; \quad a : b := \frac{a}{b} := a \cdot \frac{1}{b} \quad (b \neq 0)\,. \tag{2.70}$$

Es folgen aus den Axiomen (A1),..., (D2) alle Regeln der Bruchrechnung, wie in Burg/Haf/-Wille (Analysis) [27], Abschn. 1.1.2:

$$\frac{a}{c} + \frac{b}{d} = \frac{ad + bc}{cd}\,, \quad \frac{a}{c} \cdot \frac{b}{d} = \frac{ab}{cd}\,, \quad \frac{a}{c} : \frac{b}{d} = \frac{ad}{cb}\,, \tag{2.71}$$

$$a(-b) = -ab\,, \quad (-a)(-b) = ab\,, \tag{2.72}$$

$$ax = b \quad (a \neq 0) \Leftrightarrow x = \frac{b}{a}\,; \quad a \cdot 0 = 0\,. \tag{2.73}$$

Man definiert die *Potenzen* mit natürlichen Zahlen n:

$$a^n := \underbrace{a \cdot a \cdot a \cdot \ldots \cdot a}_{n \text{ Faktoren}}$$

und im Fall $a \neq 0$:

$$a^0 = 1\,, \quad a^{-n} = \frac{1}{a^n} \quad (n \in \mathbb{N})\,,$$

womit die *Potenzen* für alle ganzen Hochzahlen erklärt sind.

Dies alles hat niemand anders erwartet! Doch nun zu den *Beispielen*:

Körper sind $\mathbb{Q}$, $\mathbb{R}$ und $\mathbb{C}$ bezüglich der üblichen Addition und Multiplikation. Diese drei Körper sind unsere Hauptbeispiele.

Doch gibt es auch endliche Körper (bei denen $\mathbb{K}$ eine endliche Menge ist). Sie sind für die Ingenieurmathematik aber von geringem Interesse.

Beispiel 2.16:

Der einfachste Körper ist $\mathbb{K} = \{0,1\}$ mit $0 + 0 = 0$, $0 + 1 = 1 + 0 = 1$, $1 + 1 = 0$ und $0 \cdot 0 = 0 \cdot 1 = 0$, $1 \cdot 1 = 1$. Ziemlich trivial!

Beispiel 2.17:

Ist p eine Primzahl, so kann man mit den Zahlen der Menge $\mathbb{Z}_p = \{0,1, \ldots, p - 1\}$ »zyklisch modulo p« rechnen. Das geht so: Für $a, b \in \mathbb{Z}_p$ definiert man $a \oplus b := a + b$, falls $a + b < p$, und $a \oplus b := a + b - p$, falls $a + b \geq p$. Entsprechend: $a \odot b := a \cdot b - mp$, wobei die ganze Zahl $m \geq 0$ so gewählt wird, daß $a \cdot b - mp \in \mathbb{Z}_p$. Damit ist $(\mathbb{Z}_p, \oplus, \odot)$ ein Körper. (Der Beweis wird hier aus Platzgründen weggelassen.) Man nennt $\mathbb{Z}_p$ den *Restklassenkörper modulo* p.

Bemerkung: Eine Menge $\mathbb{K}$ mit zwei Verknüpfungen $+$ und $\cdot$, die nur die Gesetze (A1), (A2), (A3), (A4), (M1) und (D1) zuzüglich (D1)$'$: $(b+c) \cdot a = b \cdot a + c \cdot a$ erfüllen, heißt ein *Ring*. Meist wird auch noch (M3) gefordert, also die Existenz einer $1 \in \mathbb{K}$ mit $a \cdot 1 = 1 \cdot a = a$ für alle $a \in \mathbb{K}$. Man spricht dann von einem *Ring* mit *Eins* (-Element). Gilt zusätzlich (M2): $a \cdot b = b \cdot a$, so liegt ein *kommutativer Ring* vor. Schließlich heißt ein kommutativer Ring mit 1 ein *Integritätsbereich*, wenn aus $x \cdot y = 0$ folgt: $x = 0$ oder $y = 0$.

Beispiele für Ringe sind $(\mathbb{Z}, +, \cdot)$, der *»Ring der ganzen Zahlen«* (er ist ein Integritätsbereich), ferner die Menge der *Polynome* bzgl. $+, \cdot$, und der *»Ring der quadratischen n-reihigen Matrizen«*, s. Abschn. 3. Da für die Ingenieurpraxis die Ringtheorie von geringer Bedeutung ist, brechen wir die Erörterung hier ab. Ein einfacher Einstieg ist in [86] zu finden.

Übung 2.12*

Zeige, daß $\mathbb{Z}_3 = \{0, 1, 2\}$ ein Körper wird, wenn man in ihm zyklisch modulo 3 rechnet (s. Beisp. 2.17).

2.4 Vektorräume über beliebigen Körpern

Nachdem wir die speziellen Vektorräume $\mathbb{R}^n$ und $\mathbb{C}^n$ in Abschn. 2.1 kennen und lieben gelernt haben, werden hier die Vektorräume allgemein als algebraische Strukturen eingeführt, $\mathbb{R}^n$ und $\mathbb{C}^n$ erscheinen als Spezialfälle dieser Struktur. Als wichtige weitere Beispiele werden Funktionenräume genannt.[20] Sie spielen bei Differential- und Integralgleichungen eine grundlegende Rolle.

Der praxisorientierte Leser, wie auch der Anfänger, kann diesen Abschnitt zunächst überspringen und mit Abschn. 3 fortfahren. Er mag bei Bedarf hierher zurückkehren und an einem Abend, an dem im Fernsehen nichts Gescheites gesendet wird, diesen Abschnitt genießen.

2.4.1 Definition und Grundeigenschaften

Im Folgenden sei $(\mathbb{K}, +, \cdot)$ ein beliebiger *algebraischer Körper* — kurz *Körper* $\mathbb{K}$ genannt (s. Abschn. 2.3.5). Man kann sich einfach $\mathbb{R}$ an Stelle von $\mathbb{K}$ vorstellen, wenn einem die algebraische Struktur »Körper« noch ungewohnt ist. Die beiden Körper $\mathbb{R}$ und $\mathbb{C}$ sind für die Anwendungen sowieso am wichtigsten.

Wir definieren *Vektorräume* über $\mathbb{K}$, indem wir uns an $\mathbb{R}^n$ orientieren.

Definition 2.18:

Ein *Vektorraum über einem Körper* $\mathbb{K}$ besteht aus einer nichtleeren Menge V, ferner

(a) einer Vorschrift, die jedem Paar $(\boldsymbol{x}, \boldsymbol{y})$ *mit* $\boldsymbol{x}, \boldsymbol{y} \in V$ genau ein Element $\boldsymbol{x} + \boldsymbol{y} \in V$ zuordnet (*Addition*)

20 s. Abschn. 2.4.9

(b) und einer Vorschrift, die jedem Paar $(\lambda, \boldsymbol{x})$ mit $\lambda \in \mathbb{K}$ und $\boldsymbol{x} \in V$ genau ein Element $\lambda \boldsymbol{x} \in V$ zuordnet (*Multiplikation mit Skalaren, s-Multiplikation*), wobei für alle $\boldsymbol{x}, \boldsymbol{y}, \boldsymbol{z} \in V$ und $\lambda, \mu \in \mathbb{K}$ folgende Regeln gelten:

(A1) $\boldsymbol{x} + (\boldsymbol{y} + \boldsymbol{z}) = (\boldsymbol{x} + \boldsymbol{y}) + \boldsymbol{z}$, (*Assoziativgesetz*)

(A2) $\boldsymbol{x} + \boldsymbol{y} = \boldsymbol{y} + \boldsymbol{x}$, (*Kommutativgesetz*)

(A3) Es existiert *genau ein Element* $\mathbf{0}$ in V mit

$$\boldsymbol{x} + \mathbf{0} = \boldsymbol{x} \quad \text{für alle} \quad \boldsymbol{x} \in V$$

(A4) Zu jedem $\boldsymbol{x} \in V$ existiert genau ein Element $\boldsymbol{x}' \in V$ mit

$$\boldsymbol{x} + \boldsymbol{x}' = \mathbf{0}\,.$$

Man bezeichnet $\boldsymbol{x}'$ durch $-\boldsymbol{x}$ und nennt es das *Negative* zu $\boldsymbol{x}$. Ferner:

(S1) $(\lambda + \mu)\boldsymbol{x} = \lambda\boldsymbol{x} + \mu\boldsymbol{x}$

(S2) $\lambda(\boldsymbol{x} + \boldsymbol{y}) = \lambda\boldsymbol{x} + \lambda\boldsymbol{y}$ (*Distributivgesetze*)

(S3) $(\lambda\mu)\boldsymbol{x} = \lambda(\mu\boldsymbol{x})$ (*Assoziativgesetz*)

(S4) $1\boldsymbol{x} = \boldsymbol{x}$ *mit* $1 \in \mathbb{K}$.

Bezeichnungen und Erläuterungen: Statt Vektorraum über $\mathbb{K}$ sagt man auch $\mathbb{K}$-Vektorraum, oder *linearer Raum*[21] *über* $\mathbb{K}$. Der beschriebene Vektorraum V über $\mathbb{K}$ wird auch durch das Tripel $(V, +, \mathbb{K})$ symbolisiert. Die Elemente von V werden *Vektoren oder Punkte* genannt, die Elemente von $\mathbb{K}$ *Skalare*.

Die Additionsgesetze (A1) bis (A4) besagen nichts anderes, als daß $(V, +)$ eine additive abelsche Gruppe ist, s. Abschn. 2.3.2. Wir benötigen aus Abschn. 2.3.2 nicht mehr, als daß die Subtraktion durch

$$\boldsymbol{x} - \boldsymbol{y} := \boldsymbol{x} + (-\boldsymbol{y})$$

erklärt ist, und daß man Summen $\boldsymbol{x} + \boldsymbol{y} + \boldsymbol{z}$, $\boldsymbol{x} + \boldsymbol{y} + \boldsymbol{z} + \boldsymbol{w}$ usw. meistens ohne Klammern schreibt, da es wegen (A1) gleichgültig ist, wie man Klammern setzt.

Dasselbe gilt übrigens für $\lambda\mu\boldsymbol{x}$, $\lambda\mu\alpha\boldsymbol{x}$ usw. auf Grund von Regel (S3). Man schreibt überdies

$$\boldsymbol{x}\lambda := \lambda\boldsymbol{x} \quad \text{und} \quad \frac{\boldsymbol{x}}{\lambda} := \frac{1}{\lambda}\boldsymbol{x} \quad (\lambda \neq 0)\,.$$

21 Der Ausdruck »linearer Raum« hat sich insbesondere in der »Funktionalanalysis« eingebürgert, in der die lineare Algebra und Analysis zu einer höheren Einheit verschmelzen.

Folgerung 2.9:
Für alle $\boldsymbol{x}$ aus einem Vektorraum V über $\mathbb{K}$ und alle $\lambda \in \mathbb{K}$ gilt:

(a) $0\boldsymbol{x} = \boldsymbol{0}, \quad \lambda\boldsymbol{0} = \boldsymbol{0}$

(b) $\lambda\boldsymbol{x} = \boldsymbol{0} \Rightarrow (\lambda = 0 \text{ oder } \boldsymbol{x} = \boldsymbol{0})$

(c) $(-\lambda)\boldsymbol{x} = \lambda(-\boldsymbol{x}) = -\lambda\boldsymbol{x}, \quad \text{speziell } (-1)\boldsymbol{x} = -\boldsymbol{x}.$

Beweis:
(a) $0\boldsymbol{x} = 0\boldsymbol{x} + 0\boldsymbol{x} - 0\boldsymbol{x} = (0+0)\boldsymbol{x} - 0\boldsymbol{x} = 0\boldsymbol{x} - 0\boldsymbol{x} = \boldsymbol{0}$, und analog $\lambda\boldsymbol{0} = \boldsymbol{0}$.

(b) Sei $\lambda\boldsymbol{x} = \boldsymbol{0}$. Dann ist $\lambda = 0$ oder $\lambda \neq 0$. Im letzteren Fall gilt $\boldsymbol{x} = (\lambda^{-1}\lambda)\boldsymbol{x} = \lambda^{-1}(\lambda\boldsymbol{x}) = \lambda^{-1}\boldsymbol{0} = \boldsymbol{0}$.

(c) $(-\lambda)\boldsymbol{x} = (-\lambda)\boldsymbol{x} + \lambda\boldsymbol{x} - \lambda\boldsymbol{x} = (-\lambda + \lambda)\boldsymbol{x} - \lambda\boldsymbol{x} = \boldsymbol{0} - \lambda\boldsymbol{x} = -\lambda\boldsymbol{x}$. Mit $\lambda = 1$ folgt $(-1)\boldsymbol{x} = -1\boldsymbol{x} = -\boldsymbol{x}$ und damit $\lambda(-\boldsymbol{x}) = (\lambda(-1))\boldsymbol{x} = (-\lambda)\boldsymbol{x}$. □

Übung 2.13*

Es sei $(V, +)$ eine nichttriviale abelsche Gruppe und $\mathbb{K}$ ein Körper.

Wir definieren das Produkt $\lambda\boldsymbol{x}$ für alle $\lambda \in \mathbb{K}$ und alle $\boldsymbol{x} \in V$ durch $\lambda\boldsymbol{x} := \boldsymbol{0}$. Ist damit V ein Vektorraum über $\mathbb{K}$? Welche Gesetze in Def. 2.26 sind erfüllt und welche evtl. nicht?

2.4.2 Beispiele für Vektorräume

Beispiel 2.18:
Die Vektorräume $\mathbb{R}^n$ über $\mathbb{R}$, sowie $\mathbb{C}^n$ über $\mathbb{C}$, sind wohlbekannt.

Beispiel 2.19:
Mit einem beliebigen Körper $\mathbb{K}$ bildet man den *Vektorraum* $\mathbb{K}^n$ über $\mathbb{K}$ nach dem gleichen Muster wie $\mathbb{R}^n$ über $\mathbb{R}$. D.h. $\mathbb{K}^n$ besteht aus allen Spaltenvektoren, die jeweils n Elemente aus $\mathbb{K}$ enthalten (die »Koordinaten« des Spaltenvektors). Die Addition $+$ geschieht koordinatenweise, wie beim $\mathbb{R}^n$, und die Multiplikation mit $\lambda \in \mathbb{K}$ ebenfalls.

Die Kraft des allgemeinen Vektorraumbegriffes entfaltet sich besonders bei Mengen von Funktionen, den sogenannten *Funktionenräumen*. Dazu geben wir einige Beispiele an.

Beispiel 2.20:
Die *Menge $C(I)$ aller stetigen reellwertigen Funktionen auf einem Intervall I* bildet bzgl. der üblichen Addition von Funktionen und der üblichen Multiplikation mit reellen Zahlen einen Vektorraum über $\mathbb{R}$.

Beispiel 2.21:
Analog zu $C(I)$ kann man die Menge $C^k(I)$ aller k-mal stetig differenzierbaren reellwertigen Funktionen auf I als Vektorraum über $\mathbb{R}$ auffassen ($k \in \mathbb{N}_0 = \{0,1,2,3,\ldots\}$). Dabei identifiziert man $C^0(I) := C(I)$, $C^\infty(I)$ ist der Vektorraum der beliebig oft stetig differenzierbaren

Funktionen $f : I \to \mathbb{R}$. Es folgt

$$C(I) \supset C^1(I) \supset C^2(I) \supset \ldots \supset C^\infty(I) .$$

Beispiel 2.22:
Die Menge $\operatorname{Pol}\mathbb{R}$ aller Polynome $p(x) = a_0 + a_1x + \ldots a_nx^n$ ($x \in \mathbb{R}, a_i \in \mathbb{R}$) für beliebige $n \in \mathbb{N}_0$ bildet bzgl. Addition und Multiplikation mit reellen Zahlen einen Vektorraum über $\mathbb{R}$.

Mit $\operatorname{Pol}_n \mathbb{R}$ bezeichnen wir die Menge aller Polynome aus $\operatorname{Pol}\mathbb{R}$, deren Grad höchstens n ist. Es gilt zweifellos

$$\mathbb{R} = \operatorname{Pol}_0 \mathbb{R} \subset \operatorname{Pol}_1 \mathbb{R} \subset \operatorname{Pol}_2 \mathbb{R} \subset \ldots \subset \operatorname{Pol}\mathbb{R} .$$

Auch Zahlenfolgen können sich zu Vektorräumen formieren. So bilden *alle reellen Zahlenfolgen* einen Vektorraum über $\mathbb{R}$ bzgl. gliedweiser Addition und gliedweiser Multiplikation mit reellen Zahlen. Aber auch alle *konvergenten Folgen*, alle *Nullfolgen* und *alle beschränkten Folgen* stellen je einen Vektorraum dar. Ein für die *Theorie der Fourierreihen wichtiger Folgenraum*[22] sei abschließend erwähnt:

Beispiel 2.23:
Die Menge ℓ^2 aller reellen Zahlenfolgen $(a_0, a_1, a_2, \ldots)$ mit

$$\sum_{k=0}^{\infty} a_k^2 \quad \text{konvergent}$$

ist ein Vektorraum über $\mathbb{R}$. Er wird *Hilbertscher Folgenraum*[23] genannt. Er ist dem $\mathbb{R}^n$ sehr verwandt. Zwar haben seine Elemente $\boldsymbol{a} = (a_0, a_1, a_2, \ldots)$ unendliche viele Koordinaten, doch kann man aus $\boldsymbol{a}$ und $\boldsymbol{b} = (b_0, b_1, b_2, \ldots)$ in ℓ^2 das *innere Produkt* $\boldsymbol{a} \cdot \boldsymbol{b} = \sum_{i=0}^{\infty} a_i b_i$ bilden, sowie die Länge $|\boldsymbol{a}| = \sqrt{\boldsymbol{a} \cdot \boldsymbol{a}}$ definieren. Damit lassen sich, wie im $\mathbb{R}^n$, Winkel $\sphericalangle(\boldsymbol{a}, \boldsymbol{b})$ erklären, kurz, man kann »Geometrie« betreiben. (Die Bedeutung von ℓ^2 in der Fourierreihen-Theorie wird in Abschn. 2.4.9 kurz erläutert.)

Beispiel 2.24:
Allgemeiner als ℓ^2 wird ℓ^p eingeführt, der Vektorraum aller reellen Folgen $\boldsymbol{a} = (a_0, a_1, a_2, \ldots)$ mit konvergenter Summe $\sum_{i=0}^{\infty} |a_i|^p$ ($p > 1$). Hier arbeitet man mit der »Vektorlänge« $|\boldsymbol{a}|_p = \left(\sum_{i=0}^{\infty} |a_i|^p\right)^{1/p}$. Innere Produkte werden im Falle $p \neq 2$ nicht benutzt.

Übung 2.14*

Welche der folgenden Mengen sind Vektorräume über $\mathbb{R}$?

22 s. Abschn. 2.4.9

23 Nach dem deutschen Mathematiker David Hilbert (1862 – 1943).

(a) Die Menge der reellen Folgen $(a_n)_{n \in \mathbb{N}}$ mit $a_n \to 1$ für $n \to \infty$?

(b) Die Menge aller reellen *abbrechenden* Folgen $(a_n)_{n \in \mathbb{N}}$? (Eine *abbrechende* Folge sieht so aus: $(a_1, a_2, a_3, \ldots a_N, 0,0,0, \ldots)$, d.h. $a_n = 0$ für alle $n > N$. Der *Abbrechindex* N kann für verschiedene Folgen dabei verschieden sein.)

(c) Die Menge der Funktionen $f : \mathbb{R} \to \mathbb{R}$ mit $|f(x)| \to 0$ für $|x| \to \infty$?

(d) Die Vektoren $\boldsymbol{x} = \begin{bmatrix} x_1 \\ x_2 \\ 1 \end{bmatrix} \in \mathbb{R}^3$? Überall werden dabei die üblichen Operationen $+$ und $\lambda \cdot$ (mit $\lambda \in \mathbb{R}$) verwendet.

2.4.3 Unterräume, Basis, Dimension

Wir machen es uns jetzt ziemlich einfach: Die Begriffe und Sätze aus dem entsprechenden Abschn. 2.1.3 über den $\mathbb{R}^n$ werden auf Vektorräume über K ausgedehnt. Wir wollen sehen, wie weit das möglich ist.

Definition 2.19:

Es sei V ein Vektorraum über dem Körper $\mathbb{K}$. Als *Linearkombination* der Vektoren $\boldsymbol{a}_1, \ldots, \boldsymbol{a}_m \in V$ bezeichnet man jede Summe

$$\sum_{i=1}^{m} \lambda_i \boldsymbol{a}_i \quad \text{mit } \lambda_i \in \mathbb{K}\,.$$

Die Vektoren $\boldsymbol{a}_1, \ldots, \boldsymbol{a}_m \in V$ heißen *linear abhängig*, wenn wenigstens einer der Vektoren als Linearkombination der übrigen geschrieben werden kann oder einer der Vektoren $\boldsymbol{0}$ ist.[24] Andernfalls nennt man die $\boldsymbol{a}_1, \ldots, \boldsymbol{a}_m$ *linear unabhängig*.

Die lineare Unabhängigkeit der $\boldsymbol{a}_1, \ldots, \boldsymbol{a}_m$ ist gleichbedeutend damit, daß die Linearkombination

$$\sum_{i=1}^{m} \lambda_i \boldsymbol{a}_i = \boldsymbol{0} \quad (\lambda_i \in \mathbb{K}) \tag{2.74}$$

nur durch $\lambda_1 = \lambda_2 = \ldots = \lambda_m = 0$ erfüllt werden kann. (Beweis wie in Folg. 1.9, Abschn. 1.2.7.)

Satz 2.17:

(*Fundamentallemma in* $\mathbb{K}^n$) Je $n+1$ Vektoren aus $\mathbb{K}^n$ sind linear abhängig.

Beweis:

Der Gaußsche Algorithmus ohne Pivotierung (s. Abschn. 2.2.1, 2.2.3) verläuft mit Werten aus $\mathbb{K}$ ganz genau so wie mit Werten aus $\mathbb{R}$. Damit läßt sich der Beweis von Satz 2.2, Abschn. 2.1.3 wörtlich übertragen, wenn man $\mathbb{R}$ durch $\mathbb{K}$ ersetzt. □

24 Letzteres ist hauptsächlich auf den Fall $m = 1$ gemünzt.

Definition 2.20:

V sei ein Vektorraum über $\mathbb{K}$. Eine nichtleere Teilmenge U von V heißt ein *Unterraum* von V, wenn mit je zwei Vektoren $\boldsymbol{x}, \boldsymbol{y} \in U$ auch $\boldsymbol{x} + \boldsymbol{y} \in U$ und $\lambda \boldsymbol{x} \in U$ (für alle $\lambda \in \mathbb{K}$) ist.

Natürlich bedeutet dies, daß U selbst ein Vektorraum über $\mathbb{K}$ ist bzgl. der Addition und s-Multiplikation in V, wie man leicht nachweist.

Kleinster Unterraum von V ist $\{0\}$, größter V selbst.

Definition 2.21:

(a) Es sei V ein Vektorraum über $\mathbb{K}$. V heißt *unendlichdimensional*, wenn es beliebig viele linear unabhängige Vektoren in V gibt. Symbolisch ausgedrückt:

$$\dim V = \infty .$$

V heißt *endlichdimensional*, wenn V nicht unendlichdimensional ist.

(b) Ist V endlichdimensional, so heißt die maximale Anzahl linear unabhängiger Vektoren in V die *Dimension* von V. Diese Zahl sei n. Man schreibt

$$\dim V = n .$$

Je n linear unabhängige Vektoren $\boldsymbol{a}_1, \ldots, \boldsymbol{a}_n \subset V$ bilden eine *Basis* $(\boldsymbol{a}_1, \ldots, \boldsymbol{a}_n)$ von V.[25]

Die Übertragung der Begriffe und Sätze von $\mathbb{R}^n$ in V klappt wie am Schnürchen. Es gilt:

Satz 2.18:

(a) Ist $(\boldsymbol{a}_1, \ldots, \boldsymbol{a}_n)$ eine Basis des n-dimensionalen Vektorraumes V über $\mathbb{K}$, so besteht V aus allen Linearkombinationen

$$\boldsymbol{x} = \lambda_1 \boldsymbol{a}_1 + \lambda_2 \boldsymbol{a}_2 + \ldots + \lambda_n \boldsymbol{a}_n \quad (\lambda_i \in \mathbb{K}) . \tag{2.75}$$

(b) Die λ_i sind durch $\boldsymbol{x}$ und $\boldsymbol{a}_1, \ldots, \boldsymbol{a}_n$ eindeutig bestimmt.

Der Beweis verläuft wörtlich wie der Beweis des Satzes 2.3, Abschn. 2.1.3, wenn man dort V statt U, $\mathbb{K}$ statt $\mathbb{R}$ und n statt m setzt.

Ist A eine beliebige nichtleere Teilmenge eines Vektorraumes V über $\mathbb{K}$, so bilden alle Linearkombinationen $\boldsymbol{x} = \sum_{i=1}^{p} \lambda_i \boldsymbol{a}_i$ mit beliebigen $p \in \mathbb{N}$, $\lambda_i \in \mathbb{K}$, $\boldsymbol{a}_i \in A$ zweifellos einen Unterraum U von V. Er wird

$$\operatorname{Span} A := U$$

25 Oft wird als Basis auch die *Menge* $\{\boldsymbol{a}_1, \ldots, \boldsymbol{a}_n\}$ bezeichnet. Wir bevorzugen aber das n-Tupel $(\boldsymbol{a}_1, \ldots, \boldsymbol{a}_n)$ für den Basisbegriff, da man so »Rechts-« und »Linkssysteme« unterscheiden kann.

genannt. Man sagt: »A spannt U auf« oder »A ist ein *Erzeugendensystem* von U«. Im Fall $U = V$ spannt A den ganzen Raum V auf: $\operatorname{Span} A = V$, und A ist dann — wen wundert's — ein *Erzeugendensystem* von V. Es gilt

$$A \subset \operatorname{Span} A\,.$$

Ist $A = \{\boldsymbol{a}_1, \ldots, \boldsymbol{a}_m\}$ dabei endlich, so besteht

$$\operatorname{Span}\{\boldsymbol{a}_1, \ldots, \boldsymbol{a}_m\}$$

genau aus allen Summen $\sum_{i=1}^{m} \lambda_i \boldsymbol{a}_i$. Im Fall linear unabhängiger $\boldsymbol{a}_i$ folgt:

Satz 2.19:

(*Konstruktion von Unterräumen*) Sind die Vektoren $\boldsymbol{a}_1, \ldots, \boldsymbol{a}_m$ aus dem Vektorraum V über $\mathbb{K}$ linear unabhängig, so hat der von ihnen aufgespannte Unterraum

$$U = \operatorname{Span}\{\boldsymbol{a}_1, \ldots, \boldsymbol{a}_m\}$$

die Dimension m. Die Menge $(\boldsymbol{a}_1, \ldots, \boldsymbol{a}_m)$ ist also eine Basis von U.

Beweis:

U besteht aus allen Vektoren

$$\boldsymbol{x} = \sum_{i=1}^{m} \lambda_i \boldsymbol{a}_i \quad (\lambda_i \in \mathbb{K})\,. \tag{2.76}$$

Es ist $\dim U \geq m$, da die $\boldsymbol{a}_1, \ldots, \boldsymbol{a}_m \in U$ linear unabhängig sind. Es ist daher nachzuweisen, daß je $m + 1$ Vektoren aus U linear abhängig sind (woraus $\dim U = m$ folgt). Dieser Nachweis verläuft völlig analog zum Beweis von Satz 2.4 (ab II), in Abschn. 2.1.3 (unter Benutzung des »Fundamentallemmas« Satz 2.17). □

Für den Spezialfall $U = V$ erhält man

Folgerung 2.10:

Sind die Vektoren $\boldsymbol{a}_1, \ldots, \boldsymbol{a}_n$ aus dem Vektorraum V über $\mathbb{K}$ linear unabhängig und spannen sie V auf, so bilden sie eine Basis von V. Insbesondere ist dann $\dim V = n$.

Auch der Satz über den Austausch von Basiselementen (Satz 2.5, Abschn. 2.1.3) wird samt Beweis übertragen. (Man hat nur U aus $\mathbb{R}^n$ durch V zu ersetzen):

Satz 2.20:

(*Austausch von Basiselementen*) Es sei V ein n-dimensionaler Vektorraum über $\mathbb{K}$ mit der Basis $(\boldsymbol{a}_1, \ldots, \boldsymbol{a}_n)$. Sind $\boldsymbol{b}_1, \ldots, \boldsymbol{b}_k$ $(k < n)$ beliebige linear unabhängige Vektoren aus V, so kann man sie zu einer Basis $(\boldsymbol{b}_1, \ldots, \boldsymbol{b}_k, \boldsymbol{b}_{k+1}, \ldots, \boldsymbol{b}_n)$ von V ergänzen, wobei die $\boldsymbol{b}_{k+1}, \ldots, \boldsymbol{b}_n$ aus $\{\boldsymbol{a}_1, \ldots, \boldsymbol{a}_n\}$ entnommen sind.

Basis-Wechsel

Geht man im Vektorraum V über $\mathbb{K}$ von einer Basis $(\boldsymbol{a}_1, \ldots, \boldsymbol{a}_n)$ zu einer neuen Basis $(\boldsymbol{b}_1, \ldots, \boldsymbol{b}_n)$ über, so verwandelt sich die Darstellung

$$\boldsymbol{x} = \sum_{i=1}^{n} \xi_i \boldsymbol{a}_i \quad (\xi_i \in \mathbb{K}) \tag{2.77}$$

eines beliebigen Punktes $\boldsymbol{x} \in V$ folgendermaßen: Zunächst gilt

$$\boldsymbol{a}_i = \sum_{k=1}^{n} \alpha_{ki} \boldsymbol{b}_k \,, \quad i = 1, \ldots, n \tag{2.78}$$

mit bestimmten $\alpha_{ki} \in \mathbb{K}$. Damit erhält man

$$\boldsymbol{x} = \sum_{i=1}^{n} \xi_i \sum_{k=1}^{n} \alpha_{ki} \boldsymbol{b}_k = \sum_{k=1}^{n} \boldsymbol{b}_k \sum_{i=1}^{n} \alpha_{ki} \xi_i \,,$$

also

$$\boldsymbol{x} = \sum_{k=1}^{n} \xi'_k \boldsymbol{b}_k \quad \text{mit} \quad \xi'_k = \sum_{i=1}^{n} \alpha_{ki} \xi_i \,. \tag{2.79}$$

Lineare Mannigfaltigkeiten

Entsprechend Abschn. 2.1.3 wird definiert: Ist U ein Unterraum des $\mathbb{K}$-Vektorraums V und $\boldsymbol{r}_0$ ein beliebiger Vektor aus V, dann nennt man

$$M = \boldsymbol{r}_0 + U := \{\boldsymbol{r}_0 + \boldsymbol{x} \mid \boldsymbol{x} \in U\}$$

eine *lineare Mannigfaltigkeit* in V. Für die Dimension von M vereinbart man einfach $\dim M := \dim U$ (auch im Fall $\dim U = \infty$). Ist U dabei ein Unterraum von der Art, daß $U \cup \{\boldsymbol{x}_0\}$ mit einem $\boldsymbol{x}_0 \in V \setminus U$ den Raum V aufspannt, dann heißt M eine *Hyperebene* in V. Ist dagegen $U = \{\lambda \boldsymbol{x}_0 \mid \lambda \in \mathbb{K}\}$, $(\boldsymbol{x}_0 \in V, \boldsymbol{x}_0 \neq \boldsymbol{0})$, dann heißt M eine *Gerade* in V. Auf diese Weise bekommen wir immer mehr »Geometrie« in unsere staubtrockenen Vektorräume.

Ein wichtiges Anwendungsbeispiel für endlichdimensionale Funktionenräume und Mannigfaltigkeiten tritt bei linearen Differentialgleichungssystemen auf.

Beispiel 2.25:
Man betrachte das *lineare Differentialgleichungssystem*

$$y'_i(x) = \sum_{k=1}^{n} a_{ik}(x) y_k(x) + b_i(x) \,, \quad i = 1, \ldots, n \,, \tag{2.80}$$

$x \in I$ (Intervall), wobei die $a_{ik} : I \to \mathbb{R}$ und $b_i : I \to \mathbb{R}$ gegebene stetige Funktionen sind und die $y_i : I \to \mathbb{R}$ gesuchte stetig differenzierbare Funktionen (s. Burg/Haf/Wille (Band III) [24], Abschn. 2.2).

1. *Fall* $b_i(x) \equiv 0$ *für alle* i (*homogener Fall*): Faßt man die $y_i(x)$ zu einem »Funktionenvektor« $\boldsymbol{y}(x) = [y_1(x), \ldots, y_n(x)]^{\mathrm{T}}$ zusammen, so bilden die Lösungen $\boldsymbol{y}(x)$ von (2.80) einen n-dimensionalen Vektorraum V über $\mathbb{R}$ (bzgl. der koordinatenweise Addition und Multiplikation mit $\lambda \in \mathbb{R}$). Eine Basis dieses Vektorraumes heißt ein *Fundamentalsystem* von Lösungen (s. Burg/Haf/Wille (Band III) [24], Abschn. 2.2.1).

2. *Fall* $b_i(x)$ *nicht alle* $\equiv 0$ (*inhomogener Fall*): Ist durch $\boldsymbol{y}_0(x) = [y_1(x), \ldots, y_n(x)]^{\mathrm{T}}$ irgendeine Lösung gegeben, so wird mit einem Fundamentalsystem $(\boldsymbol{y}_1(x), \ldots, \boldsymbol{y}_n(x))$ aus dem homogenen Fall jede Lösung durch

$$\boldsymbol{y}(x) = \boldsymbol{y}_0(x) + \sum_{i=1}^{n} \lambda_i \boldsymbol{y}_i(x), \quad \lambda_i \in \mathbb{R},$$

beschrieben, und jedes $\boldsymbol{y}(x)$ dieser Art ist auch Lösung. Die Lösungsmenge ist damit eine n-dimensionale Mannigfaltigkeit im Raum $C^1(I)$ aller stetig differenzierbaren Funktionen $f : I \to \mathbb{R}$. (s. Burg/Haf/Wille (Band III) [24], Abschn. 2.3).

Bemerkung: Die Funktionenräume $C(I)$, $C^k(I)$, $C^\infty(I)$, $\mathrm{Pol}\,\mathbb{R}$, sind *unendlichdimensional*, da sie alle $\mathrm{Pol}\,\mathbb{R}$ als Unterraum enthalten.[26] Der Raum $\mathrm{Pol}\,\mathbb{R}$ ist aber unendlichdimensional, da er alle Potenzfunktionen $p_k(x) = x^k$ ($k \in \mathbb{N}_0$) enthält, von denen je endlich viele linear unabhängig sind (denn aus $0 \equiv \sum_{k=0}^{m} \alpha_k x^k$ folgt $\alpha_k = 0$ für alle $k = 0, \ldots, m$, da ein nicht verschwindendes Polynom m-ten Grades höchstens m Nullstellen hat.)

ℓ^p ist ebenfalls unendlichdimensional. (Man betrachte dazu $\boldsymbol{e}_i = (0, \ldots, 0, 1, 0, 0, \ldots) \in \ell^p$, 1 an i-ter Stelle).

Übung 2.15*

Zeige, daß die Menge der trigonometrischen Reihen

$$f(x) = a_0 + \sum_{k=1}^{n} (a_k \cos(kx) + b_k \sin(kx)), \quad x \in \mathbb{R}, \quad (n \text{ fest})$$

einen Vektorraum T über $\mathbb{R}$ bildet. Beweise ferner, daß $(1, \cos x, \sin x, \cos(2x), \sin(2x), \ldots, \cos(nx), \sin(nx))$ eine Basis von T ist, also insbesondere $\dim T = 2n + 1$ gilt.

Übung 2.16*

(a) Zeige, daß alle reellen Polynome, die höchstens den Grad 10 haben und eine Nullstelle bei $x = 1$, einen Vektorraum über $\mathbb{R}$ bilden. Welche Dimension hat der Raum? Gib eine Basis dazu an!

---

26 Wobei die Polynome nur auf I betrachtet werden.

(b) Löse das gleiche Problem (wie unter (a)) für Polynome vom Höchstgrad 10, die wenigstens zwei Nullstellen haben, und zwar bei 1 und -1.

2.4.4 Direkte Summen, freie Summen

Direkte Summen: Es seien $U_1, U_2, \ldots, U_m$ Unterräume des Vektorraums V über $\mathbb{K}$, deren Vereinigung $U_1 \cup U_2 \cup \ldots \cup U_m$ den Raum V aufspannt. Man nennt dann V die *Summe* $U_1 + U_2 + \ldots + U_m$ der *Unterräume*, d.h. es ist

$$U_1 + U_2 + \ldots + U_m := \operatorname{Span}(U_1 \cup U_2 \cup \ldots \cup U_m)\,.$$

Gilt zusätzlich

$$(U_1 + \ldots + U_{k-1} + U_{k+1} + \ldots + U_m) \cap U_k = \{\mathbf{0}\} \quad \text{für alle } k = 1, \ldots, m\,, \tag{2.81}$$

so nennt man V die *direkte Summe* $U_1, \ldots, U_m$, und beschreibt dies durch

$$V = U_1 \oplus U_2 \oplus \ldots \oplus U_m\,.$$

Im Falle zweier Unterräume, also $V = U_1 + U_2$, bedeutet $V = U_1 \oplus U_2$ einfach $U_1 \cap U_2 = \{\mathbf{0}\}$.

Folgerung 2.11:
Gilt $V = U_1 + U_2 + \ldots + U_m$ (U_i Unterräume des Vektorraums V), so sind folgende Aussagen äquivalent:

(a) $V = U_1 \oplus U_2 \oplus \ldots \oplus U_m$.

(b) Jedes $\boldsymbol{x} \in V$ läßt sich eindeutig darstellen als $\boldsymbol{x} = \boldsymbol{u}_1 + \boldsymbol{u}_2 + \ldots + \boldsymbol{u}_m$ mit $\boldsymbol{u}_i \in U_i$ für alle $i = 1, \ldots, m$.

(c) $\mathbf{0} = \boldsymbol{u}_1 + \ldots + \boldsymbol{u}_m$ ($\boldsymbol{u}_i \in U_i$) $\Rightarrow \boldsymbol{u}_i = \mathbf{0}$ für alle i.

Ist V endlichdimensional und $V = U_1 + \ldots + U_m$, so ist (a) äquivalent zu

(d) $\dim V = \dim U_1 + \dim U_2 + \ldots + \dim U_m$.

Beweis:
(a) $\Rightarrow$ (c): Aus $\boldsymbol{u}_1 + \ldots + \boldsymbol{u}_m = \mathbf{0}$ ($\boldsymbol{u} \in U_i$) folgt $\boldsymbol{u}_1 = -(\boldsymbol{u}_2 + \ldots + \boldsymbol{u}_m) \in U_2 + \ldots + U_m$ und $\in U_1$. Da wegen (a) $U_1 \cap (U_2 + \ldots + U_m) = \{\mathbf{0}\}$, so $\boldsymbol{u}_1 = \mathbf{0}$; entsprechend $\boldsymbol{u}_2 = \boldsymbol{u}_3 = \ldots = \boldsymbol{u}_m = \mathbf{0}$.

(c) $\Rightarrow$ (b): Hat $\boldsymbol{x}$ zwei Darstellungen $\boldsymbol{x} = \sum_{i=1}^{m} \boldsymbol{u}_i = \sum_{i=1}^{m} \boldsymbol{u}'_i$, so folgt $\sum_{i=1}^{m} (\boldsymbol{u}_i - \boldsymbol{u}'_i) = \mathbf{0}$, also $\boldsymbol{u}_i - \boldsymbol{u}'_i = \mathbf{0}$, d.h. $\boldsymbol{u}_i = \boldsymbol{u}'_i$ für alle i.

(b) $\Rightarrow$ (c): klar.

(c) $\Rightarrow$ (a): Sei $\boldsymbol{u}_1 \in U_1 \cap (U_2 + \ldots + U_m)$, folglich $\boldsymbol{u}_1 = \boldsymbol{u}_2 + \ldots + \boldsymbol{u}_m$ mit $\boldsymbol{u}_i \in U_i$. Somit $\mathbf{0} = -\boldsymbol{u}_1 + \boldsymbol{u}_2 + \ldots + \boldsymbol{u}_m \Rightarrow \boldsymbol{u}_1 = \mathbf{0} \Rightarrow U_1 \cap (U_2 + \ldots + U_m) = \{\mathbf{0}\}$. Entsprechend gilt (2.81) für alle $k \Rightarrow$ (a).

(a) $\Leftrightarrow$ (d): Fall $m = 2$:

$$\begin{aligned}
&[V = U_1 \oplus U_2 \text{ und } [(\boldsymbol{a}_1, \ldots, \boldsymbol{a}_s) \text{ Basis von } U_1\,,\ (\boldsymbol{b}_1, \ldots, \boldsymbol{b}_t) \text{ Basis von } U_2]] \\
\Leftrightarrow\ &[(\boldsymbol{a}_1, \ldots, \boldsymbol{a}_s, \boldsymbol{b}_1, \ldots, \boldsymbol{b}_t) \text{ Basis von } V (\boldsymbol{a}_i \in U_1\,,\ \boldsymbol{b}_i \in U_2)] \\
\Leftrightarrow\ &\dim V = \dim U_1 + \dim U_2\,.
\end{aligned}$$

Für $m > 2$ folgt (a) $\Leftrightarrow$ (d) durch vollständige Induktion. □

Beispiel 2.26:
Das folgende Beispiel macht klar, daß es sich bei direkten Summen im Grunde um etwas sehr naheliegendes handelt. Und zwar betrachten wir in $\mathbb{R}^n$ den Unterraum U_1 der Vektoren $\boldsymbol{u}_1 = [x_1, \ldots, x_s, 0{,}0, \ldots, 0]^{\mathrm{T}}$, deren Koordinaten $x_{s+1} = \ldots = x_n = 0$ sind. Entsprechend U_2, bestehend aus allen $\boldsymbol{u}_2 = [0{,}0, ., ., 0, x_{s+1}, \ldots, x_n]^{\mathrm{T}}$. Für $\boldsymbol{x} = [x_1, \ldots, x_n]^{\mathrm{T}}$ folgt damit die eindeutige Zerlegung

$$\boldsymbol{x} = \begin{bmatrix} x_1 \\ \vdots \\ x_s \\ x_{s+1} \\ \vdots \\ x_n \end{bmatrix} = \begin{bmatrix} x_1 \\ \vdots \\ x_s \\ 0 \\ \vdots \\ 0 \end{bmatrix} + \begin{bmatrix} 0 \\ \vdots \\ 0 \\ x_{s+1} \\ \vdots \\ x_n \end{bmatrix} = \boldsymbol{u}_1 + \boldsymbol{u}_2\,, \quad \text{also } U_1 \oplus U_2 = \mathbb{R}^n.$$

Im $\mathbb{K}^n$ verläuft dies natürlich genauso.

Dies gibt Anlaß zu folgender Konstruktion:

Freie Summen

Sind $U_1, \ldots, U_m$ *beliebige* Vektorräume über $\mathbb{K}$, so bildet die Menge der m-Tupel

$$\begin{bmatrix} \boldsymbol{u}_1 \\ \vdots \\ \boldsymbol{u}_m \end{bmatrix} \quad (\boldsymbol{u}_i \in U_i)\,, \quad \text{mit} \quad \begin{bmatrix} \boldsymbol{u}_1 \\ \vdots \\ \boldsymbol{u}_m \end{bmatrix} + \begin{bmatrix} \boldsymbol{u}'_1 \\ \vdots \\ \boldsymbol{u}'_m \end{bmatrix} = \begin{bmatrix} \boldsymbol{u}_1 + \boldsymbol{u}'_1 \\ \vdots \\ \boldsymbol{u}_m + \boldsymbol{u}'_m \end{bmatrix}, \quad \lambda \begin{bmatrix} \boldsymbol{u}_1 \\ \vdots \\ \boldsymbol{u}_m \end{bmatrix} = \begin{bmatrix} \lambda\boldsymbol{u}_1 \\ \vdots \\ \lambda\boldsymbol{u}_m \end{bmatrix},$$

einen Vektorraum V über $\mathbb{K}$. Er heißt die *freie Summe der Vektorräume* $U_1, \ldots, U_m$, beschrieben durch

$$V = U_1 \dot{+} U_2 \dot{+} \ldots \dot{+} U_m\,.$$

Auch für die Vektoren $\boldsymbol{u}_i = U_i$ verwenden wir eine solche Schreibweise:

$$\boldsymbol{u}_1 \dot{+} \ldots \dot{+} \boldsymbol{u}_m := \begin{bmatrix} \boldsymbol{u}_1 \\ \vdots \\ \boldsymbol{u}_m \end{bmatrix}.$$

U_i läßt sich bijektiv auf den folgenden Unterraum $\overline{U}_i \subset V$ abbilden:

$$\overline{U}_i = \left\{ \begin{bmatrix} \mathbf{0} \\ \vdots \\ \mathbf{0} \\ \boldsymbol{u}_i \\ \mathbf{0} \\ \vdots \\ \mathbf{0} \end{bmatrix} \middle| \; \boldsymbol{u}_i \in U_i \right\}, \quad \text{durch} \quad \boldsymbol{u}_i \mapsto \begin{bmatrix} \mathbf{0} \\ \vdots \\ \mathbf{0} \\ \boldsymbol{u}_i \\ \mathbf{0} \\ \vdots \\ \mathbf{0} \end{bmatrix}.$$

(Man sagt, U_i wird auf diese Weise in den Vektorraum V »eingebettet«.) Es folgt $V = \overline{U}_1 \oplus \ldots \oplus \overline{U}_m$. Damit ist die freie Summe in eine direkte Summe überführt worden, und alle Eigenschaften direkter Summen können auf freie Summen übertragen werden.

Beispiel 2.27:
Die *freie Summe* $\mathbb{R}^3 \dotplus \mathbb{R}^2$ besteht aus allen Vektoren der Form

$$\boldsymbol{x} = \begin{bmatrix} \begin{bmatrix} x_1 \\ x_2 \\ x_3 \end{bmatrix} \\ \begin{bmatrix} x_4 \\ x_5 \end{bmatrix} \end{bmatrix}, \quad \text{mit} \quad \begin{bmatrix} x_1 \\ x_2 \\ x_3 \end{bmatrix} \in \mathbb{R}^3, \quad \begin{bmatrix} x_4 \\ x_5 \end{bmatrix} \in \mathbb{R}^2.$$

Wir lassen hier die inneren Klammern weg, schreiben also

$$\boldsymbol{x} = \begin{bmatrix} x_1 \\ x_2 \\ x_3 \\ x_4 \\ x_5 \end{bmatrix}, \quad \text{und damit} \quad \mathbb{R}^3 \dotplus \mathbb{R}^2 = \mathbb{R}^5.$$

Allgemein also:

$$\mathbb{R}^{n_1} \dotplus \mathbb{R}^{n_2} \dotplus \ldots \dotplus \mathbb{R}^{n_t} = \mathbb{R}^{n_1+n_2+\ldots+n_t}.$$

Die freien und direkten Summen von Vektorräumen spielen bei direkten Summen von Matrizen eine Rolle (s. beispielsweise Abschn. 4.1).

Übung 2.17*

Es seien U, V Unterräume des endlichdimensionalen Vektorraumes W über $\mathbb{K}$ mit $U + V = W$. Beweise

$$\dim W = \dim U + \dim V - \dim(U \cap V).$$

Anleitung: Konstruiere Basen B_U, B_V, $B_{U \cap V}$, mit $B_{U \cap V} = B_U \cap B_V$.

2.4.5 Lineare Abbildungen: Definition und Beispiele

Abbildungen von einem Vektorraum in den anderen, die Summen in Summen überführen und Produkte in Produkte, also die Struktur der Vektorräume berücksichtigen, sind von besonderem Interesse: Mit diesen »*linearen Abbildungen*« wollen wir uns im Folgenden beschäftigen.

Definition 2.22:

Es seien V und W zwei Vektorräume über dem gleichen Körper $\mathbb{K}$. Eine Abbildung $f : V \to W$ heißt eine *lineare Abbildung* von V in W, wenn für alle $\boldsymbol{x}, \boldsymbol{y} \in V$ und alle $\lambda \in \mathbb{K}$ folgendes gilt:

$$\text{(H1)} \quad f(\boldsymbol{x}+\boldsymbol{y}) = f(\boldsymbol{x}) + f(\boldsymbol{y}) \quad \textit{(Additivität)}$$

$$\text{(H2)} \quad f(\lambda\boldsymbol{x}) = \lambda f(\boldsymbol{x}) \quad \textit{(Homogenität)}.$$

Man sagt auch: f ist eine *strukturverträgliche Abbildung*.

Lineare Abbildungen heißen auch *lineare Transformationen*, *lineare Operatoren* oder (*Vektorraum-*)*Homomorphismen*. Alle diese Bezeichnungen bedeuten dasselbe.

Aus (H1), (H2) folgt durch sukzessives Anwenden

$$\text{(H)} \quad f\left(\sum_{k=1}^{n} \lambda_k \boldsymbol{x}_k\right) = \sum_{k=1}^{n} \lambda_k f(\boldsymbol{x}_k) \quad \text{für alle } \boldsymbol{x}_k \in V\,, \ \lambda_k \in \mathbb{K}\,. \tag{2.82}$$

Umgekehrt folgt aus (H) sowohl (H1) ($n = 2$, $\lambda_1, \lambda_2 = 1$) wie (H2) ($n = 1$), also gilt: (H) $\Leftrightarrow$ ((H1) und (H2)). Die Eigenschaft (H) heißt *Linearität* von f.

Beispiel 2.28:

Lineare Abbildungen von $\mathbb{R}^n$ in $\mathbb{R}^m$. Ist $\boldsymbol{x} = [x_1, \ldots, x_n]^{\mathrm{T}}$ ein Vektor des $\mathbb{R}^n$, so kann man ihm den Vektor $\boldsymbol{y} = [y_1, \ldots, y_m]^{\mathrm{T}}$ aus $\mathbb{R}^m$ durch die Gleichung

$$y_i = \sum_{k=1}^{n} a_{ik} x_k\,, \quad i = 1, \ldots, m \tag{2.83}$$

eindeutig zuordnen. Die so erklärte Abbildung $f : \mathbb{R}^n \to \mathbb{R}^m$ ist sicher linear. Sie ist durch das rechteckige Schema

$$\begin{bmatrix} a_{11} & \cdots & a_{1n} \\ \vdots & & \vdots \\ a_{m1} & \cdots & a_{mn} \end{bmatrix} \tag{2.84}$$

der Zahlen a_{ik} vollständig bestimmt. Ein solches Schema nennt man eine *reelle Matrix* (symbolisiert durch einen großen, fett geschriebenen Buchstaben, z.B. $\boldsymbol{A}$). Umgekehrt kann jede lineare Abbildung $g : \mathbb{R}^n \to \mathbb{R}^m$ durch eine Matrix der Form (2.84) nebst Gl. (2.83) beschrieben werden. Bezeichnet man nämlich die Bilder der Koordinateneinheitsvektoren $\boldsymbol{e}_k =$

$[0, \ldots, 0, 1, 0, \ldots, 0]^{\mathrm{T}} \in \mathbb{R}^n$ (mit 1 an k-ter Stelle) mit $\boldsymbol{a}_k = [a_{1k}, a_{2k}, \ldots, a_{mk}]^{\mathrm{T}}$ $(k = 1, \ldots, n)$, also $g(\boldsymbol{e}_k) = \boldsymbol{a}_k$, so folgt für das Bild $\boldsymbol{y}$ eines Vektors $\boldsymbol{x} = \sum_{k=1}^{n} x_k \boldsymbol{e}_k \in \mathbb{R}$ nach (2.82)

$$\boldsymbol{y} = g\left(\sum_{k=1}^{n} x_k \boldsymbol{e}_k\right) = \sum_{k=1}^{n} x_k g(\boldsymbol{e}_k) = \sum_{k=1}^{n} x_k \boldsymbol{a}_k .$$

Schreibt man die Koordinaten der linken und rechten Seite der Gleichung hin, so entsteht gerade (2.83). *Matrizen der Form* (2.84) beschreiben also über (2.79) alle linearen Abbildungen von $\mathbb{R}^n$ in $\mathbb{R}^m$.

(Matrizen werden in Abschn. 3 ausführlich behandelt.)

Es ist klar, daß in $\mathbb{K}^n$ ($\mathbb{K}$ *beliebiger algebraischer Körper*) alles genauso verläuft.

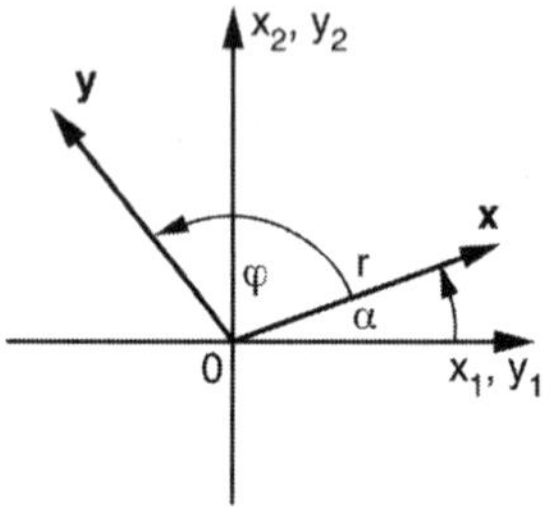

Fig. 2.8: Drehung im $\mathbb{R}^2$.

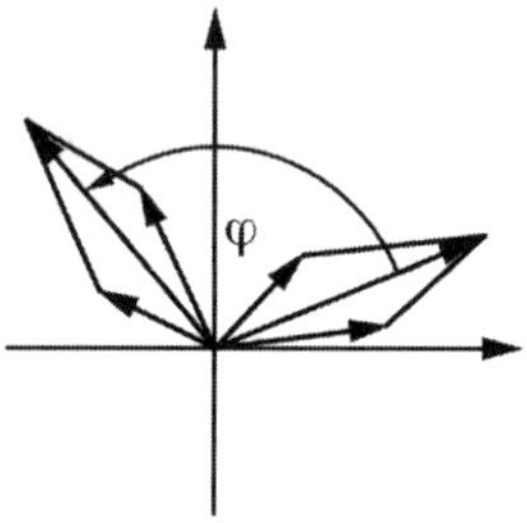

Fig. 2.9: Additivität der Drehung.

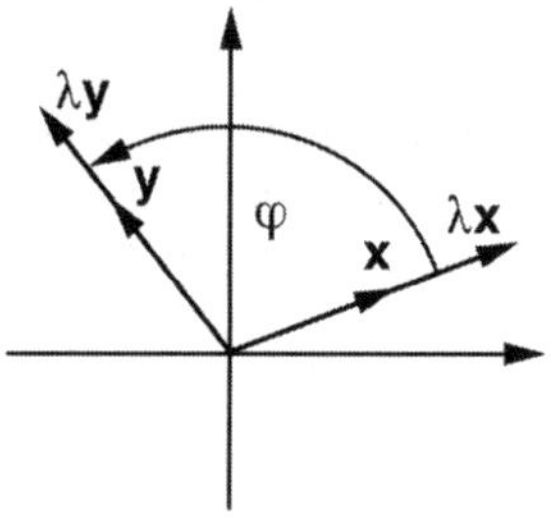

Fig. 2.10: Homogenität der Drehung, mit Fig. 2.9 zusammen also: Linearität.

Beispiel 2.29:

(*Drehungen der Ebene*) Die Ebene $\mathbb{R}^2$ soll um 0 gedreht werden, und zwar um den Winkel φ, s. Fig. 2.8 ($\varphi > 0$: Drehung gegen den Uhrzeigersinn; $\varphi < 0$: mit dem Uhrzeigersinn). D.h. ein Ortsvektor

$$\boldsymbol{x} = \begin{bmatrix} x_1 \\ x_2 \end{bmatrix} = \begin{bmatrix} r\cos\alpha \\ r\sin\alpha \end{bmatrix}$$

(r, α Polarkoordinaten von $\boldsymbol{x}$) soll in

$$\boldsymbol{y} = \begin{bmatrix} y_1 \\ y_2 \end{bmatrix} = \begin{bmatrix} r\cos(\alpha+\varphi) \\ r\sin(\alpha+\varphi) \end{bmatrix}$$

überführt werden. Diese Zuordnung beschreiben wir durch $\boldsymbol{y} = f(\boldsymbol{x})$. Mit dem Additionstheorem von cos und sin (Abschn. 1.1.2) folgt

$$\begin{aligned} y_1 &= r(\cos\alpha\cos\varphi - \sin\alpha\sin\varphi) = (\cos\varphi)x_1 - (\sin\varphi)x_2 \\ y_2 &= r(\cos\alpha\sin\varphi + \sin\alpha\cos\varphi) = (\sin\varphi)x_1 + (\cos\varphi)x_2 , \end{aligned}$$

$$\begin{aligned} y_1 &= (\cos\varphi)x_1 - (\sin\varphi)x_2 \\ y_2 &= (\sin\varphi)x_1 + (\cos\varphi)x_2 \end{aligned} . \tag{2.85}$$

Die *Drehung* wird also durch die *Matrix*

$$\begin{bmatrix} \cos\varphi & -\sin\varphi \\ \sin\varphi & \cos\varphi \end{bmatrix}$$

beschrieben, und ist somit eine lineare Abbildung. Dies läßt sich aber auch unmittelbar geometrisch einsehen, s. Fig. 2.9, Fig. 2.10.

Beispiel 2.30:
(*Drehungen im dreidimensionalen Raum*) Eine Drehung im Raum $\mathbb{R}^3$ um den Winkel φ bzgl. einer Achse durch 0, die in Richtung von $\boldsymbol{c} \in \mathbb{R}^3$ ($|\boldsymbol{c}| = 1$) liegt, wird mit einer *Orthogonalbasis* $(\boldsymbol{a}, \boldsymbol{b}, \boldsymbol{c})$ so beschrieben:

$$\boldsymbol{x} = \xi_1\boldsymbol{a} + \xi_2\boldsymbol{b} + \xi_3\boldsymbol{c} \quad (\xi_1 = \boldsymbol{x}\cdot\boldsymbol{a}, \xi_2 = \boldsymbol{x}\cdot\boldsymbol{b}, \xi_3 = \boldsymbol{x}\cdot\boldsymbol{c})$$

geht über in

$$\boldsymbol{y} = f(\boldsymbol{x}) = (\xi_1\cos\varphi - \xi_2\sin\varphi)\boldsymbol{a} + (\xi_1\sin\varphi + \xi_2\cos\varphi)\boldsymbol{b} + \xi_3\boldsymbol{c}\,. \tag{2.86}$$

Man erkennt die Analogie zum $\mathbb{R}^2$, s. (2.85). Natürlich ist diese Drehung eine lineare Abbildung, wie man geometrisch an Hand der Figuren 2.8 bis 2.10 sieht, die den »Blick« in Richtung $\boldsymbol{c}$ zeigen.

Lineare Abbildungen auf unendlichdimensionalen Vektorräumen lassen sich nicht so einheitlich beschreiben, wie es bei endlichdimensionalen Räumen möglich ist (s. Beispiel 2.26). Im Folgenden werden einige typische Beispiele angegeben.

Beispiel 2.31:
Die Differentiation einer Funktion $f \in C^1(I)$ ordnet ihr die Funktion $f' \in C(I)$ eindeutig zu. Diese Abbildung symbolisieren wir durch D, also $Df = f'$. Zweifellos ist $D : C^1(I) \to C(I)$ eine lineare Abbildung. Sie ist bekanntlich nicht eineindeutig, da $D(f+c) = Df$, wenn c eine konstante Funktion bezeichnet.

Allgemeiner:

Beispiel 2.32:
Ein »*linearer Differentialoperator*« L definiert durch

$$L(f) = a_0 + a_1 f + a_2 f' + a_3 f'' + \ldots + a_{n+1} f^{(n)}$$

für alle $f \in C^n(I)$ (mit $a_i \in C(I)$) ist eine lineare Abbildung $L : C^n(I) \to C(I)$. Hier spielt die lineare Algebra in die Theorie der Differentialgleichungen hinein.

Beispiel 2.33:
Durch die beiden »Integraloperatoren«

$$(F(f))(x) := \int_a^b K(x,t) f(t)\,\mathrm{d}t\,, \quad \text{»}\textit{Fredholm-Typ}\text{«}^{27}$$

$$(T(f))(x) := \int_a^x K(x,t) f(t)\,\mathrm{d}t\,, \quad \text{»}\textit{Volterra-Typ}\text{«}^{28}$$

werden lineare Abbildungen $f : C[a,b] \to C[a,b]$, und $T : C[a,b] \to C[a,b]$ definiert. $K(x,t)$ wird dabei als (stückweise) stetig auf $[a,b]^2$ vorausgesetzt.

In der Theorie der Integralgleichungen spielen diese linearen Abbildungen eine große Rolle.

Übung 2.18*

Es sei $f : \mathbb{R}^2 \to \mathbb{R}^2$ eine Drehung um $\varphi = 25{,}3°$ (d.h. $f(\boldsymbol{x})$ geht aus dem Ortsvektor $\boldsymbol{x}$ durch Drehung um $25{,}3°$ gegen den Uhrzeigersinn hervor). Gib die Matrix an, die diese Abbildung beschreibt.

2.4.6 Isomorphismen, Konstruktion linearer Abbildungen

Es seien im Folgenden V, W Vektorräume über demselben Körper $\mathbb{K}$.

Definition 2.23:
Eine lineare Abbildung $f : V \to W$ heißt ein

Isomorphismus,	wenn	f *bijektiv* ist[29]
Endomorphismus,	wenn	$V = W$ ist
Automorphismus,	wenn	f *bijektiv* und $V = W$ ist.

Bemerkung: Gelegentlich spricht man auch von *Epimorphismus*, wenn f *surjektiv* ist, und *Monomorphismus*, falls f *injektiv* ist. Um nicht in einem Sumpf von Begriffen zu ertrinken, werden wir diese Begriffe nicht weiter verwenden.

Zwei Vektorräume V, W über $\mathbb{K}$ heißen *isomorph*, in Zeichen $V \simeq W$, wenn es einen Isomorphismus $f : V \to W$ gibt. Ist Z ein weiterer Vektorraum über $\mathbb{K}$, so gelten die Regeln:

$$V \simeq V\,, \quad V \simeq W \Leftrightarrow W \simeq V\,, \quad V \simeq W \text{ und } W \simeq Z \Rightarrow V \simeq Z\,.$$

Auf Grund dieser Gesetze nennt man $\simeq$ eine *Äquivalenzrelation*.

---

27 Erik Ivar Fredholm (1866 – 1927), schwedischer Mathematiker.
28 Vito Volterra (1860 – 1940), italienischer Mathematiker und Physiker.
29 Die Begriffe injektiv, surjektiv, bijektiv sind in Beisp. 2.9, Abschn. 2.3.2 erklärt, wie auch ausführlicher in Burg/Haf/Wille (Analysis) [27], Abschn. 1.3.4, Def. 1.3 und Abschn. 1.3.5, letzter Absatz.

Gilt $V \simeq W$, so sagt man auch gelegentlich, W ist eine (isomorphe) *Kopie* von V. Dieser Ausdruck weist darauf hin, daß V und W nicht wesentlich verschieden sind.

Satz 2.21:

(*Konstruktion linearer Abbildungen*) Es seien V und W Vektorräume über $\mathbb{K}$, wobei $(\boldsymbol{a}_1, \dots, \boldsymbol{a}_n)$ eine Basis von V ist und $\{\boldsymbol{b}_1, \dots, \boldsymbol{b}_n\}$ eine Teilmenge von W. Damit folgt:

(I) Es gibt genau eine lineare Abbildung $f : V \to W$ mit $f(\boldsymbol{a}_k) = \boldsymbol{b}_k$ für alle $k = 1, \dots, n$. Sie wird gebildet durch

$$f\left(\sum_{k=1}^{n} \lambda_k \boldsymbol{a}_k\right) := \sum_{k=1}^{n} \lambda_k \boldsymbol{b}_k \quad \text{Konstruktion einer linearen Abbildung.} \quad (2.87)$$

(II) f ist genau dann injektiv, wenn $\boldsymbol{b}_1, \dots, \boldsymbol{b}_n$ linear unabhängig sind.

(III) f ist genau dann ein Isomorphismus, wenn $(\boldsymbol{b}_1, \dots, \boldsymbol{b}_n)$ eine Basis von W ist.

Beweis:

(I) Man sieht ohne Schwierigkeit, daß f eine »lineare Abbildung« ist, indem man (H1), (H2) nachweist. Die Eindeutigkeit folgt so: Ist g ein weiterer Homomorphismus mit $g(\boldsymbol{a}_k) = \boldsymbol{b}_k$ für alle k, so folgt wegen (H), (letzter Abschnitt), für alle $\boldsymbol{x} = \sum_{k=1}^{n} \lambda_k \boldsymbol{a}_k \in V$:

$$g(\boldsymbol{x}) = g\left(\sum_{k=1}^{n} \lambda_k \boldsymbol{a}_k\right) = \sum_{k=1}^{n} \lambda_k g(\boldsymbol{a}_k) = \sum_{k=1}^{n} \lambda_k \boldsymbol{b}_k = f(\boldsymbol{x}).$$

(II) Es sei f nicht injektiv. Dann existieren verschiedene $\boldsymbol{x} = \sum_{k=1}^{n} \lambda_k \boldsymbol{a}_k$, $\boldsymbol{x}' = \sum_{k=1}^{n} \lambda'_k \boldsymbol{a}_k$ in V mit $f(\boldsymbol{x}) = f(\boldsymbol{x}')$, d.h. $f(\boldsymbol{x}) - f(\boldsymbol{x}') = f(\boldsymbol{x} - \boldsymbol{x}') = \boldsymbol{0}$. Da $\boldsymbol{x} \neq \boldsymbol{x}'$, also $\boldsymbol{z} := \boldsymbol{x} - \boldsymbol{x}' \neq \boldsymbol{0}$ ist, so folgt $f(\boldsymbol{z}) = \boldsymbol{0}$ mit einem $\boldsymbol{z} \neq \boldsymbol{0}$ aus V. Es sei $\boldsymbol{z} = \sum_{k=1}^{n} \zeta_k \boldsymbol{a}_k$, also $\boldsymbol{0} = f(\boldsymbol{z}) = \sum_{k=1}^{n} \zeta_k \boldsymbol{b}_k = \boldsymbol{0}$. Da nicht alle $\zeta_k = 0$ sind (wegen $\boldsymbol{z} \neq \boldsymbol{0}$), sind damit die $\boldsymbol{b}_k$ linear abhängig. — Sind umgekehrt die $\boldsymbol{b}_1, \dots, \boldsymbol{b}_n$ als linear abhängig vorausgesetzt, so gibt es $\lambda_i \in \mathbb{K}$ (nicht alle 0), mit $\sum_{i=1}^{n} \lambda_i \boldsymbol{b}_i = \boldsymbol{0}$. Für $\boldsymbol{x} := \sum_{i=1}^{n} \lambda_i \boldsymbol{a}_i$ folgt damit $f(\boldsymbol{x}) = \sum_{i=1}^{n} \lambda_i \boldsymbol{b}_i = \boldsymbol{0}$. Es ist also $f(\boldsymbol{x}) = \boldsymbol{0}$ und $f(\boldsymbol{0}) = \boldsymbol{0}$ mit $\boldsymbol{x} \neq \boldsymbol{0}$. D.h. f ist nicht injektiv. Damit ist (II) bewiesen. — (III) folgt unmittelbar aus (II). □

Bemerkung: Wir wollen die *Konstruktionsvorschrift* (2.87) für lineare Abbildungen von endlichdimensionalen Vektorräumen noch einmal hervorheben: Ordnet man den Basisvektoren eines Vektorraums V eindeutig Vektoren eines anderen Vektorraums W zu, so ist damit sofort eine lineare Abbildung gegeben (durch (2.87)). Auf diese Weise lassen sich *alle* linearen Abbildungen von V (mit $\dim V$ endlich) in W beschreiben. Die Dimension von W ist dabei beliebig, sie kann also auch ∞ sein.

Dem Teil (III) in Satz 2.21 können wir noch folgende schöne Formulierung geben:

Folgerung 2.12:

Zwei endlichdimensionale Vektorräume V, W über $\mathbb{K}$ sind genau dann isomorph, wenn $\dim V = \dim W$ ist.

Insbesondere gelangen wir damit zu der nützlichen

Folgerung 2.13:

Jeder Vektorraum V über $\mathbb{K}$ mit endlicher Dimension $n \in \mathbb{N}$ ist isomorph zu $\mathbb{K}^n$.

Ausführlich: Ist $B = (\boldsymbol{a}_1, \ldots, \boldsymbol{a}_n)$ eine Basis von V, so wird jedem Vektor $\boldsymbol{x} = \sum_{k=1}^{n} x_k \boldsymbol{a}_k \in V$ (mit $x_k \in \mathbb{K}$) der Vektor

$$\boldsymbol{x}_B = \begin{bmatrix} x_1 \\ \vdots \\ x_n \end{bmatrix} \in \mathbb{K}^n$$

zugeordnet. Die dadurch erklärte Abbildung $f(\boldsymbol{x}) = \boldsymbol{x}_B$ $(f : V \to \mathbb{K}^n)$ ist ein Isomorphismus. $\boldsymbol{x}_B$ heißt auch der *numerische Vektor* zu $\boldsymbol{x}$ bzgl. der Basis B.

Insbesondere im Fall $\mathbb{K} = \mathbb{R}$ macht man viel Gebrauch hiervon, da man den $\mathbb{R}^n$ so gut kennt. Die folgenden Beispiele geben Isomorphismen an, besonders in Verbindung mit Satz 2.21 (III).

Beispiel 2.34:

Zwei Ebenen E_1, E_2 im $\mathbb{R}^3$, die durch $\mathbf{0}$ gehen, sind *isomorphe* Vektorräume über $\mathbb{R}$. Denn sind

$$\boldsymbol{x} = \lambda_1 \boldsymbol{a}_1 + \lambda_2 \boldsymbol{a}_2 , \qquad \boldsymbol{y} = \mu_1 \boldsymbol{b}_1 + \mu_2 \boldsymbol{b}_2$$

die Parameterdarstellungen von E_1 und E_2 ($(\boldsymbol{a}_1, \boldsymbol{a}_2)$ Basis von E_1, $(\boldsymbol{b}_1, \boldsymbol{b}_2)$ Basis von E_2), so wird durch folgende Abbildung eine Isomorphie von E_1 auf E_2 vermittelt:

$$f(\lambda_1 \boldsymbol{a}_1 + \lambda_2 \boldsymbol{a}_2) := \lambda_1 \boldsymbol{b}_1 + \lambda_2 \boldsymbol{b}_2 .$$

Beispiel 2.35:

Der Lösungsraum V der linearen Differentialgleichung $y^{(n)} = a_1 y + a_2 y' + \ldots + a_n y^{(n-1)}$ ist n-dimensional. Er ist zum $\mathbb{R}^n$ *isomorph*, denn ist $y_1, \ldots, y_n$ ein Fundamentalsystem[30] von Lösungen (d.h. eine Basis von V), so ist folgende Abbildung ein Isomorphismus von V auf $\mathbb{R}^n$:

$$f\left(\sum_{i=1}^{n} \lambda_i y_i\right) := \sum_{i=1}^{n} \lambda_i \boldsymbol{e}_i = \begin{bmatrix} \lambda_1 \\ \vdots \\ \lambda_n \end{bmatrix} .$$

30 s. Burg/Haf/Wille (Band III) [24], Abschn. 2.4

2.4.7 Kern, Bild, Rang

V, W seinen Vektorräume über $\mathbb{K}$.

Definition 2.24:

Ist $f : V \to W$ eine lineare Abbildung, so sind *Kern*, *Bild* und *Rang* dieser Abbildung erklärt durch

$$\begin{aligned} \text{Kern}\, f &= \text{Menge aller } \boldsymbol{x} \in V \text{ mit } f(\boldsymbol{x}) = \boldsymbol{0} \\ \text{Bild}\, f &= \text{Menge aller } f(\boldsymbol{x}) \text{ mit } \boldsymbol{x} \in V \text{ [31]} \\ \text{Rang}\, f &= \dim \text{Bild}\, f\,. \end{aligned}$$

Satz 2.22:

$f : V \to W$ sei eine lineare Abbildung. Damit gilt

(a) Kern f ist ein Unterraum von V

(b) Bild f ist ein Unterraum von W

(c) f ist genau dann injektiv, wenn Kern $f = \{\boldsymbol{0}\}$ ist.

Beweis:

(a), (b) überlegt sich der Leser leicht selbst. Zu (c): Es sei Kern $f = \{\boldsymbol{0}\}$. Angenommen, f ist nicht injektiv. Dann gibt es zwei Vektoren $\boldsymbol{x}_1, \boldsymbol{x}_2 \in V$ mit $\boldsymbol{x}_1 \neq \boldsymbol{x}_2$ und $f(\boldsymbol{x}_1) = f(\boldsymbol{x}_2)$. Daraus folgt $f(\boldsymbol{x}_1) - f(\boldsymbol{x}_2) = \boldsymbol{0}$, also $f(\boldsymbol{x}_1 - \boldsymbol{x}_2) = \boldsymbol{0}$, also $f(\boldsymbol{z}) = 0$ mit $\boldsymbol{z} = \boldsymbol{x}_1 - \boldsymbol{x}_2 \neq \boldsymbol{0}$, also $\boldsymbol{z} \in$ Kern f, was der Voraussetzung widerspricht. Also ist f injektiv. — Ist umgekehrt f als injektiv vorausgesetzt, so kann $f(\boldsymbol{x}) = \boldsymbol{0}$ nur die Lösung $\boldsymbol{0}$ haben, also folgt Kern $f = \{\boldsymbol{0}\}$. □

Damit stoßen wir zum krönenden Satz vor:

Satz 2.23:

(*Dimensionsformel*) Für jede lineare Abbildung $f : V \to W$ gilt:

$$\dim \text{Kern}\, f + \dim \text{Bild}\, f = \dim V \text{ [32]}\,. \tag{2.88}$$

Beweis:

1. Fall: *Die Dimensionen von* Kern f *und* Bild f *sind beide endlich.* Ist Kern $f = \{\boldsymbol{0}\}$, so folgt die Behauptung aus Satz 2.22 (c). Ist Bild $f = \{\boldsymbol{0}\}$, so ist Kern $f = V$, also (2.88) auch richtig. Wir nehmen darum im Folgenden Kern $f \neq \{\boldsymbol{0}\}$ und Bild $f \neq \{\boldsymbol{0}\}$ an. Ferner seien $\boldsymbol{a}_1, \ldots, \boldsymbol{a}_q, \boldsymbol{b}_1, \ldots, \boldsymbol{b}_p \in V$ gegeben mit:

$$\begin{aligned} (\boldsymbol{a}_1, \ldots, \boldsymbol{a}_q) \quad & \text{ist eine Basis von Kern } f \\ (f(\boldsymbol{b}_1), \ldots, f(\boldsymbol{b}_p)) \quad & \text{ist eine Basis von Bild } f. \end{aligned} \tag{2.89}$$

---

31 Bild f ist also nichts anderes als der *Wertebereich* $f(V)$ der Abbildung, s. Burg/Haf/Wille (Analysis) [27], Abschn. 1.3.5, Def. 1.6.

32 Mit ∞ wird in diesem Fall so gerechnet: $\infty + \infty = \infty$, $\infty + n = n + \infty = \infty$ für alle $n \in \mathbb{N}_0$.

Behauptung: $\boldsymbol{a}_1, \ldots, \boldsymbol{a}_q, \boldsymbol{b}_1, \ldots, \boldsymbol{b}_p$ *ist eine Basis von* V (womit die Dimensionsformel gilt).

Beweis der Behauptung: $\boldsymbol{a}_1, \ldots, \boldsymbol{a}_q, \boldsymbol{b}_1, \ldots, \boldsymbol{b}_p$ sind linear unabhängig, da $\sum_{i=1}^{q} \lambda_i \boldsymbol{a}_i + \sum_{i=1}^{p} \mu_i \boldsymbol{b}_i = \boldsymbol{0}$ nach Anwendung von f auf $\sum_{i=1}^{p} \mu_i f(\boldsymbol{b}_i) = \boldsymbol{0}$ führt, also $\mu_i = 0$ für alle $i = 1, \ldots, p$, folglich $\sum_{i=1}^{q} \lambda_i \boldsymbol{a}_i = \boldsymbol{0}$ und damit auch $\lambda_i = 0$ für alle $i = 1, \ldots, q$.

Ist ferner $\boldsymbol{x} \in V$ beliebig, so gilt $f(\boldsymbol{x}) \in \operatorname{Bild} f$, also $f(\boldsymbol{x}) = \sum_{i=1}^{p} \beta_i f(\boldsymbol{b}_i)$ (mit $\beta_i \in \mathbb{K}$) und daher

$$\boldsymbol{0} = f(\boldsymbol{x}) - \sum_{i=1}^{p} \beta_i f(\boldsymbol{b}_i) = f\left(\boldsymbol{x} - \sum_{i=1}^{p} \beta_i \boldsymbol{b}_i\right),$$

d.h. $\boldsymbol{x} - \sum_{i=1}^{p} \beta_i \boldsymbol{b}_i \in \operatorname{Kern} f$, also $\boldsymbol{x} - \sum_{i=1}^{p} \beta_i \boldsymbol{b}_i = \sum_{k=1}^{q} \alpha_k \boldsymbol{a}_k$, d.h. $\boldsymbol{x}$ ist eine Linearkombination der $\boldsymbol{a}_i, \boldsymbol{b}_k$. Die $\boldsymbol{a}_1, \ldots, \boldsymbol{a}_q, \boldsymbol{b}_1, \ldots, \boldsymbol{b}_p$, spannen also V auf und bilden somit eine Basis von V.

2. Fall: $\dim Kern f = \infty$. Wegen $\operatorname{Kern} f \subset V$ ist dann auch $\dim V = \infty$ und die Dimensionsformel (2.88) gilt.

3. Fall: $\dim \operatorname{Bild} f = \infty$. Angenommen, die Dimension von V ist endlich, und $(\boldsymbol{a}_1, \ldots, \boldsymbol{a}_n)$ sei eine Basis von V. Dann spannen die Vektoren $f(\boldsymbol{a}_i) = \boldsymbol{b}_i$ $(i = 1, \ldots, n)$ $\operatorname{Bild} f$ auf (nach Satz 2.21 (I)), also folgt $\dim \operatorname{Bild} f < \dim V = n$, im Widerspruch zu $\dim \operatorname{Bild} f = \infty$. Folglich gilt $\dim V = \infty$ und damit die Dimensionsformel (2.88). □

Folgerung 2.14:

(*Äquivalenz von Injektivität und Surjektivität*) Es sei $f : V \to W$ eine lineare Abbildung, wobei die Vektorräume V und W die gleiche endliche Dimension n haben. Damit gilt:

f ist genau dann injektiv, wenn f surjektiv ist.

Beweis:

f injektiv $\Leftrightarrow$ $\operatorname{Kern} f = \{\boldsymbol{0}\}$ (s. Satz 2.22 (c)) $\Leftrightarrow$ $\dim \operatorname{Kern} f = 0$ $\Leftrightarrow$ $\dim \operatorname{Bild} f = n$ (wegen der Dimensionsformel (2.88)) $\Leftrightarrow$ $\operatorname{Bild} f = V$ $\Leftrightarrow$ f surjektiv. □

Bemerkung: *Zusammenhang mit linearen Gleichungssystemen.* Ein lineares Gleichungssystem

$$y_i = \sum_{k=1}^{n} a_{ik} x_k, \quad i = 1, \ldots, m, \tag{2.90}$$

mit gegebenen $a_{ik} \in \mathbb{K}$, $y_i \in \mathbb{K}$ und gesuchten x_k kann als lineare Abbildung $f : \mathbb{K}^n \to \mathbb{K}^m$ interpretiert werden, wobei jedem $\boldsymbol{x} = [x_1, \ldots, x_n]^{\mathrm{T}}$ ein $\boldsymbol{y} = [y_1, \ldots, y_m]^{\mathrm{T}}$ zugeordnet wird.

Lösbarkeit liegt genau dann vor, wenn $\boldsymbol{y} \in \operatorname{Bild} f$ *ist, und eindeutige Lösbarkeit genau dann, wenn zusätzlich* $\dim \operatorname{Bild} f = \dim V = n$ (d.h. $\dim \operatorname{Kern} f = 0$). Diese Aussagen spiegeln genau das Rangkriterium Satz 2.10, Abschn. 2.2.5, in anderer Formulierung wieder.

Die Folgerung 2.14, die besagt: »Entweder bijektiv, oder weder injektiv noch surjektiv«, entspricht im Fall der Gleichungssysteme der Folgerung 2.5, Abschn. 2.2.4: *Im Fall* $n = m$ *ist das Gleichungssystem* (2.90) *entweder für jedes* $\boldsymbol{y} \in \mathbb{K}^n$ *eindeutig lösbar, oder für keins.*

Zur praktischen Lösung, auch bei beliebigen Körpern $\mathbb{K}$, benutzt man aber in den allermeisten Fällen den guten alten Gauß-Algorithmus, der in $\mathbb{K}$ genau wie in $\mathbb{R}$ verläuft (wenn man die Pivotierung nach Größe von Absolutbeträgen außer Acht läßt, sondern sich mit Diagonalelementen $\neq 0$ begnügt).

Übung 2.19*

Durch $y_1 = 6x_1 + 4x_2 - 10x_3$, $y_2 = -9x_1 - 6x_2 + 15x_3$ ist eine lineare Abbildung $f : \mathbb{R}^3 \to \mathbb{R}^2$ gegeben. Berechne Kern f und Bild f, d.h. gib für beide Räume Basen an. Welche Werte haben $\dim \operatorname{Kern} f$ und Rang f? Rechne die Dimensionsformel (2.84) für dieses Beispiel nach.

Übung 2.20*

Durch $L(y) = y' - 2y$ ist ein »Differentialoperator« für alle $y \in C^1(\mathbb{R})$ erklärt. $L : C^1(\mathbb{R}) \to C(\mathbb{R})$ ist eine lineare Abbildung (überprüfe das!). Welche Funktionen $y \in C^1(\mathbb{R})$ liegen im Kern von L?

2.4.8 Euklidische Vektorräume, Orthogonalität

Definition 2.25:

Es sei V ein Vektorraum über $\mathbb{R}$. Eine Vorschrift, die jedem Paar $(\boldsymbol{x}, \boldsymbol{y})$ mit $\boldsymbol{x}, \boldsymbol{y} \in V$ genau eine reelle Zahl r zuordnet, beschrieben durch

$$r = \boldsymbol{x} \cdot \boldsymbol{y},$$

heißt ein *inneres Produkt* auf V, wenn folgende Gesetze erfüllt sind: Für alle $\boldsymbol{x}, \boldsymbol{y}, \boldsymbol{z} \in V$ und alle $\lambda, \mu \in \mathbb{R}$ gilt

(I)	$\boldsymbol{x} \cdot \boldsymbol{y} = \boldsymbol{y} \cdot \boldsymbol{x}$	*Kommutativgesetz*
(II)	$(\boldsymbol{x} + \boldsymbol{y}) \cdot \boldsymbol{z} = \boldsymbol{x} \cdot \boldsymbol{z} + \boldsymbol{y} \cdot \boldsymbol{z}$	*Distributivgesetz*
(III)	$\lambda(\boldsymbol{x} \cdot \boldsymbol{y}) = (\lambda \boldsymbol{x}) \cdot \boldsymbol{y} = \boldsymbol{x} \cdot (\lambda \boldsymbol{y})$	*Assoziativgesetz*
(IV)	$\boldsymbol{x} \neq \boldsymbol{0} \Leftrightarrow \boldsymbol{x} \cdot \boldsymbol{x} > 0$	*positive Definitheit.*

Man nennt $|\boldsymbol{x}| := \sqrt{\boldsymbol{x} \cdot \boldsymbol{x}}$ die *Länge* (den *Betrag*, die *euklidische Norm*) von $\boldsymbol{x}$. Für $\boldsymbol{x} \cdot \boldsymbol{x}$ schreibt man kürzer $\boldsymbol{x}^2$.

Ist auf V ein inneres Produkt wie oben erklärt, so nennt man V einen *euklidischen Vektorraum* (oder *Prä-Hilbertraum*).

Wie in Abschn. 2.1.2, Satz 2.1 (V) – (IX) beweist man, nur unter Verwendung von (I) – (IV)

Folgerung 2.15:

Ist V ein euklidischer Vektorraum, so gilt für alle $\boldsymbol{x}, \boldsymbol{y} \in V$ und alle $\lambda \in \mathbb{R}$

(V)	$\lvert\lambda \boldsymbol{x}\rvert = \lvert\lambda\rvert\lvert\boldsymbol{x}\rvert\,,$	(VI)	$\lvert\boldsymbol{x} \cdot \boldsymbol{y}\rvert \le \lvert\boldsymbol{x}\rvert\lvert\boldsymbol{y}\rvert\,,$
(VII)	$\lvert\boldsymbol{x} + \boldsymbol{y}\rvert \le \lvert\boldsymbol{x}\rvert + \lvert\boldsymbol{y}\rvert\,,$	(VIII)	$\lvert\boldsymbol{x} - \boldsymbol{y}\rvert \ge \lvert\lvert\boldsymbol{x}\rvert - \lvert\boldsymbol{y}\rvert\rvert\,,$
(IX)	$\lvert\boldsymbol{x}\rvert = 0 \Leftrightarrow \boldsymbol{x} = \boldsymbol{0}\,.$		

Beispiel 2.36:

Für alle $f, g \in C([a, b])$ ist folgendermaßen ein inneres Produkt erklärt

$$f \cdot g = \int_a^b f(x)g(x)\,\mathrm{d}x\,. \tag{2.91}$$

Beispiel 2.37:

Ist $(\boldsymbol{a}_1, \ldots, \boldsymbol{a}_n)$ eine Basis des Vektorraums V über $\mathbb{R}$, und sind

$$\boldsymbol{x} = \sum_{i=1}^{n} x_i \boldsymbol{a}_i\,, \quad \boldsymbol{y} = \sum_{i=1}^{n} y_i \boldsymbol{a}_i \quad (x_i, y_i \in \mathbb{R})$$

beliebig aus V, so ist durch $\boldsymbol{x} \cdot \boldsymbol{y} = \sum\limits_{i=1}^{n} x_i y_i$ zweifellos ein inneres Produkt von V gegeben. Auf diese Weise lassen sich auch im $\mathbb{R}^n$ verschiedene innere Produkte einführen.

Definition 2.26:

Ist V ein euklidischer Vektorraum, so erklärt man den *Winkel* zwischen zwei Elementen $\boldsymbol{a}, \boldsymbol{b} \in V$, $\boldsymbol{a} \neq \boldsymbol{0}$, $\boldsymbol{b} \neq \boldsymbol{0}$, durch

$$\varphi = \sphericalangle(\boldsymbol{a}, \boldsymbol{b}) := \arccos \frac{\boldsymbol{a} \cdot \boldsymbol{b}}{\lvert\boldsymbol{a}\rvert \cdot \lvert\boldsymbol{b}\rvert}\,. \tag{2.92}$$

Ist $\boldsymbol{a} = \boldsymbol{0}$ oder $\boldsymbol{b} = \boldsymbol{0}$, so kann $\sphericalangle(\boldsymbol{a}, \boldsymbol{b})$ jede beliebige Zahl aus $[0, \pi]$ bedeuten. Man sagt, die Elemente $\boldsymbol{a}, \boldsymbol{b} \in V$ stehen *rechtwinklig* (*orthogonal*) aufeinander: $\boldsymbol{a} \perp \boldsymbol{b}$, wenn $\boldsymbol{a} \cdot \boldsymbol{b} = 0$ ist.

Damit folgen *Pythagoras* $(\boldsymbol{a} + \boldsymbol{b})^2 = \boldsymbol{a}^2 + \boldsymbol{b}^2 \Leftrightarrow \boldsymbol{a} \cdot \boldsymbol{b} = 0$, und *Cosinussatz* $(\boldsymbol{a} - \boldsymbol{b})^2 = \boldsymbol{a}^2 + \boldsymbol{b}^2 - 2\lvert\boldsymbol{a}\rvert \cdot \lvert\boldsymbol{b}\rvert \cos \sphericalangle(\boldsymbol{a}, \boldsymbol{b})$ durch schlichtes Ausmultiplizieren (wie in Abschn. 2.1.4).

Orthonormalsystem, Orthonormalbasis und *orthogonales Komplement* eines Vektorraumes werden wie in Abschn. 2.1.4 definiert (man hat dort nur V statt $\mathbb{R}^n$ zu setzen).

Ebenso funktioniert in einem endlichdimensionalen euklidischen Vektorraum V das Schmidtsche Orthogonalisierungsverfahren, und es gelten Satz 2.6, Satz 2.7 und Folgerung 2.3 aus Abschn. 2.1.4 entsprechend (man ersetze dort einfach $\mathbb{R}^n$ durch V).

Übung 2.21:

Beweise, daß (2.91) ein inneres Produkt in $C([a, b])$ beschreibt, d.h. weise nach, daß alle Eigenschaften (I) – (IV) in Definition 2.25 erfüllt sind.

Übung 2.22*

(a) Welchen Winkel bilden $\sin(kx)$ und $\cos(nx)$ $(n, k \in \mathbb{N}, n \neq k)$ in $C([0,2\pi])$ miteinander, wenn das innere Produkt entsprechend (2.91) erklärt ist.

(b) Welchen Winkel bilden $f(x) = x$ und $g(x) = x^2$ in diesem Raum miteinander?

Übung 2.23*

Wende auf die Polynome $f_0(x) = 1$, $f_1(x) = x$, $f_2(x) = x^2$ in $C([-1,1])$ das Schmidtsche Orthogonalisierungsverfahren an.

Übung 2.24*

Zeige: Zu jeder linearen Abbildung $f : \mathbb{R}^n \to \mathbb{R}$ gibt es einen Vektor $\boldsymbol{v} \in \mathbb{R}^n$ mit $f(\boldsymbol{x}) = \boldsymbol{v} \cdot \boldsymbol{x}$ für alle $\boldsymbol{x} \in \mathbb{R}^n$.

Übung 2.25:

Es sei $|f| = \sqrt{f \cdot f}$ für $f \in C([a, b])$ (inneres Prod. wie in (2.91)) und $\|f\|_\infty := \sup\limits_{x \in [a,b]} |f(x)|$.

(a) Zeige:

$$\lim_{n \to \infty} \|f_n\|_\infty = 0 \Rightarrow \lim_{n \to \infty} |f_n| = 0 .$$

(b) Zeige, daß die Umkehrung nicht gilt. D.h. gib eine Funktionenfolge (f_n) aus $C([a, b])$ an mit $|f_n| \to 0$ für $n \to \infty$, aber *nicht* $\|f_n\|_\infty \to 0$ für $n \to \infty$!

2.4.9 Ausblick auf die Funktionalanalysis

[33]Die Funktionalanalysis verknüpft Analysis und lineare Algebra. Insbesondere die Funktionenräume werden dabei wichtig. — Wir beginnen mit einer Verallgemeinerung des euklidischen Raumes:

Definition 2.27:

Ein Vektorraum V über $\mathbb{R}$ (oder $\mathbb{C}$) heißt ein *normierter linearer Raum*, wenn zu jedem $\boldsymbol{x} \in V$ eine nichtnegative reelle Zahl erklärt ist, so daß Folgendes für alle $\boldsymbol{x}, \boldsymbol{y} \in V$ und $\lambda \in \mathbb{R}$ (oder $\lambda \in \mathbb{C}$) gilt:

$$\|\lambda \boldsymbol{x}\| = |\lambda| \|\boldsymbol{x}\| , \quad \|\boldsymbol{x} + \boldsymbol{y}\| \leq \|\boldsymbol{x}\| + \|\boldsymbol{y}\| , \quad \|\boldsymbol{x}\| = 0 \Leftrightarrow \boldsymbol{x} = \boldsymbol{0} . \tag{2.93}$$

$\|\boldsymbol{x}\|$ heißt die *Norm* (oder *Länge*) von $\boldsymbol{x}$.

---

33 Ausführlich beschrieben in Burg/Haf/Wille (Partielle Dgl.) [25]

Man sieht, jeder *euklidische Raum ist auch ein normierter linearer Raum* (mit $\|x\| := |x|$). Umgekehrtes braucht nicht zu gelten. Das wichtigste Beispiel eines normierten linearen Raumes ist $C([a, b])$ mit der Norm

$$\|f\| := \|f\|_\infty = \sup_{x\in[a,b]} |f(x)|\,.$$

Man weist die Normgesetze (2.93) leicht nach. Mit dieser Norm ist $C([a, b])$ kein euklidischer Raum, d.h. es gibt kein inneres Produkt mit $\|f\| = \sqrt{f \cdot f}$ in $C([a, b])$.

Mit der Analysis wird der Zusammenhang folgendermaßen hergestellt: Man betrachtet in einem normierten Raum V (unendliche) Folgen $(\boldsymbol{a}_n)_{n\in\mathbb{N}}$, kurz $(\boldsymbol{a}_n)$ geschrieben. Das Element $\boldsymbol{a}$ heißt *Grenzwert* von $(\boldsymbol{a}_n)$, wenn

$$\|\boldsymbol{a}_n - \boldsymbol{a}\| \to 0 \quad \text{für} \quad n \to \infty$$

gilt. In diesem Falle sagt man, $(\boldsymbol{a}_n)$ konvergiert gegen $\boldsymbol{a}$.

$(\boldsymbol{a}_n)$ heißt eine *Cauchy-Folge*, wenn zu jedem $\varepsilon > 0$ ein Index $n_0 \in \mathbb{N}$ existiert, so daß für alle $\boldsymbol{a}_n, \boldsymbol{a}_m$ mit $n, m \geq n_0$ gilt:

$$\|\boldsymbol{a}_n - \boldsymbol{a}_m\| < \varepsilon\,.$$

(Vgl. Cauchysches Konvergenzkriterium, Burg/Haf/Wille (Analysis) [27], Abschn. 1.4.6.)

Definition 2.28:

(a) Ein normierter linearer Raum heißt *vollständig*, wenn jede Cauchy-Folge aus dem Raum gegen einen Grenzwert in diesem Raum konvergiert.

(b) Ein vollständiger normierter linearer Raum heißt *Banachraum*.

(c) Ein vollständiger euklidischer Raum heißt *Hilbertraum* (mit der Norm $\|x\| = \sqrt{x \cdot x}$).

Natürlich ist $\mathbb{R}^n$ ein Hilbertraum und damit auch ein Banachraum. Anspruchsvollere Beispiele sind folgende:

Beispiel 2.38:
$C([a, b])$ ist ein Banachraum bzgl. $\|f\|_\infty$. (Denn ist (f_n) aus $C([a, b])$ eine Cauchy-Folge, so ist (f_n) gleichmäßig konvergent und hat somit einen Grenzwert $f \in C[a, b]$ (nach Burg/Haf/Wille (Analysis) [27], Abschn. 5.1.1, Satz 5.1 und Burg/Haf/Wille (Analysis) [27], Abschn. 5.1.2, Satz 5.2).

Beispiel 2.39:
$C^k([a, b])$, die Menge der k-mal stetig differenzierbaren Funktionen $f : [a, b] \to \mathbb{R}$ ist bzgl.

$$\|f\| = \sum_{i=0}^{k} \sup_{x\in[a,b]} |f^{(i)}(x)| \quad (f^{(i)}\ i\text{-te Ableitung}, \quad f^{(0)} = f)$$

ein Banachraum. (Dies folgt aus Burg/Haf/Wille (Analysis) [27], Abschn. 5.1.2, Satz 5.3 durch vollständige Induktion.)

Beispiel 2.40:

Der Folgenraum ℓ^p $(p > 1)$, erklärt in Beispiel 2.24, Abschn. 2.4.2, ist ein *Banachraum* mit der in Beispiel 2.2.4 angegebenen Norm $|\boldsymbol{a}|_p$ $(= \|\boldsymbol{a}\|)$. (Für den Nachweis der Normgesetze, insbesondere der Dreiecksungleichung $|\boldsymbol{ab}|_p \leq |\boldsymbol{a}|_p + |\boldsymbol{b}|_p$ und der Vollständigkeit wird auf die Literatur über Funktionalanalysis verwiesen (z.B. [76], Kap. II § 4, S. 56 – 57).

Spezialfall: $p = 2$: Der Raum ℓ^2 ist ein Hilbertraum mit dem in Beispiel 2.23, Abschn. 2.4.2 erklärten inneren Produkt. ℓ^2 kann als der einfachste unendlichdimensionale Hilbertraum angesehen werden. (Entsprechend werden Räume ℓ^p aus komplexen Zahlenfolgen gebildet.)

Beispiel 2.41:

Die Menge $L^p[a, b]$ aller Funktionen $f : [a, b] \to \mathbb{R}$, für die das folgende Integral existiert:

$$\int_a^b |f(x)|^p \,\mathrm{d}x \quad \text{stellt bzgl.} \quad \|f\|_\mathrm{p} := \sqrt[p]{\int_a^b |f(x)|^p \,\mathrm{d}x} \quad (p \geq 1)$$

und den üblichen Operatoren $+$ und $\lambda \cdot$ $(\lambda \in \mathbb{R})$ stellt bei Funktionen einen Banachraum dar. Hierbei sind die oben auftretenden Integrale im *Sinne von Lebesgue*[34] zu verstehen (s. hierzu beispielsweise [64] oder [75]). Wir heben ausdrücklich hervor: Würde man in $C[a, b]$ die obige $\|\cdot\|_p$-Norm unter Verwendung des bekannten *Riemann-Integrals* (s. Burg/Haf/Wille (Analysis) [27], Abschn. 4.1.3) einführen, dann käme man zwar zu einem normierten Raum, aber dieser Raum wäre *nicht vollständig*.

Der Spezialfall $p = 2$ ist von besonderer Bedeutung, weil $L^2[a, b]$ ein *Hilbertraum* ist. In der Theorie der Fourierreihen spielt der Raum der 2π-periodischen und über dem Intervall $[0,2\pi]$ im Sinne von Lebesgue quadratisch integrierbaren Funktionen eine besondere Rolle. Ist nämlich f eine solche Funktion und ist

$$\left[\frac{a_0}{2} + \sum_{k=1}^{\infty}(a_k \cos(kx) + b_k \sin(kx))\right]$$

die Fourier-Reihe von f, dann kann man ihr die Folge

$$\boldsymbol{c}_f = (a_0, a_1, b_1, a_2, b_2, \ldots)$$

34 Henri Lebesgue (!875 – 1941), französischer Mathematiker

der Fourier-Koeffizienten zuordnen:

$$a_k = \frac{1}{\pi} \int\limits_{-\pi}^{\pi} f(t) \cos(kt)\, \mathrm{d}t\,, \quad k = 0,1,2,\ldots$$

$$b_k = \frac{1}{\pi} \int\limits_{-\pi}^{\pi} f(t) \sin(kt)\, \mathrm{d}t\,, \quad k = 1,2,\ldots.$$

Es läßt sich zeigen, daß die Reihe

$$a_0^2 + \sum_{k=1}^{\infty} (a_k^2 + b_k^2)$$

konvergiert und mit $\|f\|_2^2$ übereinstimmt. Mehr noch: Die Zuordnung $f \mapsto \boldsymbol{c}_f$, symbolisiert durch $F(f) := \boldsymbol{c}_f$, ist ein *Isomorphismus* (s. Abschn. 2.4.6)

$$F : L^2[0,\pi] \to \ell^2\,.$$

Damit spiegelt der Raum ℓ^2 alle Fourier-Reihen von 2π-periodischen Funktionen aus $L^2[0,2\pi]$ wieder und ist somit ein brauchbares Hilfsmittel zum Studium dieser Reihen.

Bemerkung: Die Funktionenräume $C^k(I)$, $L^p(I)$ und andere spielen bei Differentialgleichungen, Integralgleichungen und Fourier-Reihen eine wichtige Rolle. Im Teil »Funktionalanalysis« von Burg/Haf/Wille (Partielle Dgl.) [25] wird ausführlich darauf eingegangen. Ergänzend wird der Leser auf die Literatur über Funktionalanalysis und Differentialgleichungen verwiesen (z.B. [1], [30], [64], [76], [90], [148]).

Übung 2.26*

Entspanne dich!

3 Matrizen

Matrizen bilden ein fundamentales Hilfsmittel der linearen Algebra. In diesem Abschnitt werden sie erklärt, ihre Eigenschaften untersucht und ihre Zusammenhänge mit linearen Gleichungssystemen, Determinanten, linearen Abbildungen und Eigenwertproblemen erläutert.

3.1 Definition, Addition, s-Multiplikation

3.1.1 Motivation

Bei einem linearen Gleichungssystem

$$\begin{aligned} a_{11}x_1 + a_{12}\,x_2 + \ldots + a_{1n}\,x_n &= b_1 \\ a_{21}x_1 + a_{22}\,x_2 + \ldots + a_{2n}\,x_n &= b_2 \\ \vdots \qquad \vdots \qquad\qquad & \vdots\ \ \vdots \\ a_{m1}x_1 + a_{m2}x_2 + \ldots + a_{mn}x_n &= b_m \end{aligned}$$

(a_{ik}, b_i gegeben, x_k gesucht) fällt die rechteckige Anordnung der a_{ik} ins Auge.[1] Man kann die a_{ik}, wie in Fig. 3.1 skizziert, zu einem rechteckigen Schema zusammenfassen. Schemata dieser Art — *Matrizen* genannt — werden im Folgenden genauer unter die Lupe genommen.

Auch in anderen Zusammenhängen sind uns rechteckige Zahlenschemata schon begegnet, z.B. bei zwei- und dreireihigen Determinanten (Abschn. 1.1.7, 1.2.3), bei linearen Abbildungen (Abschn. 2.4.5, Beisp. 2.28) oder beim Basiswechsel (Abschn. 2.4.3, (2.78)). Hinzu kommen später die Eigenwertprobleme (s. folgende Abschn. 3.6ff), die in Technik und Physik meistens mit Schwingungsproblemen zusammenhängen. Mehr noch, die Lösung von Eigenwertproblemen mit Hilfe von Matrizen macht die Untersuchung von Schwingungen, insbesondere ihr Dämpfungs-oder Aufschaukelungsverhalten, erst möglich. Die Verhinderung von Resonanzkatastrophen, z.B. wie das »Flattern« bei Flugzeugen, ist daher ein bedeutendes Anwendungsgebiet der Eigenwerttheorie, siehe dazu [39], [61].

All diese Problemkreise lassen sich mit der Matrizenrechnung geschlossen und übersichtlich behandeln. Dies ist Grund genug, sich mit den so einfach aussehenden rechteckigen Zahlenschemata genauer zu befassen.[2]

3.1.2 Grundlegende Begriffsbildung

Definition 3.1:

Unter einer reellen *Matrix* $\boldsymbol{A}$ vom Format (m, n) — kurz (m, n)-Matrix — *verstehen wir ein* rechteckiges Schema aus reellen Zahlen a_{ik} $(i = 1, \ldots, m;\ k = 1, \ldots n)$, wie

1 Die Berechnung der Lösungen mit dem Gaußschen Algorithmus wurde schon in Abschn. 2.2 beschrieben.

2 In geraffter Form sind reelle Matrizen auch in Burg/Haf/Wille (Analysis) [27], Abschn. 6.1.5 beschrieben.

in Fig. 3.1 angegeben. Man beschreibt sie durch

$$\boldsymbol{A} = [a_{ik}]_{\substack{1\le i\le m\\ 1\le k\le n}} \quad \text{oder} \quad \boldsymbol{A} = [a_{ik}]_{m,n}\,.$$[3]

Die Zahlen a_{ik} nennen wir die *Elemente* oder *Eintragungen* der Matrix.

Zwei Matrizen $\boldsymbol{A} = [a_{ik}]_{m,n}$ und $\boldsymbol{B} = [b_{ik}]_{p,q}$ sind genau dann gleich: $\boldsymbol{A} = \boldsymbol{B}$, wenn $m = p$, $n = q$ und $a_{ik} = b_{ik}$ für alle $i = 1, \ldots, m$, $k = 1, \ldots, n$ gilt. (Anschaulich: Die Schemata von $\boldsymbol{A}$ und $\boldsymbol{B}$ sind deckungsgleich.)

$$\boldsymbol{A} = \underbrace{\begin{bmatrix} a_{11} & a_{12} & \cdots & a_{1n} \\ a_{21} & a_{22} & \cdots & a_{2n} \\ \vdots & & & \vdots \\ a_{m1} & a_{m2} & \cdots & a_{mn} \end{bmatrix}}_{n \text{ Spalten}} \left.\vphantom{\begin{bmatrix} a \\ a \\ \vdots \\ a \end{bmatrix}}\right\} m \text{ Zeilen}$$

Fig. 3.1: Matrix

Bemerkung: Allgemeiner können die Elemente a_{ik} einer Matrix auch aus dem Körper $\mathbb{C}$ der komplexen Zahlen sein (man spricht dann von komplexen Matrizen), oder gar aus einem beliebigen algebraischen Körper $\mathbb{K}$ (s. Abschn. 2.3.5). Wir beginnen die *Einführung der Matrizenrechnung* jedoch *mit reellen Matrizen*, da sie für die Anwendungen am wichtigsten sind, manches beim ersten Lesen dadurch vereinfacht, und alles Wesentliche trotzdem klar wird. Man erkennt später, daß für Matrizen mit Elementen aus $\mathbb{C}$ oder einem beliebigen Körper $\mathbb{K}$ alles analog verläuft. Geringfügige Zusätze, die beim Arbeiten mit komplexen Matrizen auftreten, werden mit leichter Hand hinzugefügt.

Weitere Bezeichnungen: Im Matrix-Schema, (s. Fig. 3.1), bilden die nebeneinander stehenden Elemente $a_{i1}, a_{i2}, \ldots, a_{in}$ die *i-te Zeile* ($i = 1, \ldots, m$), und die untereinander stehenden Elemente $a_{1k}, a_{2k}, \ldots, a_{mk}$. die *k-te Spalte* ($k = 1, \ldots, n$). m ist die *Zeilenzahl* und n die *Spaltenzahl* der Matrix. Das Paar aus Zeilenzahl und Spaltenzahl bildet, wie schon erwähnt, das *Format* der Matrix. Beim Element a_{ik} heißt i der *Zeilenindex* und k der *Spaltenindex*. a_{ik} befindet sich im »Schnittpunkt« der i-ten Zeile und der k-ten Spalte, (s. Fig. 3.2).

Wenn eine Matrix genauso viele Zeilen wie Spalten aufweist, nennt man sie eine *quadratische* Matrix. Zur Unterscheidung spricht man bei beliebigen Matrizen auch von *rechteckigen Matrizen*.

Die Menge aller reellen Matrizen vom Format (m, n) bezeichnen wir mit $\mathrm{Mat}(m, n; \mathbb{R})$. Im Falle $m = n$ schreibt man auch einfach $\mathrm{Mat}(n; \mathbb{R})$.

Definition 3.2:

(a) Eine Matrix, deren Elemente sämtlich 0 sind, heißt *Nullmatrix* und wird einfach mit **0** bezeichnet. (Augenfällig ist sie in Fig 3.3 skizziert [4].)

3 Auch runde Klammern werden viel verwendet: $A = (a_{ik})_{m,n}$.

4 Eine Verwechslung mit anderen Bedeutungen des überlasteten Symbols 0 tritt normalerweise nicht auf, da aus dem Zusammenhang so gut wie immer klar ist, um welche Null es sich handelt. Aus diesem Grunde kann auf Format-

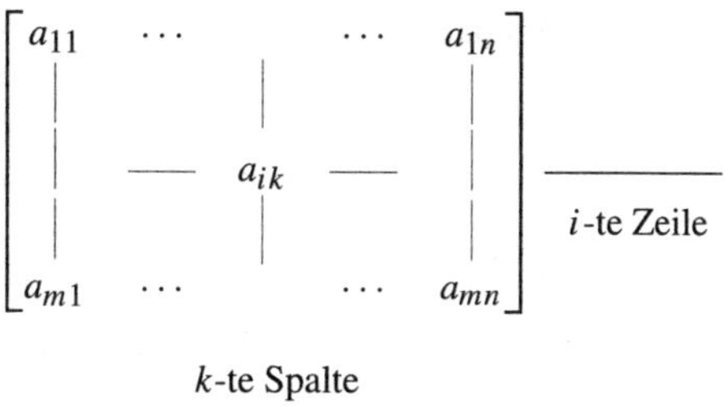

Fig. 3.2: Schnittpunkt von Zeile und Spalte

(b) Die Matrix in Fig. 3.4 heißt n-reihige *Einheitsmatrix* (oder *Einsmatrix*). Sie läßt sich kürzer so darstellen:

$$\boldsymbol{E} = [\delta_{ik}]_{n,n} \quad \text{mit dem Kronecker-Symbol } \delta_{i,k} := \begin{cases} 1 & \text{falls } i = k \\ 0 & \text{falls } i \neq k \end{cases} . \tag{3.1}$$

(c) Ist $\boldsymbol{A} = [a_{ik}]_{m,n}$ eine beliebige Matrix, so ist $-\boldsymbol{A} = [-a_{ik}]_{m,n}$ die *zugehörige negative Matrix*.

(d) Die *Hauptdiagonale* einer Matrix $\boldsymbol{A} = [a_{jk}]_{m,n}$ besteht aus den Elementen a_{11}, $a_{22}, a_{33}, \ldots, a_{tt}$ (mit $t = \min\{m, n\}$).

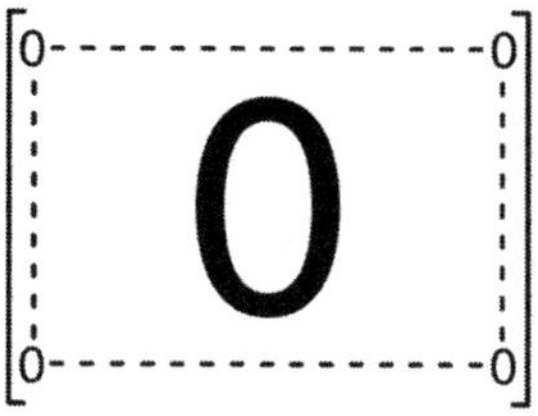

Fig. 3.3: Nullmatrix

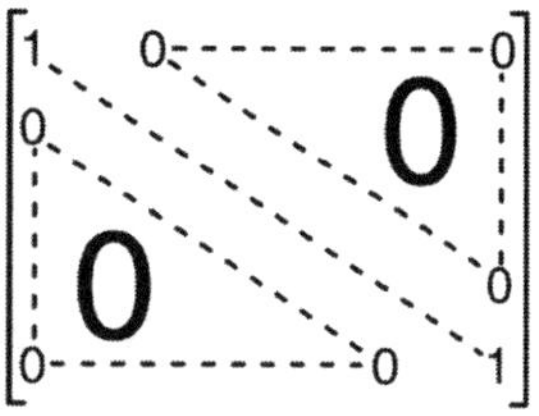

Fig. 3.4: Einheitsmatrix

3.1.3 Addition, Subtraktion und s-Multiplikation

Definition 3.3:

Es seien $\boldsymbol{A} = [a_{ik}]_{m,n}$ und $\boldsymbol{B} = [b_{ik}]_{m,n}$ zwei beliebige reelle Matrizen gleichen Formates. *Addition (Summe)*, *Subtraktion (Differenz)* und *s-Multiplikation*[5] (*s-Produkt*)

Angaben bei der Nullmatrix verzichtet werden.

5 Auch Ausdrücke wie »Multiplikation mit Skalaren«, »skalare Multiplikation« und äußere Multiplikation bzgl. $\mathbb{R}$« sind dafür gebräuchlich.

bei Matrizen werden folgendermaßen definiert:

Addition: $\boldsymbol{A} + \boldsymbol{B} := [a_{ik} + b_{ik}]_{m,n}$,

Subtraktion: $\boldsymbol{A} - \boldsymbol{B} := [a_{ik} - b_{ik}]_{m,n}$,

s-Multiplikation (*Multiplikation mit Skalaren*): $\lambda\boldsymbol{A} := [\lambda a_{ik}]_{m,n}$ mit $\lambda \in \mathbb{R}$.

Figur 3.5 verdeutlicht diese Operationen und zeigt, daß dabei »elementweise« vorgegangen wird.

$$\boldsymbol{A} \pm \boldsymbol{B} = \begin{bmatrix} a_{11} \pm b_{11} & \cdots & a_{1n} \pm b_{1n} \\ \vdots & & \vdots \\ a_{m1} \pm b_{m1} & \cdots & a_{mn} \pm b_{mn} \end{bmatrix} \qquad \lambda\boldsymbol{A} = \begin{bmatrix} \lambda a_{11} & \cdots & \lambda a_{1n} \\ \vdots & & \vdots \\ \lambda a_{m1} & \cdots & \lambda a_{mn} \end{bmatrix}$$

Fig. 3.5: Addition, Subtraktion und s-Multiplikation von Matrizen.

Beispiel 3.1:
Mit

$$\boldsymbol{A} = \begin{bmatrix} 7 & 14 \\ 3 & -1 \\ 19 & 0 \end{bmatrix}, \qquad \boldsymbol{B} = \begin{bmatrix} 1 & 3 \\ -13 & 2 \\ 9 & 2 \end{bmatrix} \quad \text{folgt:}$$

$$\boldsymbol{A} + \boldsymbol{B} = \begin{bmatrix} 8 & 17 \\ -10 & 1 \\ 28 & 2 \end{bmatrix}, \quad \boldsymbol{A} - \boldsymbol{B} = \begin{bmatrix} 6 & 11 \\ 16 & -3 \\ 10 & -2 \end{bmatrix}, \quad 2\boldsymbol{A} = \begin{bmatrix} 14 & 28 \\ 6 & -2 \\ 38 & 0 \end{bmatrix}.$$

Satz 3.1:
(*Rechenregeln*) Für beliebige (m, n)-Matrizen $\boldsymbol{A}, \boldsymbol{B}, \boldsymbol{C}$ mit Elementen aus $\mathbb{R}$ *gilt*:

(A1) $\boldsymbol{A} + (\boldsymbol{B} + \boldsymbol{C}) = (\boldsymbol{A} + \boldsymbol{B}) + \boldsymbol{C}$, *Assoziativgesetz für* $+$,

(A2) $\boldsymbol{A} + \boldsymbol{B} = \boldsymbol{B} + \boldsymbol{A}$, *Kommutativgesetz für* $+$,

(A3) $\boldsymbol{A} + \boldsymbol{0} = \boldsymbol{A}$, *Neutralität der Nullmatrix*,

(A4) $\boldsymbol{A} + (-\boldsymbol{A}) = \boldsymbol{0}$, *Matrix und ihr Negatives annullieren sich.*

Sind λ, μ beliebige Skalare aus $\mathbb{R}$, so gilt ferner

(S1) $(\lambda + \mu)\boldsymbol{A} = \lambda\boldsymbol{A} + \mu\boldsymbol{A}$,
(S2) $\lambda(\boldsymbol{A} + \boldsymbol{B}) = \lambda\boldsymbol{A} + \lambda\boldsymbol{B}$, *Distributivgesetze*,

(S3) $(\lambda\mu)\boldsymbol{A} = \lambda(\mu\boldsymbol{A})$, *Assoziativgesetz für s-Multiplikation*,

(S4) $1\boldsymbol{A} = \boldsymbol{A}$.

Die Gültigkeit der Regeln geht unmittelbar aus der Definition der Summe und der s-Multiplikation hervor.

Bemerkung: Die in Satz 3.1 aufgelisteten Regeln zeigen, daß Mat($m, n; \mathbb{R}$), bezüglich der eingeführten Addition und s-Multiplikation, einen *linearen Raum* über $\mathbb{R}$ bildet. Die folgenden Matrizen ergeben eine *Basis* dieses Raumes:

$$\boldsymbol{E}_{rs} = [e_{ik}^{(r,s)}]_{m,n} \quad \text{mit } e_{ik}^{(r,s)} = \begin{cases} 1, & \text{wenn } r = i \text{ und } s = k, \\ 0, & \text{sonst.} \end{cases} \quad (r = 1, \dots, m;\ s = 1, \dots, n)$$

($\boldsymbol{E}_{rs}$ hat nur im Kreuzungspunkt der r-ten Zeile und der s-ten Spalte eine 1, während alle anderen Elemente der Matrix Null sind. Mit $\boldsymbol{E}_{rs}$ läßt sich nämlich jede reelle Matrix $\boldsymbol{A} = [a_{ik}]_{m,n}$ als Summe $\sum_{r=1}^{m} \sum_{s=1}^{n} a_{rs}\boldsymbol{E}_{rs}$ schreiben, wobei die $\boldsymbol{E}_{rs}$ $(r = 1, \dots, m;\ s = 1, \dots, n)$ zweifellos linear unabhängig sind. Da es genau mn Matrizen $\boldsymbol{E}_{rs}$ gibt, hat der Raum Mat($m, n; \mathbb{R}$) die *Dimension* mn. Folglich ist er zu $\mathbb{R}^{mn}$ isomorph (s. Abschn. 2.4.6, Folg. 2.13).

Bemerkung: Die große Verbreitung, die die Matrizen in den unterschiedlichsten Anwendungsbereichen erfahren haben, beruhen nicht zuletzt darauf, daß eine Reihe technischer Konzeptionen sich unmittelbar durch Matrix-Operationen beschreiben lassen. Bezeichnend für diese Aussage sind die Zusammenschaltungen bestimmter elektrischer Bauteile.

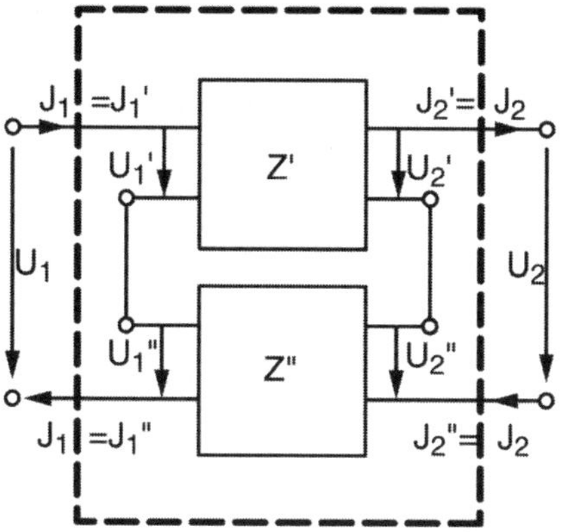

Fig. 3.6: Parallelschaltung von Vierpolen

Beispiel 3.2:
Für die in Fig. 3.6 dargestellte Parallelschaltung zweier Vierpole mit den *Impedanzmatrizen*

$$\boldsymbol{Z}' := \begin{bmatrix} Z'_{11} & Z'_{12} \\ Z'_{21} & Z'_{22} \end{bmatrix} \quad \text{und} \quad \boldsymbol{Z}'' := \begin{bmatrix} Z''_{11} & Z''_{12} \\ Z''_{21} & Z''_{22} \end{bmatrix}$$

gelten die Übertragungsgleichungen:

$$\begin{aligned} U'_1 &= Z'_{11}J'_1 + Z'_{12}J'_2, \quad & U''_1 &= Z''_{11}J''_1 + Z''_{12}J''_2, \\ U'_2 &= Z'_{21}J'_1 + Z'_{22}J'_2, \quad & U''_2 &= Z''_{21}J''_1 + Z''_{22}J''_2. \end{aligned}$$

(U_i', U_i'' Spannungen; J_i', J_i'' Stromstärken; Z_{ik}', Z_{ik}'' Widerstände.) Unter Berücksichtigung von $J_1' = J_1$, $J_2' = J_2$ und $J_1'' = J_1$, $J_2'' = J_2$ (s. Fig. 3.6), sowie $U_1 = U_1' + U_1''$ und $U_2 = U_2' + U_2''$ kommt man nach Addition der Gleichungen der vorhergehenden Systeme zu der Übertragungsgleichung für den (gestrichelt gezeichneten) Gesamt-Vierpol:

$$\begin{aligned} U_1 &= (Z_{11}' + Z_{11}'')J_1 + (Z_{12}' + Z_{12}'')J_2\,, \\ U_2 &= (Z_{21}' + Z_{21}'')J_1 + (Z_{22}' + Z_{22}'')J_2\,. \end{aligned}$$

Daraus liest man folgende *Gesamtimpedanz-Matrix* ab:

$$\boldsymbol{Z} = \begin{bmatrix} Z_{11}' + Z_{11}'' & Z_{12}' + Z_{12}'' \\ Z_{21}' + Z_{21}'' & Z_{22}' + Z_{22}'' \end{bmatrix} = \boldsymbol{Z}' + \boldsymbol{Z}''\,.$$

Übung 3.1:

Es seien die folgenden Matrizen gegeben

$$\boldsymbol{A} = \begin{bmatrix} 3 & 1 & 0 \\ 4 & 9 & 6 \\ -2 & -7 & 8 \end{bmatrix}, \quad \boldsymbol{B} = \begin{bmatrix} 3 & 2 & 4 \\ 9 & -1 & 0 \end{bmatrix}, \quad \boldsymbol{C} = \begin{bmatrix} 5 & 6 & 8 \\ 0 & 2 & -3 \end{bmatrix}.$$

Berechne $-3\boldsymbol{A}$, $\boldsymbol{B} + \boldsymbol{C}$, $6\boldsymbol{B} - 2\boldsymbol{C}$, $\boldsymbol{A} - 5\boldsymbol{E}$ ($\boldsymbol{E}$ dreireihige Einheitsmatrix.)

Übung 3.2*

Im Beispiel 3.2 sei $J_1 = 0{,}2\,\text{A}$, $J_2 = 0{,}08\,\text{A}$,

$$\boldsymbol{Z}' = \begin{bmatrix} 200 & 300 \\ 520 & 410 \end{bmatrix} \Omega,^{6} \quad \boldsymbol{Z}'' = \begin{bmatrix} 740 & 800 \\ 510 & 150 \end{bmatrix} \Omega\,.$$

Berechne U_1, U_2 und $\boldsymbol{Z}$.

3.1.4 Transposition, Spalten-und Zeilenmatrizen

Definition 3.4:

Es sei $\boldsymbol{A} = [a_{ik}]_{m,n}$ eine beliebige Matrix. Dann heißt die Matrix

$$\boldsymbol{A}^{\mathrm{T}} := [a_{ik}']_{n,m} \text{ mit } a_{ik}' := a_{ki} \text{ für alle } i = 1, \dots n\,,\ k = 1, \dots, m$$

die *transponierte Matrix* zu $\boldsymbol{A}$.

Es handelt sich dabei, anschaulich gesprochen, um eine Spiegelung des Schemas von $\boldsymbol{A}$ an

6 Die Maßeinheit, hier Ω (Ohm), wird einfach hinter die Matrix geschrieben.

der »Diagonalen« $a_{11}, a_{22}, a_{33}, \ldots$:

$$A = \begin{bmatrix} a_{11} & a_{12} & \cdots & a_{1n} \\ a_{21} & a_{22} & \cdots & a_{2n} \\ \vdots & & & \\ a_{m1} & a_{m2} & \cdots & a_{mn} \end{bmatrix} \quad \Rightarrow \quad A^{\mathrm{T}} = \begin{bmatrix} a_{11} & a_{21} & \cdots & a_{m1} \\ a_{12} & a_{22} & \cdots & a_{m2} \\ \vdots & & & \\ a_{1n} & a_{2n} & \cdots & a_{mn} \end{bmatrix}$$

Beispiel 3.3:

$$A = \begin{bmatrix} 2 & 3 & 7 \\ -1 & 0 & 5 \end{bmatrix} \quad \Rightarrow \quad A^{\mathrm{T}} = \begin{bmatrix} 2 & -1 \\ 3 & 0 \\ 7 & 5 \end{bmatrix}.$$

Für beliebige reelle (m, n)-Matrizen $\boldsymbol{A}$, $\boldsymbol{B}$ gelten offensichtlich folgende Regeln:

$$(\boldsymbol{A}^{\mathrm{T}})^{\mathrm{T}} = \boldsymbol{A}, \quad (\boldsymbol{A} + \boldsymbol{B})^{\mathrm{T}} = \boldsymbol{A}^{\mathrm{T}} + \boldsymbol{B}^{\mathrm{T}}, \quad (\lambda \boldsymbol{A})^{\mathrm{T}} = \lambda \boldsymbol{A}^{\mathrm{T}} \ (\lambda \in \mathbb{R}). \qquad (3.2)$$

Definition 3.5:

Matrizen aus nur einer Spalte heißen *Spaltenmatrizen* oder *Spaltenvektoren*. Matrizen aus nur einer Zeile nennt man *Zeilenmatrizen* oder *Zeilenvektoren*.

Die reellen *Spaltenmatrizen* mit n Elementen sind natürlich mit den bekannten *Vektoren* des $\mathbb{R}^n$ identisch, und auch Addition, Subtraktion und s-Multiplikation stimmen überein. Wir schreiben daher ohne Zögern $\mathrm{Mat}(n, 1; \mathbb{R}) = \mathbb{R}^n$.

Und was ist mit den Zeilenmatrizen? — Für diese gilt entsprechendes: Der Raum $\mathrm{Mat}(1, n; \mathbb{R})$ der reellen *Zeilenmatrizen* $[x_1, x_2, \ldots, x_n]$ ist bzgl. Addition und s-Multiplikation ein linearer Raum über $\mathbb{R}$, wie in der Bemerkung nach Satz 3.1 im letzten Abschnitt so treffend erläutert. Das heißt nichts weiter, als daß man mit Zeilenmatrizen (=Zeilenvektoren) analog wie mit Spaltenvektoren rechnet. Man schreibt die Vektoren nur waagerecht statt senkrecht. Die Menge der reellen Zeilenvektoren $[x_1, x_2, \ldots, x_n]$ bezeichnen wir mit $\mathbb{R}^{1 \cdot n}$ und erhalten damit die tiefsinnige Gleichung: $\mathrm{Mat}(1, n; \mathbb{R}) = \mathbb{R}^{1 \cdot n}$. Durch Transposition gehen Zeilenvektoren in Spaltenvektoren über und umgekehrt.

Es sei $\boldsymbol{A} = [a_{ik}]_{m,n}$ eine beliebige Matrix. Ihre *Spalten* kann man zu *Spaltenvektoren* zusammenfassen, und ihre *Zeilen* zu *Zeilenvektoren*, s. Fig. 3.7, 3.8.

$$\begin{array}{ccc} k\text{-te Spalte} & & \text{Spaltenvektor} \\ \begin{matrix} a_{1k} \\ \vdots \\ a_{mk} \end{matrix} & \rightarrow & \begin{bmatrix} a_{1k} \\ \vdots \\ a_{mk} \end{bmatrix} := \boldsymbol{a}_k \end{array}$$

Fig. 3.7: Spaltenvektor

$$\begin{array}{ll} i\text{-te Zeile} & a_{i1} \cdots a_{in} \\ & \quad \downarrow \\ \text{Zeilenvektor} & [a_{i1} \cdots a_{in}] := \hat{\boldsymbol{a}}_i \end{array}$$

Fig. 3.8: Zeilenvektor

Damit schreibt man die Matrix $\boldsymbol{A}$ auch in der Form

$$\boldsymbol{A} = [\boldsymbol{a}_1, \boldsymbol{a}_2, \ldots, \boldsymbol{a}_n] \quad \text{oder} \quad \boldsymbol{A} := \begin{bmatrix} \hat{\boldsymbol{a}}_1 \\ \vdots \\ \hat{\boldsymbol{a}}_m \end{bmatrix} . \tag{3.3}$$

Die Matrix ist ein n-Tupel von Spaltenvektoren oder ein m-Tupel von Zeilenvektoren (letztere in senkrechter Anordnung geschrieben).

3.2 Matrizenmultiplikation

Die Matrizenmultiplikation ist der Schlüssel der Matrizenrechnung. Lineare Gleichungssysteme, Eigenwertprobleme, Kegelschnitte und Kompositionen von linearen Abbildungen lassen sich erst damit übersichtlich darstellen, ja tiefer liegende Gesetzmäßigkeiten werden erst dadurch erkannt und formulierbar.

3.2.1 Matrix-Produkt

Definition 3.6:
(*Matrizenmultiplikation*) Das *Matrix-Produkt* $\boldsymbol{AB}$ zweier reeller Matrizen $\boldsymbol{A} = [a_{ik}]_{m,p}$ und $\boldsymbol{B} = [b_{ik}]_{p,n}$ wird folgendermaßen gebildet:

$$\boldsymbol{AB} := [c_{ik}]_{m,n} \quad \text{mit} \quad c_{ik} = \sum_{j=1}^{p} a_{ij} b_{jk} \quad \text{für alle } i = 1, \ldots m,\ k = 1, \ldots n. \tag{3.4}$$

Man beachte, daß das Produkt $\boldsymbol{AB}$ dann und nur dann erklärt ist, wenn die Spaltenzahl von $\boldsymbol{A}$ gleich der Zeilenzahl von $\boldsymbol{B}$ ist.
Beispiel 3.4:

Aus $\boldsymbol{A} = \begin{bmatrix} 1 & 3 & 0 \\ 2 & 4 & 9 \end{bmatrix}$ und $\boldsymbol{B} = \begin{bmatrix} 6 & -1 \\ 5 & 10 \\ 7 & 8 \end{bmatrix}$ folgt

$$\boldsymbol{AB} = \begin{bmatrix} 1 \cdot 6 + 3 \cdot 5 + 0 \cdot 7 & 1 \cdot (-1) + 3 \cdot 10 + 0 \cdot 8 \\ 2 \cdot 6 + 4 \cdot 5 + 9 \cdot 7 & 2 \cdot (-1) + 4 \cdot 10 + 9 \cdot 8 \end{bmatrix} = \begin{bmatrix} 21 & 29 \\ 95 & 110 \end{bmatrix} .$$

Mit den Zeilenvektoren $\hat{\boldsymbol{a}}_i$ von $\boldsymbol{A}$ und den Spaltenvektoren $\boldsymbol{b}_k$ von $\boldsymbol{B}$ bekommt das Produkt $\boldsymbol{AB}$ (in Def. 3.6) die übersichtliche Gestalt

$$\boldsymbol{AB} = [\hat{\boldsymbol{a}}_i^{\mathrm{T}} \cdot \boldsymbol{b}_k]_{m,n} = \begin{bmatrix} \hat{\boldsymbol{a}}_1^{\mathrm{T}} \cdot \boldsymbol{b}_1 & \hat{\boldsymbol{a}}_1^{\mathrm{T}} \cdot \boldsymbol{b}_2 & \cdots & \hat{\boldsymbol{a}}_1^{\mathrm{T}} \cdot \boldsymbol{b}_n \\ \hat{\boldsymbol{a}}_2^{\mathrm{T}} \cdot \boldsymbol{b}_1 & \hat{\boldsymbol{a}}_2^{\mathrm{T}} \cdot \boldsymbol{b}_2 & \cdots & \hat{\boldsymbol{a}}_2^{\mathrm{T}} \cdot \boldsymbol{b}_n \\ \vdots & \vdots & & \vdots \\ \hat{\boldsymbol{a}}_m^{\mathrm{T}} \cdot \boldsymbol{b}_1 & \hat{\boldsymbol{a}}_m^{\mathrm{T}} \cdot \boldsymbol{b}_2 & \cdots & \hat{\boldsymbol{a}}_m^{\mathrm{T}} \cdot \boldsymbol{b}_n \end{bmatrix} \tag{3.5}$$

Also *Merkregel*: An der Stelle (i, k) von $\boldsymbol{AB}$ steht das innere Produkt aus dem i-ten Zeilenvektor[7] von $\boldsymbol{A}$ und dem k-ten Spaltenvektor von $\boldsymbol{B}$; kurz:

$$(\boldsymbol{AB})_{ik} = (i\text{-te Zeile von } \boldsymbol{A})^{\mathrm{T}} \cdot (k\text{-te Spalte von } \boldsymbol{B}). \tag{3.6}$$

Bei der praktischen Durchführung von Matrixmultiplikationen verwendet man zweckmäßig die *Winkelanordnung* der drei Matrizen $\boldsymbol{A}$, $\boldsymbol{B}$ und $\boldsymbol{AB}$, wie sie in Fig. 3.9a skizziert ist. Hier steht im Kreuzungsfeld der i-ten Zeile von $\boldsymbol{A}$ und der k-ten Spalte von $\boldsymbol{B}$ gerade das zugehörige Element c_{ik} von $\boldsymbol{AB}$. Fig. 3.9b verdeutlicht dies numerisch mit den Matrizen aus Beisp. 3.4.

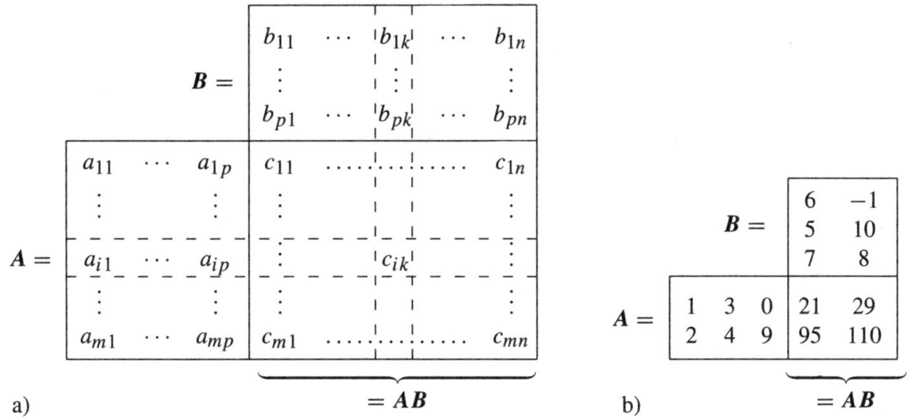

Fig. 3.9: Winkelanordnung bei der Matrizenmultiplikation

Satz 3.2:

(*Rechenregeln für die Matrizenmultiplikation*) Für alle reellen Matrizen $\boldsymbol{A}$, $\boldsymbol{B}$, $\boldsymbol{C}$, für die die folgenden Summen und Produkte gebildet werden können, und alle $\lambda \in \mathbb{R}$ gilt

(M1) $\lambda(\boldsymbol{AB}) = (\lambda\boldsymbol{A})\boldsymbol{B} = \boldsymbol{A}(\lambda\boldsymbol{B})$,
(M2) $\boldsymbol{A}(\boldsymbol{BC}) = (\boldsymbol{AB})\boldsymbol{C}$, *Assoziativgesetze*,

(M3) $\boldsymbol{A}(\boldsymbol{B}+\boldsymbol{C}) = \boldsymbol{AB}+\boldsymbol{AC}$,
(M4) $(\boldsymbol{B}+\boldsymbol{C})\boldsymbol{A} = \boldsymbol{BA}+\boldsymbol{CA}$, *Distributivgesetze*,

(M5) $(\boldsymbol{AB})^{\mathrm{T}} = \boldsymbol{B}^{\mathrm{T}}\boldsymbol{A}^{\mathrm{T}}$, Transposition von Matrix-Produkten.

Ferner

(M6) $\boldsymbol{A0} = \boldsymbol{0}$, $\boldsymbol{0A} = \boldsymbol{0}$, Nullmatrix annulliert $\boldsymbol{A}$,

(M7) $\boldsymbol{AE} = \boldsymbol{A}$, $\boldsymbol{EA} = \boldsymbol{A}$, Einheitsmatrix reproduziert $\boldsymbol{A}$.

7 Natürlich transponiert, da der Zeilenvektor zuerst zu einem Vektor des $\mathbb{R}^p$ gemacht werden muß, damit das innere Produkt einen Sinn hat.

Die Nullmatrizen $\mathbf{0}$ und Einheitsmatrizen $\boldsymbol{E}$ in (M6), (M7) müssen natürlich so gewählt werden, daß sie mit $\boldsymbol{A}$ von links bzw. von rechts multiplizierbar sind.

Auf Grund von (M1), (M2) läßt man Klammern bei mehrfachen Produkten auch weg; $\lambda \boldsymbol{AB}$, $\boldsymbol{ABC}$, $\lambda\boldsymbol{ABC}$, $\boldsymbol{ABCD}$ usw. Irrtümer können dabei nicht entstehen.

Beweis:
Zu (M2). Es sei $\boldsymbol{A} = [a_{ik}]_{mp}$, $\boldsymbol{B} = [b_{ik}]_{pq}$, $\boldsymbol{C} = [c_{ik}]_{qn}$. Nennt man $(\boldsymbol{AB})_{ik}$, $(\boldsymbol{A}(\boldsymbol{BC}))_{ik}$ usw. die Elemente der Matrizen $\boldsymbol{AB}$, $\boldsymbol{A}(\boldsymbol{BC})$ usw. mit Zeilenindex i und Spaltenindex k, so errechnet man

$$(\boldsymbol{A}(\boldsymbol{BC}))_{ik} = \sum_{j=1}^{p} a_{ij}(\boldsymbol{BC})_{jk} = \sum_{j=1}^{p}\sum_{s=1}^{q} a_{ij}b_{js}c_{sk}\,, \quad \text{und}$$

$$((\boldsymbol{AB})\boldsymbol{C})_{ik} = \sum_{s=1}^{q}(\boldsymbol{AB})_{is}c_{sk} = \sum_{s=1}^{q}\sum_{j=1}^{p} a_{ij}b_{js}c_{sk}\,.$$

Da man Summenzeichen vertauschen darf, sind die beiden rechts stehenden Doppelsummen gleich, d.h. es gilt (M2).

Die übrigen Rechenregeln kann der Leser auf natürliche Art selbst beweisen. □

Es sei darauf hingewiesen, daß $\boldsymbol{AB} = \boldsymbol{BA}$ nicht in jedem Fall gilt. Man sagt:

Das Matrixprodukt ist *nicht kommutativ*.

Denn zunächst ist es denkbar, daß zwar $\boldsymbol{AB}$ gebildet werden kann, aber nicht $\boldsymbol{BA}$. Sind beide Produkte aber sinnvoll, so ist trotzdem $\boldsymbol{AB} \neq \boldsymbol{BA}$ möglich, wie folgendes Beispiel zeigt:

$$\overset{\boldsymbol{A}}{\begin{bmatrix}1 & 0\\ 1 & 0\end{bmatrix}}\overset{\boldsymbol{B}}{\begin{bmatrix}1 & 1\\ 0 & 0\end{bmatrix}} = \begin{bmatrix}1 & 1\\ 1 & 1\end{bmatrix}, \quad \text{aber} \quad \overset{\boldsymbol{B}}{\begin{bmatrix}1 & 1\\ 0 & 0\end{bmatrix}}\overset{\boldsymbol{A}}{\begin{bmatrix}1 & 0\\ 1 & 0\end{bmatrix}} = \begin{bmatrix}2 & 0\\ 0 & 0\end{bmatrix}.$$

Natürlich gibt es auch Matrizen, für die $\boldsymbol{AB} = \boldsymbol{BA}$ (zufällig) richtig ist. Das ist z.B. der Fall, wenn $\boldsymbol{A}$ quadratisch ist und $\boldsymbol{B} = \mathbf{0}$ oder $\boldsymbol{B} = \boldsymbol{E}$ (Einheitsmatrix), vom gleichem Format wie $\boldsymbol{A}$. Es kommen halt beide Fälle vor: $\boldsymbol{AB} = \boldsymbol{BA}$ und $\boldsymbol{AB} \neq \boldsymbol{BA}$.

Bemerkung: Für komplexe Matrizen oder Matrizen mit Elementen aus einem beliebigen algebraischen Körper gilt alles, was im vorliegenden Abschn. 3.2 erläutert wird, entsprechend.

Historische Anmerkung: Die erste geschlossene Darstellung der Matrizenrechnung, einschließlich Addition, s-Multiplikation und Multiplikation von Matrizen wurde von Arthur Cayley 1858 veröffentlicht (»A Memoir on the Theory of Matrices«, Collected Papers II, S. 475ff). Es dauerte aber fast bis zum Beginn des 20. Jahrhunderts, bis man Allgemein die Bedeutung der Matrizen und damit ihrer Multiplikation als zentrales Hilfsmittel bei der Beschreibung vieler Probleme der linearen Algebra erkannte. Der deutsche Mathematiker F.G. Frobenius erzielte in den Jahren um 1900 große Fortschritte mit seiner »Darstellungstheorie für Gruppen« in der er beliebige Gruppen durch multiplikative Matrizen-Gruppen darstellte. Dies erwies sich für Quantenmechanik und Relativitätstheorie als wichtig. Es ist klar, daß dabei insbesondere die Matrizenmultiplikation zur Blüte gelangte.

Übung 3.3:

Welche der Produkte $\boldsymbol{AB}$, $\boldsymbol{AX}$, $\boldsymbol{BX}$, $\boldsymbol{X}^{\mathrm{T}}\boldsymbol{A}$, $(\boldsymbol{A}^{\mathrm{T}}\boldsymbol{X})^{\mathrm{T}}\boldsymbol{B}$, $\boldsymbol{B}^{\mathrm{T}}\boldsymbol{X}$ aus den unten angegebenen Matrizen sind sinnvoll? Berechne sie gegebenenfalls!

$$\boldsymbol{B} = \begin{bmatrix} 3 & 7 \\ 1 & 8 \\ 5 & 4 \end{bmatrix}, \quad \boldsymbol{A} = \begin{bmatrix} -2 & 8 \\ 6 & 5 \end{bmatrix}, \quad \boldsymbol{X} = \begin{bmatrix} 8 \\ 4 \\ 0 \end{bmatrix}.$$

Übung 3.4:

Es seien $\boldsymbol{A} = \begin{bmatrix} a_{11} & a_{12} & a_{13} \\ 0 & a_{22} & a_{23} \\ 0 & 0 & a_{33} \end{bmatrix}$, $\boldsymbol{B} = \begin{bmatrix} b_{11} & b_{12} & b_{13} \\ 0 & b_{22} & b_{23} \\ 0 & 0 & b_{33} \end{bmatrix}$, zwei gegebene reelle (3,3)-Matrizen. Zeige, daß $\boldsymbol{AB} = [c_{ik}]_{3,3}$ von gleicher Bauart ist, d.h. daß $c_{21} = c_{31} = c_{32} = 0$ ist.

3.2.2 Produkte mit Vektoren

Da Spalten-und Zeilenvektoren identisch mit Spalten- und Zeilenmatrizen sind, können sie auch in Matrizenprodukten auftreten. Besonders häufig kommen Produkte der Form

$$\boldsymbol{Ax} = \begin{bmatrix} a_{11}x_1 + & \cdots & a_{1n}x_n \\ \vdots & & \vdots \\ a_{m1}x_1 + & \cdots & a_{mn}x_n \end{bmatrix} \quad \text{mit } \boldsymbol{A} = [a_{ik}]_{m,n} \text{ und } \boldsymbol{x} = \begin{bmatrix} x_1 \\ \vdots \\ x_n \end{bmatrix} \in \mathbb{R}^n \tag{3.7}$$

vor. $\boldsymbol{Ax}$ ist also ein Spaltenvektor aus $\mathbb{R}^m$.

Man kann damit *lineare Gleichungssysteme* in der Kurzform

$$\boldsymbol{Ax} = \boldsymbol{b} \tag{3.8}$$

beschreiben (mit $\boldsymbol{A} \in \mathrm{Mat}(m, n; \mathbb{R})$, $\boldsymbol{x} \in \mathbb{R}^n$, $\boldsymbol{b} \in \mathbb{R}^m$). Damit ist eine erste Motivation für die Matrizenmultiplikation gegeben.

Ist $\boldsymbol{x}$ speziell ein Koordinateneinheitsvektor $\boldsymbol{e}_k$ (d.h. $x_i = \delta_{ik}$), so wird das Produkt $\boldsymbol{Ax}$ offenbar zu

$$\boldsymbol{Ae}_k = \boldsymbol{a}_k \quad (= k\text{-ter Spaltenvektor von } \boldsymbol{A}). \tag{3.9}$$

Analog zu $\boldsymbol{Ax}$ lassen sich die Produkte $\boldsymbol{y}^{\mathrm{T}}\boldsymbol{A}$ bilden, wobei $\boldsymbol{A} = [a_{ik}]_{m,n}$ ist, wie bisher, und $\boldsymbol{y} \in \mathbb{R}^m$. $\boldsymbol{y}^{\mathrm{T}}\boldsymbol{A}$ ist ein Zeilenvektor. Insbesondere folgt mit dem Koordinateneinheitsvektor $\boldsymbol{e}_i \in \mathbb{R}^m$:

$$\boldsymbol{e}_i^{\mathrm{T}}\boldsymbol{A} = \hat{\boldsymbol{a}}_i \quad (= i\text{-ter Zeilenvektor von } \boldsymbol{A}). \tag{3.10}$$

Nun zu Produkten aus Zeilen- und Spaltenvektoren:

Folgerung 3.1:

Für $\boldsymbol{x}, \boldsymbol{y} \in \mathbb{R}^n$ gilt

$$\boldsymbol{x}^{\mathrm{T}}\boldsymbol{y} = [x_1, \ldots, x_n] \begin{bmatrix} y_1 \\ \vdots \\ y_n \end{bmatrix} = \sum_{i=1}^{n} x_i y_i \,, \tag{3.11}$$

und für $\boldsymbol{x} \in \mathbb{R}^m$, $\boldsymbol{y} \in \mathbb{R}^n$

$$\boldsymbol{x}\boldsymbol{y}^{\mathrm{T}} = \begin{bmatrix} x_1 \\ \vdots \\ x_m \end{bmatrix} [y_1, \ldots, y_n] = \begin{bmatrix} x_1 y_1 & x_1 y_2 & \cdots & x_1 y_n \\ x_2 y_1 & x_2 y_2 & \cdots & x_2 y_n \\ \vdots & & & \\ x_m y_1 & x_m y_2 & \cdots & a_m y_n \end{bmatrix} . \tag{3.12}$$

Also gilt die *Faustregel*:

Zeilenvektor · Spaltenvektor = Skalar (3.13)

Spaltenvektor · Zeilenvektor = Matrix (3.14)

Ersetzt man $\mathbb{R}$ durch $\mathbb{C}$ oder einen anderen algebraischen Körper $\mathbb{K}$, gilt das obige entsprechend. Allerdings ist speziell für $\boldsymbol{x}, \boldsymbol{y} \in \mathbb{R}^n$:

$$\boldsymbol{x}^{\mathrm{T}}\boldsymbol{y} = \boldsymbol{x} \cdot \boldsymbol{y} \quad (\textit{inneres Produkt}) \tag{3.15}$$

Übung 3.5:

Es sei $\boldsymbol{A} = \begin{bmatrix} 3 & 5 & 1 \\ -6 & 2 & 0 \\ 1 & 4 & 7 \end{bmatrix}$, $\boldsymbol{x} = \begin{bmatrix} 9 \\ 4 \\ -1 \end{bmatrix}$, $\boldsymbol{y} = \begin{bmatrix} 1 \\ 3 \\ 8 \end{bmatrix}$. Berechne $\boldsymbol{A}\boldsymbol{x}$, $\boldsymbol{y}^{\mathrm{T}}\boldsymbol{A}$, $\boldsymbol{x}^{\mathrm{T}}\boldsymbol{y}$, $\boldsymbol{x}^{\mathrm{T}}\boldsymbol{A}\boldsymbol{x}$.

Übung 3.6:

Es seien $\boldsymbol{x}, \boldsymbol{y}, \boldsymbol{z} \in \mathbb{R}^n$ $(n \geq 2)$. Der Ausdruck $\boldsymbol{x}\boldsymbol{y}^{\mathrm{T}}\boldsymbol{z}$ läßt sich auf zwei Weisen berechnen: $(\boldsymbol{x}\boldsymbol{y}^{\mathrm{T}})\boldsymbol{z}$ oder $\boldsymbol{x}(\boldsymbol{y}^{\mathrm{T}}\boldsymbol{z})$. Wie viele Multiplikationen und Additionen werden bei $(\boldsymbol{x}\boldsymbol{y}^{\mathrm{T}})\boldsymbol{z}$ benötigt und wie viele bei $\boldsymbol{x}(\boldsymbol{y}^{\mathrm{T}}\boldsymbol{z})$? Welche Berechnungsart ist also die »einfachere« ?

3.2.3 Matrizen und lineare Abbildungen

Jede reelle (m, n)-Matrix $\boldsymbol{A}$ liefert durch

$$\hat{\boldsymbol{A}}(\boldsymbol{x}) := \boldsymbol{A}\boldsymbol{x} \quad \text{für alle } \boldsymbol{x} \in \mathbb{R}^n \tag{3.16}$$

eine Abbildung $\hat{\boldsymbol{A}} : \mathbb{R}^n \to \mathbb{R}^m$. Sie erfüllt die Gleichungen

$$\hat{\boldsymbol{A}}(\boldsymbol{x} + \boldsymbol{y}) = \hat{\boldsymbol{A}}(\boldsymbol{x}) + \hat{\boldsymbol{A}}(\boldsymbol{y}) \,, \quad \hat{\boldsymbol{A}}(\lambda\boldsymbol{x}) = \lambda\hat{\boldsymbol{A}}(\boldsymbol{x}) \tag{3.17}$$

für alle $\boldsymbol{x}, \boldsymbol{y} \in \mathbb{R}^n$ und alle $\lambda \in \mathbb{R}$ (nach Satz 3.2, (M1),(M3)). Eine Abbildung mit diesen Eigenschaften nennt man eine *lineare Abbildung* (vgl. Abschn. 2.4.5).

Umgekehrt läßt sich jede lineare Abbildung $\hat{\boldsymbol{A}} : \mathbb{R}^m \to \mathbb{R}^n$ in der Form (3.16) darstellen. (Denn mit $\hat{\boldsymbol{A}}(\boldsymbol{e}_k) =: \boldsymbol{a}_k$ kann man die Matrix $\boldsymbol{A} = [\boldsymbol{a}_1, \ldots, \boldsymbol{a}_n]$ bilden. Sie erfüllt (3.16), wie man leicht nachrechnet.) Wir fassen zusammen:

Satz 3.3:

Jeder linearen Abbildung $\hat{\boldsymbol{A}} : \mathbb{R}^n \to \mathbb{R}^m$ entspricht umkehrbar eindeutig eine reelle (m, n)-Matrix mit

$$\hat{\boldsymbol{A}}(\boldsymbol{x}) = \boldsymbol{A}\boldsymbol{x} \quad \text{für alle } \boldsymbol{x} \in \mathbb{R}^n . \tag{3.18}$$

Der *Identität*, $\hat{\boldsymbol{I}} : \mathbb{R}^n \to \mathbb{R}^n$, d.h. der Abbildung $\hat{\boldsymbol{I}}$ mit $\hat{\boldsymbol{I}}(\boldsymbol{x}) = \boldsymbol{x}$ für alle $\boldsymbol{x} \in \mathbb{R}^n$, entspricht dabei die n-reihige Einheitsmatrix $\boldsymbol{E} = [\delta_{ik}]_{n,n}$, also $\hat{\boldsymbol{I}}(\boldsymbol{x}) = \boldsymbol{E}\boldsymbol{x}$ für alle $\boldsymbol{x} \in \mathbb{R}^n$. Ferner gilt

Satz 3.4:

Entsprechen den linearen Abbildungen $\hat{\boldsymbol{A}} : \mathbb{R}^p \to \mathbb{R}^m$ und $\hat{\boldsymbol{B}} : \mathbb{R}^n \to \mathbb{R}^p$ die Matrizen $\boldsymbol{A}$, $\boldsymbol{B}$, so entspricht der *Komposition* $\hat{\boldsymbol{A}} \circ \hat{\boldsymbol{B}} : \mathbb{R}^n \to \mathbb{R}^m$ das Produkt $\boldsymbol{A}\boldsymbol{B}$, d.h.

$$(\hat{\boldsymbol{A}} \circ \hat{\boldsymbol{B}})(\boldsymbol{x}) = \boldsymbol{A}\boldsymbol{B}\boldsymbol{x} \quad \text{für alle } \boldsymbol{x} \in \mathbb{R}^n . \tag{3.19}$$

Beweis:

$(\hat{\boldsymbol{A}} \circ \hat{\boldsymbol{B}})(\boldsymbol{x}) = \hat{\boldsymbol{A}}(\hat{\boldsymbol{B}}(\boldsymbol{x})) = \hat{\boldsymbol{A}}(\boldsymbol{B}\boldsymbol{x}) = \boldsymbol{A}\boldsymbol{B}\boldsymbol{x}$. □

Bemerkung: Dieser Zusammenhang ist die hauptsächliche Motivation für die Einführung der Matrizenmultiplikation in der *beschriebenen* Weise.

Der enge Zusammenhang zwischen Matrizen und linearen Abbildungen führt zu folgenden Begriffsbildungen:

Definition 3.7:

Es sei $\boldsymbol{A}$ eine reelle (m, n)-Matrix. Man vereinbart:

Kern $\boldsymbol{A}$ ist die Menge aller $\boldsymbol{x} \in \mathbb{R}^n$ mit $\boldsymbol{A}\boldsymbol{x} = \boldsymbol{0}$,

Bild $\boldsymbol{A}$ ist die Menge aller $\boldsymbol{y} = \boldsymbol{A}\boldsymbol{x} \in \mathbb{R}^m$ mit $\boldsymbol{x} \in \mathbb{R}^n$,

Rang $\boldsymbol{A}$ ist die maximale Anzahl linear unabhängiger Spaltenvektoren von $\boldsymbol{A}$ (= maximale Anzahl linear unabhängiger Zeilenvektoren von $\boldsymbol{A}$ [8]).

8 Dies folgt aus Satz 2.9(d), in Abschn. 2.2.4, wenn man $\boldsymbol{A}$ durch Nullzeilen oder Nullspalten zu einer quadratischen Matrix ergänzt.

Bemerkung:

(a) Kern $\boldsymbol{A}$ wird auch *Nullraum* von $\boldsymbol{A}$ genannt und Bild $\boldsymbol{A}$ der *Spaltenraum* von $\boldsymbol{A}$ (da Bild $\boldsymbol{A}$ von den Spaltenvektoren von $\boldsymbol{A}$ aufgespannt wird). Bild $\boldsymbol{A}$ ist ein Unterraum von $\mathbb{R}^m$. Entsprechend ist der *Zeilenraum* von $\boldsymbol{A}$ der Unterraum aus $\mathbb{R}^n$, der von den Zeilenvektoren von $\boldsymbol{A}$ aufgespannt wird. Er ist also gleich Bild $\boldsymbol{A}^{\mathrm{T}}$.

(b) Für lineare Abbildungen sind die Begriffe Kern, Bild, Rang in Abschn. 2.4.7 eingeführt worden. Mit der linearen Abbildung $\hat{\boldsymbol{A}} : \mathbb{R}^n \to \mathbb{R}^n$, die der Matrix $\boldsymbol{A}$ entspricht, ist natürlich Kern $\boldsymbol{A}$ = Kern $\hat{\boldsymbol{A}}$, Bild $\boldsymbol{A}$ = Bild $\hat{\boldsymbol{A}}$ und Rang $\boldsymbol{A}$ = Rang $\hat{\boldsymbol{A}}$. Es ist also im Grunde nicht nötig, zwischen linearen Abbildungen von $\mathbb{R}^n$ in $\mathbb{R}^m$ und reellen (m, n)-Matrizen zu unterscheiden. Sie entsprechen sich vollkommen. Das wird auch durch folgenden Satz deutlich.

Satz 3.5:

Es seien $\boldsymbol{A} = [a_{ik}]_{m,n}$ und $\boldsymbol{B} = [b_{ik}]_{n,p}$ zwei reelle Matrizen. Damit gelten die Rangbeziehungen:

$$\operatorname{Rang} \boldsymbol{A} = \dim \operatorname{Bild} \boldsymbol{A} = \dim \operatorname{Bild} \boldsymbol{A}^{\mathrm{T}}, \quad (3.20)$$

[9]

»Dimensionsformel«

$$\dim \operatorname{Kern} \boldsymbol{A} + \operatorname{Rang} \boldsymbol{A} = n \quad (= \textit{Spaltenzahl} \text{ von } \boldsymbol{A}), \quad (3.21)$$

speziell

$$\operatorname{Kern} \boldsymbol{A} = \{0\} \Longleftrightarrow \operatorname{Rang} \boldsymbol{A} = n\,. \quad (3.22)$$

Ferner gilt

$$\operatorname{Rang} \boldsymbol{A} + \operatorname{Rang} \boldsymbol{B} - n \le \operatorname{Rang} \boldsymbol{AB} \le \min\{\operatorname{Rang} \boldsymbol{A}, \operatorname{Rang} \boldsymbol{B}\}\,. \quad (3.23)$$

Beweis:

Gleichung (3.20) folgt unmittelbar aus Definition 3.7. (3.21) ist lediglich eine spezielle Formulierung der bewiesenen Dimensionsformel in Abschn. 2.4.7, Satz 2.23. (3.21) folgt elementarer auch aus Abschn. 2.2.5, Satz 2.11(b), denn dort ist Rang $\boldsymbol{A} = p$ und dim Kern $\boldsymbol{A} = n - p$ (= Dimension des Lösungsraumes von $\sum_{k=1}^{n} a_{ik} x_k = 0, i = 1, \ldots, m$.) Somit: dim Kern $\boldsymbol{A}$ + Rang $\boldsymbol{A}$ = $(n - p) + p = n$.

Zu (3.23): Es sei $\hat{\boldsymbol{A}} : \mathbb{R}^n \to \mathbb{R}^m$ die lineare Abbildung zur Matrix $\boldsymbol{A}$ ($\hat{\boldsymbol{A}}(\boldsymbol{x}) = \boldsymbol{A}\boldsymbol{x}$), und $\hat{\hat{\boldsymbol{A}}}$: Bild $\boldsymbol{B} \to \mathbb{R}^m$ sei die Einschränkung von $\hat{\boldsymbol{A}}$ auf den Unterraum Bild $\boldsymbol{B} \subset \mathbb{R}^n$. Die Dimensionsformel (Satz 2.23, Abschn. 2.4.7) lautet, auf $\hat{\hat{\boldsymbol{A}}}$ angewandt

$$\dim \operatorname{Kern} \hat{\hat{\boldsymbol{A}}} + \operatorname{Rang} \hat{\hat{\boldsymbol{A}}} = \dim \operatorname{Bild} \boldsymbol{B}\,. \quad (3.24)$$

9 $\dim \boldsymbol{U}$ = Dimension von $\boldsymbol{U}$, s. Abschn. 2.1.3, Def. 2.2

Es ist aber Kern $\hat{\hat{A}}$ = Kern $A \cap$ Bild B, Rang $\hat{\hat{A}}$ = Rang AB und dim Bild B = Rang B, also

$$\dim(\text{Kern}\, A \cap \text{Bild}\, B) + \text{Rang}\, AB = \text{Rang}\, B\,. \tag{3.25}$$

Daraus ergibt sich unmittelbar Rang $AB \leq$ Rang B und durch Übergang zur Transponierten: Rang(AB) = Rang$(AB)^{\mathrm{T}}$ = Rang $B^{\mathrm{T}}A^{\mathrm{T}} \leq$ Rang $A^{\mathrm{T}} \leq$ Rang A, zusammen also die rechte Ungleichung in (3.23). Die linke Ungleichung in (3.23) erhält man aus (3.25) durch Umstellung:

$$\text{Rang}\, B - \text{Rang}\, AB = \dim(\text{Kern}\, A \cap \text{Bild}\, B) \leq \dim \text{Kern}\, A\,. \tag{3.26}$$

dim Kern A ist aber nach (3.21) gleich n − Rang A, womit alles bewiesen ist. □

Wie berechnet man den Rang einer Matrix $A = [a_{ik}]_{m,n}$?
Ganz einfach: Man wendet auf das homogene Gleichungssystem

$$\sum_{k=1}^{n} a_{ik} x_k = 0\,, \quad i = 1, \ldots, m\,, \tag{3.27}$$

den Gaußschen Algorithmus an (s. Abschn. 2.2.5, 2.2.1). Er führt auf ein p-zeiliges Trapezsystem (wobei wir Dreieckssysteme als Spezialfälle von Trapezsystemen mit $n = p$ auffassen). Es ist dann p = Rang A.

Beispiel 3.5:
Die folgende Matrix A geht durch den Gaußschen Algorithmus in die rechts stehende »Trapezmatrix« über:

$$A = \begin{bmatrix} 2 & 1 & 5 & 5 & 7 \\ -1 & 3 & -2 & 3 & -13 \\ 1 & -2 & 3 & 0 & 12 \\ 2 & 2 & 6 & 8 & 6 \end{bmatrix} \longrightarrow \begin{bmatrix} 2 & 1 & 5 & 5 & 7 \\ 0 & 3{,}5 & 0{,}5 & 5{,}5 & -9{,}5 \\ 0 & 0 & 0{,}86 & 1{,}43 & 1{,}71 \\ 0 & 0 & 0 & 0 & 0 \end{bmatrix}. \tag{3.28}$$

In der »Trapezmatrix« stehen nur die Koeffizienten der linken Seite des Trapezsystems, da es allein auf sie ankommt. (Die Zahlen in der dritten Zeile sind dabei gerundet.) Genau 3 Zeilen sind in der »Trapezmatrix« ungleich **0**, also ist Rang $A = 3$.

Bemerkung: Für $\mathbb{C}$ oder allgemeiner $\mathbb{K}$ (algebraischer Körper) an Stelle von $\mathbb{R}$ gilt alles in diesem Abschnitt Gesagte entsprechend.

Übung 3.7*

Berechne die Ränge der folgenden Matrizen

$$A = \begin{bmatrix} 1 & 1 & 1 & 1 \\ 0 & 1 & 1 & 0 \\ 1 & 0 & 0 & 1 \end{bmatrix}, \quad B = \begin{bmatrix} 1{,}2 & 5{,}4 & -8{,}4 \\ -3{,}0 & -13{,}5 & 21{,}0 \\ 0{,}4 & 1{,}8 & 2{,}8 \end{bmatrix}, \quad x = \begin{bmatrix} 9 \\ 7 \\ 0 \\ 0 \end{bmatrix}.$$

Übung 3.8*

Es seien $\boldsymbol{A}$, $\boldsymbol{B}$ reelle quadratische n-reihige Matrizen mit Rang $\boldsymbol{A}$ = Rang $\boldsymbol{B} = n$. Beweise

$$\text{Rang}\,\boldsymbol{AB} = \text{Rang}\,\boldsymbol{A} = \text{Rang}\,\boldsymbol{B}\,.$$

(*Hinweis*: Satz 3.5).

3.2.4 Blockzerlegung

Als *Untermatrix* einer Matrix $\boldsymbol{A}$ bezeichnen wir jede Matrix, die durch Herausstreichen von Zeilen und/oder Spalten aus $\boldsymbol{A}$ hervorgeht.

Eine Zerlegung einer Matrix $\boldsymbol{B}$ in Untermatrizen (Blöcke, Kästchen), wie in Fig. 3.10 skizziert, nennt man eine *Blockzerlegung* der Matrix. Die Untermatrizen $\boldsymbol{A}_{ik}$ heißen dabei *Blöcke* (oder *Kästchen*). Rechts in Figur 3.10 steht gewissermaßen eine »Matrix aus Matrizen«; man nennt sie kurz eine *Blockmatrix*. Blöcke aus der gleichen Zeile einer Blockmatrix haben dabei gleiche Zeilenzahl, Blöcke aus der gleichen Spalte gleiche Spaltenzahl.

$$\boldsymbol{A} = \begin{bmatrix} \begin{bmatrix} a_{11} & \cdots \\ \vdots & \end{bmatrix} & \begin{bmatrix} & \\ & \end{bmatrix} & \cdots & \begin{bmatrix} \cdots & a_{1n} \\ & \vdots \end{bmatrix} \\ \begin{bmatrix} & \\ & \end{bmatrix} & \begin{bmatrix} & \\ & \end{bmatrix} & \cdots & \begin{bmatrix} & \\ & \end{bmatrix} \\ \vdots & \vdots & & \vdots \\ \begin{bmatrix} \vdots & \\ a_{m1} & \cdots \end{bmatrix} & \begin{bmatrix} & \\ & \end{bmatrix} & \cdots & \begin{bmatrix} & \vdots \\ \cdots & a_{mn} \end{bmatrix} \end{bmatrix} = \begin{bmatrix} \boldsymbol{A}_{11} & \boldsymbol{A}_{12} & \cdots & \boldsymbol{A}_{1N} \\ \boldsymbol{A}_{21} & \boldsymbol{A}_{22} & \cdots & \boldsymbol{A}_{2N} \\ \vdots & & & \vdots \\ \boldsymbol{A}_{M1} & \boldsymbol{A}_{M2} & \cdots & \boldsymbol{A}_{MN} \end{bmatrix}.$$

Fig. 3.10: Blockzerlegung einer Matrix

Folgendes Zahlenbeispiel macht die Blockzerlegung deutlich:

$$\boldsymbol{A} = \left[\begin{array}{rr|rrr|r} 3 & 4 & 7 & 8 & 6 & 1 \\ 5 & 9 & 7 & 9 & 4 & 1 \\ 1 & 0 & 6 & 8 & 5 & 0 \\ \hline 3 & 6 & 9 & 8 & 4 & 2 \\ -1 & 8 & 3 & 2 & 0 & 4 \end{array}\right] = \begin{bmatrix} \boldsymbol{A}_{11} & \boldsymbol{A}_{12} & \boldsymbol{A}_{13} \\ \boldsymbol{A}_{21} & \boldsymbol{A}_{22} & \boldsymbol{A}_{23} \end{bmatrix}. \tag{3.29}$$

Durch die Unterteilung mit den Linien ist klar, wie die Matrizen $\boldsymbol{A}_{ik}$ in diesem Beispiel aussehen.

Der Vorteil ist nun folgender:

Man kann mit Blockmatrizen formal so rechnen, als wären alle Blöcke einfache Zahlen!

Genauer: Sind

$$A = \begin{bmatrix} A_{11} & \cdots & A_{1N} \\ \vdots & & \\ A_{M1} & \cdots & A_{MN} \end{bmatrix}, \quad B = \begin{bmatrix} B_{11} & \cdots & B_{1N} \\ \vdots & & \\ B_{M1} & \cdots & B_{MN} \end{bmatrix}, C = \begin{bmatrix} C_{11} & \cdots & C_{1P} \\ \vdots & & \\ C_{N1} & \cdots & C_{NP} \end{bmatrix}$$

reelle oder komplexe Matrizen, die in die Blöcke A_{ik}, B_{ik}, C_{ik} zerlegt sind, so folgt für die

Addition, Subtraktion und s-Multiplikation mit Blockmatrizen

$$A \pm B = \begin{bmatrix} A_{11} \pm B_{11} & \cdots & A_{1N} \pm B_{1N} \\ \vdots & & \vdots \\ A_{M1} \pm B_{M1} & \cdots & A_{MN} \pm B_{MN} \end{bmatrix}, \quad \lambda A = \begin{bmatrix} \lambda A_{11} & \cdots & \lambda A_{1N} \\ \vdots & & \vdots \\ \lambda A_{M1} & \cdots & \lambda A_{MN} \end{bmatrix} \tag{3.30}$$

(λ reell oder komplex), und für die

Matrizenmultiplikation mit Blockmatrizen:

$$AC = \begin{bmatrix} D_{11} & \cdots & D_{1P} \\ \vdots & & \vdots \\ D_{M1} & \cdots & D_{MP} \end{bmatrix} \quad \text{mit } D_{ik} = \sum_{j=1}^{N} A_{ij} C_{jk} . \tag{3.31}$$

Dabei wird vorausgesetzt, daß die Zeilen-und Spaltenzahlen der Blöcke A_{ik}, B_{ik}, D_{ik} so beschaffen sind, daß alle hingeschriebenen Summen, Differenzen und Produkte auch gebildet werden können. Die Beweise werden dem Leser überlassen. (3.31) ist dabei etwas mühsamer nachzuweisen. Man beginne daher mit einfachen Zerlegungen, also kleinen Zahlen M, N, P. Speziell für 2×2-Zerlegungen folgt mit

$$A = \begin{bmatrix} A_{11} & A_{12} \\ A_{21} & A_{22} \end{bmatrix}, \quad B = \begin{bmatrix} B_{11} & B_{12} \\ B_{21} & B_{22} \end{bmatrix}, \quad \begin{matrix} A_{k1} \in \mathrm{Mat}(m, n; \mathbb{C}) \\ B_{1k} \in \mathrm{Mat}(n, p; \mathbb{C}) \\ A_{k2} \in \mathrm{Mat}(m, s; \mathbb{C}) \\ B_{2k} \in \mathrm{Mat}(s, p; \mathbb{C}) \end{matrix} :$$

$$AB = \begin{bmatrix} A_{11}B_{11} + A_{12}B_{21} & A_{11}B_{12} + A_{12}B_{22} \\ A_{21}B_{11} + A_{22}B_{21} & A_{21}B_{12} + A_{22}B_{22} \end{bmatrix} . \tag{3.32}$$

Bemerkung: Liegt ein beliebiger Körper $\mathbb{K}$ zu Grunde, gilt alles entsprechend.

Übung 3.9*

Es sei ein lineares Gleichungssystem

$$\begin{bmatrix} A & D \\ 0 & C \end{bmatrix} \begin{bmatrix} X_1 \\ X_2 \end{bmatrix} = \begin{bmatrix} B_1 \\ B_2 \end{bmatrix}$$

gegeben. Dabei sei A eine p–reihige quadratische Matrix, C eine q-reihige quadratische Matrix, X_1, B_1 p-reihige Spaltenmatrizen und X_2, B_2 q-reihige Spaltenmatrizen. Wie kann man dieses $p+q$-reihige Gleichungssystem in ein q-reihiges und ein p-reihiges Gleichungssystem aufspalten?

3.3 Reguläre und inverse Matrizen

Im Folgenden setzen wir voraus, daß alle in diesem Abschnitt auftretenden Matrizen Elemente aus dem *gleichen algebraischen Körper* $\mathbb{K}$ besitzen. Wir sagen dies, der einfachen Sprechweise wegen, nicht immer dazu. Beim ersten Lesen ist zu empfehlen, sich *alle auftretenden Matrizen als reelle Matrizen* vorzustellen, also $\mathbb{K} = \mathbb{R}$. Später überzeugt man sich leicht davon, daß alles auch für komplexe Matrizen oder Matrizen mit Elementen aus allgemeinem $\mathbb{K}$ gilt.

3.3.1 Reguläre Matrizen

Definition 3.8:

Eine Matrix $\boldsymbol{A}$ heißt genau dann *regulär*, wenn sie quadratisch ist und ihre Spaltenvektoren linear unabhängig sind.

Eine quadratische Matrix $\boldsymbol{A}$ ist also genau dann *regulär*, wenn

$$\text{Rang}\, \boldsymbol{A} = \text{Spaltenzahl von } \boldsymbol{A} \tag{3.33}$$

ist. Im Zusammenhang mit linearen Gleichungssystemen $\boldsymbol{Ax} = \boldsymbol{y}$ läßt sich Regularität so beschreiben:

Satz 3.6:

Eine quadratische n-reihige Matrix $\boldsymbol{A}$ ist genau dann regulär, wenn eine der folgenden Bedingungen erfüllt ist:

(a) $\boldsymbol{Ax} = \boldsymbol{y}$ hat für ein $\boldsymbol{y} \in \mathbb{K}^n$ genau eine Lösung $\boldsymbol{x}$.

(b) $\boldsymbol{Ax} = \boldsymbol{y}$ hat für jedes $\boldsymbol{y} \in \mathbb{K}^n$ genau eine Lösung $\boldsymbol{x}$.

(c) $\boldsymbol{Ax} = \boldsymbol{0}$ hat nur die Lösung $\boldsymbol{x} = \boldsymbol{0}$.

Beweis:

(a) folgt aus Abschn. 2.2.4, Satz 2.9 (1. Fall) und die Äquivalenz von (a), (b), (c) untereinander aus Abschn. 2.2.4, Folgerung 2.5. □

Reguläre Matrizen sind also besonders angenehme und freundliche Zeitgenossen. Das machen auch die nächsten Sätze deutlich.

Satz 3.7:

(*Produkte regulärer Matrizen*) Das Produkt zweier quadratischer n-reihiger Matrizen $\boldsymbol{A}, \boldsymbol{B}$ ist genau dann regulär, wenn jeder der Faktoren $\boldsymbol{A}, \boldsymbol{B}$ regulär ist.

Beweis:
I. Es seien $\boldsymbol{A}$, $\boldsymbol{B}$ regulär, d.h. Rang $\boldsymbol{A}$ = Rang $\boldsymbol{B} = n$. Dann liefert die linke Rangungleichung in (3.23) im Abschn. 3.2.3

$$n + n - n \leq \text{Rang}\,\boldsymbol{AB}\,,$$

also $n \leq \text{Rang}\,\boldsymbol{AB}$. Natürlich ist Rang $\boldsymbol{AB} \leq n$, da n die Spaltenzahl von $\boldsymbol{AB}$ ist, folglich ist Rang $\boldsymbol{AB} = n$, d.h. $\boldsymbol{AB}$ ist regulär.
II. Es sei nun $\boldsymbol{AB}$ als regulär vorausgesetzt. Aus der rechten Ungleichung in (3.23) folgt damit

$$n = \text{Rang}\,\boldsymbol{AB} \leq \begin{cases} \text{Rang}\,\boldsymbol{A}\,, \\ \text{Rang}\,\boldsymbol{B}\,, \end{cases}$$

wegen Rang $\boldsymbol{A} \leq n$, Rang $\boldsymbol{B} \leq n$ also Rang $\boldsymbol{A}$ = Rang $\boldsymbol{B} = n$, womit die Regularität von $\boldsymbol{A}$ und $\boldsymbol{B}$ bewiesen ist. □

Satz 3.8:
(*Lösung von Matrixgleichungen*) Zu je zwei regulären n-reihigen Matrizen $\boldsymbol{A}$, $\boldsymbol{B}$ gibt es genau eine Matrix $\boldsymbol{X}$ *mit*

$$\boldsymbol{AX} = \boldsymbol{B}\,.$$

$\boldsymbol{X}$ ist dabei eine reguläre n-reihige Matrix.

Beweis:
Mit den Spaltenvektoren $\boldsymbol{b}_1, \ldots, \boldsymbol{b}_n$ von $\boldsymbol{B}$ betrachten wir die n Gleichungen

$$\boldsymbol{A}\boldsymbol{x}_1 = \boldsymbol{b}_1, \ldots, \boldsymbol{A}\boldsymbol{x}_n = \boldsymbol{b}_n\,. \tag{3.34}$$

Da $\boldsymbol{A}$ regulär ist, hat jede dieser Gleichungen eine eindeutig bestimmte Lösung $\boldsymbol{x}_i$ (Satz 3.6 (b)). Sie werden zur quadratischen Matrix $\boldsymbol{X} = [\boldsymbol{x}_1, \ldots, \boldsymbol{x}_n]$ zusammengesetzt. Damit sind die n Gleichungen in (3.34) gleichbedeutend mit $\boldsymbol{AX} = \boldsymbol{B}$. Die Matrixgleichung hat also eine eindeutig bestimmte Lösung $\boldsymbol{X}$. Nach Satz 3.7 ist $\boldsymbol{X}$ regulär. □

Bemerkung: Natürlich ist die Gleichung

$$\boldsymbol{YA} = \boldsymbol{B}$$

($\boldsymbol{A}$, $\boldsymbol{B}$ gegebene reguläre n-reihige Matrizen) auch eindeutig lösbar, und die Lösung $\boldsymbol{Y}$ ist dabei regulär n-reihig. Dies folgt aus der transponierten Gleichung $\boldsymbol{A}^{\mathrm{T}}\boldsymbol{Y}^{\mathrm{T}} = \boldsymbol{B}^{\mathrm{T}}$ die nach Satz 3.8 eindeutig lösbar ist.

3.3.2 Inverse Matrizen

Definition 3.9:

Es sei $\boldsymbol{A}$ eine quadratische Matrix. Existiert dazu eine Matrix $\boldsymbol{X}$ mit

$$\boldsymbol{A}\boldsymbol{X} = \boldsymbol{E} \quad (\boldsymbol{E}\ n\text{-reihige Einheitsmatrix}),$$

so nennt man $\boldsymbol{X}$ die zu $\boldsymbol{A}$ *inverse Matrix*, kurz *Inverse* von $\boldsymbol{A}$. Man bezeichnet $\boldsymbol{X}$ durch

$$\boldsymbol{A}^{-1}.$$

$\boldsymbol{A}$ wird in diesem Falle *invertierbar* genannt.

Satz 3.9:

Eine quadratische Matrix $\boldsymbol{A}$ ist genau dann *invertierbar*, wenn sie *regulär* ist. Die Inverse $\boldsymbol{A}^{-1}$ ist in diesem Falle eindeutig bestimmt. $\boldsymbol{A}^{-1}$ ist regulär und von gleicher Zeilenzahl wie $\boldsymbol{A}$. Überdies gilt

$$\boldsymbol{A}^{-1}\boldsymbol{A} = \boldsymbol{A}\boldsymbol{A}^{-1} = \boldsymbol{E}. \tag{3.35}$$

Beweis:

Ist $\boldsymbol{A}$ regulär, dann ist $\boldsymbol{A}$ nach Satz 3.7 auch invertierbar. Ist $\boldsymbol{A}$ dagegen quadratisch und invertierbar, d.h. gibt es ein $\boldsymbol{X}$ mit $\boldsymbol{A}\boldsymbol{X} = \boldsymbol{E}$, so muß $\boldsymbol{X}$ quadratisch von gleicher Zeilenzahl wie $\boldsymbol{A}$ sein. $\boldsymbol{A}$ und $\boldsymbol{X}$ sind nach Satz 3.7 regulär. Nach Satz 3.8 ist $\boldsymbol{X}$ eindeutig bestimmt. — Insbesondere hat $\boldsymbol{X} = \boldsymbol{A}^{-1}$ selbst wieder eine Inverse $(\boldsymbol{A}^{-1})^{-1}$. Es gilt $\boldsymbol{A}\boldsymbol{A}^{-1} = \boldsymbol{E}$ und damit

$$\boldsymbol{A}^{-1}\boldsymbol{A} = (\boldsymbol{A}^{-1}\boldsymbol{A})\underbrace{(\boldsymbol{A}^{-1}(\boldsymbol{A}^{-1})^{-1})}_{\boldsymbol{E}} = \boldsymbol{A}^{-1}\underbrace{(\boldsymbol{A}\boldsymbol{A}^{-1})}_{\boldsymbol{E}}(\boldsymbol{A}^{-1})^{-1} = \boldsymbol{A}^{-1}(\boldsymbol{A}^{-1})^{-1} = \boldsymbol{E}.$$

□

Für das Rechnen mit inversen Matrizen gelten die leicht einzusehenden *Regeln*

$$(\boldsymbol{A}^{-1})^{-1} = \boldsymbol{A}, \quad (\boldsymbol{A}\boldsymbol{B})^{-1} = \boldsymbol{B}^{-1}\boldsymbol{A}^{-1}, \quad (\boldsymbol{A}^{\mathrm{T}})^{-1} = (\boldsymbol{A}^{-1})^{\mathrm{T}}. \tag{3.36}$$

Bemerkung:

(a) Jede quadratische n-reihige reelle Matrix $\boldsymbol{A}$ vermittelt eine lineare Abbildung $\hat{\boldsymbol{A}} : \mathbb{R}^n \to \mathbb{R}^n$ durch $\hat{\boldsymbol{A}}(\boldsymbol{x}) = \boldsymbol{A}\boldsymbol{x}$ ($\boldsymbol{x} \in \mathbb{R}^n$). $\hat{\boldsymbol{A}}$ ist genau dann bijektiv (umkehrbar eindeutig), wenn $\boldsymbol{A}$ regulär ist (nach Satz 3.6 (b)). Durch $\boldsymbol{A}^{-1}$ wird die *Umkehrabbildung* $\hat{\boldsymbol{A}}^{-1} : \mathbb{R}^n \to \mathbb{R}^n$ beschrieben. ($\hat{\boldsymbol{A}}^{-1}(\boldsymbol{x}) = \boldsymbol{A}^{-1}\boldsymbol{x}$), denn es ist $\boldsymbol{A}\boldsymbol{A}^{-1}\boldsymbol{x} = \boldsymbol{x}$ und $\boldsymbol{A}^{-1}\boldsymbol{A}\boldsymbol{y} = \boldsymbol{y}$ (für alle $\boldsymbol{x}, \boldsymbol{y} \in \mathbb{R}^n$). — Für $\mathbb{K}$ statt $\mathbb{R}$ gilt dies genauso.

(b) Die regulären n-reihigen Matrizen (mit Elementen aus $\mathbb{K}$), bilden bezüglich der Matrizenmultiplikation eine *Gruppe* (s. Abschn. 2.3.2). Denn Produkte $\boldsymbol{A}\boldsymbol{B}$ regulärer Matrizen sind regulär, es gilt $(\boldsymbol{AB})\boldsymbol{C} = \boldsymbol{A}(\boldsymbol{BC})$ für diese Matrizen, $\boldsymbol{E}$ ist regulär und mit $\boldsymbol{A}$ ist auch $\boldsymbol{A}^{-1}$ regulär. Damit gelten für diese Gruppe alle in 2.3 hergeleiteten Gruppengesetze.

Man versucht oft, beliebige Gruppen isomorph (oder *homomorph*) in diese Matrizen-Gruppen abzubilden, man sagt, sie »darzustellen« (*Darstellungstheorie von Gruppen*). Auf diese Weise werden auch beliebige Gruppen besser handhabbar, da man die Matrizengesetze auf sie anwenden kann.

Dieser Ausblick mag hier genügen. Für die Darstellungstheorie wird auf die Spezialliteratur verwiesen (z.B. [11]).

Berechnung der Inversen: Es sei $\boldsymbol{A}$ eine quadratische n-reihige Matrix, deren Inverse gesucht wird, sofern sie existiert. Man will also die Gleichung

$$\boldsymbol{AX} = \boldsymbol{E}$$

lösen. Dazu werden die einzelnen Spalten dieser Gleichung hingeschrieben:

$$\boldsymbol{Ax}_1 = \boldsymbol{e}_1, \quad \boldsymbol{Ax}_2 = \boldsymbol{e}_2, \ldots, \ \boldsymbol{Ax}_n = \boldsymbol{e}_n. \tag{3.37}$$

Hierbei sind $\boldsymbol{x}_1, \ldots, \boldsymbol{x}_n$ die Spalten von $\boldsymbol{X}$ und $\boldsymbol{e}_1, \ldots, \boldsymbol{e}_n$ die Spalten von $\boldsymbol{E}$. Jede der Gleichungen (3.37) wird mit dem *Gaußschen Algorithmus* zu lösen versucht. Ist die erste Gleichung damit eindeutig lösbar, so ist $\boldsymbol{A}$ regulär (Satz 3.6 (a)), und auch die übrigen Gleichungen in (3.37) sind eindeutig lösbar. Dabei braucht die linke Seite, deren Koeffizienten a_{ik} bei allen Gleichungen in (3.37) gleich sind, nur *einmal* auf Dreiecksform gebracht zu werden, was den Rechenaufwand senkt.

Die Lösungen $\boldsymbol{x}_1, \ldots, \boldsymbol{x}_n$ der Gleichungen in (3.37) ergeben die gesuchte Inverse $\boldsymbol{A}^{-1} = [\boldsymbol{x}_1, \boldsymbol{x}_2, \ldots, \boldsymbol{x}_n]$.

Speziell für *zweireihige reguläre Matrizen* errechnet man

$$\boldsymbol{A} = \begin{bmatrix} a & b \\ c & d \end{bmatrix} \Longrightarrow \boldsymbol{A}^{-1} = \frac{1}{ad - cb} \begin{bmatrix} d & -b \\ -c & a \end{bmatrix}. \tag{3.38}$$

Dabei folgt aus der Regularität von $\boldsymbol{A}$: $ad - cb \neq 0$. Denn $ad - cb = \det \boldsymbol{A}$ ist die Determinante von $\boldsymbol{A}$ (s. Abschn. 1.1.7), deren Betrag der Flächeninhalt des Parallelogramms aus den Spaltenvektoren von $\boldsymbol{A}$ ist. Dieser ist ungleich 0, wenn die Spaltenvektoren linear unabhängig sind, d.h. wenn $\boldsymbol{A}$ regulär ist.

Beispiel 3.6:

Die Inverse der Matrix

$$\boldsymbol{A} = \begin{bmatrix} 2 & 1 \\ -3 & 5 \end{bmatrix} \quad \text{lautet} \quad \boldsymbol{A}^{-1} = \frac{1}{13} \begin{bmatrix} 5 & -1 \\ 3 & 2 \end{bmatrix}.$$

Bemerkung: Ist $\boldsymbol{Ax} = \boldsymbol{b}$ ein reguläres lineares Gleichungssystem — d.h. $\boldsymbol{A}$ ist regulär — und ist $\boldsymbol{A}^{-1}$ bekannt oder einfach zu berechnen, so erhält man die Lösung $\boldsymbol{x}$ sofort durch linksseitige

Multiplikation mit A^{-1}:

$$Ax = b \Longrightarrow A^{-1}Ax = A^{-1}b \Longrightarrow x = A^{-1}b\,.$$

Im Allgemeinen ist es allerdings nicht zu empfehlen, zunächst A^{-1} zu berechnen und dann $x = A^{-1}b$ zu bilden. Denn dies ist aufwendiger als die direkte Anwendung des Gaußschen Algorithmus und kann außerdem zu größeren Verfälschungen durch Rundungsfehler führen.

Übung 3.10*

Berechne die Inversen der folgenden Matrizen, falls sie invertierbar sind

$$A = \begin{bmatrix} 0 & 1 \\ 1 & 0 \end{bmatrix}, \quad B = \begin{bmatrix} 3 & 4 & 9 \\ 10 & 1 & 2 \\ -1 & 8 & 5 \end{bmatrix}, \quad C = \begin{bmatrix} 2 & 6 & 10 \\ 5 & -1 & 8 \\ 4 & -4 & 3 \end{bmatrix}.$$

Übung 3.11:

Es sei

$$A = \begin{bmatrix} a_{11} & a_{12} & a_{13} \\ 0 & a_{22} & a_{23} \\ 0 & 0 & a_{33} \end{bmatrix} \quad \text{mit } a_{11}a_{22}a_{33} \neq 0.$$

Zeige, daß $A^{-1} = [x_{ik}]_{3,3}$ existiert und von gleicher Bauart wie A ist, d.h. $x_{21} = x_{31} = x_{32} = 0$.

Übung 3.12:

Es sei $D = [d_{ik}]_{n,n}$ eine »Diagonalmatrix« (d.h. $d_{ik} = 0$ für alle $i \neq k$), und es sei $d_{ii} \neq 0$ für alle $i = 1, \dots n$. Zeige: D^{-1} ist die Diagonalmatrix mit den Diagonalelementen $1/d_{ii}$.

Übung 3.13:

Prüfe durch Ausrechnen nach, daß für jede (2, 2)-Matrix $A = [a_{ik}]_{2,2}$ folgende Gleichung (von Cayley) gilt:

$$A^2 - (a_{11} + a_{22})A + (\det A)E = \mathbf{0}\,.$$

Leite daraus eine weitere Formel für A^{-1} her (im Falle $\det A \neq 0$), nämlich

$$A^{-1} = \frac{1}{\det A}[(a_{11} + a_{22})E - A]\,.$$

3.4 Determinanten

Die Lösungen linearer Gleichungssysteme lassen sich mit Determinanten explizit angeben (Abschn. 3.4.6). Ferner kann man auch die Inversen regulärer Matrizen mit Determinanten durch geschlossene Formeln darstellen (Abschn. 3.4.7). Wenn auch bei numerischen Lösungsberechnungen oder Invertierungen der Gaußsche Algorithmus oft vorzuziehen ist, so bilden die genannten Formeln doch bei »kleinen« Dimensionen, wie auch theoretischen Weiterführungen ein starkes Hilfsmittel, insbesondere bei parameterabhängigen Matrizen, wie bei Eigenwertproblemen u.a. Im Zwei- und Dreidimensionalen haben Determinanten als Flächen- oder Rauminhalte von Parallelogrammen bzw. Parallelflachs auch anschauliche Bedeutung (vgl. Abschn. 1.1.7, 1.2.6). Kurz, man kann recht viel damit machen, und der Leser mag daher auf das Folgende gespannt sein.

3.4.1 Definition, Transpositionsregel

Zwei- und *dreireihige Determinanten* kennen wir schon aus den Abschn. 1.1.7 und 1.2.3:

$$\begin{vmatrix} a_{11} & a_{12} \\ a_{21} & a_{22} \end{vmatrix} = a_{11}a_{22} - a_{12}a_{21} \tag{3.39}$$

$$\begin{vmatrix} a_{11} & a_{12} & a_{13} \\ a_{21} & a_{22} & a_{23} \\ a_{31} & a_{32} & a_{33} \end{vmatrix} = \begin{cases} a_{11}a_{22}a_{33} + a_{12}a_{23}a_{31} + a_{13}a_{21}a_{32} - \\ - a_{11}a_{23}a_{32} - a_{13}a_{22}a_{31} - a_{12}a_{21}a_{33} \end{cases} . \tag{3.40}$$

Sehen wir uns die dreireihige Determinante in (3.40) genauer an, und zwar den Ausdruck rechts vom Gleichheitszeichen! Hier stehen in jedem Produkt, wie z.B. $a_{12}a_{23}a_{31}$, die ersten Indizes in natürlicher Reihenfolge (1, 2, 3), während die *zweiten Indizes eine Permutation* dieser Zahlen sind, in unserem Beispiel (2, 3, 1). Schreiben wir uns von jedem Glied rechts in (3.40) die Permutation der zweiten Indizes heraus, so erhalten wir

$$\begin{matrix} (1,2,3)\,, & (2,3,1)\,, & (3,1,2)\,, \\ (1,3,2)\,, & (3,2,1)\,, & (2,1,3)\,. \end{matrix} \tag{3.41}$$

Dies sind alle Permutationen von (1, 2, 3), denn es gibt ja genau $3! = 6$ (s. Abschn. 2.3.3, oder Burg/Haf/Wille (Analysis) [27], Abschn. 1.2.2). Dabei stehen in der oberen Reihe von (3.41) die *geraden Permutationen* und in der unteren Reihe die *ungeraden* Permutationen[10] ((3, 2, 1) hat z.B. die Fehlstände (3, 2), (3, 1) und (2, 1), ist also ungerade).

Wir sehen: In (3.40) werden die Produkte mit geraden Permutationen der zweiten Indizes *addiert*, mit ungeraden Permutationen *subtrahiert*.

Dies kann als allgemeines Bildungsgesetz betrachtet werden. Wir definieren daher Determinanten nach diesem Muster:

Definition 3.10:

Es sei $\boldsymbol{A} = [a_{ik}]_{n,n}$ eine quadratische Matrix. Als *Determinante* $\det \boldsymbol{A}$ von $\boldsymbol{A}$ bezeichnet man die Zahl

10 Wir erinnern (vgl. Abschn. 2.3.3): Als *Fehlstand* einer Permutation $(k_1, \ldots, k_n)$ bezeichnet man ein Paar k_i, k_j daraus mit $k_i > k_j$, wobei $i < j$ (k_i, k_j stehen also »verkehrt herum«). Eine Permutation heißt *gerade*, wenn die Anzahl ihrer Fehlstände gerade ist; andernfalls heißt sie *ungerade*.

$$\det \boldsymbol{A} := \begin{vmatrix} a_{11} & \cdots & a_{1n} \\ \vdots & & \vdots \\ a_{n1} & \cdots & a_{nn} \end{vmatrix} := \sum_{(k_1,k_2,\ldots,k_n)\in S_n} \operatorname{sgn}(k_1, k_2, \ldots, k_n) a_{1k_1} \cdot a_{2k_2} \cdot \ldots \cdot a_{nk_n} \,. \tag{3.42}$$

Hierbei ist S_n die Menge aller Permutationen $(k_1, k_2, \ldots, k_n)$ von (1, 2, ..., n) (s. Abschn. 2.3.3). Die Summe wird also »über alle Permutationen von (1, 2, ..., n)« genommen, d.h. zu jeder dieser Permutationen gibt es genau ein Glied in der Summe. Das Symbol $\operatorname{sgn}(k_1, k_2, \ldots, k_n)$ bedeutet $+1$, falls $(k_1, k_2, \ldots, k_n)$ eine gerade Permutation ist, und -1, falls sie ungerade ist (s. Abschn. 2.3.3).

Für komplexe Matrizen oder Matrizen mit Elementen aus einem beliebigen Körper $\mathbb{K}$ gilt die Definition der Determinante genauso, wie auch die folgenden Ausführungen.

Damit kann man grundsätzlich jede Determinante berechnen. Man sieht, daß (3.42) im Falle $n = 2$ oder $n = 3$ die bekannten zwei- bzw. dreireihigen Determinanten ergibt.

Die praktische Rechnung nach (3.42) ist allerdings sehr mühselig, denn die Summe hat $n!$ Glieder, d.h. sehr viele für großes n. Wir werden daher nach günstigeren Berechnungsmethoden suchen. Dazu werden einige Gesetze für Determinanten hergeleitet. Zunächst die *Transpositionsregel*:

Satz 3.10:

Für jede quadratische Matrix $\boldsymbol{A}$ gilt

$$\det \boldsymbol{A} = \det \boldsymbol{A}^{\mathrm{T}} \,.$$

Das »Spiegeln« einer Matrix an der »Hauptdiagonalen« $a_{11}, \ldots, a_{nn}$ ändert also die Determinante nicht.

Beweis:

Da $\boldsymbol{A}^{\mathrm{T}}$ aus $\boldsymbol{A} = [a_{ik}]_{n,n}$ durch Vertauschen der Indizes i, k entsteht, ist nach der Definition der Determinante

$$\det \boldsymbol{A}^{\mathrm{T}} = \sum_{(k_1,k_2,\ldots,k_n)\in S_n} \operatorname{sgn}(k_1, k_2, \ldots, k_n) a_{k_1 1} \cdot a_{k_2 2} \cdot \ldots \cdot a_{k_n n} \,.$$

Wir wollen nun in jedem Glied $a_{k_1 1} a_{k_2 2} \ldots a_{k_n n}$ die Faktoren so umordnen, daß die vorderen Indizes in die natürliche Reihenfolge 1, 2, ..., n kommen. Dies denken wir uns schrittweise durchgeführt, wobei jeder Schritt in der Vertauschung genau zweier Faktoren $a_{k_i i}$, $a_{k_j j}$ besteht. Für die damit verbundene Verwandlung der Permutation $(k_1, \ldots, k_n)$ bedeutet dies, daß bei jedem Schritt eine »Transposition« ausgeführt wird, d.h. eine Vertauschung von genau zwei Zahlen k_i, k_j (s. Abschn. 2.3.3). Da sich jede Permutation als Produkt (Hintereinanderausführung) von endlich vielen Transpositionen darstellen läßt (Satz 2.12, Abschn. 2.3.3), kommen wir auch zum Ziel: Jedes Glied $a_{k_1 1} \ldots a_{k_n n}$ wird durch endlich viele Vertauschungen zweier Faktoren in $a_{1 j_1} \ldots a_{n j_n}$ überführt, wobei nun die zweiten Indizes $(j_1, \ldots, j_n)$ eine Permutation von (1, ...,

n) bilden. Nach Satz 2.13 in Abschn. 2.3.3 ist $(j_1, \ldots, j_n)$ genau dann gerade, wenn $(k_1, \ldots, k_n)$ gerade ist (entsprechend für ungerade). Denn durch unsere Vertauscherei werden $(k_1, \ldots, k_n)$ und $(j_1, \ldots, j_n)$ durch gleich viele Transpositionen gebildet.

Somit ist $\operatorname{sgn}(k_1, \ldots, k_n) = \operatorname{sgn}(j_1, \ldots, j_n)$ und damit

$$\det \boldsymbol{A}^{\mathrm{T}} = \sum_{(j_1,\ldots,j_n)\in S_n} \operatorname{sgn}(j_1, \ldots, j_n) a_{1j_1} \cdot \ldots \cdot a_{nj_n} = \det \boldsymbol{A} .$$

□

Übung 3.14:

Schreibe für eine vierreihige Matrix $\boldsymbol{A} = [a_{ik}]_{4,4}$ mit $a_{ii} = 1$, $a_{21} = a_{31} = a_{34} = 0$ die Summenformel (3.42) für $\det \boldsymbol{A}$ explizit hin (Glieder, die ersichtlich Null sind, können dabei weggelassen werden.).

3.4.2 Regeln für Determinanten

Ist $\boldsymbol{A} = [\boldsymbol{a}_1, \ldots, \boldsymbol{a}_n]$ eine quadratische Matrix mit den Spaltenvektoren $\boldsymbol{a}_i$, so schreiben wir die Determinante von $\boldsymbol{A}$ auch in der Form

$$\det \boldsymbol{A} = \det(\boldsymbol{a}_1, \ldots, \boldsymbol{a}_n) . \qquad (3.43)$$

Satz 3.11:

(*Grundgesetze für Determinanten*) Für jede quadratische reelle Matrix $\boldsymbol{A} = [\boldsymbol{a}_1, \ldots, \boldsymbol{a}_n]$ gilt $\det \boldsymbol{A} \in \mathbb{R}$ und

(a) $\det(\boldsymbol{a}_1, \ldots, \boldsymbol{a}_k + \boldsymbol{x}_k, \ldots, \boldsymbol{a}_n) = \det(\boldsymbol{a}_1, \ldots, \boldsymbol{a}_k, \ldots, \boldsymbol{a}_n) + \det(\boldsymbol{a}_1, \ldots, \boldsymbol{x}_k, \ldots, \boldsymbol{a}_n)$, $(\boldsymbol{x}_k \in \mathbb{R}^n)$

(b) $\det(\boldsymbol{a}_1, \ldots, \lambda\boldsymbol{a}_k, \ldots, \boldsymbol{a}_n) = \lambda \det(\boldsymbol{a}_1, \ldots, \boldsymbol{a}_k, \ldots, \boldsymbol{a}_n)$, $(\lambda \in \mathbb{R})$

(c) $\det(\ldots, \boldsymbol{a}_i, \ldots, \boldsymbol{a}_k, \ldots) = -\det(\ldots, \boldsymbol{a}_k, \ldots, \boldsymbol{a}_i, \ldots)$

(d) $\det \boldsymbol{E} = 1$ ($\boldsymbol{E}$ Einheitsmatrix)

In Worten:

(a) *Additivität*: Steht in einer Spalte einer quadratischen Matrix eine Summe zweier Vektoren, so spaltet sich die Determinante der Matrix in die Summe zweier Determinanten auf, bei denen in den entsprechenden Spalten die Summanden stehen.

(b) *Homogenität*: Ein reeller Faktor λ eines Spaltenvektors darf vor die Determinante gezogen werden.

(c) *Alternierende Eigenschaft*: Bei Vertauschung zweier Spalten ändert sich das Vorzeichen der Determinante.

(d) *Normierung*: Die Einheitsmatrix hat die Determinante 1.

Folgerung 3.2:

Die Grundgesetze (a), (b), (c), (d) gelten für Zeilenvektoren wegen $\det \boldsymbol{A} = \det \boldsymbol{A}^{\mathrm{T}}$ entsprechend.

Beweis:

(des Satzes 3.11): (a), (b) und (d) folgen unmittelbar durch Einsetzen in die Summenformel (3.42) in der Definition der Determinante. (c) ergibt sich ebenfalls aus der Summenformel (3.42), wenn man bedenkt, daß durch Vertauschung der Elemente zweier Spalten alle geraden Permutationen $(k_1, \ldots, k_n)$ in ungerade übergehen und umgekehrt. □

Bemerkung: Die beiden Eigenschaften (a) und (b) beschreibt man auch so: *Die Determinante ist in jeder Spalte linear* (nach Folgerung 3.2 entsprechend auch in jeder Zeile). Denn definiert man eine Abbildung

$$f(\boldsymbol{x}) := \det(\boldsymbol{a}_1, \ldots, \boldsymbol{a}_{k-1}, \boldsymbol{x}, \boldsymbol{a}_{k+1}, \ldots, \boldsymbol{a}_n), \qquad f : \mathbb{R}^n \to \mathbb{R},$$

so bedeutet (a):

$$f(\boldsymbol{x}_1 + \boldsymbol{x}_2) = f(\boldsymbol{x}_1) + f(\boldsymbol{x}_2),$$

und (b):

$$f(\lambda \boldsymbol{x}) = \lambda f(\boldsymbol{x}) \quad (\text{für alle } \boldsymbol{x}_1, \boldsymbol{x}_2, \boldsymbol{x} \in \mathbb{R}^n, \lambda \in \mathbb{R}).$$

Dadurch ist aber gerade eine lineare Abbildung definiert (vgl. Abschn. 2.4.5). Da die »Determinantenfunktion« $\det : \mathrm{Mat}(n; \mathbb{R}) \to \mathbb{R}$ also bzgl. jeder Matrixspalte linear ist, nennt man sie kurz *multilinear*.

Aus den Grundgesetzen leiten wir weitere Rechenregeln her.

Satz 3.12:

Es sei $\boldsymbol{A}$ eine reelle (n, n)- Matrix.

(e) Addiert man ein Vielfaches eines Spaltenvektors von $\boldsymbol{A}$ (bzw. Zeilenvektors) zu einem anderen, so bleibt die Determinante von $\boldsymbol{A}$ unverändert:

$$\det(\ldots, \boldsymbol{a}_i, \ldots, \boldsymbol{a}_k + \lambda \boldsymbol{a}_i, \ldots) = \det(\ldots, \boldsymbol{a}_i, \ldots, \boldsymbol{a}_k, \ldots) \quad (\lambda \in \mathbb{R}) \quad (3.44)$$

(f) Hat $\boldsymbol{A}$ zwei gleiche Spalten (oder Zeilen), so ist die Determinante $\det \boldsymbol{A}$ gleich Null:

$$\det(\ldots, \boldsymbol{a}, \ldots, \boldsymbol{a}, \ldots) = 0. \quad (3.45)$$

(g) Ist einer der Spalten-oder Zeilenvektoren in $\boldsymbol{A}$ gleich $\boldsymbol{0}$, so folgt $\det \boldsymbol{A} = 0$, d.h.

$$\det(\ldots, \boldsymbol{0}, \ldots) = 0. \quad (3.46)$$

Beweis:

Wegen $\det \boldsymbol{A} = \det \boldsymbol{A}^{\mathrm{T}}$ brauchen wir die Regeln nur für Spalten zu beweisen.

Zu (f): Vertauscht man die beiden gleichen Spalten $\boldsymbol{a}$, so ändert sich an $\det \boldsymbol{A}$ natürlich nichts. Andererseits geht $\det \boldsymbol{A}$ dabei aber in $-\det \boldsymbol{A}$ über (nach (c)), also gilt $\det \boldsymbol{A} = -\det \boldsymbol{A}$, d.h. $\det \boldsymbol{A} = 0$.

Zu (e): Man addiere auf der rechten Seite von (3.44)

$$\det(\ldots, \boldsymbol{a}_i, \ldots, \underbrace{\lambda \boldsymbol{a}_i}_{k\text{-te Spalte}}, \ldots) = \lambda \det(\ldots, \boldsymbol{a}_i, \ldots, \boldsymbol{a}_i, \ldots) = 0\,.$$

Grundgesetz (a) liefert dann (3.44). Alle hierbei betrachteten Matrizen unterscheiden sich nur in der k-ten Spalte.

Zu (g): Multipliziert man die Nullspalte von $\boldsymbol{A}$ mit -1, so ändert sich $\boldsymbol{A}$ natürlich nicht. Herausziehen des Faktors -1 aus $\det \boldsymbol{A}$ liefert daher $-\det \boldsymbol{A} = \det \boldsymbol{A}$, also $\det \boldsymbol{A} = 0$. □

Der Ausdruck *Grundgesetze* in Satz 3.11 wird durch folgenden Satz gerechtfertigt.

Satz 3.13:

Durch die Grundgesetze (a) bis (d) ist $\det \boldsymbol{A}$ eindeutig bestimmt[11]

Wir wollen die Aussage des Satzes vor dem Beweis etwas präzisieren:

»Ist $F : \mathrm{Mat}(n; \mathbb{R}) \to \mathbb{R}$ eine Funktion, die jeder reellen (n, n)-Matrix $\boldsymbol{A}$ genau eine reelle Zahl $F(\boldsymbol{A})$ zuordnet, wobei F den Gesetzen (a) bis (d) gehorcht (mit F an Stelle von det), so gilt $F(\boldsymbol{A}) = \det \boldsymbol{A}$ für alle Matrizen $\boldsymbol{A} \in \mathrm{Mat}(n; \mathbb{R})$.«

Beweis:

F sei eine solche Funktion und $\boldsymbol{A} = [a_{ik}]_{n,n}$ eine reelle Matrix. Wir schreiben die Spalten von $\boldsymbol{A}$ in der Form

$$\boldsymbol{a}_k = \sum_{i=1}^{n} a_{ik} \boldsymbol{e}_k$$

mit den Koordinateneinheitsvektoren $\boldsymbol{e}_k \in \mathbb{R}^n$. Zur besseren Unterscheidung wird der Summationsindex i noch durch i_k ersetzt. Damit ist

$$F(\boldsymbol{A}) = F\left(\sum_{i_1=1}^{n} a_{i_1 1} \boldsymbol{e}_{i_1}, \ldots, \sum_{i_n=1}^{n} a_{i_n n} \boldsymbol{e}_{i_n}\right).$$

Sukzessives Anwenden von (a) und (b) liefert

$$F(\boldsymbol{A}) = \sum_{(i_1,\ldots,i_n)} a_{i_1 1} \cdot \ldots \cdot a_{i_n n} F(\boldsymbol{e}_{i_1}, \ldots, \boldsymbol{e}_{i_n})\,. \tag{3.47}$$

Dabei wird über alle n-Tupel $(i_1, \ldots, i_n)$ summiert, wobei die Elemente aus $\{1, \ldots, n\}$ stammen. Nun ist $F(\boldsymbol{e}_{i_1}, \ldots, \boldsymbol{e}_{i_n}) = 0$, falls zwei Spalten darin übereinstimmen (denn Vertauschung

11 Der praxisorientierte Leser mag die folgende Ausführung und den Beweis überspringen

dieser Spalten ändert einerseits das Vorzeichen andererseits aber gar nichts, somit muß der Funktionswert Null sein). Es wird also nur noch über die n-Tupel $(i_1, .., i_n)$ summiert, in denen alle Elemente verschieden sind, d.h. über alle Permutationen aus S_n. Für eine solche Permutation $(i_1, \ldots, i_n)$ ist aber

$$F(\boldsymbol{e}_{i_1}, \ldots, \boldsymbol{e}_{i_n}) = \operatorname{sgn}(i_1, \ldots, i_n)\,. \tag{3.48}$$

Kann man nämlich $(\boldsymbol{e}_{i_1}, \ldots, \boldsymbol{e}_{i_n})$ durch eine *gerade* Anzahl paarweiser Spaltenvertauschungen in $\boldsymbol{E}$ überführen, ist $(i_1, \ldots, i_n)$ eine gerade Permutation, folglich $\operatorname{sgn}(i_1, \ldots, i_n) = 1$ und $F(\boldsymbol{e}_{i_1}, \ldots, \boldsymbol{e}_{i_n}) = F(\boldsymbol{E}) = 1$ wegen (c). Entsprechendes gilt im *ungeraden* Fall. Damit ist (3.47) die Summenformel für $\det \boldsymbol{A}^{\mathrm{T}}$, also $F(\boldsymbol{A}) = \det \boldsymbol{A}^{\mathrm{T}} = \det \boldsymbol{A}$, womit alles bewiesen ist. □

Bemerkung:

(a) Die Grundgesetze (a) bis (d) in Satz 3.11 werden häufig auch zur Definition der Determinanten herangezogen. Man leitet aus ihnen dann die Summenformel her, indem man wie im Beweis von Satz 3.13 vorgeht.

(b) Alles Gesagte *gilt völlig analog für* quadratische Matrizen mit Elementen aus einem beliebigen Körper $\mathbb{K}$, insbesondere für *komplexe Matrizen.*

Übung 3.15*

Wie läßt sich die Determinante

$$\det(\boldsymbol{a}, \boldsymbol{b}, \boldsymbol{a} - 3\boldsymbol{b} + \pi \boldsymbol{c})$$

vereinfachen?

Übung 3.16*

Es sei $\boldsymbol{A} = [a_{ik}]_{n,n}$ eine Matrix mit $\boldsymbol{A} = -\boldsymbol{A}^{\mathrm{T}}$ (man nennt $\boldsymbol{A}$ *schiefsymmetrisch*). Ferner sei n ungerade. Zeige: Dann gilt $\det \boldsymbol{A} = 0$.

3.4.3 Berechnung von Determinanten mit dem Gaußschen Algorithmus

Die numerische Berechnungsmethode für Determinanten fußt auf folgendem Satz:

Satz 3.14:

Die Determinante einer »Dreiecksmatrix«

$$\boldsymbol{A} = \begin{bmatrix} a_{11} & a_{12} & \ldots & a_{1n} \\ 0 & a_{22} & \ldots & a_{2n} \\ \vdots & \ddots & \ddots & \vdots \\ 0 & 0 & \cdots & a_{nn} \end{bmatrix} \quad \text{d.h. } a_{ik} = 0 \text{ für } i > k\,,$$

ist gleich dem Produkt ihrer Diagonalelemente a_{ii}:

$$\det \boldsymbol{A} = a_{11} \cdot a_{22} \cdot \ldots \cdot a_{nn}\,.$$

Beweis:

Dies folgt unmittelbar aus der Summendarstellung (3.42) in der Determinantendefinition. Denn alle Glieder $a_{1k_1} \cdot a_{2k_2} \cdot \ldots \cdot a_{nk_n}$ mit $(k_1, k_2, \ldots, k_n) \neq (1,2,\ldots,n)$ sind Null, da sie einen Faktor $a_{ik} = 0$ mit $i > k$ enthalten. Es bleibt in der Summe nur das Glied $a_{11} \cdot a_{22} \cdot \ldots \cdot a_{nn}$ übrig. □

Numerische Berechnung von Determinanten. Der *Gaußsche Algorithmus* ist das gängigste numerische Verfahren zur Berechnung der Determinante einer Matrix $\boldsymbol{A} = [a_{ik}]_{n,n}$.

Wir verwenden ihn genauso, als wollten wir das Gleichungssystem

$$\sum_{k=1}^{n} a_{ik} x_k = 0\,, \qquad (i = 1, \ldots n)$$

lösen (s. Abschn. 2.2.1). Die im Gaußschen Algorithmus auftretenden Additionen von Zeilen zu anderen Zeilen ändern den Zahlenwert der Determinante von $\boldsymbol{A}$ nicht (nach (e)). Es bleibt lediglich zu beachten, daß bei Zeilen-oder Spaltenvertauschungen, die beim Gaußschen Algorithmus nötig sein können, das Vorzeichen der Determinante wechselt. Diese Vertauschungen sind während der Rechnung mitzuzählen. Schließlich entsteht eine Dreiecksmatrix (Trapezsysteme ergeben auch Dreiecksmatrizen, wenn auch mit Nullzeilen im unteren Bereich der Matrix). Nach Satz 3.14 ist aber die Determinante der Dreiecksmatrix leicht zu berechnen. Multipliziert man sie noch mit $(-1)^t$, wobei t die Anzahl der vorgekommenen Zeilen- oder Spaltenvertauschungen ist, so hat man die Determinante von $\boldsymbol{A}$ berechnet.

Beispiel 3.7:

Es sei

$$\boldsymbol{A} = \begin{bmatrix} 1 & -2 & 9 & -3 \\ 3 & 4 & 1 & 3 \\ 6 & 8 & -2 & 1 \\ 2 & 1 & 3 & 10 \end{bmatrix}.$$

Zu berechnen ist die Determinante $\det \boldsymbol{A}$! Der Gaußsche Algorithmus (mit Spaltenpivotierung) liefert die Determinante auf folgendem Wege:

$$\det \boldsymbol{A} = \begin{vmatrix} 1 & -2 & 9 & -3 \\ 3 & 4 & 1 & 3 \\ 6 & 8 & -2 & 1 \\ 2 & 1 & 3 & 10 \end{vmatrix} \overset{\text{1. und 3. Zeile vertauschen}}{=} - \begin{vmatrix} 6 & 8 & -2 & 1 \\ 3 & 4 & 1 & 3 \\ 1 & -2 & 9 & -3 \\ 2 & 1 & 3 & 10 \end{vmatrix}$$

Die mit dem Faktor $\frac{1}{2}$ multiplizierte erste Zeile wird von der zweiten Zeile subtrahiert, entsprechend wird das $\frac{1}{6}$-fache der ersten Zeile von der dritten Zeile subtrahiert und das $\frac{1}{3}$-fache der ersten Zeile von der vierten Zeile abgezogen. Das dadurch erhaltene Ergebnis wird nun wie folgt weiter umgeformt:[12]

$$\det \boldsymbol{A} = -\begin{vmatrix} 6 & 8 & -2 & 1 \\ 0 & 0 & 2 & 2{,}5 \\ 0 & -3{,}\overline{3} & 9{,}\overline{3} & -3{,}1\overline{6} \\ 0 & -1{,}\overline{6} & 3{,}\overline{6} & 9{,}\overline{6} \end{vmatrix} \underset{\text{vertauscht}}{\overset{\text{2. und 3. Zeile}}{=}} \begin{vmatrix} 6 & 8 & -2 & 1 \\ 0 & -3{,}\overline{3} & 9{,}\overline{3} & -3{,}1\overline{6} \\ 0 & 0 & 2 & 2{,}5 \\ 0 & -1{,}\overline{6} & 3{,}\overline{6} & 9{,}\overline{6} \end{vmatrix}$$

$$\underset{\frac{1}{2}\cdot\text{2. Zeile subtrahiert}}{\overset{\text{von der 4. Zeile wird}}{=}} \begin{vmatrix} 6 & 8 & -2 & 1 \\ 0 & -3{,}\overline{3} & 9{,}\overline{3} & -3{,}1\overline{6} \\ 0 & 0 & 2 & 2{,}5 \\ 0 & 0 & -1 & 11{,}25 \end{vmatrix} \underset{\frac{1}{2}\cdot\text{3. Zeile addiert}}{\overset{\text{auf die 4. Zeile wird}}{=}} \begin{vmatrix} 6 & 8 & -2 & 1 \\ 0 & -3{,}\overline{3} & 9{,}\overline{3} & -3{,}1\overline{6} \\ 0 & 0 & 2 & 2{,}5 \\ 0 & 0 & 0 & 12{,}50 \end{vmatrix}$$

$$= 6 \cdot (-3{,}\overline{3}) \cdot 2 \cdot 12{,}50 = \underline{-500}\,. \tag{3.49}$$

Nach dieser Methode wird auf dem *Computer* üblicherweise vorgegangen.

Beim Handrechnen, unterstützt durch Taschenrechner (wenn der Großcomputer mal nicht zur Verfügung steht), kann man aber auch die spezielle Struktur einer Matrix ausnutzen. Insbesondere vereinfachen die Zahlen 1 und 0 in der Matrix gelegentlich die Rechnung. Wählt man nämlich 1 als Pivotelement, so spart man schon einige Divisionen ein. Im Folgenden zeigen wir dies an der gleichen Matrix $\boldsymbol{A}$. Wir wählen dabei die 1 in der linken oberen Ecke als Pivotelement, da sie dort schon so bequem steht. Es werden also zunächst Vielfache der ersten Zeile von den übrigen subtrahiert:

$$\det \boldsymbol{A} = \begin{vmatrix} 1 & -2 & 9 & -3 \\ 3 & 4 & 1 & 3 \\ 6 & 8 & -2 & 1 \\ 2 & 1 & 3 & 10 \end{vmatrix} = \begin{vmatrix} 1 & -2 & 9 & -3 \\ 0 & 10 & -26 & 12 \\ 0 & 20 & -56 & 19 \\ 0 & 5 & 15 & 16 \end{vmatrix} \tag{3.50}$$

In der zweiten Spalte bietet sich die 5 als Pivotelement an, da sie 10 und 20 teilt:

$$\det \boldsymbol{A} = -\begin{vmatrix} 1 & -2 & 9 & -3 \\ 0 & 5 & -15 & 16 \\ 0 & 20 & -56 & 19 \\ 0 & 10 & -26 & 16 \end{vmatrix} = -\begin{vmatrix} 1 & -2 & 9 & -3 \\ 0 & 5 & -15 & 16 \\ 0 & 0 & 4 & -45 \\ 0 & 0 & 4 & -20 \end{vmatrix} = -\begin{vmatrix} 1 & -2 & 9 & -3 \\ 0 & 5 & -15 & 16 \\ 0 & 0 & 4 & -45 \\ 0 & 0 & 0 & 25 \end{vmatrix}$$

$$= -1 \cdot 5 \cdot 4 \cdot 25 = \underline{-500}\,.$$

Folgerung 3.3:

Es sei $\boldsymbol{A} = [a_{ik}]_{n,n}$ folgendermaßen in Blöcke $\boldsymbol{A}_{ik}$ zerlegt:

$$\boldsymbol{A} = \begin{bmatrix} \boldsymbol{A}_{11} & \boldsymbol{A}_{12} & \cdots & \boldsymbol{A}_{1N} \\ 0 & \boldsymbol{A}_{22} & \cdots & \boldsymbol{A}_{2N} \\ \vdots & & \ddots & \vdots \\ 0 & \cdots & 0 & \boldsymbol{A}_{NN} \end{bmatrix},$$

12 Es bedeutet $3,\overline{3} = 3{,}3333\ldots$, also die Periode 3 in der Dezimalzahl. $9,\overline{3}$, $3,1\overline{6}$ usw.entsprechend.

wobei die Blöcke $\boldsymbol{A}_{11}, \ldots, \boldsymbol{A}_{NN}$ in der Diagonalen quadratische Matrizen sind, und $\boldsymbol{A}_{ik} = \boldsymbol{0}$ für $i > k$ ist ($\boldsymbol{A}$ »Dreiecksblockmatrix«). Damit folgt

$$\det \boldsymbol{A} = \det \boldsymbol{A}_{11} \det \boldsymbol{A}_{22} \cdot \ldots \cdot \det \boldsymbol{A}_{NN} . \tag{3.51}$$

Die Determinante der »Dreiecksblockmatrix« $\boldsymbol{A}$ ist also das Produkt der »Diagonaldeterminanten«.

Beweis:
Man stelle sich den Gaußschen Algorithmus zur Determinantenberechnung vor Augen, den man so durchführen kann, daß die Zeilen- und Spaltenvertauschungen die Blockzerlegung nicht verändern. Dabei wird jede Diagonalmatrix $\boldsymbol{A}_{ii}$ so auf Dreiecksform gebracht, als ob man den Gaußschen Algorithmus nur auf $\boldsymbol{A}_{ii}$ anwenden würde, unabhängig von allen anderen Blöcken $\boldsymbol{A}_{ik}$. Diagonalelemente in der resultierenden Dreiecksmatrix sind schließlich ganz entsprechend der Anordnung der Diagonalmatrizen $\boldsymbol{A}_{11}, \boldsymbol{A}_{22}, \ldots, \boldsymbol{A}_{NN}$ aufgereiht, woraus (3.51) folgt. □

Beispiel:

$$\left|\begin{array}{cc|cc} 7 & 2 & 9 & 1 \\ 5 & 3 & 6 & 12 \\ \hline 0 & 0 & 2 & 1 \\ 0 & 0 & -1 & 6 \end{array}\right| = \begin{vmatrix} 7 & 2 \\ 5 & 3 \end{vmatrix} \cdot \begin{vmatrix} 2 & 1 \\ -1 & 6 \end{vmatrix} = 11 \cdot 13 = 143 ,$$

$$\left|\begin{array}{c|ccc} 2 & 7 & 8 & 12 \\ \hline 0 & 3 & 1 & -1 \\ 0 & 5 & 2 & 6 \\ 0 & 9 & 0 & 4 \end{array}\right| = 2 \cdot \begin{vmatrix} 3 & 1 & -1 \\ 5 & 2 & 6 \\ 9 & 0 & 4 \end{vmatrix} = 2 \cdot 76 = 152 .$$

Das letzte Beispiel beruht auf einem wichtigen Spezialfall von (3.51), nämlich der Formel

$$\begin{vmatrix} a & \boldsymbol{b}^{\mathrm{T}} \\ \boldsymbol{0} & \boldsymbol{C} \end{vmatrix} = a \cdot \det \boldsymbol{C} , \tag{3.52}$$

mit $a \in \mathbb{R}$, $\boldsymbol{b}^{\mathrm{T}}$ Zeilenmatrix, $\boldsymbol{C}$ quadratische Matrix. Diese einfache und ehrbare Formel ist bei Handrechnungen mit Determinanten recht nützlich, da sie Schreibarbeit einspart. Wir zeigen dies an der gleichen Determinante wie in Beispiel 3.7, indem wir die Rechnung in (3.50)ff kürzer schreiben:

Beispiel 3.7 *Fortsetzung*

$$\det \boldsymbol{A} = \begin{vmatrix} 1 & -2 & 9 & -3 \\ 3 & 4 & 1 & 3 \\ 6 & 8 & -2 & 1 \\ 2 & 1 & 3 & 10 \end{vmatrix} = 1 \cdot \begin{vmatrix} 10 & -26 & 12 \\ 20 & -56 & 19 \\ 5 & -15 & 16 \end{vmatrix}$$

$$= - \begin{vmatrix} 5 & -15 & 16 \\ 20 & -56 & 19 \\ 10 & -26 & 19 \end{vmatrix} = -5 \cdot \begin{vmatrix} 4 & -45 \\ 4 & -20 \end{vmatrix} = -5 \cdot 4 \cdot 25 = \underline{\underline{-500}} .$$

Man kann hierbei auch die dreireihige Determinante (rechts in der ersten Zeile direkt mit der Sarrusschen Regel[13] berechnen (s. Abschn. 1.2.4), wodurch weitere Schreibarbeiten und damit auch Fehlerquellen gemindert werden.

Übung 3.17*

(a) Berechne die Determinanten

$$\det \boldsymbol{D}_1 = \begin{vmatrix} 3 & 9 & 5 & 6 \\ -1 & 1 & 8 & -2 \\ 10 & 2 & -1 & 5 \\ -4 & -3 & 1 & 7 \end{vmatrix}, \quad \det \boldsymbol{D}_2 = \begin{vmatrix} 1 & -1 & 0 & 3 & 15 \\ 3 & 1 & -2 & 7 & 2 \\ 12 & -4 & 5 & 0 & -2 \\ -2 & 15 & -6 & 3 & 4 \\ 1 & -5 & 10 & 8 & 5 \end{vmatrix}$$

(b) Es sei $\boldsymbol{A} = \begin{bmatrix} \boldsymbol{D} & \boldsymbol{B} \\ \boldsymbol{C} & \boldsymbol{0} \end{bmatrix}$ eine Blockzerlegung, wobei $\boldsymbol{B}$ quadratisch p-reihig und $\boldsymbol{C}$ quadratisch q-reihig ist. Zeige: $\det \boldsymbol{A} = (-1)^{pq} \det \boldsymbol{B} \cdot \det \boldsymbol{C}$.

3.4.4 Matrix-Rang und Determinanten

Satz 3.15:

(*Regularitätskriterium*) Eine quadratische Matrix ist genau dann *regulär*, wenn ihre Determinante ungleich Null ist:

$$\boldsymbol{A} \text{ regulär} \iff \det \boldsymbol{A} \neq 0 . \tag{3.53}$$

Beweis:

Beim Gaußschen Algorithmus für das lineare Gleichungssystem $\boldsymbol{A}\boldsymbol{x} = \boldsymbol{0}$ ($\boldsymbol{A}$ quadratische Matrix) entsteht aus $\boldsymbol{A}$ genau dann eine Dreiecksmatrix mit nicht verschwindenden Diagonalgliedern, wenn $\boldsymbol{A}$ regulär ist (nach Satz 2.9, Abschn. 2.2.4). Nach dem letzten Abschnitt ist aber $|\det \boldsymbol{A}| = |\text{Produkt der Diagonalglieder}| \neq 0$. □

Beispiel 3.8:

Die Drehmatrix

$$\boldsymbol{D} = \begin{bmatrix} \cos\alpha & \sin\alpha \\ -\sin\alpha & \cos\alpha \end{bmatrix}$$

in der Ebene (s. Beispiel 2.29, Abschn. 2.4.5) ist für jeden Winkel α regulär, denn man errechnet $\det \boldsymbol{D} = 1$.

13 Die Sarrussche Regel (nach Pierre Frédéric Sarrus (1798 – 1861), französischer Mathematiker) gilt nur für dreireihige Determinanten!

Wir betrachten nun eine beliebige Matrix $\boldsymbol{A} = [a_{ik}]_{m,n}$. Die Determinante einer quadratischen r-reihigen Untermatrix von $\boldsymbol{A}$ nennen wir eine *Unterdeterminante* von $\boldsymbol{A}$ mit der *Zeilenzahl* r,[14] oder kurz eine r-reihige *Unterdeterminante* von $\boldsymbol{A}$. Damit gilt

Satz 3.16:

(*Rangbestimmung durch Determinanten*) Es sei $\boldsymbol{A} = [a_{ik}]_{m,n}$ eine beliebige Matrix. $\boldsymbol{A}$ hat genau dann den Rang p, wenn Folgendes gilt:

(a) Es gibt maximal eine p-reihige, nichtverschwindende Unterdeterminante von $\boldsymbol{A}$.

(b) Jede Unterdeterminante von $\boldsymbol{A}$, deren Zeilenzahl größer als p ist, verschwindet[15].

Man drückt dies kürzer so aus:

Der Rang einer Matrix ist die größte Zeilenzahl nichtverschwindender Unterdeterminanten der Matrix.

Beweis:

$\boldsymbol{A}$ hat den Rang p; das bedeutet: Es gibt maximal p linear unabhängige Spaltenvektoren von $\boldsymbol{A}$.

Zu (a): Wir wählen p linear unabhängige Spaltenvektoren aus. Sie bilden eine Untermatrix $\hat{\boldsymbol{A}}$ von $\boldsymbol{A}$. Wegen Rang $\hat{\boldsymbol{A}}^{\mathrm{T}} = \text{Rang}\,\hat{\boldsymbol{A}} = p$ kann man p linear unabhängige Zeilenvektoren aus $\hat{\boldsymbol{A}}$ auswählen. Sie formieren eine Untermatrix $\hat{\hat{\boldsymbol{A}}}$ von $\hat{\boldsymbol{A}}$ und damit von $\boldsymbol{A}$. $\hat{\hat{\boldsymbol{A}}}$ ist quadratisch, p-reihig und regulär (da die Zeilen linear unabhängig sind). Satz 3.15 liefert also $\det \hat{\hat{\boldsymbol{A}}} \neq 0$.

Zu (b): In jeder quadratischen q-reihigen Untermatrix $\boldsymbol{A}_0$ von $\boldsymbol{A}$ mit $q > p$ sind die Spalten linear abhängig (da $p = \text{Rang}\,\boldsymbol{A}$). $\boldsymbol{A}_0$ ist also nicht regulär, woraus mit Satz 3.15 $\det \boldsymbol{A}_0 = 0$ folgt. □

Beispiel 3.9:

Für

$$\boldsymbol{A} = \begin{bmatrix} 5 & 1 & 2 & 4 \\ 0 & 3 & -1 & 11 \\ 0 & 5 & 4 & 7 \\ 0 & 2 & 8 & -10 \end{bmatrix}$$

errechnet man

$$\det \boldsymbol{A} = 5 \cdot \begin{vmatrix} 3 & -1 & 11 \\ 5 & 4 & 7 \\ 2 & 8 & -10 \end{vmatrix} = 5 \cdot 0 = 0\,, \quad \text{aber} \quad \begin{vmatrix} 5 & 1 & 2 \\ 0 & 3 & -1 \\ 0 & 5 & 4 \end{vmatrix} = 85\,.$$

Also folgt Rang $\boldsymbol{A} = 3$.

---

14 Dies ist eine abkürzende Sprechweise für den Satz: »r ist die Zeilenzahl der Untermatrix, deren Determinante betrachtet wird.«

15 »a verschwindet« bedeutet $a = 0$.

Bemerkung: Für numerische Rangberechnungen ist der Gaußsche Algorithmus vorzuziehen (s. Abschn. 3.2.3). Doch für parameterabhängige Matrizen und theoretische Überlegungen ist die Charakterisierung des Rangs durch Determinanten oft nützlich.

Übung 3.18*

Welchen Rang hat die Matrix

$$A = \begin{bmatrix} 0 & 1 & 0 & 0 & 0 \\ 1 & 0 & 1 & 0 & 0 \\ 0 & 1 & 0 & 1 & 0 \\ 0 & 0 & 1 & 0 & 1 \\ 0 & 0 & 0 & 1 & 0 \end{bmatrix} ?$$

Übung 3.19:

Zeige: $\boldsymbol{Ax} = \boldsymbol{b}$ hat genau dann höchstens eine Lösung $\boldsymbol{x}$, wenn der Rang von $\boldsymbol{A}$ gleich der Spaltenzahl von $\boldsymbol{A}$ ist. ($\boldsymbol{A}$ beliebige reelle (m, n)-Matrix, $\boldsymbol{x} \in \mathbb{R}^n$, $\boldsymbol{b} \in \mathbb{R}^m$).

3.4.5 Der Determinanten-Multiplikationssatz

Satz 3.17:

(*Multiplikationssatz*) Sind $\boldsymbol{B}$ und $\boldsymbol{A}$ zwei beliebige quadratische n-reihige reelle Matrizen, so gilt

$$\det(\boldsymbol{BA}) = \det \boldsymbol{B} \cdot \det \boldsymbol{A} . \tag{3.54}$$

Beweis:

Im Falle $\det \boldsymbol{B} = 0$ ist die Gleichung erfüllt, denn $\boldsymbol{B}$ ist in diesem Falle nicht regulär, also ist auch $\boldsymbol{AB}$ nicht regulär (nach Satz 3.6, Abschn. 3.3.1), folglich gilt $\det(\boldsymbol{BA}) = 0$.

Im Falle $\det \boldsymbol{B} \neq 0$ definieren wir

$$F(\boldsymbol{A}) := \frac{\det(\boldsymbol{BA})}{\det(\boldsymbol{B})} , \tag{3.55}$$

wobei wir uns $\boldsymbol{B}$ als fest und $\boldsymbol{A}$ als variabel vorstellen. F ist eine Funktion, die $\mathrm{Mat}(n; \mathbb{R})$ in $\mathbb{R}$ abbildet. Schreibt man mit den Spalten $\boldsymbol{a}_1, \ldots, \boldsymbol{a}_n$ von $\boldsymbol{A}$

$$F(\boldsymbol{A}) = F(\boldsymbol{a}_1, \ldots, \boldsymbol{a}_n) = \frac{\det(\boldsymbol{Ba}_1, \ldots, \boldsymbol{Ba}_n)}{\det \boldsymbol{B}}$$

(wobei $\boldsymbol{Ba}_1, \ldots, \boldsymbol{Ba}_n$ die Spalten von $\boldsymbol{BA}$ sind), so stellt man leicht fest, daß F die Grundgesetze (a), (b), (c), (d) aus Satz 3.11 erfüllt, wenn man dort »det « durch »F « ersetzt. Nach dem Eindeutigkeitssatz (Satz 3.13, Abschn. 3.4.2) ist damit $F(\boldsymbol{A}) = \det(\boldsymbol{A})$ für alle $\boldsymbol{A} \in \mathrm{Mat}(n; \mathbb{R})$, woraus mit (3.55) die Behauptung des Satzes folgt. □

Bemerkung:

(a) Der Multiplikationssatz (nebst Beweis) gilt für Matrizen mit Elementen aus einem *beliebigen Körper* $\mathbb{K}$ *ebenso*, insbesondere für $\mathbb{K} = \mathbb{C}$.

(b) Der Beweis des Satzes zeigt, wie elegant die Eindeutigkeitsaussage des Satzes 3.13 hier die Beweisführung ermöglicht.

(c) Mit $\mathrm{GL}(n; \mathbb{K})$[16] bezeichnet man die multiplikative Gruppe aller regulären n-reihigen Matrizen mit Elementen aus $\mathbb{K}$. Der Multiplikationssatz besagt nun, daß $\det : \mathrm{GL}(n, \mathbb{K}) \to \mathbb{K} \setminus \{0\}$ ein *Homomorphismus* von $\mathrm{GL}(n, \mathbb{K})$ auf die multiplikative Gruppe $\mathbb{K}\setminus\{0\}$ ist.

Folgerung 3.4:
Ist $\boldsymbol{A}$ regulär, so folgt

$$\det(\boldsymbol{A}^{-1}) = \frac{1}{\det(\boldsymbol{A})}\,. \tag{3.56}$$

Beweis:
$\det(\boldsymbol{A}^{-1})\det(\boldsymbol{A}) = \det(\boldsymbol{A}^{-1}\boldsymbol{A}) = \det \boldsymbol{E} = 1.$ □

Übung 3.20:

Es seien $\boldsymbol{A}, \boldsymbol{B}$ zweireihige reelle quadratische Matrizen. Es gilt $\det(\boldsymbol{AB}) = \det \boldsymbol{A} \cdot \det \boldsymbol{B}$. Wie viele Multiplikationen benötigt man auf der linken Seite zum Auswerten (zuerst $\boldsymbol{AB}$ bilden, dann $\det(\boldsymbol{AB})$ berechnen), und wie viele auf der rechten Seite (zuerst $\det \boldsymbol{A}$ und $\det \boldsymbol{B}$ berechnen, dann ihr Produkt)? Welche Rechnungsart ist weniger aufwendig?

3.4.6 Lineare Gleichungssysteme: die Cramersche Regel

Gelöst werden soll das quadratische lineare Gleichungssystem

$$\begin{aligned} a_{11}x_1 + a_{12}x_2 + \ldots + a_{1n}x_n &= b_1 \\ a_{21}x_1 + a_{22}x_2 + \ldots + a_{2n}x_n &= b_2 \\ \vdots \qquad\qquad &\quad \vdots \\ a_{n1}x_1 + a_{n2}x_2 + \ldots + a_{nn}x_n &= b_n \end{aligned}\,, \tag{3.57}$$

wobei die Matrix $\boldsymbol{A} = [a_{ik}]_{n,n}$ *regulär* ist. Mit den Spaltenvektoren $\boldsymbol{a}_1, \ldots, \boldsymbol{a}_n$ der Matrix $\boldsymbol{A}$ und dem Spaltenvektor $\boldsymbol{b}$ aus den $b_1, \ldots, b_n$ der rechten Seite lautet das Gleichungssystem:

$$\sum_{k=1}^{n} x_k \boldsymbol{a}_k = \boldsymbol{b}\,. \tag{3.58}$$

16 Aus dem Englischen: »General Linear Group«.

In Abschn. 1.1.7, (1.69), und Abschn. 1.2.7, (1.99), haben wir schon die Cramersche Regel für zwei- und dreireihige lineare Gleichungssysteme kennengelernt. Man vermutet daher den folgenden Satz, der die genannten Formeln auf beliebige n-reihige Gleichungssysteme erweitert:

Satz 3.18:

(*Cramersche Regel*) Die Lösung $\boldsymbol{x} = [x_1, \ldots, x_n]^{\mathrm{T}}$ des linearen Gleichungssystems (3.57) ergibt sich aus der Formel

$$x_i = \frac{\det(\boldsymbol{a}_1 \ldots, \boldsymbol{a}_{i-1}, \boldsymbol{b}, \boldsymbol{a}_{i+1}, \ldots, \boldsymbol{a}_n)}{\det \boldsymbol{A}}, \quad i = 1,2, \ldots, n. \tag{3.59}$$

Bemerkung: Zur Berechnung von x_i hat man also in $\boldsymbol{A}$ die i-te Spalte durch $\boldsymbol{b}$ zu ersetzen, die Determinante zu bilden und durch $\det \boldsymbol{A}$ zu dividieren.

Beweis:

Wir wissen, daß das Gleichungssystem (3.57) eine Lösung $\boldsymbol{x}^{\mathrm{T}} = [x_1, \ldots, x_n]$ hat, da $\boldsymbol{A}$ regulär ist. Für diese $x_1, \ldots, x_n$ gilt also (3.58). Es folgt somit

$$\begin{aligned} D_i &:= \det(\boldsymbol{a}_1, \ldots, \boldsymbol{a}_{i-1}, \boldsymbol{b}, \boldsymbol{a}_{i+1}, \ldots, \boldsymbol{a}_n) \\ &= \det(\boldsymbol{a}_1, \ldots, \boldsymbol{a}_{i-1}, \sum_{k=1}^{n} x_k \boldsymbol{a}_k, \boldsymbol{a}_{i+1}, \ldots, \boldsymbol{a}_n). \end{aligned} \tag{3.60}$$

Zur i-ten Spalte in (3.60) addiert man nacheinander $-x_1\boldsymbol{a}_1, \ldots, -x_{i-1}\boldsymbol{a}_{i-1}, -x_{i+1}\boldsymbol{a}_{i+1}, \ldots, -x_n\boldsymbol{a}_n$. Der Wert der Determinante bleibt dabei unverändert (nach Abschn. 3.4.2, Satz 3.12(e)), d.h. es folgt

$$D_i = \det(\boldsymbol{a}_1, \ldots, \boldsymbol{a}_{i-1}, x_i\boldsymbol{a}_i, \boldsymbol{a}_{i+1}, \ldots, \boldsymbol{a}_n) = x_i \det \boldsymbol{A},$$

also $x_i = D_i / \det \boldsymbol{A}$, was zu beweisen war. □

Bemerkung: Die *Cramersche Regel* ist eine *explizite Auflösungsformel* für reguläre lineare Gleichungssysteme. Im Falle $n \geq 4$ ist allerdings bei numerischen Problemen der Gaußsche Algorithmus vorzuziehen. Trotzdem ist die Auflösungsformel sehr wertvoll, denn im Falle parameterabhängiger Matrizen $\boldsymbol{A}$ oder bei theoretischen Herleitungen verwendet man diese Auflösungsformel oft mit Erfolg.

Übung 3.21*

Löse das folgende Gleichungssystem mit der Cramerschen Regel:

$$\begin{aligned} 3x_1 + x_2 - x_3 \quad &= 0 \\ -x_1 + 2x_2 + x_3 - 5x_4 &= 2 \\ 7x_2 + x_3 + x_4 &= 0 \\ 2x_1 - 4x_2 + 8x_3 - 3x_4 &= 0. \end{aligned}$$

3.4.7 Inversenformel

Die Inverse einer regulären Matrix $\boldsymbol{A} = [a_{ik}]_{n,n}$ ist die Lösung $\boldsymbol{X}$ der folgenden Gleichung:

$$\boldsymbol{A}\boldsymbol{X} = \boldsymbol{E} . \tag{3.61}$$

Mit $\boldsymbol{X} = [x_{ik}]_{n,n} = [\boldsymbol{x}_1, \dots, \boldsymbol{x}_n]$, $\boldsymbol{E} = [\boldsymbol{e}_1, \dots, \boldsymbol{e}_n]$ lassen sich die Spalten in (3.61) so schreiben:

$$\boldsymbol{A}\boldsymbol{x}_1 = \boldsymbol{e}_1 , \quad \boldsymbol{A}\boldsymbol{x}_2 = \boldsymbol{e}_2 , \dots , \quad \boldsymbol{A}\boldsymbol{x}_n = \boldsymbol{e}_n . \tag{3.62}$$

Dies sind n lineare Gleichungssysteme für die »Unbekannten« $\boldsymbol{x}_1, \dots, \boldsymbol{x}_n$. Jedes dieser Systeme soll nun mit der Cramerschen Regel gelöst werden. Wir greifen uns $\boldsymbol{A}\boldsymbol{x}_k = \boldsymbol{e}_k$ heraus, ausführlicher geschrieben als

$$\boldsymbol{a}_1 x_{1k} + \dots + \boldsymbol{a}_n x_{nk} = \boldsymbol{e}_k , \tag{3.63}$$

wobei $\boldsymbol{A} = [\boldsymbol{a}_1, \dots, \boldsymbol{a}_n]$ ist. Die Cramersche Regel liefert

$$x_{ik} = \frac{\det(\boldsymbol{a}_1, \dots, \boldsymbol{a}_{i-1}, \boldsymbol{e}_k, \boldsymbol{a}_{i+1}, \dots, \boldsymbol{a}_n)}{\det \boldsymbol{A}} . \tag{3.64}$$

Damit ist eine Formel für die Elemente von $\boldsymbol{X} = \boldsymbol{A}^{-1}$ gewonnen.

Die Determinante im Zähler soll noch etwas vereinfacht werden. Zuerst geben wir ihr einen wohlklingenden Namen:

Definition 3.11:

(a) Es sei $\boldsymbol{A} = [a_{ik}]_{n,n} = [\boldsymbol{a}_1, \dots, \boldsymbol{a}_n]$, $n \geq 2$, eine quadratische Matrix[17]. Man bezeichnet dann die Werte

$$\alpha_{ik} = \det(\boldsymbol{a}_1, \dots, \boldsymbol{a}_{i-1}, \boldsymbol{e}_k, \boldsymbol{a}_{i+1}, \dots, \boldsymbol{a}_n) \tag{3.65}$$

als *Kofaktoren* oder *algebraische Komplemente* von $\boldsymbol{A}$ ($\boldsymbol{e}_k$ ist der k-te Koordinateneinheitsvektor).

(b) Die Matrix aus diesen α_{ik} heißt *Adjunkte* oder *komplementäre Matrix*

$$\operatorname{adj} \boldsymbol{A} := [\alpha_{ik}]_{n,n} . \tag{3.66}$$

Im Falle $\det \boldsymbol{A} \neq 0$ gilt also nach (3.64)

$$\boldsymbol{A}^{-1} = \frac{\operatorname{adj} \boldsymbol{A}}{\det \boldsymbol{A}} . \tag{3.67}$$

Mit $\boldsymbol{A}_{ik}$ wird die $(n-1, n-1)$*-reihige Untermatrix* von $\boldsymbol{A}$ bezeichnet, die durch

17 Ab hier wird in diesem und im folgenden Abschnitt stets $n \geq 2$ vorausgesetzt.

Streichen der i-ten Zeile und der k-ten Spalte aus $\boldsymbol{A}$ hervorgeht:

$$\boldsymbol{A}_{ik} = \begin{bmatrix} a_{11} & \cdots & a_{1k} & \cdots & a_{1n} \\ \vdots & & & & \vdots \\ a_{i1} & \cdots & a_{ik} & \cdots & a_{in} \\ \vdots & & & & \vdots \\ a_{n1} & \cdots & a_{nk} & \cdots & a_{nn} \end{bmatrix} \quad (n \geq 2)\,. \tag{3.68}$$

Folgerung 3.5:

Für die Kofaktoren von $\boldsymbol{A}$ gilt

$$\alpha_{ik} = (-1)^{i+k} \det \boldsymbol{A}_{ki} \quad \text{für alle } i, k = 1, \ldots, n\,. \tag{3.69}$$

Man beachte, daß i, k in $\boldsymbol{A}_{ki}$ gegenüber α_{ik} vertauscht sind.

Beweis:

In $\alpha_{ik} = \det(\boldsymbol{a}_1, \ldots, \boldsymbol{a}_{i-1}, \boldsymbol{e}_k, \boldsymbol{a}_{i+1}, \ldots, \boldsymbol{a}_n)$ steht am Schnittpunkt der i-ten Spalte und k-ten Zeile eine 1, während alle anderen Elemente der i-ten Spalte gleich 0 sind. Durch $i - 1$ Vertauschungen benachbarter Spalten bringt man nun $\boldsymbol{e}_k$ in die erste Spalte, dann wird die 1 in der k-ten Zeile der ersten Spalte durch $k - 1$ Vertauschungen benachbarter Zeilen in die linke obere Ecke plaziert. So entsteht eine Determinante der Form

$$\begin{vmatrix} 1 & * \; * \; \cdots \; * \\ 0 & \\ \vdots & \boldsymbol{A}_{ki} \\ 0 & \end{vmatrix} = \det \boldsymbol{A}_{ki}\,.$$

Wegen der $i + k - 2$ Zeilen- und Spaltenvertauschungen unterscheidet sie sich von der ursprünglichen Determinante α_{ik} um den Faktor $(-1)^{i+k-2}$, womit (3.69) bewiesen ist. □

Die Formeln (3.67), (3.66), (3.68), (3.69) ergeben den folgenden zusammenfassenden Satz

Satz 3.19:

(*Inversenformel*) Ist $\boldsymbol{A} = [a_{ik}]_{n,n}$ regulär ($n \geq 2$), so folgt

$$\boldsymbol{A}^{-1} = \frac{1}{\det \boldsymbol{A}} \begin{bmatrix} \det \boldsymbol{A}_{11} & -\det \boldsymbol{A}_{12} & \cdots & (-1)^{1+n} \det \boldsymbol{A}_{1n} \\ -\det \boldsymbol{A}_{21} & \det \boldsymbol{A}_{22} & \cdots & (-1)^{2+n} \det \boldsymbol{A}_{2n} \\ \vdots & \vdots & & \vdots \\ (-1)^{1+n} \det \boldsymbol{A}_{n1} & (-1)^{2+n} \det \boldsymbol{A}_{n2} & \cdots & \det \boldsymbol{A}_{nn} \end{bmatrix}^{\mathrm{T}}.$$

Beachte, daß die Matrix rechts transponiert ist! Die Vorzeichen in der Matrix sind »schachbrettartig« verteilt:

$$\begin{bmatrix} + & - & + & - & \dots & \vdots \\ - & + & - & + & & \vdots \\ + & - & + & - & & \vdots \\ - & + & - & + & \dots & \vdots \\ \vdots & & & \vdots & \dots & \vdots \\ \vdots & \dots & \dots & \vdots & \dots & \vdots \end{bmatrix}.$$

Beispiel 3.10:

$$A = \begin{bmatrix} 3 & 8 & 4 \\ 1 & 0 & 1 \\ 7 & 2 & 1 \end{bmatrix} \Rightarrow A^{-1} = \frac{1}{50} \begin{bmatrix} \begin{vmatrix} 0 & 1 \\ 2 & 1 \end{vmatrix} & -\begin{vmatrix} 1 & 1 \\ 7 & 1 \end{vmatrix} & \begin{vmatrix} 1 & 0 \\ 7 & 2 \end{vmatrix} \\ -\begin{vmatrix} 8 & 4 \\ 2 & 1 \end{vmatrix} & \begin{vmatrix} 3 & 4 \\ 7 & 1 \end{vmatrix} & -\begin{vmatrix} 3 & 8 \\ 7 & 2 \end{vmatrix} \\ \begin{vmatrix} 8 & 4 \\ 0 & 1 \end{vmatrix} & -\begin{vmatrix} 3 & 4 \\ 1 & 1 \end{vmatrix} & \begin{vmatrix} 3 & 8 \\ 1 & 0 \end{vmatrix} \end{bmatrix}^{\mathrm{T}}$$

$$\Rightarrow A^{-1} = \frac{1}{50} \begin{bmatrix} -2 & 6 & 2 \\ 0 & -25 & 50 \\ 8 & 1 & -8 \end{bmatrix}^{\mathrm{T}} = \frac{1}{50} \begin{bmatrix} -2 & 0 & 8 \\ 6 & -25 & 1 \\ 2 & 50 & -8 \end{bmatrix}.$$

Bemerkung: Für große Matrizen ($n \geq 4$) benutzt man meistens den Gaußschen Algorithmus zur Berechnung von A^{-1} (s. Abschn. 3.3.2).

Übung 3.22*

Berechne mit der Inversenformel die Inversen von

$$A = \begin{bmatrix} 5 & 8 \\ -1 & 3 \end{bmatrix}, \quad B = \begin{bmatrix} 6 & 7 & 1 \\ 4 & -3 & 5 \\ 10 & 1 & -1 \end{bmatrix}, \quad C = \begin{bmatrix} 0 & 1 & 0 & 0 \\ 0 & 0 & 0 & 1 \\ 1 & 0 & 0 & 0 \\ 0 & 0 & 1 & 0 \end{bmatrix}.$$

Übung 3.23:

Es sei $R = [r_{ik}]_{n,n}$ eine reguläre *»rechte Dreiecksmatrix«*, d.h. $r_{ik} = 0$, falls $i > k$ und $r_{ii} \neq 0$ für alle $i = 1, \dots n$. Zeige mit der Inversenformel, daß auch R^{-1} eine rechte Dreiecksmatrix ist.

3.4.8 Entwicklungssatz

Aus (3.67) im vorigen Abschnitt folgt im Falle $\det \boldsymbol{A} \neq 0$: $(\operatorname{adj} \boldsymbol{A} / \det \boldsymbol{A})\boldsymbol{A} = \boldsymbol{E}$, also $(\operatorname{adj} \boldsymbol{A})\boldsymbol{A} = (\det \boldsymbol{A})\boldsymbol{E}$. Wir zeigen, daß dies auch im Falle $\det \boldsymbol{A} = 0$ richtig ist:

Satz 3.20:

(*Adjunkten-Satz*) Für jede quadratische Matrix $\boldsymbol{A} = [a_{ik}]_{n,n}$ mit $n \geq 2$ gilt

$$(\operatorname{adj} \boldsymbol{A})\boldsymbol{A} = (\det \boldsymbol{A})\boldsymbol{E}\,, \tag{3.70}$$

wobei $\boldsymbol{E}$ eine Einheitsmatrix von gleicher Zeilenzahl wie $\boldsymbol{A}$ ist.

Beweis:

Wir schreiben zur Abkürzung $(\operatorname{adj} \boldsymbol{A})\boldsymbol{A} = (c_{ik})_{n,n}$, wobei n die Zeilenzahl von $\boldsymbol{A}$ ist. Damit gilt

$$\begin{aligned} c_{ik} &= \sum_{j=1}^{n} \alpha_{ij} \cdot a_{jk} = \sum_{j=1}^{n} a_{jk} \cdot \det(\boldsymbol{a}_1, \ldots, \boldsymbol{a}_{i-1}, \boldsymbol{e}_j, \boldsymbol{a}_{i+1}, \ldots, \boldsymbol{a}_n) \\ &= \det\left(\boldsymbol{a}_1, \ldots, \boldsymbol{a}_{i-1}, \sum_{j=1}^{n} a_{jk}\boldsymbol{e}_j, \boldsymbol{a}_{i+1}, \ldots, \boldsymbol{a}_n\right). \end{aligned}$$

Die letzte Gleichheit folgt aus der Linearität der Determinante bzgl. der i-ten Spalte. Die Summe in der i-ten Spalte der letzten Determinante ist gleich $\boldsymbol{a}_k$, also folgt

$$\begin{aligned} c_{ik} &= \det(\boldsymbol{a}_1, \ldots, \boldsymbol{a}_{i-1}, \boldsymbol{a}_k, \boldsymbol{a}_{i+1}, \ldots, \boldsymbol{a}_n) \\ &= \delta_{jk} \det \boldsymbol{A}\,, \qquad \delta_{ik} = \begin{cases} 1\,, & \text{falls } i = k, \\ 0\,, & \text{falls } i \neq k. \end{cases} \end{aligned}$$

$\delta_{ik} \det \boldsymbol{A}$ ist das Element an der Stelle (i, k) der Matrix $(\det \boldsymbol{A})\boldsymbol{E}$, womit (3.70) bewiesen ist. □

Schreibt man das Element an der Stelle (i, k) bzgl. der Gleichung (3.70) hin, so erhält man

$$\sum_{j=1}^{n} \alpha_{ij} a_{jk} = (\det \boldsymbol{A})\delta_{ik} \quad (i, k = 1, \ldots, n)\,. \tag{3.71}$$

Für den Fall $i = k$ erhalten wir, nach Vertauschen der Gleichungsseiten

$$\det \boldsymbol{A} = \sum_{j=1}^{n} \alpha_{kj} a_{jk}\,. \tag{3.72}$$

und mit (3.69):

Satz 3.21:

(*Entwicklungssatz nach Spalten*) Für jedes $k \in \{1, \dots, n\}$ gilt

$$\det \boldsymbol{A} = \sum_{j=1}^{n} a_{jk}(-1)^{j+k} \det \boldsymbol{A}_{jk}\,. \tag{3.73}$$

(*Entwicklungssatz nach Zeilen*): Für jedes $i \in \{1, \dots, n\}$ gilt

$$\det \boldsymbol{A} = \sum_{j=1}^{n} a_{ij}(-1)^{i+j} \det \boldsymbol{A}_{ij}\,. \tag{3.74}$$

Die zweite Gleichung folgt aus der ersten durch Übergang von $\boldsymbol{A}$ zu $\boldsymbol{A}^{\mathrm{T}}$.

Beide Gleichungen ergeben rekursive Berechnungsmethoden für Determinanten. Denn die n-reihige Determinante $\det \boldsymbol{A}$ wird durch die Formeln auf die $(n-1)$-reihigen Determinanten $\det \boldsymbol{A}_{ik}$ zurückgeführt. Diese kann man über die Entwicklungsformeln wiederum auf $(n-2)$-reihige Determinanten zurückführen usw.

Man bezeichnet die rechte Seite in (3.73) auch als *»Entwicklung der Determinante nach der k-ten Spalte«* und (3.74) als *»Entwicklung der Determinante nach der i-ten Zeile«*. Oft werden die Entwicklungen nach der ersten Spalte bzw. ersten Zeile verwendet. Wir schreiben diese Spezialfälle daher noch einmal heraus:

$$\det \boldsymbol{A} = \sum_{j=1}^{n} a_{j1}(-1)^{j+1} \det \boldsymbol{A}_{j1} \quad \text{Entwicklung nach der 1. Spalte,} \tag{3.75}$$

$$\det \boldsymbol{A} = \sum_{j=1}^{n} a_{1j}(-1)^{j+1} \det \boldsymbol{A}_{1j} \quad \text{Entwicklung nach der 1. Zeile.} \tag{3.76}$$

Für dreireihige Determinanten sieht die Entwicklung nach der ersten Zeile so aus:

$$\begin{vmatrix} a_{11} & a_{12} & a_{13} \\ a_{21} & a_{22} & a_{23} \\ a_{31} & a_{32} & a_{33} \end{vmatrix} = a_{11} \begin{vmatrix} a_{22} & a_{23} \\ a_{32} & a_{33} \end{vmatrix} - a_{12} \begin{vmatrix} a_{21} & a_{23} \\ a_{31} & a_{33} \end{vmatrix} + a_{13} \begin{vmatrix} a_{21} & a_{22} \\ a_{31} & a_{32} \end{vmatrix}\,.$$

Der Leser schreibe sich zur Übung die Entwicklungen nach der 2. und 3. Zeile auf, sowie die Entwicklungen nach den 3 Spalten. Ein Zahlenbeispiel:

Beispiel 3.11:

Für die folgende Matrix aus Mat(3; $\mathbb{R}$) erhalten wir

$$\begin{vmatrix} 3 & 5 & 2 \\ -1 & 6 & 4 \\ 7 & 10 & -8 \end{vmatrix} = 3 \begin{vmatrix} 6 & 4 \\ 10 & -8 \end{vmatrix} - 5 \begin{vmatrix} -1 & 4 \\ 7 & 8 \end{vmatrix} + 2 \begin{vmatrix} -1 & 6 \\ 7 & 10 \end{vmatrix}$$

$$= 3(-88) - 5(-20) + 2(-52) = -268\,.$$

Bemerkung: Man erkennt, daß die Berechnung dreireihiger Determinanten durch die Entwicklung nach der ersten Zeile (oder einer anderen Zeile oder Spalte) etwas ökonomischer ist, als die Sarrussche Regel, denn bei der Entwicklung nach einer Zeile oder Spalte werden 9 Multiplikationen ausgeführt, bei der Sarrusschen Regel aber 12. Im Zeitalter elektronischer Rechner ist dieser Unterschied im Rechenaufwand zwischen Summenformel und Entwicklungssatz aber fast bedeutungslos. Für numerische Zwecke ist allerdings der Gaußsche Algorithmus nach wie vor die bessere Methode zur Determinantenberechnung.

Im Zusammenhang mit der schrittweisen Berechnung von Determinanten geben wir noch folgende Rekursionsformel an, die auch für theoretische Zwecke nützlich ist.

Satz 3.22:

Für die quadratische Blockmatrix $\boldsymbol{A} = \begin{bmatrix} a & \boldsymbol{b}^{\mathrm{T}} \\ \boldsymbol{c} & \boldsymbol{B} \end{bmatrix}$ mit $a \neq 0$ (a Skalar) gilt

$$\det \boldsymbol{A} = a \cdot \det \left[\boldsymbol{B} - \frac{1}{a} \boldsymbol{c} \boldsymbol{b}^{\mathrm{T}} \right]. \tag{3.77}$$

Beweis:

Beweis: Man rechnet nach, daß folgendes gilt:

$$\begin{bmatrix} a & \boldsymbol{b}^{\mathrm{T}} \\ \boldsymbol{c} & \boldsymbol{B} \end{bmatrix} \begin{bmatrix} 1 & -\frac{1}{a}\boldsymbol{b}^{\mathrm{T}} \\ 0 & \boldsymbol{E} \end{bmatrix} = \begin{bmatrix} a & 0 \\ \boldsymbol{c} & \left[\boldsymbol{B} - \frac{1}{a}\boldsymbol{c}\boldsymbol{b}^{\mathrm{T}}\right] \end{bmatrix}.$$

Mit dem Determinantenmultiplikationssatz erhält man daraus (3.77). □

Übung 3.24*

Berechne die folgenden Determinanten durch sukzessives Anwenden des Entwicklungssatzes nach der ersten Zeile (s. (3.76)):

$$\begin{vmatrix} 5 & 7 & -1 \\ 3 & 6 & 8 \\ 12 & -2 & 1 \end{vmatrix}, \quad \begin{vmatrix} 1 & 0 & 7 & 4 \\ 6 & -1 & 2 & 3 \\ 5 & 9 & 3 & 0 \\ 7 & 1 & 2 & 8 \end{vmatrix}, \quad \begin{vmatrix} 0 & 0 & 0 & a_{14} \\ 0 & 0 & a_{23} & a_{24} \\ 0 & a_{32} & a_{33} & a_{34} \\ a_{41} & a_{42} & a_{43} & a_{44} \end{vmatrix}.$$

Übung 3.25*

Beweise, daß für reguläre Matrizen $\boldsymbol{A}$, $\boldsymbol{B}$ mit mindestens zwei Zeilen folgende Formeln gelten

(a) $\det(\operatorname{adj} \boldsymbol{A}) = (\det \boldsymbol{A})^{n-1}$ (Benutze Satz 3.20)

(b) $\operatorname{adj}(\operatorname{adj} \boldsymbol{A}) = (\det \boldsymbol{A})^{n-2} \boldsymbol{A}$

(c) $\operatorname{adj}(\boldsymbol{A}\boldsymbol{B}) = \operatorname{adj} \boldsymbol{B} \cdot \operatorname{adj} \boldsymbol{A}$

} (Verwende (3.67), Abschn. 3.4.7)

3.4.9 Zusammenstellung der wichtigsten Regeln über Determinanten

Es seien $\boldsymbol{A} = [a_{ik}]_{n,n} = [\boldsymbol{a}_1, \ldots, \boldsymbol{a}_n]$ und $\boldsymbol{B} = [b_{ik}]_{n,n}$ $(n \geq 2)$ beliebige quadratische Matrizen mit Elementen aus einem Körper $\mathbb{K}$ (insbesondere also aus $\mathbb{R}$ oder $\mathbb{C}$).

I. Summendarstellung der Determinante (Abschn. 3.4.1)

$$\det \boldsymbol{A} = \begin{vmatrix} a_{11} & \cdots & a_{1n} \\ \vdots & & \vdots \\ a_{n1} & \cdots & a_{nn} \end{vmatrix} = \sum_{(k_1,\ldots,k_n)\in S_n} \operatorname{sgn}(k_1, \ldots, k_n) a_{1k_1} \cdot \ldots \cdot a_{nk_n} . \tag{3.78}$$

II. Transpositionsregel

$$\det \boldsymbol{A} = \det \boldsymbol{A}^{\mathrm{T}} . \tag{3.79}$$

III. Grundregeln (Abschn. 3.4.2)

$\det \boldsymbol{A} = \det(\boldsymbol{a}_1, \ldots, \boldsymbol{a}_n)$ ist *in jeder Spalte linear*, d.h.:

(a) $\det(\boldsymbol{a}_1 + \boldsymbol{x}, \boldsymbol{a}_2, \ldots, \boldsymbol{a}_n) = \det(\boldsymbol{a}_1, \boldsymbol{a}_2, \ldots, \boldsymbol{a}_n) + \det(\boldsymbol{x}, \boldsymbol{a}_2, \ldots, \boldsymbol{a}_n)$ (3.80)

(b) $\det(\lambda \boldsymbol{a}_1, \boldsymbol{a}_2, \ldots, \boldsymbol{a}_n) = \lambda \det(\boldsymbol{a}_1, \boldsymbol{a}_2, \ldots, \boldsymbol{a}_n)$, $(\lambda \in \mathbb{K})$ (3.81)

und entsprechend für die zweite, dritte, …, n-te Spalte.

(c) *Vertauschen zweier Spalten ändert das Vorzeichen* der Determinante.

(a), (b), (c) gilt analog für alle Zeilen,

(d) $\det \boldsymbol{E} = 1$ (*Normierung*). (3.82)

IV. Weitere Regeln (Abschn. 3.4.2, 3.4.3)

(e) *Addiert* man ein *Vielfaches eines Spaltenvektors* (bzw. *Zeilenvektors*) von $\boldsymbol{A}$ zu einem anderen, so bleibt die Determinante von $\boldsymbol{A}$ *unverändert*.

(f) Hat $\boldsymbol{A}$ zwei gleiche Spalten (oder Zeilen), so ist die Determinante von $\boldsymbol{A}$ gleich Null.

(g) Ist eine Spalte (oder Zeile) von $\boldsymbol{A}$ gleich $\boldsymbol{0}$, so ist die Determinante von $\boldsymbol{A}$ gleich Null.

(h) Die Determinante einer *Dreiecksmatrix* $\boldsymbol{A}$ ist gleich dem Produkt ihrer Diagonalelemente: $\det \boldsymbol{A} = a_{11}a_{22}\ldots a_{nn}$. (Satz 3.14, Abschn. 3.4.3).

Hierauf fußt die Berechnung einer Determinante durch den *Gaußschen Algorithmus*, indem man die zugehörige Matrix durch die Schritte des Gaußschen Algorithmus in eine Dreiecksmatrix überführt (s. Abschn. 3.4.3).

V. Regularitätskriterium (Abschn. 3.4.4)

$$\boldsymbol{A} \text{ regulär} \iff \det \boldsymbol{A} \neq 0. \tag{3.83}$$

M.a.W.: Genau dann ist $\det \boldsymbol{A} \neq 0$, wenn die Spaltenvektoren (bzw. Zeilenvektoren) der quadratischen Matrix $\boldsymbol{A}$ linear unabhängig sind.

VI. Rangbestimmung durch Determinanten (Abschn. 3.4.4)

Der Rang einer Matrix ist die größte Zeilenzahl nichtverschwindender Unterdeterminanten der Matrix.

VII. Determinantenmultiplikationssatz (Abschn. 3.4.5)

$$\det(\boldsymbol{A}\boldsymbol{B}) = \det \boldsymbol{A} \det \boldsymbol{B} \tag{3.84}$$

VIII. Cramersche Regel (Abschn. 3.4.6)

Die Lösung $\boldsymbol{x} = [x_1, \ldots, x_n]^{\mathrm{T}}$ des linearen Gleichungssystems $\boldsymbol{A}\boldsymbol{x} = \boldsymbol{b}$ ($\boldsymbol{A}$ regulär) erhält man aus

$$x_i = \frac{\det(\boldsymbol{a}_1, \ldots, \boldsymbol{a}_{i-1}, \boldsymbol{b}, \boldsymbol{a}_{i+1}, \ldots, \boldsymbol{a}_n)}{\det \boldsymbol{A}}, \quad i = 1, \ldots, n. \tag{3.85}$$

IX. Inversenformel (Abschn. 3.4.7)

Es sei $\boldsymbol{A}_{ik}$ die Matrix, die aus $\boldsymbol{A}$ durch Streichen der i-ten Zeile und der k-ten Spalte hervorgeht.

$$\boldsymbol{A} \text{ regulär} \implies \boldsymbol{A}^{-1} = \frac{1}{\det \boldsymbol{A}} \left[(-1)^{i+k} \det \boldsymbol{A}_{ik}\right]_{n,n}^{\mathrm{T}}. \tag{3.86}$$

X. Entwicklungssätze (Abschn. 3.4.8)

$$\det \boldsymbol{A} = \sum_{j=1}^{n} a_{jk}(-1)^{j+k} \det \boldsymbol{A}_{jk} \quad \text{Entwicklung nach der } k\text{-ten Spalte,} \tag{3.87}$$

$$\det \boldsymbol{A} = \sum_{j=1}^{n} a_{ij}(-1)^{i+j} \det \boldsymbol{A}_{ij} \quad \text{Entwicklung nach der } i\text{-ten Zeile.} \tag{3.88}$$

Übung 3.26*

Es soll die Gleichung $\boldsymbol{A}\boldsymbol{X} = \boldsymbol{B}$ gelöst werden, wobei $\boldsymbol{A}$, $\boldsymbol{B}$ bekannte n-reihige Matrizen mit Elementen aus einem Körper $\mathbb{K}$ sind und $\boldsymbol{X}$ eine gesuchte n-reihige quadratische Matrix darstellt. Es sei $\boldsymbol{A}$ regulär und $n \geq 2$. Zeige, daß die Lösung $\boldsymbol{X} = [x_{ik}]_{n,n}$ durch folgende Formel gegeben ist:

$$x_{ik} = \frac{1}{\det \boldsymbol{A}} \sum_{j=1}^{n} (-1)^{j+i} (\det \boldsymbol{A}_{ji}) b_{jk} . \qquad (3.89)$$

3.5 Spezielle Matrizen

Einige spezielle Typen von Matrizen, die häufig vorkommen, werden im Folgenden zusammengestellt. Beim *ersten Durcharbeiten* des Buches *empfiehlt es sich, nur den einführenden Abschn.* 3.5.1 *zu lesen* und dann gleich zum nächsten größeren Abschn. 3.8 überzugehen. Denn nach dem Einführungsabschnitt 3.5.1 werden die Eigenschaften der speziellen Matrizen im einzelnen erörtert und bewiesen. Damit der Leser nicht »auf Vorrat« lernen muß, kann er diese Teile überspringen oder »überfliegen«, um dann später bei Bedarf nachzuschlagen.

3.5.1 Definition der wichtigsten speziellen Matrizen

Vorbemerkung für komplexe Matrizen. Zu jeder komplexen Matrix $\boldsymbol{A} = [a_{ik}]_{m,n}$ definiert man die *konjugiert komplexe Matrix* $\overline{\boldsymbol{A}} := [\overline{a_{ik}}]_{m,n}$ [18] und damit die *adjungierte Matrix*

$$\boldsymbol{A}^* := \overline{\boldsymbol{A}}^{\mathrm{T}} , \quad \text{d.h.} \quad \boldsymbol{A}^* = [\alpha_{ik}]_{n,m} \quad \text{mit } \alpha_{ik} = \overline{a_{ki}} . \qquad (3.90)$$

Für rein reelle Matrizen $\boldsymbol{A}$ ist also $\boldsymbol{A}^* = \boldsymbol{A}^{\mathrm{T}}$, d.h. adjungierte Matrix = transponierte Matrix. Die Verwandtschaft mit der Transposition zeigt sich auch in den Regeln für adjungierte Matrizen: Für alle komplexen (m, n)-Matrizen $\boldsymbol{A}$ und (n, p)-Matrizen $\boldsymbol{B}$, sowie für alle $\lambda \in \mathbb{C}$, gilt

$$(\boldsymbol{A}^*)^* = \boldsymbol{A} , \quad (\boldsymbol{A}\boldsymbol{B})^* = \boldsymbol{B}^*\boldsymbol{A}^* , \quad (\lambda \boldsymbol{A})^* = \overline{\lambda}\boldsymbol{A}^* , \qquad (3.91)$$

$$(\boldsymbol{A}^*)^{-1} = (\boldsymbol{A}^{-1})^* , \quad \text{falls } \boldsymbol{A} \text{ regulär,} \qquad (3.92)$$

$$\boldsymbol{x}^*\boldsymbol{x} > 0 \quad \text{für alle} \quad \boldsymbol{x} \neq \boldsymbol{0} , \ \boldsymbol{x} \in \mathbb{C}^n . \qquad (3.93)$$

Die letzte Eigenschaft mit ihren Folgerungen (z.B. $(\boldsymbol{A}\boldsymbol{x})^*(\boldsymbol{A}\boldsymbol{x})$ ist reell und ≥ 0) stellt die eigentliche Motivation für die Operation * dar.

Wir stellen nun die wichtigsten Typen spezieller Matrizen in knapper Form zusammen.

Definition 3.12:

Eine quadratische Matrix $\boldsymbol{A} = [a_{ik}]_{n,n}$ mit Elementen aus einem Körper $\mathbb{K}$ trägt eine der folgenden Bezeichnungen, wenn die zugehörige Bedingung (rechts davon) erfüllt ist.

Wir erwähnen noch: Die Elemente $a_{11}, a_{22}, \ldots, a_{nn}$ bilden die *Hauptdiagonale* von $\boldsymbol{A}$, kurz: *Diagonale*. Sie heißen daher die *(Haupt-)Diagonalelemente* von $\boldsymbol{A}$.

---

18 $\overline{a_{ik}}$ ist die zu a_{ik} konjugiert komplexe Zahl, d.h. es gilt: $\operatorname{Re} \overline{a_{ik}} = \operatorname{Re} a_{ik}$, $\operatorname{Im} \overline{a_{ik}} = -\operatorname{Im} a_{ik}$.

I. Diagonal-und Dreiecksform:

(a)	*Diagonalmatrix*, Schreibweise: $\boldsymbol{A} = \mathrm{diag}(a_{11}, \ldots, a_{nn})$	$\Leftrightarrow$	$a_{ik} = 0$ für $i \neq k$ (alle Elemente außerhalb der Hauptdiagonalen sind Null)
(b)	*Skalarmatrix*	$\Leftrightarrow$	$\boldsymbol{A} = c\boldsymbol{E}$
(c)	*rechte Dreiecksmatrix*	$\Leftrightarrow$	$a_{ik} = 0$ für $i > k$
(d)	*linke Dreiecksmatrix*	$\Leftrightarrow$	$a_{ik} = 0$ für $i < k$
(e)	*(rechte) unipotente Matrix*	$\Leftrightarrow$	$\boldsymbol{A}$ rechte Dreiecksmatrix und $a_{ii} = 1$ für alle i
(f)	*(linke) unipotente Matrix*	$\Leftrightarrow$	$\boldsymbol{A}$ linke Dreiecksmatrix und $a_{ii} = 1$ für alle i

II. Orthogonalität:

(f)	*orthogonale Matrix*	$\Leftrightarrow$	$\boldsymbol{A}^{\mathrm{T}}\boldsymbol{A} = \boldsymbol{E}$ und $\boldsymbol{A}$ reell
(g)	*Permutationsmatrix*	$\Leftrightarrow$	$\boldsymbol{A} = [\boldsymbol{e}_{k_1}, \ldots, \boldsymbol{e}_{k_n}]$, wobei $(k_1, \ldots, k_n)$ eine Permutation von $(1, \ldots, n)$ ist. ($\boldsymbol{e}_{k_i}$ Koordinateneinheitsvektoren)
(h)	*unitäre Matrix*	$\Leftrightarrow$	$\boldsymbol{A}^*\boldsymbol{A} = \boldsymbol{E}$ und $\boldsymbol{A}$ komplex

III. Symmetrie:

(i)	*symmetrische Matrix*	$\Leftrightarrow$	$\boldsymbol{A}^{\mathrm{T}} = \boldsymbol{A}$ und $\boldsymbol{A}$ reell
(j)	*schiefsymmetrische Matrix*	$\Leftrightarrow$	$\boldsymbol{A}^{\mathrm{T}} = -\boldsymbol{A}$ und $\boldsymbol{A}$ reell
(k)	*hermitesche Matrix*[19]	$\Leftrightarrow$	$\boldsymbol{A}^* = \boldsymbol{A}$ und $\boldsymbol{A}$ komplex
(l)	*schiefhermitesche Matrix*	$\Leftrightarrow$	$\boldsymbol{A}^* = -\boldsymbol{A}$ und $\boldsymbol{A}$ komplex
(m)	*positiv definite Matrix*	$\Leftrightarrow$	falls $\boldsymbol{A}$ reell: $\boldsymbol{x}^{\mathrm{T}}\boldsymbol{A}\boldsymbol{x} > 0$ für alle $\boldsymbol{x} \in \mathbb{R}^n$, $\boldsymbol{x} \neq \boldsymbol{0}$, und $\boldsymbol{A}$ symmetrisch falls $\boldsymbol{A}$ komplex: $\boldsymbol{x}^*\boldsymbol{A}\boldsymbol{x} > 0$ für alle $\boldsymbol{x} \in \mathbb{C}^n$, $\boldsymbol{x} \neq \boldsymbol{0}$, und $\boldsymbol{A}$ hermitesch
(n)	*positiv semidefinite Matrix*	$\Leftrightarrow$	falls $\boldsymbol{A}$ reell: $\boldsymbol{x}^{\mathrm{T}}\boldsymbol{A}\boldsymbol{x} \geq 0$ für alle $\boldsymbol{x} \in \mathbb{R}^n$ und $\boldsymbol{A}$ symmetrisch falls $\boldsymbol{A}$ komplex: $\boldsymbol{x}^*\boldsymbol{A}\boldsymbol{x} \geq 0$ für alle $\boldsymbol{x} \in \mathbb{C}^n$ und $\boldsymbol{A}$ hermitesch
(o)	*negativ definite Matrix*	$\Leftrightarrow$	$-\boldsymbol{A}$ positiv definit
(p)	*negativ semidefinite Matrix*	$\Leftrightarrow$	$-\boldsymbol{A}$ positiv semidefinit

Mengenbezeichnungen

$$\begin{aligned}
\mathrm{O}(n) &= \text{Menge der orthogonalen } (n, n)\text{-Matrizen,} \\
\mathrm{U}(n) &= \text{Menge der unitären } (n, n)\text{-Matrizen,} \\
\mathrm{Sym}(n) &= \text{Menge der symmetrischen } (n, n)\text{-Matrizen,} \\
\mathrm{Her}(n) &= \text{Menge der hermiteschen } (n, n)\text{-Matrizen.}
\end{aligned}$$

Statt *rechter Dreiecksmatrix* sagt man auch *obere Dreiecksmatrix* oder *Superdiagonalmatrix*, während *linke Dreiecksmatrizen* auch *untere Dreiecksmatrix* oder *Subdiagonalmatrix* genannt werden.

Den *orthogonalen Matrizen* wollen wir eine zweite Charakterisierung geben, die das Wort »orthogonal« rechtfertigt.

Folgerung 3.6:

Eine reelle (n, n)-*Matrix* $\boldsymbol{A} = [\boldsymbol{a}_1, \ldots, \boldsymbol{a}_n]$ ist genau dann orthogonal, wenn ihre *Spaltenvektoren ein Orthonormalsystem* bilden, d.h.

$$\boldsymbol{a}_i \cdot \boldsymbol{a}_k = \delta_{ik} = \begin{cases} 1, & \text{falls } i = k \\ 0, & \text{falls } i \neq k \end{cases} \tag{3.94}$$

für alle $i, k \in \{1, \ldots, n\}$ erfüllt ist. Für die *Zeilenvektoren* von $\boldsymbol{A}$ gilt die entsprechende Aussage.

Beweis:

In $\boldsymbol{A}^{\mathrm{T}}\boldsymbol{A}$ ist $\boldsymbol{a}_i \cdot \boldsymbol{a}_k$ das Element in der i-ten Zeile und der k-ten Spalte. $\boldsymbol{A}^{\mathrm{T}}\boldsymbol{A} = \boldsymbol{E}$ bedeutet daher gerade $\boldsymbol{a}_i \cdot \boldsymbol{a}_k = \delta_{ik}$ für alle i, k. Ferner gilt: $\boldsymbol{A}$ orthogonal $\Leftrightarrow$ $\boldsymbol{A}^{\mathrm{T}}\boldsymbol{A} = \boldsymbol{E}$ $\Leftrightarrow$ $\boldsymbol{A}^{\mathrm{T}} = \boldsymbol{A}^{-1}$ $\Leftrightarrow$ $\boldsymbol{A}\boldsymbol{A}^{\mathrm{T}} = \boldsymbol{E}$ $\Leftrightarrow$ $(\boldsymbol{A}^{\mathrm{T}})^{\mathrm{T}}\boldsymbol{A}^{\mathrm{T}} = \boldsymbol{E}$ $\Leftrightarrow$ $\boldsymbol{A}^{\mathrm{T}}$ orthogonal $\Leftrightarrow$ die Spaltenvektoren von $\boldsymbol{A}^{\mathrm{T}}$ sind orthonormal $\Leftrightarrow$ die Zeilenvektoren von $\boldsymbol{A}$ sind orthonormal. □

Für komplexe Matrizen $\boldsymbol{A} = [\boldsymbol{a}_1, \ldots, \boldsymbol{a}_n]$ gilt die entsprechende Aussage: $\boldsymbol{A}$ unitär $\Leftrightarrow$ $\boldsymbol{a}_i \cdot \boldsymbol{a}_k = \delta_{ik}$ $\Leftrightarrow$ $\boldsymbol{A}^* = \boldsymbol{A}^{-1}$ $\Leftrightarrow$ $\boldsymbol{A}^*$ unitär $\Leftrightarrow$ $\hat{\boldsymbol{a}}_i \cdot \hat{\boldsymbol{a}}_k = \delta_{ik}$ für die Zeilenvektoren von $\boldsymbol{A}$.

Zu den Permutationsmatrizen

Ist $\boldsymbol{P} = [\boldsymbol{e}_{k_1}, \ldots, \boldsymbol{e}_{k_n}]$ eine Permutationsmatrix und $\boldsymbol{A}$ eine reelle oder komplexe (n, m)-Matrix, so bewirkt die Linksmultiplikation von $\boldsymbol{P}$ mit $\boldsymbol{A}$,

$\boldsymbol{P}\boldsymbol{A}$, eine Permutation der Zeilen von $\boldsymbol{A}$

und die Rechtsmultiplikation von $\boldsymbol{P}$ mit einer (m, n)-Matrix $\boldsymbol{A}$,

$\boldsymbol{A}\boldsymbol{P}$, eine Permutation der Spalten von $\boldsymbol{A}$.

---

19 Nach dem französischen Mathematiker Charles Hermite, Paris, (1822 – 1901), der u.a. die Transzendenz von e bewies (1873).

Die Matrix-Schemata in den folgenden Figuren 3.11, 3.12 dienen der Veranschaulichung von Definition 3.12.

Diagonalmatrix

$$\begin{bmatrix} d_1 & & & \mathbf{0} \\ & d_2 & & \\ & & \ddots & \\ \mathbf{0} & & & d_n \end{bmatrix} = \operatorname{diag}(d_1, \dots, d_n)$$

Rechte Dreiecksmatrix

$$\begin{bmatrix} r_{11} & r_{12} & \cdots & r_{1n} \\ & r_{22} & \cdots & r_{2n} \\ & & \ddots & \vdots \\ \mathbf{0} & & & r_{nn} \end{bmatrix}$$

Linke Dreiecksmatrix

$$\begin{bmatrix} t_{11} & & & \mathbf{0} \\ t_{21} & t_{22} & & \\ \vdots & \vdots & \ddots & \\ t_{n1} & t_{n2} & \cdots & t_{nn} \end{bmatrix}$$

Skalarmatrix

$$\begin{bmatrix} c & & & \mathbf{0} \\ & c & & \\ & & \ddots & \\ \mathbf{0} & & & c \end{bmatrix} = c\boldsymbol{E}$$

Rechte unipotente Matrix

$$\begin{bmatrix} 1 & r_{12} & \cdots & r_{1n} \\ & 1 & \cdots & r_{2n} \\ & & \ddots & \vdots \\ \mathbf{0} & & & 1 \end{bmatrix}$$

Linke unipotente Matrix

$$\begin{bmatrix} 1 & & & \mathbf{0} \\ t_{21} & 1 & & \\ \vdots & \vdots & \ddots & \\ t_{n1} & t_{n2} & \cdots & 1 \end{bmatrix}$$

Fig. 3.11: Diagonal- und Dreiecksmatrizen

orthogonale Matrix

$$\begin{bmatrix} 0{,}8 & -0{,}6 \\ 0{,}6 & 0{,}8 \end{bmatrix}$$

Permutationsmatrix

$$\begin{bmatrix} 0 & 1 \\ 1 & 0 \end{bmatrix}$$

unitäre Matrix

$$\begin{bmatrix} 0{,}8\,\mathrm{e}^{\mathrm{i}\alpha} & -0{,}6\,\mathrm{e}^{\mathrm{i}(\alpha+\gamma)} \\ 0{,}6\,\mathrm{e}^{\mathrm{i}\beta} & 0{,}8\,\mathrm{e}^{\mathrm{i}(\beta+\gamma)} \end{bmatrix}$$

(α, β, γ reell)

symmetrische Matrix

$$\begin{bmatrix} 6 & 1 & 9 \\ 1 & 8 & 7 \\ 9 & 7 & 2 \end{bmatrix}$$

schiefsymmetrische Matrix

$$\begin{bmatrix} 0 & -1 & 9 \\ 1 & 0 & 7 \\ -9 & -7 & 0 \end{bmatrix}$$

positiv definite Matrix

$$\begin{bmatrix} 5 & -2 & 1 \\ -2 & 6 & -3 \\ 1 & -3 & 4 \end{bmatrix}$$

Fig. 3.12: Orthogonale, unitäre und (schief-)symmetrische Matrizen

Der Nachweis, daß die letzte Matrix in Fig. 3.12 positiv definit ist, geschieht am einfachsten durch das Kriterium von Hadamard (Satz 3.35, Abschn. 3.5.7), auf das hier vorgegriffen wird. Und zwar hat man die drei »Hauptminoren« zu berechnen, das sind die Unterdeterminanten

$$5\,, \quad \begin{vmatrix} 5 & -2 \\ -2 & 6 \end{vmatrix} = 26\,, \quad \begin{vmatrix} 5 & -2 & 1 \\ -2 & 6 & -3 \\ 1 & -3 & 4 \end{vmatrix} = 65\,,$$

die symmetrisch zur Hauptdiagonalen liegen und, beginnend mit 5 in der linken oberen Ecke, ineinander geschachtelt sind. Da diese »Hauptminoren«alle positiv sind, ist die Matrix positiv definit (nach dem zitierten Kriterium von Hadamard).

Satz 3.35 in Abschn. 3.5.7, in dem auch das Kriterium von Hadamard enthalten ist, kann als »Ziel« dieses Abschn. 3.5 angesehen werden. Zu seiner Herleitung wird nahezu alles gebraucht, was vorher in 3.5.2 bis 3.5.6 beschrieben ist.

Übung 3.27*

Beweise: Sind $\boldsymbol{A}$, $\boldsymbol{B}$ zwei orthogonale (n, n)-Matrizen, so gilt dies auch für $\boldsymbol{AB}$.

3.5.2 Algebraische Strukturen von Mengen spezieller Matrizen

[20] Die Summe zweier symmetrischer Matrizen ist wieder symmetrisch, das Produkt zweier orthogonaler Matrizen ist wieder orthogonal, die Inverse einer Permutationsmatrix ist wieder eine Permutationsmatrix *usw.* Um Aussagen dieser Form geschlossen ausdrücken zu können, benutzen wir die folgenden algebraischen Begriffe.

(I) Eine nichtleere Menge V von (n, n)-Matrizen mit Elementen aus $\mathbb{K}$ bildet einen *linearen Raum* (von Matrizen) *über* $\mathbb{K}$, wenn für je zwei Matrizen $\boldsymbol{A}$, $\boldsymbol{B} \in V$ und für jedes $\lambda \in K$ gilt

$$\boldsymbol{A} + \boldsymbol{B} \in V , \quad \lambda \boldsymbol{A} \in V . \tag{3.95}$$

Es folgt sofort auch $\boldsymbol{O} \in V$ und $-\boldsymbol{A} \in V$ (aus $\lambda \boldsymbol{A} \in V$ mit $\lambda = 0$ bzw. $\lambda = -1$).

(II) Eine nichtleere Menge G von regulären (n, n)-Matrizen bildet eine *Gruppe* (ausführlicher: *Matrizengruppe*), wenn mit $\boldsymbol{A}$, $\boldsymbol{B} \in G$ folgt:

$$\boldsymbol{AB} \in G , \quad \boldsymbol{A}^{-1} \in G . \tag{3.96}$$

In diesem Fall folgt sofort auch $\boldsymbol{E} \in G$, da nach (3.96) $\boldsymbol{A}^{-1} \in G$ und folglich $\boldsymbol{AA}^{-1} = \boldsymbol{E} \in G$ gilt.

(III) Eine nichtleere Menge M von (n, n)-Matrizen mit Elementen aus $\mathbb{K}$ heißt eine *Algebra* (ausführlicher *Matrizenalgebra*), wenn mit $\boldsymbol{A}$, $\boldsymbol{B} \in M$ und $\lambda \in \mathbb{K}$ stets folgendes gilt

$$\boldsymbol{A} + \boldsymbol{B} \in M , \quad \lambda \boldsymbol{A} \in M , \quad \boldsymbol{AB} \in M .$$

Bemerkung: Die Begriffe »Gruppe« und »Linearer Raum« (= Vektorraum) sind in Abschn. 2.3 und 2.4 in voller Allgemeinheit erläutert. Der Leser braucht jedoch nicht nachzuschlagen. Die obigen Erklärungen reichen für das Verständnis des Folgenden völlig aus, da sie hier nur dazu dienen, eine übersichtliche und prägnante Sprechweise zu gewinnen. Auch auf den allgemeinen Begriff einer »Algebra« wird verzichtet. Die oben charakterisierten Matrizenalgebren reichen aus.

---

20 Wie schon erwähnt, wird dem Anfänger empfohlen, von hier ab die restlichen Abschnitte von 3.5 zu überschlagen.

Natürlich bildet die Menge $\mathrm{Mat}(n; \mathbb{K})$ aller (n, n)-Matrizen »über $\mathbb{K}$«[21] eine Matrizenalgebra. Für die eingeführten speziellen Matrizen gilt Folgendes:

Satz 3.23:

Jede der folgenden Matrizenmengen (mit Elementen aus einem Körper $\mathbb{K}$) bildet eine *Matrizenalgebra*. Dabei werden alle Matrizen als n-reihig mit festem n angenommen:

(a) die Diagonalmatrizen,

(b) die rechten Dreiecksmatrizen,

(c) die linken Dreiecksmatrizen.

Der einfache Beweis bleibt dem Leser überlassen.

Bemerkung: Die Skalarmatrizen sind durch $c\boldsymbol{E} \mapsto c$ den Körperelementen aus $\mathbb{K}$ umkehrbar eindeutig zugeordnet und spiegeln sie auch in den Rechenoperationen wider. Aus diesem Grund liefern sie algebraisch nichts Neues.

Satz 3.24:

Lineare Räume über $\mathbb{R}$ sind

(a) die Menge $\mathrm{Sym}(n)$ der n-reihigen symmetrischen Matrizen,

(b) die Menge $\mathrm{Sym}^-(n)$ der n-reihigen schiefsymmetrischen Matrizen.

Lineare Räume über $\mathbb{C}$ sind dagegen

(c) die Menge $\mathrm{Her}(n)$ der n-reihigen hermiteschen Matrizen,

(d) die Menge $\mathrm{Her}^-(n)$ der n-reihigen schiefhermiteschen Matrizen.

Regulär sind offenbar die unipotenten, die orthogonalen und die unitären Matrizen (wie die Permutationsmatrizen als spezielle orthogonale Matrizen). Denn für unipotentes $\boldsymbol{A}$ ist $\det \boldsymbol{A} = 1$, und für orthogonales bzw. unitäres $\boldsymbol{A}$ existiert $\boldsymbol{A}^{-1} = \boldsymbol{A}^{\mathrm{T}}$ bzw. $\boldsymbol{A}^{-1} = \boldsymbol{A}^*$.

Eine Dreiecks- oder Diagonalmatrix $\boldsymbol{A}$ ist genau dann regulär, wenn alle Diagonalelemente $a_{ii} \neq 0$ sind. Somit folgt

Satz 3.25:

Jede der folgenden Matrizenmengen über $\mathbb{K}$ bildet eine *Gruppe*. Dabei werden alle Matrizen als n-reihig mit festem n angenommen:

(a) die regulären Diagonalmatrizen,

(b) die regulären rechten Dreiecksmatrizen,

(c) die regulären linken Dreiecksmatrizen,

(d) die rechten unipotenten Matrizen,

(e) die linken unipotenten Matrizen,

(f) die orthogonalen Matrizen (mit $\mathbb{K} = \mathbb{R}$),

---

21 Man sagt kurz »über $\mathbb{K}$« statt »mit Elementen aus $\mathbb{K}$«.

(g) die unitären Matrizen (mit $\mathbb{K} = \mathbb{C}$),

(h) die Permutationsmatrizen.

Inklusionen dazu:

$$(a) \subset \begin{cases} (b), & (b) \supset (d), \\ (c), & (c) \supset (e), \end{cases} \quad (h) \subset (f) \subset (g). \tag{3.97}$$

Beweise hierzu sind teilweise schon in früheren Übungsaufgaben geführt. Den Rest erledigt der Leser leicht selbst.

Übung 3.28:

Beweise, daß der Raum $\mathrm{Sym}(n)$ die Dimension $n(n+1)/2$ hat, und $\mathrm{Sym}^-(n)$ die Dimension $n(n-1)/2$ ($n \geq 2$ vorausgesetzt). *Hinweis*: Der Dimensionsbegriff bei linearen Räumen (=Vektorräumen) ist in Abschn. 2.4.3, Definition 2.21 erklärt.

3.5.3 Orthogonale und unitäre Matrizen

Eine reelle (n, n)-Matrix $\boldsymbol{A}$ war orthogonal genannt worden, wenn $\boldsymbol{A}^{\mathrm{T}}\boldsymbol{A} = \boldsymbol{E}$ gilt. Der folgende Satz listet eine Anzahl dazu äquivalenter Bedingungen auf, von denen einige den engen Zusammenhang zur Geometrie im $\mathbb{R}^n$ verdeutlichen. Dabei nehmen wir auch die früher schon bewiesenen Aussagen mit auf.

Satz 3.26:

Eine reelle (n, n)-*Matrix* $\boldsymbol{A}$ ist genau dann *orthogonal*, wenn eine der folgenden gleichwertigen Bedingungen erfüllt ist:

(a) $\boldsymbol{A}$ ist regulär, und es gilt $\boldsymbol{A}^{-1} = \boldsymbol{A}^{\mathrm{T}}$.

(b) $\boldsymbol{A}^{\mathrm{T}}$ ist orthogonal, d.h, $\boldsymbol{A}\boldsymbol{A}^{\mathrm{T}} = \boldsymbol{E}$.

(c) Die Spaltenvektoren von $\boldsymbol{A}$ bilden eine Orthonormalbasis des $\mathbb{R}^n$.

(d) Die Zeilenvektoren von $\boldsymbol{A}$ bilden eine Orthonormalbasis des $\mathrm{Mat}(1, n; \mathbb{R})$.

(e) $\boldsymbol{A}$ führt jede Orthonormalbasis $\boldsymbol{b}_1, \ldots, \boldsymbol{b}_n$ des $\mathbb{R}^n$ in eine Orthonormalbasis $\boldsymbol{A}\boldsymbol{b}_1, \ldots, \boldsymbol{A}\boldsymbol{b}_n$ über.

(f) $(\boldsymbol{A}\boldsymbol{x}) \cdot (\boldsymbol{A}\boldsymbol{y}) = \boldsymbol{x} \cdot \boldsymbol{y}$ für alle $\boldsymbol{x}, \boldsymbol{y} \in \mathbb{R}^n$.

(g) $|\boldsymbol{A}\boldsymbol{x}| = |\boldsymbol{x}|$ für alle $\boldsymbol{x} \in \mathbb{R}^n$.

(h) $|\boldsymbol{A}\boldsymbol{x} - \boldsymbol{A}\boldsymbol{y}| = |\boldsymbol{x} - \boldsymbol{y}|$ für alle $\boldsymbol{x}, \boldsymbol{y} \in \mathbb{R}^n$.

Beweis:

(a), (b), (c), (d) sind schon im Zusammenhang mit Folgerung 3.6 in Abschn. 3.5.1 erledigt.

Zu (e): Die Matrix $\boldsymbol{B} = [\boldsymbol{b}_1, \ldots, \boldsymbol{b}_n]$ ist eine orthogonale Matrix (nach (c)). Es gilt also $\boldsymbol{B}\boldsymbol{B}^{\mathrm{T}} = \boldsymbol{E}$. Führt $\boldsymbol{A}$ nun $\boldsymbol{b}_1, \ldots, \boldsymbol{b}_n$ in eine Orthonormalbasis über, so heißt das, daß $\boldsymbol{A}\boldsymbol{B} = [\boldsymbol{A}\boldsymbol{b}_1, \ldots,$

$\boldsymbol{A}\boldsymbol{b}_n]$ eine orthogonale Matrix ist. Es gilt somit $\boldsymbol{E} = (\boldsymbol{A}\boldsymbol{B})(\boldsymbol{A}\boldsymbol{B})^{\mathrm{T}} = \boldsymbol{A}\boldsymbol{B}\boldsymbol{B}^{\mathrm{T}}\boldsymbol{A}^{\mathrm{T}} = \boldsymbol{A}\boldsymbol{E}\boldsymbol{A}^{\mathrm{T}} = \boldsymbol{A}\boldsymbol{A}^{\mathrm{T}}$, also $\boldsymbol{E} = \boldsymbol{A}\boldsymbol{A}^{\mathrm{T}}$, d.h. $\boldsymbol{A}$ ist orthogonal. Ist umgekehrt $\boldsymbol{A}$ orthogonal, so ist es $\boldsymbol{A}\boldsymbol{B} = [\boldsymbol{A}\boldsymbol{b}_1, \ldots, \boldsymbol{A}\boldsymbol{b}_n]$ auch, da das Produkt zweier orthogonaler Matrizen wieder orthogonal ist. Also ist $\boldsymbol{A}\boldsymbol{b}_1, \ldots, \boldsymbol{A}\boldsymbol{b}_n$ eine Orthonormalbasis.

Zu (f): Ist $\boldsymbol{A}$ orthogonal, so folgt für alle $\boldsymbol{x}, \boldsymbol{y} \in \mathbb{R}^n$:

$$(\boldsymbol{A}\boldsymbol{x}) \cdot (\boldsymbol{A}\boldsymbol{y}) = (\boldsymbol{A}\boldsymbol{x})^{\mathrm{T}}(\boldsymbol{A}\boldsymbol{y}) = \boldsymbol{x}^{\mathrm{T}}\boldsymbol{A}^{\mathrm{T}}\boldsymbol{A}\boldsymbol{y} = \boldsymbol{x}^{\mathrm{T}}\boldsymbol{y} = \boldsymbol{x} \cdot \boldsymbol{y} .$$

Gilt umgekehrt (f), so folgt speziell für $\boldsymbol{x} = \boldsymbol{e}_i$, $\boldsymbol{y} = \boldsymbol{e}_k$:

$$(\boldsymbol{A}\boldsymbol{e}_i) \cdot (\boldsymbol{A}\boldsymbol{e}_k) = \boldsymbol{e}_i \cdot \boldsymbol{e}_k = \delta_{ik} ,$$

$\boldsymbol{a}_i = \boldsymbol{A}\boldsymbol{e}_i$ ist aber die i-te Spalte von $\boldsymbol{A}$, und $\boldsymbol{a}_k = \boldsymbol{A}\boldsymbol{e}_k$ die k-te Spalte. Es gilt somit $\boldsymbol{a}_i \cdot \boldsymbol{a}_k = \delta_{ik}$, d.h. daß die Spalten von $\boldsymbol{A}$ ein Orthonormalsystem bilden, also daß $\boldsymbol{A}$ orthogonal ist.

Für die übrigen Aussagen wird folgende Schlußkette bewiesen:

(f) $\Rightarrow$ (g) $\Rightarrow$ (h) $\Rightarrow$ (f).

(f) $\Rightarrow$ (g): $|\boldsymbol{A}\boldsymbol{x}|^2 = (\boldsymbol{A}\boldsymbol{x}) \cdot (\boldsymbol{A}\boldsymbol{x}) = \boldsymbol{x} \cdot \boldsymbol{x} = |\boldsymbol{x}|^2$.

(g) $\Rightarrow$ (h): $|\boldsymbol{A}\boldsymbol{x} - \boldsymbol{A}\boldsymbol{y}| = |\boldsymbol{A}(\boldsymbol{x} - \boldsymbol{y})| = |\boldsymbol{x} - \boldsymbol{y}|$.

(h) $\Rightarrow$ (f): Über die Formel $\boldsymbol{x} \cdot \boldsymbol{y} = -\frac{1}{2}(|\boldsymbol{x} - \boldsymbol{y}|^2 - |\boldsymbol{x}|^2 - |\boldsymbol{y}|^2)$, die man leicht bestätigt, folgt aus (h) sofort (f). □

Eigenschaft (h) macht deutlich, daß die Abbildung $\boldsymbol{x} \mapsto \boldsymbol{A}\boldsymbol{x}$ mit orthogonalem $\boldsymbol{A}$ alle Abstände invariant läßt. Auch alle Winkel, wie überhaupt innere Produkte, bleiben dabei unverändert (nach (f)). Die Abbildung $\boldsymbol{x} \mapsto \boldsymbol{A}\boldsymbol{x}$ vermittelt also Kongruenzabbildungen geometrischer Figuren. Ein starrer Körper im $\mathbb{R}^3$ würde dadurch also einfach gedreht und evtl. noch gespiegelt. In gewissem Sinne gilt auch die Umkehrung. Wir definieren dazu

Definition 3.13:

Eine Abbildung $F : \mathbb{R}^n \to \mathbb{R}^n$, die alle Abstände invariant läßt, d.h.

$$|F(\boldsymbol{x}) - F(\boldsymbol{y})| = |\boldsymbol{x} - \boldsymbol{y}| \quad \text{für alle } \boldsymbol{x}, \boldsymbol{y} \in \mathbb{R}^n , \tag{3.98}$$

heißt eine *Isometrie* (oder *abstandserhaltende Abbildung*).

Satz 3.27:

$F : \mathbb{R}^n \to \mathbb{R}^n$ ist genau dann eine Isometrie, wenn F die Form

$$F(\boldsymbol{x}) = \boldsymbol{A}\boldsymbol{x} + \boldsymbol{a} \quad (\boldsymbol{x} \in \mathbb{R}^n) \tag{3.99}$$

hat, mit einem $\boldsymbol{a} \in \mathbb{R}^n$ und einer orthogonalen Matrix $\boldsymbol{A}$.

Folgerung 3.7:

Jede Isometrie, die $\mathbf{0}$ festläßt, wird durch eine orthogonale Matrix vermittelt und umgekehrt.

Beweis:

(des Satzes 3.27) Gilt (3.99), so ist F nach Satz 3.26(h) eine Isometrie.

Ist umgekehrt F als Isometrie vorausgesetzt, so definieren wir zuerst $\boldsymbol{a} := F(\mathbf{0})$. Die »verschobene« Abbildung $f(\boldsymbol{x}) := F(\boldsymbol{x} - \boldsymbol{a})$ ist dann auch eine Isometrie, wobei $f(\mathbf{0}) = \mathbf{0}$ gilt. f erfüllt damit $|f(\boldsymbol{x})| = |f(\boldsymbol{x}) - f(\mathbf{0})| = |\boldsymbol{x} - \mathbf{0}| = |\boldsymbol{x}|$. f läßt das innere Produkt invariant, da $2\boldsymbol{x} \cdot \boldsymbol{y} = -(|\boldsymbol{x} - \boldsymbol{y}|^2 - |\boldsymbol{x}|^2 - |\boldsymbol{y}|^2)$ gilt, und f die Beträge auf der rechten Seite unverändert läßt. Damit bilden die Vektoren

$$\boldsymbol{a}_1 = f(\boldsymbol{e}_1), \ldots, \boldsymbol{a}_n = f(\boldsymbol{e}_n)$$

ein Orthonormalsystem. Jedes $\boldsymbol{x} = \sum_{k=1}^{n} x_k \cdot \boldsymbol{e}_k \in \mathbb{R}^n$ hat folglich ein Bild $f(\boldsymbol{x})$ von der Form

$$f(\boldsymbol{x}) = \sum_{k=1}^{n} \xi_k \boldsymbol{a}_k \quad \text{mit } \xi_k = f(\boldsymbol{x}) \cdot \boldsymbol{a}_k = f(\boldsymbol{x}) \cdot f(\boldsymbol{e}_k) = \boldsymbol{x} \cdot \boldsymbol{e}_k = x_k\,,$$

also $f(\boldsymbol{x}) = \sum_{k=1}^{n} x_k \boldsymbol{a}_k$. Mit der orthogonalen Matrix $\boldsymbol{A} = [\boldsymbol{a}_1, \ldots, \boldsymbol{a}_n]$ folgt daraus $f(\boldsymbol{x}) = \boldsymbol{A}\boldsymbol{x}$, also $F(\boldsymbol{x}) = f(\boldsymbol{x}) + \boldsymbol{a} = \boldsymbol{A}\boldsymbol{x} + \boldsymbol{a}$. □

Folgerung 3.8:

Für alle orthogonalen Matrizen $\boldsymbol{A}$ gilt:

$$|\det \boldsymbol{A}| = 1\,. \tag{3.100}$$

Beweis:

$1 = \det \boldsymbol{E} = \det(\boldsymbol{A}^{\mathrm{T}}\boldsymbol{A}) = (\det \boldsymbol{A}^{\mathrm{T}})(\det \boldsymbol{A}) = (\det \boldsymbol{A})^2$. □

Weitere geometrische Untersuchungen mit orthogonalen Matrizen, z.B. über Spiegelungen und Drehungen, findet der Leser im Abschn. 3.10.

Bemerkung: Für *unitäre* Matrizen gelten Satz 3.26, Satz 3.27 und Folgerung 3.7 (mit Beweisen) ganz entsprechend. Man hat nur zu ersetzen: $\mathbb{R}$ durch $\mathbb{C}$, $\mathbb{R}^n$ durch $\mathbb{C}^n$, $\boldsymbol{A}^{\mathrm{T}}$ durch $\boldsymbol{A}^*$. Ferner definiert man im $\mathbb{C}^n$ Folgendes: $\boldsymbol{x} \cdot \boldsymbol{y} = \boldsymbol{x}^*\boldsymbol{y}$, $|\boldsymbol{x}| = \sqrt{\boldsymbol{x}^*\boldsymbol{x}}$.

Übung 3.29*

Zeige: Alle orthogonalen (2,2)-Matrizen sind gegeben durch

$$\boldsymbol{D}_\alpha = \begin{bmatrix} \cos\alpha & -\sin\alpha \\ \sin\alpha & \cos\alpha \end{bmatrix} \quad \text{und} \quad \boldsymbol{C}_\alpha = \begin{bmatrix} \cos\alpha & \sin\alpha \\ \sin\alpha & -\cos\alpha \end{bmatrix}.$$

3.5.4 Symmetrische Matrizen und quadratische Formen

Quadratische Formen: Wir hatten definiert: Eine (n, n)-Matrix $\boldsymbol{S} = [s_{ik}]_{n,n}$ heißt *symmetrisch*, wenn ihre Elemente reell sind und wenn folgendes gilt:

$$\boldsymbol{S}^{\mathrm{T}} = \boldsymbol{S}, \quad \text{d.h.} \quad s_{ik} = s_{ki} \quad \text{für alle } i, k .$$

Symmetrische Matrizen kommen oft in Verbindung mit *quadratischen Formen*

$$Q(\boldsymbol{x}) = \boldsymbol{x}^{\mathrm{T}}\boldsymbol{S}\boldsymbol{x} = \sum_{i,k=1}^{n} x_i s_{ik} x_k , \quad \boldsymbol{x} \in \mathbb{R}^n \tag{3.101}$$

vor. Im Falle $n = 2$ kann man $Q(\boldsymbol{x})$ ausführlicher so schreiben:

$$Q(\boldsymbol{x}) = s_{11}x_1^2 + s_{22}x_2^2 + 2s_{12}x_1x_2 , \quad \boldsymbol{x} \in \mathbb{R}^2 . \tag{3.102}$$

Hierbei wurde $s_{12} = s_{21}$ ausgenutzt. Wegen der Symmetrie $(s_{ik} = s_{ki})$ kann man $Q(\boldsymbol{x})$ bei beliebigem $n \in \mathbb{N}$ entsprechend umschreiben in

$$Q(\boldsymbol{x}) = \sum_{i=1}^{n} s_{ii}x_i^2 + 2\sum_{i<k} s_{ik}x_i x_k , \quad \boldsymbol{x} \in \mathbb{R}^n . \tag{3.103}$$

Bemerkung:

(a) Quadratische Formen kommen in Physik und Technik z.B. direkt in Verbindung mit Trägheits- oder Spannungstensoren vor (die als symmetrische Matrizen dargestellt werden). Bei linearen partiellen Differentialgleichungen zweiter Ordnung, die in Technik und Physik eine bedeutende Rolle spielen, sind zugehörige quadratische Formen ebenfalls ein wichtiges Hilfsmittel (s. Burg/Haf/Wille (Partielle Dgl.) [25], Abschn. 4.3.1).

(b) Die Symmetrie von $\boldsymbol{S}$ bedeutet bei quadratischen Formen keine Einschränkung der Allgemeinheit, denn mit nichtsymmetrischer (n, n)-Matrix $\boldsymbol{A}$ ist

$$\boldsymbol{x}^{\mathrm{T}}\boldsymbol{A}\boldsymbol{x} = \boldsymbol{x}^{\mathrm{T}}\frac{1}{2}(\boldsymbol{A} + \boldsymbol{A}^{\mathrm{T}})\boldsymbol{x} + \boldsymbol{x}^{\mathrm{T}}\frac{1}{2}(\boldsymbol{A} - \boldsymbol{A}^{\mathrm{T}})\boldsymbol{x} .$$

Hierbei errechnet man

$$\boldsymbol{x}^{\mathrm{T}}\frac{1}{2}(\boldsymbol{A} - \boldsymbol{A}^{\mathrm{T}})\boldsymbol{x} = \frac{1}{2}(\boldsymbol{x}^{\mathrm{T}}\boldsymbol{A}\boldsymbol{x} - \boldsymbol{x}^{\mathrm{T}}\boldsymbol{A}^{\mathrm{T}}\boldsymbol{x}) = 0 \quad \text{für alle } \boldsymbol{x} \in \mathbb{R}^n .$$

Somit ist

$$\boldsymbol{x}^{\mathrm{T}}\boldsymbol{A}\boldsymbol{x} = \boldsymbol{x}^{\mathrm{T}}\frac{1}{2}(\boldsymbol{A} + \boldsymbol{A}^{\mathrm{T}})\boldsymbol{x}$$

mit einer symmetrischen Matrix

$$\frac{1}{2}(\boldsymbol{A} + \boldsymbol{A}^{\mathrm{T}}) =: \boldsymbol{S} .$$

3.5.5 Zerlegungen und Transformationen symmetrischer Matrizen

Satz 3.28:

Ist $\boldsymbol{S}$ eine symmetrische (n, n)-Matrix, und $\boldsymbol{W}$ eine beliebige reelle (n, n)-Matrix, so ist auch $\boldsymbol{W}^{\mathrm{T}}\boldsymbol{S}\boldsymbol{W}$ symmetrisch. Kurz:

$$\boldsymbol{S} \text{ symmetrisch} \Rightarrow \boldsymbol{W}^{T}\boldsymbol{S}\boldsymbol{W} \text{ symmetrisch.} \tag{3.104}$$

Der einfache Beweis bleibt dem Leser überlassen.

Der folgende Satz gestattet es, symmetrische Matrizen in einfachere zu zerlegen.

Satz 3.29:

(*Reduktion durch unipotente Matrizen*) Sei $\boldsymbol{S}$ eine beliebige symmetrische (n, n)-Matrix. Sie läßt sich durch folgende Blockzerlegung darstellen:

$$\boldsymbol{S} = \begin{bmatrix} \boldsymbol{V} & \boldsymbol{w} \\ \boldsymbol{w}^{\mathrm{T}} & a \end{bmatrix} \quad \text{mit: } \boldsymbol{V} \ (n-1)\text{-reihig symmetrisch, } \boldsymbol{w} \in \mathbb{R}^{n-1},\ a \in \mathbb{R}.$$

Wenn $\boldsymbol{V}$ regulär ist oder $a \neq 0$, dann läßt sich $\boldsymbol{S}$ folgendermaßen transformieren:

$$\text{(a)} \quad \boldsymbol{V} \text{ regulär} \Rightarrow \boldsymbol{S} = \boldsymbol{A}^{\mathrm{T}} \begin{bmatrix} \boldsymbol{V} & \boldsymbol{0} \\ \boldsymbol{0}^{\mathrm{T}} & b \end{bmatrix} \boldsymbol{A} \text{ mit } \boldsymbol{A} := \begin{bmatrix} \boldsymbol{E} & \boldsymbol{V}^{-1}\boldsymbol{w} \\ \boldsymbol{0}^{\mathrm{T}} & 1 \end{bmatrix}, \tag{3.105}$$

$$b := a - \boldsymbol{w}^{\mathrm{T}}\boldsymbol{V}^{-1}\boldsymbol{w},$$

$$\text{(b)} \quad a \neq 0 \Rightarrow \boldsymbol{S} = \boldsymbol{B} \begin{bmatrix} \boldsymbol{R} & \boldsymbol{0} \\ \boldsymbol{0}^{\mathrm{T}} & a \end{bmatrix} \boldsymbol{B}^{\mathrm{T}} \text{ mit } \boldsymbol{B} := \begin{bmatrix} \boldsymbol{E} & \frac{\boldsymbol{w}}{a} \\ \boldsymbol{0}^{\mathrm{T}} & 1 \end{bmatrix}, \tag{3.106}$$

$$\boldsymbol{R} := \boldsymbol{V} - \frac{\boldsymbol{w}\boldsymbol{w}^{\mathrm{T}}}{a}.$$

Zum Beweis braucht man die Formeln nur nachzurechnen. Man erkennt übrigens: $\boldsymbol{A}$ und $\boldsymbol{B}$ sind (rechte) unipotente Matrizen.

Bemerkung: Man nennt die Formeln (3.105), (3.106) auch »quadratische Ergänzungen«, da im Falle $n = 2$ die Formeln gerade die bekannte »quadratische Ergänzung« zu $\boldsymbol{x}^{\mathrm{T}}\boldsymbol{S}\boldsymbol{x}$ bewirken:

$$vx_1^2 + ax_2^2 + 2wx_1x_2 = v\left[x_1 + \frac{w}{v}x_2\right]^2 + \left[a - \frac{w^2}{v}\right]x_2^2 \quad (v \neq 0)\,.$$

Der Reduktionssatz gestattet es, den folgenden Satz von Jacobi zu beweisen. Doch zuerst formulieren wir

Definition 3.14:

Der *r-te Hauptminor* $\delta_r(\boldsymbol{S})$ einer symmetrischen (n, n)-Matrix $\boldsymbol{S}$ ist die Determinante der Untermatrix, die aus $\boldsymbol{S}$ durch Streichen der letzten $n - r$ Zeilen und Spalten entsteht:

$$S = [s_{ik}]_{n,n} \Rightarrow \delta_r(S) = \begin{vmatrix} s_{11} & \cdots & s_{1r} \\ \vdots & & \vdots \\ s_{r1} & \cdots & s_{rr} \end{vmatrix}, \quad (1 \le r \le n).$$

Satz 3.30:

(*von Jacobi*[22]) Ist S eine symmetrische (n, n)-Matrix, deren Hauptminoren $\delta_r := \delta_r(S)$ alle ungleich Null sind, so gibt es eine rechte unipotente Matrix R mit

$$S = R^{\mathrm{T}} D R \quad \text{und} \quad D = \operatorname{diag}\left(\delta_1, \frac{\delta_2}{\delta_1}, \frac{\delta_3}{\delta_2}, \cdots, \frac{\delta_n}{\delta_{n-1}}\right). \tag{3.107}$$

Beweis:

(durch Induktion)

(I) Für $n = 1$ ist die Behauptung trivialerweise richtig.

(II) Die Behauptung sei für $n - 1$ (an Stelle von n) wahr. Dann folgt aus (3.105) die Zerlegung $S = A^{\mathrm{T}} \begin{bmatrix} V & \mathbf{0} \\ \mathbf{0}^{\mathrm{T}} & b \end{bmatrix} A$ mit rechts-unipotentem A und symmetrischem V. Der Determinantenmultiplikationssatz liefert wegen $\det A = 1$ die Gleichung $\det S = (\det V)b$, also

$$b = \det S / \det V = \delta_n / \delta_{n-1}.$$

Ferner existiert nach Induktionsvoraussetzung eine rechte unipotente Matrix $\hat{R}$ mit $V = \hat{R}^{\mathrm{T}} \hat{D} \hat{R}$, wobei $\hat{D} = \operatorname{diag}(\delta_1, \delta_1/\delta_2, \ldots, \delta_{n-1}/\delta_{n-2})$ ist. Damit folgt die Behauptung des Satzes aus

$$S = A^{\mathrm{T}} \begin{bmatrix} V & \mathbf{0} \\ \mathbf{0}^{\mathrm{T}} & b \end{bmatrix} A = A^{\mathrm{T}} \underbrace{\begin{bmatrix} \hat{R} & \mathbf{0} \\ \mathbf{0}^{\mathrm{T}} & 1 \end{bmatrix}^{\mathrm{T}}}_{R^{\mathrm{T}}} \begin{bmatrix} \hat{D} & \mathbf{0} \\ \mathbf{0}^{\mathrm{T}} & b \end{bmatrix} \underbrace{\begin{bmatrix} \hat{R} & \mathbf{0} \\ \mathbf{0}^{\mathrm{T}} & 1 \end{bmatrix}}_{R} A, \quad b = \frac{\delta_n}{\delta_{n-1}}. \qquad \square$$

Transformation auf Normalform

Es sei schließlich der *Normalformsatz* oder *Satz über die Hauptachsentransformation* angegeben. Den Beweis findet der Leser im späteren Abschn. 3.6.5, Satz 3.49.

Satz 3.31:

Diagonalisierung (*Hauptachsentransformation*) Zu jeder symmetrischen (n, n)-Matrix gibt es eine orthogonale Matrix C und reelle Zahlen $\lambda_1, \lambda_2, \ldots, \lambda_n$ *mit*

$$C^{\mathrm{T}} S C = M, \quad M = \operatorname{diag}(\lambda_1, \lambda_2, \ldots, \lambda_n). \tag{3.108}$$

---

22 Carl Gustav Jacobi, (1804 – 1851), wirkte in Königsberg und Berlin. Hauptwerk: Elliptische Funktionen.

Zusatz: Die $\lambda_1, \ldots, \lambda_n$ sind dabei die Nullstellen des Polynoms

$$\varphi(\lambda) = \det(\boldsymbol{S} - \lambda \boldsymbol{E}), \tag{3.109}$$

wobei mehrfache Nullstellen auch mehrfach eingeschrieben werden, entsprechend ihrer Vielfachheit. Die $\lambda_1, \ldots, \lambda_n$ heißen die *Eigenwerte* von $\boldsymbol{S}$, und $\varphi(\lambda)$ wird das *charakteristische Polynom* von $\boldsymbol{S}$ genannt.

Bemerkung zu Eigenwerten symmetrischer Matrizen. Die allgemeine Eigenwerttheorie wird in Abschn. 3.6 behandelt. Für symmetrische (n, n)-Matrizen $\boldsymbol{S}$ (s. Abschn. 3.6.5) seien die wichtigsten Ergebnisse vorgezogen:

Die *Eigenwerte* $\lambda_1, \ldots, \lambda_n$ von $\boldsymbol{S}$ gewinnt man durch Lösen der Gleichung

$$\varphi(\lambda) \equiv \det(\boldsymbol{S} - \lambda \boldsymbol{E}) = 0 \tag{3.110}$$

(z.B. mit dem Newton-Verfahren). $\varphi(\lambda)$ ist ein Polynom n-ten Grades in λ, wie man durch explizites Hinschreiben feststellt. Alle Lösungen der Gleichung sind reell (s. Abschn. 3.6.5). Ein Eigenwert λ_i heißt *k-facher Eigenwert* von $\boldsymbol{S}$, wenn $0 = \varphi(\lambda_i) = \varphi'(\lambda_i) = \ldots = \varphi^{(k-1)}(\lambda_i)$, $\varphi^{(k)}(\lambda_i) \neq 0$ ist (d.h. er ist k-fache Nullstelle von φ). Schreibt man k-fache Eigenwerte auch k-fach hin, so entsteht eine endliche Folge $\lambda_1, \lambda_2, \ldots, \lambda_n$ von n Eigenwerten. Diese Zahlen stehen in (3.108).

Eine Matrix $\boldsymbol{C} = [\boldsymbol{c}_1, \ldots, \boldsymbol{c}_n]$ wie in (3.108) gefordert, gewinnt man so: Man löst das lineare Gleichungssystem

$$(\boldsymbol{S} - \lambda_i \boldsymbol{E})\boldsymbol{x}_i = \boldsymbol{0}, \quad \boldsymbol{x}_i \neq \boldsymbol{0} \ (\boldsymbol{x}_i \in \mathbb{R}^n) \tag{3.111}$$

für jedes i. (Jeder Lösungsvektor $\boldsymbol{x}_i \neq \boldsymbol{0}$ heißt ein *Eigenvektor* zu λ_i). Ist λ_i k-facher Eigenwert, so bilden die Lösungen von (3.111) einen k-dimensionalen Unterraum von $\mathbb{R}^n$, den sogenannten *Eigenraum* zu λ_i (s. Abschn. 3.6.5). Für verschiedene Eigenwerte $\lambda_i \neq \lambda_j$ stehen die zugehörigen Eigenvektoren rechtwinklig aufeinander: $\boldsymbol{x}_i \cdot \boldsymbol{x}_j = 0$ (s. Abschn. 3.6.5).

In jedem Eigenraum wähle man eine beliebige Orthonormalbasis. Bei einfachen Eigenwerten λ_i hat man also nur einen Vektor $\boldsymbol{c}_i = \boldsymbol{x}_i / |\boldsymbol{x}_i|$ zu bilden. Alle Vektoren dieser Orthonormalbasen zusammen stellen eine Orthonormalbasis $(\boldsymbol{c}_1, \ldots, \boldsymbol{c}_n)$ des $\mathbb{R}^n$ dar. Die daraus gebildete Matrix $\boldsymbol{C} = [\boldsymbol{c}_1, \ldots, \boldsymbol{c}_n]$ erfüllt (3.108) in Satz 3.31 (denn man rechnet leicht nach, daß wegen $\boldsymbol{S}\boldsymbol{c}_i = \lambda_i \boldsymbol{c}_i$ auch $\boldsymbol{S}\boldsymbol{C} = \boldsymbol{C}\boldsymbol{M}$ gilt, also $\boldsymbol{C}^{\mathrm{T}}\boldsymbol{S}\boldsymbol{C} = \boldsymbol{M}$ mit $\boldsymbol{C}^{\mathrm{T}} = \boldsymbol{C}^{-1}$).

Folgerung 3.9:

Jede quadratische Form $Q(\boldsymbol{x}) = \boldsymbol{x}^{\mathrm{T}}\boldsymbol{S}\boldsymbol{x}$ läßt sich mit einer Abbildung $\boldsymbol{x} = \boldsymbol{C}\boldsymbol{y}$, wobei $\boldsymbol{C}$ orthogonal ist, in die folgende einfache Form überführen:

$$Q(\boldsymbol{C}\boldsymbol{y}) =: \hat{Q}(\boldsymbol{y}) = \lambda_1 y_1^2 + \lambda_2 y_2^2 + \ldots + \lambda_n y_n^2\,. \tag{3.112}$$

Beweis:

$$\hat{Q}(\boldsymbol{y}) = Q(\boldsymbol{C}\boldsymbol{y}) = (\boldsymbol{C}\boldsymbol{y})^{\mathrm{T}}\boldsymbol{S}(\boldsymbol{C}\boldsymbol{y}) = \boldsymbol{y}^{\mathrm{T}}\boldsymbol{C}^{\mathrm{T}}\boldsymbol{S}\boldsymbol{C}\boldsymbol{y} = \sum_{i=1}^{n} \lambda_i y_i^2. \qquad \square$$

Bezeichnung: Es sei p die Anzahl der positiven Eigenwerte einer symmetrischen Matrix $\boldsymbol{S}$, ferner q die Anzahl der negativen Eigenwerte von $\boldsymbol{S}$ und d die Anzahl der Eigenwerte von $\boldsymbol{S}$, die Null sind (dabei werden k-fache Eigenwerte k-fach gezählt). Dann heißt (p, q) die *Signatur* der Matrix $\boldsymbol{S}$, ferner $p - q$ der *Trägheitsindex* von $\boldsymbol{S}$ und d der *Defekt* von $\boldsymbol{S}$. Auch auf quadratische Formen $Q(\boldsymbol{x}) = \boldsymbol{x}^{\mathrm{T}}\boldsymbol{S}\boldsymbol{x}$ werden diese Bezeichnungen angewendet. (Bei der Typeneinteilung der linearen partiellen Differentialgleichungen spielen die genannten Begriffe eine Rolle, siehe Burg/Haf/Wille (Partielle Dgl.) [25].)

Bemerkung: Für hermitesche Matrizen läßt sich alles in diesem Abschnitt Gesagte entsprechend formulieren und beweisen. Beachte: Die Eigenwerte einer hermiteschen Matrix sind reell!

Übung 3.30:

(a) Berechne für die unten angegebene Matrix $\boldsymbol{S}$ die Zerlegung nach dem Satz von Jacobi (Satz 3.30), d.h. gib $\boldsymbol{R}$ und $\boldsymbol{D}$ an.

Hinweis: Wende die Formel (3.105) zweimal nacheinander an, wie es die Induktion im Beweis des Satzes von Jacobi nahelegt.

$$\boldsymbol{S} = \begin{bmatrix} 3 & 1 & 2 \\ 1 & 6 & 4 \\ 2 & 4 & 8 \end{bmatrix}.$$

(b) Berechne die Eigenwerte $\lambda_1, \lambda_2, \lambda_3$ von $\boldsymbol{S}$ (aus Gl. (3.110)). Verwende dabei ein numerisches Verfahren (Newton-Verfahren, Intervallhalbierung oder ähnliches).

(c) Berechne ein Orthonormalsystem $(\boldsymbol{c}_1, \boldsymbol{c}_2, \boldsymbol{c}_3)$ von Eigenvektoren aus $(\boldsymbol{S} - \lambda_i \boldsymbol{E})\boldsymbol{c}_i = \boldsymbol{0}$ $(i = 1,2,3)$, $|\boldsymbol{c}_i| = 1$.

(d) Berechne mit $\boldsymbol{C} = [\boldsymbol{c}_1, \boldsymbol{c}_2, \boldsymbol{c}_3]$ das Produkt $\boldsymbol{C}^{\mathrm{T}}\boldsymbol{S}\boldsymbol{C}$ und überprüfe auf diese Weise (3.108).

3.5.6 Positiv definite Matrizen und Bilinearformen

Unter einer (reellen) *Bilinearform* verstehen wir eine Funktion der Form

$$B(\boldsymbol{x}, \boldsymbol{y}) = \boldsymbol{x}^{\mathrm{T}}\boldsymbol{S}\boldsymbol{y} = \sum_{i,k=1}^{n} x_i s_{ik} y_k\,, \quad \boldsymbol{x} = \begin{bmatrix} x_1 \\ \vdots \\ x_n \end{bmatrix}, \quad \boldsymbol{y} = \begin{bmatrix} y_1 \\ \vdots \\ y_n \end{bmatrix} \in \mathbb{R}^n\,, \tag{3.113}$$

wobei $\boldsymbol{S} = [s_{ik}]_{n,n}$ eine reelle Matrix ist. Ist $\boldsymbol{S}$ symmetrisch, so liegt eine *symmetrische* Bilinearform vor. Dieser gilt unser Hauptinteresse. Die Bilinearform heißt *schiefsymmetrisch*, wenn dies auch für $\boldsymbol{S}$ gilt.

Die Bilinearform B ist eine reellwertige Funktion auf $\mathbb{R}^n \times \mathbb{R}^n$. Für $\boldsymbol{x} = \boldsymbol{y}$ geht sie in eine quadratische Form $Q(\boldsymbol{x})$ über:

$$Q(\boldsymbol{x}) = B(\boldsymbol{x}, \boldsymbol{x}) \quad \textit{quadratische Form.}$$

Die Bilinearform heißt *positiv definit*, wenn

$$B(\boldsymbol{x}, \boldsymbol{x}) > 0 \quad \text{für alle } \boldsymbol{x} \neq \boldsymbol{0}, \ \boldsymbol{x} \in \mathbb{R}^n \tag{3.114}$$

gilt, bzw. *positiv semidefinit*, wenn

$$B(\boldsymbol{x}, \boldsymbol{x}) \geq 0 \quad \text{für alle } \boldsymbol{x} \in \mathbb{R}^n \tag{3.115}$$

gilt. Die zugehörige Matrix $\boldsymbol{S}$ heißt in diesen Fällen auch *positiv definit* bzw. *positiv semidefinit* (wie schon in Abschn. 3.5.1, Definition 3.12 angegeben).

Satz 3.32:

Jede Bilinearform $B(\boldsymbol{x}, \boldsymbol{y})$ erfüllt folgende Regeln: Für alle $\boldsymbol{x}$, $\boldsymbol{y}$, $\boldsymbol{z} \in \mathbb{R}^n$ und alle λ, $\mu \in \mathbb{R}$ gilt

(a) $B(\lambda \boldsymbol{x} + \mu \boldsymbol{y}, \boldsymbol{z}) = \lambda B(\boldsymbol{x}, \boldsymbol{z}) + \mu B(\boldsymbol{y}, \boldsymbol{z})$,

(b) $B(\boldsymbol{x}, \lambda \boldsymbol{y} + \mu \boldsymbol{z}) = \lambda B(\boldsymbol{x}, \boldsymbol{y}) + \mu B(\boldsymbol{x}, \boldsymbol{z})$.

Ferner gilt mit $Q(\boldsymbol{x}) = B(\boldsymbol{x}, \boldsymbol{x})$:

(c) $Q(\lambda \boldsymbol{x}) = \lambda^2 Q(\boldsymbol{x})$

sowie

(d) B symmetrisch $\Leftrightarrow B(\boldsymbol{x}, \boldsymbol{y}) = B(\boldsymbol{y}, \boldsymbol{x})$

(e) B schiefsymmetrisch $\Leftrightarrow B(\boldsymbol{x}, \boldsymbol{y}) = -B(\boldsymbol{y}, \boldsymbol{x})$.

Ist B positiv definit, so folgt

(f) $Q(\boldsymbol{x}) = 0 \Leftrightarrow \boldsymbol{x} = \boldsymbol{0}$

(g) $B(\boldsymbol{x}, \boldsymbol{y})^2 \leq Q(\boldsymbol{x}) Q(\boldsymbol{y})$ »Schwarzsche Ungleichung«

(h) $\sqrt{Q(\boldsymbol{x} + \boldsymbol{y})} \leq \sqrt{Q(\boldsymbol{x})} + \sqrt{Q(\boldsymbol{y})}$ »Dreiecksungleichung«

Beweis:

Die Eigenschaften (a) bis (f) sind unmittelbar klar. Zum Beweis von (g) und (h) setzen wir zur Abkürzung $B(\boldsymbol{x}, \boldsymbol{y}) = \boldsymbol{x} \odot \boldsymbol{y}$ und $\sqrt{Q(\boldsymbol{x})} = \|\boldsymbol{x}\|$. Das »Produkt« $\boldsymbol{x} \odot \boldsymbol{y}$ hat nun die wesentlichen Eigenschaften eines inneren Produktes, insbesondere die Eigenschaften (I) bis (IV) in Satz 2.1, Abschn. 2.1.2. Damit folgen auch die Eigenschaften (V) bis (IX) des gleichen Satzes entsprechend (mit $\|\boldsymbol{x}\|$ statt $|\boldsymbol{x}|$). Sie werden wie im Beweis des Satzes 2.1 hergeleitet. Dabei entspricht (VI) dem obigen (g) und (VII) der Eigenschaft (h). □

Bemerkung: Aus dem Satz ergibt sich, daß durch $\boldsymbol{x} \odot \boldsymbol{y} := B(\boldsymbol{x}, \boldsymbol{y})$ mit positiv definiter Bilinearform der Vektorraum $\mathbb{R}^n$ zu einem euklidischen Raum mit anderem inneren Produkt wird (vgl. Abschn. 2.4.8). Das »Produkt« $\boldsymbol{x} \odot \boldsymbol{y}$ nimmt die Stelle von $\boldsymbol{x} \cdot \boldsymbol{y}$ ein. Diese Möglichkeit, mit verschiedenen inneren Produkten im $\mathbb{R}^n$ zu arbeiten, erleichtert gelegentlich das Lösen algebraischer Probleme.

3.5.7 Kriterien für positiv definite Matrizen

Wie kann man aber erkennen, ob eine Matrix positiv definit ist (und damit auch die zugehörige Bilinearform)? Im Folgenden geben wir Kriterien dafür an. Zunächst ein notwendiges Kriterium.

Satz 3.33:

Jede positiv definite Matrix $\boldsymbol{S}$ ist regulär.

Beweis:

Wäre $\boldsymbol{S}$ nicht regulär, so gäbe es ein $\boldsymbol{x} \neq \boldsymbol{0}$ mit $\boldsymbol{S}\boldsymbol{x} = \boldsymbol{0}$, also auch $\boldsymbol{x}^{\mathrm{T}}\boldsymbol{S}\boldsymbol{x} = 0$, d.h. $\boldsymbol{S}$ wäre nicht positiv definit. □

Ferner gilt der folgende einfache Satz, den der Leser leicht selbst beweist.

Satz 3.34:

Eine symmetrische (n, n)-Matrix $\boldsymbol{S}$ ist genau dann positiv definit, wenn $\boldsymbol{W}^{\mathrm{T}}\boldsymbol{S}\boldsymbol{W}$ positiv definit ist für jede reguläre reelle (n, n)-Matrix $\boldsymbol{W}$. Kurz:

$$\boldsymbol{S} \text{ positiv definit} \Leftrightarrow \boldsymbol{W}^{\mathrm{T}}\boldsymbol{S}\boldsymbol{W} \text{ positiv definit} \quad (\boldsymbol{W} \text{ regulär}).$$

Als Krönung gewinnen wir nun aus den vorangegangenen Überlegungen drei hinreichende und notwendige Kriterien für positive Definitheit. Wir benutzen in einem Kriterium wieder die *Hauptminoren* $\delta_r(\boldsymbol{S})$, s. Definition 3.14, Abschn. 3.5.5.

Satz 3.35:

Eine symmetrische (n, n)-Matrix $\boldsymbol{S}$ ist genau dann positiv definit, wenn eine der folgenden gleichwertigen Bedingungen erfüllt ist:

(a) Alle Hauptminoren $\delta_r(\boldsymbol{S})$, $r = 1, \ldots, n$, sind positiv (*Kriterium von Hadamard*).

(b) Alle Eigenwerte von $\boldsymbol{S}$ sind positiv.

(c) Es gibt eine reelle reguläre (n, n)-Matrix $\boldsymbol{W}$ mit $\boldsymbol{S} = \boldsymbol{W}^{\mathrm{T}}\boldsymbol{W}$. (Man bezeichnet $\boldsymbol{W}$ auch als eine »Wurzel aus $\boldsymbol{S}$«, also $\boldsymbol{W} =: \sqrt{\boldsymbol{S}}$.

Beweis:

Eine Diagonalmatrix ist genau dann positiv definit, wenn alle ihre Diagonalglieder positiv sind (wie man sich leicht überlegt). Auf diesen einfachen Fall wird alles zurückgeführt.

Zu (a): Es sei $\boldsymbol{S}$ positiv definit. Damit ist auch jede Untermatrix $\boldsymbol{S}_r$, die durch Streichen der letzten $n - r$ Zeilen und Spalten aus $\boldsymbol{S}$ entsteht, positiv definit, da für alle $\boldsymbol{x} \in \mathbb{R}^r$ mit $\boldsymbol{x} \neq \boldsymbol{0}$ gilt:

$$\boldsymbol{x}^{\mathrm{T}}\boldsymbol{S}_r\boldsymbol{x} = \begin{bmatrix} \boldsymbol{x} \\ \boldsymbol{0} \end{bmatrix}^{\mathrm{T}} \boldsymbol{S} \begin{bmatrix} \boldsymbol{x} \\ \boldsymbol{0} \end{bmatrix} > 0 .$$

Daraus folgt $\delta_r := \delta_r(\boldsymbol{S}) = \det \boldsymbol{S}_r \neq 0$ für alle Hauptminoren. Nach dem Satz von Jacobi (Satz 3.30, Abschn. 3.5.5) gilt nun $\boldsymbol{S} = \boldsymbol{R}^{\mathrm{T}}\boldsymbol{D}\boldsymbol{R}$ mit

$$\boldsymbol{D} = \operatorname{diag}\left(\delta_1, \frac{\delta_2}{\delta_1}, \frac{\delta_3}{\delta_2}, \ldots, \frac{\delta_n}{\delta_{n-1}}\right) \tag{3.116}$$

und regulärem $\boldsymbol{R}$. Damit ist $\boldsymbol{D}$ positiv definit (nach Satz 3.34), folglich gilt $\delta_1 > 0$, $\delta_2/\delta_1 > 0$, $\ldots$, $\delta_n/\delta_{n-1} > 0$, also $\delta_r > 0$ für alle $r = 1, \ldots, n$, d.h. alle Hauptminoren sind positiv.

Sind umgekehrt alle Hauptminoren $\delta_r = \delta_r(\boldsymbol{S})$ positiv, so ist $\boldsymbol{D}$ in (3.116) positiv definit und folglich $\boldsymbol{S} = (\boldsymbol{R}^{-1})^{\mathrm{T}}\boldsymbol{D}\boldsymbol{R}^{-1}$ auch.

Zu (b): Der Normalformensatz (Satz 3.31) in Abschn. 3.5.5 liefert

$$\boldsymbol{C}^{\mathrm{T}}\boldsymbol{S}\boldsymbol{C} = \boldsymbol{M} \quad \text{mit} \quad \boldsymbol{M} = \operatorname{diag}(\lambda_1, \ldots, \lambda_n) \tag{3.117}$$

wobei $\boldsymbol{C}^{-1} = \boldsymbol{C}^{\mathrm{T}}$ gilt (da $\boldsymbol{C}$ orthogonal ist) und $\lambda_1, \ldots, \lambda_n$ die Eigenwerte von $\boldsymbol{S}$ sind. Über Satz 3.34 folgt daraus: $\boldsymbol{S}$ positiv definit $\Leftrightarrow$ $\boldsymbol{M}$ positiv definit $\Leftrightarrow$ alle Eigenwerte λ_i sind positiv.

Zu (c): Gilt $\boldsymbol{S} = \boldsymbol{W}^{\mathrm{T}}\boldsymbol{W}$ mit regulärem $\boldsymbol{W}$, so folgt $\boldsymbol{x}^{\mathrm{T}}\boldsymbol{S}\boldsymbol{x} = \boldsymbol{x}^{\mathrm{T}}\boldsymbol{W}^{\mathrm{T}}\boldsymbol{W}\boldsymbol{x} = (\boldsymbol{W}\boldsymbol{x})^{\mathrm{T}}\boldsymbol{W}\boldsymbol{x} = (\boldsymbol{W}\boldsymbol{x}) \cdot (\boldsymbol{W}\boldsymbol{x}) > 0$, falls $\boldsymbol{x} \neq \boldsymbol{0}$, d.h. $\boldsymbol{S}$ ist positiv definit. Ist umgekehrt $\boldsymbol{S}$ als positiv definit vorausgesetzt, so sind alle Eigenwerte $\lambda_i > 0$ (nach (b)). Mit $\boldsymbol{N} = \operatorname{diag}(\sqrt{\lambda_1}, \ldots, \sqrt{\lambda_n})$ erhält man daher $\boldsymbol{M} = \boldsymbol{N}\boldsymbol{N}$, und aus (3.117) wegen $\boldsymbol{N}^{\mathrm{T}} = \boldsymbol{N}$:

$$\boldsymbol{S} = (\boldsymbol{C}^{\mathrm{T}})^{\mathrm{T}}\boldsymbol{M}\boldsymbol{C}^{\mathrm{T}} = (\boldsymbol{C}^{\mathrm{T}})^{\mathrm{T}}\boldsymbol{N}^{\mathrm{T}}\boldsymbol{N}\boldsymbol{C}^{\mathrm{T}} = (\boldsymbol{N}\boldsymbol{C}^{\mathrm{T}})^{\mathrm{T}}(\boldsymbol{N}\boldsymbol{C}^{\mathrm{T}}) = \boldsymbol{W}^{\mathrm{T}}\boldsymbol{W}$$

mit $\boldsymbol{W} = \boldsymbol{N}\boldsymbol{C}^{\mathrm{T}}$, was zu beweisen war. □

Für kleine Zeilenzahlen $n = 2$ und $n = 3$ formulieren wir das Hadamardsche Kriterium (Satz 3.35(a)) noch einmal gesondert:

Folgerung 3.10:

Die folgenden Matrizen sind reell und symmetrisch vorausgesetzt. Damit gilt:

(a) $\boldsymbol{S} = \begin{bmatrix} s_{11} & s_{12} \\ s_{21} & s_{22} \end{bmatrix}$ »positiv definit« $\Leftrightarrow \begin{cases} s_{11} > 0 & \text{und} \\ \det \boldsymbol{S} = s_{11}s_{22} - s_{12}^2 > 0. \end{cases}$

(b) $\boldsymbol{S} = \begin{bmatrix} s_{11} & s_{12} & s_{13} \\ s_{21} & s_{22} & s_{23} \\ s_{31} & s_{32} & s_{33} \end{bmatrix}$ »positiv definit« $\Leftrightarrow \begin{cases} s_{11} > 0 & \text{und} \\ s_{11}s_{22} - s_{12}^2 > 0 & \text{und} \\ \det \boldsymbol{S} > 0. \end{cases}$

Beispiele

Beispiel 3.12:

Für $\boldsymbol{S} = \begin{bmatrix} 2 & -3 \\ -3 & 5 \end{bmatrix}$ gilt $\begin{cases} 2 > 0 \\ \det \boldsymbol{S} = 2 \cdot 5 - 9 > 0 \end{cases} \Rightarrow$ positiv definit.

Beispiel 3.13:

Für $S = \begin{bmatrix} -6 & 4 \\ 4 & 2 \end{bmatrix}$ gilt $-6 < 0 \Rightarrow$ nicht positiv definit.

Beispiel 3.14:

$$\text{Für } S = \begin{bmatrix} 3 & 1 & -4 \\ 1 & 5 & 1 \\ -4 & -1 & 7 \end{bmatrix} \text{ gilt } \begin{cases} 3 > 0 \\ 3 \cdot 5 - 1^2 > 0 \\ \det S = 21 > 0 \end{cases} \quad \Rightarrow \text{positiv definit.}$$

Zum praktischen Nachweis der positiven Definitheit einer symmetrischen Matrix S ist für kleine Zeilenzahlen das Hadamardsche Kriterium (Satz 3.35(a): »Alle Hauptminoren sind positiv«) am brauchbarsten. Dies zeigen Folgerung 3.10 und die Beispiele. Für größere n (etwa $n \geq 7$) kann es damit schwieriger werden, da das Berechnen großer Determinanten durch Rundungsfehler numerisch schwieriger wird. Hier rückt dann das zweite Kriterium (Satz 3.35(b): »Alle Eigenwerte > 0«) ins Bild, da die Numerische Mathematik inzwischen gute Methoden zur Berechnung der Eigenwerte einer Matrix bereitstellt (s. z.B. [125], [150]). In Abschn. 3.6.5 wird darauf übersichtsartig noch einmal eingegangen.

Anwendung auf Extremalprobleme:[23] Die Berechnung der Maxima und Minima einer reellwertigen Funktion $y = f(x_1, x_2, \ldots, x_n)$ von mehreren reellen Variablen x_i ist ein wichtiges Problem in Theorie und Praxis. Hier liefert die Analysis folgenden Satz (s. Burg/Haf/Wille (Analysis) [27], Abschn. 6.4.3, Satz 6.18):

»Ist f in seinem Definitionsbereich $D \subset \mathbb{R}^n$ zweimal stetig differenzierbar, so folgt: Ein Punkt $\boldsymbol{x}_0 \in \mathring{D}$ (=Inneres von D) mit $f'(\boldsymbol{x}_0) = \boldsymbol{0}$ ist eine

$$\begin{aligned} &\text{echte Minimalstelle, wenn} && f''(\boldsymbol{x}_0) \text{ positiv definit ist,} \\ &\text{echte Maximalstelle, wenn} && -f''(\boldsymbol{x}_0) \text{ positiv definit ist.«} \end{aligned}$$

Dabei ist

$$f''(\boldsymbol{x}_0) = \left[\frac{\partial^2 f}{\partial x_i \partial x_k}(\boldsymbol{x}_0) \right]_{n,n}$$

eine symmetrische Matrix.

Das Hadamardsche Kriterium (Satz 3.35(a)) leistet hier ausgezeichnete Dienste! Denn man hat zur Gewinnung der Extremwerte $f'(\boldsymbol{x}) = 0$ zu lösen und in den Lösungen $\boldsymbol{x}_0$ dieser Gleichung zu untersuchen, ob $f''(\boldsymbol{x}_0)$ oder $-f''(\boldsymbol{x}_0)$ positiv definit ist oder keins von beiden zutrifft. Diese drei Fälle zeigen an, ob in $\boldsymbol{x}_0$ ein echtes Minimum oder ein echtes Maximum vorliegt oder ob weitere Untersuchungen zur Klärung erforderlich sind.

23 Hier sind Grundkenntnisse der Differentialrechnung mehrerer Veränderlicher erforderlich.

Übung 3.31*

Welche der folgenden Matrizen ist positiv definit, welche negativ definit, welche nichts dergleichen:

$$S_1 = \begin{bmatrix} 7 & 5 \\ 5 & 4 \end{bmatrix}, \quad S_2 = \begin{bmatrix} -8 & 6 \\ 6 & -4 \end{bmatrix}, \quad S_3 = \begin{bmatrix} 8 & 2 & -1 \\ -2 & 5 & -3 \\ -1 & -3 & 7 \end{bmatrix}, \quad S_4 = \begin{bmatrix} 2 & 1 & & & & \mathbf{0} \\ 1 & 2 & 1 & & & \\ & 1 & 2 & 1 & & \\ & & 1 & \ddots & \ddots & \\ & & & \ddots & 2 & 1 \\ \mathbf{0} & & & & 1 & 2 \end{bmatrix}.$$

3.5.8 Direkte Summe und direktes Produkt von Matrizen

Zwei Rechenoperationen, die seltener gebraucht werden, seien hier kurz angegeben. Sie führen »übliche« Matrizen in Matrizen spezieller Gestalt über.

$\mathbb{K}$ sei im Folgenden ein beliebiger algebraischer Körper, z.B. $\mathbb{K} = \mathbb{R}$.

Definition 3.15:

(*Direkte Summe von Matrizen*) Es seien $\boldsymbol{A} = [a_{ik}]_{n,n}$ und $\boldsymbol{B} = [b_{ik}]_{m,m}$ zwei quadratische Matrizen mit Elementen aus $\mathbb{K}$. Dann ist ihre *direkte Summe* $\boldsymbol{A} \oplus \boldsymbol{B}$ definiert durch

$$\boldsymbol{A} \oplus \boldsymbol{B} := \begin{bmatrix} \boldsymbol{A} & 0 \\ 0 & \boldsymbol{B} \end{bmatrix}. \tag{3.118}$$

$\boldsymbol{A}$ und $\boldsymbol{B}$ sind also Untermatrizen der rechts stehenden Blockmatrix. Man erhält unmittelbar

Folgerung 3.11:

Regeln für $\oplus$: Für beliebige quadratische Matrizen $\boldsymbol{A}$, $\boldsymbol{B}$, $\boldsymbol{C}$ über $\mathbb{K}$ [24] und beliebige $\lambda \in \mathbb{K}$ gilt

$$(\boldsymbol{A} \oplus \boldsymbol{B}) \oplus \boldsymbol{C} = \boldsymbol{A} \oplus (\boldsymbol{B} \oplus \boldsymbol{C}) =: \boldsymbol{A} \oplus \boldsymbol{B} \oplus \boldsymbol{C} \tag{3.119}$$

$$\lambda(\boldsymbol{A} \oplus \boldsymbol{B}) = (\lambda \boldsymbol{A}) \oplus (\lambda \boldsymbol{B}) \tag{3.120}$$

$$(\boldsymbol{A} \oplus \boldsymbol{B})^{\mathrm{T}} = \boldsymbol{A}^{\mathrm{T}} \oplus \boldsymbol{B}^{\mathrm{T}} \tag{3.121}$$

$$(\boldsymbol{A} \oplus \boldsymbol{B})^{-1} = \boldsymbol{A}^{-1} \oplus \boldsymbol{B}^{-1} \quad \text{(falls } \boldsymbol{A}, \boldsymbol{B} \text{ regulär).} \tag{3.122}$$

Bei längeren Summen werden die Klammern üblicherweise weggelassen, d.h. es ist: $\boldsymbol{A} \oplus \boldsymbol{B} \oplus \boldsymbol{C} = \boldsymbol{A} \oplus (\boldsymbol{B} \oplus \boldsymbol{C})$, $\boldsymbol{A} \oplus \boldsymbol{B} \oplus \boldsymbol{C} \oplus \boldsymbol{D} = \boldsymbol{A} \oplus (\boldsymbol{B} \oplus \boldsymbol{C} \oplus \boldsymbol{D})$ usw.

24 »Matrix $\boldsymbol{A}$ über $\mathbb{K}$« bedeutet: Matrix $\boldsymbol{A}$ mit Elementen aus $\mathbb{K}$.

Man definiert $\mathbb{R}^n \oplus \mathbb{R}^m := \mathbb{R}^{n+m}$, wobei für $\boldsymbol{x} \in \mathbb{R}^n$ und $\boldsymbol{y} \in \mathbb{R}^m$ folgendes erklärt ist: $\boldsymbol{x} \oplus \boldsymbol{y} = \begin{bmatrix} \boldsymbol{x} \\ \boldsymbol{y} \end{bmatrix}$ (vgl. Abschn. 2.4.4). Für $\boldsymbol{A} = [a_{ik}]_{n,n}$ und $\boldsymbol{B} = [b_{ik}]_{m,m}$ folgt damit die Regel

$$(\boldsymbol{A} \oplus \boldsymbol{B})(\boldsymbol{x} \oplus \boldsymbol{y}) = (\boldsymbol{A}\boldsymbol{x}) \oplus (\boldsymbol{B}\boldsymbol{y}) . \tag{3.123}$$

Insbesondere in Abschn. 3.7 werden wir diese Summenbildung verwenden.

Definition 3.16:

(*Direktes Produkt von Matrizen* (*Kronecker-Produkt*)) Das *direkte Produkt* $\boldsymbol{A} \otimes \boldsymbol{B}$ zweier Matrizen $\boldsymbol{A} = [a_{ik}]_{m,n}$ $\boldsymbol{B} = [b_{ik}]_{p,q}$ ist erklärt durch

$$\boldsymbol{A} \otimes \boldsymbol{B} := \begin{bmatrix} a_{11}\boldsymbol{B} & \cdots & a_{1n}\boldsymbol{B} \\ \vdots & & \vdots \\ a_{m1}\boldsymbol{B} & \cdots & a_{mn}\boldsymbol{B} \end{bmatrix} . \tag{3.124}$$

Hierbei sind die $a_{ik}\boldsymbol{B}$ Untermatrizen der rechtsstehenden Blockmatrix. Für (2,2)-Matrizen ergibt sich z.B.

$$\boldsymbol{A} = \begin{bmatrix} a_{11} & a_{12} \\ a_{21} & a_{22} \end{bmatrix} \quad \boldsymbol{B} = \begin{bmatrix} b_{11} & b_{12} \\ b_{21} & b_{22} \end{bmatrix} \quad \boldsymbol{A} \otimes \boldsymbol{B} = \left[\begin{array}{cc|cc} a_{11}b_{11} & a_{11}b_{12} & a_{12}b_{11} & a_{12}b_{12} \\ a_{11}b_{21} & a_{11}b_{22} & a_{12}b_{21} & a_{12}b_{22} \\ \hline a_{21}b_{11} & a_{21}b_{12} & a_{22}b_{11} & a_{22}b_{12} \\ a_{21}b_{21} & a_{21}b_{22} & a_{22}b_{21} & a_{22}b_{22} \end{array}\right] .$$

Folgerung 3.12:

Regeln für $\otimes$: Sind $\boldsymbol{A}$, $\boldsymbol{B}$, $\boldsymbol{C}$, $\boldsymbol{D}$ beliebige Matrizen über $\mathbb{K}$, für die die folgenden Matrix-Summen und Matrix-Produkte gebildet werden können, und ist λ beliebig aus $\mathbb{K}$, so folgt

$$(\lambda\boldsymbol{A}) \otimes \boldsymbol{B} = \boldsymbol{A} \otimes (\lambda\boldsymbol{B}) = \lambda(\boldsymbol{A} \otimes \boldsymbol{B}) := \lambda\boldsymbol{A} \otimes \boldsymbol{B} , \tag{3.125}$$

$$(\boldsymbol{A} + \boldsymbol{B}) \otimes \boldsymbol{C} = \boldsymbol{A} \otimes \boldsymbol{C} + \boldsymbol{B} \otimes \boldsymbol{C} , \tag{3.126}$$

$$\boldsymbol{A} \otimes (\boldsymbol{B} + \boldsymbol{C}) = \boldsymbol{A} \otimes \boldsymbol{B} + \boldsymbol{A} \otimes \boldsymbol{C} , \tag{3.127}$$

$$(\boldsymbol{A} \otimes \boldsymbol{B})(\boldsymbol{C} \otimes \boldsymbol{D}) = \boldsymbol{A}\boldsymbol{C} \otimes \boldsymbol{B}\boldsymbol{D} , \tag{3.128}$$

$$(\boldsymbol{A} \otimes \boldsymbol{B})^{\mathrm{T}} = \boldsymbol{A}^{\mathrm{T}} \otimes \boldsymbol{B}^{\mathrm{T}} , \tag{3.129}$$

$$\frac{\mathrm{d}(\boldsymbol{A} \otimes \boldsymbol{B})}{\mathrm{d}t} = \frac{\mathrm{d}\boldsymbol{A}}{\mathrm{d}t} \otimes \boldsymbol{B} + \boldsymbol{A} \otimes \frac{\mathrm{d}\boldsymbol{B}}{\mathrm{d}t} . \tag{3.130}$$

Die letzte Regel setzt voraus, daß alle Elemente a_{ik}, b_{ik} von $\boldsymbol{A}$ bzw. $\boldsymbol{B}$ differenzierbar von $t \in \mathbb{R}$ abhängen. Man definiert: $\mathrm{d}A/\mathrm{d}t := (\mathrm{d}a_{ik}/\mathrm{d}t)$. Die hingeschriebenen Regeln weist der Leser leicht selber nach.

Bemerkung: Das direkte Produkt von Matrizen spielt in der Tensorrechnung wie auch in der Darstellungstheorie von Gruppen eine Rolle.

3.6 Eigenwerte und Eigenvektoren

Die Untersuchung von Schwingungen mechanischer und elektrodynamischer Systeme ist mit Eigenwertproblemen eng verknüpft. Und zwar berechnet man den zeitlichen Ablauf solcher Schwingungen aus Differentialgleichungen, bei denen sich als Kern oft ein algebraisches *Eigenwertproblem* herausschält, d.h. es muß eine Gleichung der Form

$$\boldsymbol{A}\boldsymbol{x} = \lambda \boldsymbol{x} \quad \text{mit einer gegebenen Matrix} \quad \boldsymbol{A} \in \mathrm{Mat}(n; \mathbb{C}) \tag{3.131}$$

gelöst werden. Lösen $\lambda \in \mathbb{C}$ und $\boldsymbol{x} \neq \boldsymbol{0}$ ($\boldsymbol{x} \in \mathbb{C}^n$) die Gleichung, so heißt λ ein *Eigenwert* von $\boldsymbol{A}$ und $\boldsymbol{x}$ ein zugehöriger *Eigenvektor*.

Je nachdem, wo λ in der komplexen Ebene liegt, ergibt sich, ob die Schwingung gedämpft ist (stabiler Fall), oder ob sie sich aufschaukelt (instabiler Fall). Handelt es sich bei den schwingenden Systemen um Brücken, Türme, Flugzeugflügel, rotierende Achsen, Balken, Fahrzeugteile usw., so kann das Aufschaukeln zu schlimmen Katastrophen führen. Die gilt es, mit allen Mitteln zu verhindern.

Die Vermeidung von instabilen Schwingungen ist eine der wichtigsten Anwendungen der Eigenwerttheorie.

Historisch gesehen hat die Bekämpfung des »Flugzeugflatterns«, also der Aufschaukelungskatastrophe schwingender Tragflächen und Leitwerke, die Entwicklung numerischer Berechnungsmethoden für Eigenwerte und -vektoren stark gefördert.

Im Abschn. 3.6.2 wird exemplarisch und übersichtsartig der Zusammenhang zwischen Schwingungen und Eigenwerten erläutert.

Über das Schwingungsproblem hinaus sind Eigenwerte allgemein bei der Lösung linearer Differentialgleichungssysteme ein unentbehrliches Hilfsmittel.

Ja, die Struktur von Matrizen wird durch die Kenntnis der Eigenwerte und -vektoren viel klarer (Verwandeln in gewisse Normalformen usw.). Das hat Auswirkungen auf alle Anwendungen der Matrizen, wie bei Gleichungssystemen, Kegelschnitten, Flächen zweiter Ordnung und anderen »krummen«Flächen, Tensoren, Bewegungen, Integralgleichungen u.a.

3.6.1 Definition von Eigenwerten und Eigenvektoren

Definition 3.17:

Es sei $\boldsymbol{A}$ eine komplexe (n, n)-Matrix.[25] Eine Zahl $\lambda \in \mathbb{C}$ heißt ein *Eigenwert* von $\boldsymbol{A}$ und $\boldsymbol{x} \in \mathbb{C}^n$ ein zugehöriger *Eigenvektor*, wenn

$$\boldsymbol{A}\boldsymbol{x} = \lambda \boldsymbol{x} \quad \text{und} \quad \boldsymbol{x} \neq \boldsymbol{0} \tag{3.132}$$

erfüllt ist.[26]

25 Auch rein reelle Matrizen fallen hierunter. Alles für komplexe Matrizen Hergeleitete in diesem Abschnitt gilt also insbesondere für reelle Matrizen, die ja in der Ingenieurpraxis vorrangig auftreten.

26 Wie bisher bezeichnet $\mathbb{C}$ die Menge der komplexen Zahlen und $\mathbb{C}^n$ den komplexen Vektorraum aller n-dimensionalen Spaltenvektoren mit komplexen Koordinaten.

Die Gleichung $\boldsymbol{Ax} = \lambda\boldsymbol{x}$ heißt *Eigengleichung* zu $\boldsymbol{A}$. Sie läßt sich umschreiben in $\boldsymbol{Ax} - \lambda\boldsymbol{x} = \boldsymbol{0}$, und mit $\boldsymbol{x} = \boldsymbol{Ex}$ in

$$(\boldsymbol{A} - \lambda\boldsymbol{E})\boldsymbol{x} = \boldsymbol{0} \quad (\boldsymbol{x} \neq \boldsymbol{0})\,. \tag{3.133}$$

Das *Eigenwertproblem* für $\boldsymbol{A}$ besteht darin, alle Eigenwerte und Eigenvektoren von $\boldsymbol{A}$ zu finden. Die Menge aller Eigenwerte von $\boldsymbol{A}$ heißt das *Spektrum* von $\boldsymbol{A}$ und wird mit $\sigma(\boldsymbol{A})$ bezeichnet. Zudem heißt

$$\rho(\boldsymbol{A}) := \max_{\lambda \in \sigma(\boldsymbol{A})} |\lambda| \in \mathbb{R}$$

Spektralradius der Matrix $\boldsymbol{A}$.

Geometrische Deutung: Ist $\boldsymbol{x} \neq \boldsymbol{0}$ ein Vektor aus $\mathbb{C}^n$, so sagt man: Alle Vektoren der Form $\alpha\boldsymbol{x}$ ($\alpha \in \mathbb{C}$) bilden eine *Gerade* durch $\boldsymbol{0}$ in $\mathbb{C}^n$. $\boldsymbol{x}_0 \neq \boldsymbol{0}$ ist genau dann ein Eigenvektor von $\boldsymbol{A}$ (zum Eigenwert λ_0), wenn die Gerade $G = \{\alpha\boldsymbol{x}_0 \mid \alpha \in \mathbb{C}\}$ durch $f(\boldsymbol{x}) := \boldsymbol{Ax}$ in sich abgebildet wird. Denn $\boldsymbol{Ax}_0 = \lambda_0\boldsymbol{x}_0$ bedeutet $\boldsymbol{A}(\alpha\boldsymbol{x}_0) = \lambda_0\alpha\boldsymbol{x}_0 \in G$ für alle $\alpha \in \mathbb{C}$, d.h. jeder Punkt von G geht durch Linksmultiplikation mit $\boldsymbol{A}$ in einen Punkt von G über. Man nennt G auch eine *Fixgerade* von $\boldsymbol{A}$. So betrachtet besteht das Eigenwertproblem für $\boldsymbol{A}$ darin, *alle Fixgeraden von* $\boldsymbol{A}$ zu finden.

Zur Lösung der Eigengleichung

$$(\boldsymbol{A} - \lambda\boldsymbol{E})\boldsymbol{x} = \boldsymbol{0} \tag{3.134}$$

macht man sich folgendes klar: Für fest gewähltes λ ist (3.134) ein lineares Gleichungssystem mit der Unbekannten $\boldsymbol{x} \in \mathbb{C}^n$. Ist $\boldsymbol{A} - \lambda\boldsymbol{E}$ regulär, so gibt es nur die Lösung $\boldsymbol{x} = \boldsymbol{0}$. Wir suchen aber Lösungen $\boldsymbol{x} \neq \boldsymbol{0}$. Diese gibt es dann und nur dann, wenn $\boldsymbol{A} - \lambda\boldsymbol{E}$ singulär ist, d.h. wenn folgendes gilt:

$$\det(\boldsymbol{A} - \lambda\boldsymbol{E}) = 0\,. \tag{3.135}$$

Diese Gleichung heißt *charakteristische Gleichung* (oder *Säkulargleichung*) zu $\boldsymbol{A}$. Die Zahl $\lambda \in \mathbb{C}$ *ist also genau dann ein Eigenwert von* $\boldsymbol{A}$, *wenn* λ *die charakteristische Gleichung* (3.135) *erfüllt*.

Mit $\boldsymbol{A} = [a_{ik}]_{n,n}$ lautet die charakteristische Gleichung ausführlich

$$\begin{vmatrix} (a_{11} - \lambda) & a_{12} & a_{13} & \cdots & a_{1n} \\ a_{21} & (a_{22} - \lambda) & a_{23} & \cdots & a_{2n} \\ a_{31} & a_{32} & (a_{33} - \lambda) & \cdots & a_{3n} \\ \vdots & \vdots & \vdots & & \vdots \\ a_{n1} & a_{n2} & a_{n3} & \cdots & (a_{nn} - \lambda) \end{vmatrix} = 0\,. \tag{3.136}$$

Man erkennt hieraus, daß die linke Seite der Gleichung ein Polynom in λ ist, da in der Summendarstellung der Determinante jedes Glied ein Polynom in λ ist. Eines dieser Glieder ist das

Produkt der Diagonalglieder

$$(a_{11} - \lambda)(a_{22} - \lambda) \cdot \ldots \cdot (a_{nn} - \lambda) = (-1)^n \lambda^n + (-1)^{n-1} \sum_{i=1}^{n} a_{ii} \lambda^{n-1} + \ldots . \tag{3.137}$$

Es stellt ein Polynom n-ten Grades dar, dessen höchster Koeffizient $(-1)^n$ ist. Alle anderen Glieder in der Summendarstellung der Determinante enthalten nur Potenzen λ^m mit kleineren Exponenten $m < n$, da sie ja weniger als n Faktoren $(a_{ii} - \lambda)$ enthalten. Also beschreibt die Determinante in (3.135) ein Polynom n-ten Grades mit höchstem Koeffizient $(-1)^n$. Man vereinbart:

Definition 3.18:

Ist $\boldsymbol{A}$ eine komplexe (n, n)-Matrix, so heißt

$$\chi_{\boldsymbol{A}}(\lambda) := \det(\boldsymbol{A} - \lambda \boldsymbol{E}), \quad \lambda \in \mathbb{C},$$

das *charakteristische Polynom* von $\boldsymbol{A}$. Es hat den Grad n.

Folgerung 3.13:

Die *Eigenwerte* einer komplexen (n, n)-Matrix $\boldsymbol{A}$ sind die Nullstellen des charakteristischen Polynoms $\chi_{\boldsymbol{A}}(\lambda)$ von $\boldsymbol{A}$.

Zur *Bestimmung der Eigenwerte* von $\boldsymbol{A}$ hat man also die Nullstellen des charakteristischen Polynoms zu berechnen. Für $n = 2$ bedeutet dies das Lösen einer quadratischen Gleichung $\chi_{\boldsymbol{A}}(\lambda) = 0$. Für größere n kann man das Newtonsche Verfahren verwenden (s. Burg/Haf/Wille (Analysis) [27], Abschn. 3.3.5) oder andere Methoden, die die numerische Mathematik bereitstellt. Zu jedem berechneten Eigenwert λ_i gewinnt man die zugehörigen *Eigenvektoren* $\boldsymbol{x}_i$ dann aus dem singulären linearen Gleichungssystem

$$(\boldsymbol{A} - \lambda_i \boldsymbol{E})\boldsymbol{x}_i = \boldsymbol{0}. \tag{3.138}$$ [27]

Beispiel 3.15:

Es sollen die Eigenwerte und zugehörige Eigenvektoren der folgenden Matrix berechnet werden:

$$\boldsymbol{A} = \begin{bmatrix} 5 & 8 \\ 1 & 3 \end{bmatrix}.$$

Das charakteristische Polynom von $\boldsymbol{A}$ lautet

$$\chi_{\boldsymbol{A}}(\lambda) = \det\left(\begin{bmatrix} 5-\lambda & 8 \\ 1 & 3-\lambda \end{bmatrix}\right) = (5-\lambda)(3-\lambda) - 8 = \lambda^2 - 8\lambda + 7.$$

27 Es sei erwähnt, daß für größere n ($n \geq 6$) effektivere numerische Verfahren erdacht wurden. In Abschn. 3.6.5 werden einige angegeben.

Die Eigenwerte von $\boldsymbol{A}$ sind also die Lösungen der Gleichung $\lambda^2 - 8\lambda + 7 = 0$, also

$$\lambda_1 = 7 \quad \text{und} \quad \lambda_2 = 1\,.$$

Zugehörige Eigenvektoren $\boldsymbol{x}_1 = [x_{11}, x_{21}]^{\mathrm{T}}$, $\boldsymbol{x}_2 = [x_{12}, x_{22}]^{\mathrm{T}}$, berechnet man nach (3.138) aus

$$\begin{bmatrix} (5-7) & 8 \\ 1 & (3-7) \end{bmatrix} \begin{bmatrix} x_{11} \\ x_{21} \end{bmatrix} = \mathbf{0}, \quad \begin{bmatrix} (5-1) & 8 \\ 1 & (3-1) \end{bmatrix} \begin{bmatrix} x_{12} \\ x_{22} \end{bmatrix} = \mathbf{0}\,.$$

Multipliziert man die Matrizen explizit aus, so erhält man die beiden Gleichungssysteme

$$\begin{array}{rl|rl} -2x_{11}+8x_{21} &= 0 & 4x_{12}+8x_{22} &= 0 \\ x_{11}-4x_{21} &= 0 & x_{12}+2x_{22} &= 0\,. \end{array} \tag{3.139}$$

Da die Gleichungssysteme singulär sind (die oberen Zeilen sind Vielfache der unteren Zeilen), benötigt man zur Berechnung der Eigenvektoren nur die oberen beiden Gleichungen in (3.139). Wir setzen darin (willkürlich) $x_{21} = 1$ und $x_{22} = 1$, woraus $x_{11} = 4$ bzw. $x_{12} = -2$ folgt. Damit gewinnt man die folgenden Eigenvektoren:

$$\boldsymbol{x}_1 = \begin{bmatrix} 4 \\ 1 \end{bmatrix} \text{ zu } \lambda_1 = 7\,, \quad \boldsymbol{x}_2 = \begin{bmatrix} -2 \\ 1 \end{bmatrix} \text{ zu } \lambda_2 = 1\,.$$

Alle anderen Lösungen von (3.139) sind Vielfache dieser Eigenvektoren, d.h. alle Eigenvektoren von λ_1 (bzw. λ_2) haben die Form $\alpha\boldsymbol{x}_1$ (bzw. $\alpha\boldsymbol{x}_2$) mit $\alpha \neq 0$, $\alpha \in \mathbb{C}$.

Übung 3.32*

Berechne die Eigenwerte und zugehörigen Eigenvektoren zu folgenden Matrizen

$$\boldsymbol{A} = \begin{bmatrix} 5 & -8 \\ -8 & 4 \end{bmatrix}, \quad \boldsymbol{B} = \begin{bmatrix} 5 & -6 \\ 1 & 2 \end{bmatrix}, \quad \boldsymbol{C} = \begin{bmatrix} 6 & -3 & 4 \\ 0 & 7 & -1 \\ 0 & 10 & -3 \end{bmatrix}.$$

3.6.2 Anwendung: Schwingungen

An einem elementaren Beispiel aus der Mechanik wird gezeigt, wie Schwingungsprobleme mit Eigenwertaufgaben zusammenhängen. Hierbei werden Grundtatsachen über lineare Differentialgleichungen verwendet (s. Burg/Haf/Wille (Band III) [24], Abschn. 2). Aber auch mit (Schul-) Wissen über Differentialrechnung kann man das Folgende verstehen.

Beispiel 3.16:

(*Zwei-Massen-Schwinger*) Man betrachte das in Figur 3.13 skizzierte elastische System aus zwei Wagen der Massen m_1, m_2, drei Federn mit Federkonstanten k_1, k_2, k_3 und den festen Wänden rechts und links. Die Wagen mögen reibungsfrei laufen. x_1 bedeutet die Auslenkung des ersten Wagens aus der Ruhelage, x_2 die des zweiten Wagens.

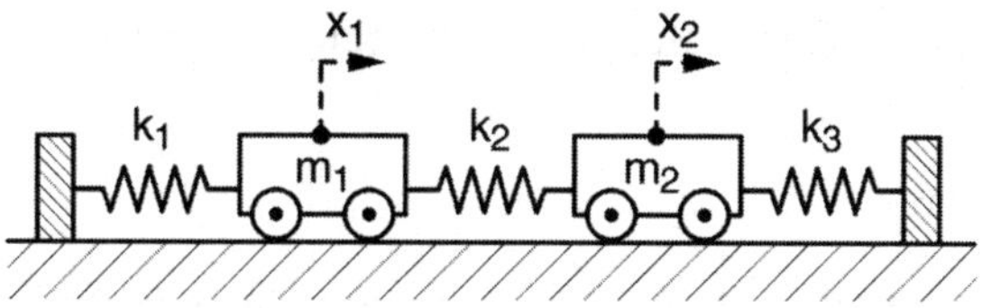

Fig. 3.13: Zwei-Massen-Schwinger

Die Bewegungsgleichungen für die beiden Wagen lauten

$$\begin{aligned} m_1\ddot{x}_1 &= -k_1x_1 + k_2(x_2 - x_1) \\ m_2\ddot{x}_2 &= \quad k_2(x_1 - x_2) - k_3x_2\,, \end{aligned} \tag{3.140}$$

wobei die Punkte über den x_j die Ableitungen nach der Zeit t markieren. Wir setzen

$$\boldsymbol{x} = \begin{bmatrix} x_1 \\ x_2 \end{bmatrix}, \quad \boldsymbol{A} = \begin{bmatrix} -(k_1 + k_2)/m_1 & k_2/m_1 \\ k_2/m_2 & -(k_3 + k_2)/m_2 \end{bmatrix} \tag{3.141}$$

und fassen die Bewegungsgleichungen zu

$$\ddot{\boldsymbol{x}} = \boldsymbol{A}\boldsymbol{x} \tag{3.142}$$

zusammen. Mit dem Lösungsansatz

$$\boldsymbol{x} = \boldsymbol{b}\,\mathrm{e}^{\mathrm{i}\,\omega t}, \quad \boldsymbol{b} \in \mathbb{R}^2, \quad \omega \in \mathbb{R}\,, \tag{3.143}$$

gehen wir in die Differentialgleichung (3.142) hinein und erhalten mit $\ddot{\boldsymbol{x}} = -\omega^2\boldsymbol{b}\,\mathrm{e}^{\mathrm{i}\,\omega t}$ daraus $-\omega^2\boldsymbol{b}\,\mathrm{e}^{\mathrm{i}\,\omega t} = \boldsymbol{A}\boldsymbol{b}\,\mathrm{e}^{\mathrm{i}\,\omega t}$, also nach Herauskürzen von $\mathrm{e}^{\mathrm{i}\,\omega t}$:

$$\boldsymbol{A}\boldsymbol{b} = \lambda\boldsymbol{b}\,, \quad \text{mit} \quad \lambda = -\omega^2\,. \tag{3.144}$$

Damit ist ein Eigenwertproblem entstanden. Das charakteristische Polynom $\chi_A(\lambda) = \det(\boldsymbol{A} - \lambda\boldsymbol{E})$ läßt sich sofort explizit ausrechnen. Es hat zwei verschiedene negative Nullstellen λ_1, λ_2, wie man elementar ermittelt. Zugehörige Eigenvektoren $\boldsymbol{b}_1, \boldsymbol{b}_2$ sind schnell aus $(\boldsymbol{A} - \lambda_k\boldsymbol{E})\boldsymbol{b}_k = \boldsymbol{0}$ gewonnen. Damit sind alle Lösungen von $\ddot{\boldsymbol{x}} = \boldsymbol{A}\boldsymbol{x}$ von der Gestalt

$$\boldsymbol{x} = c_1\boldsymbol{b}_1\,\mathrm{e}^{\mathrm{i}\,\omega_1 t} + c_2\boldsymbol{b}_2\,\mathrm{e}^{\mathrm{i}\,\omega_2 t}\,. \tag{3.145}$$

Die reellen Lösungen ergeben sich als Linearkombinationen aus $\operatorname{Re}\boldsymbol{x}$ und $\operatorname{Im}\boldsymbol{x}$ (vgl. Burg/Haf/-Wille (Band III) [24], Abschn. 3.2.7, Bem. vor Beisp. 3.12).

Bemerkung:

(a) Es ist nicht schwierig, nach diesem Muster Mehr-Massen-Schwinger zu behandeln, bei denen die Massen nicht nur eindimensional, sondern auch eben oder räumlich zueinander angeordnet sind.

(b) Berücksichtigt man im obigen Beispiel die Reibung, so würde man eine Differentialgleichung der Form

$$\ddot{\boldsymbol{x}} = \boldsymbol{B}\dot{\boldsymbol{x}} + \boldsymbol{A}\boldsymbol{x} \tag{3.146}$$

mit (2, 2)-Matrizen $\boldsymbol{A}$, $\boldsymbol{B}$ zu lösen haben. Mit $\boldsymbol{y} := \dot{\boldsymbol{x}}$ führt dies auf

$$\dot{\boldsymbol{y}} = \boldsymbol{B}\boldsymbol{y} + \boldsymbol{A}\boldsymbol{x}\,, \quad \dot{\boldsymbol{x}} = \boldsymbol{E}\boldsymbol{y}\,,$$

wodurch ein Differentialgleichungssystem

$$\dot{\boldsymbol{z}} = \boldsymbol{C}\boldsymbol{z} \quad \text{mit} \quad \boldsymbol{C} = \begin{bmatrix} \boldsymbol{B} & \boldsymbol{A} \\ \boldsymbol{E} & \boldsymbol{0} \end{bmatrix}, \quad \boldsymbol{z} = \begin{bmatrix} \boldsymbol{y} \\ \boldsymbol{x} \end{bmatrix} \in \mathbb{C}^4 \tag{3.147}$$

entsteht. Dies ergibt mit dem Ansatz $\boldsymbol{z} = \boldsymbol{u}\,\mathrm{e}^{\lambda t}$ wieder ein Eigenwertproblem: $\boldsymbol{C}\boldsymbol{u} = \lambda\boldsymbol{u}$.

(c) Kommen von außen aufgeprägte zeitabhängige Kräfte $\boldsymbol{K}(t)$ hinzu, so hat man

$$\dot{\boldsymbol{z}} - \boldsymbol{C}\boldsymbol{z} = \boldsymbol{K} \tag{3.148}$$

zu lösen. Es können dann, wie bei einer einzigen schwingenden Masse (s. Burg/Haf/Wille (Band III) [24], Abschn. 3.1.4 (I)), gedämpfte oder angefachte Schwingungen entstehen. Letztere will man natürlich vermeiden, da sie zur Zerstörung des Systems führen. Man spricht in diesem Falle von einem instabilen schwingenden System.

Ins Große übersetzt ist dies der Ansatz für *Flatterrechnungen von Flugzeugen*. Die äußeren Kräfte $\boldsymbol{K}$ hängen dann allerdings auch noch von $\boldsymbol{z}$ ab, also von der Bewegung selbst. Es handelt sich dabei um Luftkräfte. Sie werden durch die Schwingung beeinflußt, da die Schwingung ja den Verlauf der Luftströmungen dauernd ändert. Es findet sozusagen eine Rückkoppelung zwischen Schwingungen und Luftkräften statt. Entsteht dabei Anfachung, so führt dies zur Zerstörung des Flugzeuges und damit zur Katastrophe. Dies gilt es natürlich zu verhindern! — Hier ist ein wichtiges Arbeitsfeld für Ingenieure!

(d) Umgekehrt sind in der Nachrichtentechnik Resonanzeffekte gelegentlich erwünscht.

(e) Weitere Beispiele zu Schwingungen und zu ihren Zusammenhängen mit Eigenwerten findet der Leser in Burg/Haf/Wille (Band III) [24], Abschn. 3.2.7. Dort werden *gekoppelte Pendel*, *elektrische Schwingungen* in Schaltkreisen u.a. behandelt.

(f) Das Biege- und Knickverhalten von Stäben und Balken führt ebenfalls auf Eigenwertprobleme, s. z.B. [17], [57], [159], [158].

(g) Allgemein treten Eigenwertaufgaben häufig in Verbindung mit *Differentialgleichungen* auf, sei es bei der Lösung linearer Systeme gewöhnlicher Differentialgleichungen mit konstanten Koeffizienten, sei es bei Randwertaufgaben gewöhnlicher oder partieller Differentialgleichungen (s. Burg/Haf/Wille (Band III) [24], Abschn. 3.2, 5.1, 5.2).

Übung 3.33*

Berechne die *Eigenfrequenzen* ω_1, ω_2 in Beispiel 3.16, wobei folgende Zahlenwerte gegeben sind:

$$m_1 = 5\,\mathrm{kg}\,, \quad m_2 = 3\mathrm{kg}\,, \quad k_1 = 3 \cdot 10^5 \frac{\mathrm{N}}{\mathrm{m}}\,, \quad k_2 = 4 \cdot 10^5 \frac{\mathrm{N}}{\mathrm{m}}\,, \quad k_3 = 2 \cdot 10^5 \frac{\mathrm{N}}{\mathrm{m}}\,.$$

Übung 3.34*

Erweitere den Zwei-Massen-Schwinger in Beispiel 3.16 entsprechend zum n-Massenschwinger ($n \in \mathbb{N}, n > 2$). Nimm dabei an, daß alle Massen gleich sind: $m_i = m$ für alle i, und alle Federkonstanten gleich sind: $k_i = k$ für alle i. Stelle das zugehörige Eigenwertproblem $\boldsymbol{A}\boldsymbol{x} = \lambda\boldsymbol{x}$ auf. Welche Form hat die Matrix $\boldsymbol{A}$?

3.6.3 Eigenschaften des charakteristischen Polynoms

Es sei $\boldsymbol{A} = [a_{ik}]_{n,n}$ eine beliebige reelle oder komplexe (n, n)-Matrix, kurz: $\boldsymbol{A} = \mathrm{Mat}(n; \mathbb{C})$.[28]

Hauptunterdeterminanten

Man streiche k Zeilen und die entsprechenden k Spalten (also mit gleichen Indizes) aus $\boldsymbol{A}$ heraus. Auf diese Weise entsteht eine *Hauptuntermatrix* mit $m = n - k$ Zeilen und Spalten. Die Determinante dieser Hauptuntermatrix heißt eine *m-reihige Hauptunterdeterminante* von $\boldsymbol{A}$ (oder m-reihiger *Hauptminor*).

Hauptunterdeterminanten der Ordnung 1 sind also die Diagonalglieder a_{ii}, während $\det \boldsymbol{A}$ die (einzige) Hauptunterdeterminante der Ordnung n ist.

Spur

Ferner bezeichnet man die Summe der Diagonalelemente von $\boldsymbol{A}$ als *Spur von* $\boldsymbol{A}$, abgekürzt:

$$\mathrm{Spur}\,\boldsymbol{A} := \sum_{i=1}^{n} a_{ii}\,. \tag{3.149}$$

Damit können wir den folgenden Satz formulieren, der uns die Koeffizienten des charakteristischen Polynoms

$$\chi_A(\lambda) = \det(\boldsymbol{A} - \lambda\boldsymbol{E})$$

explizit als Summen von Determinanten liefert.

28 Zur Erinnerung: Mit $\mathrm{Mat}(n; \mathbb{C})$ bezeichnen wir die Menge aller (n, n)-Matrizen, deren Elemente komplexe Zahlen sind. Die reellen (n, n)-Matrizen sind in dieser Menge enthalten.

Satz 3.36:

In der Darstellung des charakteristischen Polynoms

$$\chi_A(\lambda) = c_0 + c_1(-\lambda) + c_2(-\lambda)^2 + \ldots + c_{n-1}(-\lambda)^{n-1} + c_n(-\lambda)^n \tag{3.150}$$

von $A = [a_{ik}]_{n,n}$ ist der Koeffizient c_r (mit $0 \leq r \leq n-1$) gleich der Summe aller $(n-r)$-reihigen *Hauptunterdeterminanten*.

Insbesondere gilt

$$c_0 = \det A\,, \quad c_{n-1} = \operatorname{Spur} A\,, \quad c_n = 1\,. \tag{3.151}$$

Beweis:

Es seien $a_1, \ldots, a_n$ die Spaltenvektoren von A und $e_1, \ldots, e_n$ die n-dimensionalen Koordinateneinheitsvektoren. Damit ist

$$\chi_A(\lambda) = \det(A - \lambda E) = \det(a_1 - \lambda e_1, \ldots, a_n - \lambda e_n)\,.$$

Die rechte Determinante läßt sich als *Summe von Determinanten* schreiben, die in jeder Spalte entweder nur a_i oder $-\lambda e_i$ aufweisen (wie z.B.

$$\det(a_1, -\lambda e_2, -\lambda e_3, a_4, -\lambda e_5) = (-\lambda)^3 \det(a_1, e_2, e_3, a_4, e_5) \tag{3.152}$$

im Falle $n = 5$).

Alle Determinanten der genannten Summe, die genau r-mal die Variable λ aufweisen ($r < n$), lassen sich durch »Herausziehen« von $(-\lambda)^r$ in die Form

$$(-\lambda)^r D_j$$

bringen, wobei D_j die Determinante einer (n, n)-Matrix ist, die nur Spalten der Form a_i oder e_i enthält (vgl. (3.152)). Streicht man die Spalten mit den e_i heraus und die entsprechenden Zeilen, so ändert sich der Wert D_j nicht. D_j ist also eine $(n-r)$-reihige Hauptunterdeterminante. Summation aller $(-\lambda)^r D_j$ (r fest) liefert das Polynomglied mit der Potenz $(-\lambda)^r$, also $(-\lambda)^r \sum\limits_j D_j = (-\lambda)^r c_r$, und damit $\sum\limits_j D_j = c_r$, wie im Satz behauptet.

Für $r = 0$ bzw. $r = n-1$ erhalten wir: $c_0 = \det A$, $c_{n-1} = \operatorname{Spur} A$. Schon in Abschn. 3.6.1 wurde $c_n = 1$ bewiesen. □

Speziell für $n = 2$ und $n = 3$ erhalten wir

Folgerung 3.14:

Für zweireihige Matrizen $A = [a_{ik}]_{2,2}$ lautet das charakteristische Polynom

$$\chi_A(\lambda) = \begin{vmatrix} a_{11} - \lambda & a_{12} \\ a_{21} & a_{22} - \lambda \end{vmatrix} = \lambda^2 - (a_{11} + a_{22})\lambda + \det A\,, \tag{3.153}$$

und für dreireihige Matrizen $A = [a_{ik}]_{3,3}$:

$$\chi_A(\lambda) = \begin{vmatrix} a_{11}-\lambda & a_{12} & a_{13} \\ a_{21} & a_{22}-\lambda & a_{23} \\ a_{31} & a_{32} & a_{33}-\lambda \end{vmatrix} = -\lambda^3 + (a_{11}+a_{22}+a_{33})\lambda^2$$
$$-\left(\begin{vmatrix} a_{11} & a_{12} \\ a_{21} & a_{22} \end{vmatrix} + \begin{vmatrix} a_{11} & a_{13} \\ a_{31} & a_{33} \end{vmatrix} + \begin{vmatrix} a_{22} & a_{23} \\ a_{32} & a_{33} \end{vmatrix}\right)\lambda + \det A\,. \tag{3.154}$$

Aus Satz 3.36 kann man weitere nützliche Folgerungen ziehen. Dazu definieren wir zunächst die algebraische Vielfachheit eines Eigenwertes.

Definition 3.19:

Ist der Eigenwert λ_i eine k-fache Nullstelle[29] des charakteristischen Polynoms χ_A von $A = [a_{jk}]_{n,n}$, so nennt man λ_i einen *k-fachen Eigenwert* von A. Die Zahl k heißt auch die *algebraische Vielfachheit* κ_i von λ_i.

Nach dem Fundamentalsatz der Algebra (Burg/Haf/Wille (Analysis) [27], Abschn. 2.5.5) gibt es höchstens n Nullstellen von χ_A und damit *höchstens n Eigenwerte* $\lambda_1, \ldots, \lambda_r$ von $A = [a_{ik}]_{n,n}$. Mehr noch: Mit den zugehörigen algebraischen Vielfachheiten κ_i der λ_i $(i = 1, \ldots, r)$ kann $\chi_A(\lambda)$ in folgender Form geschrieben werden:

$$\chi_A(\lambda) = (-1)^n (\lambda-\lambda_1)^{\kappa_1}(\lambda-\lambda_2)^{\kappa_2} \cdot \ldots \cdot (\lambda-\lambda_r)^{\kappa_r}\,, \quad \text{mit } \kappa_1+\kappa_2+\ldots+\kappa_r = n\,. \tag{3.155}$$

Multipliziert man jede Klammer mit (-1), so ergibt sich ausführlicher:

$$\chi_A(\lambda) = \underbrace{(\lambda_1-\lambda)\cdot\ldots\cdot(\lambda_1-\lambda)}_{\kappa_1 \text{ Faktoren}} \cdot\ldots\cdot \underbrace{(\lambda_r-\lambda)\cdot\ldots\cdot(\lambda_r-\lambda)}_{\kappa_r \text{ Faktoren}}\,. \tag{3.156}$$

Multipliziert man hier alle Klammern aus und ordnet nach Potenzen von $(-\lambda)$, d.h. verwandelt man $\chi_A(\lambda)$ in

$$\chi_A(\lambda) = c_0 + c_1(-\lambda) + \ldots + c_{n-1}(-\lambda)^{n-1} + (-\lambda)^n\,,$$

so erhält man $c_{n-1} = \kappa_1\lambda_1 + \ldots + \kappa_r\lambda_r$ und $c_0 = \lambda_1^{\kappa_1} \cdot \ldots \cdot \lambda_r^{\kappa_r}$, also mit (3.151) in Satz 3.36:

$$\operatorname{Spur} A = \kappa_1\lambda_1 + \kappa_2\lambda_2 + \ldots + \kappa_r\lambda_r\,, \tag{3.157}$$
$$\det A = \lambda_1^{\kappa_1}\lambda_2^{\kappa_2} \cdot \ldots \cdot \lambda_r^{\kappa_r}\,. \tag{3.158}$$

Schreibt man jeden Eigenwert so oft hin, wie es seiner algebraischen Vielfachheit entspricht, so kann man das Ergebnis so formulieren:

29 d.h. $0 = \chi_A(\lambda_i) = \chi_A'(\lambda_i) = \chi_A''(\lambda_i) = \ldots = \chi_A^{(k-1)}(\lambda_i)$ und $\chi_A^{(k)}(\lambda_i) \neq 0$.

Die Spur der Matrix $\boldsymbol{A} \in \mathrm{Mat}(n; \mathbb{C})$ ist die Summe ihre Eigenwerte, und die Determinante das Produkt ihrer Eigenwerte.

Invarianz bei Transformationen

Definition 3.20:

Es seien $\boldsymbol{A}$ und $\boldsymbol{C}$ komplexe (n, n)-Matrizen, wobei $\boldsymbol{C}$ regulär ist. Aus ihnen kann man die Matrix

$$\boldsymbol{B} = \boldsymbol{C}^{-1}\boldsymbol{A}\boldsymbol{C} \tag{3.159}$$

bilden. Man sagt in diesem Falle, daß $\boldsymbol{B}$ aus $\boldsymbol{A}$ durch *Transformation* mit $\boldsymbol{C}$ hervorgegangen ist.

Bemerkung: Gilt $\boldsymbol{y} = \boldsymbol{A}\boldsymbol{x}$ und substituiert man darin $\boldsymbol{x} = \boldsymbol{C}\boldsymbol{u}$, $\boldsymbol{y} = \boldsymbol{C}\boldsymbol{w}$, so erhält man $\boldsymbol{C}\boldsymbol{w} = \boldsymbol{A}\boldsymbol{C}\boldsymbol{u}$, also $\boldsymbol{w} = \boldsymbol{C}^{-1}\boldsymbol{A}\boldsymbol{C}\boldsymbol{u}$, d.h. $\boldsymbol{w} = \boldsymbol{B}\boldsymbol{u}$. Die lineare Abbildung $\boldsymbol{y} = \boldsymbol{A}\boldsymbol{x}$ geht durch die Substitution mit $\boldsymbol{C}$ also in die Abbildung $\boldsymbol{w} = \boldsymbol{B}\boldsymbol{u}$ über, wobei $\boldsymbol{B}$ aus $\boldsymbol{A}$ durch Transformation mit $\boldsymbol{C}$ hervorgeht. Wegen dieses Zusammenhanges sind Transformationen von Matrizen von Bedeutung.

Satz 3.37:

Das charakteristische Polynom einer Matrix $\boldsymbol{A} \in \mathrm{Mat}(n; \mathbb{C})$ bleibt bei Transformation unverändert, d.h. es gilt für jede reguläre Matrix $\boldsymbol{C} \in \mathrm{Mat}(n; \mathbb{C})$:

$$\chi_{\boldsymbol{A}} = \chi_{\boldsymbol{C}^{-1}\boldsymbol{A}\boldsymbol{C}}\,.$$

Beweis:

Es gilt

$$\begin{aligned}\chi_{\boldsymbol{C}^{-1}\boldsymbol{A}\boldsymbol{C}}(\lambda) &= \det(\boldsymbol{C}^{-1}\boldsymbol{A}\boldsymbol{C} - \lambda\boldsymbol{E}) = \det(\boldsymbol{C}^{-1}(\boldsymbol{A} - \lambda\boldsymbol{E})\boldsymbol{C}) \\ &= \det\boldsymbol{C}^{-1} \cdot \det(\boldsymbol{A} - \lambda\boldsymbol{E}) \cdot \det\boldsymbol{C} \\ &= \det(\boldsymbol{A} - \lambda\boldsymbol{E}) = \chi_{\boldsymbol{A}}(\lambda)\,,\end{aligned}$$

wegen $\det\boldsymbol{C}^{-1}\det\boldsymbol{C} = \det(\boldsymbol{C}^{-1}\boldsymbol{C}) = \det\boldsymbol{E} = 1$. □

Folgerung 3.15:

Bei Transformation einer Matrix $\boldsymbol{A} \in Mat(n; \mathbb{C})$ bleiben folgende Größen unverändert:

(a) alle Eigenwerte samt ihren algebraischen Vielfachheiten,

(b) die Spur der Matrix: $\mathrm{Spur}\,\boldsymbol{A} = \mathrm{Spur}\,\boldsymbol{C}^{-1}\boldsymbol{A}\boldsymbol{C}$,

(c) die Determinante der Matrix: $\det\boldsymbol{A} = \det\boldsymbol{C}^{-1}\boldsymbol{A}\boldsymbol{C}$.

Beweis:
(a) ist nach Satz 3.37 klar. (b), (c) folgen mit (3.157), (3.158). □

Weitere Eigenschaften des charakteristischen Polynoms[30]

Satz 3.38:

Die Transponierte A^T von $A \in \text{Mat}(n; \mathbb{C})$ hat das gleiche charakteristische Polynom wie A:

$$\chi_{A^T} = \chi_A \,.$$

Beweis:
$\det(A^T - \lambda E) = \det((A - \lambda E)^T) = \det(A - \lambda E)$. □

Satz 3.39:

(*Eigenwerte von Dreiecksmatrizen*) Bei Dreiecksmatrizen sind die Diagonalelemente die Eigenwerte.

Der einfache Beweis bleibt dem Leser überlassen.

Beispiel 3.17:
Die Matrix

$$A = \begin{bmatrix} 3 & 8 & 1 & 9 \\ 0 & 5 & 0 & 3 \\ 0 & 0 & 4 & 7 \\ 0 & 0 & 0 & 4 \end{bmatrix}$$

hat das charakteristische Polynom

$$\chi_A(\lambda) = \det(A - \lambda E) = (3 - \lambda)(5 - \lambda)(4 - \lambda)^2 \,.$$

Sie hat also die Eigenwerte $\lambda_1 = 3$, $\lambda_2 = 5$ und $\lambda_3 = 4$ mit den algebraischen Vielfachheiten $\kappa_1 = 1, \kappa_2 = 1, \kappa_3 = 2$.

Satz 3.40:

Verschieben von Eigenwerten (»shiften«): Sind $\lambda_1, \ldots, \lambda_r$ die Eigenwerte der komplexen (n, n)-Matrix A, so besitzt die Matrix

$$A_\varepsilon := A + \varepsilon E \quad \text{die Eigenwerte} \quad \mu_i = \lambda_i + \varepsilon \quad (i = 1, \ldots, r)\,.$$

μ_i und λ_i haben gleiche algebraische Vielfachheit.

30 Dieser Abschnitt kann beim ersten Lesen übergangen und später nachgeschlagen werden.

Beweis:

Die Variable im charakteristischen Polynom von A_ε bezeichnen wir mit μ. Es gilt:

$$\begin{aligned}\chi_{A_\varepsilon}(\mu) &= \det(\boldsymbol{A}_\varepsilon - \mu\boldsymbol{E}) = \det(\boldsymbol{A} - (\mu - \varepsilon)\boldsymbol{E}) \\ &= \chi_{\boldsymbol{A}}(\mu - \varepsilon) = \chi_{\boldsymbol{A}}(\lambda) \quad \text{mit} \quad \lambda = \mu - \varepsilon\,.\end{aligned}$$

Die Polynome $\chi_{A_\varepsilon}(\mu)$ und $\chi_{\boldsymbol{A}}(\lambda)$ gehen also durch die »Nullpunktverschiebung« $\mu = \lambda + \varepsilon$ auseinander hervor, woraus die Behauptung des Satzes folgt. □

Satz 3.41:

(*Eigenwerte von Matrixpotenzen*) Hat $\boldsymbol{A} \in \mathrm{Mat}(n; \mathbb{C})$ die Eigenwerte λ_i $(i = 1, \dots, r)$, so sind λ_i^m $(m \in \mathbb{N})$ Eigenwerte von $\boldsymbol{A}^m$.[31]

Beweis:

Die folgende Formel rechnet man leicht nach:

$$\boldsymbol{A}^m - \lambda_i^m \boldsymbol{E} = (\boldsymbol{A}^{m-1} + \boldsymbol{A}^{m-2}\lambda_i + \boldsymbol{A}^{m-3}\lambda_i^2 + \ldots + \lambda_i^{m-1}\boldsymbol{E})(\boldsymbol{A} - \lambda_i \boldsymbol{E})\,. \tag{3.160}$$

Der Multiplikationssatz für Determinanten liefert daher die Aussage: Ist $\det(\boldsymbol{A} - \lambda_i\boldsymbol{E}) = 0$, so auch $\det(\boldsymbol{A}^m - \lambda_i^m\boldsymbol{E}) = 0$. □

Satz 3.42:

Für je zwei komplexe (n, n)-Matrizen $\boldsymbol{A}$, $\boldsymbol{B}$ gilt

$$\chi_{\boldsymbol{AB}} = \chi_{\boldsymbol{BA}}\,. \tag{3.161}$$

Beweis:

Ist $\boldsymbol{A}$ regulär, so erhält man (3.161) sofort aus der Transformationsinvarianz (Satz 3.37):

$$\chi_{\boldsymbol{AB}} = \chi_{\boldsymbol{A}^{-1}(\boldsymbol{AB})\boldsymbol{A}} = \chi_{\boldsymbol{BA}}\,.$$

Ist $\boldsymbol{A}$ nicht regulär, so bedeutet dies, daß ein Eigenwert von $\boldsymbol{A}$ gleich 0 ist (nach (3.158)). Damit sind aber die Eigenwerte von $\boldsymbol{A}_\varepsilon = \boldsymbol{A} + \varepsilon\boldsymbol{E}$ alle ungleich Null, wenn $0 < \varepsilon < \varepsilon_0$ gilt, wobei ε_0 das Minimum aller Eigenwertbeträge $|\lambda_i| \neq 0$ von $\boldsymbol{A}$ ist (s. Satz 3.40). Also ist $\boldsymbol{A}_\varepsilon$ regulär, und es gilt

$$\chi_{\boldsymbol{A}_\varepsilon\boldsymbol{B}} = \chi_{\boldsymbol{B}\boldsymbol{A}_\varepsilon}\,.$$

Für $\varepsilon \to 0$ geht dies in (3.161) über. □

---

31 $\boldsymbol{A}^m = \boldsymbol{AA}\ldots\boldsymbol{A}$ (m Faktoren).

Übung 3.35*

Beweise: Ist $\boldsymbol{A} \in \mathrm{Mat}(n; \mathbb{C})$ schiefsymmetrisch, d.h. $\boldsymbol{A}^{\mathrm{T}} = -\boldsymbol{A}$, so gilt $\sum_{i=1}^{r} \kappa_i \lambda_i = 0$, wobei die λ_i $(i = 1, \ldots r)$ die Eigenwerte von $\boldsymbol{A}$ sind, mit den zugehörigen algebraischen Vielfachheiten κ_i.

3.6.4 Eigenvektoren und Eigenräume

Definition 3.21:

Es sei $\boldsymbol{A}$ eine komplexe (n, n)-Matrix, also $A \in \mathrm{Mat}(n; \mathbb{C})$, und λ_i einer ihrer Eigenwerte. Die Lösungen $\boldsymbol{x}_i$ der Eigengleichung

$$(\boldsymbol{A} - \lambda_i \boldsymbol{E})\boldsymbol{x}_i = \boldsymbol{0} \tag{3.162}$$

bilden einen Unterraum von $\mathbb{C}^n$, der der *Eigenraum* zu λ_i genannt wird. Seine Dimension wird die *geometrische Vielfachheit* γ_i von λ_i genannt. Sie errechnet sich aus

$$\gamma_i = \dim \mathrm{Kern}(\boldsymbol{A} - \lambda_i \boldsymbol{E}) = n - \mathrm{Rang}(\boldsymbol{A} - \lambda_i \boldsymbol{E})\,. \tag{3.163}$$ [32]

Bemerkung zu reellen Matrizen. Ist $\boldsymbol{A} = [a_{ik}]_{n,n}$ *reell*, (was in der Praxis meistens der Fall ist), und ist der *Eigenwert* λ_i von $\boldsymbol{A}$ auch *reell*, so kann man dazu natürlich aus (3.162) *reelle Eigenvektoren* $\boldsymbol{x}_i$ berechnen. Mehr noch: *die Basis des Eigenraums zu* λ_i *kann man aus reellen Vektoren bilden.* Denn die Dimension des Lösungsraumes von $(\boldsymbol{A}-\lambda_i \boldsymbol{E})\boldsymbol{x} = \boldsymbol{0}$ ist $\gamma_i = n - \mathrm{Rang}(\boldsymbol{A}-\lambda_i \boldsymbol{E})$, auch wenn wir im $\mathbb{R}^n$ arbeiten. Es gibt also γ_i linear unabhängige reelle Vektoren, die den Eigenraum aufspannen. Ist dagegen λ_i ein »echt« komplexer Eigenwert der reellen Matrix $\boldsymbol{A}$, also $\mathrm{Im}\,\lambda_i \neq 0$, so sind alle Eigenvektoren auch »echt« komplex. In diesem Falle ist übrigens auch $\overline{\lambda_i}$ ein Eigenwert von $\boldsymbol{A}$, da $\chi_{\boldsymbol{A}}$ ein reelles Polynom ist. Es gilt nämlich $\chi_{\boldsymbol{A}}(\overline{\lambda_i}) = \overline{\chi_{\boldsymbol{A}}(\lambda_i)} = 0$.

Wir erinnern: Ein Eigenwert λ_i von $\boldsymbol{A}$ hat die *algebraische Vielfachheit* κ_i, wenn λ_i eine κ_i-fache Nullstelle des charakteristischen Polynoms $\chi_{\boldsymbol{A}}$ ist. Es folgt

Satz 3.43:

Für die geometrische Vielfachheit γ_i und die algebraische Vielfachheit κ_i eines Eigenwertes λ_i von $\boldsymbol{A} \in \mathrm{Mat}(n; \mathbb{C})$ gilt

$$1 \leq \gamma_i \leq \kappa_i\,. \tag{3.164}$$

Beweis:

Der Nachweis $\gamma_i \geq 1$ ist trivial, denn zu jedem Eigenwert gibt es mindestens einen Eigenvektor. Zum Nachweis von $\gamma_i \leq \kappa_i$ behandeln wir zuerst den Fall $\lambda_i = 0$.

1. *Fall*: $\lambda_i = 0$. Das charakteristische Polynom von $\boldsymbol{A}$ hat nach Satz 3.36 die Form

$$\chi_{\boldsymbol{A}}(\lambda) = c_0 + c_1(-\lambda) + c_2(-\lambda)^2 + \ldots + c_{n-1}(-\lambda)^{n-1} + (-\lambda)^n\,,$$

32 Nach Abschn. 3.2.3, Satz 3.4, (3.21), u. Bem. vor Übung 3.7.

wobei c_r gleich der Summe aller $(n - r)$-reihigen Hauptunterdeterminanten von $\boldsymbol{A}$ ist $(r = 0, 1, \ldots, n-1)$. Wegen $\lambda_i = 0$ ist nach (3.163):

$$\gamma_i = n - \operatorname{Rang} \boldsymbol{A}\,, \quad \text{also} \quad \operatorname{Rang} \boldsymbol{A} = n - \gamma_i\,,$$

d.h. alle Hauptunterdeterminanten verschwinden, die mehr als $n - \gamma_i$ Zeilen haben. Folglich gilt

$$0 = c_0 = c_1 = \ldots = c_{\gamma_i - 1} = 0\,,$$

also:

$$\chi_{\boldsymbol{A}}(\lambda) = \lambda^{\gamma_i}(-1)^{\gamma_i}(c_{\gamma_i} + c_{\gamma_i+1}(-\lambda) + \ldots + (-\lambda)^{n-\gamma_i})\,.$$

Der Faktor λ^{γ_i} zeigt, daß die algebraische Vielfachheit des Eigenwertes $\lambda_i = 0$ mindestens γ_i ist, d.h.: $\kappa_i \geq \gamma_i$.

2. *Fall*: $\lambda_i \neq 0$. In diesem Falle betrachtet man $\boldsymbol{A}_0 := \boldsymbol{A} - \lambda_i \boldsymbol{E}$ an Stelle von $\boldsymbol{A}$. Nach dem »Shift« -Satz 3.40 hat $\boldsymbol{A}_0$ einen Eigenwert 0 mit der algebraischen Vielfachheit κ_i, und — wie man unmittelbar einsieht — mit der geometrischen Vielfachheit γ_i. Fall 1 liefert daher auch hier $\kappa_i \geq \gamma_i$. □

Bemerkung: In der Ingenieurpraxis hat man es häufig mit Matrizen zu tun, bei denen die algebraische und geometrische Vielfachheit jedes Eigenwertes gleich 1 sind oder zumindest übereinstimmen: $\kappa_i = \gamma_i$ (s. Beispiele 3.16 und 3.17 in den Abschn. 3.6.2, 3.6.3).

Daß dies aber nicht so sein muß zeigt uns die folgende einfache Matrix:

Beispiel 3.18:

$$\boldsymbol{A} = \begin{bmatrix} 3 & 1 \\ 0 & 3 \end{bmatrix} \Rightarrow \chi_{\boldsymbol{A}}(\lambda) = \begin{vmatrix} 3-\lambda & 1 \\ 0 & 3-\lambda \end{vmatrix} = (3-\lambda)^2\,.$$

$\boldsymbol{A}$ hat den Eigenwert $\lambda_1 = 3$ mit der algebraischen Vielfachheit $\kappa_1 = 2$. Die geometrische Vielfachheit γ_1 von λ_1 erhalten wir aus

$$\gamma_1 = 2 - \operatorname{Rang}(\boldsymbol{A} - \lambda_1 \boldsymbol{E}) = 2 - \operatorname{Rang} \begin{bmatrix} 0 & 1 \\ 0 & 0 \end{bmatrix} = 2 - 1 = 1\,.$$

Also: $\gamma_1 = 1$, aber $\kappa_1 = 2$.

Beispiel 3.19:

Allgemeiner gilt für Matrizen der Form

$$\boldsymbol{J} = \left.\begin{bmatrix} \lambda_1 & 1 & & & \boldsymbol{0} \\ & \lambda_1 & 1 & & \\ & & \lambda_1 & \ddots & \\ & & & \ddots & 1 \\ \boldsymbol{0} & & & & \lambda_1 \end{bmatrix}\right\} n\text{-Zeilen} \quad (n \geq 2) \tag{3.165}$$

folgendes: Einziger Eigenwert ist λ_1. Er hat die algebraische Vielfachheit $\kappa_1 = n$ und die geometrische Vielfachheit $\gamma_1 = 1$. Der Leser prüft dies leicht nach. Eine Matrix $\boldsymbol{J}$ der Gestalt (3.165) heißt *»Jordanmatrix«* oder *»Jordankasten«*. In Abschn. 3.7 spielen diese Matrizen eine Rolle.

Wir untersuchen nun die Frage, wie groß der Vektorraum ist, den *alle* Eigenvektoren einer Matrix $\boldsymbol{A} \in \mathrm{Mat}(n; \mathbb{C})$ aufspannen, ja, ob sie unter Umständen den ganzen Raum $\mathbb{C}^n$ aufspannen. Dazu beweisen wir zunächst die folgenden beiden Sätze:

Satz 3.44:

Gehören die Eigenvektoren $\boldsymbol{x}_1, \ldots, \boldsymbol{x}_r$ zu paarweise verschiedenen Eigenwerten $\lambda_1, \ldots, \lambda_r$ der Matrix $\boldsymbol{A} \in \mathrm{Mat}(n; \mathbb{C})$, dann sind sie linear unabhängig.

Beweis:

Wir haben zu zeigen, daß aus

$$\alpha_1 \boldsymbol{x}_1 + \ldots + \alpha_r \boldsymbol{x}_r = \boldsymbol{0} \quad (\alpha_i \in \mathbb{C}\,,\ i = 1, \ldots, r) \tag{3.166}$$

stets $\alpha_k = 0$ für alle $k = 1, \ldots, r$ folgt. Dazu multiplizieren wir (3.166) von links mit den Matrizen $(\boldsymbol{A} - \lambda_j \boldsymbol{E})$, $j = 2, \ldots, r$:

$$(\boldsymbol{A} - \lambda_2 \boldsymbol{E})(\boldsymbol{A} - \lambda_3 \boldsymbol{E}) \ldots (\boldsymbol{A} - \lambda_r \boldsymbol{E}) \sum_{k=1}^{r} \alpha_k \boldsymbol{x}_k = \boldsymbol{0}\,. \tag{3.167}$$

Beachten wir dabei die Gleichung

$$(\boldsymbol{A} - \lambda_j \boldsymbol{E})\boldsymbol{x}_k = \begin{cases} (\lambda_k - \lambda_j)\boldsymbol{x}_k\,, & \text{falls } j \neq k, \\ 0\,, & \text{falls } j = k, \end{cases}$$

so folgt durch sukzessives Ausmultiplizieren aus (3.167):

$$\alpha_1(\lambda_1 - \lambda_2)(\lambda_1 - \lambda_3) \ldots (\lambda_1 - \lambda_r)\boldsymbol{x}_1 = 0\,,$$

also $\alpha_1 = 0$, da alle Klammern ungleich Null sind. Da α_1 keine Sonderrolle spielt — man könnte ja einfach umnumerieren — folgt daraus $\alpha_j = 0$ für alle $j = 1, \ldots, r$. □

Satz 3.45:

Eine Matrix $\boldsymbol{A} \in \mathrm{Mat}(n; \mathbb{C})$ hat genau dann n linear unabhängige Eigenvektoren, wenn algebraische und geometrische Vielfachheit bei jedem Eigenwert übereinstimmen.

Beweis:

$\lambda_1, \ldots, \lambda_r$ seien die Eigenwerte von $\boldsymbol{A}$ mit den algebraischen (= geometrischen) Vielfachheiten $\kappa_1, \ldots, \kappa_r$. Zu jedem Eigenwert λ_j wählen wir κ_j linear unabhängige Eigenvektoren $\boldsymbol{u}_{j1}, \ldots, \boldsymbol{u}_{j\kappa_j}$ aus dem zu λ_j gehörenden Eigenraum. Wegen $\kappa_1 + \ldots + \kappa_r = n$ sind dies zusammen n Vektoren. Zum Nachweis der linearen Unabhängigkeit dieser Vektoren betrachten wir eine

Linearkombination

$$\sum_{j=1}^{r} \sum_{k=1}^{\kappa_j} \alpha_{jk} \boldsymbol{u}_{jk} = \boldsymbol{0}, \quad \alpha_{jk} \in \mathbb{C}. \tag{3.168}$$

Mit

$$\boldsymbol{x}_j = \sum_{k=1}^{\kappa_j} \alpha_{jk} \boldsymbol{u}_{jk} \quad \text{folgt} \quad \sum_{j=1}^{r} \boldsymbol{x}_j = \boldsymbol{0} \tag{3.169}$$

und aus Satz 3.44 somit $\boldsymbol{x}_j = \boldsymbol{0}$ für alle $j = 1, \ldots, r$. Die linke Gleichung in (3.169) liefert damit $\alpha_{jk} = 0$ für alle j, k, da die $\boldsymbol{u}_{j1}, \ldots, \boldsymbol{u}_{j\kappa_j}$ linear unabhängig sind. Damit sind die Vektoren $\boldsymbol{u}_{jk}$ linear unabhängig.

Umgekehrt setzen wir nun voraus, daß es n linear unabhängige Eigenvektoren von $\boldsymbol{A}$ gibt. Sie spannen zusammen alle Eigenräume auf, so daß für deren Dimensionen γ_i (= geometrische Vielfachheiten) $\sum_i \gamma_i = n$ gilt. Da für die algebraischen Vielfachheiten κ_i auch $\sum_i \kappa_i = n$ gilt, folgt nach Subtraktion $\sum_i (\kappa_i - \gamma_i) = 0$, wegen $(\kappa_i - \gamma_i) \geq 0$ also $\kappa_i - \gamma_i = 0$, d.h. $\kappa_i = \gamma_i$ für alle i. □

Folgerung 3.16:

Hat die Matrix $\boldsymbol{A} \in \mathrm{Mat}(n; \mathbb{C})$ genau n (paarweise verschiedene) Eigenwerte, so spannen die zugehörigen Eigenvektoren den Raum $\mathbb{C}^n$ auf.

Speziell: Hat die *reelle* (n, n)-Matrix $\boldsymbol{A}$ genau n *reelle* Eigenwerte, so spannen die zugehörigen reellen Eigenvektoren den Raum $\mathbb{R}^n$ auf.

Beweis:

Das charakteristische Polynom χ_A hat nach Voraussetzung n (paarweise verschiedene) Nullstellen. Da χ_A den Grad n hat, sind alle Nullstellen einfach, d.h. jeder Eigenwert λ_j hat die algebraische Vielfachheit $\kappa_i = 1$. Aus Satz 3.43 folgt für die geometrische Vielfachheit γ_i damit $\gamma_i = \kappa_i = 1$, woraus mit Satz 3.45 die Behauptung folgt. Für den reellen Spezialfall siehe die Bemerkung nach Definition 3.19. □

Wenn die Eigenvektoren von $\boldsymbol{A} \in \mathrm{Mat}(n; \mathbb{C})$ den gesamten Raum $\mathbb{C}^n$ aufspannen, so können wir $\boldsymbol{A}$ in eine besonders einfache Gestalt transformieren, nämlich auf Diagonalform, wobei die Eigenwerte in der Diagonalen stehen. Wir vereinbaren in diesem Zusammenhang:

Definition 3.22:

Eine Matrix $\boldsymbol{A} \in \mathrm{Mat}(n; \mathbb{C})$ heißt *diagonalisierbar* (oder *diagonalähnlich*), wenn sie sich in eine Diagonalmatrix transformieren läßt, d.h. wenn es eine reguläre Matrix $\boldsymbol{C} \in \mathrm{Mat}(n; \mathbb{C})$ gibt mit

$$\boldsymbol{C}^{-1} \boldsymbol{A} \boldsymbol{C} = \mathrm{diag}(\alpha_1, \ldots, \alpha_n) \quad (\alpha_i \in \mathbb{C}).$$

Es folgt der krönende Satz dieses Abschnittes:

Satz 3.46:

Eine Matrix $\boldsymbol{A} \in \mathrm{Mat}(n; \mathbb{C})$ läßt sich genau dann in eine Diagonalmatrix transformieren, wenn sie n linear unabhängige Eigenvektoren besitzt.

Genauer: Sind $\boldsymbol{x}_1, \ldots, \boldsymbol{x}_n$ die genannten linear unabhängigen Eigenvektoren von $\boldsymbol{A}$, so gilt mit der daraus gebildeten Matrix $\boldsymbol{C} = [\boldsymbol{x}_1, \ldots, \boldsymbol{x}_n]$:

$$\boldsymbol{C}^{-1}\boldsymbol{A}\boldsymbol{C} = \mathrm{diag}(\lambda_1, \lambda_2, \ldots, \lambda_n) . \tag{3.170}$$

Dabei sind $\lambda_1, \ldots, \lambda_n$ die Eigenwerte von $\boldsymbol{A}$. Sie entsprechen den Eigenvektoren $\boldsymbol{x}_1, \ldots, \boldsymbol{x}_n$. Die $\lambda_1, \ldots, \lambda_n$ brauchen dabei nicht paarweise verschieden zu sein.

Beweis:

(I) Wir setzen folgendes voraus: $\boldsymbol{A}$ hat n linear unabhängige Eigenvektoren $\boldsymbol{x}_1, \ldots, \boldsymbol{x}_n$. Aus ihnen wird die Matrix $\boldsymbol{C} = [\boldsymbol{x}_1, \ldots, \boldsymbol{x}_n]$ gebildet. Die Inverse $\boldsymbol{C}^{-1}$ schreiben wir in der Form

$$\boldsymbol{C}^{-1} = [\boldsymbol{y}_1, \ldots, \boldsymbol{y}_n]^{\mathrm{T}} .$$

($\boldsymbol{y}_i^{\mathrm{T}}$ sind also die Zeilenvektoren von $\boldsymbol{C}^{-1}$). Wegen $\boldsymbol{C}^{-1}\boldsymbol{C} = \boldsymbol{E}$ gilt

$$\boldsymbol{y}_i \cdot \boldsymbol{x}_k = \delta_{ik} = \begin{cases} 1, & \text{für } i = k, \\ 0, & \text{für } i \neq k. \end{cases}$$

Damit folgt die Behauptung (3.170) aus

$$\begin{aligned} \boldsymbol{C}^{-1}\boldsymbol{A}\boldsymbol{C} &= \boldsymbol{C}^{-1}\boldsymbol{A}[\boldsymbol{x}_1, \ldots, \boldsymbol{x}_n] = \boldsymbol{C}^{-1}[\boldsymbol{A}\boldsymbol{x}_1, \ldots, \boldsymbol{A}\boldsymbol{x}_n] \\ &= [\boldsymbol{y}_1, \ldots, \boldsymbol{y}_n]^{\mathrm{T}}[\lambda_1\boldsymbol{x}_1, \ldots, \lambda_n\boldsymbol{x}_n] \\ &= [\boldsymbol{y}_i \cdot (\lambda_k\boldsymbol{x}_k)]_{n,n} = [\lambda_k\delta_{ik}]_{n,n} \\ &= \mathrm{diag}(\lambda_1, \ldots, \lambda_n) . \end{aligned}$$

(II) Wir setzen nun umgekehrt voraus, daß es zu $\boldsymbol{A} \in \mathrm{Mat}(n; \mathbb{C})$ eine reguläre Matrix $\boldsymbol{C}$ gibt, sowie Zahlen $\lambda_1, \ldots, \lambda_n \in \mathbb{C}$, die die Gl. (3.170) erfüllen. Daraus folgt

$$\boldsymbol{A}\boldsymbol{C} = \boldsymbol{C}\,\mathrm{diag}(\lambda_1, \ldots, \lambda_n) ,$$

mit $\boldsymbol{C} = [\boldsymbol{x}_1, \ldots, \boldsymbol{x}_n]$, also:

$$[\boldsymbol{A}\boldsymbol{x}_1, \ldots, \boldsymbol{A}\boldsymbol{x}_n] = [\lambda_1\boldsymbol{x}_1, \ldots, \lambda_n\boldsymbol{x}_n] ,$$

d.h. $\boldsymbol{A}\boldsymbol{x}_k = \lambda_k\boldsymbol{x}_k$ für alle $k = 1, \ldots, n$.

Die λ_k sind also Eigenwerte und die $\boldsymbol{x}_k$ ($k = 1, \ldots, n$) die zugehörigen Eigenvektoren. Sie sind linear unabhängig, da $\boldsymbol{C}$ regulär ist. Damit ist der Satz bewiesen. □

Zusammengefaßt ist also folgende prägnante Aussage bewiesen:

Satz 3.47:

(*Diagonalisierbarkeitskriterium*) Eine komplexe (n, n)-Matrix $\boldsymbol{A}$ ist genau dann diagonalisierbar, wenn die algebraische und die geometrische Vielfachheit für jeden Eigenwert von $\boldsymbol{A}$ übereinstimmen.

Übung 3.36*

Man bestimme die Eigenvektoren der Matrix

$$\boldsymbol{A} = \begin{bmatrix} \beta & \gamma & \alpha \\ \gamma & \alpha & \beta \\ \alpha & \beta & \gamma \end{bmatrix}, \quad \alpha, \beta, \gamma \in \mathbb{R} \text{ paarweise verschieden.}$$

Übung 3.37*

Besitzen die folgenden Matrizen dieselben Eigenvektoren?

$$\boldsymbol{B} = \begin{bmatrix} \gamma & \alpha & \beta \\ \alpha & \beta & \gamma \\ \beta & \gamma & \alpha \end{bmatrix}, \quad \boldsymbol{C} = \begin{bmatrix} \alpha & \beta & \gamma \\ \beta & \gamma & \alpha \\ \gamma & \alpha & \beta \end{bmatrix}, \quad \alpha, \beta, \gamma \in \mathbb{R} \text{ paarweise verschieden.}$$

Übung 3.38:

Berechne für das Schwingungsproblem in Beispiel 3.16, Abschn. 3.6.2 bzw. Übung 3.33 die Eigenvektoren $\boldsymbol{b}_1, \boldsymbol{b}_2$. Spalte die allgemeine Lösung (3.145) in Real- und Imaginärteil auf.

3.6.5 Symmetrische Matrizen und ihre Eigenwerte

Symmetrische Matrizen treten z.B. bei Schwingungen oder Bewegungen elastischer Stoffe auf, wobei die Reibung vernachlässigt wird. Auch bei geometrischen Figuren, wie Kegelschnitten, Ellipsoiden, Hyperboloiden usw. begegnen wir ihnen. Die Eigenwerte der symmetrischen Matrizen sind dabei der Schlüssel zum tieferen Verständnis.

Die Eigenwerttheorie symmetrischer Matrizen, also reeller Matrizen $\boldsymbol{S}$ mit $\boldsymbol{S} = \boldsymbol{S}^{\mathrm{T}}$, ist sehr geschlossen und — man kann sagen — »harmonisch«. Ein kurzer Abriß der Hauptergebnisse wurde schon in Abschn. 3.5.5 (Satz 3.31) und Abschn. 3.5.7 gegeben. Im Folgenden leiten wir diese und andere Ergebnisse systematisch her. Der folgende Satz stellt die Grundlagen dafür zusammen.

Satz 3.48:

Für jede reelle symmetrische (n, n)-Matrix $\boldsymbol{S} = [s_{ik}]_{n,n}$ gilt folgendes:

(a) Alle Eigenwerte von $\boldsymbol{S}$ sind reell.

(b) Eigenvektoren $\boldsymbol{x}_i, \boldsymbol{x}_k \in \mathbb{R}^n$, die zu verschiedenen Eigenwerten λ_i, λ_k von $\boldsymbol{S}$ gehören, stehen rechtwinklig aufeinander.

(c) Geometrische und algebraische Vielfachheit stimmen bei jedem Eigenwert von $\boldsymbol{S}$ überein.

Beweis:
[33]Zu (a): Es sei λ ein Eigenwert von $\boldsymbol{S}$ und $\boldsymbol{x}$ ein zugehöriger Eigenvektor. Damit ist $\boldsymbol{x}^*\boldsymbol{x} = |\boldsymbol{x}|^2 =: r \neq 0$ reell[34], und es folgt

$$\boldsymbol{x}^*\boldsymbol{S}\boldsymbol{x} = \boldsymbol{x}^*\lambda\boldsymbol{x} = \lambda\boldsymbol{x}^*\boldsymbol{x} = \lambda r\,. \tag{3.171}$$

Für jede komplexe Zahl z, aufgefaßt als $(1,1)$-Matrix, gilt $z = z^{\mathrm{T}}$.

Damit, und mit der Symmetrie von $\boldsymbol{S}$, folgt für die komplexe Zahl $\boldsymbol{x}^*\boldsymbol{S}\boldsymbol{x}$:

$$\boldsymbol{x}^*\boldsymbol{S}\boldsymbol{x} = (\boldsymbol{x}^*\boldsymbol{S}\boldsymbol{x})^{\mathrm{T}} = \boldsymbol{x}^{\mathrm{T}}\boldsymbol{S}^{\mathrm{T}}\boldsymbol{x}^{*\mathrm{T}} = \overline{\boldsymbol{x}^*}\boldsymbol{S}\overline{\boldsymbol{x}} = \overline{\boldsymbol{x}^*\boldsymbol{S}\boldsymbol{x}} = \overline{\lambda r} = \overline{\lambda} r\,.$$

Der Vergleich mit (3.171) liefert $\lambda r = \overline{\lambda} r$, also $\lambda = \overline{\lambda}$, d.h. λ ist reell.

Zu (b): Wegen $\lambda_i \neq \lambda_k$ ist einer dieser Werte ungleich 0, z.B. $\lambda_i \neq 0$. Aus $\boldsymbol{S}\boldsymbol{x}_i = \lambda_i\boldsymbol{x}_i$ folgt

$$\boldsymbol{x}_i = \frac{1}{\lambda_i}\boldsymbol{S}\boldsymbol{x}_i \quad \text{und} \quad \boldsymbol{x}_i^{\mathrm{T}} = \frac{1}{\lambda_i}\boldsymbol{x}_i^{\mathrm{T}}\boldsymbol{S}^{\mathrm{T}} = \frac{1}{\lambda_i}\boldsymbol{x}_i^{\mathrm{T}}\boldsymbol{S}\,,$$

also

$$\boldsymbol{x}_i^{\mathrm{T}}\boldsymbol{x}_k = \frac{1}{\lambda_i}\boldsymbol{x}_i^{\mathrm{T}}\boldsymbol{S}\boldsymbol{x}_k = \frac{1}{\lambda_i}\boldsymbol{x}_i^{\mathrm{T}}\lambda_k\boldsymbol{x}_k = \frac{\lambda_k}{\lambda_i}\boldsymbol{x}_i^{\mathrm{T}}\boldsymbol{x}_k\,.$$

Aus der Gleichheit des linken und des rechten Ausdruckes erhält man

$$\left(1 - \frac{\lambda_k}{\lambda_i}\right)\boldsymbol{x}_i^{\mathrm{T}}\boldsymbol{x}_k = 0 \Rightarrow \boldsymbol{x}_i^{\mathrm{T}}\boldsymbol{x}_k = 0\,, \quad \text{d.h. } \boldsymbol{x}_i \cdot \boldsymbol{x}_k = 0\,.$$

Zu (c): Es sei $\tilde{\lambda}$ ein Eigenwert von $\boldsymbol{S}$, wobei κ seine algebraische und γ seine geometrische Vielfachheit bezeichnen. Zu beweisen ist: $\kappa = \gamma$.

Ohne Beschränkung der Allgemeinheit nehmen wir $\tilde{\lambda} = 0$ an. Andernfalls würden wir die Untersuchungen für die »geshiftete« Matrix $\boldsymbol{S}_0 = \boldsymbol{S} - \tilde{\lambda}\boldsymbol{E}$ durchführen, die 0 als Eigenwert hat, mit denselben algebraischen und geometrischen Vielfachheiten wie $\tilde{\lambda}$ bzgl. $\boldsymbol{S}$.

Aus dem Eigenraum des Eigenwertes $\tilde{\lambda} = 0$, wählen wir eine Orthonormalbasis $(\boldsymbol{x}_1, \ldots, \boldsymbol{x}_\gamma)$, $(\boldsymbol{x}_i \in \mathbb{R}^n)$, und erweitern sie zu einer Orthonormalbasis $(\boldsymbol{x}_1, \ldots, \boldsymbol{x}_\gamma, \boldsymbol{x}_{\gamma+1}, \ldots, \boldsymbol{x}_n)$ von $\mathbb{R}^n$ (s. Abschn. 2.1.4). Aus diesen Vektoren wird die orthogonale Matrix

$$\boldsymbol{C} = [\boldsymbol{x}_1, \ldots, \boldsymbol{x}_n]$$

gebildet. Mit ihr transformieren wir $\boldsymbol{S}$ in

$$\boldsymbol{M} = \boldsymbol{C}^{\mathrm{T}}\boldsymbol{S}\boldsymbol{C} =: [\alpha_{ik}]_{n,n}\,, \quad \text{wobei } \alpha_{ik} = \boldsymbol{x}_i^{\mathrm{T}}\boldsymbol{S}\boldsymbol{x}_k \text{ gilt.}$$

33 Kann beim ersten Lesen überschlagen werden.

34 Es ist $\boldsymbol{x}^* = \overline{\boldsymbol{x}}^{\mathrm{T}}$, wobei $\overline{\boldsymbol{x}}$ der konjugiert komplexe Vektor zu $\boldsymbol{x}$ ist (vgl. Abschn. 3.5.1, Vorbemerkung).

Für $i \leq \gamma$ oder $k \leq \gamma$ erhält man $\alpha_{ik} = 0$, denn:

$$\text{aus } i \in \{1,\ldots,\gamma\} \text{ folgt } \quad \alpha_{ik} = \boldsymbol{x}_i^{\mathrm{T}} \boldsymbol{S} \boldsymbol{x}_k = (\boldsymbol{S}\boldsymbol{x}_i)^{\mathrm{T}} \boldsymbol{x}_k = (0\boldsymbol{x}_i)^{\mathrm{T}} \boldsymbol{x}_k = 0\,,$$

$$\text{aus } k \in \{1,\ldots,\gamma\} \text{ folgt } \quad \alpha_{ik} = \boldsymbol{x}_i^{\mathrm{T}} (\boldsymbol{S}\boldsymbol{x}_k) = \boldsymbol{x}_i^{\mathrm{T}} (0\boldsymbol{x}_k) = 0\,,$$

also:

$$\boldsymbol{M} = \left[\begin{array}{c|c} \mathbf{0} & \mathbf{0} \\ \hline \mathbf{0} & \widehat{\boldsymbol{M}} \end{array}\right] \begin{array}{l} \}\ \gamma \text{ Zeilen} \\ \}\ n-\gamma \text{ Zeilen} \end{array}$$

$\widehat{\boldsymbol{M}}$ ist dabei eine $(n-\gamma)$-reihige quadratische Matrix. Ihre Determinante verschwindet nicht: $\det \widehat{\boldsymbol{M}} \neq 0$. Denn aus $\gamma = n - \operatorname{Rang}(\boldsymbol{S} - 0\boldsymbol{E}) = n - \operatorname{Rang} \boldsymbol{S}$ folgt

$$n - \gamma = \operatorname{Rang} \boldsymbol{S} = \operatorname{Rang} \boldsymbol{M} = \operatorname{Rang} \widehat{\boldsymbol{M}} \Rightarrow \det \widehat{\boldsymbol{M}} \neq 0\,.$$ [35]

Da $\boldsymbol{S}$ und $\boldsymbol{M}$ das gleiche charakteristische Polynom haben (s. Satz 3.37), gilt

$$\chi_S(\lambda) = \chi_M(\lambda) = \det(\boldsymbol{M} - \lambda \boldsymbol{E}) = \lambda^{\gamma}(-1)^{\gamma} \det(\widehat{\boldsymbol{M}} - \lambda \hat{\boldsymbol{E}})\,, \tag{3.172}$$

wobei $\hat{\boldsymbol{E}}$ die $(n-\gamma)$-reihige Einheitsmatrix ist. Wegen $\det \hat{\boldsymbol{M}} \neq 0$ hat $\chi_S(\lambda)$ also in $\lambda = 0$ eine γ-fache Nullstelle, d.h. $\kappa = \gamma$. □

Folgerung 3.17:

Zu jeder symmetrischen n-reihigen Matrix kann man n Eigenvektoren $\boldsymbol{x}_1, \ldots, \boldsymbol{x}_n$ finden, die eine *Orthonormalbasis* des $\mathbb{R}^n$ bilden.

Beweis:

Zu jedem Eigenwert λ_i von $\boldsymbol{S}$, mit der algebraischen (=geometrischen) Vielfachheit κ_i, kann man κ_i Eigenvektoren finden, die eine Orthonormalbasis des zugehörigen Eigenraumes bilden. Wegen $\sum_i \kappa_i = n$ und Satz 3.48(b) ergeben alle diese Eigenvektoren zusammen eine Orthonormalbasis von $\mathbb{R}^n$. □

Damit folgt ohne Schwierigkeit der zentrale Satz über symmetrische Matrizen:

Satz 3.49:

(*Diagonalisierung symmetrischer Matrizen*) Zu jeder symmetrischen n-reihigen Matrix $\boldsymbol{S}$ gibt es eine orthogonale Matrix $\boldsymbol{C}$ mit

$$\boldsymbol{C}^{\mathrm{T}} \boldsymbol{S} \boldsymbol{C} =: \boldsymbol{M} = \operatorname{diag}(\lambda_1, \ldots, \lambda_n)\,. \tag{3.173}$$

Dabei sind $\lambda_1, \ldots, \lambda_n \in \mathbb{R}$ die Eigenwerte von $\boldsymbol{S}$. Die $\lambda_1, \ldots, \lambda_n$ sind hierbei nicht notwendig verschieden: Jeder Eigenwert kommt in $\lambda_1, \ldots, \lambda_n$ so oft vor, wie seine algebraische Vielfachheit angibt.

35 $\operatorname{Rang} \boldsymbol{S} = \operatorname{Rang} \boldsymbol{M}$ folgert man aus Abschn. 3.2.3, (3.23), und zwar schrittweise: $\operatorname{Rang} \boldsymbol{S} = \operatorname{Rang} \boldsymbol{S}\boldsymbol{C} = \operatorname{Rang} \boldsymbol{C}^{\mathrm{T}} \boldsymbol{S} \boldsymbol{C}$.

Zusatz: Die Spalten $\boldsymbol{x}_1, \ldots, \boldsymbol{x}_n$ von $\boldsymbol{C}$ sind Eigenvektoren von $\boldsymbol{S}$, genauer: $\boldsymbol{x}_i$ ist ein Eigenvektor zu λ_i $(i = 1, \ldots, n)$.

Beweis:
Ist $(\boldsymbol{x}_1, \ldots, \boldsymbol{x}_n)$ ein Orthonormalsystem aus Eigenvektoren von $\boldsymbol{S}$ (das nach Folgerung 3.16 existiert), so folgt mit der Matrix $\boldsymbol{C} = [\boldsymbol{x}_1, \ldots, \boldsymbol{x}_n]$:

$$\begin{aligned} \boldsymbol{SC} &= [\boldsymbol{Sx}_1, \ldots, \boldsymbol{Sx}_n] = [\lambda_1\boldsymbol{x}_1, \ldots, \lambda_n\boldsymbol{x}_n] \\ &= \boldsymbol{C}\,\mathrm{diag}(\lambda_1, \ldots, \lambda_n) = \boldsymbol{CM}\,, \quad \text{mit } \boldsymbol{M} = \mathrm{diag}(\lambda_1, \ldots, \lambda_n)\,. \end{aligned}$$

(λ_i Eigenwert, $\boldsymbol{x}_i$ Eigenvektor dazu). Aus $\boldsymbol{SC} = \boldsymbol{CM}$ folgt aber $\boldsymbol{C}^{\mathrm{T}}\boldsymbol{SC} = \boldsymbol{M}$, wegen $\boldsymbol{C}^{-1} = \boldsymbol{C}^{\mathrm{T}}$. □

Bemerkung: Damit ist Satz 3.31 aus Abschn. 3.5.5 bewiesen. Seine Anwendung auf quadratische Formen, die schon in Folgerung 3.9, Abschn. 3.5.5 beschrieben wurde, sei hier kurz wiederholt:

Jede quadratische Form

$$Q(\boldsymbol{x}) = \boldsymbol{x}^{\mathrm{T}}\boldsymbol{Sx}\,, \quad (S \text{ symmetrisch } n\text{-reihig}, \boldsymbol{x} \in \mathbb{R}^n),$$

läßt sich durch eine Substitution $\boldsymbol{x} = \boldsymbol{Cy}$ ($\boldsymbol{C}$ orthogonale (n, n)-Matrix) in

$$\widehat{Q}(\boldsymbol{y}) = Q(\boldsymbol{Cy}) = (\boldsymbol{Cy})^{\mathrm{T}}\boldsymbol{S}(\boldsymbol{Cy}) = \boldsymbol{y}^{\mathrm{T}}\boldsymbol{C}^{\mathrm{T}}\boldsymbol{SCy} = \boldsymbol{y}^{\mathrm{T}}\boldsymbol{My}$$

verwandeln, mit $\boldsymbol{M} = \mathrm{diag}(\lambda_1, \ldots, \lambda_n)$ (nach Satz 3.49). Mit $\boldsymbol{y} = [y_1, \ldots, y_n]^{\mathrm{T}}$ erhält die quadratische Form folglich die *Normalform*

$$\widehat{Q}(\boldsymbol{y}) = \lambda_1 y_1^2 + \lambda_2 y_2^2 + \ldots + \lambda_n y_n^2\,. \tag{3.174}$$

(Aus diesem Grunde nennt man Satz 3.49 auch *Normalformsatz*). Wir beschreiben eine physikalisch-technische Anwendung dazu.

Beispiel 3.20:
Ein homogener Würfel der Masse m und der Kantenlänge a rotiert gleichförmig um eine Achse, die durch einen seiner Eckpunkte verläuft. Er liegt zu einem bestimmten Zeitpunkt so im Koordinatensystem wie es die. Fig. 3.14 zeigt.

Mit $\boldsymbol{\omega}$ bezeichnen wir den *Winkelgeschwindigkeitsvektor*, d.h. $\boldsymbol{\omega}$ weist in Richtung der Drehachse (wenn man in seine Richtung sieht, dreht sich der Körper im Uhrzeigersinn), und mit $\omega = |\boldsymbol{\omega}|$ den Betrag der Winkelgeschwindigkeit.

Die Mechanik lehrt, daß die *kinetische Energie* E_{kin} des drehenden Würfels durch folgende Formel gegeben ist:

$$E_{\mathrm{kin}} := \boldsymbol{\omega}^{\mathrm{T}}\boldsymbol{J}\boldsymbol{\omega}\,, \quad \text{mit} \quad \boldsymbol{J} = \frac{ma^2}{24}\begin{bmatrix} 8 & -3 & -3 \\ -3 & 8 & -3 \\ -3 & -3 & 8 \end{bmatrix}. \tag{3.175}$$

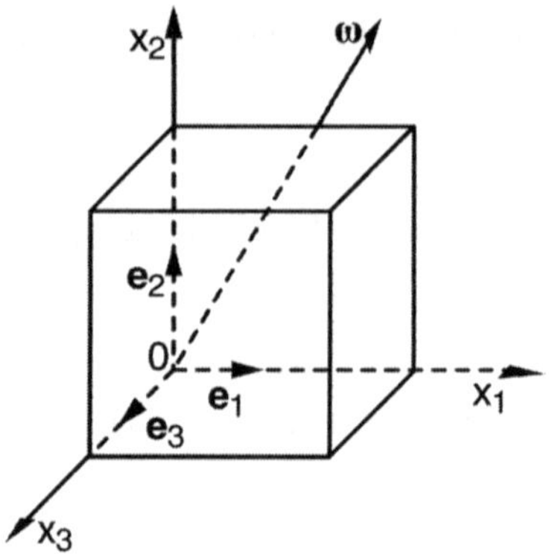

Fig. 3.14: Rotierender Würfel um Achse durch 0 in Richtung $\boldsymbol{\omega}$.

E_{kin} stellt sich also als quadratische Form mit der symmetrischen Matrix $\boldsymbol{J}$ dar. Es ist unser *Ziel*, sie in *Normalform* zu bringen.

Dazu berechnen wir das charakteristische Polynom, wobei wir abkürzend $c := ma^2/24$ setzen:

$$-\chi_{\boldsymbol{J}}(\lambda) = \lambda^3 - 24c\lambda^2 + 165c^2\lambda - 242c^3 .$$

Zur Berechnung der Nullstellen dividieren wir $-\chi_{\boldsymbol{J}}(\lambda) = 0$ durch c^3 und erhalten die Gleichung

$$\left(\frac{\lambda}{c}\right)^3 - 24\left(\frac{\lambda}{c}\right)^2 + 165\left(\frac{\lambda}{c}\right) - 242 = 0 ,$$

d.h.

$$\underbrace{x^3 - 24x^2 + 165x - 242}_{f(x)} = 0 , \quad \text{mit } x = \frac{\lambda}{c} . \tag{3.176}$$

Mit dem Newtonschen Verfahren (oder durch Probieren) erhält man daraus die einfache Nullstelle $x_1 = 2$ (denn $f(2) = 0$, $f'(2) \neq 0$). Division von (3.176) durch $(x - 2)$ ergibt die Gleichung $x^2 - 22x + 121 = 0$, welche genau eine Lösung hat, nämlich $x_2 = 11$. Diese Zahl ist eine zweifache Nullstelle (denn $f(11) = f'(11) = 0$, $f''(11) \neq 0$). Damit hat $\boldsymbol{J}$ folgende Eigenwerte:

$$\lambda_1 = 2c \ \text{(einfach)}, \quad \lambda_2 = 11c \ \text{(doppelt)}.$$

Schreiben wir jeden Eigenwert so oft hin, wie seine Vielfalt beträgt, so erhalten wir die Eigenwerte

$$\lambda_1 = 2c , \quad \lambda_2 = 11c , \quad \lambda_3 = 11c . \tag{3.177}$$

Zugehörige Eigenvektoren, errechnet aus $(\boldsymbol{J} - \lambda_i \boldsymbol{E})\boldsymbol{\omega}_i = \mathbf{0}$, sind

$$\boldsymbol{\omega}_1 = \begin{bmatrix} 1 \\ 1 \\ 1 \end{bmatrix}, \quad \boldsymbol{\omega}_2 = \begin{bmatrix} -1 \\ 1 \\ 0 \end{bmatrix}, \quad \boldsymbol{\omega}_3 = \begin{bmatrix} -1 \\ 0 \\ 1 \end{bmatrix}, \tag{3.178}$$

wobei $\boldsymbol{\omega}_1$ zu λ_1 gehört und $\boldsymbol{\omega}_2$, $\boldsymbol{\omega}_3$ den Eigenraum von $\lambda_2 (= \lambda_3)$ aufspannen. Nach Orthogonalisierung (durch das Schmidtsche Verfahren, s. Abschn. 2.1.4) gewinnt man ein Orthonormalsystem von Eigenvektoren $\boldsymbol{x}_1, \boldsymbol{x}_2, \boldsymbol{x}_3$ und daraus die Transformationsmatrix $\boldsymbol{C} = [\boldsymbol{x}_1, \boldsymbol{x}_2, \boldsymbol{x}_3]$:

$$\boldsymbol{C} = \begin{bmatrix} \frac{1}{\sqrt{3}} & -\frac{1}{\sqrt{2}} & -\frac{1}{\sqrt{6}} \\ \frac{1}{\sqrt{3}} & \frac{1}{\sqrt{2}} & -\frac{1}{\sqrt{6}} \\ \frac{1}{\sqrt{3}} & 0 & \frac{2}{\sqrt{6}} \end{bmatrix}. \tag{3.179}$$

Mit der Substitution $\boldsymbol{\omega} = \boldsymbol{C}\boldsymbol{y}$, $\boldsymbol{y} = [y_1, y_2, y_3]^{\mathrm{T}}$ erhält die kinetische Energie die Form $E_{\mathrm{kin}} = \sum_{i=1}^{3} \lambda_i y_i^2$, also

$$\boldsymbol{E}_{\mathrm{kin}} = c(2y_1^2 + 11y_2^2 + 11y_3^2). \tag{3.180}$$

Frage: Für welche Achse ist $\boldsymbol{E}_{\mathrm{kin}}$ minimal, wenn der Betrag $\omega_0 = |\boldsymbol{\omega}|$ der Winkelgeschwindigkeit vorgegeben ist?

Es gilt $\omega_0 = |\boldsymbol{\omega}| = |\boldsymbol{C}\boldsymbol{y}| = |\boldsymbol{y}|$, da $\boldsymbol{C}$ orthogonal ist, also

$$y_1^2 + y_2^2 + y_3^3 = \omega_0^2,$$

d.h. $y_2^2 + y_3^3 = \omega_0^2 - y_1^2$, und somit nach (3.180):

$$\boldsymbol{E}_{\mathrm{kin}} = c(2y_1^2 + 11(y_2^2 + y_3^2)) = c(11\omega_0^2 - 9y_1^2). \tag{3.181}$$

Der rechte Ausdruck wird minimal, wenn y_1^2 den größtmöglichen Wert annimmt, d.h. $y_1^2 = \omega_0^2$. Damit folgt $y_2 = y_3 = 0$ und aus $\boldsymbol{w} = \boldsymbol{C}\boldsymbol{y}$:

$$\boldsymbol{\omega} = \pm \frac{\omega_0}{\sqrt{3}} \begin{bmatrix} 1 \\ 1 \\ 1 \end{bmatrix} \tag{3.182}$$

mit der Minimalenergie $\boldsymbol{E}_{\mathrm{kin}} = 2c\omega_0^2$.

Die Achse, für die die Minimalenergie auftritt (sie ist durch die Richtung von $\boldsymbol{\omega}$ in (3.182) gegeben), verläuft also durch $\mathbf{0}$ und $[1,1,1]^{\mathrm{T}}$, d.h. sie ist eine Raumdiagonale des Würfels.

Wir fügen schließlich den »Trägheitssatz« an, der z.B. bei linearen partiellen Differentialgleichungen zweiter Ordnung eine Rolle spielt.

Satz 3.50:

(*Trägheitssatz*) Zu jeder reellen symmetrischen (n, n)-Matrix $\boldsymbol{S}$ gibt es eindeutig bestimmte Zahlen $p, q \in \{0, 1, \dots, n\}$ und eine reguläre reelle (n, n)-Matrix $\boldsymbol{W}$ mit

$$\boldsymbol{W}^{\mathrm{T}}\boldsymbol{S}\boldsymbol{W} = \begin{bmatrix} E_p & 0 & 0 \\ 0 & -E_q & 0 \\ 0 & 0 & 0 \end{bmatrix}, \quad \operatorname{Rang} \boldsymbol{S} = p + q\,. \tag{3.183}$$

Dabei ist $\boldsymbol{E}_p$ die p-reihige Einheitsmatrix und $\boldsymbol{E}_q$ die *q-reihige*.

Zusatz: p ist die Anzahl der positiven Eigenwerte von $\boldsymbol{S}$, und q die Anzahl der negativen Eigenwerte. Dabei werden die Eigenwerte so oft gezählt, wie ihre algebraische Vielfachheit angibt.

Bemerkung: $p - q$ heißt der *Trägheitsindex* der Matrix $\boldsymbol{S}$ und das Paar (p, q) ihre *Signatur*.

Beweis:

Es seien $\lambda_1, \dots, \lambda_p$ die positiven Eigenwerte von $\boldsymbol{S}$ und $\lambda_{p+1}, \dots, \lambda_{p+q}$ die negativen Eigenwerte, wobei sie so oft, wie ihre Vielfachheit angibt, hingeschrieben sind. Im Falle $p + q < n$ kommt noch der Eigenwert 0 hinzu, den wir entsprechend seiner Vielfachheit $d = n - p - q$ auch mehrfach hinschreiben: $\lambda_{p+q+1} = \dots = \lambda_n = 0$. Es sei $(\boldsymbol{x}_1, \dots, \boldsymbol{x}_n)$ ein Orthonormalsystem von Eigenvektoren dazu (s. Folg. 3.16). Mit $\boldsymbol{C} = [\boldsymbol{x}_1, \dots, \boldsymbol{x}_n]$ folgt nach Satz 3.49 damit $\boldsymbol{C}^{\mathrm{T}}\boldsymbol{S}\boldsymbol{C} = \operatorname{diag}(\lambda_1, \dots, \lambda_n)$, woraus mit $D = \operatorname{diag}(\sqrt{|\lambda_1|}, \dots, \sqrt{|\lambda_{p+q}|}, 1, \dots, 1)$ die Gleichung

$$\boldsymbol{C}^{\mathrm{T}}\boldsymbol{S}\boldsymbol{C} = \boldsymbol{D} \begin{bmatrix} \boldsymbol{E}_p & 0 & 0 \\ 0 & \boldsymbol{E}_q & 0 \\ 0 & 0 & 0 \end{bmatrix} \boldsymbol{D} \tag{3.184}$$

entsteht. Wir multiplizieren diese Gleichung von links und rechts mit der Diagonalmatrix $\boldsymbol{D}^{-1}$ und gewinnen daraus mit $\boldsymbol{W} := \boldsymbol{C}\boldsymbol{D}^{-1}$ die Behauptung des Satzes. □

Bemerkung: Der Zusammenhang des Trägheitssatzes mit *partiellen Differentialgleichungen* der Form

$$\boldsymbol{D}u = \sum_{i,k=1}^{n} s_{ik} \frac{\partial^2 u}{\partial x_i x_k} + \sum_{i=1}^{n} b_i \frac{\partial u}{\partial x_i} + cu + f = 0 \tag{3.185}$$

(u, s_{ik}, b_i, c, f abhängig von $\boldsymbol{x} = [x_1, \dots, x_n]^{\mathrm{T}}$) ist folgender: Es sei $\boldsymbol{S} = [s_{ik}]_{n,n}$ symmetrisch und (p, q) die Signatur von $\boldsymbol{S}$. Dann ist $d = n - p - q$ der Defekt von $\boldsymbol{S}$. Damit nimmt man folgende *Typeneinteilung* vor: Die Differentialgleichung ist

elliptisch,	falls	$d = 0, q = 0$ oder $d = 0, q = n$,
hyperbolisch,	falls	$d = 0, q = 1$ oder $d = 0, q = n - 1$,
parabolisch,	falls	$d > 0$,
ultrahyperbolisch,	falls	$d = 0,\ 1 < q < n - 1$.

Diese Einteilung gilt jeweils bzgl. eines festen Punktes $\boldsymbol{x}$. In verschiedenen Punkten $\boldsymbol{x}$ kann die Differentialgleichung von verschiedenem Typ sein. Sind die $s_{ik} \in \mathbb{R}$ konstant, so hat sie einheitlichen Typus.

Bemerkung: Für *hermitesche Matrizen* $\boldsymbol{H} \in \mathrm{Mat}(n; \mathbb{C})$ (d.h. $\boldsymbol{H}^* = \boldsymbol{H}$) gelten alle bewiesenen Sätze entsprechend. Insbesondere haben hermitesche Matrizen nur reelle Eigenwerte. Statt $\mathbb{R}^n$ hat man dabei $\mathbb{C}^n$ zu setzen, wobei das Rechtwinklig-Stehen von $\boldsymbol{x}, \boldsymbol{y} \in \mathbb{C}^n$ durch $\boldsymbol{x}^*\boldsymbol{y} = 0$ beschrieben wird.

Insbesondere gilt also der Satz, daß jede hermitesche Matrix diagonalisierbar ist (analog zu Satz 3.49). Die Beweise werden ganz entsprechend wie bei den symmetrischen Matrizen geführt.

Übung 3.39*

Transformiere die folgenden Matrizen auf Diagonalform. Gib die Transformationsmatrizen dazu an!

$$\boldsymbol{A} = \begin{bmatrix} -2 & 12 \\ 12 & 8 \end{bmatrix}, \quad \boldsymbol{B} = \begin{bmatrix} 3 & 4 \\ 4 & -3 \end{bmatrix}, \quad \boldsymbol{S} = \begin{bmatrix} 9 & -2 & -2 & -4 & 0 \\ -2 & 11 & 0 & 2 & 0 \\ -2 & 0 & 7 & -2 & 0 \\ -4 & 2 & -2 & 9 & 0 \\ 0 & 0 & 0 & 0 & 3 \end{bmatrix}.$$

$$\boldsymbol{D} = \begin{bmatrix} 1 & 1 & 3 \\ 1 & 5 & 1 \\ 3 & 1 & 1 \end{bmatrix}, \quad \boldsymbol{F} = \begin{bmatrix} 5 & 2 & 2 \\ 2 & 2 & -4 \\ 2 & -4 & 2 \end{bmatrix},$$

Übung 3.40:

Berechne im Beispiel 3.20 (rotierender Würfel) die Richtung $\boldsymbol{\omega}$ einer Rotationsachse, bei der die kinetische Energie E_{kin} maximal wird. Es gibt mehrere solche Achsen. Wie liegen alle diese Achsen? Gib die maximale Energie E_{kin} dazu an!

3.7 Die Jordansche Normalform

Symmetrische und hermitesche Matrizen lassen sich auf Diagonalform transformieren. Dies gilt nicht für jede Matrix $\boldsymbol{A} \in \mathrm{Mat}(n; \mathbb{C})$, denn sind algebraische und geometrische Vielfachheit auch nur eines Eigenwertes von $\boldsymbol{A}$ verschieden, so läßt sich $\boldsymbol{A}$ nicht diagonalisieren (s. Satz 3.47, Abschn. 3.6.4). Doch wir kommen mit einem »blauen Auge« davon, wie uns der folgende Satz 3.51 lehrt. Nach diesem Satz kann man jede Matrix $\boldsymbol{A} \in \mathrm{Mat}(n; \mathbb{C})$ auf *Jordansche Normalform* transformieren und damit »fast« diagonalisieren. Zur Vorbereitung dient folgende Vereinbarung:

Definition 3.23:

Eine Matrix $\boldsymbol{J}$ der Form

$$\boldsymbol{J} = [j_{ik}]_{m,m} = \begin{bmatrix} \lambda & 1 & & & 0 \\ & \lambda & 1 & & \\ & & \lambda & \ddots & \\ & & & \ddots & 1 \\ 0 & & & & \lambda \end{bmatrix}, \quad \text{falls } m \geq 2, \lambda \in \mathbb{C}$$

$$\text{bzw. } \boldsymbol{J} = [\lambda] = \lambda\,^{36}, \quad \text{falls } m = 1,$$

heißt eine *Jordanmatrix* oder ein *Jordankasten*. Dabei ist also $j_{ii} = \lambda$, $j_{i,i+1} = 1$, $j_{ik} = 0$ sonst.

Satz 3.51:

(*Transformation auf Jordansche Normalform*) Zu jeder komplexen (n, n)-Matrix $\boldsymbol{A}$ existiert eine reguläre komplexe (n, n)-Matrix $\boldsymbol{T}$, mit der $\boldsymbol{A}$ auf folgende Gestalt transformiert werden kann:

$$\boldsymbol{T}^{-1}\boldsymbol{A}\boldsymbol{T} = \boldsymbol{J} := \begin{bmatrix} \boldsymbol{J}_1 & & & 0 \\ & \boldsymbol{J}_2 & & \\ & & \ddots & \\ 0 & & & \boldsymbol{J}_r \end{bmatrix} \quad \text{mit } \boldsymbol{J}_i = \begin{bmatrix} \lambda_i & 1 & & & 0 \\ & \lambda_i & 1 & & \\ & & \lambda_i & \ddots & \\ & & & \ddots & 1 \\ 0 & & & & \lambda_i \end{bmatrix} \tag{3.186}$$

$$\text{oder } \boldsymbol{J}_i = \lambda_i \quad (i = 1, \ldots, r).$$

Die Blöcke $\boldsymbol{J}_1, \boldsymbol{J}_2, \ldots, \boldsymbol{J}_r$, sind dabei Jordankästen. Die Matrix $\boldsymbol{J}$ nennt man *Jordansche Normalform* von $\boldsymbol{A}$. Sie ist — bis auf Vertauschung der $\boldsymbol{J}_i$ — durch $\boldsymbol{A}$ eindeutig bestimmt.

Die in den Jordankästen $\boldsymbol{J}_i$ auftretenden Zahlen $\lambda_1, \ldots, \lambda_r$ sind die Eigenwerte von $\boldsymbol{A}$. (Denn sie sind zweifellos die Eigenwerte von $\boldsymbol{J}$ und damit auch von $\boldsymbol{A}$, nach Satz 3.37 in Abschn. 3.6.3.) Dabei brauchen die $\lambda_1, \ldots, \lambda_r$ nicht paarweise verschieden zu sein.[37]

Der Beweis des obigen Satzes wird hier nicht ausgeführt, da er langwierig ist und algebraische Hilfsmittel verlangt, die uns an dieser Stelle nicht zur Verfügung stehen. Der interessierte Leser kann den Beweis z.B. in [81],§35, nachlesen. [38]

36 $(1,1)$-Matrizen werden mit Zahlen identifiziert.

37 Diagonalmatrizen sind spezielle Jordansche Normalformen.

38 C. Jordan bewies 1870 einen allgemeineren Satz, aus dem Satz 3.51 folgt. Allerdings ergibt sich Satz 3.51 auch aus einem Satz von Weierstraß aus dem Jahre 1868, so daß man genauer von »Weierstraß-Jordanscher-Normalform« sprechen könnte.

Beispiel 3.21:

Mit

$$A = \begin{bmatrix} 6 & -2 & 3 \\ 8 & -2 & 15 \\ 2 & -1 & 8 \end{bmatrix}, \quad T = \begin{bmatrix} 1 & -1 & 3 \\ 2 & 1 & -1 \\ 0 & 1 & -2 \end{bmatrix}, \quad T^{-1} = \begin{bmatrix} -1 & 1 & -2 \\ 4 & -2 & 7 \\ 2 & -1 & 3 \end{bmatrix}$$

folgt

$$J = T^{-1}AT = \left[\begin{array}{c|cc} 2 & 0 & 0 \\ \hline 0 & 5 & 1 \\ 0 & 0 & 5 \end{array}\right] = \begin{bmatrix} J_1 & 0 \\ 0 & J_2 \end{bmatrix}.$$

Bemerkung: Dieses Demonstrationsbeispiel wurde so konstruiert, daß J und T vorgegeben wurden, woraus $A = TJT^{-1}$ berechnet wurde. In der Praxis ist es aber gerade umgekehrt: Aus gegebenem A sollen J und T berechnet werden! Wie macht man das?

Satz 3.57, der zunächst nur die *Existenz* einer Jordanschen Normalform J von A und einer zugehörigen Transformationsmatrix sichert, liefert durch die Gleichung $T^{-1}AT = J$ einen Ansatz, wie J und T berechnet werden können.

Dies soll im Folgenden ausgeführt werden. Wir beginnen mit einem einfachen Sonderfall, der die Struktur von T verständlich macht.

Einfacher Sonderfall: Es sei $A \in \mathrm{Mat}(n; \mathbb{C})$, $n \geq 2$, und

$$T^{-1}AT = J = \begin{bmatrix} \lambda & 1 & & & 0 \\ & \lambda & 1 & & \\ & & \lambda & \ddots & \\ & & & \ddots & 1 \\ 0 & & & & \lambda \end{bmatrix}. \tag{3.187}$$

Die Jordansche Normalform von A besteht hier aus nur einem Jordankasten.

Einziger Eigenwert ist λ. Aus (3.187) folgt

$$AT = TJ. \tag{3.188}$$

Mit $T =: [x^{(1)}, x^{(2)}, \dots, x^{(n)}]$ wird daraus

$$\left[Ax^{(1)}, Ax^{(2)}, \dots, Ax^{(n)}\right] = \left[\lambda x^{(1)}, x^{(1)} + \lambda x^{(2)}, \dots, x^{(n-1)} + \lambda x^{(n)}\right],$$

wie man leicht nachrechnet. Durch Gleichsetzen entsprechender Spalten erhalten wir

$$\left.\begin{aligned} \boldsymbol{A}\boldsymbol{x}^{(1)} &= \lambda\boldsymbol{x}^{(1)} \\ \boldsymbol{A}\boldsymbol{x}^{(2)} &= \boldsymbol{x}^{(1)} + \lambda\boldsymbol{x}^{(2)} \\ &\vdots \\ \boldsymbol{A}\boldsymbol{x}^{(n)} &= \boldsymbol{x}^{(n-1)} + \lambda\boldsymbol{x}^{(n)} \end{aligned}\right\} \Rightarrow \left\{\begin{aligned} (\boldsymbol{A} - \lambda\boldsymbol{E})\boldsymbol{x}^{(1)} &= \boldsymbol{0} \\ (\boldsymbol{A} - \lambda\boldsymbol{E})\boldsymbol{x}^{(2)} &= \boldsymbol{x}^{(1)} \\ &\vdots \\ (\boldsymbol{A} - \lambda\boldsymbol{E})\boldsymbol{x}^{(n)} &= \boldsymbol{x}^{(n-1)}. \end{aligned}\right. \tag{3.189}$$

Setzt man in den Gleichungen rechts den Ausdruck von $\boldsymbol{x}^{(1)}$ aus der zweiten Zeile in die erste Gleichung, den Ausdruck für $\boldsymbol{x}^{(2)}$ aus der dritten Zeile in die gerade entstandene Gleichung usw., so erhält man nacheinander

$$\left.\begin{aligned} (\boldsymbol{A} - \lambda\boldsymbol{E})\boldsymbol{x}^{(1)} &= \boldsymbol{0} \\ (\boldsymbol{A} - \lambda\boldsymbol{E})^2\boldsymbol{x}^{(2)} &= \boldsymbol{0} \\ &\vdots \\ (\boldsymbol{A} - \lambda\boldsymbol{E})^n\boldsymbol{x}^{(n)} &= \boldsymbol{0} \end{aligned}\right\} \text{ sowie } \left\{\begin{aligned} \boldsymbol{x}^{(1)} &\neq \boldsymbol{0} \\ (\boldsymbol{A} - \lambda\boldsymbol{E})\boldsymbol{x}^{(2)} = \boldsymbol{x}^{(1)} &\neq \boldsymbol{0} \\ &\vdots \\ (\boldsymbol{A} - \lambda\boldsymbol{E})^{n-1}\boldsymbol{x}^{(n)} = \boldsymbol{x}^{(1)} &\neq \boldsymbol{0}. \end{aligned}\right. \tag{3.190}$$

Für $(n+1)$ kann es keinen Vektor mit der entsprechenden Eigenschaft geben, da $(\boldsymbol{A} - \lambda\boldsymbol{E})^n = 0$ ist.

Dies führt zu folgender Definition:

Definition 3.24:

Es sei $\boldsymbol{A}$ eine komplexe (n, n)-Matrix und λ_i ein Eigenwert von $\boldsymbol{A}$.

(a) Ein *Hauptvektor k-ter Stufe* (zu λ_i und $\boldsymbol{A}$) ist ein Vektor $\boldsymbol{x} \in \mathbb{C}^n$, der folgendes erfüllt:

$$\left.\begin{aligned} (\boldsymbol{A} - \lambda_i\boldsymbol{E})^k\boldsymbol{x} &= \boldsymbol{0} \\ (\boldsymbol{A} - \lambda_i\boldsymbol{E})^{k-1}\boldsymbol{x} &\neq \boldsymbol{0} \end{aligned}\right\} \quad (k \in \mathbb{N}). \quad \text{Bezeichnung: } \boldsymbol{x} = \boldsymbol{x}_i^{(k)}.$$

(b) Eine endliche Folge von Hauptvektoren $\boldsymbol{x}_i^{(1)}, \boldsymbol{x}_i^{(2)}, \ldots, \boldsymbol{x}_i^{(m)}$, der Stufen 1 bis m (zu λ_i und $\boldsymbol{A}$) heißt eine *Kette* (*von Hauptvektoren*), wenn

$$\begin{aligned} (\boldsymbol{A} - \lambda_i\boldsymbol{E})\boldsymbol{x}_i^{(1)} &= \boldsymbol{0} \\ (\boldsymbol{A} - \lambda_i\boldsymbol{E})\boldsymbol{x}_i^{(2)} &= \boldsymbol{x}_i^{(1)} \\ &\vdots \\ (\boldsymbol{A} - \lambda_i\boldsymbol{E})\boldsymbol{x}_i^{(m)} &= \boldsymbol{x}_i^{(m-1)} \end{aligned} \tag{3.191}$$

gilt (vgl. (3.189)). Dabei wird zusätzlich gefordert, daß die endliche Folge nicht verlängerbar ist, d.h. daß $(\boldsymbol{A} - \lambda_i\boldsymbol{E})\boldsymbol{x} = \boldsymbol{x}_i^{(m)}$ keine Lösung $\boldsymbol{x}$ besitzt. $\boldsymbol{x}_i^{(m)}$ heißt in diesem Fall ein *Hauptvektor höchster Stufe*.

Bemerkung: Hauptvektoren erster Stufe sind nichts anderes als Eigenvektoren (dabei wird $(\boldsymbol{A} - \lambda_i \boldsymbol{E})^0 = \boldsymbol{E}$ gesetzt).

Im Beispiel (3.187) bestehen die Spalten von $\boldsymbol{T} = [\boldsymbol{x}^{(1)}, \ldots, \boldsymbol{x}^{(n)}]$ also aus einer Kette von Hauptvektoren, womit die Struktur dieser Transformationsmatrix klar geworden ist.

Allgemeiner Fall: $\boldsymbol{A}$ sei eine beliebige Matrix aus $\mathrm{Mat}(n; \mathbb{C})$ und $\boldsymbol{T}$ eine (reguläre) Matrix, die $\boldsymbol{A}$ in die Jordansche Normalform $\boldsymbol{J}$ transformiert d.h. es gilt

$$\boldsymbol{T}^{-1}\boldsymbol{A}\boldsymbol{T} = \boldsymbol{J} = \begin{bmatrix} \boldsymbol{J}_1 & & & 0 \\ & \ddots & & \\ & & \ddots & \\ 0 & & & \boldsymbol{J}_r \end{bmatrix} \quad \text{mit} \quad \boldsymbol{J}_i = \begin{bmatrix} \lambda_i & 1 & & & 0 \\ & \lambda_i & 1 & & \\ & & \lambda_i & \ddots & \\ & & & \ddots & 1 \\ 0 & & & & \lambda_i \end{bmatrix}.$$

$$\text{oder} \quad \boldsymbol{J}_i = \lambda_i \,. \tag{3.192}$$

Nach Satz 3.51 existieren $\boldsymbol{T}$ und $\boldsymbol{J}$ zu $\boldsymbol{A}$. Die Gleichung $\boldsymbol{T}^{-1}\boldsymbol{A}\boldsymbol{T} = \boldsymbol{J}$ ist gleichbedeutend mit

$$\boldsymbol{A}\boldsymbol{T} = \boldsymbol{T}\boldsymbol{J} \,. \tag{3.193}$$

Der Jordankasten $\boldsymbol{J}_i$ in $\boldsymbol{J}$ habe m_i Spalten ($i = 1, \ldots, r$). Wir schreiben $\boldsymbol{T}$ in folgender Form auf

$$\boldsymbol{T} = [\underbrace{\boldsymbol{x}_1^{(1)}, \ldots, \boldsymbol{x}_1^{(m_1)}}_{m_1 \text{ Spalten}}, \ldots, \underbrace{\boldsymbol{x}_i^{(1)}, \ldots, \boldsymbol{x}_i^{(m_i)}}_{m_i \text{ Spalten}}, \ldots, \underbrace{\boldsymbol{x}_r^{(1)}, \ldots, \boldsymbol{x}_r^{(m_r)}}_{m_r \text{ Spalten}}].$$

Die Numerierung orientiert sich also am Aufbau von $\boldsymbol{J}$. Diesen Ausdruck für $\boldsymbol{T}$ setzen wir in (3.193) ein und erhalten folgendes (wobei nur die mit i behafteten Spalten hingeschrieben werden, stellvertretend für alle anderen).

$$\begin{aligned} \boldsymbol{A}\boldsymbol{T} = \boldsymbol{T}\boldsymbol{J} \Leftrightarrow & \left[\ldots, \boldsymbol{A}\boldsymbol{x}_i^{(1)}, \quad \boldsymbol{A}\boldsymbol{x}_i^{(2)}, \qquad \ldots, \qquad \boldsymbol{A}\boldsymbol{x}_i^{(m_i)}, \qquad \ldots\right] \\ = & \left[\ldots, \lambda_i\boldsymbol{x}_i^{(1)}, \boldsymbol{x}_i^{(1)} + \lambda_i\boldsymbol{x}_i^{(2)}, \ldots, \boldsymbol{x}_i^{(m_i-1)} + \lambda_i\boldsymbol{x}_i^{(m_i)}, \ldots\right]. \end{aligned} \tag{3.194}$$

Durch spaltenweises Gleichsetzen und geringfügiges Umformen erhalten wir daraus (wie im vorangehenden Sonderfall):

$$\begin{aligned} (\boldsymbol{A} - \lambda_i\boldsymbol{E})\boldsymbol{x}_i^{(1)} &= \boldsymbol{0} \\ (\boldsymbol{A} - \lambda_i\boldsymbol{E})\boldsymbol{x}_i^{(2)} &= \boldsymbol{x}_i^{(1)} \\ &\vdots \\ (\boldsymbol{A} - \lambda_i\boldsymbol{E})\boldsymbol{x}_i^{(m_i)} &= \boldsymbol{x}_i^{(m_i-1)} \,. \end{aligned} \tag{3.195}$$

Diese Gleichungsfolge ist nicht verlängerbar, d.h.. es existiert kein $\boldsymbol{x} \in \mathbb{C}^n$ mit $(\boldsymbol{A} - \lambda_i \boldsymbol{E})\boldsymbol{x} = \boldsymbol{x}_i^{(m_i)}$.

Denn durch Linksmultiplikation mit $\boldsymbol{T}^{-1}$ geht $(\boldsymbol{A} - \lambda_i \boldsymbol{E})\boldsymbol{x} = \boldsymbol{x}_i^{(m_i)}$ über in $\boldsymbol{T}^{-1}(\boldsymbol{A} - \lambda_i \boldsymbol{E})\boldsymbol{T}\boldsymbol{T}^{-1}\boldsymbol{x} = \boldsymbol{T}^{-1}\boldsymbol{x}_i^{(m_i)}$. Mit $\boldsymbol{y} := \boldsymbol{T}^{-1}\boldsymbol{x}$ bedeutet dies $(\boldsymbol{J} - \lambda_i \boldsymbol{E})\boldsymbol{y} = \boldsymbol{T}^{-1}\boldsymbol{x}_i^{(m_i)}$. Die rechte Seite $\boldsymbol{T}^{-1}\boldsymbol{x}_i^{(m_i)}$ ist der Koordinateneinheitsvektor mit 1 in der Zeile mit Index $m_1 + \ldots + m_i$ (da $\boldsymbol{T}^{-1}\boldsymbol{T} = \boldsymbol{E}$). In der entsprechenden Zeile von $\boldsymbol{J} - \lambda_i \boldsymbol{E}$ sind aber alle Elemente 0, also kann es keine Lösung $\boldsymbol{y}$ und damit kein $\boldsymbol{x}$ mit $(\boldsymbol{A} - \lambda_i \boldsymbol{E})\boldsymbol{x} = \boldsymbol{x}_i^{(m_i)}$ geben. — Damit folgt

Satz 3.52:

Es sei $\boldsymbol{A}$ eine beliebige komplexe (n, n)-Matrix. Eine Matrix $\boldsymbol{T}$, die $\boldsymbol{A}$ auf Jordansche Normalform $\boldsymbol{J}$ transformiert, hat stets folgende Gestalt:

$$\boldsymbol{T} = \big[\underbrace{\boldsymbol{x}_1^{(1)}, \ldots, \boldsymbol{x}_1^{(m_1)}}_{1.\ \text{Kette}}, \ldots, \underbrace{\boldsymbol{x}_i^{(1)}, \ldots, \boldsymbol{x}_i^{(m_i)}}_{i.\ \text{Kette}}, \ldots, \underbrace{\boldsymbol{x}_r^{(1)}, \ldots, \boldsymbol{x}_r^{(m_r)}}_{r.\ \text{Kette}}\big]. \tag{3.196}$$

Die Spalten bestehen aus Ketten von Hauptvektoren. Die Kette $\boldsymbol{x}_i^{(1)}, \ldots, \boldsymbol{x}_i^{(m_i)}$ gehört dabei zu einem Eigenwert λ_i von $\boldsymbol{A}$. Es können mehrere Ketten zu ein- und demselben λ_i gehören.

Umgekehrt transformiert jede reguläre (n, n)-Matrix $\boldsymbol{T}$ der beschriebenen Gestalt die Matrix $\boldsymbol{A}$ auf Jordansche Normalform $\boldsymbol{J}$. Es existiert stets eine solche Matrix $\boldsymbol{T}$.

Beweis:

Beweis: Der erste Teil des Satzes ist oben hergeleitet worden. Der Beweis der Umkehrung (letzter Absatz) ergibt sich so: Jede Kette $\boldsymbol{x}_i^{(1)}, \ldots, \boldsymbol{x}_i^{(m_i)}$ erfüllt (3.195), damit gilt auch (3.194), und folglich $\boldsymbol{A}\boldsymbol{T} = \boldsymbol{T}\boldsymbol{J}$. Die Existenz von $\boldsymbol{T}$ wird durch Satz 3.51 gesichert. □

Übung 3.41:

Weise an Hand des Beispiels 3.21 nach, daß die letzten beiden Spalten von $\boldsymbol{T}$ eine Kette von Hauptvektoren zum Eigenwert 5 von $\boldsymbol{A}$ bilden.

3.7.1 Praktische Durchführung der Transformation auf Jordansche Normalform

Es sei $\boldsymbol{A}$ eine beliebige komplexe (n, n)-Matrix mit $n \geq 2$.

Grundlage für die praktische Transformation von $\boldsymbol{A}$ auf Jordansche Normalform ist Satz 3.52. Wir haben also eine Matrix $\boldsymbol{T}$ zu konstruieren, die die Form (3.196) hat. Das geschieht folgendermaßen:

(I) Man schreibt das charakteristische Polynom $\chi_{\boldsymbol{A}}(\lambda) = \det(\boldsymbol{A} - \lambda \boldsymbol{E})$ explizit hin und errechnet daraus die *Eigenwerte*

$$\lambda_1, \lambda_2, \ldots, \lambda_s$$

(= Nullstellen von $\chi_{\boldsymbol{A}}$) mit den zugehörigen algebraischen Vielfachheiten $\kappa_1, \ldots, \kappa_s$ (z.B. mit dem Newtonschen Verfahren).

(II) Man berechnet zu jedem Eigenwert λ_i so viele linear unabhängige Eigenvektoren

$$\boldsymbol{v}_{i1}, \dots, \boldsymbol{v}_{i\gamma_i} \tag{3.197}$$

wie möglich. Im Falle $\gamma_i = \kappa_i$ bricht man hier ab. Andernfalls fährt man so fort: Man ermittelt aus der Gleichung

$$(\boldsymbol{A} - \lambda_i \boldsymbol{E})\boldsymbol{v} = \sum_{j=1}^{\gamma_i} t_j \boldsymbol{v}_{ij}, \quad (\boldsymbol{v}, t_1, \dots, t_{\gamma_i}) \text{ gesucht,} \tag{3.198}$$

so viele Lösungen

$$\boldsymbol{v}_{ij}^{(2)}, \dots, \boldsymbol{v}_{i\gamma_{i2}}^{(2)}$$

wie möglich, die mit (3.197) ein System linear unabhängiger Vektoren bilden. Die $t_j \in \mathbb{C}$ werden dabei so gewählt, daß (3.198) lösbar ist. Im Falle $\gamma_i + \gamma_{i2} = \kappa_i$ bricht man ab. Andernfalls errechnet man anschließend aus

$$(\boldsymbol{A} - \lambda_i \boldsymbol{E})\boldsymbol{v} = \sum_{j=1}^{\gamma_i} t_j^{(1)} \boldsymbol{v}_{ij} + \sum_{j=1}^{\gamma_{i2}} t_j^{(2)} \boldsymbol{v}_{ij}^{(2)} \quad (t_j^{(k)} \in \mathbb{C})$$

so viele Lösungen $\boldsymbol{v}_{ij}^{(3)}, \dots, \boldsymbol{v}_{i\gamma_{i3}}^{(3)}$ wie möglich, so daß mit allen vorher berechneten Vektoren ein System linear unabhängiger Vektoren entsteht, usw.

Man hört auf, wenn κ_i linear unabhängige Vektoren entstanden sind.

Die zuletzt berechneten Vektoren sind Hauptvektoren höchster Stufe. Durch sukzessives Multiplizieren mit $(\boldsymbol{A} - \lambda_i \boldsymbol{E})$ gewinnt man aus jedem von ihnen eine Kette von Hauptvektoren.

Sind noch linear unabhängige Vektoren $\boldsymbol{v}_{ij}^{(k)}$ übrig, so suche man die mit höchsten k und bilde auch daraus Ketten durch aufeinanderfolgendes Multiplizieren mit $(\boldsymbol{A} - \lambda_i \boldsymbol{E})$. Danach suche man wieder die übrigen noch linear unabhängigen $\boldsymbol{v}_{ij}^{(k)}$ und verfahre mit ihnen entsprechend, usw., usw., bis schließlich kein $\boldsymbol{v}_{ij}^{(k)}$ mehr übrig ist.

Für λ_i können auf diese Weise z.B. folgende Ketten entstehen:

$$\underbrace{\boldsymbol{x}_{i1}^{(1)}, \boldsymbol{x}_{i1}^{(2)}, \boldsymbol{x}_{i1}^{(3)}}_{\text{Kette}}, \underbrace{\boldsymbol{x}_{i2}^{(1)}, \boldsymbol{x}_{i2}^{(2)}, \boldsymbol{x}_{i2}^{(3)}}_{\text{Kette}}, \underbrace{\boldsymbol{x}_{i3}^{(1)}, \boldsymbol{x}_{i3}^{(2)}}_{\text{Kette}}, \underbrace{\boldsymbol{x}_{i4}^{(1)}}_{\text{Kette}} .$$

Dabei ist $\kappa_i = 9$, $\gamma_i = 4$.

(III) Hat man so für jeden Eigenwert λ_i Ketten von Hauptvektoren gewonnen, dann faßt man sie alle zu Spaltenvektoren einer Matrix $\boldsymbol{T}$ zusammen, wobei keine Kette auseinandergerissen wird. $\boldsymbol{T}$ ist eine Transformationsmatrix, wie wir sie gesucht haben.

Bemerkung: Wir benutzen hierbei, daß die Vektoren $\boldsymbol{x}_i^{(1)}, \ldots, \boldsymbol{x}_i^{(m)}$ *einer Kette* stets *linear unabhängig* sind. Man sieht dies so ein: Aus

$$\sum_{k=1}^{m} \alpha_k \boldsymbol{x}_i^{(k)} = \mathbf{0}$$

folgt durch Linksmultiplikation mit $(\boldsymbol{A} - \lambda_i \boldsymbol{E})^{m-1}$ zunächst $\alpha_m = 0$, durch Linksmultiplikation mit $(\boldsymbol{A} - \lambda_i \boldsymbol{E})^{m-2}$ ferner $\alpha_{m-1} = 0$ usw., also $\alpha_k = 0$ für alle $k = m, m-1, \ldots, 1$.

An zwei Zahlenbeispielen soll die Methode klar gemacht werden. Das erste ist extrem einfach, während das zweite wichtige Details der Methode verdeutlicht. Das zweite Beispiel kann als Muster für den allgemeinen Fall angesehen werden.

Beispiel 3.22:

Die Matrix

$$\boldsymbol{A} = \begin{bmatrix} -12 & 25 \\ -9 & 18 \end{bmatrix}$$

soll auf Jordansche Normalform transformiert werden.

(I) Das charakteristische Polynom lautet

$$\chi_{\boldsymbol{A}}(\lambda) = \begin{vmatrix} -12-\lambda & 25 \\ -9 & 18-\lambda \end{vmatrix} = \lambda^2 - 6\lambda + 9 .$$

Auflösen von $\lambda^2 - 6\lambda + 9 = 0$ liefert die einzige Nullstelle $\lambda_1 = 3$. Sie ist folglich der einzige *Eigenwert* von $\boldsymbol{A}$. Er hat die Vielfachheit $\kappa_1 = 2$ (denn es ist $\chi'_{\boldsymbol{A}}(\lambda_1) = 0$, $\chi''_{\boldsymbol{A}}(\lambda_1) \neq 0$).

$\mathbf{(II)}_1$ Aus $(\boldsymbol{A} - 3\boldsymbol{E})\boldsymbol{x}^{(1)} = \mathbf{0}$ $(\boldsymbol{x}^{(1)} = [x_1, x_2]^{\mathrm{T}})$ folgt

$$\left.\begin{aligned} -15x_1 - 25x_2 &= 0 \\ -9x_1 - 15x_2 &= 0 \end{aligned}\right\} \quad \text{d.h. } 3x_1 - 5x_2 = 0 , \quad \text{also z.B. } \boldsymbol{x}^{(1)} = \begin{bmatrix} 5 \\ 3 \end{bmatrix} .$$

$\boldsymbol{x}^{(1)}$ ist einziger *Eigenvektor* (bis auf einen skalaren Faktor).

$\mathbf{(II)}_2$ Einen Hauptvektor $\boldsymbol{x}^{(2)}$ der 2. Stufe errechnet man aus

$$(\boldsymbol{A} - 3\boldsymbol{E})\boldsymbol{x}^{(2)} = \boldsymbol{x}^{(1)} , \quad \left\{\begin{aligned} -15x'_1 - 25x'_2 &= 5 \\ -9x'_1 - 15x'_2 &= 3 \end{aligned}\right\} \quad \text{mit } \boldsymbol{x}^{(2)} = \begin{bmatrix} x'_1 \\ x'_2 \end{bmatrix} .$$

Das bedeutet $-3x'_1 + 5x'_2 = 1$. Mit der willkürlichen Setzung $x'_2 = 0$ erhält man daraus $x'_1 = 1/3$. Damit ist

$$\boldsymbol{x}^{(2)} = \begin{bmatrix} -1/3 \\ 0 \end{bmatrix} \quad \text{ein } \textit{Hauptvektor } 2. \textit{ Stufe}.$$

(III) $\boldsymbol{x}^{(1)}, \boldsymbol{x}^{(2)}$ bilden eine *Kette*. Mit der Transformationsmatrix

$$\boldsymbol{T} = [\boldsymbol{x}^{(1)}, \boldsymbol{x}^{(2)}] = \begin{bmatrix} 5 & -1/3 \\ 3 & 0 \end{bmatrix} \quad \text{und} \quad \boldsymbol{T}^{-1} = \begin{bmatrix} 0 & 1/3 \\ -3 & 5 \end{bmatrix}$$

erhält man damit die Jordansche Normalform von $\boldsymbol{A}$:

$$\boldsymbol{J} = \boldsymbol{T}^{-1}\boldsymbol{A}\boldsymbol{T} = \begin{bmatrix} 3 & 1 \\ 0 & 3 \end{bmatrix}.$$

Beispiel 3.23:
Die Matrix

$$\boldsymbol{A} = \begin{bmatrix} -1 & 6 & -2 & 3 & -3 \\ 1 & -1 & 1 & -1 & 1 \\ 2 & -13 & 7 & -4 & 2 \\ 1 & -12 & 5 & -2 & 1 \\ 6 & -19 & 7 & -8 & 8 \end{bmatrix} \tag{3.199}$$

soll auf Jordansche Normalform transformiert werden. Man geht dabei folgendermaßen vor:

(I) Das charakteristische Polynom $\chi_{\boldsymbol{A}} = \det(\boldsymbol{A} - \lambda \boldsymbol{E})$ errechnet man explizit durch direktes Auswerten der Determinante oder (einfacher) durch Satz 3.36, Abschn. 3.6.3. Man erhält

$$\chi_{\boldsymbol{A}}(\lambda) = -\lambda^5 + 11\lambda^4 - 48\lambda^3 + 104\lambda^2 - 112\lambda + 48\,.$$

Skizzieren des Graphen von $\chi_{\boldsymbol{A}}$ und/oder Anwendung des Newtonschen Verfahrens (oder Probieren) liefert die Nullstellen $\lambda_1 = 3$ und $\lambda_2 = 2$ von $\chi_{\boldsymbol{A}}$. Anschließend überprüft man die Ableitungen:

$$\chi_{\boldsymbol{A}}'(3) \neq 0\,; \quad \chi_{\boldsymbol{A}}'(2) = \chi_{\boldsymbol{A}}''(2) = \chi_{\boldsymbol{A}}'''(2) = 0\,; \quad \chi_{\boldsymbol{A}}^{\mathrm{IV}}(2) \neq 0\,.$$

3 ist also einfache Nullstelle, 2 dagegen vierfache. Somit lauten die

$$\textit{Eigenwerte} \text{ von } \boldsymbol{A}\text{:} \quad \lambda_1 = 3\ (\kappa_1 = 1)\,, \quad \lambda_2 = 2\ (\kappa_2 = 4)\,. \tag{3.200}$$

Das charakteristische Polynom kann daher in folgender Form geschrieben werden:

$$\chi_{\boldsymbol{A}}(\lambda) = -(\lambda - 3)(\lambda - 2)^4\,. \tag{3.201}$$

(II)$_0$ *Eigenvektor zu* $\lambda_1 = 3$. Aus $(\boldsymbol{A} - \lambda_1 \boldsymbol{E})\boldsymbol{x}_1 = \boldsymbol{0}$ errechnet man mit dem Gaußschen Algorithmus den Eigenvektor $\boldsymbol{x}_1 = [1, 0, 1, 1, -1]^{\mathrm{T}}$. Dabei wird die letzte Komponente (willkürlich) gleich -1 gesetzt. Da die algebraische Vielfachheit von λ_1 gleich $\kappa_1 = 1$ ist, gilt dies auch für die geometrische Vielfachheit: $\gamma_1 = 1$ (wegen $1 \leq \gamma_1 \leq \kappa_1$). $\boldsymbol{x}_1$ spannt also den (eindimensionalen) Eigenraum zu $\lambda_1 = 3$ auf. Damit bildet $\boldsymbol{x}_1$ eine Hauptvektorkette der Länge 1.

(II)$_1$ *Eigenvektor zu* $\lambda_2 = 2$. Aus $(\boldsymbol{A} - \lambda_2 \boldsymbol{E})\boldsymbol{x} = \boldsymbol{0}$ sind die Eigenvektoren $\boldsymbol{x}$ zu λ_2 mit dem Gaußschen Algorithmus zu bestimmen. Wir beschreiben dies genauer und benutzen dazu die Abkürzung

$$N := A - \lambda_2 E = \begin{bmatrix} -3 & 6 & -2 & 3 & -3 \\ 1 & -3 & 1 & -1 & 1 \\ 2 & -13 & 5 & -4 & 2 \\ 1 & -12 & 5 & -4 & 1 \\ 6 & -19 & 7 & -8 & 6 \end{bmatrix}. \tag{3.202}$$

Zu lösen ist $\boldsymbol{Nx} = \boldsymbol{0}$ ($\boldsymbol{x} = [x_1, \ldots, x_5]^{\mathrm{T}}$ gesucht). Durch den Gaußschen Algorithmus (ohne Pivotierung) wird $\boldsymbol{Nx} = \boldsymbol{0}$ in folgendes Trapezsystem verwandelt:

$$\left\{\begin{array}{rl} -3x_1 + 6x_2 - 2x_3 + 3x_4 - 3x_5 &= 0 \\ -x_2 + 0,\overline{3}x_3 &= 0 \\ 0,\overline{6}x_3 - 2x_4 &= 0 \\ 0 &= 0 \\ 0 &= 0 \end{array}\right\}. \tag{3.203}$$ [39]

Es entsteht dabei also die folgende Koeffizientenmatrix $\boldsymbol{R}$. Die beim Algorithmus benutzten Faktoren c_{ik} werden in einer Matrix $\boldsymbol{L}$ zusammengefaßt (vgl. Abschn. 3.8.3, (3.252)):

$$\boldsymbol{R} = \begin{bmatrix} -3 & 6 & -2 & 3 & -3 \\ & -1 & 0,\overline{3} & 0 & 0 \\ & & 0,\overline{6} & -2 & 0 \\ & & & 0 & 0 \\ \boldsymbol{0} & & & & 0 \end{bmatrix}, \quad \boldsymbol{L} = \begin{bmatrix} 1 & & & & \boldsymbol{0} \\ -0,\overline{3} & 1 & & & \\ -0,\overline{6} & 9 & 1 & & \\ -0,\overline{3} & 10 & 1{,}5 & 1 & \\ -2 & 7 & 1 & 0 & 1 \end{bmatrix} \tag{3.204}$$

Es gilt $\boldsymbol{N} = \boldsymbol{LR}$ (vgl. Abschn. 3.8.3)[40]. Für spätere Zwecke berechnen wir noch $\boldsymbol{L}^{-1}$:

$$\begin{bmatrix} 1 & & & & \\ & 1 & & & \\ & & 1 & & \\ & & -1{,}5 & 1 & \\ & & -1 & & 1 \end{bmatrix} \begin{bmatrix} 1 & & & & \\ & 1 & & & \\ & -9 & 1 & & \\ & -10 & & 1 & \\ & -7 & & & 1 \end{bmatrix} \begin{bmatrix} 1 & & & & \\ 0,\overline{3} & 1 & & & \\ 0,\overline{6} & & 1 & & \\ 0,\overline{3} & & & 1 & \\ 2 & & & & 1 \end{bmatrix}$$

$$= \begin{bmatrix} 1 & & & & \boldsymbol{0} \\ 0,\overline{3} & 1 & & & \\ -2,\overline{3} & -9 & 1 & & \\ 0{,}5 & 3{,}5 & -1{,}5 & 1 & \\ 2 & 2 & -1 & 0 & 1 \end{bmatrix}.$$

In den linken drei Matrizen sind alle nicht angegebenen Elemente gleich 0.

---

39 $0,\overline{3} = 0{,}3333\ldots$ (Periode 3).

40 Wird der Gaußsche Algorithmus mit *Pivotierung* verwendet, so arbeitet man entsprechend mit $\boldsymbol{N} = \boldsymbol{PLR}$ (vgl. Satz 3.55, Abschn. 3.8.3).

Das System (3.203) kann damit kurz durch $\boldsymbol{Rx} = \boldsymbol{0}$ beschrieben werden. Zur Bestimmung der Lösungsgesamtheit setzen wir $x_4 = t$, $x_5 = s$ als beliebige Parameter an. Auflösen von (3.203) »von unten nach oben« ergibt damit: $x_3 = 3t$, $x_2 = t$, $x_1 = t - s$ und somit die Lösung von $\boldsymbol{Nx} = \boldsymbol{0}$ in der Form

$$\boldsymbol{x} = \begin{bmatrix} t & -s \\ t & \\ 3t & \\ t & \\ & s \end{bmatrix} = t\boldsymbol{x}_2 + s\boldsymbol{x}_3 \quad \text{mit} \quad \boldsymbol{x}_2 := \begin{bmatrix} 1 \\ 1 \\ 3 \\ 1 \\ 0 \end{bmatrix}, \quad \boldsymbol{x}_3 := \begin{bmatrix} -1 \\ 0 \\ 0 \\ 0 \\ 1 \end{bmatrix} \tag{3.205}$$

$\Rightarrow \boldsymbol{x}_2, \boldsymbol{x}_3$ bilden eine Basis des Eigenraums von $\lambda_2 = 2$.

Die geometrische Vielfachheit von $\lambda_2 = 2$ ist somit gleich $\gamma_2 = 2$. Da die algebraische Vielfachheit von λ_2 gleich $\kappa_2 = 4$ ist, müssen noch 2 $(= \kappa_2 - \gamma_2)$ Hauptvektoren höherer Stufe gebildet werden.

(II)$_2$ *Hauptvektoren* 2. *Stufe zu* $\lambda_2 = 2$: Aus

$$\boldsymbol{Nx} = t\boldsymbol{x}_2 + s\boldsymbol{x}_3 \tag{3.206}$$

sind die Hauptvektoren $\boldsymbol{x}$ der 2. Stufe zu ermitteln. Rechts vom Gleichheitszeichen steht eine beliebige Linearkombination der Basis $\boldsymbol{x}_2$, $\boldsymbol{x}_3$ des Eigenraumes von λ_2. Wegen $\boldsymbol{N} = \boldsymbol{LR}$ liefert (3.206) nach Linksmultiplikation mit $\boldsymbol{L}^{-1}$:

$$\boldsymbol{Rx} = t\boldsymbol{L}^{-1}\boldsymbol{x}_2 + s\boldsymbol{L}^{-1}\boldsymbol{x}_3\,, \quad \text{also}$$

$$\boldsymbol{Rx} = t\begin{bmatrix} 1 \\ 1,\overline{3} \\ -8,\overline{3} \\ 0,5 \\ 1 \end{bmatrix} + s\begin{bmatrix} -1 \\ -0,\overline{3} \\ 2,\overline{3} \\ -0,5 \\ -1 \end{bmatrix}. \tag{3.207}$$

Da in $\boldsymbol{Rx}$ die letzten beiden Koordinaten gleich 0 sind (s. $\boldsymbol{R}$ in (3.204)), so folgt $0 = 0{,}5t - 0{,}5s$ und $0 = t - s$. Diese Gleichungen liefern beide $t = s$. Da es nur auf Lösbarkeit ankommt, setzen wir o.B.d.A. $t = s = 1$. Zu lösen ist also

$$\boldsymbol{Rx} = \begin{bmatrix} 0 \\ 1 \\ -6 \\ 0 \\ 0 \end{bmatrix}. \tag{3.208}$$

Die linke Seite $\boldsymbol{Rx}$ sieht dabei so aus wie die linke Seite in (3.203). Um eine Lösung zu bekommen, wird $x_4 = x_5 = 0$ gesetzt. Man erhält die spezielle Lösung

$$x_0^{(2)} := \begin{bmatrix} -2 \\ -4 \\ -9 \\ 0 \\ 0 \end{bmatrix}$$

und damit alle Lösungen von (3.206) in der Form

$$x^{(2)} := x_0^{(2)} + \lambda x_2 + \mu x_3 \tag{3.209}$$

($\lambda, \mu \in \mathbb{C}$ beliebig),

denn die Eigenvektoren x_2, x_3 spannen den Lösungsraum des homogenen Systems $Rx = \mathbf{0}$ ($\Leftrightarrow Nx = \mathbf{0}$) auf (vgl. Satz 3.53(d), Abschn. 3.8.1).

Mit $t = s = 1$ und $x = x^{(2)}$ hat man damit die Lösungen der Ausgangsgleichung (3.206) gefunden. Die rechte Seite dieser Gleichung wird damit zu

$$x_3^{(1)} := 1x_2 + 1x_3 = \begin{bmatrix} 0 \\ 1 \\ 3 \\ 1 \\ 1 \end{bmatrix}.$$

Somit gilt

$$Nx^{(2)} = x_3^{(1)} \tag{3.210}$$

(II)$_3$ *Hauptvektoren* 3. *Stufe zu* $\lambda_2 = 2$: Aus

$$Nx = x^{(2)} = x_0^{(2)} + \lambda x_2 + \mu x_3 \tag{3.211}$$

ist ein Hauptvektor x der 3. Stufe zu berechnen. Wir gehen wie in (II)$_2$ vor: Multiplikation mit L^{-1} von links liefert

$$Rx = L^{-1}x_0^{(2)} + \lambda L^{-1}x_2 + \mu L^{-1}x_3\,, \quad \text{also}$$

$$Rx = \begin{bmatrix} -2 \\ -4,\overline{6} \\ 31,\overline{6} \\ -1,5 \\ -3 \end{bmatrix} + \lambda \begin{bmatrix} 1 \\ 1,\overline{3} \\ -8,\overline{3} \\ 0,5 \\ 1 \end{bmatrix} + \mu \begin{bmatrix} -1 \\ -0,\overline{3} \\ -2,\overline{3} \\ -0,\overline{5} \\ -1 \end{bmatrix}. \tag{3.212}$$

Links sind die letzten beiden Koordinaten Null, also folgt $0 = -1{,}5 + \lambda 0{,}5 - \mu 0{,}\overline{5}$ und $0 = -3 + \lambda - \mu$. Daraus ergibt sich $\lambda = 3 + \mu$. (Dies erfüllt beide Gleichungen für λ und μ.) Wir setzen (willkürlich) $\mu = 1$ und damit $\lambda = 4$ (da wir nur Lösbarkeit brauchen, gleichgültig mit welchen λ, μ).

Mit $x_4 = x_5 = 0$ folgt aus (3.212) die spezielle Lösung

$$x_0^{(3)} := \begin{bmatrix} -1 \\ 0 \\ 1 \\ 0 \\ 0 \end{bmatrix}$$

und damit die Lösungsgesamtheit in der Form

$$x^{(3)} := x_0^{(3)} + \nu x_2 + \eta x_3 \tag{3.213}$$

($\nu, \eta \in \mathbb{C}$ beliebig).

Mit $\mu = 1, \lambda = 4$ erhalten wir noch den Hauptvektor 2. Stufe auf der rechten Seite von (3.211); er wird zu

$$\boldsymbol{x}_3^{(2)} := \boldsymbol{x}_0^{(2)} + 4\boldsymbol{x}_2 + 1\boldsymbol{x}_3 = \begin{bmatrix} 1 \\ 0 \\ 3 \\ 4 \\ 1 \end{bmatrix} . \tag{3.214}$$

Damit gilt

$$\boldsymbol{N}\boldsymbol{x}^{(3)} = \boldsymbol{x}_3^{(2)} . \tag{3.215}$$

(II)$_4$ *Kette von Hauptvektoren.* Mehr als zwei Hauptvektoren mit höherer Stufe als 1 brauchen wir nicht. Folglich kann man $\boldsymbol{x}^{(3)} =: \boldsymbol{x}_3^{(3)}$ speziell wählen. Am einfachsten setzt man $\nu = \eta = 0$, also

$$\boldsymbol{x}_3^{(3)} = \boldsymbol{x}_0^{(3)} = [-1,0,1,0,0]^{\mathrm{T}} .$$

Damit bilden $\boldsymbol{x}_3^{(1)}, \boldsymbol{x}_3^{(2)}, \boldsymbol{x}_3^{(3)}$ eine *Kette* von Hauptvektoren, denn es gilt

$$\boldsymbol{N}\boldsymbol{x}_3^{(1)} = \boldsymbol{0}, \quad \boldsymbol{N}\boldsymbol{x}_3^{(2)} = \boldsymbol{x}_3^{(1)}, \quad \boldsymbol{N}\boldsymbol{x}_3^{(3)} = \boldsymbol{x}_2^{(2)} .$$

(Der Leser kann sich davon überzeugen, daß $\boldsymbol{N}\boldsymbol{x} = \boldsymbol{x}_3^{(3)}$ ($\Leftrightarrow \boldsymbol{R}\boldsymbol{x} = \boldsymbol{L}^{-1}\boldsymbol{x}_3^{(3)}$) unlösbar ist.)

(III) *Transformationsmatrix.* Nehmen wir die vorher berechneten Eigenvektoren $\boldsymbol{x}_1$, $\boldsymbol{x}_2$ hinzu, so ergeben sie mit den $\boldsymbol{x}_3^{(1)}, \boldsymbol{x}_3^{(2)}, \boldsymbol{x}_3^{(3)}$ zusammen ein System linear unabhängiger Vektoren. Wir konstruieren daraus die *Transformationsmatrix*

$$\boldsymbol{T} = \left[\boldsymbol{x}_1, \boldsymbol{x}_2, \boldsymbol{x}_3^{(1)}, \boldsymbol{x}_3^{(2)}, \boldsymbol{x}_3^{(3)}\right] \tag{3.216}$$

und berechnen auch gleich $\boldsymbol{T}^{-1}$:

$$\boldsymbol{T} = \overset{\begin{matrix} \boldsymbol{x}_1 & \boldsymbol{x}_2 & \boldsymbol{x}_3^{(1)} & \boldsymbol{x}_3^{(2)} & \boldsymbol{x}_3^{(3)} \end{matrix}}{\begin{bmatrix} 1 & 1 & 0 & 1 & -1 \\ 0 & 1 & 1 & 0 & 0 \\ 1 & 3 & 3 & 3 & 1 \\ 1 & 1 & 1 & 4 & 0 \\ -1 & 0 & 1 & 1 & 0 \end{bmatrix}}, \quad \boldsymbol{T}^{-1} = \begin{bmatrix} -4 & 11 & -4 & 5 & -4 \\ 5 & -13 & 5 & -6 & 4 \\ -5 & 14 & -5 & 6 & -4 \\ 1 & -3 & 1 & -1 & 1 \\ 1 & -5 & 2 & -2 & 1 \end{bmatrix} . \tag{3.217}$$

Es folgt

$$\boldsymbol{J} := \boldsymbol{T}^{-1}\boldsymbol{A}\boldsymbol{T} = \begin{bmatrix} 3 & & & & \\ & 2 & & \text{\Large 0} & \\ & & 2 & 1 & 0 \\ & & 0 & 2 & 1 \\ \text{\Large 0} & & 0 & 0 & 2 \end{bmatrix} = \begin{bmatrix} \boldsymbol{J}_1 & & \text{\Large 0} \\ & \boldsymbol{J}_2 & \\ \text{\Large 0} & & \boldsymbol{J}_3 \end{bmatrix} .$$

Damit ist $\boldsymbol{A}$ auf Jordansche Normalform transformiert.

Es sei erwähnt, daß man die Jordansche Normalform $\boldsymbol{J}$ in obiger Gleichung schon an Hand der Struktur von $\boldsymbol{T}$ in (3.216) voraussagen kann. Die explizite Berechnung von $\boldsymbol{T}^{-1}$ kann man also einsparen.

Bemerkung: Bei der Lösung von linearen Differentialgleichungssystemen 1. Ordnung erweist sich die Transformation von Matrizen auf Jordansche Normalform als wertvolles Hilfsmittel (s. Burg/Haf/Wille (Band III) [24], Abschn. 3.2).

Übung 3.42*

Transformiere die folgenden Matrizen auf Jordansche Normalform

$$\boldsymbol{A} = \begin{bmatrix} -8 & 4 \\ -1 & -4 \end{bmatrix}, \quad \boldsymbol{B} = \begin{bmatrix} -38 & -45 \\ 30 & -37 \end{bmatrix}, \quad \boldsymbol{C} = \begin{bmatrix} 6 & 6 \\ 0 & 6 \end{bmatrix}, \quad \boldsymbol{D} = \begin{bmatrix} 9 & -2 & 7 \\ 8 & 1 & 14 \\ 0 & 0 & 5 \end{bmatrix},$$

$$\boldsymbol{F} = \begin{bmatrix} -27 & 15 & -45 \\ 10 & -2 & 15 \\ 20 & -10 & 33 \end{bmatrix}, \quad \boldsymbol{G} = \begin{bmatrix} -14 & 8 & -25 \\ 8 & -2 & 13 \\ 12 & -2 & 21 \end{bmatrix}, \quad \boldsymbol{H} = \begin{bmatrix} 1 & -1 & 1 & -2 \\ 0 & 1 & 0 & -1 \\ -1 & 0 & 3 & -1 \\ 0 & 1 & 0 & 3 \end{bmatrix},$$

$$\boldsymbol{M} = \begin{bmatrix} 1 & -4 & 2 & -2 & 1 \\ -4 & 11 & -4 & 5 & -3 \\ -4 & 5 & -1 & 3 & -2 \\ 5 & -22 & 9 & -9 & 5 \\ -3 & 5 & -2 & 3 & -2 \end{bmatrix}.$$

Übung 3.43:

Es sei $\boldsymbol{A}$ eine komplexe (n, n)-Matrix und λ_1 ein zugehöriger Eigenwert. Wir kürzen ab:

$$d_j := \dim \operatorname{Kern}(\boldsymbol{A} - \lambda_1 \boldsymbol{E})^j \quad (= n - \operatorname{Rang}(\boldsymbol{A} - \lambda_1 \boldsymbol{E})^j).$$

Zeige, daß folgendes gilt:

$$1 \leq d_1 < d_2 < \ldots < d_m = d_{m+1} = d_{m+2} = \ldots$$

mit einem $m \in \mathbb{N}$. Es folgt zusätzlich: d_m ist gleich der algebraischen Vielfachheit κ_1 von λ_1.

Hinweis: Man nehme zunächst an, daß $\boldsymbol{A}$ die Gestalt einer Jordanschen Normalform $\boldsymbol{J}$ hat, $\boldsymbol{A} = \boldsymbol{J}$, und beweise die Aussage für diesen Fall. Den Allgemeinfall beweise man dann, indem man $\boldsymbol{A}$ zuerst auf die Jordansche Normalform transformiert.

3.7.2 Berechnung des charakteristischen Polynoms und der Eigenwerte einer Matrix mit dem Krylov-Verfahren

Das folgende Verfahren von A.N. Krylov[41] eignet sich gut für kleinere quadratische Matrizen, etwa mit Zeilenzahlen ≤ 8.

Es sei $\boldsymbol{A}$ eine reelle oder komplexe (n, n)-Matrix mit n (paarweise verschiedenen) Eigenwerten.

Krylov-Verfahren: Man wähle einen beliebigen Vektor $z_0 \neq \mathbf{0}$ $(z_0 \in \mathbb{C}^n)$ z.B. $z_0 = [1, 1, \ldots, 1]^{\mathrm{T}}$ und bilde nacheinander

$$\begin{aligned} z_1 &= \boldsymbol{A} z_0 \\ z_2 &= \boldsymbol{A} z_1 \\ &\vdots \\ z_n &= \boldsymbol{A} z_{n-1} . \end{aligned} \tag{3.218}$$

Anschließend berechne man die Lösung $(\alpha_0, \ldots, \alpha_{n-1})$ des folgenden linearen Gleichungssystems (sofern es regulär ist):

$$\sum_{k=0}^{n-1} \alpha_k z_k = -(-1)^n z_n . \tag{3.219}$$

Dann sind $\alpha_0, \ldots, \alpha_{n-1}$ nebst $\alpha_n := (-1)^n$ die Koeffizienten des charakteristischen Polynoms, d.h. es gilt

$$\chi_{\boldsymbol{A}}(\lambda) = \sum_{k=0}^{n} \alpha_k \lambda^k . \tag{3.220}$$

Hieraus kann man nun mit einem Nullstellensuchverfahren für Polynome (z.B. dem Newton-Verfahren) die Eigenwerte von $\boldsymbol{A}$ bestimmen.

Ist (3.218) kein reguläres System, probiert man das Verfahren erneut mit $z_0 = [-1, 1, 1, \ldots, 1]^{\mathrm{T}}$, dann mit $z_0 = [-1, -1, 1, \ldots, 1]^{\mathrm{T}}$ usw. Hat man diese Vektoren ohne Erfolg verwendet, so bricht man ab. $\boldsymbol{A}$ ist (wahrscheinlich) nicht diagonalisierbar.

Theoretischer Hintergrund: $\lambda_1, \lambda_2, \ldots, \lambda_n$ seien die n Eigenwerte von $\boldsymbol{A}$ und $\boldsymbol{x}_1, \ldots, \boldsymbol{x}_n$ zugehörige Eigenvektoren (d.h. $\boldsymbol{x}_i$ zu λ_i für alle $i = 1, \ldots, n$). Die $\boldsymbol{x}_1, \ldots, \boldsymbol{x}_n$ sind linear unabhängig (s. Folg. 3.16, Abschn. 3.6.4).

Für z_0 existiert daher eine Darstellung

$$z_0 = \sum_{i=1}^{n} \gamma_i \boldsymbol{x}_i , \quad \gamma_i \in \mathbb{C} . \tag{3.221}$$

41 Alexei Nikolajewitsch Krylov (1863 – 1945), russischer Schiffsbauingenieur und Mathematiker.

Man nimmt nun (stillschweigend) an, daß

$$\gamma_i \neq 0 \quad \text{für alle} \;\; i = 1, \ldots, n \tag{3.222}$$

gilt. Bei einem zufällig gewählten z_0 ist dies höchst wahrscheinlich der Fall. Sollte man mit dem ersten Versuch $z_0 = [1,1,\ldots,1]^{\mathrm{T}}$ scheitern, so ist doch stark zu hoffen, daß (3.222) für einen der übrigen Kandidaten $z_0 = [-1,1,\ldots,1]^{\mathrm{T}}$ usw. gilt. Wir zeigen

Hilfssatz 3.1:

Gilt (3.221) nebst (3.222), so ist das lineare Gleichungssystem (3.219) im Krylov-Verfahren regulär und mit seinen Lösungen $\alpha_0, \ldots, \alpha_{n-1}$, nebst $\alpha_n = (-1)^n$ gilt

$$\chi_A(\lambda) = \sum_{k=0}^{n} \alpha_k \lambda^k . \tag{3.223}$$

Beweis:

Aus (3.218) folgt $z_k = \boldsymbol{A}^k z_0$ $(k = 0,1,\ldots,n)$, wie man durch Einsetzen »von oben nach unten« feststellt und damit

$$z_k = \boldsymbol{A}^k z_0 = \sum_{i=1}^{n} \gamma_i \boldsymbol{A}^k \boldsymbol{x}_i = \sum_{i=1}^{n} \gamma_i \lambda_i^k \boldsymbol{x}_i . \tag{3.224}$$

Um die Regularität von (3.219), d.h. die lineare Unabhängigkeit von $z_0, z_1, \ldots, z_{n-1}$ nachzuweisen setzen wir an:

$$\mathbf{0} = \sum_{k=0}^{n-1} \mu_k z_k , \quad \text{und folgern: } \mathbf{0} = \sum_{k=0}^{n-1} \mu_k \sum_{i=1}^{n} \gamma_i \lambda_i^k \boldsymbol{x}_i = \sum_{i=1}^{n} \gamma_i \left(\sum_{k=0}^{n-1} \mu_k \lambda_i^k \right) \boldsymbol{x}_i .$$

Wegen der linearen Unabhängigkeit der $\boldsymbol{x}_i$ und wegen $\gamma_i \neq 0$ sind die Summen in den Klammern rechts alle Null. Das Polynom

$$\varphi(\lambda) := \sum_{k=0}^{n-1} \mu_k \lambda^k$$

vom Grade $\leq n-1$ hat also n Nullstellen $\lambda_1, \ldots, \lambda_n$, es kann daher nur das Nullpolynom sein, woraus $\mu_k = 0$ für alle $k = 0, \ldots, n-1$ folgt. Die $z_0, \ldots, z_{n-1}$ sind also linear unabhängig. Zu zeigen bleibt (3.223). Dazu setzen wir in (3.219) α_n statt $(-1)^n$ und erhalten nach Umstellung daraus

$$\mathbf{0} = \sum_{k=0}^{n} \alpha_k z_k = \sum_{k=0}^{n} \alpha_k \sum_{i=1}^{n} \gamma_i \lambda_i^k \boldsymbol{x}_i = \sum_{i=1}^{n} \gamma_i \left(\sum_{k=1}^{n} \alpha_k \lambda_i^k \right) \boldsymbol{x}_i .$$

Wegen $\gamma_i \neq 0$ und der linearen Unabhängigkeit der $\boldsymbol{x}_i$ sind die eingeklammerten Summen rechts alle Null. Das Polynom

$$\psi(\lambda) := \sum_{k=0}^{n} \alpha_k \lambda^k$$

hat also die Nullstellen $\lambda_1, \ldots, \lambda_n$ und den höchsten Koeffizienten $\alpha_n = (-1)^n$. Daher ist ψ mit χ_A identisch. □

Bemerkung: Die Voraussetzung, daß $\boldsymbol{A}$ nur einfache Eigenwerte hat, also n paarweise verschiedene Eigenwerte, ist bei Matrizen, die in der Technik eine Rolle spielen, meistens erfüllt. Wenn nichts weiter über eine praktisch auftretende Matrix bekannt ist, kann man (stillschweigend) diese Annahme machen. Denn die Ausnahmen sind oft leicht erkennbar, wie z.B. bei starr gekoppelten Schwingungen oder ähnlichen technischen Situationen.

Achtung: Obwohl man mit dem Krylov-Verfahren die Koeffizienten des charakteristischen Polynoms χ_A gut berechnen kann, so ist doch die Eigenwertberechnung daraus numerisch recht instabil: Winzige Verfälschungen der Koeffizienten können schon zu großen Änderungen der Nullstellen führen. Aus diesem Grunde verwendet man besser iterative Verfahren zur Eigenwertbestimmung. Wir beschreiben in den folgenden Abschnitten einige Verfahren und geben über weitere Verfahren einen Überblick.

Übung 3.44*

Berechne das charakteristische Polynom der folgenden Matrix $\boldsymbol{A}$ mit dem Krylov-Verfahren und berechne daraus die Eigenwerte von $\boldsymbol{A}$.

$$\boldsymbol{A} = \begin{bmatrix} 24 & 54 & -38 & -8 \\ -11 & -27 & 20 & -2 \\ 0 & -2 & 3 & -6 \\ 6 & 14 & -10 & -1 \end{bmatrix}.$$

3.7.3 Das Jacobi-Verfahren zur Berechnung von Eigenwerten und Eigenvektoren symmetrischer Matrizen

Es sei $\boldsymbol{A} = [a_{ik}]_{n,n}$ eine reelle symmetrische (n, n)-Matrix, deren Eigenwerte und Eigenvektoren bestimmt werden sollen. Nach einer Idee von Jacobi[42] transformiert man $\boldsymbol{A}$ mehrfach mit

42 Carl Gustav Jacobi (1804 – 1851), deutscher Mathematiker

»Drehmatrizen« folgenden Typs

$$U_{pq}(\varphi) = [u_{ik}]_{n,n} = \begin{bmatrix} 1 & & & & & & & & & \\ & \ddots & & & & & & & & \\ & & 1 & & & & & & & \\ & & & c & & & s & & & \\ & & & & 1 & & & & & \\ & & & & & \ddots & & & & \\ & & & & & & 1 & & & \\ & & & -s & & & c & & & \\ & & & & & & & 1 & & \\ & & & & & & & & \ddots & \\ & & & & & & & & & 1 \end{bmatrix} \begin{matrix} \\ \\ \\ \leftarrow p \\ \\ \\ \\ \leftarrow q \\ \\ \\ \\ \end{matrix}$$

($u_{ii} = 1$ für $i \neq p, q$, $u_{pp} = u_{qq} = c = \cos\varphi$, $u_{pq} = -u_{qp} = s = \sin\varphi$, $u_{ik} = 0$ sonst.) $U_{pq}(\varphi)$ ist eine orthogonale Matrix. Transformation von $\boldsymbol{A}$ führt auf

$$\boldsymbol{A}^{(1)} := \boldsymbol{U}_{pq}(\varphi)^{\mathrm{T}} \boldsymbol{A} \boldsymbol{U}_{pq}(\varphi) \, .$$

$\boldsymbol{A}^{(1)}$ ist wieder symmetrisch. Dabei wählt man φ so, daß in $\boldsymbol{A}^{(1)}$ die Elemente $a_{pq}^{(1)} = a_{qp}^{(1)} = 0$ sind.

Nun wird $\boldsymbol{A}^{(1)}$ abermals mit einer Drehmatrix $\boldsymbol{U}_{p'q'}(\varphi')$ transformiert, wobei die Elemente an den Positionen (p', q') und (q', p') zum Verschwinden gebracht werden usw.

Werden dabei alle Indexpaare durchlaufen, die zum unteren Dreieck der Matrix $\boldsymbol{A}$ gehören, und dann nochmal und nochmal usw., so konvergieren die so transformierten Matrizen gegen eine Diagonalmatrix.

Man nennt dies das *zyklische Jacobi-Verfahren.* Für die Herleitung der Formeln im einzelnen und für den Konvergenzbeweis sei auf [125] und [150] verwiesen.

Wir geben nun im Folgenden das zyklische Jacobi-Verfahren in algorithmischer Form an.

Zyklisches Jacobi-Verfahren

Es sei $\boldsymbol{A} = [a_{ik}]_{n,n}$ eine gegebene reelle symmetrische Matrix. Wegen der Symmetrie wird nur mit den Elementen unter der Diagonalen und den Diagonalelementen gearbeitet (a_{ik} mit $i \geq k$). Nur diese Elemente werden im Computer gespeichert.

Ferner wird $\boldsymbol{C} := \boldsymbol{E}$ gesetzt, d.h. es wird eine Matrix $\boldsymbol{C} = [c_{ik}]_{n,n}$ gespeichert mit $c_{ii} = 1$ und $c_{ik} = 0$, falls $i \neq k$ $(i, k = 1, \dots, n)$ ($\boldsymbol{C}$ wird im Laufe des Verfahrens in eine Matrix aus Eigenvektoren verwandelt.)

Zusätzlich geben wir eine Fehlerschranke $\varepsilon > 0$ vor, z.B. $\varepsilon = 10^{-9} \cdot \max\limits_{i,k} |a_{ik}|$.

Zyklusbeginn:

Danach wird das untere Dreieck der Matrix $\boldsymbol{A}$ spaltenweise durchlaufen und dabei verwandelt. D.h. das Indexpaar (q, p) durchwandert das folgende Dreieckschema, wobei zuerst die erste

Spalte, dann die zweite Spalte usw. von oben nach unten durchschritten wird:

$$
\begin{array}{llllll}
\downarrow & & & & & \\
(2,1) & \downarrow & & & & \\
(3,1) & (3,2) & \downarrow & & & \\
(4,1) & (4,2) & (4,3) & & & \\
\vdots & \vdots & \vdots & & \downarrow & \\
(n,1) & (n,2) & (n,3) & \ldots & (n,n-1)\,. &
\end{array}
$$

Für jedes (q, p) $(q > p)$ wird dabei folgender *Jacobi-Schritt* ausgeführt:

Falls $|a_{qp}| \geq \varepsilon$ (d.h. »numerisch« $\neq 0$) gilt, berechnet man die folgenden *Hilfsgrößen* (im Falle $|a_{qp}| < \varepsilon$ geht man zum nächsten Paar (q, p) über):

$$w := \frac{a_{qq} - a_{pp}}{2a_{qp}}, \quad t := \begin{cases} \dfrac{1}{w + \operatorname{sgn}(w)\sqrt{w^2+1}}, & \text{falls } w \neq 0, \\ 1, & \text{falls } w = 0, \end{cases}$$

$$c := \frac{1}{\sqrt{1+t^2}}, \quad s := ct\,, \quad r := \frac{s}{1+c}$$

sowie $a_{pp} := a_{pp} - ta_{qp}$, $a_{qq} := a_{qq} + ta_{qp}$, $a_{qp} := 0$. [43]

....

Damit wird folgendermaßen fortgesetzt (vgl. Fig. 3.15)

(1) Für alle $j = 1, 2, \ldots, p-1$ berechnet man nacheinander:

$$\begin{aligned} u &:= s \cdot (a_{qj} + ra_{pj})\,, & v &:= s \cdot (a_{pj} - ra_{qj}) \\ \text{und damit } a_{pj} &:= a_{pj} - u\,, & a_{qj} &:= a_{qj} + v\,. \end{aligned} \tag{3.225}$$

(2) Für alle $j = p+1, p+2, \ldots, q-1$ berechnet man nacheinander:

$$\begin{aligned} u &:= s \cdot (a_{jq} + ra_{jp})\,, & v &:= s \cdot (a_{pj} - ra_{qj}) \\ \text{und damit } a_{jp} &:= a_{jp} - u\,, & a_{qj} &:= a_{qj} + v\,. \end{aligned} \tag{3.226}$$

(3) Für alle $j = q+1, q+2, \ldots, n$ berechnet man nacheinander:

$$\begin{aligned} u &:= s \cdot (a_{jq} + ra_{jp})\,, & v &:= s \cdot (a_{jp} - ra_{jq}) \\ \text{und damit } a_{jp} &:= a_{jp} - u\,, & a_{jq} &:= a_{jq} + v\,. \end{aligned} \tag{3.227}$$

(4) Zur *Eigenvektorermittlung*: Für alle $j = 1, 2, \ldots, n$ berechnet man

$$\begin{aligned} u &:= s \cdot (c_{jq} + rc_{jp})\,, & v &:= s \cdot (c_{jp} - rc_{jq}) \\ \text{und damit } c_{jp} &:= c_{jp} - u\,, & c_{jq} &:= c_{jq} + v\,. \end{aligned} \tag{3.228}$$

Sind auf diese Weise alle (q, p) mit $q > p$ durchlaufen, so bildet man mit der neu entstandenen Matrix $\boldsymbol{A}$ die »Testgröße«

$$N(\boldsymbol{A}) = 2 \sum_{\substack{i,k=1 \\ i>k}}^{n} a_{ik}^2 \,. \tag{3.229}$$

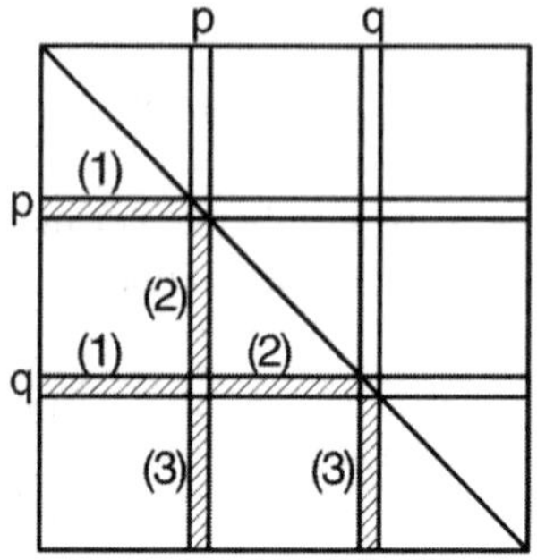

Fig. 3.15: Aufteilung der Matrix beim Jacobi-Verfahren

Gilt $N(\boldsymbol{A}) > \varepsilon^2$, so springt man zurück zum Zyklusbeginn und führt alles mit der entstandenen Matrix $\boldsymbol{A}$ nochmal durch.

Gilt $N(\boldsymbol{A}) \leq \varepsilon^2$, so bricht man das Verfahren ab. Die Diagonalelemente $a_{11}, \ldots, a_{nn}$ stellen nun mit der relativen Genauigkeit ε die Eigenwerte $\lambda_1, \ldots, \lambda_n$ der Ausgangsmatrix dar. Die Spalten von $\boldsymbol{C} = [c_{ik}]_{n,n}$ sind die zugehörigen Eigenvektoren $\boldsymbol{x}_1, \ldots, \boldsymbol{x}_n$.

Bemerkung: Das zyklische Jacobi-Verfahren ist numerisch sehr stabil und wegen seiner Einfachheit gut zu programmieren. Aus diesem Grund wird es bei Problemen der Technik gern verwendet.

3.7.4 Von-Mises-Iteration, Deflation und inverse Iteration zur numerischen Eigenwert- und Eigenvektorberechnung

Ausblick

Bei schwingenden Systemen (Masten, Flugzeugen usw.) entspricht die langsamste Schwingung häufig dem Eigenwert mit maximalem Betrag beim zugehörigen Eigenwertproblem. Interessiert man sich nur für diese »Grundschwingung« (wie es in der Technik gelegentlich vorkommt), so benötigt man eine Berechnungsmethode für den betragsgrößten Eigenwert. Das *Von-Mises*[44]-*Verfahren* hat sich hierbei in der Praxis bewährt. Es hat überdies den Vorteil, daß es sehr einfach zu handhaben ist.

43 Das Zeichen := wird hier als »wird ersetzt durch« interpretiert, wie bei Computeralgorithmen gebräuchlich.

44 Richard Edler von Mises (1883 – 1953), österreichischer Mathematiker

Wir nehmen im Folgenden $\boldsymbol{A}$ als nichtsymmetrische reelle oder komplexe (n, n)-Matrix an. $\boldsymbol{A}$ besitze n paarweise verschiedene Eigenwerte $\lambda_1, \ldots, \lambda_n$, die so numeriert seien, daß

$$|\lambda_1| > |\lambda_2| \geq |\lambda_3| \geq \ldots \geq |\lambda_n|$$

gilt. $\boldsymbol{x}_1, \ldots, \boldsymbol{x}_n$ seien Eigenvektoren zu $\lambda_1, \ldots, \lambda_n$. Schließlich sei $z_0 \in \mathbb{C}^n$ ein beliebig herausgegriffener Vektor, in dessen Darstellung

$$z_0 = \sum_{i=1}^{n} \gamma_i \boldsymbol{x}_i \tag{3.230}$$

der erste Koeffizient nicht verschwindet: $\gamma_1 \neq 0$. Man probiert es üblicherweise mit $z_0 = [1,1,\ldots,1]^{\mathrm{T}}$ und vertraut darauf, daß $\gamma_1 \neq 0$ ist. Darauf werden iterativ die folgenden Vektoren gebildet:

$$\begin{aligned} z_1 &= \boldsymbol{A} z_0 \\ z_2 &= \boldsymbol{A} z_1 = \boldsymbol{A}^2 z_0 \\ &\vdots \\ z_k &= \boldsymbol{A} z_{k-1} = \boldsymbol{A}^k z_0 \\ &\vdots \end{aligned} \tag{3.231}$$

Es gilt dabei offenbar

$$z_k = \boldsymbol{A}^k \sum_{i=1}^{n} \gamma_i \boldsymbol{x}_i = \sum_{i=1}^{n} \gamma_i \boldsymbol{A}^k \boldsymbol{x}_i = \sum_{i=1}^{n} \gamma_i \lambda_i^k \boldsymbol{x}_i\,, \quad \text{ausführlicher}$$
$$z_k = \gamma_1 \lambda_1^k \boldsymbol{x}_1 + \gamma_2 \lambda_2^k \boldsymbol{x}_2 + \ldots + \gamma_n \lambda_n^k \boldsymbol{x}_n\,. \tag{3.232}$$

Hierin überwiegt für große k das erste Glied, so daß damit

$$z_k \doteq \gamma_1 \lambda_1^k \boldsymbol{x}_1$$

gilt. Dabei soll $\doteq$ bedeuten, daß rechte und linke Seite sich relativ nur um $5 \cdot 10^{-9}$ unterscheiden, also mit »8-stelliger Genauigkeit« übereinstimmen. Aus

$$z_{k+1} = \boldsymbol{A} z_k \doteq \gamma_1 \lambda_1^{k+1} \boldsymbol{x}_1 \doteq \lambda_1 z_k\,, \quad \text{also } z_{k+1} \doteq \lambda_1 z_k$$

erhält man λ_1 (mit 8-stelliger Genauigkeit) durch Division zweier entsprechender Koordinaten ungleich 0 von z_{k+1} und z_k.

Da die $|z_k|$ bei diesem Prozeß stark wachsen oder fallen können, fügt man bei jedem Schritt noch eine Multiplikation mit einem Skalar ein. Man gelangt damit zu folgendem Algorithmus, der sich gut programmieren läßt:

Von-Mises-Verfahren

(I) Setze $z_0 = [1,1,1,\ldots,1]^{\mathrm{T}}$ und $\varepsilon = 5 \cdot 10^{-9}$

....

(II) *Berechne*

$$\boldsymbol{v}_1 := \boldsymbol{A}z_0\,, \quad z_1 := \frac{\boldsymbol{v}_1}{v_{k_1,1}} \quad \begin{array}{l}(\boldsymbol{v}_1 = [v_{11}, v_{21}, \ldots, v_{n1}]^{\mathrm{T}},\\ v_{k_1,1} \text{ betragsgrößte Koordinate von } \boldsymbol{v}_1)\end{array}$$

....

(III) Berechne sukzessive für $j = 2,3,4,\ldots$

....

(IV)

$$\boldsymbol{v}_j := \boldsymbol{A}z_{j-1}\,, \quad z_j := \frac{\boldsymbol{v}_j}{v_{k_j,j}} \quad \begin{array}{l}(\boldsymbol{v}_j = [v_{1j}, v_{2j}, \ldots v_{nj}]^{\mathrm{T}},\\ v_{k_j,j} \text{ betragsgrößte Koordinate von } \boldsymbol{v}_j)\end{array}$$

$$\lambda'_j := v_{k_{j-1},j} \quad \begin{array}{l}(k_{j-1} \text{ ist der Index der betragsgrößten Koordinate von}\\ \boldsymbol{v}_{j-1} \text{ aus dem vorangehenden Schritt, } v_{k_{j-1},j} \text{ ist}\\ \text{die entsprechende Koordinate in } \boldsymbol{v}_j)\end{array}$$

....

(V) Brich die Rechnung ab, wenn

$$|\lambda'_j - \lambda'_{j-1}| \le \varepsilon|\lambda'_j| \quad \text{oder} \quad j = 30 \text{ gilt.}$$

Nach Abbruch bei $j < 30$ ist $\lambda_1 :\doteq \lambda'_j$ mit 8-stelliger Genauigkeit ermittelt. $z_j =: \boldsymbol{x}_1$ ist ein zugehöriger Eigenvektor.

Ist $j = 30$ erreicht, so ist etwas schiefgegangen. Man probiert daher aufs neue mit $z_0 = [-1,1,1,\ldots,1]^{\mathrm{T}}$, nützt auch das nichts, so nimmt man hypothetisch an, daß

$$|\lambda_1| \approx |\lambda_2| > |\lambda_3| \ge \ldots \ge |\lambda_n| \tag{3.233}$$

gilt. Beginnend mit z_{30} wird so fortgefahren:

(III*) Berechne sukzessive für $j = 30, 32, 34, \ldots$

....

(IV*) $\boldsymbol{v}_{j+1} = \boldsymbol{A}z_j$, $\boldsymbol{v}_{j+2} = \boldsymbol{A}\boldsymbol{v}_{j+1}$, $z_{j+2} = \frac{\boldsymbol{v}_{j+2}}{v_{k_{j+2},j+2}}$, ($v_{k_{j+2},j+2}$ wie in (IV)), ferner α_1, $\alpha_0 \in \mathbb{C}$ aus $\boldsymbol{v}_{j+2} + \alpha_1\boldsymbol{v}_{j+1} + \alpha_0 z_j = \mathbf{0}$, und λ'_1, λ'_2 als Lösungen von $\lambda^2 + \alpha_1\lambda + \alpha_0 = 0$.

....

(V*) Brich ab, wenn

$$(|\lambda'_j - \lambda'_{j-2}| < \varepsilon|\lambda'_j| \quad \text{und} \quad |\lambda''_j - \lambda''_{j-2}| < \varepsilon|\lambda''_j|) \quad \text{oder } j = 60 .$$

Nach Abbruch bei $j < 60$ hat man die Eigenwerte $\lambda_1 \doteq \lambda'_j$, $\lambda_2 \doteq \lambda''_j$ mit relativer Genauigkeit ε. Eigenvektoren dazu lassen sich leicht bestimmen.

Abbruch bei $j = 60$ signalisiert das Versagen der Methode. Dies tritt im praktischen Falle äußerst selten ein.

Bemerkung: Die Begründung für die Variante (III*), (IV*), (V*) verläuft ähnlich wie beim Krylov-Verfahren.

Deflation

$\boldsymbol{A} \in \mathrm{Mat}(n; \mathbb{C})$ besitze die paarweise verschiedenen Eigenwerte $\lambda_1, \ldots, \lambda_n$. Hat man einen Eigenwert λ_1 nebst Eigenvektor $\boldsymbol{x}_1$ mit dem von-Mises-Verfahren (oder einem anderen Verfahren) gewonnen, so kann man $\boldsymbol{A}$ in eine Matrix $\widehat{\boldsymbol{A}}$ verwandeln, die eine Zeile und Spalte weniger hat als $\boldsymbol{A}$, und die die Eigenwerte $\lambda_2, \lambda_3, \ldots, \lambda_n$ besitzt, also von Index 2 an die gleichen wie $\boldsymbol{A}$. Man nennt dieses *Deflation* von $\boldsymbol{A}$. Bestimmt man anschließend einen Eigenwert λ_2 von $\widehat{\boldsymbol{A}}$ nebst Eigenvektor, so kann man abermalige *Deflation* durchführen usw. Auf diese Weise entsteht ein Verfahren, mit dem man alle Eigenwerte einer Matrix bestimmen kann. Eine praktisch gut funktionierende *Deflations-Methode* ist folgende. Sie stammt von Wielandt.[45]

Zunächst nehmen wir ohne Beschränkung der Allgemeinheit an, daß für den Eigenvektor $\boldsymbol{x}_1 = [x_1^{(1)}, x_2^{(1)}, \ldots, x_n^{(1)}]^{\mathrm{T}}$ gilt: $|x_i^{(1)}| \leq 1$ für alle $i = 1, \ldots, n$, sowie $x_1^{(1)} = 1$. Wäre dies nicht der Fall, so würde man den Vektor zunächst durch seine betragsgrößte Koordinate dividieren und dann durch Vertauschen von Koordinaten und Umindizieren $x_1^{(1)} = 1$ erzwingen (falls nötig). Die entsprechenden Zeilen-und Spaltenvertauschungen nimmt man auch bei $\boldsymbol{A}$ vor. Die dann vorliegende Matrix heiße wieder $\boldsymbol{A}$.

Die gesuchte Matrix $\widehat{\boldsymbol{A}}$ berechnet man dann aus

$$\widehat{\boldsymbol{A}} = \begin{bmatrix} a_{22} - x_2^{(1)} a_{12} & \ldots & a_{2n} - x_2^{(1)} a_{1n} \\ \vdots & & \vdots \\ a_{n2} - x_n^{(1)} a_{12} & \cdots & a_{nn} - x_n^{(1)} a_{1n} \end{bmatrix} . \tag{3.234}$$

Folgerung 3.18:

$\widehat{\boldsymbol{A}}$ besitzt die Eigenwerte $\lambda_2, \ldots, \lambda_n$, also vom Index 2 an die gleichen wie $\boldsymbol{A}$.

45 Helmut Wielandt (1910–2001), deutscher Mathematiker

Beweis:

Mit $\boldsymbol{A} = [\boldsymbol{a}_1, \ldots, \boldsymbol{a}_n]$ und $E = [\boldsymbol{e}_1, \ldots, \boldsymbol{e}_n]$ ist

$$\begin{aligned}
\chi_{\boldsymbol{A}}(\lambda) &= \det(\boldsymbol{A} - \lambda \boldsymbol{E}) \\
&= \det[\boldsymbol{a}_1 - \lambda \boldsymbol{e}_1, \boldsymbol{a}_2 - \lambda \boldsymbol{e}_2, \ldots, \boldsymbol{a}_n - \lambda \boldsymbol{e}_n] \\
&= \det\left[\sum_{i=1}^{n} (\boldsymbol{a}_i - \lambda \boldsymbol{e}_i) \boldsymbol{x}^{(1)}, \boldsymbol{a}_2 - \lambda \boldsymbol{e}_2, \ldots, \boldsymbol{a}_n - \lambda \boldsymbol{e}_n\right] \\
&\quad \text{(denn es wurden Vielfache der 2. bis } n\text{-ten Spalte zur 1. Spalte addiert)} \\
&= \det[(\boldsymbol{A} - \lambda \boldsymbol{E})\boldsymbol{x}_1, \boldsymbol{a}_2 - \lambda \boldsymbol{e}_2, \ldots, \boldsymbol{a}_n - \lambda \boldsymbol{e}_n] \\
&= \det[(\lambda_1 - \lambda)\boldsymbol{x}_1, \boldsymbol{a}_2 - \lambda \boldsymbol{e}_2, \ldots, \boldsymbol{a}_n - \lambda \boldsymbol{e}_n] \\
&= (\lambda_1 - \lambda) \det[\boldsymbol{x}_1, \boldsymbol{a}_2 - \lambda \boldsymbol{e}_2, \ldots, \boldsymbol{a}_n - \lambda \boldsymbol{e}_n] .
\end{aligned}$$

Führt man nun den Gaußschen Algorithmus-Schritt für die erste Spalte aus (Pivot ist $x_1^{(1)} = 1$), so entsteht

$$\chi_{\boldsymbol{A}}(\lambda) = (\lambda_1 - \lambda) \det \begin{bmatrix} 1 & * \\ 0 & (\widehat{\boldsymbol{A}} - \lambda \boldsymbol{E}) \end{bmatrix} = (\lambda_1 - \lambda) \det(\widehat{\boldsymbol{A}} - \lambda \widehat{\boldsymbol{E}})$$

mit der $(n-1)$-reihigen Einheitsmatrix $\widehat{\boldsymbol{E}}$. Es ist also $\chi_{\boldsymbol{A}}(\lambda_k) = \det(\widehat{\boldsymbol{A}} - \lambda_k \boldsymbol{E}) = 0$ für alle $k = 2,3, \ldots, n$, d.h. $\widehat{\boldsymbol{A}}$ hat die Eigenwerte $\lambda_2, \ldots, \lambda_n$. □

Inverse Iteration nach Wielandt

Sind schon genügend gute Näherungen der Eigenwerte von $\boldsymbol{A}$ bekannt, so führt die »Inverse Iteration« nach Wielandt zu sehr genauen Eigenwert-und Eigenvektorberechnungen. Die Methode ist im Prinzip ein inverses von-Mises-Verfahren. Es sei λ_k' »Näherungswert« eines einfachen Eigenwertes λ_k von $\boldsymbol{A}$, und zwar liege λ_k' dichter an λ_k als an jedem anderen Eigenwert λ_j von $\boldsymbol{A}$, also

$$0 < |\lambda_k - \lambda_k'| < |\lambda_j - \lambda_k'| \quad \text{für alle } \ j \neq k .$$

Wir setzen

$$\mu := \lambda_k - \lambda_k' . \tag{3.235}$$

μ ist der betragsmäßig kleinste Eigenwert von

$$\boldsymbol{B} := \boldsymbol{A} - \lambda_k' \boldsymbol{E} , \tag{3.236}$$

denn die Eigenwerte von $\boldsymbol{B}$ sind offenbar gleich $\lambda_j - \lambda_k'$, mit $j \in \{1, \ldots n\}$.

Im Prinzip wenden wir nun auf $\boldsymbol{E}^{-1}$ das von-Mises-Verfahren an. Da $1/\mu$ der betragsgrößte Eigenwert von $\boldsymbol{B}^{-1}$ ist, wird er dadurch iterativ gewonnen, woraus wir mit (3.235) λ_k erhalten.

Bei der praktischen Durchführung geht man wieder von einem Vektor $z_0 \in \mathbb{C}^n$ aus, etwa $z_0 = [1,1, \ldots, 1]^{\mathrm{T}}$, von dem angenommen werden darf, daß in seiner Darstellung als Linearkombination der Eigenvektoren von $\boldsymbol{B}^{-1}$ der Koeffizient des Eigenvektors zu $1/\mu$ nicht verschwindet. (Durch Rundungsfehler tritt dies nach einigen Iterationsschritten in der Praxis ein, sollte es einmal a priori nicht der Fall sein.) Die eigentliche Iterationsvorschrift lautet:

Wielandt-Verfahren

Setze $z_0 = [1, \dots, 1]^{\mathrm{T}}$, $\varepsilon := 5 \cdot 10^{-9}$.

Berechne sukzessive für $j = 1,2,3,\dots$:

$$\boldsymbol{v}_j \quad \text{aus} \quad (\boldsymbol{A} - \lambda'_k \boldsymbol{E})\boldsymbol{v}_j = z_{j-1} \quad \text{(mit Gauß-Algorithmus)}$$

$$\mu_j := \frac{z_{k_j, j-1}}{v_{k_j, j}} \quad (v_{k_j, j} = \text{betragsgrößte Koordinate von } \boldsymbol{v}_j)$$

$$z_j := \frac{\boldsymbol{v}_j}{v_{k_j, j}}$$

Brich ab, wenn $|\mu_j - \mu_{j-1}| \le \varepsilon |\mu_j|$.

Nach Abbruch ist $\mu \doteq \mu_j$, also $\lambda_k \doteq \lambda'_k + \mu$ (mit relativer Genauigkeit ε) und z_i der zugehörige Eigenvektor.

Bemerkung: Mit dem Wielandt-Verfahren lassen sich *Eigenwerte beliebig genau berechnen* (aus Näherungswerten). Es ist außerdem eins der besten Verfahren zur genauen Ermittlung der Eigenvektoren.

Die Kombination

von-Mises, Deflation, Wielandt

liefert ein gutes Verfahren zur Eigenwert- und Eigenvektorberechnung. Es hat sich bei Flugzeugkonstruktionen gut bewährt.

Ausblick auf weitere Verfahren: Bei neueren Verfahren wird $\boldsymbol{A}$ zunächst meistens in eine »Hessenberg- Matrix« $\boldsymbol{B} = [b_{jk}]_{n,n}$ transformiert (d.h. $b_{ik} = 0$ falls $i > k+1$). $\boldsymbol{B}$ ist beinahe eine echte Dreiecksmatrix: Unter der »Nebendiagonalen« $b_{21}, b_{32}, \dots, b_{n,n-1}$ sind alle Elemente 0 (s. [125], S. 247ff, Abschn. 6.3).

Aufbauend auf Hessenberg-Matrizen ist vor allem das *QR-Verfahren* zu erwähnen, welches heute das *bevorzugte* Verfahren auf Computern ist, (s. [125], Abschn. 6.4, [150]).

Aber auch das *Hyman-Verfahren* ist zu nennen, welches es gestattet, die Koeffizienten des charakteristischen Polynoms $\chi_{\boldsymbol{A}}(\lambda)$ leicht zu berechnen, s. [125], Abschn. 6.3.4.

Für symmetrische Matrizen gibt es eine Reihe von Spezialverfahren, von denen wir hier nur das Jacobi-Verfahren beschrieben haben. Viel neuere Literatur ist um dieses Problem entstanden, insbesondere im Zusammenhang mit finiten Elementen oder Randwertproblemen, s. z.B. [111], [89], [150].

3.8 Lineare Gleichungssysteme und Matrizen

Zum Lösen linearer Gleichungssysteme steht in erster Linie der Gaußsche Algorithmus zur Verfügung, wie er in Abschn. 2.2 beschrieben ist. Die folgenden Abschn. 3.8.1 bis 3.8.2 dienen dagegen mehr der theoretischen Erfassung der Lösungsstrukturen, unter Verwendung der knappen Matrizenschreibweise. In 3.8.3 und 3.8.4 werden dann wieder praktische Lösungsverfahren für symmetrische bzw. große Systeme angegeben.

3.8.1 Rangkriterium

Ein lineares Gleichungssystem

$$\sum_{k=1}^{n} a_{ik} x_k = b_i \, , \quad i = 1, \ldots, m \tag{3.237}$$

($a_{ik}, b_i \in \mathbb{R}$ gegeben, $x_k \in \mathbb{R}$ gesucht) läßt sich kurz so schreiben:

$$\boldsymbol{A}\boldsymbol{x} = \boldsymbol{b} \quad \text{mit} \quad \boldsymbol{A} = [a_{ik}]_{m,n} \, , \quad \boldsymbol{x} = \begin{bmatrix} x_1 \\ \vdots \\ x_n \end{bmatrix} \in \mathbb{R}^n \, , \quad \boldsymbol{b} = \begin{bmatrix} b_1 \\ \vdots \\ b_m \end{bmatrix} \in \mathbb{R}^m \, . \tag{3.238}$$

Bemerkung: In Physik und Technik kommt die Beziehung $\boldsymbol{A}\boldsymbol{x} = \boldsymbol{b}$ als »verallgemeinertes Proportionalitätsgesetz« vielfach vor. Hier eine tabellarische Auswahl (s. [79], S. 90, vgl. auch [97], [72]):

	$\boldsymbol{A}$	$\boldsymbol{x}$	$\boldsymbol{b}$
Mechanik	Matrix des Trägheitsmoments	vektorielle Winkelgeschwindigkeit	Drehimpuls
Elastizitätslehre: Hookesches Gesetz	symmetrische Matrix der Moduln	elastische Dehnungen	elastische Spannungen
Elektrizitätslehre: Ohmsches Gesetz	symmetrische Matrix der Leitfähigkeit	elektrische Feldstärke	Stromdichte
Elektrodynamik	symmetrische Matrix der Dielektrizitätszahlen	elektrische Feldstärke	dielektrische Verschiebung

Das Rangkriterium in Abschn. 2.2.5, Satz 2.10, und der Lösungsstruktursatz, Satz 2.11, sollen in die »Sprache der Matrizen« umformuliert werden. *Lösung* von $\boldsymbol{A}\boldsymbol{x} = \boldsymbol{b}$ ist jeder Vektor $\boldsymbol{x}$, der diese Gleichung erfüllt.

Mit $[\boldsymbol{A}, \boldsymbol{b}]$ bezeichnen wir die *um* $\boldsymbol{b}$ *erweiterte Matrix* $\boldsymbol{A}$, das ist die Matrix, die aus $\boldsymbol{A}$ durch Hinzufügen von $\boldsymbol{b}$ als $(n+1)$-ter Spalte entsteht. Sind $\boldsymbol{a}_1, \ldots, \boldsymbol{a}_n$ also die Spaltenvektoren von $\boldsymbol{A}$, so ist

$$[\boldsymbol{A}, \boldsymbol{b}] = [\boldsymbol{a}_1, \ldots, \boldsymbol{a}_n, \boldsymbol{b}] \, . \tag{3.239}$$

Satz 2.10 und Satz 2.11 aus Abschn. 2.2.5 erhalten damit folgende Formulierungen:

Satz 3.53:
(*Rangkriterium*)

(a) Das lineare Gleichungssystem $\boldsymbol{A}\boldsymbol{x} = \boldsymbol{b}$ ist genau dann *lösbar*, wenn folgendes gilt:

$$\text{Rang}\,\boldsymbol{A} = \text{Rang}[\boldsymbol{A}, \boldsymbol{b}]\,. \tag{3.240}$$

(b) Das Gleichungssystem ist genau dann *eindeutig lösbar*, wenn die Ränge in (3.240) gleich der Spaltenzahl von $\boldsymbol{A}$ sind.

(c) Ist n die Spaltenzahl von $\boldsymbol{A}$ und gilt (3.240), so ist die Lösungsmenge von $\boldsymbol{A}\boldsymbol{x} = \boldsymbol{b}$ eine lineare Mannigfaltigkeit der Dimension $d = n - \text{Rang}\,\boldsymbol{A}$.

(d) Ist $\boldsymbol{u} \in \mathbb{R}^n$ ein beliebiger (fest gewählter) Lösungsvektor von $\boldsymbol{A}\boldsymbol{x} = \boldsymbol{b}$, so besteht die Lösungsmenge aus allen Vektoren der Form

$$\boldsymbol{x} = \boldsymbol{u} + \boldsymbol{x}_h\,, \quad \text{mit} \quad \boldsymbol{A}\boldsymbol{x}_h = \boldsymbol{0}\,. \tag{3.241}$$

Anknüpfend an (c) nennt man

$$d = \text{Def}\,\boldsymbol{A} := (\text{Spaltenzahl von } \boldsymbol{A}) - \text{Rang}\,\boldsymbol{A} \tag{3.242}$$

den *Defekt* der Matrix $\boldsymbol{A}$.

Das *homogene lineare Gleichungssystem* $\boldsymbol{A}\boldsymbol{x} = \boldsymbol{0}$ hat als Lösungsmenge einen d-dimensionalen Unterraum (nach Satz 3.53 (c) und (d)). Eine Basis $(\boldsymbol{v}_1, \dots, \boldsymbol{v}_d)$ dieses Unterraums nennt man auch ein *Fundamentalsystem* von Lösungen. Die Lösungsmenge von $\boldsymbol{A}\boldsymbol{x} = \boldsymbol{0}$ besteht damit aus allen Vektoren der Gestalt

$$\boldsymbol{x} = t_1\boldsymbol{v}_1 + t_2\boldsymbol{v}_2 + \ldots + t_d\boldsymbol{v}_d \tag{3.243}$$

und die Lösungsmenge von $\boldsymbol{A}\boldsymbol{x} = \boldsymbol{b}$ nach (3.241) aus allen

$$\boldsymbol{x} = \boldsymbol{u} + t_1\boldsymbol{v}_1 + \ldots + t_d\boldsymbol{v}_d\,. \tag{3.244}$$

Die numerische Berechnung solcher Vektoren $\boldsymbol{u}, \boldsymbol{v}_1, \dots, \boldsymbol{v}_d$ ist in Abschn. 2.2.3 beschrieben.

Für lineare Gleichungssysteme mit Koeffizienten aus einem beliebigen Körper $\mathbb{K}$, insbesondere aus $\mathbb{C}$, gilt alles ebenso.

Übung 3.45*

(a) Entscheide unmittelbar (ohne schriftliche Rechnung), ob das folgende Gleichungssystem eine Lösung hat:

$$\begin{aligned} 3x + 4y - 7z &= 0 \\ 6y - 2z &= 0 \\ 3x + 10y - 9z &= 1\,. \end{aligned}$$

Hinweis: Welches sind die Ränge der zugehörigen Matrizen $\boldsymbol{A}$ und $[\boldsymbol{A}, \boldsymbol{b}]$?

(b) Ersetze die 1 in der rechten Seite der letzten Gleichung durch 0 und berechne ein Fundamentalsystem von Lösungen.

(c) Ersetze die rechte Seite durch $\begin{bmatrix} 1 \\ 2 \\ 3 \end{bmatrix}$ und berechne (falls möglich) die allgemeine Lösung in der Form (3.244).

3.8.2 Quadratische Systeme, Fredholmsche Alternative

Ein n-reihiges quadratisches lineares Gleichungssystem $\boldsymbol{Ax} = \boldsymbol{b}$ hat entweder für alle $\boldsymbol{b} \in \mathbb{R}^n$ eine eindeutig bestimmte Lösung, oder für keins. Diese Alternative, die schon in Folgerung 2.5 (Abschn. 2.2.4) beschrieben wurde, wird im folgenden Satz verfeinert:

Satz 3.54:

(*Fredholmsche*[46]*Alternative*) Für ein lineares Gleichungssystem

$$\boldsymbol{Ax} = \boldsymbol{b} \quad (\boldsymbol{x}, \boldsymbol{b} \in \mathbb{R}^n) \tag{3.245}$$

mit n-reihiger *quadratischer* reeller Matrix gilt

entweder: $\boldsymbol{Ax} = \boldsymbol{0}$ hat nur die Lösung $\boldsymbol{x} = \boldsymbol{0}$; *dann ist* $\boldsymbol{Ax} = \boldsymbol{b}$ für jede rechte Seite eindeutig lösbar;

oder: $\boldsymbol{Ax} = \boldsymbol{0}$ besitzt nichttriviale Lösungen $\boldsymbol{x} \neq \boldsymbol{0}$. Dann ist $\boldsymbol{Ax} = \boldsymbol{b}$ genau dann lösbar, wenn folgendes gilt:

$$\boldsymbol{b} \cdot \boldsymbol{y} = 0 \quad \text{für alle} \quad \boldsymbol{y} \in \mathbb{R}^n \quad \text{mit} \quad \boldsymbol{A}^{\mathrm{T}} \boldsymbol{y} = \boldsymbol{0}\,. \tag{3.246}$$

In diesem Fall ist die Lösungsmenge von $\boldsymbol{Ax} = \boldsymbol{b}$ eine d-dimensionale Mannigfaltigkeit, wobei

$$d = \operatorname{Def} \boldsymbol{A} = n - \operatorname{Rang} \boldsymbol{A} = \dim(\operatorname{Kern} \boldsymbol{A}^{\mathrm{T}})$$

gilt.

Beweis:

Es ist nur zu zeigen, daß die Lösbarkeit von $\boldsymbol{Ax} = \boldsymbol{b}$ äquivalent zu (3.246) ist. Alles andere ist schon durch Satz 2.9, Abschn. 2.2.4 (oder Satz 3.53 im vorigen Abschn.) erledigt. Der Beweis verläuft so (dabei sind $\boldsymbol{a}_1, \ldots, \boldsymbol{a}_n$ die Spalten von $\boldsymbol{A}$):

$$\begin{aligned} &\boldsymbol{Ax} = \boldsymbol{b} \text{ lösbar} \Leftrightarrow \boldsymbol{b} \in \operatorname{Bild} \boldsymbol{A} \Leftrightarrow \boldsymbol{b} \in \operatorname{Span}\{\boldsymbol{a}_1, \ldots \boldsymbol{a}_n\} \\ &\quad \Leftrightarrow \boldsymbol{b} \perp \operatorname{Span}\{\boldsymbol{a}_1, \ldots, \boldsymbol{a}_n\}^{\perp\,47} \Leftrightarrow \boldsymbol{b} \cdot \boldsymbol{y} = 0 \text{ falls } \boldsymbol{a}_i \cdot \boldsymbol{y} = 0 \text{ für alle } i = 1, \ldots, n \\ &\quad \Leftrightarrow \boldsymbol{b} \cdot \boldsymbol{y} = 0\,, \text{ falls } \boldsymbol{A}^{\mathrm{T}} \boldsymbol{y} = \boldsymbol{0}. \end{aligned}$$

□

46 Erik Ivar Fredholm, (1866 – 1927), schwedischer Mathematiker

Beispiel 3.24:
Es sei durch

$$\boldsymbol{A}\boldsymbol{x} = \boldsymbol{b}\,, \quad \boldsymbol{A} = [a_{ik}]_{3,3}\,, \quad \boldsymbol{x}, \boldsymbol{b} \in \mathbb{R}^3 \tag{3.247}$$

ein Gleichungssystem beschrieben mit

$$\det \boldsymbol{A} = 0 \quad \text{und} \quad \det \begin{bmatrix} a_{11} & a_{12} \\ a_{21} & a_{22} \end{bmatrix} \neq 0\,.$$

Damit sind die Spaltenvektoren $\boldsymbol{a}_1, \boldsymbol{a}_2, \boldsymbol{a}_3$ linear abhängig, aber $\boldsymbol{a}_1, \boldsymbol{a}_2$ linear unabhängig. Somit ist Rang $\boldsymbol{A} = 2$. Der Vektor $\boldsymbol{a}_3$ kann als Linearkombination der $\boldsymbol{a}_1, \boldsymbol{a}_2$ dargestellt werden. Man bilde

$$\boldsymbol{y}_0 = \boldsymbol{a}_1 \times \boldsymbol{a}_2\,.$$

Wegen $\boldsymbol{y}_0 \cdot \boldsymbol{a}_1 = \boldsymbol{y}_0 \cdot \boldsymbol{a}_2 = 0$ spannt $\boldsymbol{y}_0$ den Raum $\{\boldsymbol{y} \in \mathbb{R}^3 \mid \boldsymbol{A}^{\mathrm{T}}\boldsymbol{y} = \boldsymbol{0}\}$ auf. Das Gleichungssystem $\boldsymbol{A}\boldsymbol{x} = \boldsymbol{b}$ ist also *genau dann lösbar*, wenn $\boldsymbol{y}_0 \cdot \boldsymbol{b} = 0$ ist.

Zahlenbeispiel. Zu lösen ist

$$\begin{aligned} 5x_1 - 3\,x_2 + x_3 &= 10 \\ 6x_1 + 5\,x_2 - 2x_3 &= 7\,. \\ -8x_1 - 21x_2 + 8x_3 &= -1 \end{aligned} \tag{3.248}$$

Die Spaltenvektoren der Koeffizienten seien, wie oben, $\boldsymbol{a}_1, \boldsymbol{a}_2, \boldsymbol{a}_3, \boldsymbol{b}$. Es ist $\det[\boldsymbol{a}_1, \boldsymbol{a}_2, \boldsymbol{a}_3] = 0$ und $\begin{vmatrix} 5 & -3 \\ 6 & 5 \end{vmatrix} = 43 \neq 0$, also $\boldsymbol{a}_1, \boldsymbol{a}_2, \boldsymbol{a}_3$ linear abhängig und $\boldsymbol{a}_1, \boldsymbol{a}_2$ linear unabhängig. Es folgt $\boldsymbol{y}_0 = \boldsymbol{a}_1 \times \boldsymbol{a}_2$, also:

$$\boldsymbol{y}_0 = \begin{bmatrix} 5 \\ 6 \\ -8 \end{bmatrix} \times \begin{bmatrix} -3 \\ 5 \\ -21 \end{bmatrix} = \begin{bmatrix} -86 \\ 129 \\ 43 \end{bmatrix} \quad \text{und} \quad \boldsymbol{y}_0 \cdot \boldsymbol{b} = \begin{bmatrix} -86 \\ 129 \\ 43 \end{bmatrix} \cdot \begin{bmatrix} 10 \\ 7 \\ -1 \end{bmatrix} = 0\,.$$

Also ist das Gleichungssystem lösbar. Mehr noch: (3.248) ist genau für die rechten Seiten $\boldsymbol{b} = [b_1, b_2, b_3]^{\mathrm{T}}$ lösbar, die $\boldsymbol{y}_0 \cdot \boldsymbol{b} = 0$ erfüllen; also $-86b_1 + 129b_2 + 43b_3 = 0$, was aufgelöst nach b_3 zu folgender Gleichung wird:

$$b_3 = 2b_1 - 3b_2\,. \tag{3.249}$$

Im einen sind wir frei, im andren sind wir Knechte (Goethe). Wir können hier also b_1, b_2 beliebig vorgeben. b_3 muß dann aus (3.249) berechnet werden.

---

47 D.h. $\boldsymbol{b}$ steht rechtwinklig auf jedem Vektor $\boldsymbol{y} \in \mathrm{Span}\{\boldsymbol{a}_1, \ldots, \boldsymbol{a}_n\}^{\perp}$, dem *orthogonalen Komplement* von $\mathrm{Span}\{\boldsymbol{a}_1, \ldots, \boldsymbol{a}_n\}$ (s. Abschn. 2.1.4, Def. 2.5 und Folg. 2.3).

Der Vollständigkeit wegen wird schließlich die Lösung von (3.248) angegeben:

$$\begin{bmatrix} x_1 \\ x_2 \\ x_3 \end{bmatrix} = \underbrace{\begin{bmatrix} 71/43 \\ -25/43 \\ 0 \end{bmatrix}}_{\boldsymbol{u}} + t \underbrace{\begin{bmatrix} 1/43 \\ 16/43 \\ 1 \end{bmatrix}}_{\boldsymbol{s}} \quad \text{für alle } t \in \mathbb{R}\,. \tag{3.250}$$

$\boldsymbol{u}$ wurde dabei aus (3.248) mit der willkürlichen Setzung $x_3 = 0$ berechnet und $\boldsymbol{s}$ aus (3.248) mit rechter Seite Null und $x_3 = 1$. In beiden Fällen benötigt man nur die ersten beiden Zeilen des Systems (3.248).

Bemerkung: Ihre eigentliche Kraft entfaltet die Fredholmsche Alternative in Funktionenräumen, die Hilberträume bilden (vgl. Abschn. 2.4.9). Die vorangehenden Überlegungen lassen sich auf diese Räume sinngemäß übertragen. Die linearen Gleichungssysteme $\boldsymbol{Ax} = \boldsymbol{b}$ werden dabei durch Integralgleichungen der Form

$$x(t) - \int_a^b K(t,s)x(s)\,\mathrm{d}s = b(t)$$

ersetzt. Auf diese Weise gelangt man zu Lösbarkeitsaussagen bei Integralgleichungen sowie bei Randwertproblemen der Potentialtheorie, die ihrerseits auf Integralgleichungen zurückgeführt werden (s. Burg/Haf/Wille (Partielle Dgl.) [25], Abschn. 2.2, oder auch [148, 149], [90]).

3.8.3 Dreieckszerlegung von Matrizen durch den Gaußschen Algorithmus, Cholesky-Verfahren

In Abschn. 2.2.1 wurde beschrieben, wie man ein quadratisches Gleichungssystem $\boldsymbol{Ax} = \boldsymbol{b}$ in ein Dreieckssystem überführt, wenn $\boldsymbol{A}$ eine reguläre Matrix ist. Betrachtet man dabei nur die Rechenoperationen, die auf die Elemente von $\boldsymbol{A}$ nach und nach angewendet werden, so wird $\boldsymbol{A}$ dadurch in eine Dreiecksmatrix

$$\boldsymbol{R} = \begin{bmatrix} r_{11} & r_{12} & \cdots & r_{1n} \\ & r_{22} & \cdots & r_{2n} \\ & & \ddots & \vdots \\ \text{\Large 0} & & & r_{nn} \end{bmatrix} \tag{3.251}$$

überführt, wobei $r_{ik} = a_{ik}^{(i)}$ ist ($a_{ik}^{(1)} := a_{ik}$) für alle $i = 1, \ldots, n$ und $k \geq i$. Es gilt dabei $r_{ii} \neq 0$ für alle i und $r_{ik} = 0$ für $i > k$. $\boldsymbol{R}$ ist also eine reguläre Dreiecksmatrix. Aus den Faktoren c_{ik} ($i > k$), [48] die beim Gaußschen Algorithmus auftreten (s. (2.29), Abschn. 2.2.1) bilden wir die

48 Die Zeilenindizes i sind hier so gewählt, daß die c_{ik} der »Endform« der Dreieckszerlegung entsprechen, s. Fig. 2.2, letztes Schema (Abschn, 2.2.1).

linke unipotente Matrix

$$L = \begin{bmatrix} 1 & & & \\ c_{21} & 1 & & \mathbf{0} \\ \vdots & \ddots & \ddots & \\ c_{n1} & \cdots & c_{n,n-1} & 1 \end{bmatrix}. \tag{3.252}$$

Damit gilt

Satz 3.55:

Genau dann, wenn $\boldsymbol{A}$ eine reguläre (n,n)-Matrix ist, erzeugt der Gaußsche Algorithmus eine Zerlegung

$$\boldsymbol{A} = \boldsymbol{P}\boldsymbol{L}\boldsymbol{R},$$

wobei $\boldsymbol{P}$ eine Permutationsmatrix ist und $\boldsymbol{L}$, $\boldsymbol{R}$ die in (3.251) und (3.252) beschriebenen Dreiecksmatrizen sind.

Beweis:

Wir denken uns den Gaußschen Algorithmus (s. Abschn. 2.2.1) durchgeführt. Die dabei auftretenden Zeilenvertauschungen führen wir dann nochmals an der ursprünglichen Matrix $\boldsymbol{A}$ durch, was auf eine Multiplikation $\hat{\boldsymbol{P}}\boldsymbol{A}$ mit einer Permutationsmatrix $\hat{\boldsymbol{P}}$ hinausläuft.

Ein zweiter Durchgang des Gaußschen Algorithmus wird nun für $\hat{\boldsymbol{P}}\boldsymbol{A}$ ausgeführt. Hier sind keine Zeilenvertauschungen (also keine Spaltenpivotierungen) mehr nötig, denn diese sind durch $\hat{\boldsymbol{P}}\boldsymbol{A}$ schon erledigt.

Die schrittweise Verwandlung von $\hat{\boldsymbol{P}}\boldsymbol{A} =: \boldsymbol{A}_1$ beim Gaußschen Algorithmus wird dann durch

$$\boldsymbol{A}_2 := \boldsymbol{L}_1\boldsymbol{A}_1, \quad \boldsymbol{A}_3 := \boldsymbol{L}_2\boldsymbol{A}_2, \ldots, \quad \boldsymbol{A}_n := \boldsymbol{L}_{n-1}\boldsymbol{A}_{n-1} \tag{3.253}$$

beschrieben, wobei $\boldsymbol{L}_j$ und $\boldsymbol{A}_j$ die folgenden Matrizen sind:

$$\boldsymbol{L}_j = \begin{bmatrix} 1 & & & & & & \\ & 1 & & & & \mathbf{0} & \\ & & \ddots & & & & \\ & & & \ddots & & & \\ & & & & 1 & & \\ & & & & -c_{j+1,j} & 1 & \\ & \mathbf{0} & & & -c_{j+2,j} & & \ddots & \\ & & & & \vdots & & & \ddots \\ & & & & -c_{n,j} & \mathbf{0} & & & 1 \end{bmatrix}, \quad \boldsymbol{A}_j = \begin{bmatrix} a_{11}^{(1)} & a_{12}^{(1)} & \cdots & & \cdots & a_{1n}^{(1)} \\ & a_{22}^{(2)} & \cdots & & \cdots & a_{2n}^{(2)} \\ & & \ddots & & & \vdots \\ & & & a_{jj}^{(j)} & \cdots & a_{jn}^{(j)} \\ & \mathbf{0} & & \vdots & \ddots & \vdots \\ & & & a_{nj}^{(j)} & \cdots & a_{nn}^{(j)} \end{bmatrix}.$$

$\boldsymbol{L}_j$ ist also eine unipotente linke Matrix, die im Dreieck unter der Hauptdiagonalen in der j-ten

Spalte die Elemente $-c_{j+1,j}, \ldots, -c_{nj}$ aufweist, sonst aber nur Nullelemente unter der Diagonalen hat. (Der Leser prüft die Gleichung $\boldsymbol{A}_{j+1} = \boldsymbol{L}_j\boldsymbol{A}_j$ $(j = 1, \ldots, n-1)$ an Hand des Gaußschen Algorithmus in Abschn. 2.2.1 leicht nach.)

Es folgt aus (3.253) durch schrittweises Einsetzen (von rechts nach links)

$$\boldsymbol{A}_n = \boldsymbol{L}_{n-1}\boldsymbol{L}_{n-2}\ldots\boldsymbol{L}_1\boldsymbol{A}_1 \,.$$

Wegen $\boldsymbol{A}_n = \boldsymbol{R}$, $\boldsymbol{A}_1 = \hat{\boldsymbol{P}}\boldsymbol{A}$ also

$$\boldsymbol{R} = \boldsymbol{L}_{n-1}\boldsymbol{L}_{n-2}\ldots\boldsymbol{L}_1\hat{\boldsymbol{P}}\boldsymbol{A} \Rightarrow \hat{\boldsymbol{P}}\boldsymbol{A} = (\boldsymbol{L}_1^{-1}\ldots\boldsymbol{L}_{n-1}^{-1})\boldsymbol{R}\,.$$

Setzt man $\boldsymbol{L} = (\boldsymbol{L}_1^{-1}\ldots\boldsymbol{L}_{n-1}^{-1})$ und multipliziert von links mit $\boldsymbol{P} = \hat{\boldsymbol{P}}^{-1}$ so folgt $\boldsymbol{A} = \boldsymbol{PLR}$, wie behauptet. □

Bemerkung: Die $\boldsymbol{L}_j^{-1}$ unterscheiden sich von den $\boldsymbol{L}_j$ nur dadurch, daß die Minuszeichen vor dem c_{ij} durch Pluszeichen ersetzt werden. Daß $\boldsymbol{L} = (\boldsymbol{L}_1^{-1}\ldots\boldsymbol{L}_{n-1}^{-1})$ wieder eine linke unipotente Matrix ist, folgt aus der Tatsache, daß das Produkt zweier solcher Matrizen wieder von diesem Typ ist, kurz, daß die linken unipotenten Matrizen eine Gruppe bilden (s. Abschn. 3.5.2). Auch $\boldsymbol{P} = \hat{\boldsymbol{P}}^{-1}$ ist wiederum eine Permutationsmatrix, da auch diese Matrizen eine Gruppe darstellen.

Folgerung 3.19:

Ist $\boldsymbol{A} = [a_{ik}]_{n,n}$ eine reguläre Matrix, für die der Gaußsche Algorithmus ohne Pivotierung bis zu einer regulären Dreiecksmatrix $\boldsymbol{R}$ durchläuft, so folgt

$$\boldsymbol{A} = \boldsymbol{LR} \quad \text{(mit } \boldsymbol{L} \text{ nach (3.252).)} \tag{3.254}$$

Man nennt $\boldsymbol{A} = \boldsymbol{LR}$ eine *Dreieckszerlegung* von $\boldsymbol{A}$. Sie ist übrigens *eindeutig bestimmt*. (Denn gäbe es zwei Dreieckszerlegungen $\boldsymbol{A} = \boldsymbol{LR} = \hat{\boldsymbol{L}}\hat{\boldsymbol{R}}$, so folgte $\boldsymbol{L}^{-1}\hat{\boldsymbol{L}} = \hat{\boldsymbol{R}}\boldsymbol{R}^{-1}$. Dies ist aber gleich $\boldsymbol{E}$, denn $\boldsymbol{E}$ ist die einzige Matrix, die zugleich linke unipotente Matrix und rechte Dreiecksmatrix ist.)

Für spezielle Matrizen kann die Existenz einer $\boldsymbol{LR}$-Dreieckszerlegung oder gleichbedeutend der formale Durchlauf des Gauß-Algorithmus ohne Pivotierung direkt nachgewiesen werden. Hierzu benötigen wir den Begriff der *Hauptabschnittsmatrix.*

Definition 3.25:

Es sei $\boldsymbol{A} \in \mathrm{Mat}(n;\mathbb{R})$ mit Koeffizienten a_{ij}, $i, j = 1, \ldots, n$, dann heißt

$$\boldsymbol{A}[k] = \begin{bmatrix} a_{11} & \cdots & a_{1k} \\ \vdots & & \vdots \\ a_{k1} & \cdots & a_{kk} \end{bmatrix} \in \mathrm{Mat}(k;\mathbb{R})$$

für $k \in \{1, \ldots, n\}$ die *führende $k \times k$ Hauptabschnittsmatrix.*

Hilfssatz 3.2:

Seien $\boldsymbol{A}, \boldsymbol{L} \in \mathrm{Mat}(n; \mathbb{R})$, wobei $\boldsymbol{L}$ eine linke Dreiecksmatrix darstellt, dann gilt für $k = 1, \ldots, n$ die Darstellung

$$(\boldsymbol{L}\boldsymbol{A})[k] = \boldsymbol{L}[k]\boldsymbol{A}[k].$$

Beweis:

Sei $k \in \{1, \ldots, n\}$ und $i, j \in \{1, \ldots, k\}$, so erhalten wir den Nachweis direkt aus

$$((\boldsymbol{L}\boldsymbol{A})[k])_{i,j} = \sum_{m=1}^{n} l_{im} a_{m,k} \underbrace{=}_{m>k\geq i:\, l_{im}=0} \sum_{m=1}^{k} l_{im} a_{m,k} = (\boldsymbol{L}[k]\boldsymbol{A}[k])_{i,j}\,. \qquad \square$$

Satz 3.56:

Sei $\boldsymbol{A} \in \mathrm{Mat}(n; \mathbb{R})$ regulär, dann besitzt $\boldsymbol{A}$ genau dann eine $\boldsymbol{LR}$-Dreieckszerlegung, wenn

$$\det \boldsymbol{A}[k] \neq 0$$

für alle $k \in \{1, \ldots, n\}$ gilt.

Beweis:

»$\Rightarrow$« Gelte $\boldsymbol{A} = \boldsymbol{LR}$. Dann folgt mit dem Determinanten-Multiplikationssatz 3.17

$$0 \neq \det \boldsymbol{A} = \det \boldsymbol{A}[n] = \det \boldsymbol{L}[n] \det \boldsymbol{R}[n]\,.$$

Da $\boldsymbol{L}, \boldsymbol{R}$ Dreiecksmatrizen darstellen, erhalten wir hiermit

$$\det \boldsymbol{L}[k] \neq 0 \quad \text{und} \quad \det \boldsymbol{R}[k] \neq 0$$

für $k = 1, \ldots, n$.

Unter Verwendung des Hilfssatzes 3.2 ergibt sich somit

$$\det \boldsymbol{A}[k] = \det(\boldsymbol{LR})[k] = \det(\boldsymbol{L}[k]\boldsymbol{R}[k]) = \det \boldsymbol{L}[k] \cdot \det \boldsymbol{R}[k] \neq 0$$

für alle $k \in \{1, \ldots, n\}$.

»$\Leftarrow$« Gelte $\det \boldsymbol{A}[k] \neq 0$ für alle $k \in \{1, \ldots, n\}$. Zu zeigen ist, daß der Gauß-Algorithmus ohne Pivotierung durchgeführt werden kann. Hierzu ist es notwendig, daß $a_{kk}^{(k)} \neq 0$ für $k = 1, \ldots, n$ vorliegt. Wir nutzen eine Induktion über k.

Für $k = 1$ erhalten wir

$$a_{11}^{(1)} = \det \boldsymbol{A}[1] \neq 0\,.$$

Gelte für ein beliebiges $k \in \{1, \ldots, n-1\}$ die Eigenschaft $a_{pp}^{(p)} \neq 0$ für alle $p \in \{1, \ldots, k\}$.

Folglich konnten die ersten k Schritte des Gaußschen Algorithmus ohne Pivotierung durchgeführt werden und es gilt

$$\boldsymbol{A}_{k+1} = \boldsymbol{L}_k \ldots \boldsymbol{L}_1 \boldsymbol{A}\,.$$

Aus Hilfssatz 3.2 ergibt sich hiermit

$$\det \boldsymbol{A}_{k+1}[k+1] = \underbrace{\det \boldsymbol{L}_k[k+1] \cdot \ldots \cdot \det \boldsymbol{L}_1[k+1]}_{=1} \cdot \underbrace{\det \boldsymbol{A}[k+1]}_{\neq 0} \neq 0\,.$$

Da $\boldsymbol{A}_{k+1}[k+1]$ eine rechte Dreiecksmatrix darstellt, erhalten wir

$$a^{(k+1)}_{k+1,k+1} \neq 0\,.$$

Somit gilt $a^{(k)}_{kk} \neq 0$ für alle $k = 1, \ldots, n$. □

Bemerkung: In der Numerik spielt die $\boldsymbol{LR}$-Zerlegung beim »$\boldsymbol{LR}$-Verfahren« zur Bestimmung von Eigenwerten eine Rolle, wie bei Varianten des Gaußschen Algorithmus. Eine davon ist das Cholesky-Verfahren, welches lineare Gleichungssysteme mit positiv definiter symmetrischer Matrix löst. Es sei ohne Beweis angegeben (s. dazu [150]).

Cholesky-Verfahren[49] Gelöst werden soll das Gleichungssystem

$$\boldsymbol{A}\boldsymbol{x} = \boldsymbol{b}\,,$$

wobei $\boldsymbol{A}$ eine symmetrische *positiv definite* (reelle) (n, n)-Matrix ist. $\boldsymbol{A}$ läßt sich zerlegen in

$$\boldsymbol{A} = \boldsymbol{L}\boldsymbol{L}^{\mathrm{T}} \quad \text{mit einer Dreiecksmatrix} \quad \boldsymbol{L} = \begin{bmatrix} t_{11} & & 0 \\ \vdots & \ddots & \\ t_{n1} & \cdots & t_{nn} \end{bmatrix} \tag{3.255}$$

wobei $t_{ii} > 0$ für alle $i = 1, \ldots, n$ gilt (siehe [150]). Man gewinnt $\boldsymbol{L}$ schrittweise aus den Formeln

$$t_{kk} = \sqrt{a_{kk} - t_{k1}^2 - t_{k2}^2 - \ldots - t_{k,k-1}^2}\,, \tag{3.256}$$

$$t_{ki} = \frac{1}{t_{kk}}(a_{ik} - t_{i1}t_{k1} - t_{i2}t_{k2} - \ldots - t_{i,k-1}t_{k,k-1})\,, \tag{3.257}$$

wobei die Indizes (i, k) folgendes Dreieckschema zeilenweise durchlaufen

$$\begin{matrix} (1,1) & (2,1) & (3,1) & \ldots & (n,1) \\ & (2,2) & (3,2) & \ldots & (n,2) \\ & & & \ddots & \vdots \\ & & & & (n,n) \end{matrix} \tag{3.258}$$

49 André-Louis Cholesky (1875 – 1918), französischer Mathematiker.

Hat man auf diese Weise die Zerlegung $\boldsymbol{A} = \boldsymbol{L}\boldsymbol{L}^{\mathrm{T}}$ gewonnen, so wird $\boldsymbol{A}\boldsymbol{x} = \boldsymbol{b}$ zu $\boldsymbol{L}\boldsymbol{L}^{\mathrm{T}}\boldsymbol{x} = \boldsymbol{b}$. Mit $\boldsymbol{y} := \boldsymbol{L}^{\mathrm{T}}\boldsymbol{x}$ sind also die folgenden beiden Gleichungssysteme zu lösen

$$\boldsymbol{L}\boldsymbol{y} = \boldsymbol{b} \quad \text{und} \quad \boldsymbol{L}^{\mathrm{T}}\boldsymbol{x} = \boldsymbol{y}\,. \tag{3.259}$$

$\boldsymbol{L}\boldsymbol{y} = \boldsymbol{b}$ wird ohne Schwierigkeit »von oben nach unten« gelöst. Mit dem errechneten $\boldsymbol{y}$ löst man dann $\boldsymbol{L}^{\mathrm{T}}\boldsymbol{x} = \boldsymbol{y}$ zeilenweise »von unten nach oben«.

Übung 3.46*

Löse das folgende Gleichungssystem mit dem Cholesky-Verfahren:

$$\begin{aligned} 3x_1 + 2x_2 + \ x_3 &= 5 \\ 2x_1 + 5x_2 - 3x_3 &= 9 \\ x_1 - 3x_2 + 6x_3 &= -1\,. \end{aligned}$$

3.8.4 Lösung großer Gleichungssysteme

Bei der numerischen Lösung von Differentialgleichungen (durch Differenzenverfahren, finite Elemente oder Reihenansätze) treten oft lineare Gleichungssysteme $\boldsymbol{A}\boldsymbol{x} = \boldsymbol{b}$ mit großen quadratischen Matrizen $\boldsymbol{A}$ auf (d.h. einigen hundert oder tausend Zeilen und Spalten). Diese Matrizen sind meistens »schwach besetzt«, d.h. viele ihrer Elemente sind Null, insbesondere wenn sie von der Hauptdiagonalen weiter entfernt sind. Man nennt solche Matrizen *Bandmatrizen* oder *Sparse-Matrizen*.

Der Gaußsche Algorithmus erweist sich für solche Gleichungssysteme $\boldsymbol{A}\boldsymbol{x} = \boldsymbol{b}$ oft als ungünstig, da er auf die Struktur von $\boldsymbol{A}$ zu wenig Rücksicht nimmt. Man löst solche Gleichungen daher meistens durch »iterative Verfahren«, zu denen wir im Folgenden einen Einstieg geben.

Mit dem Gesamt- und Einzelschrittverfahren werden wir hierbei zwei Methoden vorstellen, die jeweils auf einer additiven Zerlegung der regulären Matrix $\boldsymbol{A} \in \mathrm{Mat}(n; \mathbb{R})$ in der Form

$$\boldsymbol{A} = \boldsymbol{B} + (\boldsymbol{A} - \boldsymbol{B}) \tag{3.260}$$

unter Verwendung einer ebenfalls regulären (n, n)-Matrix $\boldsymbol{B}$ basieren. Aus den Äquivalenzumformungen

$$\begin{aligned} Ax = \boldsymbol{b} \Leftrightarrow \boldsymbol{B}\boldsymbol{x} + (\boldsymbol{A} - \boldsymbol{B})\boldsymbol{x} &= \boldsymbol{b} \\ \Leftrightarrow \qquad \boldsymbol{B}\boldsymbol{x} &= (\boldsymbol{B} - \boldsymbol{A})\boldsymbol{x} + \boldsymbol{b} \\ \Leftrightarrow \qquad \boldsymbol{x} &= \boldsymbol{B}^{-1}(\boldsymbol{B} - \boldsymbol{A})\boldsymbol{x} + \boldsymbol{B}^{-1}\boldsymbol{b} \end{aligned} \tag{3.261}$$

wird direkt ersichtlich, daß $\boldsymbol{x}$ genau dann Fixpunkt der durch $\varphi(\boldsymbol{x}) = \boldsymbol{B}^{-1}(\boldsymbol{B} - \boldsymbol{A})\boldsymbol{x} + \boldsymbol{B}^{-1}\boldsymbol{b}$ festgelegten Abbildung $\varphi : \mathbb{R}^n \to \mathbb{R}^n$ ist (d.h. $\varphi(\boldsymbol{x}) = \boldsymbol{x}$ erfüllt), wenn $\boldsymbol{x} = \boldsymbol{A}^{-1}\boldsymbol{b}$ gilt.

Ausgehend von einem beliebigen Ausgangsvektor $\boldsymbol{x}^0 \in \mathbb{R}^n$ wird bei den numerischen Methoden stets die Iterationsfolge

$$\boldsymbol{x}^0, \boldsymbol{x}^1, \boldsymbol{x}^2, \ldots \quad \text{durch} \quad \boldsymbol{x}^{i+1} = \boldsymbol{C}\boldsymbol{x}^i + \boldsymbol{d}\,, \ \ i = 0, 1, \ldots \tag{3.262}$$

mit der Iterationsmatrix

$$C = B^{-1}(B - A) \tag{3.263}$$

und dem Vektor $d = B^{-1}b$ berechnet.

Das jeweilige Verfahren heißt *konvergent*, wenn die Iterationsfolge in (3.262) unabhängig vom gewählten Startvektor x^0 gegen ein eindeutig bestimmtes Grenzelement konvergiert. Aufgrund der oben erwähnten Fixpunkteigenschaft, stellt im Fall der Konvergenz das Grenzelement der Folge stets die Lösung des Gleichungssystems dar.

Die auf der in (3.260) präsentierten Zerlegung basierenden Iterationsverfahren unterscheiden sich alleinig in der Wahl der Matrix B. Aus der Sichtweise einer schnellen Konvergenz sollte B eine gute Näherung an A darstellen. Andererseits ist es wichtig, daß B leicht invertierbar ist oder zumindest sich die Wirkung der Matrix B^{-1} auf einen Vektor leicht berechnen läßt. Die Konvergenz des Verfahrens steht im direkten Zusammenhang mit der vorliegenden Iterationsmatrix C laut (3.263). Die Konvergenz der Methode, die nach obiger Erläuterung stets die Konvergenz der Iterationsfolge gegen die Lösung des linearen Gleichungssystems bedeutet, ist äquivalent zur Eigenschaft, daß der Spektralradius der Iterationsmatrix C der Bedingung

$$\rho(C) < 1$$

genügt. D.h. alle Eigenwerte der Iterationsmatrix müssen betragsmäßig kleiner als eins sein. Dabei liegt umso schnellere Konvergenz vor, je kleiner der Spektralradius ist. Der Beweis basiert auf dem Banachschen Fixpunktsatz und kann zusammen mit weiteren Erläuterungen zu Iterationsverfahren beispielsweise [96] entnommen werden.

Gesamtschrittverfahren

Beim Gesamtschrittverfahren, das auch häufig als *Jacobi-Verfahren* bezeichnet wird, nutzen wir die Matrix

$$B = D = \mathrm{diag}(a_{11}, \ldots, a_{nn})\,. \tag{3.264}$$

Offensichtlich setzt die notwendige Invertierbarkeit der Matrix B hierbei nicht verschwindende Diagonalelemente von A, d.h. $a_{ii} \neq 0$ für $i = 1, \ldots, n$, voraus. Diese Eigenschaft kann bei einer regulären Matrix stets durch einen Zeilen- und Spaltentausch gewährleistet werden. Erfüllt A die geforderte Voraussetzung, so erhalten wir die Iterationsvorschrift

$$x^{i+1} = Cx^i + d\,, \quad i = 0,1,2,\ldots$$

mit

$$C = D^{-1}(D - A) = E - D^{-1}A$$

und

$$d = D^{-1}b\,.$$

In Komponentenschreibweise ergibt sich für den $i + 1$-ten Iterationsschritt

$$x_j^{i+1} = \frac{1}{a_{jj}} \left(b_j - \sum_{\substack{k=1 \\ k \neq j}}^{n} a_{jk} x_k^i \right), \quad j = 1, \ldots, n, \tag{3.265}$$

dessen programmtechnische Umsetzung dem MATLAB-Code aus Fig. 3.16 entnommen werden kann.

```
% Jacobi Verfahren resp. Gesamtschrittverfahren
%
function jacobi(A,b)
%
% INPUT VARIABLES:
% ----------------
% A: quadratische n * n Matrix.
% b: rechte Seite.
%
% LOCAL VARIABLES:
% ----------------
  eps = 1e-12;                  % Abbruchschranke.
  maxiter = 5000;               % Maximale Iterationszahl
  n = size(b);                  % Vektorlänge
  x_approx = zeros(n,1);        % Startvektor
  x_new = zeros(n,1);           % Hilfsvektor
  x = inv(A) * b;               % Lösungsvektor
  iter = 0;                     % Iterationszahl

  xnorm = norm (x_approx - x, 2);
  fprintf ('%2i\t%e\t%e\n\n', iter, x_approx,  xnorm );

  while ( (xnorm > eps) & (iter < maxiter) )
    for i=1:n
      sum = 0;
      for j=1:n
        if (j ~= i)
          sum = sum + A(i,j) * x_approx(j);
        end;
      end;
      x_new(i) = (b(i) - sum) / A(i,i);
    end;
    x_approx = x_new;
    iter = iter + 1;
    xnorm = norm (x_approx - x, 2);
    fprintf ('%2i\t%e\t%e\n', iter, x_approx,  xnorm );
  end;
```

Fig. 3.16: MATLAB-Implementierung des Jacobi-Verfahrens

Wir geben nun einige Konvergenzkriterien an. Wegen der Beweise sei auf [96], [114] und [150] verwiesen.

Satz 3.57:

Das Gesamtschrittverfahren konvergiert gegen die eindeutig bestimmte Lösung $\hat{\boldsymbol{x}}$ des regulären Gleichungssystems $\boldsymbol{Ax} = \boldsymbol{b}$, wenn eine der beiden folgenden Bedingungen (a) oder (b) erfüllt ist:

(a) *Starkes Zeilensummenkriterium*

$$\sum_{\substack{k=1\\k\neq i}} |a_{ik}| < |a_{ii}| \quad \text{für alle } i = 1, \ldots, n\,. \tag{3.266}$$

(b) *Starkes Spaltensummenkriterium*

$$\sum_{\substack{i=1\\i\neq k}} |a_{ik}| < |a_{kk}| \quad \text{für alle } k = 1, \ldots, n\,. \tag{3.267}$$

Beispiel 3.25:

(a) Zu lösen ist $\boldsymbol{Ax} = \boldsymbol{b}$ mit

$$\boldsymbol{A} = \begin{bmatrix} 1 & 0{,}002 \\ 0{,}003 & 1 \end{bmatrix} \quad \text{und} \quad \boldsymbol{b} = \begin{bmatrix} 3 \\ 2 \end{bmatrix}.$$

Man errechnet

$$\boldsymbol{C} = \begin{bmatrix} 0 & -0.002 \\ -0{,}003 & 0 \end{bmatrix} \quad \text{und} \quad \boldsymbol{d} = \boldsymbol{b}\,.$$

Mit dem Startvektor $\boldsymbol{x}^0 = \boldsymbol{0}$ erhalten wir den in der Tabelle 3.1 dargestellten Konvergenzverlauf. Durch die euklidische Norm des Fehlervektors $\boldsymbol{e}^i = \boldsymbol{x}^i - \boldsymbol{A}^{-1}\boldsymbol{b}$ erkennen wir die sehr schnelle Konvergenz des Verfahrens, dessen Kontraktion durch den kleinen Spektralradius der Iterationsmatrix $\rho(\boldsymbol{C}) = \sqrt{6} \cdot 10^{-3} \approx 2{,}45 \cdot 10^{-3}$ bestimmt ist.

Tabelle 3.1: Näherungslösung (auf 6 Nachkommastellen gerundet) und Fehlerverlauf des Gesamtschrittverfahrens zum Beispiel 3.25(a).

Iterations-zahl i	Näherungslösung x_1^i	x_2^i	Fehler $\lvert \boldsymbol{e}^i \rvert$
0	0,000000	0,000000	3,597
1	3,000000	2,000000	$9{,}831 \cdot 10^{-3}$
2	2,996000	1,991000	$2{,}158 \cdot 10^{-5}$
3	2,996018	1,991012	$5{,}898 \cdot 10^{-8}$
4	2,996018	1,991012	$1{,}295 \cdot 10^{-10}$
5	2,996018	1,991012	$3{,}539 \cdot 10^{-13}$

Zudem kann die Konvergenz des Verfahrens auch unter Verwendung des Satzes 3.57 nachgewiesen werden.

(b) Wir betrachten das parameterabhängige Gleichungssystem

$$\underbrace{\begin{bmatrix} a & 14 \\ 7 & 50 \end{bmatrix}}_{=A} \boldsymbol{x} = \begin{bmatrix} 1 \\ 1 \end{bmatrix}.$$

Analog zum obigen Beispiel nutzen wir den Startvektor $\boldsymbol{x}^0 = \boldsymbol{0}$. Der Konvergenzverlauf ist in Abhängigkeit vom Parameter $a \in \mathbb{R}$ in Tabelle 3.2 dargestellt. Offensichtlich liegt Konvergenz des Verfahrens bei den gewählten Parametern nur für die Werte $a \in \{2, 10, 100\}$ vor, wobei umso schnellere Konvergenz erzielt wird, je größer die Zahl a gesetzt wird. Für die Parameterwerte $a \in \{0.1,\ 1,\ 1.5\}$ ergibt sich dagegen stets eine divergente Iterationsfolge. Wie bereits erwähnt, geht dieser Sachverhalt mit der Größe des Spektralradius der Iterationsmatrix des Gesamtschrittverfahrens einher. Mit

$$\boldsymbol{C} = -\boldsymbol{D}^{-1}(\boldsymbol{D} - \boldsymbol{A}) = \begin{bmatrix} 0 & \dfrac{14}{a} \\ \dfrac{7}{50} & 0 \end{bmatrix}$$

erhalten wir

$$\rho(\boldsymbol{C}) = \sqrt{\frac{98}{50a}},$$

womit $\rho(\boldsymbol{C}) < 1$ genau dann gilt, wenn $a > 1{,}96$ vorliegt.

Tabelle 3.2: Parameterabhängige Fehlerverläufe des Gesamtschrittverfahrens zum Beispiel 3.25(b) mit Anfangsvektor $\boldsymbol{x}^0 = \boldsymbol{0}$.

$a = 0{,}1$		$a = 1$		$a = 1{,}5$	
Iterationszahl i	Fehler $\lvert e^i \rvert$	Iterationszahl i	Fehler $\lvert e^i \rvert$	Iterationszahl i	Fehler $\lvert e^i \rvert$
0	$3{,}9 \cdot 10^{-1}$	0	$7{,}6 \cdot 10^{-1}$	0	$1{,}6 \cdot 10^{0}$
5	$4 \cdot 10^{3}$	10	$2{,}2 \cdot 10^{1}$	50	$1{,}3 \cdot 10^{3}$
10	$1{,}1 \cdot 10^{6}$	50	$1{,}5 \cdot 10^{7}$	100	$1{,}0 \cdot 10^{6}$
20	$3{,}3 \cdot 10^{12}$	100	$3{,}1 \cdot 10^{14}$	250	$5{,}3 \cdot 10^{14}$
$a = 2$		$a = 10$		$a = 100$	
Iterationszahl i	Fehler $\lvert e^i \rvert$	Iterationszahl i	Fehler $\lvert e^i \rvert$	Iterationszahl i	Fehler $\lvert e^i \rvert$
0	$1{,}8 \cdot 10^{1}$	0	$9 \cdot 10^{-2}$	0	$2 \cdot 10^{-2}$
1000	$7{,}5 \cdot 10^{-4}$	10	$2{,}6 \cdot 10^{-5}$	5	$1{,}1 \cdot 10^{-6}$
2000	$3{,}1 \cdot 10^{-8}$	20	$7{,}5 \cdot 10^{-9}$	10	$5{,}9 \cdot 10^{-11}$
3025	$9{,}98 \cdot 10^{-13}$	31	$3{,}9 \cdot 10^{-13}$	13	$1{,}6 \cdot 10^{-13}$

Man überprüfe den Konvergenznachweis auf der Grundlage des Satzes 3.57.

Die Kriterien laut Satz 3.57 sind zwar leicht zu überprüfen, doch liefern sie nur hinreichende Bedingungen und reichen für viele praktische Fälle nicht aus. Wir formulieren daher im Folgenden das brauchbare schwache Zeilen- bzw. Spaltenkriterium. Vorerst jedoch eine Definition:

Definition 3.26:

Eine (n, n)-Matrix $\boldsymbol{A} = [a_{ik}]_{n,n}$ heißt *zerlegbar*, wenn man sie durch Zeilenvertauschungen und entsprechende Spaltenvertauschungen in die Form

$$\begin{array}{c} \overbrace{}^{N_1}\ \overbrace{}^{N_2} \\ \left[\begin{array}{c|c} \boldsymbol{B} & \boldsymbol{0} \\ \hline \boldsymbol{C} & \boldsymbol{D} \end{array}\right] \begin{array}{l} \}\, N_1 \\ \}\, N_2 \end{array} \end{array} \tag{3.268}$$

bringen kann, wobei $\boldsymbol{B}$, $\boldsymbol{D}$ quadratische Matrizen sind.

Mit anderen Worten: $\boldsymbol{A}$ heißt *zerlegbar*, wenn sich die Indexmenge $N = \{1, \ldots, n\}$ in zwei nichtleere Mengen N_1, N_2 zerlegen läßt (d.h. $N_1 \cup N_2 = N$, $N_1 \cap N_2 = \emptyset$), so daß folgendes gilt:

$$a_{ik} = 0 \quad \text{wenn} \quad i \in N_1 \quad \text{und} \quad k \in N_2\,. \tag{3.269}$$

$\boldsymbol{A}$ heißt *unzerlegbar*, wenn $\boldsymbol{A}$ nicht zerlegbar ist.

Folgerung 3.20:

Eine Matrix $\boldsymbol{A} = [a_{ik}]_{n,n}$ deren *Nebendiagonalelemente* $a_{i,i+1}$ und $a_{i+1,i}$ ($i = 1, \ldots, n-1$) alle ungleich Null sind, ist unzerlegbar.

Beweis:

Wäre $\boldsymbol{A}$ zerlegbar, so gäbe es eine Zerlegung $\{1, \ldots, n\} = N_1 \cup N_2$ ($N_1 \cap N_2 = \emptyset$, $N_1 \neq \emptyset$, $N_2 \neq \emptyset$) mit $a_{ik} = 0$ für alle $i \in N_1$, $k \in N_2$. Ist dabei $n \in N_1$ und m die größte Zahl aus N_2, so ist $m + 1 \in N_1$, also $a_{m+1,m} = 0$ im Widerspruch zur Voraussetzung. Gilt aber $n \in N_2$ und ist m die größte Zahl aus N_1, so folgt $m + 1 \in N_2$ und $a_{m,m+1} = 0$, abermals im Widerspruch zur Voraussetzung. Also ist $\boldsymbol{A}$ unzerlegbar. □

Nun kommen wir zu den verbesserten Kriterien (Beweis s. [150], [114]).

Satz 3.58:

Das Gesamtschrittverfahren konvergiert gegen eine Lösung $\hat{\boldsymbol{x}}$ von $\boldsymbol{Ax} = \boldsymbol{b}$, wenn $\boldsymbol{A}$ unzerlegbar ist und eine der folgenden Bedingungen (a) oder (b) erfüllt ist.

(a) *Schwaches Zeilensummenkriterium*:

$$\sum_{\substack{k=1 \\ k \neq i}}^{n} |a_{ik}| \leq |a_{ii}| \quad \text{für alle } i = 1, \ldots, n\,, \tag{3.270}$$

und

$$\sum_{\substack{k=1\\k\neq i_0}}^{n} |a_{i_0k}| < |a_{i_0i_0}| \quad \text{für mindestens ein } i_0\,. \tag{3.271}$$

(b) *Schwaches Spaltensummenkriterium*:

$$\sum_{\substack{i=1\\i\neq k}}^{n} |a_{ik}| \leq |a_{kk}| \quad \text{für alle } k = 1, \ldots, n\,, \tag{3.272}$$

und

$$\sum_{\substack{i=1\\i\neq k_0}}^{n} |a_{ik_0}| < |a_{k_0k_0}| \quad \text{für mindestens ein } k_0\,. \tag{3.273}$$

Die Lösung $\hat{\boldsymbol{x}}$ ist dabei eindeutig bestimmt.

Beispiel 3.26:
Zu lösen sei die Differentialgleichung

$$u''(x) = f(x)\,, \qquad x \in [a, b] \tag{3.274}$$

mit den Randbedingungen $u(a) = u(b) = 0$. Dabei sei $f : [a, b] \to \mathbb{R}$ eine stetige gegebene Funktion. u ist gesucht.

Wir lösen dieses »Randwertproblem« näherungsweise, indem wir mit Differenzenquotienten statt Differentialquotienten arbeiten: Zuerst wählen wir eine Teilung

$$a = x_0 < x_1 < x_2 < \ldots < x_n < x_{n+1} = b$$

des Intervalls $[a, b]$ mit der Schrittweite

$$h = \frac{b-a}{n+1}\,, \quad \text{und } x_k = a + kh\,, \quad (k = 0, \ldots, n+1)\,.$$

Für die gesuchte Funktion u wird abkürzend $u_k = u(x_k)$ geschrieben. Die erste Ableitung von u an der Stelle x_k $(1 \leq k \leq n+1)$ wird näherungsweise durch

$$\Delta u_k = \frac{1}{h}(u_k - u_{k-1})$$

ersetzt und entsprechend die zweite Ableitung durch

$$\frac{1}{h}(\Delta u_{k+1} - \Delta u_k) = \frac{1}{h^2}(u_{k+1} - 2u_k + u_{k-1}) \quad (1 \leq k \leq n)\,.$$

Die Differentialgleichung (3.274) geht daher über in

$$\frac{1}{h^2}(u_{k+1} - 2u_k + u_{k-1}) = f(x_k) \quad (1 \le k \le n)\,. \tag{3.275}$$

Hierbei ist $u_0 = u_{n+1} = 0$ wegen der Randbedingung. Damit ist (3.275) ein lineares Gleichungssystem, das man so schreiben kann:

$$\begin{bmatrix} -2 & 1 & & & & \mathbf{0} \\ 1 & -2 & 1 & & & \\ & 1 & -2 & 1 & & \\ & & \ddots & \ddots & \ddots & \\ & & & 1 & -2 & 1 \\ \mathbf{0} & & & & 1 & -2 \end{bmatrix} \begin{bmatrix} u_1 \\ u_2 \\ u_3 \\ \vdots \\ u_{n-1} \\ u_n \end{bmatrix} = \begin{bmatrix} f(x_1) \\ f(x_2) \\ f(x_3) \\ \vdots \\ f(x_{n-1}) \\ f(x_n) \end{bmatrix} h^2\,. \tag{3.276}$$

Die Koeffizientenmatrix genügt nicht dem starken Zeilensummen- bzw. Spaltensummenkriterium. Doch das *schwache* Zeilensummenkriterium ist erfüllt, wobei die Matrix nach Folgerung 3.20 unzerlegbar ist. Das Gesamtschrittverfahren führt also zur Lösung.

Betrachten wir die rechte Seite $f(x) = \mathrm{e}^x$ und das Intervall $[a, b] = [0,1]$, so ergibt sich die analytische Lösung $u(x) = \mathrm{e}^x - (\mathrm{e}+1)x - 1$. In der Tabelle 3.3 ist die euklidische Norm des Fehlervektors $\boldsymbol{e}^i = \boldsymbol{u}^i - \boldsymbol{u}^{ex}$ zwischen der Näherungslösung $\boldsymbol{u}^i \in \mathbb{R}^n$ und dem Lösungsvektor $\boldsymbol{u}^{ex} = (u(x_1), \ldots, u(x_n))^{\mathrm{T}} \in \mathbb{R}^n$ für die Schrittweiten $h = \frac{1}{n}$ mit $n = 5$, 10, 20, 50 über die Iterationszahl i dargestellt. Hierbei wurde stets der Ausgangsvektor $\boldsymbol{u}^0 = \boldsymbol{0}$ genutzt.

Tabelle 3.3: Fehlerverläufe des Gesamtschrittverfahrens zum Beispiel 3.26 in Abhängigkeit von der Schrittweite $h = \frac{1}{n}$.

$n = 5$		$n = 10$		$n = 20$		$n = 50$	
Iterations-zahl i	Fehler $\lvert\boldsymbol{e}^i\rvert$	Iterations-zahl i	Fehler $\lvert\boldsymbol{e}^i\rvert$	Iterations-zahl i	Fehler $\lvert\boldsymbol{e}^i\rvert$	Iterations-zahl i	Fehler $\lvert\boldsymbol{e}^i\rvert$
0	$3{,}9 \cdot 10^{-2}$	0	$5{,}2 \cdot 10^{-2}$	0	$7{,}2 \cdot 10^{-2}$	0	$1{,}1 \cdot 10^{-1}$
50	$2{,}9 \cdot 10^{-5}$	100	$8{,}3 \cdot 10^{-4}$	1000	$9{,}5 \cdot 10^{-7}$	5000	$8{,}4 \cdot 10^{-6}$
100	$2{,}2 \cdot 10^{-8}$	300	$2{,}1 \cdot 10^{-7}$	2000	$1{,}3 \cdot 10^{-11}$	10000	$6{,}3 \cdot 10^{-10}$
170	$9{,}3 \cdot 10^{-13}$	597	$9{,}9 \cdot 10^{-13}$	2226	$9{,}9 \cdot 10^{-13}$	13399	$9{,}98 \cdot 10^{-13}$

Wir erkennen, daß die Konvergenzgeschwindigkeit mit wachsendem $n \in \mathbb{N}$ sehr stark abnimmt. Der Grund hierfür liegt wie erwartet im Verhalten des Spektralradius der Folge von Iterationsmatrizen $\boldsymbol{C}(n) \in \mathrm{Mat}(n; \mathbb{R})$. Im vorliegenden Beispiel gilt

$$\rho(\boldsymbol{C}(n)) = 1 - 2\sin^2\left(\frac{\pi}{2(n+1)}\right),$$

wodurch $\rho(\boldsymbol{C}(n)) < 1$ für alle $n \in \mathbb{N}$ und

$$\lim_{n\to\infty} \rho(\boldsymbol{C}(n)) = 1$$

sichtbar wird.

Auf diese Weise lassen sich auch kompliziertere lineare Randwertaufgaben lösen.

Übung 3.47:

Löse die Randwertaufgabe aus Beispiel 3.26 mit $[a, b] = [0, \pi]$, $f(x) = e^{\cos x}$ und $h = \frac{\pi}{31}$.

3.8.5 Einzelschrittverfahren

Die oftmals auch als Gauß-Seidel-Verfahren bezeichnete Einzelschrittmethode beruht auf der Zerlegung der Matrix $\boldsymbol{A}$ des vorliegenden Gleichungssystems in der Form

$$\boldsymbol{A} = \boldsymbol{D} + \boldsymbol{L} + \boldsymbol{R}\,, \tag{3.277}$$

wobei die Matrix $\boldsymbol{D} \in \mathrm{Mat}(n; \mathbb{R})$ analog zum Jacobi-Verfahren den Diagonalanteil von $\boldsymbol{A}$ gemäß (3.264) repräsentiert. Die weiteren Matrizen $\boldsymbol{L} = [l_{ij}]_{n,n}$ und $\boldsymbol{R} = [r_{ij}]_{n,n}$ stellen den strikten linken unteren respektive rechten oberen Dreiecksanteil von $\boldsymbol{A}$ dar. Das heißt es gilt

$$l_{ij} = \begin{cases} a_{ij}\,, & \text{für } i > j, \\ 0\,, & \text{sonst}, \end{cases} \qquad r_{ij} = \begin{cases} a_{ij}\,, & \text{für } j > i, \\ 0\,, & \text{sonst.} \end{cases} \tag{3.278}$$

Motiviert durch die eingangs formulierte Zielsetzung mit $\boldsymbol{B}$ eine möglichst gute Näherung an $\boldsymbol{A}$ vorliegen zu haben, nutzen wir beim Einzelschrittverfahren die Festlegung

$$\boldsymbol{B} = \boldsymbol{D} + \boldsymbol{L}\,, \tag{3.279}$$

so daß im Vergleich zum Jacobi-Verfahren mit $\boldsymbol{B} = \boldsymbol{D}$ mehr Informationen des zugrundeliegenden Gleichungssystems genutzt werden. Folglich erhalten wir das Iterationsverfahren

$$\boldsymbol{x}^{i+1} = \boldsymbol{C}\boldsymbol{x}^{i} + \boldsymbol{d}\,, \quad i = 0,1,2,\ldots \tag{3.280}$$

mit

$$\boldsymbol{C} = (\boldsymbol{D} + \boldsymbol{L})^{-1}(\boldsymbol{D} + \boldsymbol{L} - \boldsymbol{A}) = -(\boldsymbol{D} + \boldsymbol{L})^{-1}\boldsymbol{R} \tag{3.281}$$

und

$$\boldsymbol{d} = (\boldsymbol{D} + \boldsymbol{L})^{-1}\boldsymbol{b}\,. \tag{3.282}$$

Analog zum Jacobi-Verfahren setzt die Invertierbarkeit der Matrix $\boldsymbol{B}$ aufgrund der Dreiecksgestalt (3.279) nicht verschwindende Diagonalelemente von $\boldsymbol{A}$ voraus. Die Bedingungen an $\boldsymbol{A}$ hinsichtlich der Durchführbarkeit der Iterationen sind folglich bei beiden Verfahren identisch. Jedoch zeigt sich bereits beim ersten Betrachten des Einzelschrittverfahrens ein Problem bei der

Invertierung der Matrix $\boldsymbol{B} = \boldsymbol{D}+\boldsymbol{L}$. In der Tat ist die Berechnung der Inversen $\boldsymbol{B}^{-1}$ in der Praxis häufig viel zu rechen- und speicherplatzaufwendig. Aufgrund der vorliegenden Dreiecksgestalt ist die explizite Ermittlung von $\boldsymbol{B}^{-1}$ glücklicherweise auch unnötig und sollte in der Anwendung somit auch vermieden werden. Zur algorithmischen Durchführung des Verfahrens benötigen wir stets nur die Auswertung des Matrix-Vektor-Produktes $\boldsymbol{B}^{-1}\boldsymbol{y}^i$, wobei mit (3.281) der Vektor die Gestalt $\boldsymbol{y}^i = -\boldsymbol{R}\boldsymbol{x}^i$ aufweist. Da die Berechnung von $\boldsymbol{z}^i = \boldsymbol{B}^{-1}\boldsymbol{y}^i$ äquivalent zur Lösung des Gleichungssystems

$$\boldsymbol{B}\boldsymbol{z}^i = \boldsymbol{y}^i \tag{3.283}$$

ist, kann eine Eliminationsstrategie angewendet werden. Bereits in Abschnitt 2.2.1 wurde zur Lösung des Dreieckssystems (2.30) die Rückwärtselimination (2.31) vorgestellt. Im Gegensatz zum System (2.30) liegt in (3.283) eine linke Dreiecksmatrix vor, so daß eine Vorwärtselimination genutzt werden muß.

Multiplikation der Iterationsvorschrift (3.280) mit $\boldsymbol{B} = \boldsymbol{D} + \boldsymbol{L}$ liefert unter Verwendung von (3.281) und (3.282) das System

$$(\boldsymbol{D} + \boldsymbol{L})\boldsymbol{x}^{i+1} = -\boldsymbol{R}\boldsymbol{x}^i + \boldsymbol{b}\,.$$

Betrachten wir die j-te Komponente dieser Gleichung, so erhalten wir unter Berücksichtigung von (3.277) und (3.278) die Darstellung

$$\sum_{k=1}^{j} a_{jk}x_k^{i+1} = -\sum_{k=j+1}^{n} a_{jk}x_k^i + b_j\,. \tag{3.284}$$

Offensichtlich liegt für $j = 1$ mit x_1^{i+1} die einzige Unbekannte in (3.284) vor, womit x_1^{i+1} berechnet werden kann. Anschließend wird durch (3.284) mit $j = 2$ unter Ausnutzung des ermittelt Wertes für x_1^{i+1} die Größe x_2^{i+1} errechnet. Durch Umstellung von (3.284) in der Form

$$x_j^{i+1} = \frac{1}{a_{jj}}\left(b_j - \sum_{k=1}^{j-1} a_{jk}x_k^{i+1} - \sum_{k=j+1}^{n} a_{jk}x_k^i\right) \tag{3.285}$$

wird die Iterierte $\boldsymbol{x}^{i+1}$ komponentenweise durch (3.285) in der Reihenfolge $j = 1, \ldots, n$ ermittelt. Aus der Komponentenschreibweise des Jacobi-Verfahrens (3.265) und des Gauß-Seidel-Verfahrens (3.285) wird offensichtlich, daß der Rechenaufwand der beiden Methoden identisch ist, obwohl aufgrund der im Einzelschrittverfahren vorgenommenen Wahl $\boldsymbol{B} = \boldsymbol{D} + \boldsymbol{L}$ zumeist eine bessere Approximation der Matrix $\boldsymbol{A}$ erzielt wurde, die üblicherweise eine schnellere Konvergenz der Methode im Vergleich zum Gesamtschrittverfahren liefert. Ein Nachteil des Einzelschrittverfahrens liegt jedoch in seiner schlechten Nutzung auf modernen Parallelrechnern. Während die n Komponentenberechnungen beim Jacobi-Verfahren in (3.265) unabhängig voneinander durchgeführt und folglich parallel auf n Prozessoren verteilt werden können, liegt in (3.285) eine Abhängigkeit der j-ten Komponente x_j^{i+1} von allen zuvor ermittelten Komponenten x_k^{i+1}, $k = 1, \ldots, j-1$ vor, wodurch eine direkte Parallelisierung nicht möglich ist.

Analog zum Gesamtschrittverfahren läßt sich das Gauß-Seidel-Verfahren gemäß (3.284) sehr leicht in dem in Fig. 3.17 gezeigten MATLAB-Programm realisieren.

```
% Gauss-Seidel Verfahren resp. Einzelschrittverfahren
%
function gauss_seidel(A,b)
%
% INPUT VARIABLES:
% ----------------
% A: quadratische n * n Matrix.
% b: rechte Seite.
%
% LOCAL VARIABLES:
% ----------------
  eps = 1e-12;              % Abbruchschranke.
  maxiter = 1000;           % Maximale Iterationszahl
  n = size(b);              % Vektorlänge
  x_approx = zeros(n,1);    % Startvektor
  x = inv(A) * b;           % Lösungsvektor
  iter = 0;                 % Iterationszahl

  xnorm = norm (x_approx - x, 2);
  fprintf ('%2i\t%e\t%e\n\n', iter, x_approx,  xnorm );

  while ( (xnorm > eps) & (iter < maxiter) )
    for i=1:n
      sum = 0;
      for j=1:n
        if (j ~= i)
          sum = sum + A(i,j) * x_approx(j);
        end;
      end;
      x_approx(i) = (b(i) - sum) / A(i,i);
    end;
    iter = iter + 1;
    xnorm = norm (x_approx - x, 2);
    fprintf ('%2i\t%e\t%e\n\n', iter, x_approx,  xnorm );
  end;
```

Fig. 3.17: MATLAB-Implementierung des Gauß-Seidel-Verfahrens

Ohne Beweis geben wir die folgende Konvergenzaussage an (s. [150]):

Satz 3.59:

Das Einzelschrittverfahren konvergiert,

(a) falls das starke Zeilensummenkriterium (3.266) erfüllt ist, oder

(b) falls das Gesamtschrittverfahren konvergiert und in der Zerlegung $\boldsymbol{D}^{-1}\boldsymbol{A} = \tilde{\boldsymbol{L}} + \boldsymbol{E} + \tilde{\boldsymbol{R}}$ die linke respektive rechte Dreiecksmatrix $\tilde{\boldsymbol{L}}$ bzw. $\tilde{\boldsymbol{R}}$ nur aus nicht-positiven Elementen bestehen.

Bemerkung: Die letztgenannte Bedingung ist bei der numerischen Lösung von linearen Differentialgleichungen meistens erfüllt (s. Beispiel 3.26), so daß sie keine ernste Einschränkung bedeutet.

Die Bedingung (b) in Satz 3.59 besagt speziell, daß lediglich das *schwache Zeilensummenkriterium* für $\boldsymbol{A}$ erfüllt sein muß, nebst Unzerlegbarkeit von $\boldsymbol{A}$ und der Vorzeichenbedingung für $\tilde{\boldsymbol{L}}$ und $\tilde{\boldsymbol{R}}$. Die Konvergenz des Einzelschrittverfahrens ist dann gesichert.

Ein weiteres, leicht überprüfbares Konvergenzkriterium wird durch den folgenden Satz gegeben, dessen Beweis in [96] nachgeschlagen werden kann.

Satz 3.60:

Das Einzelschrittverfahren konvergiert, falls für die durch

$$p_j = \sum_{k=1}^{j-1} \frac{|a_{jk}|}{|a_{jj}|} p_k + \sum_{k=j+1}^{n} \frac{|a_{jk}|}{|a_{jj}|} \quad \text{für } j = 1,2,\ldots,n$$

rekursiv definierten Zahlen $p_1, \ldots, p_n$ die Bedingung

$$\max_{j=1,\ldots,n} p_j < 1$$

erfüllt ist.

Im Rahmen des folgenden Beispiels werden wir das Einzelschrittverfahren an den bereits für das Gesamtschrittverfahren herangezogenen Gleichungssystemen hinsichtlich seiner Konvergenzeigenschaften untersuchen. Hierdurch ergibt sich jeweils auch eine Vergleichsmöglichkeit zwischen den beiden Algorithmen.

Beispiel 3.27:

(a) Gegeben sei das Gleichungssystem

$$\begin{bmatrix} 1 & 0{,}002 \\ 0{,}003 & 1 \end{bmatrix} \boldsymbol{x} = \begin{bmatrix} 3 \\ 2 \end{bmatrix}.$$

Analog zum Gesamtschrittverfahren (siehe Beisp. 3.25(a)) nutzen wir den Anfangsvektor $\boldsymbol{x}^0 = \boldsymbol{0}$. Die Tabelle 3.4 spiegelt den Konvergenzverlauf der mit dem Einzelschrittverfahren ermittelten Iterationsfolge wider. Um die euklidische Norm des Fehlervektors $\boldsymbol{e}^i = \boldsymbol{x}^i - \boldsymbol{A}^{-1}\boldsymbol{b}$ unter die Grenze von 10^{-12} zu drücken, wurden beim Einzelschrittverfahren 3 Schritte anstelle der beim Jacobi-Verfahren vorliegenden 5 Schritte benötigt. Einfaches Nachrechnen zeigt, daß der Spektralradius der Iterationsmatrix des Einzelschrittverfahrens mit

$$\rho(-(\boldsymbol{D} + \boldsymbol{L})^{-1}\boldsymbol{R}) = 6 \cdot 10^{-5}$$

deutlich unter dem entsprechenden Wert des Gesamtschrittverfahrens laut Beispiel 3.25(a) liegt, wodurch sich die Begründung für die nachgewiesene Konvergenzbeschleunigung ergibt.

Tabelle 3.4: Näherungslösung (auf 6 Nachkommastellen gerundet) und Fehlerverlauf des Einzelschrittverfahrens zum Beispiel 3.27(a).

Iterations-zahl i	Näherungslösung x_1^i	x_2^i	Fehler $\lvert e^i\rvert$
0	0,000000	0,000000	3,597
1	3,000000	1,991000	$3{,}982 \cdot 10^{-3}$
2	2,996018	1,991012	$2{,}389 \cdot 10^{-8}$
3	2,996018	1,991012	$1{,}434 \cdot 10^{-13}$

(b) Für das parameterabhängige Gleichungssystem

$$\begin{bmatrix} a & 14 \\ 7 & 50 \end{bmatrix} \boldsymbol{x} = \begin{bmatrix} 1 \\ 1 \end{bmatrix}$$

erhalten wir das in Tabelle 3.5 aufgeführte Konvergenz- resp. Divergenzverhalten des Gauß-Seidel-Verfahrens. Für den Spektralradius gilt

$$\rho(-(\boldsymbol{D} + \boldsymbol{L})^{-1}\boldsymbol{R}) = \frac{98}{50a},$$

so daß zum einen Konvergenz analog zum Gesamtschrittverfahren für alle $a > 1{,}96$ vorliegt und zum anderen im Fall der Konvergenz das Einzelschrittverfahren schneller als das Jacobi-Verfahren mit

$$\rho(\boldsymbol{D}^{-1}(\boldsymbol{D} - \boldsymbol{A})) = \sqrt{\frac{98}{50a}}$$

ist.

Tabelle 3.5: Parameterabhängige Fehlerverläufe des Einzelschrittverfahrens zum Beispiel 3.27(b) mit Anfangsvektor $\boldsymbol{x}^0 = \boldsymbol{0}$.

$a = 0{,}1$		$a = 1$		$a = 1{,}5$	
Iterations-zahl i	Fehler $\lvert e^i\rvert$	Iterations-zahl i	Fehler $\lvert e^i\rvert$	Iterations-zahl i	Fehler $\lvert e^i\rvert$
0	$3{,}9 \cdot 10^{-1}$	0	$7{,}6 \cdot 10^{-1}$	0	$1{,}6 \cdot 10^{0}$
5	$1{,}5 \cdot 10^{6}$	10	$7{,}5 \cdot 10^{2}$	50	$1{,}1 \cdot 10^{6}$
10	$4{,}5 \cdot 10^{12}$	50	$3{,}7 \cdot 10^{14}$	100	$7{,}1 \cdot 10^{11}$
20	$3{,}7 \cdot 10^{25}$	100	$1{,}5 \cdot 10^{29}$	250	$1{,}9 \cdot 10^{29}$
$a = 2$		$a = 10$		$a = 100$	
Iterations-zahl i	Fehler $\lvert e^i\rvert$	Iterations-zahl i	Fehler $\lvert e^i\rvert$	Iterations-zahl i	Fehler $\lvert e^i\rvert$
0	$1{,}8 \cdot 10^{1}$	0	$9 \cdot 10^{-2}$	0	$2 \cdot 10^{-2}$
500	$7{,}4 \cdot 10^{-4}$	5	$1{,}6 \cdot 10^{-5}$	2	$5{,}3 \cdot 10^{-5}$
1000	$3{,}0 \cdot 10^{-8}$	10	$4{,}5 \cdot 10^{-9}$	5	$4{,}0 \cdot 10^{-10}$
1513	$9{,}97 \cdot 10^{-13}$	16	$2{,}6 \cdot 10^{-13}$	7	$1{,}5 \cdot 10^{-13}$

(c) Abschließend betrachten wir das in Beispiel 3.26 vorgestellte Gleichungssystem analog zum Jacobi-Verfahren. Die Tabelle 3.6 belegt im Vergleich zur tabellarischen Darstellung gemäß Tabelle 3.3 die erwartete Konvergenzbeschleunigung.

Tabelle 3.6: Fehlerverläufe des Einzelschrittverfahrens zum Beispiel 3.27(c) in Abhängigkeit von der Schrittweite $h = \frac{1}{n}$.

$n = 5$		$n = 10$		$n = 20$		$n = 50$	
Iterations-zahl i	Fehler $\lvert e^i \rvert$	Iterations-zahl i	Fehler $\lvert e^i \rvert$	Iterations-zahl i	Fehler $\lvert e^i \rvert$	Iterations-zahl i	Fehler $\lvert e^i \rvert$
0	$3{,}9 \cdot 10^{-2}$	0	$5{,}2 \cdot 10^{-2}$	0	$7{,}2 \cdot 10^{-2}$	0	$1{,}1 \cdot 10^{-1}$
25	$3{,}3 \cdot 10^{-5}$	50	$8{,}6 \cdot 10^{-4}$	500	$9{,}6 \cdot 10^{-7}$	2500	$8{,}4 \cdot 10^{-6}$
50	$2{,}5 \cdot 10^{-8}$	150	$2{,}2 \cdot 10^{-7}$	1000	$1{,}3 \cdot 10^{-11}$	5000	$6{,}4 \cdot 10^{-10}$
86	$7{,}9 \cdot 10^{-13}$	299	$9{,}8 \cdot 10^{-13}$	1114	$9{,}8 \cdot 10^{-13}$	6700	$9{,}99 \cdot 10^{-13}$

Man hat die Konvergenz der Iterationsverfahren zur Lösung von $\boldsymbol{Ax} = \boldsymbol{b}$ noch weiter beschleunigt. Stichworte sind: Relaxationsverfahren. SOR = *Successive Overrelaxation*, SUR = *Sucessive Underrelaxation* u.a. Hier muß auf die Literatur über numerische Mathematik verwiesen werden (z.B. [150], [145], [125]).

Übung 3.48:

Löse die Aufgabe aus Übung 3.46 mit dem Einzelschrittverfahren.

3.9 Matrix-Funktionen

In Anwendungen, die durch Systeme von linearen Differentialgleichungen beschrieben werden, sind Matrix-Funktionen ein wertvolles Hilfsmittel.[50] Hierbei handelt es sich um Abbildungen

$$\boldsymbol{A} \mapsto f(\boldsymbol{A}),$$

bei denen im Allgemeinen sowohl die Argumente $\boldsymbol{A}$ als auch die Bilder $f(\boldsymbol{A})$ Matrizen sind. Als Einstieg in diesen Problemkreis befassen wir uns zunächst mit Matrix-Potenzen und Matrixpolynomen.

3.9.1 Matrix-Potenzen

Wir beginnen mit sehr einfachen Matrix-Funktionen, nämlich den *Matrix- Potenzen* $\boldsymbol{A}^m$: Für jede Matrix $\boldsymbol{A} \in \mathrm{Mat}(n; \mathbb{K})$, $\mathbb{K}$ gleich $\mathbb{R}$ oder $\mathbb{C}$, und jede natürliche Zahl k gelten die *Vereinbarungen*

$$\boldsymbol{A}^k := \underbrace{\boldsymbol{A}\boldsymbol{A}\cdots\boldsymbol{A}}_{k \text{ Faktoren}}, \quad \boldsymbol{A}^0 := \boldsymbol{E}, \quad \boldsymbol{A}^{-k} := (\boldsymbol{A}^{-1})^k, \text{ falls } \boldsymbol{A} \text{ regulär.} \tag{3.286}$$

50 s. hierzu auch Burg/Haf/Wille (Band III) [24], Abschn. 3.2.5

Damit ist A^m für jede ganze Zahl erklärt, wobei wir im Falle $m < 0$ stets (stillschweigend) voraussetzen, daß A regulär ist. Es folgen die Regeln

$$\begin{aligned} A^m A^j &= A^{m+j}, \quad (A^m)^j = A^{mj}, \quad (A^m)^{-1} = (A^{-1})^m, \\ (AB)^m &= A^m B^m \quad \text{(für alle ganzzahligen } j, m). \end{aligned} \tag{3.287}$$

Beispiel 3.28:
Die Potenzen von Diagonalmatrizen lassen sich leicht angeben:

$$D = \operatorname{diag}(\lambda_1, \ldots, \lambda_n) \Rightarrow D^m = \operatorname{diag}(\lambda_1^m, \ldots, \lambda_n^m) \quad (m \text{ ganzzahlig}). \tag{3.288}$$

Im Falle $m < 0$ muß dabei $\lambda_i \neq 0$ für alle i vorausgesetzt werden.

Nilpotente Matrizen

Es gibt Matrizen A, die zu 0 potenziert werden können. Zum Beispiel folgt für $A = \begin{bmatrix} 0 & 1 \\ 0 & 0 \end{bmatrix}$ unmittelbar $A^2 = 0$. Allgemein vereinbart man:

Definition 3.27:
Eine Matrix $A \in \text{Mat}(n; \mathbb{C})$ heißt *nilpotent*, wenn es ein $m \in \mathbb{N}$ gibt mit

$$A^m = 0. \tag{3.289}$$

Der folgende Satz zeigt uns, wie nilpotente Matrizen beschaffen sind.

Satz 3.61:
Für eine Matrix $A \in Mat(n; \mathbb{C})$ sind folgende Aussagen gleichbedeutend:

(a) A ist nilpotent.

(b) A hat als einzigen Eigenwert $\lambda_0 = 0$.

(c) A läßt sich auf eine Dreiecksmatrix mit verschwindender Diagonale transformieren.

Beweis:
Wir zeigen (a) $\Rightarrow$ (b) $\Rightarrow$ (c) $\Rightarrow$ (a).

(a) $\Rightarrow$ (b): A sei nilpotent. Hätte A einen Eigenwert $\lambda \neq 0$, so folgte mit einem zugehörigen Eigenvektor x sukzessive: $Ax = \lambda x$, $A^2 x = \lambda^2 x$, $A^3 x = \lambda^3 x$ usw., d.h. $A^m x = \lambda^m x \neq 0$ für alle $m \in \mathbb{N}$, also $A^m \neq 0$ für alle $m \in \mathbb{N}$, im Widerspruch zur Nilpotenz von A. Also ist 0 einziger Eigenwert von A.

(b) $\Rightarrow$ (c): Es gilt $A = TJT^{-1}$ mit einer Jordanschen Normalform J. Da $\lambda_0 = 0$ einziger Eigenwert ist, ist die Diagonale von J gleich Null, d.h. J ist eine Dreiecksmatrix mit verschwindender Diagonale.

(c) ⇒ (a): Zunächst rechnet man leicht aus, daß für jede n-reihige Dreiecksmatrix $\boldsymbol{N}$ mit verschwindender Diagonale die Gleichung $\boldsymbol{N}^n = 0$ folgt:

$$\boldsymbol{N} = \begin{bmatrix} 0 & r_{12} & r_{13} & \dots & r_{1n} \\ & 0 & r_{23} & \dots & r_{2n} \\ & & 0 & \ddots & \vdots \\ & & & \ddots & r_{n-1,n} \\ \boldsymbol{0} & & & & 0 \end{bmatrix} \Rightarrow \boldsymbol{N}^n = 0\,. \tag{3.290}$$

(Entsprechend im transponierten Fall). Gilt nun $\boldsymbol{A} = \boldsymbol{T}\boldsymbol{N}\boldsymbol{T}^{-1}$, so folgt $\boldsymbol{A}^n = \boldsymbol{T}\boldsymbol{N}^n\boldsymbol{T}^{-1} = 0$, d.h. $\boldsymbol{A}$ ist nilpotent. □

Bemerkung: In Abschn. 3.9.3 werden wir ein Verfahren kennenlernen, das es gestattet, hohe Matrixpotenzen beliebiger Matrizen in einfacher Weise zu berechnen.

3.9.2 Matrixpolynome

Wir übertragen den Polynombegriff aus der Analysis auf Matrizen. Dazu sei kurz folgendes wiederholt:

Ein *komplexes Polynom* vom Grade m ist eine Funktion $p : \mathbb{C} \to \mathbb{C}$ der folgenden Form:

$$p(z) = c_0 + c_1 z + c_2 z^2 + \ldots + c_m z^m\,, \quad \text{mit } c_m \neq 0\,, \quad (c_i, z \in \mathbb{C})\,.$$

Die Funktion $p_0(z) = 0$ heißt *Nullpolynom*. Ihm wird kein Grad zugeschrieben. Sind $c_0, c_1, \ldots, c_m$ und z reell, so nennt man p auch ein *reelles Polynom*.

Definition 3.28:

(*Matrixpolynome*) Ist

$$p(z) = c_0 + c_1 z + c_2 z^2 + \ldots + c_m z^m\,, \quad c_m \neq 0\,,$$

ein beliebiges (komplexes) Polynom vom Grade m, so entsteht durch Ersetzen von z durch $\boldsymbol{A} \in Mat(n; \mathbb{C})$ der Ausdruck

$$p(\boldsymbol{A}) = c_0\boldsymbol{E} + c_1\boldsymbol{A} + c_2\boldsymbol{A}^2 + \ldots + c_m\boldsymbol{A}^m\,. \tag{3.291}$$

Hierdurch ist ein *Matrixpolynom* vom Grade m definiert. Es ordnet jeder Matrix $\boldsymbol{A} \in Mat(n; \mathbb{C})$ eine Matrix $p(\boldsymbol{A}) \in \mathrm{Mat}(n; \mathbb{C})$ zu.
Man nennt $p(z)$ das *erzeugende Polynom* von $p(\boldsymbol{A})$.

Beispiel 3.29:

Das Polynom $p(z) = 1 - 3z + 4z^2$ erzeugt das Matrixpolynom

$$p(\boldsymbol{A}) = \boldsymbol{E} - 3\boldsymbol{A} + 4\boldsymbol{A}^2\,.$$

Für die folgende Matrix $\boldsymbol{A}$ wird $p(\boldsymbol{A})$ folgendermaßen berechnet:

$$\boldsymbol{A} = \begin{bmatrix} 4 & -1 \\ 3 & 5 \end{bmatrix} \Rightarrow p(\boldsymbol{A}) = \underbrace{\begin{bmatrix} 1 & 0 \\ 0 & 1 \end{bmatrix}}_{\boldsymbol{E}} - 3 \underbrace{\begin{bmatrix} 4 & -1 \\ 3 & 5 \end{bmatrix}}_{\boldsymbol{A}} + 4 \underbrace{\begin{bmatrix} 13 & -9 \\ 27 & 22 \end{bmatrix}}_{\boldsymbol{A}^2} = \begin{bmatrix} 41 & -33 \\ 99 & 74 \end{bmatrix}.$$

Sind $p(z)$, $q(z)$ die erzeugenden Polynome von $p(\boldsymbol{A})$, $q(\boldsymbol{A})$, so entsprechen den zusammengesetzten erzeugenden Polynomen

$$\begin{aligned} &\lambda p(z) + \mu q(z) =: (\lambda p + \mu q)(z)\,, \quad (\lambda, \mu \in \mathbb{C}) \\ \text{bzw.}\quad &p(z) \cdot q(z) =: (p \cdot q)(z)\,, \end{aligned} \tag{3.292}$$

die Matrix-Polynome

$$\begin{aligned} &\lambda p(\boldsymbol{A}) + \mu q(\boldsymbol{A}) = (\lambda p + \mu q)(\boldsymbol{A}) \\ \text{bzw.}\quad &p(\boldsymbol{A}) q(\boldsymbol{A}) = (p \cdot q)(\boldsymbol{A})\,, \end{aligned} \tag{3.293}$$

wie man unmittelbar einsieht.

Da für zwei komplexe Polynome $p(z)$, $q(z)$ stets

$$p(z)q(z) = q(z)p(z) \tag{3.294}$$

gilt, sind die entsprechenden Matrix-Polynome stets *vertauschbar*.

$$p(\boldsymbol{A})q(\boldsymbol{A}) = q(\boldsymbol{A})p(\boldsymbol{A}) \quad \text{für alle} \quad \boldsymbol{A} \in \mathrm{Mat}(n; \mathbb{C})\,. \tag{3.295}$$

Übung 3.49:

Für die Matrix

$$\boldsymbol{A} = \begin{bmatrix} 1 & 1 & 1 \\ 1 & \omega & \omega^2 \\ 1 & \omega^2 & \omega \end{bmatrix}, \quad \omega = \mathrm{e}^{\mathrm{i}\frac{2}{3}\pi}$$

berechne man $\boldsymbol{A}^2$, $\boldsymbol{A}^3$ und $\boldsymbol{A}^4$.

Übung 3.50*

Man zeige, daß die Matrix $\boldsymbol{A} \in \mathrm{Mat}(n; \mathbb{C})$ invertierbar ist, wenn sie der Gleichung

$$\boldsymbol{A}^2 + 2\boldsymbol{A} + \boldsymbol{E} = 0$$

genügt. Wie kann man in diesem Fall $\boldsymbol{A}^{-1}$ berechnen?

Übung 3.51:

Gegeben ist die Matrix

$$A = \begin{bmatrix} \alpha & \beta \\ 0 & 1 \end{bmatrix}, \quad \alpha, \beta \in \mathbb{R}, \; \alpha \neq 1 .$$

Man zeige, daß für alle $n = 0, 1, 2, 3, \ldots$ die folgende Beziehung besteht:

$$A^n = \begin{bmatrix} \alpha^n & \beta \dfrac{\alpha^n - 1}{\alpha - 1} \\ 0 & 1 \end{bmatrix} .$$

3.9.3 Annullierende Polynome, Satz von Cayley-Hamilton

Quadratische Matrizen besitzen die Eigenschaft, daß bestimmte höhere Potenzen dieser Matrizen sich als Linearkombinationen niedrigerer Potenzen darstellen lassen.

Das ist im Grunde nicht verwunderlich, denn $\mathrm{Mat}(n; \mathbb{C})$ ist ein linearer Raum über $\mathbb{C}$ mit der Dimension n^2 (s. Abschn. 3.1.3, Bemerkung nach Satz 3.1). Folglich sind die aus $A \in \mathrm{Mat}(n; \mathbb{C})$ gebildeten $n^2 + 1$ Matrizen $A^0 = E$, $A^1 = A$, A^2, $A^3, \ldots, A^{n^2}$ linear abhängig, d.h. es besteht eine Linearkombination

$$\alpha_0 E + \alpha_1 A + \alpha_2 A^2 + \ldots + \alpha_{n^2} A^{n^2} = 0 , \qquad (3.296)$$

wobei nicht sämtliche Koeffizienten α_i verschwinden. Ist $\alpha_m \neq 0$ der nicht verschwindende Koeffizient mit höchstem Index m, (es muß offenbar $m \geq 1$ sein), so folgt

$$-A^m = \frac{\alpha_0}{\alpha_m} E + \frac{\alpha_1}{\alpha_m} A + \ldots + \frac{\alpha_{m-1}}{\alpha_m} A^{m-1} . \qquad (3.297)$$

In (3.296) ist auf der linken Seite ein Matrix-Polynom dargestellt. Es wird vom Polynom $p(z) = \sum_{k=0}^{n^2} \alpha_k z^k$ erzeugt. (3.296) liefert $p(A) = 0$, d.h. es gilt

Folgerung 3.21:

Zu jeder Matrix $A \in \mathrm{Mat}(n; \mathbb{C})$ existiert ein Polynom p mit $1 \leq \mathrm{Grad}\, p \leq n^2$, das $p(A) = 0$ erfüllt.

Dies motiviert uns zu folgender Definition:

Definition 3.29:

Ein Polynom $p(z) = \sum_{k=0}^{n} c_k z^k$ heißt *annullierend* für die Matrix $A \in \mathrm{Mat}(n; \mathbb{C})$, wenn $p(A) = 0$ und $\mathrm{Grad}\, p \geq 1$ gilt.

Folgerung 3.21 sichert uns zwar die Existenz eines annullierenden Polynoms p für jede Matrix $\boldsymbol{A} \in \text{Mat}(n; \mathbb{C})$, doch ist die obere Schranke für den Grad von p sehr hoch: Grad $p \leq n^2$. Das folgende Beispiel zeigt, daß der Grad viel kleiner sein kann.

Beispiel 3.30:

Für die folgende schiefsymmetrische Matrix $\boldsymbol{A}$ berechnen wir die dritte Potenz $\boldsymbol{A}^3$:

$$\boldsymbol{A} = \begin{bmatrix} 0 & -c & b \\ c & 0 & -a \\ -b & a & 0 \end{bmatrix} \Rightarrow \boldsymbol{A}^3 = \begin{bmatrix} 0 & cr & -br \\ -cr & 0 & ar \\ br & -ar & 0 \end{bmatrix} \quad \text{mit } r^2 = a^2 + b^2 + c^2 .$$

Daraus folgt $\boldsymbol{A}^3 = -r\boldsymbol{A}$, d.h. $r\boldsymbol{A} + \boldsymbol{A}^3 = 0$. Das annullierende Polynom $p(z) = rz + z^3$ hat also den Grad 3 (kleiner als $3^2 = 9$).

In diesem Beispiel ist der Grad des annullierenden Polynoms von $\boldsymbol{A}$ gleich der Zeilenzahl von $\boldsymbol{A}$, also erheblich kleiner als das Quadrat der Zeilenzahl. Dies läßt sich allgemein erreichen: Unter Einbeziehung der Eigenwerttheorie gelingt es, zu jedem $\boldsymbol{A} \in \text{Mat}(n; \mathbb{C})$ ein annullierendes Polynom mit Grad $\leq n$ anzugeben, wie uns der folgende Satz lehrt:

Satz 3.62:

(*Cayley, Hamilton*)[51] Ist $\chi_{\boldsymbol{A}}(\lambda)$ das charakteristische Polynom einer Matrix $\boldsymbol{A} \in \text{Mat}(n; \mathbb{C})$, so gilt

$$\chi_{\boldsymbol{A}}(\boldsymbol{A}) = 0 . \tag{3.298}$$

Das heißt: Jede komplexe quadratische Matrix genügt ihrer charakteristischen Gleichung.[52]

Beweis:

Die Elemente der zu $\boldsymbol{A} - \lambda\boldsymbol{E}$ adjunkten Matrix $\text{adj}(\boldsymbol{A} - \lambda\boldsymbol{E})$ (s. Abschn. 3.4.7) sind — wenn man vom Vorzeichen absieht — $(n-1)$-reihige Unterdeterminanten der Matrix $\boldsymbol{A} - \lambda\boldsymbol{E}$ und somit Polynome vom Grad $\leq n - 1$. Folglich ergibt sich nach geeigneter Umformung

$$\text{adj}(\boldsymbol{A} - \lambda\boldsymbol{E}) = \boldsymbol{B}_{n-1} + \boldsymbol{B}_{n-2}\lambda + \ldots + \boldsymbol{B}_0\lambda^{n-1} ,$$

mit gewissen (n, n)-Matrizen $\boldsymbol{B}_j$, die von λ unabhängig sind. Beachten wir noch die Beziehung

$$(\text{adj}(\boldsymbol{A} - \lambda\boldsymbol{E}))(\boldsymbol{A} - \lambda\boldsymbol{E}) = \underbrace{(\det(\boldsymbol{A} - \lambda\boldsymbol{E}))}_{\chi_{\boldsymbol{A}}(\lambda)} \boldsymbol{E} \tag{3.299}$$

51 W.R. Hamilton (1805 – 1865), irischer Mathematiker; A. Cayley (1821 – 1895), englischer Mathematiker.

52 Es sei noch einmal darauf hingewiesen, daß dies auch für reelle Matrizen gilt, die ja Sonderfälle komplexer Matrizen sind.

(s. Abschn. 3.4.8, Satz 3.20) und setzen

$$\chi_A(\lambda) =: \sum_{k=1}^{n} c_k \lambda^k$$

an, so erhalten wir

$$(\boldsymbol{B}_{n-1} + \boldsymbol{B}_{n-2}\lambda + \ldots + \boldsymbol{B}_0\lambda^{n-1})(\boldsymbol{A} - \lambda\boldsymbol{E}) = (c_0 + c_1\lambda + \ldots + c_n\lambda^n)\boldsymbol{E}\,.$$

Ausmultiplizieren auf der linken und rechten Seite nebst Koeffizientenvergleich ergibt

$$\begin{aligned}
&\boldsymbol{B}_{n-1}\boldsymbol{A} && &&= c_0\boldsymbol{E}\\
&\boldsymbol{B}_{n-2}\boldsymbol{A} &&-\boldsymbol{B}_{n-1} &&= c_1\boldsymbol{E}\\
&\vdots && \vdots && \vdots\\
&\boldsymbol{B}_0\boldsymbol{A} &&-\boldsymbol{B}_1 &&= c_{n-1}\boldsymbol{E}\\
& &&-\boldsymbol{B}_0 &&= c_n\boldsymbol{E}\,.
\end{aligned} \tag{3.300}$$

Nun multiplizieren wir die erste dieser Gleichungen von rechts mit $\boldsymbol{E} = \boldsymbol{A}^0$, die zweite mit $\boldsymbol{A} = \boldsymbol{A}^1$, die dritte mit $\boldsymbol{A}^2$ usw., und schließlich die letzte mit $\boldsymbol{A}^n$. Anschließend addieren wir die so entstandenen Gleichungen. Dadurch ergibt sich eine neue Gleichung mit der linken Seite

$$\begin{aligned}
\boldsymbol{B}_{n-1}\boldsymbol{A} + (-\boldsymbol{B}_{n-1}\boldsymbol{A} + \boldsymbol{B}_{n-2}\boldsymbol{A}^2) + (-\boldsymbol{B}_{n-2}\boldsymbol{A}^2 + \boldsymbol{B}_{n-3}\boldsymbol{A}^3) + \ldots\\
\ldots + (-\boldsymbol{B}_1\boldsymbol{A}^{n-1} + \boldsymbol{B}_0\boldsymbol{A}^n) - \boldsymbol{B}_0\boldsymbol{A}^n = 0
\end{aligned}$$

und der rechten Seite

$$c_0\boldsymbol{E} + c_1\boldsymbol{A} + c_2\boldsymbol{A}^2 + \ldots + c_n\boldsymbol{A}^n = \chi_A(\boldsymbol{A})\,.$$

Da die linke Seite Null ist, ist es auch die rechte, also $\chi_A(\boldsymbol{A}) = 0$, was zu beweisen war. □

Anwendungen des Satzes von Cayley-Hamilton[53]

(a) *Auswertung von Matrixpolynomen*: Wir denken uns nun ein beliebiges komplexes Polynom $p(z) = \sum_{k=0}^{m} c_k z^k$ gegeben, sowie eine beliebige Matrix $\boldsymbol{A} \in \mathrm{Mat}(n; \mathbb{C})$. Es soll $p(\boldsymbol{A})$ berechnet werden!

Wir wollen annehmen, daß Grad $p \geq n$ ist. In diesem Falle kann man mit dem Satz von Cayley-Hamilton erreichen, daß die hohen Potenzen $\boldsymbol{A}^k$, mit $k \geq n$, nicht berechnet werden müssen. Dadurch wird die Berechnung von $p(\boldsymbol{A})$ erheblich ökonomischer.

Dividiert man nämlich $p(z)$ durch das charakteristische Polynom $\chi_A(z)$ von $\boldsymbol{A}$, so erhält man

53 s. auch Burg/Haf/Wille (Band III) [24], Abschn. 3.2.5

(nach Burg/Haf/Wille (Analysis) [27], Abschn. 2.1.6)

$$\frac{p(z)}{\chi_A(z)} = q(z) + \frac{r(z)}{\chi_A(z)}, \tag{3.301}$$

also

$$p(z) = q(z)\chi_A(z) + r(z) \tag{3.302}$$

mit gewissen Polynomen $q(z)$ und $r(z)$. $r(z)$ heißt *Rest.* Für ihn gilt $r = 0$ oder $\operatorname{Grad} r < \operatorname{Grad} \chi_A = n$. Da sich Summen und Produkte von Polynomen in den davon erzeugten Matrixpolynomen widerspiegeln (vgl. Abschn. 3.9.2, (3.293)), so folgt aus (3.302) die Gleichung

$$p(\boldsymbol{A}) = q(\boldsymbol{A})\chi_A(\boldsymbol{A}) + r(\boldsymbol{A})$$

und hieraus, wegen $\chi_A = 0$:

$$p(\boldsymbol{A}) = r(\boldsymbol{A})\,. \tag{3.303}$$

Wegen $\operatorname{Grad} r < n \leq \operatorname{Grad} p$ führt dies zu einer vereinfachten Berechnung von $p(\boldsymbol{A})$.

Beispiel 3.31:
Wir wollen für die Matrix

$$\boldsymbol{A} = \begin{bmatrix} 1 & 0 & 2 \\ 0 & -1 & 1 \\ 0 & 1 & 0 \end{bmatrix}$$

den Polynomwert $p(\boldsymbol{A}) = 2\boldsymbol{A}^8 - 3\boldsymbol{A}^5 + \boldsymbol{A}^4 + \boldsymbol{A}^2 - 4\boldsymbol{E}$ berechnen. Das charakteristische Polynom von $\boldsymbol{A}$ lautet

$$\chi_A(\lambda) = \det \begin{bmatrix} 1-\lambda & 0 & 2 \\ 0 & -1-\lambda & 1 \\ 0 & 1 & -\lambda \end{bmatrix} = -\lambda^3 + 2\lambda - 1\,.$$

Nach Ausführung der Division $p(\lambda) : \chi_A(\lambda)$ gelangt man zu dem Rest

$$r(\lambda) = 24\lambda^2 - 37\lambda + 10\,.$$

Wegen (3.303) erhalten wir

$$p(\boldsymbol{A}) = r(\boldsymbol{A}) = 24\boldsymbol{A}^2 - 37\boldsymbol{A} + 10\boldsymbol{E}\,.$$

Zur Berechnung von $p(\boldsymbol{A})$ brauchen wir also nur die Potenzen von $\boldsymbol{A}$ bis zur Hochzahl 2 heranzuziehen: Mit

$$\boldsymbol{A} = \begin{bmatrix} 1 & 0 & 2 \\ 0 & -1 & 1 \\ 0 & 1 & 0 \end{bmatrix}$$

ergibt sich dann

$$\underbrace{2A^8 - 3A^5 + A^4 + A^2 - 4E}_{p(A)} = \underbrace{24A^2 - 37A + 10E}_{r(A)} = \begin{bmatrix} -3 & 48 & -26 \\ 0 & 95 & -61 \\ 0 & -61 & 34 \end{bmatrix}.$$

(b) *Berechnung der Inversen*: Ist $A \in \mathrm{Mat}(n; \mathbb{C})$ eine reguläre Matrix, so ist $\det A \neq 0$. Im charakteristischen Polynom

$$\chi_A(\lambda) = c_0 + c_1\lambda + c_2\lambda^2 + \ldots + (-1)^n\lambda^n$$

ist daher der Koeffizient $c_0 = \det A \neq 0$. Damit kann der Satz von Cayley-Hamilton zur determinantenfreien Berechnung der inversen Matrix A^{-1} herangezogen werden: Aus

$$0 = \chi_A(A) = c_0E + c_1A + c_2A^2 + \ldots + (-1)^nA^n$$

ergibt sich zunächst

$$(-1)^nA^n + c_{n-1}A^{n-1} + \ldots + c_1A = -c_0E$$

und dann

$$A\left(-\frac{1}{c_0}\left((-1)^nA^{n-1} + c_{n-1}A^{n-2} + \ldots + c_1E\right)\right) = E.$$

Nach Linksmultiplikation mit A^{-1} und Vertauschen der Gleichungsseiten folgt

$$A^{-1} = -\frac{1}{c_0}((-1)^nA^{n-1} + c_{n-1}A^{n-2} + \ldots + c_1E). \qquad (3.304)$$

Beispiel 3.32:

Wir betrachten die Matrix

$$A = \begin{bmatrix} 1 & -2 & 4 \\ 0 & -1 & 2 \\ 2 & 0 & 3 \end{bmatrix}$$

und wollen A^{-1} berechnen. Das charakteristische Polynom von A lautet:

$$\chi_A(\lambda) = -\lambda^3 + 3\lambda^2 + 9\lambda - 3.$$

Wir beachten: $c_0 = -3 \neq 0$. Damit liefert Formel (3.304)

$$\boldsymbol{A}^{-1} = \frac{1}{3}(-\boldsymbol{A}^2 + 3\boldsymbol{A} + 9\boldsymbol{E})$$
$$= \frac{1}{3}\left(\begin{bmatrix} -9 & 0 & -12 \\ -4 & -1 & -4 \\ -8 & 4 & -17 \end{bmatrix} + \begin{bmatrix} 3 & -6 & 12 \\ 0 & -3 & 6 \\ 6 & 0 & 9 \end{bmatrix} + \begin{bmatrix} 9 & 0 & 0 \\ 0 & 9 & 0 \\ 0 & 0 & 9 \end{bmatrix}\right) = \frac{1}{3}\begin{bmatrix} 3 & -6 & 0 \\ -4 & 5 & 2 \\ -2 & 4 & 1 \end{bmatrix}.$$

Übung 3.52:

Gegeben sind die Matrizen

$$\boldsymbol{A} = \begin{bmatrix} 2 & 0 & 1 \\ 4 & 0 & 2 \\ 0 & 0 & -1 \end{bmatrix}, \quad \boldsymbol{B} = \begin{bmatrix} 1 & -1 & 2 \\ 0 & 3 & 2 \\ 2 & 1 & 2 \end{bmatrix}.$$

Man bestätige dafür den Satz von Cayley-Hamilton und berechne $\boldsymbol{A}^{-1}$ und $\boldsymbol{B}^{-1}$.

Übung 3.53*

Ist

$$\chi_{\boldsymbol{A}}(\lambda) = (-1)^n \lambda^n + c_{n-1}\lambda^{n-1} + \ldots + c_0$$

das charakteristische Polynom der Matrix $\boldsymbol{A} \in \operatorname{Mat}(n; \mathbb{R})$, dann zeige man mit dem Satz von Cayley-Hamilton die Gültigkeit von

$$\operatorname{adj} \boldsymbol{A} = (-1)^{n-1}\boldsymbol{A}^{n-1} + c_{n-1}\boldsymbol{A}^{n-2} + \ldots + c_1\boldsymbol{E}.$$

3.9.4 Das Minimalpolynom einer Matrix

[54] Es sei $\boldsymbol{A} \in \operatorname{Mat}(n; \mathbb{C})$ eine gegebene Matrix und

$$J = \begin{bmatrix} \boldsymbol{J}_1 & & & 0 \\ & \boldsymbol{J}_2 & & \\ & & \ddots & \\ 0 & & & \boldsymbol{J}_m \end{bmatrix} \quad (J_1, \ldots, J_m \text{ Jordankästen})$$

ihre Jordansche Normalform (s. Abschn. 3.7.1, Satz 3.57).

Zu jedem *Eigenwert* λ_i $(i = 1, \ldots, r)$ von $\boldsymbol{A}$ können mehrere Jordankästen $\boldsymbol{J}_k$ gehören (deren Diagonalen durch λ_i besetzt sind). Es sei ν_i die *maximale Zeilenzahl*, die bei den Kästen $\boldsymbol{J}_k$ vorkommt, die zu λ_i gehören. Auf diese Weise ist jedem Eigenwert λ_i ein $\nu_i \in \mathbb{N}$ zugeordnet $(i = 1, \ldots r)$. Damit wird das Polynom

54 Kann beim ersten Lesen übersprungen werden

$$\mu_A(\lambda) = (\lambda - \lambda_1)^{\nu_1}(\lambda - \lambda_2)^{\nu_2} \dots (\lambda - \lambda_r)^{\nu_r} \tag{3.305}$$

gebildet. Es heißt das *Minimalpolynom* von $\boldsymbol{A}$.

Beispiel 3.33:
Es sei

$$\boldsymbol{J} = \begin{bmatrix} 5 & 1 & & & & & & \\ 0 & 5 & & & & & & \\ & & 5 & & & & & \\ & & & 2 & 1 & 0 & & \\ & & & 0 & 2 & 1 & & \\ & & & 0 & 0 & 2 & & \\ & & & & & & 2 & 1 \\ & & & & & & 0 & 2 \end{bmatrix} \tag{3.306}$$

Jordansche Normalform von $\boldsymbol{A} \in \mathrm{Mat}(n; \mathbb{C})$. Das zugehörige *Minimalpolynom* lautet damit

$$\mu_A(\lambda) = (\lambda - 5)^2(\lambda - 2)^3 = \lambda^5 - 16\lambda^4 + 97\lambda^3 - 278\lambda^2 + 380\lambda - 200\,.$$

Die Hochzahl 2 in $(\lambda - 5)^2$ ergibt sich aus der Zeilenzahl 2 des größten Jordankastens zum Eigenwert $\lambda_1 = 5$, entsprechend die Hochzahl 3 in $(\lambda - 2)^3$ aus der Zeilenzahl des größten Jordankastens zu $\lambda_2 = 2$.

Zum Vergleich geben wir das charakteristische Polynom von $\boldsymbol{A}$ an:

$$\chi_A(\lambda) = (\lambda - 5)^3(\lambda - 2)^5\,.$$

Man liest dies unmittelbar von (3.306) ab. Wir stellen fest, daß das Minimalpolynom μ_A das charakteristische Polynom ohne Rest teilt:

$$\chi_A(\lambda)/\mu_A(\lambda) = (\lambda - 5)(\lambda - 2)^2\,.$$

Das Minimalpolynom hat seinen Namen von folgendem Sachverhalt:

Satz 3.63:
Das Minimalpolynom μ_A von $\boldsymbol{A} \in \mathrm{Mat}(n; \mathbb{C})$ ist ein *annullierendes Polynom kleinsten Grades* von $\boldsymbol{A}$. Es ist bis auf einen Zahlenfaktor $\neq 0$ eindeutig bestimmt.

Beweis:
Hat $\boldsymbol{A}$ selbst Jordansche Normalform $\boldsymbol{A} = \boldsymbol{J}$, so sieht man ein, daß

$$\mu_A(\boldsymbol{A}) = (\boldsymbol{A} - \lambda_1\boldsymbol{E})^{\nu_1} \dots (\boldsymbol{A} - \lambda_r\boldsymbol{E})^{\nu_r} = 0$$

gilt (man hat die Faktoren $(\boldsymbol{A} - \lambda_i\boldsymbol{E})^{\nu_i}$ nur ausführlich hinzuschreiben). Ferner erkennt man, daß jedes annullierende Polynom p von $\boldsymbol{A} = \boldsymbol{J}$ in seiner Linearfaktorzerlegung jeden Faktor

$(\lambda - \lambda_i)^{\nu_i}$ von $\mu_A(\lambda)$ aufweisen muß. Folglich teilt μ_A jedes dieser annullierenden Polynome p ohne Rest, μA hat damit minimalen Grad und ist, bis auf Zahlenfaktoren, eindeutig bestimmt.

Ist $A \in \mathrm{Mat}(n; \mathbb{C})$ beliebig, so führt man den Nachweis durch Transformation $A = TJT^{-1}$ auf den bewiesenen Fall zurück. □

Der Beweis liefert zusätzlich

Folgerung 3.22:

Jedes *annullierende Polynom* p von A wird durch das Minimalpolynom μ_A ohne Rest geteilt, Insbesondere teilt μ_A das charakteristische Polynom χ_A ohne Rest.

Die *praktische Bedeutung* des Minimalpolynoms μ_A von $A \in \mathrm{Mat}(n; \mathbb{C})$ liegt darin, daß es bei Matrizen mit mehrfachen Eigenwerten oft leichter zu berechnen ist als das charakteristische Polynom χ_A. Zur Berechnung der Eigenwerte von A kann man dann das Minimalpolynom μ_A verwenden, denn seine Nullstellen sind ja gerade die Eigenwerte von A (wie beim charakteristischen Polynom χ_A).

Die Ermittlung des Minimalpolynoms μ_A ist z.B. mit dem *Krylov-Verfahren* möglich (s. Abschn. 3.7.2), welches geringfügig abgewandelt wird:

Und zwar hat man die Folge

$$z_1 = Az_0 \,, \; z_2 = Az_1 \,, \; z_3 = Az_2 \,, \dots$$

usw. nur so weit zu bilden, bis ein z_m auftritt, das durch die vorangehenden $z_0, \dots, z_{m-1}$ linear kombiniert werden kann. (Dies ist bei jedem Schritt zu überprüfen.) Man hat also eine Darstellung

$$-z_m = \sum_{k=0}^{m-1} \alpha_k z_k \,, \qquad \alpha_k \in \mathbb{C}$$

ermittelt. Die dabei auftretenden $\alpha_0, \alpha_1, \dots, \alpha_{m-1}$ und $\alpha_m = 1$ sind die Koeffizienten des Minimalpolynoms μ_A also:

$$\mu_A(\lambda) = \sum_{k=0}^{m} \alpha_k \lambda^k \,.$$

(Für den Anfangsvektor $z_0 \neq \mathbf{0}$ muß dabei eine Linearkombination aus den Spaltenvektoren von T (mit $A = TJT^{-1}$) existieren, in der alle Koeffizienten $\neq \mathbf{0}$ sind. Das kann bei numerischen Rechnungen, etwa mit $z_0 = [1, \dots, 1]^{\mathrm{T}}$, durchaus angenommen werden.) Erläuterungen dazu findet man in [159], S. 157 und [81], S. 76ff.

3.9.5 Folgen und Reihen von Matrizen

Nachdem wir in den vorhergehenden Abschnitten Matrix-Polynome betrachtet haben, wenden wir uns nun allgemeineren Matrix-Funktionen zu, und zwar solchen, die sich mit Hilfe von Potenzreihen darstellen lassen. Wir stellen zunächst einige Hilfsmittel bereit und beginnen mit Folgen von Matrizen.

Matrixfolgen

$$\boldsymbol{A}_1, \boldsymbol{A}_2, \ldots, \boldsymbol{A}_m, \ldots, \quad \text{kurz} \quad (\boldsymbol{A}_m)_{m\in\mathbb{N}} \text{ oder } (\boldsymbol{A}_m)\,,$$

mit $\boldsymbol{A}_m \in \mathrm{Mat}(n;\mathbb{C})$, werden analog zu Zahlenfolgen gebildet.

Definition 3.30:

Die aus den Matrizen

$$\boldsymbol{A}_1 = [a_{ik,1}], \boldsymbol{A}_2 = [a_{ik,2}], \ldots, \boldsymbol{A}_m = [a_{ik,m}], \ldots$$

aus $\mathrm{Mat}(n;\mathbb{C})$ bestehende Folge $(\boldsymbol{A}_m)$ heißt *konvergent* gegen die Matrix $\boldsymbol{A} = [a_{ik}]$, wenn für die Zahlenfolgen $a_{ik,1}, a_{ik,2}, a_{ik,3}, \ldots$ die jeweiligen Grenzwerte[55]

$$\lim_{m\to\infty} a_{ik,m} =: a_{ik}$$

existieren, d.h. wenn die Matrixfolge *elementweise konvergiert*. Schreibweisen:

$$\lim_{m\to\infty} \boldsymbol{A}_m = \boldsymbol{A} \quad \text{oder:} \quad \boldsymbol{A}_m \to \boldsymbol{A} \text{ für } m \to \infty\,.$$

Eine Matrixfolge heißt *divergent*, wenn sie nicht elementweise konvergiert.

In Analogie zu den Zahlenfolgen gelten für Matrixfolgen die Regeln

$$\lim_{m\to\infty} (\alpha \boldsymbol{A}_m + \beta \boldsymbol{B}_m) = \alpha \boldsymbol{A} + \beta \boldsymbol{B}\,; \tag{3.307}$$

$$\lim_{m\to\infty} (\boldsymbol{A}_m \boldsymbol{B}_m) = \boldsymbol{A}\boldsymbol{B} \tag{3.308}$$

für alle $\alpha, \beta \in \mathbb{C}$ und alle $\boldsymbol{A}_m, \boldsymbol{B}_m \in \mathrm{Mat}(n;\mathbb{C})$, für die $\lim\limits_{m\to\infty} \boldsymbol{A}_m = \boldsymbol{A}$ und $\lim\limits_{m\to\infty} \boldsymbol{B}_m = \boldsymbol{B}$ gilt.

Wir überlassen den einfachen Beweis dem Leser.

Beispiel 3.34:

Sind die Elemente der Folge $(\boldsymbol{A}_m)$ durch

$$\begin{bmatrix} 1 & 0 & \frac{2}{m} \\ \frac{1}{m} & \left(1+\frac{1}{m}\right)^m & 0 \\ \frac{2^m}{m!} & \frac{1}{m} & \frac{m+1}{m} \end{bmatrix}$$

55 s. Burg/Haf/Wille (Analysis) [27], Abschn. 1.4 bzw., Abschn. 2.5.5

erklärt, dann ergibt sich der Grenzwert $\boldsymbol{A}$ dieser Folge, indem wir in $\boldsymbol{A}_m$ elementweise die Grenzwerte $m \to \infty$ bestimmen:

$$\lim_{m\to\infty} \boldsymbol{A}_m = \begin{bmatrix} 1 & 0 & 0 \\ 0 & \mathrm{e} & 0 \\ 0 & 0 & 1 \end{bmatrix} =: \boldsymbol{A}\,.$$

Für Matrizen $\boldsymbol{A}$, $\boldsymbol{B}_m$ $(m = 1,2,\ldots)$, $\boldsymbol{C} \in \mathrm{Mat}(n;\mathbb{R})$ mit $\lim\limits_{m\to\infty} \boldsymbol{B}_m = \boldsymbol{B}$ ergibt sich aus (3.308)

$$\lim_{m\to\infty} \boldsymbol{A}\boldsymbol{B}_m\boldsymbol{C} = \boldsymbol{A}\boldsymbol{B}\boldsymbol{C}\,. \tag{3.309}$$

Bei der Betrachtung von *Matrixreihen* gehen wir analog zu den Reihen von reellen (bzw. komplexen) Zahlen[56] vor:

Definition 3.31:

Die Matrixreihe $\sum\limits_{j=0}^{\infty} \boldsymbol{A}_j$ heißt *konvergent* gegen die Matrix $\boldsymbol{A}$, wenn die Folge $(\boldsymbol{S}_m)$ der durch

$$\boldsymbol{S}_m = \sum_{j=0}^{m} \boldsymbol{A}_j$$

erklärten Partialsummen gegen die Matrix $\boldsymbol{A}$ konvergiert:

$$\lim_{m\to\infty} \boldsymbol{S}_m = \boldsymbol{A} =: \sum_{j=0}^{\infty} \boldsymbol{A}_j\,.$$

$\boldsymbol{A}$ heißt *Grenzwert*, *Grenzmatrix* oder *Summe* der Reihe.[57] Eine nicht konvergente Matrixreihe heißt *divergent*.

Für Matrixreihen gelten den Matrixfolgen entsprechende Rechenregeln, etwa die Beziehung

$$\sum_{j=0}^{\infty} (\boldsymbol{A}\boldsymbol{B}_j\boldsymbol{C}) = \boldsymbol{A}\left(\sum_{j=0}^{\infty} \boldsymbol{B}_j\right)\boldsymbol{C} = \boldsymbol{A}\boldsymbol{B}\boldsymbol{C} \tag{3.310}$$

falls $\boldsymbol{A}$, $\boldsymbol{B}_j$ $(j = 0,1,\ldots)$, $\boldsymbol{C}$ aus $\mathrm{Mat}(n;\mathbb{R})$ sind und $\lim\limits_{m\to\infty}\left(\sum\limits_{j=0}^{m} \boldsymbol{B}_j\right) = \boldsymbol{B}$ ist.

---

56 s. Burg/Haf/Wille (Analysis) [27], Abschn. 1.5.

57 $\sum\limits_{j=0}^{\infty} \boldsymbol{A}_j$ ist ein *doppeldeutiges Symbol*. Es bedeutet einerseits die *Reihe* an sich, (d.h. die Folge ihrer Partialsummen), andererseits im Falle der Konvergenz die *Summe* der Reihe. Welche Bedeutung gemeint ist, wird aus dem jeweiligen Kontext klar.

Beispiel 3.35:
Wir bilden aus den Matrizen

$$\boldsymbol{A}_j = \begin{bmatrix} \frac{(-1)^j}{(2j)!} & \frac{1}{j!} \\ \frac{(-1)^{j+1}}{j^2} & \frac{(-1)^j}{(2j+1)!} \end{bmatrix}, \quad j = 1,2,\dots$$

die Partialsummen

$$\boldsymbol{S}_m = \sum_{j=1}^{m} \boldsymbol{A}_j = \begin{bmatrix} \sum\limits_{j=1}^{m} \frac{(-1)^j}{(2j)!} & \sum\limits_{j=1}^{m} \frac{1}{j!} \\ \sum\limits_{j=1}^{m} \frac{(-1)^{j+1}}{j^2} & \sum\limits_{j=1}^{m} \frac{(-1)^j}{(2j+1)!} \end{bmatrix}.$$

Wegen

$$\sum_{j=1}^{m} \frac{(-1)^j}{(2j)!} = (\cos 1) - 1\,, \quad \sum_{j=1}^{m} \frac{1}{j!} = \mathrm{e} - 1\,,$$
$$\sum_{j=1}^{m} \frac{(-1)^{j+1}}{j^2} = \frac{\pi^2}{12}\,, \quad \sum_{j=1}^{m} \frac{(-1)^j}{(2j+1)!} = (\sin 1) - 1$$

konvergiert die Folge $(\boldsymbol{S}_m)_{m\in\mathbb{N}}$ und es gilt

$$\lim_{m\to\infty} \boldsymbol{S}_m = \begin{bmatrix} (\cos 1) - 1 & \mathrm{e} - 1 \\ \frac{\pi^2}{12} & (\sin 1) - 1 \end{bmatrix}.$$

3.9.6 Potenzreihen von Matrizen

Komplexe *Potenzreihen* sind Reihen der Form

$$\sum_{k=0}^{\infty} a_k (z - z_0)^k\,, \quad z, z_0 \in \mathbb{C}\,, \quad a_k \in \mathbb{C}\,. \tag{3.311}$$

Ihre Partialsummen

$$s_m = \sum_{k=0}^{m} a_k (z - z_0)^k\,, \quad m = 1,2,\dots$$

sind Polynome. Wir beschränken uns im Folgenden auf die Betrachtung von Potenzreihen, für die $z_0 = 0$ ist, also auf solche von der Form

$$\sum_{k=0}^{\infty} a_k z^k\,. \tag{3.312}$$

Zu jeder Potenzreihe (3.312) gibt es ein r, $0 \leq r \leq \infty$, den sogenannten *Konvergenzradius*, der durch

$$r = \frac{1}{\overline{\lim\limits_{k\to\infty}} \sqrt[k]{|a_k|}} \tag{3.313}$$

gegeben ist. Ist $0 < r < \infty$, so konvergiert die Potenzreihe im *Konvergenzkreis* $\{z \mid |z| < r\}$; ist $r = 0$, so konvergiert sie nur im Punkt $z = 0$ und falls $r = \infty$ ist, in der ganzen komplexen Zahlenebene $\mathbb{C}$. [58]

Wir betrachten nun den Fall, bei dem die komplexe Variable z in (3.312) durch die Matrix $\boldsymbol{A} \in Mat(n; \mathbb{C})$ ersetzt ist, also die *Matrixpotenzreihe*

$$\sum_{k=0}^{\infty} a_k \boldsymbol{A}^k , \quad a_k \in \mathbb{C} . \tag{3.314}$$

Definition 3.32:

Die komplexwertige Funktion $f : G \to \mathbb{C}$ (G offene Menge in $\mathbb{C}$ mit $0 \in G$) sei in der Form

$$f(z) = \sum_{k=0}^{\infty} c_k z^k \tag{3.315}$$

darstellbar. Wir erklären die *Matrixfunktion* $f(\boldsymbol{A})$ für die Matrix $\boldsymbol{A} \in \mathrm{Mat}(n; \mathbb{C})$ durch

$$f(\boldsymbol{A}) := \sum_{k=0}^{\infty} c_k \boldsymbol{A}^k , \tag{3.316}$$

falls die Matrixpotenzreihe konvergiert.

Wir interessieren uns nun für Bedingungen, unter denen Matrixpotenzreihen konvergieren. Ein für die Anwendungen günstiges Kriterium ist durch den folgenden Satz gegeben:

Satz 3.64:

Die Potenzreihe

$$\sum_{k=0}^{\infty} c_k z^k , \quad c_k , z \in \mathbb{C}$$

besitze den Konvergenzradius r, $0 < r \leq \infty$, konvergiere also im Konvergenzkreis $\{z \mid |z| < r\}$. Liegen sämtliche Eigenwerte $\lambda_1, \ldots, \lambda_n$ der Matrix $\boldsymbol{A} \in \mathrm{Mat}(n; \mathbb{C})$ in

58 Der Nachweis hierfür ist im reellen Fall in Burg/Haf/Wille (Analysis) [27], Satz 5.10, Abschn. 5.2.1 gegeben und im komplexen Fall in Burg/Haf/Wille (Funktionentheorie) [26], Satz 2.34, Abschn. 2.3.3.

diesem Konvergenzkreis, so konvergiert die Matrixpotenzreihe

$$\sum_{k=0}^{\infty} c_k \boldsymbol{A}^k .$$

Beweis:

- Wir weisen die Behauptung unter der zusätzlichen Voraussetzung nach, daß die Matrix $\boldsymbol{A}$ diagonalisierbar ist, d.h für $\boldsymbol{A}$ existiert eine Darstellung

$$\boldsymbol{A} = \boldsymbol{T} \operatorname{diag}[\lambda_1, \ldots, \lambda_n] \boldsymbol{T}^{-1} . \tag{3.317}$$

Hieraus folgt für $k \in \mathbb{N}_0$

$$\boldsymbol{A}^k = \boldsymbol{T} \operatorname{diag}[\lambda_1^k, \ldots, \lambda_n^k] \boldsymbol{T}^{-1} , \tag{3.318}$$

(s. Üb. 3.54). Setzen wir (3.318) in die Partialsummen

$$\boldsymbol{S}_m := \sum_{k=0}^{m} c_k \boldsymbol{A}^k$$

ein, so erhalten wir nach einfacher Umformung

$$\boldsymbol{S}_m = \boldsymbol{T} \left(\sum_{k=0}^{m} \operatorname{diag}[c_k \lambda_1^k, \ldots, c_k \lambda_n^k] \right) \boldsymbol{T}^{-1} .$$

Da $\boldsymbol{T}$ und $\boldsymbol{T}^{-1}$ unabhängig von m sind, können wir hieraus schließen:

$$\lim_{m \to \infty} \boldsymbol{S}_m = \boldsymbol{T} \left(\lim_{m \to \infty} \operatorname{diag} \left[\sum_{k=0}^{m} c_k \lambda_1^k, \ldots, \sum_{k=0}^{m} c_k \lambda_n^k \right] \right) \boldsymbol{T}^{-1} .$$

Hier dürfen wir nun alle Grenzwerte elementweise bilden, weil die Reihen

$$\sum_{k=0}^{\infty} c_k \lambda_j^k , \quad j = 1, \ldots, n$$

nach Voraussetzung konvergieren. Damit gilt

$$\sum_{k=0}^{\infty} c_k \boldsymbol{A}^k = \boldsymbol{T} \operatorname{diag} \left[\sum_{k=0}^{\infty} c_k \lambda_1^k, \ldots, \sum_{k=0}^{\infty} c_k \lambda_n^k \right] \boldsymbol{T}^{-1} . \tag{3.319}$$

- Für den Fall beliebiger Matrizen $\boldsymbol{A} \in \operatorname{Mat}(n; \mathbb{C})$ läßt sich der Beweis mit Hilfe der Jordanschen Normalform führen und eine zu (3.319) analoge Formel herleiten. (Auch die nachfolgenden Überlegungen gelten entsprechend für nicht diagonalisierbare Matrizen). □

Für Matrizen mit paarweise verschiedenen Eigenwerten eröffnet Formel (3.319) eine interessante Möglichkeit, die Potenzreihe $\sum_{k=0}^{\infty} c_k \boldsymbol{A}^k$ zu summieren, d.h. ihren Grenzwert $f(\boldsymbol{A})$ zu errechnen. Nach dieser Formel benötigen wir zur Berechnung von $f(\boldsymbol{A})$ offensichtlich nur die Werte der *erzeugenden Funktion* $f(z) = \sum_{k=0}^{\infty} c_k z^k$ auf dem Spektrum[59] der Matrix $\boldsymbol{A}$. Wir können daher anstelle von f auch ein Polynom n-ten Grades: p, verwenden, das auf dem Spektrum von $\boldsymbol{A}$ mit f übereinstimmt:

$$f(\lambda_1) = p(\lambda_1), \ldots, f(\lambda_n) = p(\lambda_n) \tag{3.320}$$

und schließlich festlegen

$$f(\boldsymbol{A}) := p(\boldsymbol{A}). \tag{3.321}$$

Beispiel 3.36:

Das Spektrum der Matrix

$$\boldsymbol{A} = \begin{bmatrix} 6 & -1 \\ 3 & 2 \end{bmatrix}$$

ist die Menge $\{3, 5\}$. Das Polynom

$$p(\lambda) = \frac{1}{2}(5\,\mathrm{e}^3 - 3\,\mathrm{e}^5) + \lambda\frac{1}{2}(\mathrm{e}^5 - \mathrm{e}^3)$$

stimmt auf dieser Menge mit der Funktion

$$f(x) := \mathrm{e}^x$$

überein: $p(3) = \mathrm{e}^3$, $p(5) = \mathrm{e}^5$. Folglich gilt

$$\mathrm{e}^{\boldsymbol{A}} = \frac{1}{2}(5\,\mathrm{e}^3 - 3\,\mathrm{e}^5)\boldsymbol{E} + \frac{1}{2}(\mathrm{e}^5 - \mathrm{e}^3)\boldsymbol{A}.$$

Bemerkung: Die Bestimmung von p in (3.320) ist eine einfache Interpolationsaufgabe. Nach der Langrangeschen Methode[60] ergibt sich

$$p(\lambda) = \sum_{k=1}^{n} \frac{(\lambda - \lambda_1)\ldots(\lambda - \lambda_{k-1})(\lambda - \lambda_{k+1})\ldots(\lambda - \lambda_n)}{(\lambda_k - \lambda_1)\ldots(\lambda_k - \lambda_{k-1})(\lambda_k - \lambda_{k+1})\ldots(\lambda_k - \lambda_n)} f(\lambda_k) \tag{3.322}$$

59 Spektrum einer Matrix = Menge der Eigenwerte der Matrix, s. Abschn. 3.6.1

60 s. z.B. [125], S. 88ff.

und hieraus

$$f(\boldsymbol{A}) = \sum_{k=1}^{n} \frac{(\boldsymbol{A} - \lambda_1 \boldsymbol{E}) \dots (\boldsymbol{A} - \lambda_{k-1} \boldsymbol{E})(\boldsymbol{A} - \lambda_{k+1} \boldsymbol{E}) \dots (\boldsymbol{A} - \lambda_n \boldsymbol{E})}{(\lambda_k - \lambda_1) \dots (\lambda_k - \lambda_{k-1})(\lambda_k - \lambda_{k+1}) \dots (\lambda_k - \lambda_n)} f(\lambda_k) . \qquad (3.323)$$

3.9.7 Matrix-Exponentialfunktion, Matrix-Sinus- und Matrix-Cosinus-Funktion

(a) Matrix-Exponentialfunktion

Wir gehen aus von der Potenzreihen-Darstellung

$$\exp z = \sum_{k=0}^{\infty} \frac{z^k}{k!} , \quad z \in \mathbb{C} \qquad (3.324)$$

der (komplexen) Exponential-Funktion. Mit Hilfe der in Burg/Haf/Wille (Analysis) [27], Abschn. 5.2.1 für den reellen Fall verwendeten Argumentation macht man sich klar, daß die Potenzreihe auf der rechten Seite von (3.324) in der gesamten komplexen Ebene konvergiert.[61]

Weil sämtliche Eigenwerte einer beliebigen Matrix $\boldsymbol{A} \in \mathrm{Mat}(n; \mathbb{C})$ in $\mathbb{C}$ liegen, können wir die Exponentialfunktion $\exp \boldsymbol{A}$ dieser Matrix wie folgt erklären:

$$\exp \boldsymbol{A} := \sum_{k=0}^{\infty} \frac{1}{k!} \boldsymbol{A}^k . \qquad (3.325)$$

Diese Beziehung kann man vereinfachen, wenn die Matrix $\boldsymbol{A}$ diagonalisierbar ist. Denn in diesem Falle kann man die vereinfachte Darstellung (3.318)

$$\boldsymbol{A}^k = \boldsymbol{T} \,\mathrm{diag}[\lambda_1^k, \dots, \lambda_n^k] \boldsymbol{T}^{-1}$$

verwenden und in (3.325) einsetzen. Mit

$$\sum_{k=0}^{\infty} \frac{\lambda_p^k}{k!} = \exp \lambda_p , \quad 1 \le p \le n \qquad (3.326)$$

entsteht dann die wichtige Beziehung

$$\exp \boldsymbol{A} = \boldsymbol{T} \,\mathrm{diag}[\mathrm{e}^{\lambda_1}, \dots, \mathrm{e}^{\lambda_n}] \boldsymbol{T}^{-1} . \qquad (3.327)$$

Beispiel 3.37:
Die schiefsymmetrische Matrix

$$\boldsymbol{A} = \begin{bmatrix} 0 & -c & b \\ c & 0 & -a \\ -b & a & 0 \end{bmatrix}$$

61 Ausführliche Untersuchungen werden in Burg/Haf/Wille (Funktionentheorie) [26] durchgeführt.

hat das charakteristische Polynom

$$\chi_A(\lambda) = -\lambda(d^2 + \lambda^2), \quad \text{mit } d^2 = a^2 + b^2 + c^2 .$$

Wir haben also die paarweise verschiedenen Eigenwerte

$$\lambda_1 = 0, \quad \lambda_2 = \mathrm{i}\,d, \quad \lambda_3 = -\mathrm{i}\,d$$

und können nun $\exp \boldsymbol{A}$ berechnen. Das Lagrangesche Interpolations-Polynom (3.322) hat hier die Form

$$p(\lambda) = \frac{(\lambda - \mathrm{i}\,d)(\lambda + \mathrm{i}\,d)}{(0 - \mathrm{i}\,d)(0 + \mathrm{i}\,d)} \cdot \mathrm{e}^0 + \frac{(\lambda - 0)(\lambda + \mathrm{i}\,d)}{(\mathrm{i}\,d - 0)(\mathrm{i}\,d + \mathrm{i}\,d)} \cdot \mathrm{e}^{\mathrm{i}\,d} + \frac{(\lambda - 0)(\lambda - \mathrm{i}\,d)}{(-\mathrm{i}\,d - 0)(-\mathrm{i}\,d - \mathrm{i}\,d)} \cdot \mathrm{e}^{-\mathrm{i}\,d} .$$

Ausmultiplizieren, Ordnen nach Potenzen von λ und Benutzung der Eulerschen Formel $\mathrm{e}^{\mathrm{i}\varphi} = \cos\varphi + \mathrm{i}\sin\varphi$ liefert

$$p(\lambda) = 1 + \frac{\sin d}{d}\lambda + \frac{1 - \cos d}{d^2}\lambda^2 ,$$

woraus sich sofort

$$\exp \boldsymbol{A} = \boldsymbol{E} + \frac{\sin d}{d}\boldsymbol{A} + \frac{1 - \cos d}{d^2}\boldsymbol{A}^2$$

ergibt.[62]

Differentiation: In den Anwendungen tritt die Matrix-Exponentialfunktion hauptsächlich in der Form $\exp(\boldsymbol{A}t)$ auf, wobei die reelle Variable t die Zeit bezeichnet. Wichtig ist dann die Berechnung der Ableitung.[63]

Satz 3.65:
Für jede Matrix $\boldsymbol{A} \in \mathrm{Mat}(n; \mathbb{C})$ besteht die Beziehung

$$\frac{\mathrm{d}}{\mathrm{d}t}\exp(t\boldsymbol{A}) = \boldsymbol{A}\exp(t\boldsymbol{A}) \quad (t \in \mathbb{R}) . \tag{3.328}$$

Beweis:
Aus

$$\exp(t\boldsymbol{A}) = \sum_{k=0}^{\infty} \frac{(t\boldsymbol{A})^k}{k!} = \sum_{k=0}^{\infty} t^k \frac{\boldsymbol{A}^k}{k!} \tag{3.329}$$

62 vgl. hierzu Burg/Haf/Wille (Band III) [24], Abschn. 3.2.5.

63 Für Matrizen $\boldsymbol{A}$, deren Elemente a_{ik} von t abhängige differenzierbare Funktionen sind, ist die *Ableitung* $\frac{\mathrm{d}\boldsymbol{A}}{\mathrm{d}t}$ durch $\frac{\mathrm{d}\boldsymbol{A}}{\mathrm{d}t} = \left[\frac{\mathrm{d}a_{ik}}{\mathrm{d}t}\right]$ erklärt. (Elementweise Differentiation!)

folgt durch gliedweises Differenzieren

$$\frac{\mathrm{d}}{\mathrm{d}t}\exp(t\boldsymbol{A}) = \sum_{k=1}^{\infty} k t^{k-1}\frac{\boldsymbol{A}^k}{k!} = \boldsymbol{A}\sum_{k=1}^{\infty} t^{k-1}\frac{\boldsymbol{A}^{k-1}}{(k-1)!}, \quad \left\{\begin{array}{l}\text{mit } k-1=j\\ \text{also}\end{array}\right.$$

$$= \boldsymbol{A}\sum_{j=0}^{\infty}\frac{(t\boldsymbol{A})^j}{j!} = \boldsymbol{A}\exp(t\boldsymbol{A}). \tag{3.330}$$

Das gliedweise Differenzieren ist erlaubt. Denn für die Exponentialreihe (3.329) gilt die Abschätzung

$$\left|\frac{t\boldsymbol{A}^k}{k!}\right| \le \frac{|t|^k|\boldsymbol{A}|^k}{k!},\ ^{64} \quad \text{also} \quad |\exp(t\boldsymbol{A})| \le \sum_{k=0}^{\infty}\frac{|t|^k|\boldsymbol{A}|^k}{k!} = \mathrm{e}^{|t||\boldsymbol{A}|}.$$

Die Exponentialreihe (3.329) ist daher für $|t| \le t_0$ ($t_0 > 0$ beliebig) gleichmäßig und absolut konvergent. Dasselbe gilt für die gliedweise abgeleitete Reihe, die sich ja nur um den Faktor $\boldsymbol{A}$ in jedem Glied von der ursprünglichen Exponentialreihe unterscheidet. Nach Burg/Haf/Wille (Analysis) [27], Abschn. 5.1.3, Satz 5.8, ist damit die Rechnung (3.330) gestattet, woraus die Behauptung des Satzes folgt. □

Beispiel 3.38:

Gegeben ist die Matrix

$$\boldsymbol{A} = \begin{bmatrix} 1 & 2\\ 4 & 3\end{bmatrix}.$$

Zu berechnen ist die Ableitung $\dfrac{\mathrm{d}}{\mathrm{d}t}\exp(t\boldsymbol{A})$!

Zunächst wird $\exp(t\boldsymbol{A})$ bestimmt. Mit den Eigenwerten $\lambda_1 = 5t$, $\lambda_2 = -t$ von $t\boldsymbol{A}$ findet man wegen (3.322)

$$p(\lambda) = \frac{\lambda + t}{5t + t}\mathrm{e}^{5t} + \frac{\lambda - 5t}{-t - 5t}\mathrm{e}^{-t} = \frac{\mathrm{e}^{5t} - \mathrm{e}^{-t}}{6t}\lambda + \frac{\mathrm{e}^{5t} + 5\,\mathrm{e}^{-t}}{6}.$$

Damit ergibt sich

$$\exp(\boldsymbol{A}t) = \frac{1}{6}\begin{bmatrix} 2\,\mathrm{e}^{5t} + 4\,\mathrm{e}^{-t} & 2\,\mathrm{e}^{5t} - 2\,\mathrm{e}^{-t}\\ 4\,\mathrm{e}^{5t} - 4\,\mathrm{e}^{-t} & 4\,\mathrm{e}^{5t} + 2\,\mathrm{e}^{-t}\end{bmatrix}$$

---

64 Für die *Matrixnorm* $|A| = \sqrt{\sum_{i,k}|a_{ik}|^2}$ gilt $|a_{ik}| \le |\boldsymbol{A}|$, $|\boldsymbol{A}+\boldsymbol{B}| \le |\boldsymbol{A}| + |\boldsymbol{B}|$, $|\boldsymbol{AB}| \le |\boldsymbol{A}||\boldsymbol{B}|$, $|\boldsymbol{A}^k| \le |\boldsymbol{A}|^k$, s. Burg/Haf/Wille (Analysis) [27], Abschn. 6.1.5, Folg. 6.4. Ferner gilt das Majorantenkriterium (Burg/Haf/Wille (Analysis) [27], Abschn. 5.1.3, Satz 5.6) für Matrix-Reihen entsprechend. Dabei lassen sich auch die Begriffe »gleichmäßige« und »absolute Konvergenz« übertragen.

Durch Differentiation entsteht daraus

$$\frac{\mathrm{d}}{\mathrm{d}t}\exp\begin{bmatrix} t & 2t \\ 4t & 3t \end{bmatrix} = \frac{1}{6}\begin{bmatrix} 10\,\mathrm{e}^{5t} - 4\,\mathrm{e}^{-t} & 10\,\mathrm{e}^{5t} + 2\,\mathrm{e}^{-t} \\ 20\,\mathrm{e}^{5t} + 4\,\mathrm{e}^{-t} & 20\,\mathrm{e}^{5t} - 2\,\mathrm{e}^{-t} \end{bmatrix}.$$

(b) Matrix-Sinus-und Matrix-Cosinus-Funktion

Analog zur Matrix-Exponentialfunktion erklärt man die *Matrix-Sinusfunktion* $\sin \boldsymbol{A}$ durch

$$\sin \boldsymbol{A} := \sum_{k=0}^{\infty} \frac{(-1)^k}{(2k+1)!} \boldsymbol{A}^{2k+1}. \tag{3.331}$$

und die *Matrix-Cosinusfunktion* $\cos \boldsymbol{A}$ durch

$$\cos \boldsymbol{A} := \sum_{k=0}^{\infty} \frac{(-1)^k}{(2k)!} \boldsymbol{A}^{2k}. \tag{3.332}$$

für alle $\boldsymbol{A} \in \mathrm{Mat}(n; \mathbb{C})$.

Dies ist nach Satz 3.64 sinnvoll, weil

$$\sum_{k=0}^{\infty} \frac{(-1)^k}{(2k+1)!} z^{2k+1} \quad \text{und} \quad \sum_{k=0}^{\infty} \frac{(-1)^k}{(2k)!} z^{2k}$$

in der gesamten komplexen Ebene konvergieren und dort $\sin z$ bzw. $\cos z$ darstellen.

Differentiation: In Analogie zur Matrix-Exponentialfunktion gewinnt man für die trigonometrischen Matrix-Funktionen die folgenden Differentiationsformeln:

$$\frac{\mathrm{d}}{\mathrm{d}t} \sin(t\boldsymbol{A}) = (\cos(t\boldsymbol{A}))\boldsymbol{A} \tag{3.333}$$

$$\frac{\mathrm{d}}{\mathrm{d}t} \cos(t\boldsymbol{A}) = -(\sin(t\boldsymbol{A}))\boldsymbol{A} \quad (t \in \mathbb{R}). \tag{3.334}$$

Wie bei der Exponentialfunktion beweist man diese Formeln leicht durch gliedweises Differenzieren der Reihendarstellungen von $\sin(t\boldsymbol{A})$ und $\cos(t\boldsymbol{A})$.

Übung 3.54:

Man zeige, daß für $k = 1, 2, \ldots$ folgende Beziehung besteht:

$$(\boldsymbol{T}\,\mathrm{diag}[\lambda_1, \ldots, \lambda_n]\boldsymbol{T}^{-1})^k = \boldsymbol{T}\,\mathrm{diag}[\lambda_1^k, \ldots, \lambda_n^k]\boldsymbol{T}^{-1}, \tag{3.335}$$

wenn $\lambda_1, \ldots, \lambda_n$ beliebige komplexe Zahlen sind.

Übung 3.55:

Man überzeuge sich, daß folgende Gleichungen richtig sind:

$$1)\ \exp(\pm \mathrm{i}\,\boldsymbol{A}) = \cos \boldsymbol{A} \pm \mathrm{i} \sin \boldsymbol{A}\,; \tag{3.336}$$

$$2)\ (\cos \boldsymbol{A})^2 + (\sin \boldsymbol{A})^2 = \boldsymbol{E}\,. \tag{3.337}$$

Übung 3.56:

Man beweise:

$$1)\ (\exp \boldsymbol{A})^{-1} = \exp(-\boldsymbol{A})\,; \tag{3.338}$$

$$2)\ (\exp \boldsymbol{A})^{\mathrm{T}} = \exp(\boldsymbol{A}^{\mathrm{T}})\,; \tag{3.339}$$

$$3)\ \exp \boldsymbol{A} \exp \boldsymbol{B} = \exp(\boldsymbol{A} + \boldsymbol{B})\,, \quad \text{wenn } \boldsymbol{A} \text{ und } \boldsymbol{B} \text{ vertauschbar sind.} \tag{3.340}$$

Übung 3.57:

Man verifiziere die Eigenschaft 2) aus Übung 3.55 für die Matrix

$$\boldsymbol{A} = \begin{bmatrix} 2 & 1 & 0 \\ 0 & 2 & 0 \\ 1 & -1 & 1 \end{bmatrix}$$

3.10 Drehungen, Spiegelungen, Koordinatentransformationen

Bewegungen von Punkten im Raum $\mathbb{R}^n$ bei festgehaltenem Koordinatensystem oder Bewegungen des Koordinatensystems bei festgehaltenen Raumpunkten sind zwei Seiten ein und derselben Medaille.[65] Dies, und einiges Grüne drumherum, soll im Folgenden erklärt werden.

Wir beginnen mit *abstandserhaltenden Abbildungen* (*Isometrien*) in der Ebene und im dreidimensionalen Raum. Es sei daran erinnert, daß dies gerade die Abbildungen der Form

$$F(\boldsymbol{x}) = \boldsymbol{A}\boldsymbol{x} + \boldsymbol{c}\,, \quad (\boldsymbol{x}, \boldsymbol{c} \in \mathbb{R}^n)$$

sind, wobei $\boldsymbol{A}$ eine orthogonale (n, n)-Matrix ist (s. Abschn. 3.5.3, Satz 3.27). Wenn wir von der *Verschiebung* (=*Translation*) absehen, die durch das additive Glied $\boldsymbol{c}$ bewirkt wird, so kommt es wesentlich auf den Teil $\boldsymbol{A}\boldsymbol{x}$ an. Wir werden sehen, daß man ihn im $\mathbb{R}^2$ und $\mathbb{R}^3$ durch *Drehungen* oder *Spiegelungen* deuten kann. Daraus ergibt sich ein enger Zusammenhang mit technischen Problemen.

65 Einstein zum Zugschaffner: »Wann hält der nächste Bahnhof hier am Zug?« (Alles ist relativ!)

3.10.1 Drehungen und Spiegelungen in der Ebene

Satz 3.66:

(a) Jede orthogonale (reelle) (2,2)-Matrix ungleich $\boldsymbol{E}$ hat entweder die Form

$$\boldsymbol{D} = \begin{bmatrix} c & -s \\ s & c \end{bmatrix} \quad \text{oder} \quad \boldsymbol{S} = \begin{bmatrix} c & s \\ s & -c \end{bmatrix}, \quad \text{mit } c^2 + s^2 = 1. \tag{3.341}$$

(b) $\boldsymbol{D}$ läßt sich in der Form

$$\boldsymbol{D} = \boldsymbol{D}(\varphi) := \begin{bmatrix} \cos\varphi & -\sin\varphi \\ \sin\varphi & \cos\varphi \end{bmatrix} \quad \text{mit } \varphi = \begin{cases} \arccos c\,, & \text{falls } s \geq 0 \\ -\arccos c\,, & \text{falls } s < 0 \end{cases} \tag{3.342}$$

schreiben. Die Abbildung $\boldsymbol{x} \mapsto \boldsymbol{Dx}$ beschreibt damit eine *Drehung* um den Winkel φ um $\boldsymbol{0}$, und zwar gegen den Uhrzeigersinn (d.h $\boldsymbol{Dx}$ geht aus $\boldsymbol{x}$ durch diese Drehung hervor). $\boldsymbol{D} = \boldsymbol{D}(\varphi)$ heißt eine *Drehmatrix*.

(c) Die Abbildung $\boldsymbol{x} \mapsto \boldsymbol{Sx}$ beschreibt eine *Spiegelung* an derjenigen Geraden durch $\boldsymbol{0}$, die in Richtung des Vektors $\boldsymbol{v}_1 = \begin{bmatrix} c+1 \\ s \end{bmatrix}$ verläuft [66] (d.h. der Punkt $\boldsymbol{Sx}$ geht aus $\boldsymbol{x}$ durch Spiegelung an der genannten Geraden hervor). $\boldsymbol{S}$ heißt eine *Spiegelungsmatrix*.

Beweis:

(a) Es sei $\boldsymbol{A}$ eine orthogonale (2, 2)-Matrix. Ist $\begin{bmatrix} c \\ s \end{bmatrix}$ ihr erster Spaltenvektor (mit der Länge $\sqrt{c^2 + s^2} = 1$), so gibt es dazu genau zwei rechtwinklige Vektoren mit Länge 1, nämlich $\begin{bmatrix} -s \\ c \end{bmatrix}$ und $\begin{bmatrix} s \\ -c \end{bmatrix}$. In der zweiten Spalte von $\boldsymbol{A}$ muß also einer dieser Vektoren stehen.

(b) Wegen $c^2 + s^2 = 1$ existiert das beschriebene φ mit $c = \cos\varphi$, $s = \sin\varphi$. Die Deutung als Drehung wurde schon in Beispiel 2.29, Abschn. 2.4.5 behandelt.

(c) Um eine Spiegelungsgerade zu finden (falls es eine gibt), hat man zunächst nach Fixgeraden bzgl. $\boldsymbol{x} \mapsto \boldsymbol{Sx}$ zu suchen, also nach Lösungen der Gleichung $\boldsymbol{Sx} = \lambda\boldsymbol{x}$. Dies ist ein Eigenwertproblem. Man errechnet daher aus der charakteristischen Gleichung $\chi_S(\lambda) \equiv \det(\boldsymbol{S} - \lambda\boldsymbol{E}) \equiv \lambda^2 - 1 = 0$ die Eigenwerte $\lambda_1 = 1$ und $\lambda_2 = -1$. Zugehörige Eigenvektoren $\boldsymbol{v}_1$, $\boldsymbol{v}_2$ errechnet man aus $(\boldsymbol{S} - \lambda_i\boldsymbol{E})\boldsymbol{v}_i = \boldsymbol{0}$ $(i = 1,2)$:

$$\boldsymbol{v}_1 = \begin{bmatrix} c+1 \\ s \end{bmatrix}, \quad \boldsymbol{v}_2 = \begin{bmatrix} -s \\ c+1 \end{bmatrix} \quad (\boldsymbol{v}_1 \perp \boldsymbol{v}_2,\ \boldsymbol{v}_1 \neq 0\,,\ \boldsymbol{v}_2 \neq 0, \text{ da } \boldsymbol{S} \neq \boldsymbol{E}).$$

Für ein beliebiges $\boldsymbol{x} \in \mathbb{R}^2$ mit der Darstellung $\boldsymbol{x} = \alpha\boldsymbol{v}_1 + \beta\boldsymbol{v}_2$ $(\alpha, \beta \in \mathbb{R})$ folgt damit

$$\boldsymbol{Sx} = \alpha\boldsymbol{Sv}_1 + \beta\boldsymbol{Sv}_2 = \alpha\boldsymbol{v}_1 - \beta\boldsymbol{v}_2\,,$$

66 Eine Gerade durch $\boldsymbol{0}$, die in Richtung eines Vektors $\boldsymbol{v} \neq \boldsymbol{0}$ verläuft, wird kurz mit $\mathbb{R}\boldsymbol{v}$ bezeichnet.

d.h. $\boldsymbol{Sx}$ geht aus $\boldsymbol{x}$ durch Spiegelung an der Geraden $\mathbb{R}\boldsymbol{v}_1$ hervor, wie es die Fig. 3.18(a) zeigt. □

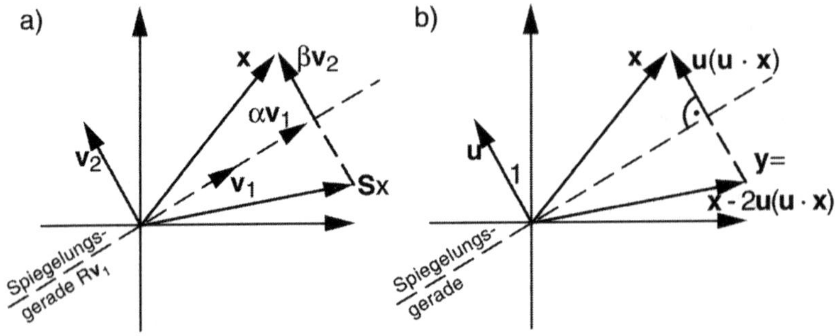

Fig. 3.18: Spiegelungen: (a) mit Eigenvektoren $\boldsymbol{v}_1$, $\boldsymbol{v}_2$ von $\boldsymbol{S}$; (b) zur Konstruktion $\boldsymbol{Sx} = \boldsymbol{x} - 2\boldsymbol{u}(\boldsymbol{u} \cdot \boldsymbol{x})$

Folgerung 3.23:

Eine orthogonale (2, 2)-Matrix $\boldsymbol{A}$ mit $\det \boldsymbol{A} = 1$ ist eine *Drehmatrix*, mit $\det \boldsymbol{A} = -1$ eine *Spiegelungsmatrix*.

Zum Beweis ist nur $\det \boldsymbol{D} = 1$ und $\det \boldsymbol{S} = -1$ auszurechnen.

Wir haben im Satz 3.66(c) und im zugehörigen Beweis aus einer orthogonalen (2,2)-Matrix $\boldsymbol{A}$ mit $\det \boldsymbol{A} = -1$ die Spiegelungsgerade dazu gewonnen. Oft tritt aber die umgekehrte Frage auf:

Wie sieht bei vorgegebener Spiegelungsgeraden (durch $\boldsymbol{0}$) die zugehörige Spiegelungsmatrix $\boldsymbol{S}$ aus?

Anhand von Fig. 3.18(b) ist dies leicht zu beantworten: Ist die Spiegelungsgerade durch die Hessesche Normalform $\boldsymbol{u} \cdot \boldsymbol{x} = 0$ mit $|\boldsymbol{u}| = 1$ gegeben, d.h. steht der Einheitsvektor $\boldsymbol{u}$ rechtwinklig auf der Spiegelungsgeraden, so hat man von einem Punkt $\boldsymbol{x} \in \mathbb{R}^2$ zweimal den Vektor $\boldsymbol{u}(\boldsymbol{u} \cdot \boldsymbol{x})$ zu subtrahieren, um zum gespiegelten Punkt $\boldsymbol{y}$ zu kommen, also:

$$\begin{aligned} \boldsymbol{y} &= \boldsymbol{x} - 2\boldsymbol{u}(\boldsymbol{u} \cdot \boldsymbol{x}) = \boldsymbol{x} - 2\boldsymbol{u}(\boldsymbol{u}^{\mathrm{T}}\boldsymbol{x}) = \boldsymbol{x} - 2(\boldsymbol{u}\boldsymbol{u}^{\mathrm{T}})\boldsymbol{x} \\ &= (\boldsymbol{E} - 2\boldsymbol{u}\boldsymbol{u}^{\mathrm{T}})\boldsymbol{x} \Rightarrow \boldsymbol{S} = \boldsymbol{E} - 2\boldsymbol{u}\boldsymbol{u}^{\mathrm{T}}. \end{aligned}$$

Folgerung 3.24:

Eine Spiegelung des $\mathbb{R}^2$ an der durch $\boldsymbol{u} \cdot \boldsymbol{x} = 0$ ($|\boldsymbol{u}| = 1$) gegebenen Geraden geschieht durch die *Spiegelungsmatrix*

$$\boldsymbol{S} = \boldsymbol{E} - 2\boldsymbol{u}\boldsymbol{u}^{\mathrm{T}}. \tag{3.343}$$

Übung 3.58:

Zeige: Eine reelle (2,2)-Matrix $\boldsymbol{A}$ ungleich $\pm\boldsymbol{E}$ ist genau dann eine Spiegelungsmatrix, wenn sie symmetrisch *und* orthogonal ist!

3.10.2 Spiegelung im $\mathbb{R}^n$, $\boldsymbol{QR}$-Zerlegung

Eine (n, n)-Matrix der Form

$$\boldsymbol{S_u} = \boldsymbol{E} - 2\boldsymbol{u}\boldsymbol{u}^{\mathrm{T}} \quad \text{mit} \quad |\boldsymbol{u}| = 1\,, \quad \boldsymbol{u} \in \mathbb{R}^n\,, \tag{3.344}$$

nennt man eine *Spiegelungsmatrix* oder kurz *Spiegelung* (analog zum $\mathbb{R}^2$, s. voriger Abschnitt). Für $n = 3$ beschreibt $\boldsymbol{y} = \boldsymbol{S_u x} = \boldsymbol{x} - 2\boldsymbol{u}\boldsymbol{u}^{\mathrm{T}}\boldsymbol{x}$ eine Spiegelung im $\mathbb{R}^3$, und zwar an der Ebene, die durch $\boldsymbol{u} \cdot \boldsymbol{x} = 0$ beschrieben wird. Analog kann man $\boldsymbol{y} = \boldsymbol{S_u x}(\boldsymbol{x} \in \mathbb{R}^n)$ für $n > 3$ als »Spiegelung« an der Hyperebene $\boldsymbol{u} \cdot \boldsymbol{x} = 0$ im $\mathbb{R}^n$ auffassen.

Satz 3.67:

Für jede Spiegelungsmatrix $\boldsymbol{S_u}$ gilt

$$\boldsymbol{S}_{\boldsymbol{u}}^2 = \boldsymbol{E}\,, \quad \boldsymbol{S}_{\boldsymbol{u}}^{\mathrm{T}} = \boldsymbol{S_u} = \boldsymbol{S}_{\boldsymbol{u}}^{-1}\,, \quad \det \boldsymbol{S_u} = -1\,, \tag{3.345}$$

kurz: Eine Spiegelung $\boldsymbol{S_u}$ ist symmetrisch, orthogonal und hat die Determinante -1.

Beweis:

Die ersten drei Gleichungen sieht der Leser unmittelbar ein. Zu zeigen bleibt $\det \boldsymbol{S_u} = -1$. Dazu wählen wir eine orthogonale Matrix $\boldsymbol{C}$, deren erste Spalte gleich $\boldsymbol{u}$ ist, d.h. $\boldsymbol{Ce}_1 = \boldsymbol{u}$. Es folgt $\boldsymbol{e}_1 = \boldsymbol{C}^{-1}\boldsymbol{u} = \boldsymbol{C}^{\mathrm{T}}\boldsymbol{u}$ und damit

$$\boldsymbol{C}^{\mathrm{T}}\boldsymbol{S_u C} = \boldsymbol{E} - 2\boldsymbol{C}^{\mathrm{T}}\boldsymbol{u}(\boldsymbol{C}^{\mathrm{T}}\boldsymbol{u})^{\mathrm{T}} = \boldsymbol{E} - 2\boldsymbol{e}_1\boldsymbol{e}_1^{\mathrm{T}} = \begin{bmatrix} -1 & & & & \\ & 1 & & & \\ & & 1 & & \\ & & & \ddots & \\ & & & & 1 \end{bmatrix},$$

also $\det \boldsymbol{C}^{\mathrm{T}}\boldsymbol{S_u C} = -1$. Man erhält also wegen $(\det \boldsymbol{C})^2 = 1$:

$$\det \boldsymbol{S_u} = \det \boldsymbol{C}^{\mathrm{T}} \det \boldsymbol{S_u} \det \boldsymbol{C} = \det(\boldsymbol{C}^{\mathrm{T}}\boldsymbol{S_u C}) = -1\,. \qquad \square$$

Für die Numerik wie auch für theoretische Untersuchungen spielt folgende Verwendung der Spiegelungsmatrizen oft eine Schlüsselrolle:

Satz 3.68:

($\boldsymbol{QR}$-*Zerlegung*)

(a) Jede reguläre Matrix $\boldsymbol{A}$ kann in ein Produkt

$$\boldsymbol{A} = \boldsymbol{QR}$$

zerlegt werden, wobei $\boldsymbol{Q}$ eine orthogonale Matrix ist und $\boldsymbol{R}$ eine reguläre Dreiecksmatrix.

(b) Dabei ist $\boldsymbol{Q}$ ein Produkt aus höchstens $(n-1)$ Spiegelungen.

Beweis:
Es sei $\boldsymbol{A} = [\boldsymbol{a}_1, \ldots, \boldsymbol{a}_n]$ und $\boldsymbol{E} = [\boldsymbol{e}_1, \ldots, \boldsymbol{e}_n]$. Gilt $\boldsymbol{a}_1 = |\boldsymbol{a}_1|\boldsymbol{e}_1$, so setze man $\boldsymbol{S}^{(1)} := \boldsymbol{E}$. Gilt $\boldsymbol{a}_1 \neq |\boldsymbol{a}_1|\boldsymbol{e}_1$, so bilde man mit

$$\boldsymbol{u} = \frac{\boldsymbol{a}_1 - |\boldsymbol{a}_1|\boldsymbol{e}_1}{|\boldsymbol{a}_1 - |\boldsymbol{a}_1|\boldsymbol{e}_1|}$$

die Spiegelung $\boldsymbol{S}^{(1)} := \boldsymbol{S}_{\boldsymbol{u}}$. Für sie berechnet man $\boldsymbol{S}^{(1)}\boldsymbol{a}_1 = |\boldsymbol{a}_1|\boldsymbol{e}_1$ und damit

$$\boldsymbol{A}^{(2)} := \boldsymbol{S}^{(1)}\boldsymbol{A} = \left[\begin{array}{c|c} r_{11} & * \\ \hline 0 & \boldsymbol{A} \end{array}\right] \quad \text{mit} \quad r_{11} = |\boldsymbol{a}_1| \, .$$

Den gleichen Schritt führt man nun für $\boldsymbol{A}_2$ aus, d.h. man bildet eine Spiegelung $\boldsymbol{S}_2$ im $\mathbb{R}^{n-1}$ (oder $\boldsymbol{S}_2$ = Einheitsmatrix), so daß in $\boldsymbol{S}_2\boldsymbol{A}_2$ die erste Spalte nur oben links mit einem $r_{22} > 0$ besetzt ist. Alle anderen Elemente dieser Spalte seien Null. Mit

$$\boldsymbol{S}^{(2)} := \left[\begin{array}{c|c} 1 & 0 \\ \hline 0 & \boldsymbol{S}_2 \end{array}\right] \quad \text{folgt} \quad \boldsymbol{A}^{(3)} := \boldsymbol{S}^{(2)}\boldsymbol{A}^{(2)} = \begin{bmatrix} r_{11} & * & \ldots * \\ & r_{22} & * \ldots * \\ \boldsymbol{0} & & \boldsymbol{A}_3 \end{bmatrix} .$$

So fortfahrend gewinnt man schließlich

$$\boldsymbol{S}^{(n-1)}\boldsymbol{S}^{(n-2)} \ldots \boldsymbol{S}^{(2)}\boldsymbol{S}^{(1)}\boldsymbol{A} = \boldsymbol{R} \, , \tag{3.346}$$

wobei $\boldsymbol{R}$ eine rechte Dreiecksmatrix ist. Sie ist regulär, da die linke Seite regulär ist. Mit

$$\boldsymbol{Q} = \boldsymbol{S}^{(1)}\boldsymbol{S}^{(2)} \ldots \boldsymbol{S}^{(n-1)} \tag{3.347}$$

folgt $\boldsymbol{A} = \boldsymbol{Q}\boldsymbol{R}$ und damit die Behauptung des Satzes. □

Bemerkung: Das im Beweis angegebene Verfahren zur Berechnung der $\boldsymbol{S}^{(i)}$ ist konstruktiv. Es heißt *Householder*[67]*-Verfahren der $\boldsymbol{QR}$-Zerlegung* und wird beim $\boldsymbol{QR}$-Verfahren der Eigenwertberechnung verwendet (s. [125]).

Aufgrund der einfachen Invertierbarkeit orthogonaler Matrizen kann eine $\boldsymbol{QR}$-Zerlegung auch zur Lösung linearer Gleichungssysteme genutzt werden. Sei $\boldsymbol{A} \in \mathrm{Mat}(n;\mathbb{R})$ regulär und $\boldsymbol{A} = \boldsymbol{QR}$ eine $\boldsymbol{QR}$-Zerlegung von $\boldsymbol{A}$, so folgt

$$\boldsymbol{Ax} = \boldsymbol{b} \Leftrightarrow \boldsymbol{QRx} = \boldsymbol{b} \Leftrightarrow \boldsymbol{Rx} = \boldsymbol{Q}^{\mathrm{T}}\boldsymbol{b} \, .$$

67 Alston Scott Householder (1904 – 1993), US-amerikanischer Mathematiker.

Letztere Gleichung kann wiederum analog zur $\boldsymbol{LR}$-Dreieckszerlegung durch eine Rückwärtselimination gelöst werden.

Beispiel 3.39:
Wir nutzen eine $\boldsymbol{QR}$-Zerlegung zur Lösung des linearen Gleichungssystems $\boldsymbol{Ax} = \boldsymbol{b}$ mit

$$\boldsymbol{A} = \begin{bmatrix} 3 & 1 \\ 4 & 8 \end{bmatrix} \quad \text{und} \quad \boldsymbol{b} = \begin{bmatrix} 5 \\ 20 \end{bmatrix}.$$

Im Rahmen des oben eingeführten Householder-Verfahrens erhalten wir

$$\boldsymbol{u} = \frac{\boldsymbol{a}_1 - |\boldsymbol{a}_1|\boldsymbol{e}_1}{|\boldsymbol{a}_1 - |\boldsymbol{a}_1|\boldsymbol{e}_1|} = \frac{1}{\sqrt{5}} \begin{bmatrix} -1 \\ 2 \end{bmatrix},$$

wodurch sich

$$\boldsymbol{Q} := \boldsymbol{S}_{\boldsymbol{u}} = \boldsymbol{E} - 2\boldsymbol{u}\boldsymbol{u}^{\mathrm{T}} = \begin{bmatrix} \frac{3}{5} & \frac{4}{5} \\ \frac{4}{5} & -\frac{3}{5} \end{bmatrix}$$

ergibt.

Somit folgt

$$\boldsymbol{R} = \boldsymbol{QA} = \begin{bmatrix} 5 & 7 \\ 0 & -4 \end{bmatrix}, \tag{3.348}$$

wodurch die Symmetrie der Spiegelungsmatrix die Darstellung

$$\boldsymbol{A} = \boldsymbol{QR}$$

liefert. Die Lösung des Gleichungssystems erhalten wir durch

$$\boldsymbol{Rx} = \boldsymbol{Q}^{\mathrm{T}}\boldsymbol{b} = \boldsymbol{Qb} = \begin{bmatrix} 19 \\ -8 \end{bmatrix}$$

unter Verwendung der Gleichung (3.348) in der Form

$$x_2 = \frac{1}{-4} \cdot (-8) = 2 \quad \text{und} \quad x_1 = \frac{1}{5}(-7x_2 + 19) = 1\,.$$

Desweiteren kann aus dem Beweis des Satzes 3.68 auch direkt die folgende Aussage entnommen werden, die für die Lösung der in Abschn. 3.11 beschriebenen linearen Ausgleichsprobleme von Bedeutung ist.

Folgerung 3.25:

Für jede Matrix $\boldsymbol{A} \in \mathrm{Mat}(m, n; \mathbb{R})$ mit $m \geq n$ und Rang $\boldsymbol{A} = n$ existiert eine orthogonale Matrix $\boldsymbol{Q} \in \mathrm{Mat}(m; \mathbb{R})$ und eine reguläre rechte Dreiecksmatrix $\boldsymbol{R} \in \mathrm{Mat}(n; \mathbb{R})$

derart, daß

$$A = Q \begin{bmatrix} R \\ 0 \end{bmatrix}$$

gilt.

Ist A selbst eine orthogonale (n, n)-Matrix, so folgt aus der QR-Zerlegung $A = QR$ durch Umstellung $Q^T A = R$, d.h. R ist selbst eine orthogonale Matrix, folglich gilt $R^T R = E$. Dabei ist R^T eine linke Dreiecksmatrix. Da $R^{-1} = R^T$ aber eine rechte Dreiecksmatrix sein muß, ist R^T rechte und linke Dreiecksmatrix zugleich, also eine Diagonalmatrix, und damit auch R. $R^T R = E$ ergibt somit $r_{ii}^2 = 1$, also gilt $R = \operatorname{diag}(r_{11}, r_{22}, \ldots, r_{nn})$ mit $|r_{ii}| = 1$. Nach Konstruktion im obigen Beweis ist $r_{ii} > 0$ und folglich $r_{ii} = 1$ für alle $i = 1,2, \ldots, n-1$. Lediglich r_{nn} kann $+1$ oder -1 sein. Im Falle $r_{nn} = 1$ ist $R = E$ und im Falle $r_{nn} = -1$ ist R eine Spiegelung: $R = E - 2e_n e_n^T$. Aus $A = QR$ und (3.347) erhält man

$$A = S^{(n-1)} S^{(n-2)} \ldots S^{(1)} R$$

und damit nach dem eben Gesagten:

Folgerung 3.26:

Jede orthogonale (n, n)-Matrix kann als Produkt von höchstens n Spiegelungen geschrieben werden.

Übung 3.59:

Es sei $A = QR$ eine QR-Zerlegung wie in Satz 3.68 beschrieben. Ferner seien die Diagonalelemente von R alle positiv. Zeige, daß Q und R durch A eindeutig bestimmt sind.

Hinweis: Mache den Ansatz $A = QR = Q'R'$ mit einer zweiten QR-Zerlegung.

3.10.3 Drehungen im dreidimensionalen Raum

Bewegungen, speziell Drehungen, werden in der Technik so oft konstruktiv verwendet, daß eine ökonomische mathematische Beschreibung dafür wünschenswert ist. Dies leistet die Matrizenrechnung, wie wir im Folgenden sehen werden.

Definition 3.33:

Eine orthogonale $(3, 3)$-Matrix $A \neq E$ mit $\det A = 1$ heißt eine *Drehmatrix* oder *Drehung*.

Diese Bezeichnung wird dadurch gerechtfertigt, daß wir eine Gerade durch $\mathbf{0}$ finden können, die bzgl. der Abbildung $x \mapsto y = Ax$ ($x \in \mathbb{R}^3$) als Drehachse auftritt. Um diese Achse beschreibt $x \mapsto Ax$ eine Drehung um einen bestimmten Winkel.

Zum Beweis dieser Tatsache führen wir zunächst einen Hilfssatz an:

Hilfssatz 3.3:

Jede Drehmatrix $\boldsymbol{A}$ hat den Eigenwert $\lambda_1 = 1$. Ist $\boldsymbol{v}_1$ ein zugehöriger Eigenvektor, so besteht die dadurch bestimmte Gerade $\boldsymbol{G}_1 = \mathbb{R}\boldsymbol{v}_1$ durch $\boldsymbol{0}$ aus lauter Fixpunkten:

$$\boldsymbol{x} \in \boldsymbol{G}_1 \Rightarrow \boldsymbol{A}\boldsymbol{x} = \boldsymbol{x}\,.$$

Beweis:

λ_1, λ_2, λ_3 und $\boldsymbol{v}_1$, $\boldsymbol{v}_2$, $\boldsymbol{v}_3$ seien die Eigenwerte nebst Eigenvektoren von $\boldsymbol{A}$ (Eigenwerte evtl. mehrfach hingeschrieben, entsprechend ihrer algebraischen Vielfachheit.) Es gilt $\boldsymbol{A}\boldsymbol{v}_i = \lambda_i\boldsymbol{v}_i$ und $|\boldsymbol{A}\boldsymbol{v}_i| = |\boldsymbol{v}_i|$ (s. Satz 3.26(g), Abschn. 3.5.3), also

$$|\lambda_1| = |\lambda_2| = |\lambda_3| = 1\,. \tag{3.349}$$

Höchstens zwei Eigenwerte können komplex sein (konjugiert komplex zueinander), also ist ein λ_i reell. Es sei λ_1 reell, somit $\lambda_1 = 1$ oder -1.

Im Falle $\lambda_1 = 1$ ist der Beweis fertig. Im Falle $\lambda_1 = -1$ folgt aus

$$\det \boldsymbol{A} = \lambda_1\lambda_2\lambda_3\,{}^{68} \quad \text{sofort} \quad 1 = -\lambda_2\lambda_3\,. \tag{3.350}$$

Wären λ_2, λ_3 komplex, also $\lambda_3 = \overline{\lambda}_2$, so folgte $\lambda_2\lambda_3 = \lambda_2\overline{\lambda}_2 = |\lambda_2|^2 = 1$ im Widerspruch zu (3.350). Sind λ_2, λ_3 dagegen reell, so können wegen (3.350) nicht beide λ_2, λ_3 gleich -1 sein, also gilt $\lambda_2 = 1$ oder $\lambda_3 = 1$, womit der Hilfssatz bewiesen ist. □

Damit folgt die Rechtfertigung des Wortes »Drehmatrix« aus folgendem

Satz 3.69:

(*Normalform einer Drehung*) Jede Drehmatrix $\boldsymbol{A}$ läßt sich mit einer orthogonalen Matrix $\boldsymbol{C} = [\boldsymbol{c}_1, \boldsymbol{c}_2, \boldsymbol{c}_3]$ auf folgende *Normalform* $\boldsymbol{T}(\varphi)$ transformieren:

$$\boldsymbol{T}(\varphi) = \begin{bmatrix} \cos\varphi & -\sin\varphi & 0 \\ \sin\varphi & \cos\varphi & 0 \\ 0 & 0 & 1 \end{bmatrix} = \boldsymbol{C}^{\mathrm{T}}\boldsymbol{A}\boldsymbol{C}\,, \tag{3.351}$$

$$\text{mit} \quad \cos\varphi = \frac{1}{2}(\operatorname{Spur}\boldsymbol{A} - 1) \neq 1\,. \tag{3.352}$$

Dabei ist $\boldsymbol{c}_3$ ($|\boldsymbol{c}_3| = 1$) ein Eigenvektor zum Eigenwert $\lambda_1 = 1$. $\boldsymbol{c}_3$ ist bis auf den Faktor -1 eindeutig bestimmt. $\boldsymbol{c}_1$, $\boldsymbol{c}_2$ werden so gewählt, daß $(\boldsymbol{c}_1, \boldsymbol{c}_2, \boldsymbol{c}_3)$ ein Orthonormalsystem darstellt.

Bemerkung: Die Gerade $\boldsymbol{G} = \mathbb{R}\boldsymbol{v}_3$ bezeichnen wir als *Drehachse* zu $\boldsymbol{A}$. Denn Satz 3.69 macht klar, daß die Abbildung $\boldsymbol{x} \mapsto \boldsymbol{A}\boldsymbol{x}$ anschaulich eine Raumdrehung um den Winkel φ um diese Drehachse bewirkt.

---

68 Nach Abschn. 3.6.3, (3.158).

Beweis:

(des Satzes 3.69) $(\boldsymbol{c}_1, \boldsymbol{c}_2, \boldsymbol{c}_3)$ werden, wie im Satz angegeben, gewählt. Jedes $\boldsymbol{x} \in \mathbb{R}^3$ läßt sich damit in der Form $\boldsymbol{x} = \sum_{k=1}^{3} \xi_k \boldsymbol{c}_k$ darstellen. Damit folgt

$$\boldsymbol{A}\boldsymbol{x} = \boldsymbol{A}(\xi_1 \boldsymbol{c}_1 + \xi_2 \boldsymbol{c}_2) + \xi_3 \boldsymbol{c}_3 \tag{3.353}$$

(wegen $\boldsymbol{A}\boldsymbol{c}_3 = \boldsymbol{c}_3$). Die durch $\boldsymbol{A}$ gegebene Abbildung führt den Unterraum, der durch $\boldsymbol{c}_1$, $\boldsymbol{c}_2$ aufgespannt wird, in sich über (da $\boldsymbol{A}$ orthogonale Matrix ist). $\boldsymbol{A}$ bewirkt auf diesem Unterraum daher eine lineare abstandserhaltende Abbildung. Dies kann keine Spiegelung sein, weil dann $\boldsymbol{A}$ überhaupt eine Spiegelung wäre, was wegen $\det \boldsymbol{A} = 1$ nicht möglich ist. Also bewirkt $\boldsymbol{A}$ auf dem Unterraum eine Drehung (nach Abschn. 3.9.1), d.h. es gilt mit einem Winkel φ:

$$\boldsymbol{A}(\xi_1 \boldsymbol{c}_1 + \xi_2 \boldsymbol{c}_2) = (\xi_1 \cos\varphi - \xi_2 \sin\varphi)\boldsymbol{c}_1 + (\xi_1 \sin\varphi + \xi_2 \cos\varphi)\boldsymbol{c}_2$$

und folglich mit (3.353)

$$\boldsymbol{A}\boldsymbol{x} = \boldsymbol{c}_1(\xi_1 \cos\varphi - \xi_2 \sin\varphi) + \boldsymbol{c}_2(\xi_1 \sin\varphi + \xi_2 \cos\varphi) + \xi_3 \boldsymbol{c}_3 \,. \tag{3.354}$$

Mit $\boldsymbol{C} = [\boldsymbol{c}_1, \boldsymbol{c}_2, \boldsymbol{c}_3]$ und $\boldsymbol{\xi} = [\xi_1, \xi_2, \xi_3]^{\mathrm{T}}$ und $\boldsymbol{T}(\varphi)$ wie in (3.351) erhält die Gleichung (3.354) die Gestalt

$$\boldsymbol{A}\boldsymbol{x} = \boldsymbol{C}\boldsymbol{T}(\varphi)\boldsymbol{\xi}$$

und wegen $\boldsymbol{x} = \boldsymbol{C}\boldsymbol{\xi}$, also $\boldsymbol{\xi} = \boldsymbol{C}^{\mathrm{T}}\boldsymbol{x}$, schließlich

$$\boldsymbol{A}\boldsymbol{x} = \boldsymbol{C}\boldsymbol{T}(\varphi)\boldsymbol{C}^{\mathrm{T}}\boldsymbol{x} \,. \tag{3.355}$$

Da dies für alle $\boldsymbol{x} \in \mathbb{R}^3$ erfüllt ist, folgt $\boldsymbol{A} = \boldsymbol{C}\boldsymbol{T}(\varphi)\boldsymbol{C}^{\mathrm{T}}$, womit die behauptete Transformation bewiesen ist.

Schließlich gilt $\operatorname{Spur} \boldsymbol{A} \overset{69}{=} \operatorname{Spur} \boldsymbol{T}(\varphi) = 2\cos\varphi + 1$. □

Folgerung 3.27:

Für jede Drehmatrix $\boldsymbol{A}$ ist die Drehachse gleich

$$\operatorname{Bild}(\boldsymbol{A} + \boldsymbol{A}^{\mathrm{T}} - (\operatorname{Spur} \boldsymbol{A} - 1)\boldsymbol{E}) \,. \tag{3.356}$$

69 Nach Abschn. 3.6.3, Folg. 3.15(c).

Beweis:
Mit Satz 3.69 ist $\boldsymbol{A} = \boldsymbol{C}\boldsymbol{T}(\varphi)\boldsymbol{C}^{\mathrm{T}}$, also

$$\begin{aligned}\boldsymbol{A} + \boldsymbol{A}^{\mathrm{T}} - (\operatorname{Spur}\boldsymbol{A} - 1)\boldsymbol{E} &= \boldsymbol{C}(\boldsymbol{T}(\varphi) + \boldsymbol{T}(\varphi)^{\mathrm{T}} - (\operatorname{Spur}\boldsymbol{T}(\varphi) - 1)\boldsymbol{E})\boldsymbol{C}^{\mathrm{T}} \\ &= \boldsymbol{C}\left(2(1-\cos\varphi)\begin{bmatrix}0 & 0 & 0\\ 0 & 0 & 0\\ 0 & 0 & 1\end{bmatrix}\right)\boldsymbol{C}^{\mathrm{T}} = 2(1-\cos\varphi)[\boldsymbol{0}, \boldsymbol{0}, \boldsymbol{c}_3]\boldsymbol{C}^{\mathrm{T}} \\ &= [\alpha\boldsymbol{c}_3, \beta\boldsymbol{c}_3, \gamma\boldsymbol{c}_3]\end{aligned}$$

mit gewissen $\alpha, \beta, \gamma \in \mathbb{R}$, die nicht alle 0 sind. Das Bild der Matrix ist also $\mathbb{R}\boldsymbol{c}_3$. □

Beispiel 3.40:
Gegeben ist

$$\boldsymbol{A} = \begin{bmatrix} 0{,}352 & 0{,}360 & -0{,}864 \\ -0{,}864 & 0{,}480 & -0{,}152 \\ 0{,}360 & 0{,}800 & 0{,}480 \end{bmatrix}.$$

Man überprüfe, daß $\boldsymbol{A}$ eine Drehmatrix ist. Es folgt $\cos\varphi = \frac{1}{2}(\operatorname{Spur}\boldsymbol{A} - 1) = 0{,}156 \Rightarrow \varphi \doteq 81{,}025°$, sowie

$$\boldsymbol{A} + \boldsymbol{A}^{\mathrm{T}} - (\operatorname{Spur}\boldsymbol{A} - 1)\boldsymbol{E} = \begin{bmatrix} 0{,}392 & -0{,}504 & -0{,}504 \\ -0{,}504 & 0{,}648 & 0{,}648 \\ -0{,}504 & 0{,}648 & 0{,}648 \end{bmatrix}.$$

Die Drehachse wird also durch $\boldsymbol{a} = [0{,}392, -0{,}504, -0{,}504]^{\mathrm{T}}$ bestimmt.

Bemerkung: Am Beispiel erkennt man, daß Drehachse und Drehwinkel φ leicht aus (3.356) und (3.352) zu ermitteln sind. (Der Drehsinn zu φ wird allerdings erst aus der Matrix $\boldsymbol{C}$ in (3.351) klar.)

Konstruktion axialer Drehungen: Bisher haben wir aus einer vorgegebenen Drehmatrix $\boldsymbol{A}$ die Drehachse und den Drehwinkel ermittelt. Jetzt gehen wir den umgekehrten Weg:

Es sei eine *Drehachse* in Form eines Richtungsvektors $\boldsymbol{q}$ mit $|\boldsymbol{q}| = 1$ gegeben und ein *Drehwinkel* $\varphi \in \mathbb{R}$. Gesucht ist eine zugehörige Drehmatrix, die die Drehung um die Achse um den Winkel φ beschreibt. Sieht man dabei in Richtung von $\boldsymbol{q}$, so drehen sich die Raumpunkte im Uhrzeigersinn um φ.

Figur 3.19 zeigt, daß folgendes gilt:

$$\boldsymbol{x}' = \overrightarrow{0P'} = \overrightarrow{0R} + \overrightarrow{RS} + \overrightarrow{SP'},$$

wobei

$$\overrightarrow{0R} = (\boldsymbol{q}\cdot\boldsymbol{x})\boldsymbol{q}, \quad \overrightarrow{SP'} = (\boldsymbol{q}\times\boldsymbol{x})\sin\varphi,$$

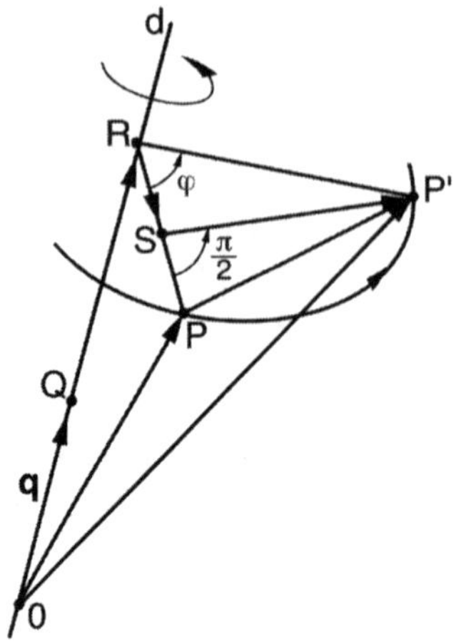

Fig. 3.19: Axiale Drehung

und

$$\overrightarrow{RS} = (\boldsymbol{x} - (\boldsymbol{q} \cdot \boldsymbol{x})\boldsymbol{q}) \cos \varphi \, .$$

Daraus folgt

$$\begin{aligned} \boldsymbol{x}' &= (\boldsymbol{q} \cdot \boldsymbol{x})\boldsymbol{q} + (\boldsymbol{x} - (\boldsymbol{q} \cdot \boldsymbol{x})\boldsymbol{q}) \cos \varphi + (\boldsymbol{q} \times \boldsymbol{x}) \sin \varphi \\ &= \boldsymbol{x} \cos \varphi + (1 - \cos \varphi)(\boldsymbol{q} \cdot \boldsymbol{x})\boldsymbol{q} + (\boldsymbol{q} \times \boldsymbol{x}) \sin \varphi \, . \end{aligned}$$

Die rechte Seite ist linear in $\boldsymbol{x}$, folglich kann man sie mit einer Matrix $\boldsymbol{D}_{\boldsymbol{q}}(\varphi)$ so beschreiben:

$$\boldsymbol{D}_{\boldsymbol{q}}(\varphi)\boldsymbol{x} := \boldsymbol{x} \cos \varphi + (1 - \cos \varphi)(\boldsymbol{q} \cdot \boldsymbol{x})\boldsymbol{q} + (\boldsymbol{q} \times \boldsymbol{x}) \sin \varphi \, . \tag{3.357}$$

Zur Abkürzung definieren wir Matrizen $\boldsymbol{A}$, $\boldsymbol{B}$ durch

$$\boldsymbol{A}\boldsymbol{x} = \boldsymbol{q}(\boldsymbol{q} \cdot \boldsymbol{x}) = \boldsymbol{q}(\boldsymbol{q}^{\mathrm{T}}\boldsymbol{x}) = (\boldsymbol{q}\boldsymbol{q}^{\mathrm{T}})\boldsymbol{x} \Rightarrow \boldsymbol{A} = \boldsymbol{q}\boldsymbol{q}^{\mathrm{T}}$$

und

$$\boldsymbol{B}\boldsymbol{x} = \boldsymbol{q} \times \boldsymbol{x} \Rightarrow \boldsymbol{B} = \begin{bmatrix} 0 & -q_3 & q_2 \\ q_3 & 0 & -q_1 \\ -q_2 & q_1 & 0 \end{bmatrix}, \quad \boldsymbol{q} = \begin{bmatrix} q_1 \\ q_2 \\ q_3 \end{bmatrix}.$$

Damit ergibt sich:

Satz 3.70:
Die Matrix $\boldsymbol{Dq}(\varphi)$ der axialen Drehung (3.357) hat die Form

$$\boldsymbol{D}_{\boldsymbol{q}}(\varphi) = (\cos \varphi)\boldsymbol{E} + (1 - \cos \varphi)\boldsymbol{A} + (\sin \varphi)\boldsymbol{B} \tag{3.358}$$

$$= \begin{bmatrix} c+(1-c)q_1^2 & (1-c)q_1q_2 - sq_3 & (1-c)q_1q_3 + sq_2 \\ (1-c)q_2q_1 + sq_3 & c+(1-c)q_2^2 & (1-c)q_2q_3 - sq_1 \\ (1-c)q_3q_1 - sq_2 & (1-c)q_3q_2 + sq_1 & c+(1-c)q_3^2 \end{bmatrix},$$

wobei $c = \cos\varphi$ und $s = \sin\varphi$ ist. $\boldsymbol{D_q}(\varphi)$ ist eine Drehmatrix.

Beweis:
(der letzten Behauptung) Mit $\boldsymbol{A} = \boldsymbol{A}^{\mathrm{T}}$, $\boldsymbol{B} = -\boldsymbol{B}^{\mathrm{T}}$, $\boldsymbol{A}^2 = \boldsymbol{A}$, $\boldsymbol{B}^2 = \boldsymbol{A} - \boldsymbol{E}$ und $\boldsymbol{A}\boldsymbol{B}^{\mathrm{T}} = 0$ folgt aus (3.358) die Gleichung $\boldsymbol{D_q}(\varphi)\boldsymbol{D_q}(\varphi)^{\mathrm{T}} = \boldsymbol{E}$ und damit die Orthogonalität der Matrix.

Ferner folgt aus der Definition von $\boldsymbol{D_q}(\varphi)$:

$$\boldsymbol{D_q}(\varphi + \psi) = \boldsymbol{D_q}(\varphi)\boldsymbol{D_q}(\psi), \tag{3.359}$$

damit $\boldsymbol{D_q}(\varphi) = (\boldsymbol{D_q}(\varphi/2))^2$, also $\det \boldsymbol{D_q}(\varphi) = 1$. □

Die Sätze 3.69 und 3.70 ergeben zusammen die

Folgerung 3.28:
Jede Drehmatrix $\boldsymbol{A}$ kann in der Form $\boldsymbol{A} = \boldsymbol{D_q}(\varphi)$ dargestellt werden.

Eulersche Drehmatrizen: Nach einer Feststellung, die auf Euler[70] zurückgeht, kann man jede Drehmatrix $\boldsymbol{A}$ als Produkt dreier einfacher Drehmatrizen der folgenden Gestalt schreiben:

$$\boldsymbol{E}_1(\alpha) = \begin{bmatrix} 1 & 0 & 0 \\ 0 & \cos\alpha & -\sin\alpha \\ 0 & \sin\alpha & \cos\alpha \end{bmatrix}, \quad \boldsymbol{E}_2(\beta) = \begin{bmatrix} \cos\beta & 0 & -\sin\beta \\ 0 & 1 & 0 \\ \sin\beta & 0 & \cos\beta \end{bmatrix},$$

$$\boldsymbol{E}_3(\gamma) = \begin{bmatrix} \cos\gamma & -\sin\gamma & 0 \\ \sin\gamma & \cos\gamma & 0 \\ 0 & 0 & 1 \end{bmatrix}.$$

$\boldsymbol{E}_1(\alpha)$ beschreibt offenbar eine Drehung um die erste Koordinatenachse, $\boldsymbol{E}_2(\beta)$ um die zweite und $\boldsymbol{E}_3(\gamma)$ um die dritte. Es gilt

Satz 3.71:
(*Euler*) Die Drehmatrizen sind genau die Matrizen der Form $\boldsymbol{E}_1(\alpha)\boldsymbol{E}_2(\beta)\boldsymbol{E}_3(\gamma)$.

Beweis:

(I) $\boldsymbol{E}_1(\alpha)\boldsymbol{E}_2(\beta)\boldsymbol{E}_3(\gamma)$ ist zweifellos eine Drehmatrix.

(II) Es sei $\boldsymbol{A}$ eine gegebene Drehmatrix. Man wähle $\widehat{\alpha}$ so, daß in $\boldsymbol{E}_1(\widehat{\alpha})\boldsymbol{A}$ an der Stelle (2,3) eine Null steht. Das ist möglich. Dann suche man ein $\widehat{\gamma}$, so daß in $\boldsymbol{E}_1(\widehat{\alpha})\boldsymbol{A}\boldsymbol{E}_3(\widehat{\gamma})$ an der Stelle (2,1) eine Null steht und an der Stelle (2,2) eine positive Zahl. Durch explizites Hinschreiben der genannten Elemente von $\boldsymbol{E}_1(\widehat{\alpha})\boldsymbol{A}\boldsymbol{E}_3(\widehat{\gamma})$ sieht man, daß man ein derartiges

70 Leonhard Euler (1707 – 1783), schweizerischer Mathematiker.

$E_3(\widehat{\gamma})$ finden kann. (Setze dabei $E_1(\widehat{\alpha})A = B = [b_{ik}]$.) Damit ist

$$E_1(\widehat{\alpha})AE_3(\widehat{\gamma}) = \begin{bmatrix} * & a & * \\ 0 & b & 0 \\ * & c & * \end{bmatrix}, \quad b > 0. \tag{3.360}$$

Die linke Seite ist eine Drehmatrix, also auch die rechte. Da der zweite Zeilenvektor rechts den Betrag 1 hat, muß $b = 1$ sein, und weil der zweite Spaltenvektor den Betrag 1 hat, folgt $a = c = 0$. Damit hat die Matrix rechts die Form $E_2(\beta)$ mit geeignetem β. Setzt man nun $\alpha = -\widehat{\alpha}$ und $\gamma = -\widehat{\gamma}$, so folgt

$$A = E_1(\alpha)E_2(\beta)E_3(\gamma). \qquad \square$$

Explizit ausgerechnet ergibt das Produkt die folgende Matrix

$$E_1(\alpha)E_2(\beta)E_3(\gamma) \tag{3.361}$$
$$= \begin{bmatrix} \cos\beta\cos\gamma & -\cos\beta\sin\gamma & -\sin\gamma \\ -\sin\alpha\sin\beta\cos\gamma + \cos\alpha\sin\gamma & \sin\alpha\sin\beta\sin\gamma + \cos\alpha\cos\gamma & -\sin\alpha\cos\beta \\ \cos\alpha\sin\beta\cos\gamma + \sin\alpha\sin\gamma & -\cos\alpha\sin\beta\sin\gamma + \sin\alpha\cos\gamma & \cos\alpha\cos\beta \end{bmatrix}.$$

Beispiel 3.41:

$$A = \begin{bmatrix} \frac{2}{3} & -\frac{1}{3} & \frac{2}{3} \\ \frac{2}{3} & \frac{2}{3} & -\frac{1}{3} \\ -\frac{1}{3} & \frac{2}{3} & \frac{2}{3} \end{bmatrix} = E_1(\alpha)E_2(\beta)E_3(\gamma)$$
$$= \begin{bmatrix} 1 & 0 & 0 \\ 0 & \frac{2}{\sqrt{5}} & -\frac{1}{\sqrt{5}} \\ 0 & \frac{1}{\sqrt{5}} & \frac{2}{\sqrt{5}} \end{bmatrix} \begin{bmatrix} \frac{\sqrt{5}}{3} & 0 & -\frac{2}{3} \\ 0 & 1 & 0 \\ -\frac{2}{3} & 0 & \frac{\sqrt{5}}{3} \end{bmatrix} \begin{bmatrix} \frac{2}{\sqrt{5}} & -\frac{1}{\sqrt{5}} & 0 \\ \frac{1}{\sqrt{5}} & \frac{2}{\sqrt{5}} & 0 \\ 0 & 0 & 1 \end{bmatrix}$$

Bemerkung: In der Schiffs- und Flugmechanik macht man Gebrauch von den Möglichkeiten, die der Satz 3.71 eröffnet. In der Fig. 3.20 ist skizzenhaft dargestellt, wie der momentane Bewegungszustand eines großen Objektes in drei axiale Drehungen zerlegt werden kann, die dem Objekt angepaßt sind.

Es ist überraschend, daß man jede Drehmatrix auch als Drehungen um nur zwei Achsen darstellen kann. Es gilt nämlich der folgende Satz, der analog zum vorangehenden Satz 3.71 bewiesen wird:

Satz 3.72:

Die Drehmatrizen sind genau die Matrizen der Form

$$E_3(\psi)\cdot E_1(\delta)\cdot E_3(\varphi) = \tag{3.362}$$
$$\begin{bmatrix} \cos\varphi\cos\psi - \sin\varphi\sin\psi\cos\delta & -\sin\varphi\cos\psi - \cos\varphi\sin\psi\cos\delta & \sin\psi\sin\delta \\ \cos\varphi\sin\psi + \sin\varphi\cos\psi\cos\delta & -\sin\varphi\sin\psi + \cos\varphi\cos\psi\cos\delta & -\cos\psi\sin\delta \\ \sin\varphi\sin\delta & \cos\varphi\sin\delta & \cos\delta \end{bmatrix}.$$

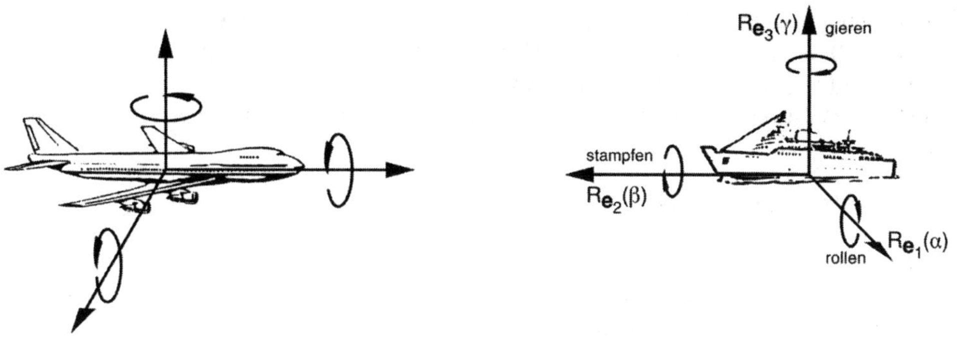

Fig. 3.20: Zerlegung des momentanen Bewegungszustandes

Übung 3.60*

Zerlege

$$A = \frac{1}{3}\begin{bmatrix} 2 & 2 & 1 \\ 1 & -2 & 2 \\ 2 & -1 & -2 \end{bmatrix} \quad \text{in} \quad E_1(\alpha)E_2(\beta)E_3(\gamma)\,.$$

Übung 3.61:

Zerlege die Matrix A aus Beispiel 3.41 in $E_3(\psi)E_1(\delta)E_3(\varphi)$.

3.10.4 Spiegelungen und Drehspiegelungen im dreidimensionalen Raum

Wir betrachten die orthogonalen (3,3)-Matrizen A mit $\det A = -1$. Sie lassen sich durch folgenden Satz charakterisieren:

Satz 3.73:

Für orthogonale (3,3)-Matrizen sind folgende Aussagen äquivalent:

(a) $\det A = -1$.

(b) $-A$ ist eine Drehmatrix.

(c) A ist entweder eine Spiegelung oder ein Produkt aus drei Spiegelungen.

(d) A ist entweder eine Spiegelung oder eine *Drehspiegelung*, d.h. das Produkt aus einer Spiegelung S und einer Drehung D:

$$A = SD\,. \tag{3.363}$$

Bemerkung: In (3.363) kann die *Spiegelung*

$$S = E - uu^{\mathrm{T}} \quad (|u| = 1\,,\ \ u \in \mathbb{R}^3)$$

völlig beliebig gewählt werden. Denn für jedes $\boldsymbol{A}$ mit $\det \boldsymbol{A} = -1$ ist $\boldsymbol{SA} =: \boldsymbol{D}$ eine Drehung (wegen $\det \boldsymbol{D} = \det \boldsymbol{S} \det \boldsymbol{A} = (-1)(-1) = 1$, vgl. Abschn. 3.9.2). Also ist $\boldsymbol{SA} = \boldsymbol{D}$ eine Drehung, und wegen $\boldsymbol{S}^{-1} = \boldsymbol{S}$ folgt $\boldsymbol{A} = \boldsymbol{SD}$.

Analog kann $\boldsymbol{A}$ mit einer beliebigen Spiegelung $\boldsymbol{S}' \in \mathrm{Mat}(3, \mathbb{R})$ in folgender Form dargestellt werden:

$$\boldsymbol{A} = \boldsymbol{D}'\boldsymbol{S}' \quad (\boldsymbol{D}' \text{ Drehung}).$$

Beweis:
(des Satzes 3.73): (d) $\Leftrightarrow$ (a) ist durch die Bemerkung erledigt, (b) $\Leftrightarrow$ (a) ist wegen $\det(-A) = 1$ sofort klar, und (a) $\Leftrightarrow$ (c) folgt aus dem Spiegelungssatz (Folg. 3.24) in Abschn. 3.10.1. □

Satz 3.74:

Jede Drehung im dreidimensionalen Raum $\mathbb{R}^3$ kann als Hintereinanderausführung zweier Spiegelungen dargestellt werden.

Beweis:
Jede Drehung $\boldsymbol{A}$ kann als Produkt von höchstens drei Spiegelungen $\boldsymbol{S}_i$ dargestellt werden. Wegen $\det(\boldsymbol{S}_i) = -1$ und $\det \boldsymbol{A} = 1$ kann $\boldsymbol{A}$ nicht Produkt dreier Spiegelungen sein, also gilt $\boldsymbol{A} = \boldsymbol{S}_1\boldsymbol{S}_2$ mit zwei Spiegelungen S_1, S_2. □

Aus Satz 3.73 gewinnen wir schließlich die

Folgerung 3.29:

Die Menge der orthogonalen (3, 3)-Matrizen zerfällt in die folgenden vier Teilmengen, die zueinander fremd sind:

(1) Menge der *Drehungen* $\boldsymbol{D}$ ($\det \boldsymbol{D} = 1$),

(2) der *Spiegelungen* $\boldsymbol{S} = \boldsymbol{E} - \boldsymbol{u}\boldsymbol{u}^{\mathrm{T}}$ ($|\boldsymbol{u}| = 1$),

(3) Menge der *Drehspiegelungen* $\boldsymbol{SD}$,

(4) $\{\boldsymbol{E}\}$.

Übung 3.62:

Zerlege die Matrix $\boldsymbol{A}$ aus Beispiel 3.40, Abschn. 3.10.3, in zwei Spiegelungen $\boldsymbol{S}_1$, $\boldsymbol{S}_2$.

3.10.5 Basiswechsel und Koordinatentransformation

Der in Abschn. 2.4.3 beschriebene Basiswechsel wird hier noch einmal ausführlicher in Matrizenschreibweise dargestellt.

Koordinaten bezüglich einer Basis: Es sei $(\boldsymbol{b}_1, \ldots, \boldsymbol{b}_n)$ eine Basis des $\mathbb{R}^n$; aus ihr bilden wir die *Basismatrix* $\boldsymbol{B} = [\boldsymbol{b}_1, \ldots, \boldsymbol{b}_n]$. Jedes $\boldsymbol{x} \in \mathbb{R}^n$[71] läßt sich durch

71 Alles in diesem Abschnitt gilt analog in $\mathbb{K}^n$ mit beliebigem Körper $\mathbb{K}$, ja überhaupt in jedem endlichdimensionalen Vektorraum V über $\mathbb{K}$. Wir entwickeln alles für den $\mathbb{R}^n$ aus Gründen der Übersichtlichkeit und der Praxisnähe.

$$x = \sum_{i=1}^{n} \xi_i \boldsymbol{b}_i \tag{3.364}$$

darstellen, wobei die $\xi_i \in \mathbb{R}$ eindeutig bestimmt sind (s. Abschn. 2.1.3, Satz 2.3). Mit

$$\boldsymbol{x}_{\boldsymbol{B}} := \begin{bmatrix} \xi_1 \\ \vdots \\ \xi_n \end{bmatrix} \quad \text{wird (3.364) zu} \quad \boldsymbol{x} = \boldsymbol{B}\boldsymbol{x}_{\boldsymbol{B}} . \tag{3.365}$$

$\boldsymbol{x}_{\boldsymbol{B}}$ heißt der *Koordinatenvektor* von $\boldsymbol{x}$ *bezüglich der Basis* $(\boldsymbol{b}_1, \ldots, \boldsymbol{b}_n)$ oder kurz *bzgl.* $\boldsymbol{B}$. Die Zahlen $\xi_1, \ldots, \xi_n$ heißen die *Koordinaten von* $\boldsymbol{x}$ *bzgl.* $\boldsymbol{B}$.

Basiswechsel: Sind $(\boldsymbol{b}_1, \ldots, \boldsymbol{b}_n)$ und $(\boldsymbol{b}'_1, \ldots, \boldsymbol{b}'_n)$ zwei Basen des $\mathbb{R}^n$ mit den zugehörigen Basismatrizen $\boldsymbol{B} = [\boldsymbol{b}_1, \ldots, \boldsymbol{b}_n]$, $\boldsymbol{B}' = [\boldsymbol{b}'_1, \ldots, \boldsymbol{b}'_n]$, so kann man jedes $\boldsymbol{b}'_k$ so darstellen:

$$\boldsymbol{b}'_i = \sum_{k=1}^{n} \boldsymbol{b}_k \alpha_{ki} , \quad i = 1, \ldots, n \text{ (Basiswechsel).} \tag{3.366}$$

Dabei sind die $\alpha_{ik} \in \mathbb{R}$ durch die Basen eindeutig bestimmt (Abschn. 2.1.3, Satz 2.3). Mit der daraus gebildeten Matrix $\boldsymbol{A} = [\alpha_{ik}]_{n,n}$ wird der *Basiswechsel* (3.366) kurz so beschrieben:

$$\boldsymbol{B}' = \boldsymbol{B}\boldsymbol{A} \quad \text{oder} \quad \boldsymbol{B} = \boldsymbol{B}'\boldsymbol{A}^{-1} . \tag{3.367}$$

$\boldsymbol{A}$ und $\boldsymbol{A}^{-1}$ heißen *Übergangsmatrizen.*

Koordinatentransformation: Es sei $\boldsymbol{x} \in \mathbb{R}^n$ beliebig. Bezüglich der beiden genannten Basen läßt sich $\boldsymbol{x}$ durch

$$\boldsymbol{x} = \boldsymbol{B}\boldsymbol{x}_{\boldsymbol{B}} \quad \text{bzw.} \quad \boldsymbol{x} = \boldsymbol{B}'\boldsymbol{x}_{\boldsymbol{B}'} \tag{3.368}$$

beschreiben (s. (3.365)).

Wie kann man $\boldsymbol{x}_{\boldsymbol{B}'}$ aus $\boldsymbol{x}_{\boldsymbol{B}}$ berechnen und umgekehrt? — Das ist einfach! Gleichsetzen in (3.368) ergibt nämlich

$$\boldsymbol{B}\boldsymbol{x}_{\boldsymbol{B}} = \boldsymbol{B}'\boldsymbol{x}_{\boldsymbol{B}'} \Rightarrow \boldsymbol{x}_{\boldsymbol{B}} = \boldsymbol{B}^{-1}\boldsymbol{B}'\boldsymbol{x}_{\boldsymbol{B}'} \overset{(\boldsymbol{B}^{-1}\boldsymbol{B}'=\boldsymbol{A})}{\Longrightarrow} \boldsymbol{x}_{\boldsymbol{B}} = \boldsymbol{A}\boldsymbol{x}_{\boldsymbol{B}'} , \quad \text{also}$$

Satz 3.75:

Beschreibt $\boldsymbol{B}' = \boldsymbol{B}\boldsymbol{A}$ einen Basiswechsel im $\mathbb{R}^n$, so werden die Koordinatenvektoren $\boldsymbol{x}_{\boldsymbol{B}'}$ und $\boldsymbol{x}_{\boldsymbol{B}}$ eines Vektors $\boldsymbol{x} \in \mathbb{R}^n$ folgendermaßen ineinander umgerechnet:

$$\boldsymbol{x}_{\boldsymbol{B}} = \boldsymbol{A}\boldsymbol{x}_{\boldsymbol{B}'} \quad \text{oder} \quad \boldsymbol{x}_{\boldsymbol{B}'} = \boldsymbol{A}^{-1}\boldsymbol{x}_{\boldsymbol{B}} . \tag{3.369}$$

Man nennt (3.369) eine *Koordinatentransformation*. Wegen ihrer Wichtigkeit wollen wir dies noch einmal explizit ohne Matrizen beschreiben.

Folgerung 3.30:
Werden zwei Basen $(\boldsymbol{b}_1, \ldots, \boldsymbol{b}_n)$ und $(\boldsymbol{b}'_1, \ldots, \boldsymbol{b}'_n)$ des $\mathbb{R}^n$ durch

$$\boldsymbol{b}'_k = \sum_{i=1}^{n} \boldsymbol{b}_i \alpha_{ik}, \quad k = 1, \ldots, n \ (\alpha_{ik} \in \mathbb{R}) \tag{3.370}$$

ineinander übergeführt, so ergibt sich für einen beliebigen Vektor

$$\boldsymbol{x} = \sum_{i=1}^{n} \xi_i \boldsymbol{b}_i = \sum_{k=1}^{n} \xi'_k \boldsymbol{b}'_k \in \mathbb{R}^n \quad (\xi_i, \xi'_k \in \mathbb{R}) \tag{3.371}$$

die folgende Koordinatentransformation:

$$\xi_i = \sum_{k=1}^{n} \alpha_{ik} \xi'_k, \quad i = 1, \ldots, n. \tag{3.372}$$

Bemerkung:

(a) Man beachte, daß in (3.370) und (3.372) die gestrichenen Größen auf *verschiedenen Seiten* der Gleichungen stehen!

(b) Um die α_{ik} aus (3.370) und/oder die ξ'_k aus den ξ_k numerisch zu berechnen, kann man den Gaußschen Algorithmus auf (3.371) anwenden und braucht nicht die numerisch ungünstigere Invertierung von $\boldsymbol{A} = [\alpha_{ik}]$ vorzunehmen.

Beispiel 3.42:
Es seien

$$\boldsymbol{B} = [\boldsymbol{b}_1, \boldsymbol{b}_2, \boldsymbol{b}_3] = \begin{bmatrix} 1 & 1 & 0 \\ 1 & 0 & 1 \\ 0 & 1 & 1 \end{bmatrix}, \quad \boldsymbol{B}' = [\boldsymbol{b}'_1, \boldsymbol{b}'_2, \boldsymbol{b}'_3] = \begin{bmatrix} 1 & -1 & -1 \\ 1 & 1 & 0 \\ 1 & 0 & 1 \end{bmatrix}$$

zwei Basismatrizen des $\mathbb{R}^3$. Aus $\boldsymbol{B}' = \boldsymbol{B}\boldsymbol{A}$ errechnet man die folgende Übergangsmatrix $\boldsymbol{A}$, und für $\boldsymbol{x} = [12, 6, 30]^{\mathrm{T}}$ gewinnt man aus $\boldsymbol{x} = \boldsymbol{B}\boldsymbol{x}_{\boldsymbol{B}}$ und $\boldsymbol{x} = \boldsymbol{B}'\boldsymbol{x}_{\boldsymbol{B}'}$ die folgenden Koordinatenvektoren $\boldsymbol{x}_{\boldsymbol{B}}, \boldsymbol{x}_{\boldsymbol{B}'}$:

$$\left.\boldsymbol{A} = \frac{1}{2}\begin{bmatrix} 1 & 0 & -2 \\ 1 & -2 & 0 \\ 1 & 2 & 2 \end{bmatrix}, \quad \boldsymbol{x}_{\boldsymbol{B}} = \begin{bmatrix} -6 \\ 18 \\ 12 \end{bmatrix}, \quad \boldsymbol{x}_{\boldsymbol{B}'} = \begin{bmatrix} 16 \\ -10 \\ 14 \end{bmatrix}\right\} \Rightarrow \left\{\begin{matrix} \boldsymbol{B}' = \boldsymbol{B}\boldsymbol{A} \\ \text{und} \\ \boldsymbol{x}_{\boldsymbol{B}} = \boldsymbol{A}\boldsymbol{x}_{\boldsymbol{B}'} \end{matrix}\right. .$$

Bezüglich der Basen hat $\boldsymbol{x}$ die Darstellungen

$$\boldsymbol{x} = -6\boldsymbol{b}_1 + 18\boldsymbol{b}_2 + 12\boldsymbol{b}_3 = 16\boldsymbol{b}'_1 - 10\boldsymbol{b}'_2 + 14\boldsymbol{b}'_3 .$$

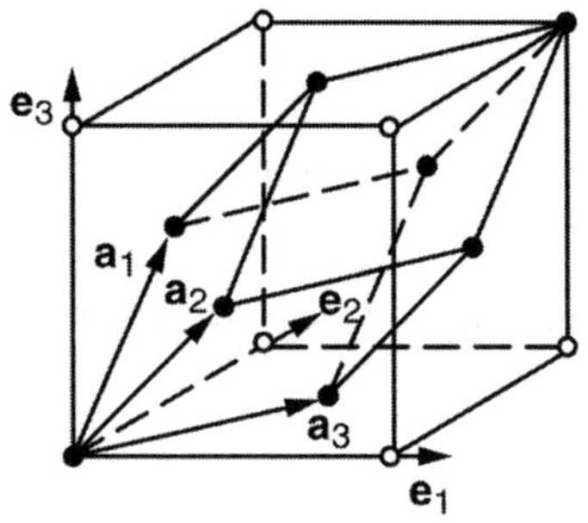

Fig. 3.21: Kristallbasis

Sonderfall: Ein wichtiger Sonderfall entsteht, wenn man einen Wechsel von der *kanonischen Basis* $(\boldsymbol{e}_1, \boldsymbol{e}_2, \ldots, \boldsymbol{e}_n)$ zu einer anderen Basis $(\boldsymbol{b}'_1, \ldots, \boldsymbol{b}'_n)$ vornimmt. In diesem Falle ist $\boldsymbol{A} = \boldsymbol{B}'$. Eine Anwendung dieser Transformationen finden wir z.B. in der *Kristallographie*: Anstelle der kanonischen Basis $(\boldsymbol{e}_1, \boldsymbol{e}_2, \boldsymbol{e}_3)$ verwendet man hier *Kristallbasen*, deren Vektoren $\boldsymbol{a}_1$, $\boldsymbol{a}_2$, $\boldsymbol{a}_3$ in natürlicher Weise mit den charakteristischen Kanten einer Elementarzelle zusammenfallen, wie es die Fig. 3.21 zeigt.

Veränderung der Matrix einer linearen Abbildung bei Basiswechsel: Es beschreibe $\boldsymbol{y} = \boldsymbol{L}\boldsymbol{x}$, mit $\boldsymbol{L} \in \mathrm{Mat}(m, n; \mathbb{R})$ eine lineare Abbildung von $\mathbb{R}^n$ in $\mathbb{R}^m$. Ist durch $\boldsymbol{B} = (\boldsymbol{b}_1, \ldots, \boldsymbol{b}_m)$ bzw. $\boldsymbol{C} = (\boldsymbol{c}_1, \ldots, \boldsymbol{c}_n)$ eine neue Basis in $\mathbb{R}^m$ bzw. $\mathbb{R}^n$ gegeben, so ergibt sich aus den zugehörigen Koordinatendarstellungen $\boldsymbol{y} = \boldsymbol{B}\boldsymbol{y}_B$ und $\boldsymbol{x} = \boldsymbol{C}\boldsymbol{x}_C$ folgendes:

$$\boldsymbol{y} = \boldsymbol{L}\boldsymbol{x} \Rightarrow \boldsymbol{B}\boldsymbol{y}_B = \boldsymbol{L}\boldsymbol{C}\boldsymbol{x}_C \Rightarrow \boldsymbol{y}_B = (\boldsymbol{B}^{-1}\boldsymbol{L}\boldsymbol{C})\boldsymbol{x}_C\,.$$

Durch den Übergang von der kanonischen Basis auf die Basis $\boldsymbol{B}$ in $\mathbb{R}^m$ bzw. $\boldsymbol{C}$ in $\mathbb{R}^n$ geht die Matrix $\boldsymbol{L}$ der linearen Abbildung also in die Matrix $\boldsymbol{B}^{-1}\boldsymbol{L}\boldsymbol{C}$ über.

Übung 3.63:

Es seien zwei Basen $\boldsymbol{B} = [\boldsymbol{b}_1, \boldsymbol{b}_2, \boldsymbol{b}_3]$, $\boldsymbol{B}' = [\boldsymbol{b}'_1, \boldsymbol{b}'_2, \boldsymbol{b}'_3]$ und ein Vektor $\boldsymbol{x} \in \mathbb{R}^3$ wie folgt gegeben:

$$\boldsymbol{B} = \begin{bmatrix} 1 & 0 & 2 \\ 0 & 2 & 1 \\ -2 & 1 & 0 \end{bmatrix}, \quad \boldsymbol{B}' = \begin{bmatrix} 1 & 0 & 0 \\ 0 & 2 & 1 \\ 0 & 1 & 3 \end{bmatrix}, \quad \boldsymbol{x} = \begin{bmatrix} 6 \\ 6 \\ 6 \end{bmatrix}.$$

Gib die Koordinaten $\boldsymbol{x}_B$, $\boldsymbol{x}_{B'}$ von $\boldsymbol{x}$ an, berechne $\boldsymbol{A}$ aus $\boldsymbol{B}' = \boldsymbol{B}\boldsymbol{A}$ und verifiziere $\boldsymbol{x}_B = \boldsymbol{A}\boldsymbol{x}_{B'}$.

3.10.6 Transformation bei kartesischen Koordinaten

Ist $(\boldsymbol{b}_1, \ldots, \boldsymbol{b}_n)$ eine *Orthonormalbasis* des $\mathbb{R}^n$, d.h.

$$\boldsymbol{b}_i \cdot \boldsymbol{b}_k = \delta_{ik} = \begin{cases} 1 & \text{falls } i = k, \\ 0 & \text{falls } i \neq k, \end{cases}$$

und ist

$$x = \sum_{i=1}^{n} \xi_i b_i \quad (\xi_i = x \cdot b_i ,\; i = 1, \ldots, n)^{72}$$

eine Darstellung von $x \in \mathbb{R}^n$ bzgl. dieser Basis, so spricht man von *kartesischen Koordinaten* bzgl. dieser Basis. Die Basismatrix

$$B = [b_1, \ldots, b_n]$$

ist in diesem Fall eine orthogonale Matrix.

Der Basiswechsel zu einer *zweiten Orthonormalbasis* $B' = [b'_1, \ldots, b'_n]$ ist sehr einfach: Für die *Übergangsmatrix* $A = [\alpha_{ik}]_{n,n}$ gilt nämlich

$$B' = BA \Rightarrow A = B^{\mathrm{T}} B' \Rightarrow A \text{ orthogonal,}$$

denn das Produkt zweier orthogonaler Matrizen ist wieder orthogonal.

Aus den Koordinatendarstellungen

$$x = Bx_B = B'x_{B'} , \quad \text{sowie} \quad A = B^{\mathrm{T}} B'$$

(s. voriger Abschnitt) erhält man dann leicht die Koordinatentransformation bei kartesischen Koordinaten:

$$x_B = Ax_{B'} \quad \text{und} \quad x_{B'} = A^{\mathrm{T}} x_B . \tag{3.373}$$

Dreidimensionaler Fall: Für den wichtigsten dreidimensionalen Fall, der ja in der Technik eine Hauptrolle spielt, wird die *Transformation kartesischer Koordinaten* ausführlich und matrixfrei angegeben:

Es seien (b_1, b_2, b_3) und (b'_1, b'_2, b'_3) zwei Orthonormalbasen des $\mathbb{R}^3$. Ein beliebiger Vektor $x \in \mathbb{R}^3$ hat bezüglich dieser Basen die Darstellungen

$$\begin{aligned} x &= \xi_1 b_1 + \xi_2 b_2 + \xi_3 b_3 , \quad \text{mit } \xi_i = b_i \cdot x , \\ x &= \xi'_1 b'_1 + \xi'_2 b'_2 + \xi'_3 b'_3 , \quad \text{mit } \xi'_i = b'_i \cdot x . \end{aligned} \tag{3.374}$$

Die Basen hängen durch folgende Gleichungen zusammen:

$$\begin{array}{l|l} b'_1 = b_1\alpha_{11} + b_2\alpha_{21} + b_3\alpha_{31} & b_1 = b'_1\alpha_{11} + b'_2\alpha_{21} + b'_3\alpha_{31} \\ b'_2 = b_1\alpha_{12} + b_2\alpha_{22} + b_3\alpha_{32} & b_2 = b'_1\alpha_{12} + b'_2\alpha_{22} + b'_3\alpha_{32} \\ b'_3 = b_1\alpha_{13} + b_2\alpha_{23} + b_3\alpha_{33} & b_3 = b'_1\alpha_{13} + b'_2\alpha_{23} + b'_3\alpha_{33} \end{array} \tag{3.375}$$

mit $\alpha_{ik} = b_i \cdot b'_k$.

72 vgl. Abschn. 1.2.7, (1.102)

Damit ergeben sich die kartesischen Koordinatentransformationen wie folgt:

$$\begin{array}{l|l} \xi_1' = \alpha_{11}\xi_1 + \alpha_{21}\xi_2 + \alpha_{31}\xi_3 & \xi_1 = \alpha_{11}\xi_1' + \alpha_{12}\xi_2' + \alpha_{13}\xi_3' \\ \xi_2' = \alpha_{12}\xi_1 + \alpha_{22}\xi_2 + \alpha_{32}\xi_3 & \xi_2 = \alpha_{21}\xi_1' + \alpha_{22}\xi_2' + \alpha_{23}\xi_3' . \\ \xi_3' = \alpha_{13}\xi_1 + \alpha_{23}\xi_2 + \alpha_{33}\xi_3 & \xi_3 = \alpha_{31}\xi_1' + \alpha_{32}\xi_2' + \alpha_{33}\xi_3' \end{array} \tag{3.376}$$

Übung 3.64:

Führe die beschriebene Koordinatentransformation für die folgenden Basen $\boldsymbol{B}$, $\boldsymbol{B}'$ und den angegebenen Vektor $\boldsymbol{x}$ durch:

$$\boldsymbol{B} = \frac{1}{125}\begin{bmatrix} -108 & 45 & 44 \\ -19 & 60 & -108 \\ 60 & 100 & 45 \end{bmatrix}, \quad \boldsymbol{B}' = \begin{bmatrix} 0,6 & 0 & -0,8 \\ 0 & 1 & 0 \\ 0,8 & 0 & 0,6 \end{bmatrix}, \quad \boldsymbol{x} = \begin{bmatrix} 25 \\ 50 \\ 100 \end{bmatrix}.$$

3.10.7 Affine Abbildungen und affine Koordinatentransformationen

Affine Abbildungen: Eine Abbildung $F : \mathbb{R}^n \to \mathbb{R}^m$ [73] der Form

$$F(\boldsymbol{x}) := \boldsymbol{A}\boldsymbol{x} + \boldsymbol{c} \quad \text{mit } \boldsymbol{x} \in \mathbb{R}^n, \boldsymbol{c} \in \mathbb{R}^m, \boldsymbol{A} \in \mathrm{Mat}(m, n; \mathbb{R}) \tag{3.377}$$

heißt eine *affine Abbildung von* $\mathbb{R}^n$ *in* $\mathbb{R}^m$. $\boldsymbol{A}\boldsymbol{x}$ ist dabei der *lineare Anteil* und $\boldsymbol{c}$ der *Translationsanteil*. Für F gilt: Aus

$$\boldsymbol{x} - \boldsymbol{y} = \alpha(\boldsymbol{u} - \boldsymbol{v}), \quad \boldsymbol{x}, \boldsymbol{y}, \boldsymbol{u}, \boldsymbol{v} \in \mathbb{R}^n, \ \alpha \in \mathbb{R},$$

folgt stets

$$F(\boldsymbol{x}) - F(\boldsymbol{y}) = \alpha(F(\boldsymbol{u}) - F(\boldsymbol{v})), \tag{3.378}$$

wie man leicht nachrechnet. (Umgekehrt kann man zeigen, daß eine Abbildung $F : \mathbb{R}^n \to \mathbb{R}^m$ mit der Eigenschaft (3.378) stets die Gestalt (3.377) hat, also affin ist.)

Bemerkung: Affine Abbildungen führen lineare Mannigfaltigkeiten $\boldsymbol{a} + U$ (U Unterraum von $\mathbb{R}^n$) wieder in lineare Mannigfaltigkeiten über. Aus diesem Grunde nennt man lineare Mannigfaltigkeiten in $\mathbb{R}^n$ auch *affine Unterräume* von $\mathbb{R}^n$.

Affine Koordinatensysteme: Es ist gelegentlich zweckmäßig, nicht nur die Koordinatenrichtungen zu wechseln, sondern auch den Ursprung des Koordinatensystems.

In Fig. 3.22 z.B. ist neben dem üblichen kartesischen Koordinatensystem ein weiteres (schiefwinkliges) Koordinatensystem skizziert, mit einer ξ_1- und einer ξ_2-Achse. Der Schnittpunkt dieser Achsen — also der Ursprung des ξ_1-ξ_2-Systems — wird durch den Ortsvektor $\boldsymbol{p}$ gekennzeichnet und die Achsenrichtungen durch $\boldsymbol{b}_1$ und $\boldsymbol{b}_2$. Es liegt daher nahe, das ξ_1-ξ_2-Systems durch das Tripel

$$\langle \boldsymbol{p}; \boldsymbol{b}_1, \boldsymbol{b}_2 \rangle \qquad \text{zu symbolisieren.}$$

73 Wegen der Praxisnähe wird wieder im $\mathbb{R}^n$ gearbeitet. Doch gilt alles hier Gesagte analog in beliebig endlichdimensionalen Vektorräumen über einem Körper $\mathbb{K}$.

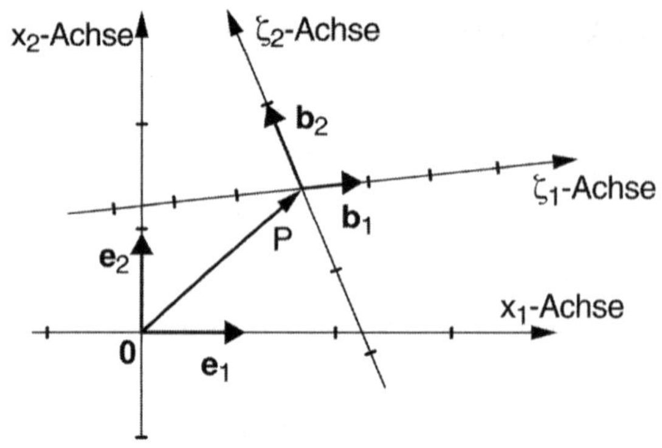

Fig. 3.22: Affine Koordinaten

Es entsteht nun die Frage, welche neuen Koordinaten ξ_1, ξ_2 ein Punkt $\boldsymbol{x} \in \mathbb{R}^2$ mit den kartesischen Koordinaten x_1, x_2 besitzt, ja, wie sich die Koordinaten allgemein bei Übergängen dieser Art umrechnen. Dazu definieren wir folgendes:

Definition 3.34:
Unter einem *(affinen) Koordinatensystem* im $\mathbb{R}^n$ verstehen wir ein $(n+1)$-Tupel

$$\langle \boldsymbol{p}; \boldsymbol{b}_1, \boldsymbol{b}_2, \ldots, \boldsymbol{b}_n \rangle \tag{3.379}$$

von Vektoren $\boldsymbol{p}, \boldsymbol{b}_1, \ldots, \boldsymbol{b}_n$ aus $\mathbb{R}^n$, wobei die $\boldsymbol{b}_1, \ldots, \boldsymbol{b}_n$ linear unabhängig sind. $\boldsymbol{B} = [\boldsymbol{b}_1, \ldots, \boldsymbol{b}_n]$ ist die zugehörige *Basismatrix*.

Jedes $\boldsymbol{x} \in \mathbb{R}^n$ läßt sich bezüglich eines solchen Koordinatensystems in der Form

$$\boldsymbol{x} = \boldsymbol{p} + \sum_{i=1}^{n} \xi_i \boldsymbol{b}_i \tag{3.380}$$

schreiben, wobei die $\xi_i \in \mathbb{R}$ durch $\boldsymbol{x}$ und das Koordinatensystem (3.379) eindeutig bestimmt sind. Denn sie lassen sich ja aus dem Gleichungssystem

$$\sum_{i=1}^{n} \xi_i \boldsymbol{b}_i = \boldsymbol{x} - \boldsymbol{p}$$

gewinnen (z.B. mit dem Gaußschen Algorithmus).

Wir nennen (3.380) die *(affine) Koordinatendarstellung* von $\boldsymbol{x}$ bezüglich des Systems (3.379) und fassen die $\xi_1, \ldots, \xi_n$ überdies zum Koordinatenvektor $\boldsymbol{\xi}$ zusammen:

$$\boldsymbol{\xi} = [\xi_1, \ldots, \xi_n]^{\mathrm{T}}. \tag{3.381}$$

Gelegentlich, wenn es um scharfe Unterscheidungen geht, wird $\boldsymbol{\xi}$ auch durch $\boldsymbol{x}_{\boldsymbol{B},\boldsymbol{p}}$ bezeichnet (dabei ist speziell $\boldsymbol{x}_{\boldsymbol{B},\boldsymbol{0}} = \boldsymbol{x}_{\boldsymbol{B}}$).

Affine Koordinaten: Für den Übergang von einem affinen Koordinatensystem zu einem anderen gilt folgender Satz:

Satz 3.76:

Geht man von einem affinen Koordinatensystem $\langle \boldsymbol{p}; \boldsymbol{b}_1, \ldots, \boldsymbol{b}_n \rangle$ zu einem anderen $\langle \boldsymbol{p}'; \boldsymbol{b}'_1, \ldots, \boldsymbol{b}'_n \rangle$ über, wobei die Basisvektoren durch

$$\boldsymbol{b}'_k = \sum_{i=1}^{n} \boldsymbol{b}_i \alpha_{ik} \quad (k = 1, \ldots, n), \quad \boldsymbol{A} := [\alpha_{ik}]_{n,n}, \tag{3.382}$$

zusammenhängen, so gilt für die Koordinatendarstellungen

$$\boldsymbol{x} = \boldsymbol{p} + \sum_{i=1}^{n} \xi_i \boldsymbol{b}_i = \boldsymbol{p}' + \sum_{k=1}^{n} \xi'_k \boldsymbol{b}'_k \tag{3.383}$$

eines Punktes $\boldsymbol{x} \in \mathbb{R}^n$ die Umrechnungsformel

$$\boldsymbol{\xi}' = \boldsymbol{A}^{-1}\boldsymbol{\xi} + \boldsymbol{c} \quad \text{mit} \quad \boldsymbol{c} = \boldsymbol{B}'^{-1}(\boldsymbol{p} - \boldsymbol{p}'), \quad \boldsymbol{B}' = [\boldsymbol{b}'_1, \ldots, \boldsymbol{b}'_n]. \tag{3.384}$$

Beweis:

Mit den Matrizen $\boldsymbol{B} = [\boldsymbol{b}_1, \ldots, \boldsymbol{b}_n]$, $\boldsymbol{B}'$ und $\boldsymbol{A}$ wird (3.382) zu $\boldsymbol{B}' = \boldsymbol{B}\boldsymbol{A}$ und (3.383) zu

$$\boldsymbol{x} = \boldsymbol{p} + \boldsymbol{B}\boldsymbol{\xi} = \boldsymbol{p}' + \boldsymbol{B}'\boldsymbol{\xi}'.$$

Die rechte Gleichung liefert nach Umstellung

$$\boldsymbol{B}'\boldsymbol{\xi}' = \boldsymbol{B}\boldsymbol{\xi} + (\boldsymbol{p} - \boldsymbol{p}') \Rightarrow \boldsymbol{\xi}' = \boldsymbol{B}'^{-1}\boldsymbol{B}\boldsymbol{\xi} + \boldsymbol{B}'^{-1}(\boldsymbol{p} - \boldsymbol{p}').$$

Mit $\boldsymbol{A} = \boldsymbol{B}^{-1}\boldsymbol{B}'$, also $\boldsymbol{A}^{-1} = \boldsymbol{B}'^{-1}\boldsymbol{B}$, folgt (3.384). □

Damit sind wir für Koordinatentransformation gerüstet.

3.10.8 Hauptachsentransformation von Quadriken

In der Ebene mit einem kartesischen x-y-Koordinatensystem werden Kegelschnitte — wie Ellipsen, Hyperbeln, Parabeln — durch quadratische Gleichungen der Form

$$ax^2 + by^2 + cxy + sx + ty + u = 0 \tag{3.385}$$

beschrieben. Zum Beispiel stellt $x^2 + 2y^2 - 1 = 0$ eine Ellipse dar, $x^2 - 3y^2 - 4 = 0$ eine Hyperbel und $4x^2 - y = 0$ eine Parabel. Einfache Beispiele dieser Art sind dem Leser sicher bekannt.

Es entsteht allgemein die Frage: Welche Figur wird durch die Gl. (3.385) beschrieben, wenn die Koeffizienten a, b, c, s, t, u willkürlich vorgegeben sind? Soviel sei vorweggenommen: Hat

(3.385) überhaupt Lösungen $\begin{bmatrix} x \\ y \end{bmatrix}$, so beschreibt die Gleichung auch einen Kegelschnitt. Aber welchen? — Die Antwort hierauf findet der Leser in Abschn. 3.10.9. Doch zunächst gehen wir das Problem der quadratischen Gleichungen in mehreren Variablen systematisch und allgemein an.

Definition 3.35:

Ein *Polynom zweiten Grades* in den n Variablen $x_1, \ldots, x_n \in \mathbb{R}$ ist eine Funktion der Form

$$h(\boldsymbol{x}) := \sum_{i,k=1}^{n} a_{ik} x_i x_k + 2 \sum_{k=1}^{n} b_k x_k + c \;\text{[74]} \quad (a_{ik}, b_k, c \in \mathbb{R}) \tag{3.386}$$

mit $\boldsymbol{x} = [x_1, \ldots, x_n]^{\mathrm{T}}$ und der symmetrischen Matrix $\boldsymbol{A} = [a_{ik}]_{n,n} \neq 0$. Eine *quadratische* Gleichung in n reellen Variablen ist dann durch $h(\boldsymbol{x}) = 0$ gegeben. Die Menge aller Punkte $\boldsymbol{x} \in \mathbb{R}^n$ mit $h(\boldsymbol{x}) = 0$ heißt eine *Hyperfläche zweiten Grades* oder kurz eine *Quadrik*.

Es ist unser Ziel, Polynome zweiten Grades in einfache Normalformen zu überführen, denen man (geometrische) Eigenschaften leicht ansieht. Zunächst schreiben wir das Polynom $h(\boldsymbol{x})$ aus (3.386) in matrizieller Gestalt:

$$h(\boldsymbol{x}) = \boldsymbol{x}^{\mathrm{T}} \boldsymbol{A} \boldsymbol{x} + 2 \boldsymbol{b}^{\mathrm{T}} \boldsymbol{x} + c \quad \text{mit} \quad \begin{cases} \boldsymbol{A} = [a_{ik}]_{n,n} \neq 0\,, \\ \boldsymbol{A} \text{ symmetrisch,} \end{cases} \quad \boldsymbol{b} = \begin{bmatrix} b_1 \\ \vdots \\ b_n \end{bmatrix}. \tag{3.387}$$

Eine Isometrie $\boldsymbol{x} = \boldsymbol{V}\boldsymbol{y} + \boldsymbol{p}$ mit $\det \boldsymbol{V} = 1$ ($\boldsymbol{V}$ orthogonale Matrix) heißt eine *Bewegung*. Führt man eine beliebige Bewegung $\boldsymbol{x} = \boldsymbol{V}\boldsymbol{y} + \boldsymbol{p}$ aus, so errechnet man leicht, daß $h(\boldsymbol{x})$ in folgende Form übergeht

$$\boldsymbol{y}^{\mathrm{T}}(\boldsymbol{V}^{\mathrm{T}}\boldsymbol{A}\boldsymbol{V})\boldsymbol{y} + 2\left(\boldsymbol{V}^{\mathrm{T}}(\boldsymbol{A}\boldsymbol{p} + \boldsymbol{b})\right)^{\mathrm{T}} \boldsymbol{y} + \underbrace{(\boldsymbol{p}^{\mathrm{T}}\boldsymbol{A}\boldsymbol{p} + 2\boldsymbol{b}^{\mathrm{T}}\boldsymbol{p} + c)}_{h(\boldsymbol{p})}\,. \tag{3.388}$$

Damit beweisen wir folgenden Satz, der uns einfache Normalformen für Polynome zweiten Grades beschert.

Satz 3.77:

(*Normalformen von Polynomen zweiten Grades*) Jedes Polynom zweiten Grades der Form (3.387) läßt sich durch eine geeignete Bewegung $\boldsymbol{x} = \boldsymbol{V}\boldsymbol{\xi} + \boldsymbol{p}$ (mit einer orthogonalen (n, n)-Matrix $\boldsymbol{V}$, $\det \boldsymbol{V} = 1$, und $\boldsymbol{\xi} = [\xi_1, \ldots, \xi_n]^{\mathrm{T}} \in \mathbb{R}^n$) in eine der folgenden Formen transformieren:

---

74 Der Faktor 2 vor der zweiten Summe ist ein reiner »Schönheitsfaktor«. Er erspart uns später gelegentlich den Faktor 1/2.

(a) $\lambda_1\xi_1^2 + \lambda_2\xi_2^2 + \ldots + \lambda_r\xi_r^2 + \beta\,,\qquad$ mit $r = \operatorname{Rang} \boldsymbol{A}$

(b) $\lambda_1\xi_1^2 + \lambda_2\xi_2^2 + \ldots + \lambda_r\xi_r^2 + 2\gamma\xi_n\,,$ mit $\gamma > 0$, $r = \operatorname{Rang} \boldsymbol{A} < n$ $(\lambda_i, \beta, \gamma \in \mathbb{R})$.

Der folgende Beweis ist konstruktiv, d.h. er gibt dem Leser eine (einfache) Methode an die Hand, wie die Transformation auf Normalform durchzuführen ist.

Beweis:

(des Satzes 3.77) Man berechnet zunächst die Eigenwerte $\lambda_1, \ldots, \lambda_n$ von $\boldsymbol{A}$ (jeden so oft hingeschrieben, wie seine algebraische Vielfachheit angibt) und dazu ein Orthonormalsystem zugehöriger Eigenvektoren $\boldsymbol{x}_1, \ldots, \boldsymbol{x}_n$. Mit der Matrix $\boldsymbol{X} = [\boldsymbol{x}_1, \ldots, \boldsymbol{x}_n]$ gilt dann (nach Abschn. 3.6.5, Satz 3.49):

$$\boldsymbol{X}^{\mathrm{T}}\boldsymbol{A}\boldsymbol{X} = \boldsymbol{D} := \operatorname{diag}(\lambda_1, \ldots, \lambda_n)\,. \tag{3.389}$$

Folglich verwandelt sich $h(\boldsymbol{x})$ in (3.387) durch die Transformation $\boldsymbol{x} = \boldsymbol{X}\boldsymbol{y}$ in

$$\begin{aligned} &\boldsymbol{y}^{\mathrm{T}}\boldsymbol{D}\boldsymbol{y} + 2\boldsymbol{d}^{\mathrm{T}}\boldsymbol{y} + c = \sum_{k=1}^{n} \lambda_k y_k^2 + 2\sum_{k=1}^{n} d_k y_k + c \\ &\qquad \text{mit } \boldsymbol{y} = \begin{bmatrix} y_1 \\ \vdots \\ y_n \end{bmatrix}, \quad \boldsymbol{d} = \begin{bmatrix} d_1 \\ \vdots \\ d_n \end{bmatrix} = \boldsymbol{X}^{\mathrm{T}}\boldsymbol{b}\,. \end{aligned} \tag{3.390}$$

1. *Fall*: $\operatorname{Rang} \boldsymbol{A} = n$, d.h. $\boldsymbol{A}$ ist regulär und alle Eigenwerte λ_k sind ungleich Null. Addiert und subtrahiert man zu dem Polynom in $\boldsymbol{y}$ (in (3.390) links) die »quadratischen Ergänzungen« d_k^2/λ_k, so geht das Polynom in folgende Gestalt über:

$$\sum_{k=1}^{n} \lambda_k \left(y_k + \frac{d_k}{\lambda_k} \right)^2 + c_0 = (\boldsymbol{y} + \boldsymbol{q})^{\mathrm{T}}\boldsymbol{D}(\boldsymbol{y} + \boldsymbol{q}) + c_0 \tag{3.391}$$

mit $c_0 = c - \sum_{k=1}^{n} \dfrac{d_k^2}{\lambda_k}$ und $\boldsymbol{q} = \left[\dfrac{d_1}{\lambda_1}, \ldots, \dfrac{d_n}{\lambda_n} \right]^{\mathrm{T}}$.

Die Translation $\boldsymbol{\xi} = \boldsymbol{y} + \boldsymbol{q}$ mit $\boldsymbol{\xi} = [\xi_1, \ldots, \xi_n]^{\mathrm{T}}$, (also $\xi_k = y_k + d_k/\lambda_k$) führt (3.391) in $\xi^{\mathrm{T}}\boldsymbol{D}\xi + c_0$ über und damit in die Normalform (a) des Satzes. Aus $\boldsymbol{x} = \boldsymbol{X}\boldsymbol{y}$ und $\boldsymbol{y} = \boldsymbol{\xi} - \boldsymbol{q}$ erhält man durch Einsetzen

$$\boldsymbol{x} = \boldsymbol{X}\boldsymbol{\xi} + \boldsymbol{p} \quad (\text{mit } \boldsymbol{p} = -\boldsymbol{X}\boldsymbol{q}).$$

Dabei sei $\det \boldsymbol{X} = 1$, was sich durch richtige Wahl der $\boldsymbol{x}_i$ stets erreichen läßt. Diese Bewegung verwandelt also $h(\boldsymbol{x})$ in die Normalform (a).

2. *Fall*: $\operatorname{Rang} \boldsymbol{A} = r < n$. D.h.: Es sind genau r der λ_k ungleich Null. Wir können uns die λ_k so

numeriert denken, daß

$$\lambda_1 \neq 0,\ \lambda_2 \neq 0,\ \ldots,\ \lambda_r \neq 0, \quad \text{und} \quad \lambda_k = 0, \ \text{falls } r < k \leq n,$$

ist. Das Polynom in $\boldsymbol{y}$ (in (3.390)) erhält damit folgende Gestalt (wobei wir wieder quadratische Ergänzungen verwenden):

$$\sum_{k=1}^{r} \lambda_k \left(y_k + \frac{d_k}{\lambda_k} \right)^2 + 2 \sum_{k=r+1}^{n} d_k y_k + c_0 = (\boldsymbol{y} + \boldsymbol{q}_0)^{\mathrm{T}} \boldsymbol{D} (\boldsymbol{y} + \boldsymbol{q}_0) + 2\boldsymbol{d}_0^{\mathrm{T}} \boldsymbol{y} + c_0 , \tag{3.392}$$

mit

$$\boldsymbol{D} = \begin{bmatrix} \lambda_1 & & & & & \boldsymbol{0} \\ & \ddots & & & & \\ & & \lambda_r & & & \\ & & & 0 & & \\ & & & & \ddots & \\ \boldsymbol{0} & & & & & 0 \end{bmatrix}, \quad \boldsymbol{q}_0 = \begin{bmatrix} d_1/\lambda_1 \\ \vdots \\ d_r/\lambda_r \\ 0 \\ \vdots \\ 0 \end{bmatrix}, \quad \boldsymbol{d}_0 = \begin{bmatrix} 0 \\ \vdots \\ 0 \\ d_{r+1} \\ \vdots \\ d_n \end{bmatrix}, \quad c_0 = c - \sum_{k=1}^{r} \frac{d_k^2}{\lambda_k} .$$

Fall 2a: $\boldsymbol{d}_0 = \boldsymbol{0}$. In diesem Fall führt $\boldsymbol{\xi} = \boldsymbol{y} + \boldsymbol{q}_0$ das Polynom (3.392) in $\boldsymbol{\xi}^{\mathrm{T}} \boldsymbol{D} \boldsymbol{\xi} + c_0$ über, also in die Normalform (a). Das Ausgangspolynom (3.386) wird also insgesamt durch $\boldsymbol{x} = \boldsymbol{X}\boldsymbol{\xi} + \boldsymbol{p}$ mit $\boldsymbol{p} = -\boldsymbol{X}\boldsymbol{q}_0$ in die Normalform (a) gebracht, wobei wir wieder $\det \boldsymbol{X} = 1$ annehmen können.
Fall 2b: $\boldsymbol{d}_0 \neq 0$. Man konstruiert eine orthogonale Matrix

$$\boldsymbol{U} = \begin{bmatrix} \boldsymbol{E} & \boldsymbol{0} \\ \boldsymbol{0} & \boldsymbol{W} \end{bmatrix} \begin{matrix} \} & r \text{ Zeilen} \\ \} & n-r \text{ Zeilen} \end{matrix}, \quad \text{die } \boldsymbol{U}\boldsymbol{d}_0 = \gamma \boldsymbol{e}_n \ (\gamma > 0) \text{ erfüllt.}$$

Hierzu hat man nur $\boldsymbol{e}_1, \ldots, \boldsymbol{e}_r$, $(\boldsymbol{d}_0/|\boldsymbol{d}_0|)$ zu einem Orthonormalsystem in $\mathbb{R}^n$ zu ergänzen und diese Vektoren zeilenweise zur Matrix $\boldsymbol{U}$ zusammenzufassen, wobei $(\boldsymbol{d}_0/|\boldsymbol{d}_0|)^{\mathrm{T}}$ die letzte Zeile besetzt. Man erhält $\boldsymbol{U}\boldsymbol{d}_0 = \gamma \boldsymbol{e}_n$ mit $\gamma = |\boldsymbol{d}_0| > 0$. Durch $\boldsymbol{y} = \boldsymbol{U}^{\mathrm{T}} \boldsymbol{v} - \boldsymbol{q}_0$ (also $\boldsymbol{y} + \boldsymbol{q}_0 = \boldsymbol{U}^{\mathrm{T}} \boldsymbol{v}$) verwandelt sich (3.392) damit in

$$\boldsymbol{v}^{\mathrm{T}} \boldsymbol{U} \boldsymbol{D} \boldsymbol{U}^{\mathrm{T}} \boldsymbol{v} + 2(\boldsymbol{U}\boldsymbol{d}_0)^{\mathrm{T}} \boldsymbol{v} - 2\boldsymbol{d}_0^{\mathrm{T}} \boldsymbol{q}_0 + c_0 = \boldsymbol{v}^{\mathrm{T}} \boldsymbol{D} \boldsymbol{v} + 2\gamma \boldsymbol{e}_n^{\mathrm{T}} \boldsymbol{v} + c_0 , \tag{3.393}$$

denn es ist $\boldsymbol{U}\boldsymbol{D}\boldsymbol{U}^{\mathrm{T}} = \boldsymbol{D}$ und $\boldsymbol{d}_0^{\mathrm{T}} \boldsymbol{q}_0 = 0$. Schließlich führen wir eine letzte Translation aus, um c_0 wegzubekommen, d.h. wir setzen $\boldsymbol{v} = \boldsymbol{\xi} + \boldsymbol{s}$ mit $\boldsymbol{s} = [0, \ldots, 0, -c_0/\gamma]^{\mathrm{T}}$ und erhalten aus (3.393) wegen $\boldsymbol{s}^{\mathrm{T}} \boldsymbol{D} \boldsymbol{s} = 0$:

$$\boldsymbol{\xi}^{\mathrm{T}} \boldsymbol{D} \boldsymbol{\xi} + 2\gamma \boldsymbol{e}_n^{\mathrm{T}} \boldsymbol{\xi} . \tag{3.394}$$

Dies ist mit $\boldsymbol{\xi} = [\xi_1, \ldots, \xi_n]^{\mathrm{T}}$ die Normalform (b) des Satzes. Die bei dieser Transformation ausgeführte Bewegung ergibt sich aus $\boldsymbol{x} = \boldsymbol{X}\boldsymbol{y}$, $\boldsymbol{y} = \boldsymbol{U}^{\mathrm{T}} \boldsymbol{v} - \boldsymbol{q}_0$ und $\boldsymbol{v} = \boldsymbol{\xi} + \boldsymbol{s}$. Schrittweises Einsetzen liefert die Bewegung $\boldsymbol{x} = \boldsymbol{V}\boldsymbol{\xi} + \boldsymbol{p}$ mit $\boldsymbol{V} = \boldsymbol{X}\boldsymbol{U}^{\mathrm{T}}$ und $\boldsymbol{p} = \boldsymbol{X}(\boldsymbol{U}^{\mathrm{T}} \boldsymbol{s} - \boldsymbol{q}_0)$. Dabei sei $\det \boldsymbol{V} = 1$, was sich durch einen Vorzeichenwechsel in der ersten Spalte von $\boldsymbol{U}$ gegebenenfalls erzwingen läßt. — Damit ist der Normalformensatz für Quadriken bewiesen. □

Hauptachsentransformation: Die Bewegung $\boldsymbol{x} = \boldsymbol{V}\boldsymbol{\xi} + \boldsymbol{p}$, die nach Satz 3.77 das Polynom $h(\boldsymbol{x}) = \boldsymbol{x}^{\mathrm{T}}\boldsymbol{A}\boldsymbol{x} + 2\boldsymbol{b}^{\mathrm{T}}\boldsymbol{x} + c$ in eine der Normalformen (a) oder (b) überführt, kann als *affine Koordinatentransformation* gedeutet werden (s. Abschn. 3.9.7). Mit $\boldsymbol{V} = [\boldsymbol{v}_1, \boldsymbol{v}_2, \ldots, \boldsymbol{v}_n]$ wird durch $\boldsymbol{x} = \boldsymbol{V}\boldsymbol{\xi} + \boldsymbol{p}$ der Übergang vom kanonischen Koordinatensystem $\langle \boldsymbol{0}; \boldsymbol{e}_1, \ldots, \boldsymbol{e}_n \rangle$ auf das Koordinatensystem $\langle \boldsymbol{p}; \boldsymbol{v}_1, \ldots, \boldsymbol{v}_n \rangle$ beschrieben, d.h. $\boldsymbol{x}$ hat in diesem System die Koordinatendarstellung

$$\boldsymbol{x} = \sum_{k=1}^{n} \xi_k \boldsymbol{v}_k + \boldsymbol{p}\,, \qquad \text{mit } \boldsymbol{\xi} = [\xi_1, \ldots, \xi_n]^{\mathrm{T}}. \tag{3.395}$$

Man kann sich also die durch $h(\boldsymbol{x}) = 0$ beschriebene Quadrik (Punktmenge) als unverrückbar fest vorstellen. Jedoch wird ein neues Koordinatensystem mit ξ_1-, ξ_2-, …, ξ_n-Achsen und dem Koordinatenursprung $\boldsymbol{p}$ eingeführt. Man nennt die ξ_i-Achsen (also die Geraden $\boldsymbol{p} + \lambda\boldsymbol{v}_i$, $\lambda \in \mathbb{R}$) die *Hauptachsen* der Quadrik.

Ist die Koeffizientenmatrix $\boldsymbol{A}$ von $h(\boldsymbol{x})$ regulär, so bezeichnet man $\boldsymbol{p}$ als den *Mittelpunkt* der *Quadrik*. (In diesem Falle ist $\sum_{i=1}^{n} \lambda_i \xi_i^2 + \beta = 0$ die transformierte Gleichung. Man sieht, daß der Übergang von ξ_i zu $-\xi_i$ nichts ändert: Die Gleichung bleibt erfüllt. Dies rechtfertigt den Ausdruck *Mittelpunkt* $\boldsymbol{p}$, da $\boldsymbol{p}$ ja der »Ursprung« des ξ_i-Systems ist.)

Folgerung 3.31:

Ist $\boldsymbol{A}$ regulär und symmetrisch, so kann der Mittelpunkt $\boldsymbol{p}$ der Quadrik $\boldsymbol{x}^{\mathrm{T}}\boldsymbol{A}\boldsymbol{x}+2\boldsymbol{b}^{\mathrm{T}}\boldsymbol{x}+c = 0$ aus

$$\boldsymbol{A}\boldsymbol{p} + \boldsymbol{b} = \boldsymbol{0} \quad (\Leftrightarrow \boldsymbol{p} = -\boldsymbol{A}^{-1}\boldsymbol{b}) \tag{3.396}$$

berechnet werden. Ist $\boldsymbol{X}$ eine orthogonale Transformationsmatrix mit $\boldsymbol{X}^{\mathrm{T}}\boldsymbol{A}\boldsymbol{X} = \mathrm{diag}(\lambda_1, \ldots, \lambda_n)$, so erhält man $\boldsymbol{p}$ (einfacher) aus

$$\boldsymbol{p} = -\boldsymbol{X}\,\mathrm{diag}\left(\frac{1}{\lambda_1}, \ldots, \frac{1}{\lambda_n}\right)\boldsymbol{X}^{\mathrm{T}}\boldsymbol{b}\,. \tag{3.397}$$

Beweis:

(3.396) folgt aus (3.388) durch Nullsetzen des mittleren Gliedes. (3.397) ergibt sich aus dem Beweis des Satzes 3.77, 1. Fall. □

Folgerung 3.32:

Hat die symmetrische (n, n)-Matrix $\boldsymbol{A}$ n paarweise verschiedene Eigenwerte, so sind die Hauptachsen der Quadrik $\boldsymbol{x}^{\mathrm{T}}\boldsymbol{A}\boldsymbol{x} + 2\boldsymbol{b}^{\mathrm{T}}\boldsymbol{x} + c = 0$ eindeutig bestimmt.

Dies folgt aus der Konstruktion der Hauptachsentransformation im Beweis von Satz 3.77.

Beispiel 3.43:
Welche Figur stellt die Gleichung

$$7{,}2x^2 + 4{,}8xy + 5{,}8y^2 - 52{,}8x - 67{,}6y + 185{,}8 = 0$$

im $\mathbb{R}^2$ dar? — Die Gleichung verwandeln wir in die Matrizenschreibweise:
Mit

$$\boldsymbol{A} = \begin{bmatrix} 7{,}2 & 2{,}4 \\ 2{,}4 & 5{,}8 \end{bmatrix}, \quad \boldsymbol{b} = \begin{bmatrix} -26{,}4 \\ -33{,}8 \end{bmatrix}, \quad \boldsymbol{x} = \begin{bmatrix} x \\ y \end{bmatrix} \quad \text{folgt } \boldsymbol{x}^{\mathrm{T}}\boldsymbol{A}\boldsymbol{x} + 2\boldsymbol{b}^{\mathrm{T}}\boldsymbol{x} + 185{,}8 = 0. \tag{3.398}$$

Man errechnet die Eigenwerte $\lambda_1 = 4$ und $\lambda_2 = 9$ von $\boldsymbol{A}$, sowie zugehörige Eigenvektoren

$$\boldsymbol{x}_1 = \begin{bmatrix} 0{,}6 \\ -0{,}8 \end{bmatrix}, \quad \boldsymbol{x}_2 = \begin{bmatrix} 0{,}8 \\ 0{,}6 \end{bmatrix}.$$

Mit

$$\boldsymbol{X} = [\boldsymbol{x}_1, \boldsymbol{x}_2] = \begin{bmatrix} 0{,}6 & 0{,}8 \\ -0{,}8 & 0{,}6 \end{bmatrix}$$

und

$$\boldsymbol{p} = -\boldsymbol{X} \begin{bmatrix} 1/4 & 0 \\ 0 & 1/9 \end{bmatrix} \boldsymbol{X}^{\mathrm{T}}\boldsymbol{b} = \begin{bmatrix} 2 \\ 5 \end{bmatrix}$$

führt die Transformation $\boldsymbol{x} = \boldsymbol{X}\boldsymbol{\xi} + \boldsymbol{p}$ die Gleichung (3.398) über in

$$4\xi_1^2 + 9\xi_2^2 - 36 = 0 \Leftrightarrow \frac{\xi_1^2}{3^2} + \frac{\xi_2^2}{2^2} = 1\,. \tag{3.399}$$

Das konstruierte ξ_1-ξ_2-System ist in Fig. 3.23 eingezeichnet. In diesem System stellt (3.399) eine Ellipse mit den Achsenlängen $a = 3$ und $b = 2$ dar (wie aus der elementaren Geometrie bekannt).

Übung 3.65:

Führe für die folgende Gleichung eine Hauptachsentransformation durch:

$$4{,}06x^2 + 3{,}36xy + 5{,}04y^2 + 47{,}32x + 36{,}96y + 130{,}06 = 0\,.$$

3.10.9 Kegelschnitte

Im $\mathbb{R}^2$, dessen Koordinaten wir mit ξ, η bezeichnen wollen, beschreiben die in Tab. 3.7 angegebenen quadratischen Gleichungen alle Typen von Kegelschnitten, d.h. alle Figuren, die beim Schneiden eines Kreiskegels oder Zylinders[75] mit einer Ebene entstehen können, s. Fig. 3.24.

75 Der Zylinder kann als Grenzfall eines Kegels mit »Spitze im Unendlichen« angesehen werden.

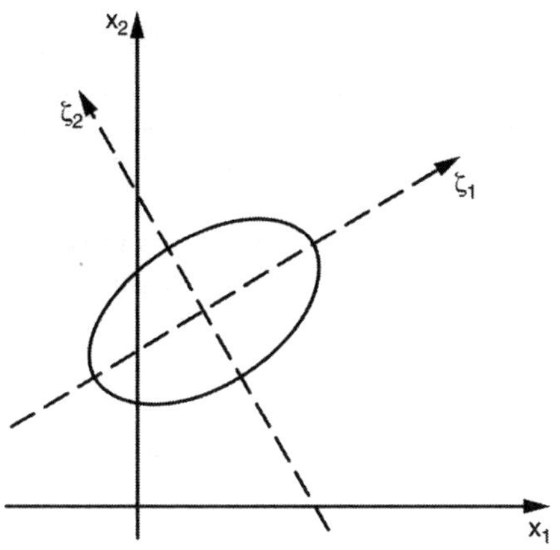

Fig. 3.23: Hauptachsentransformation einer Ellipse

Dabei seien

$$a > 0, \quad b > 0, \quad c \neq 0.$$

Daß die Mengen der Punkte $\begin{bmatrix} \xi \\ \eta \end{bmatrix}$, die die angegebenen Gleichungen erfüllen, gerade die rechts angegebenen Gestalten haben, entnehmen wir der Elementargeometrie (Schulmathematik). Auch die leere Menge $\emptyset$ wollen wir zu den Kegelschnitten rechnen, da sie z.B. als »Schnittmenge« eines Zylinders mit einer zur Zylinderachse parallelen Ebene auftreten kann.

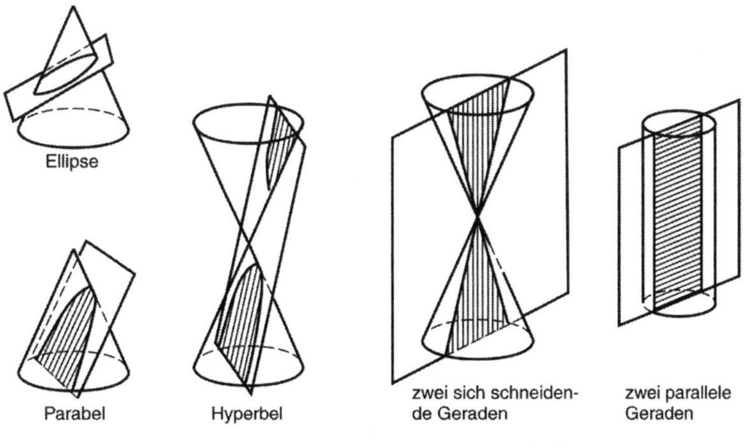

Fig. 3.24: Kegelschnitte

Wir erkennen an Hand der in Tab. 3.7 gezeigten Kegelschnittgleichungen, daß sie alle Mög-

Tabelle 3.7: Kegelschnitte

$\xi^2/a^2 + \eta^2/b^2 = 1$	*Ellipse* mit Halbachsen a, b
$\xi^2/a^2 - \eta^2/b^2 = 1$	*Hyperbel* mit Halbachsen a, b
$\xi^2/a^2 + \eta^2/b^2 = 0$	*Punkt*
$\xi^2/a^2 - \eta^2/b^2 = 0$	*zwei sich schneidende Geraden*
$\xi^2 = a^2$	*zwei parallele Geraden*
$\xi^2 = 0$	*eine Gerade* (sog. »Doppelgerade«)
$\xi^2 + c\eta = 0$	*Parabel*
$\xi^2/a^2 + \eta^2/b^2 = -1$ oder $\xi^2 = -a^2$	*leere Menge*

lichkeiten ausschöpfen, die bei den Normalformen

$$\text{(a)}\ \lambda_1\xi^2 + \lambda_2\eta^2 + \beta = 0 \quad \text{und} \quad \text{(b)}\ \lambda_1\xi^2 + 2\gamma\eta = 0$$

vorkommen können. Damit folgt aus Satz 3.77:

Satz 3.78:

Die Menge der Punkte $\begin{bmatrix} x \\ y \end{bmatrix} \in \mathbb{R}^2$, die einer quadratischen Gleichung

$$a_{11}x^2 + 2a_{12}xy + a_{22}y^2 + 2b_1x + 2b_2y + c = 0 \tag{3.400}$$

genügt, ist stets ein Kegelschnitt.

Sehr schön! — Doch welchen Kegelschnitt stellt (3.400) dar?

Um das herauszukriegen, kann man beispielsweise die *Hauptachsentransformation* à la Satz 3.77 durchführen. Man gewinnt gleichzeitig die Hauptachsen, d.h. das ξ-η-System, in dem die Kegelschnittgleichungen Normalform haben (vgl. Fig. 3.25).

Ellipse, Hyperbel, Punkt und sich schneidende Geraden sind Kegelschnitte mit Mittelpunkt $\boldsymbol{p}$. Ihn gewinnt man leicht aus $\boldsymbol{A}\boldsymbol{p} = -\boldsymbol{b}$ mit $\boldsymbol{A} = [a_{ik}]_{2,2}$, $\boldsymbol{b} = [b_1, b_2]^{\mathrm{T}}$.

Will man jedoch nur wissen, um welchen *Typ von Kegelschnitt* es sich handelt, ohne seine Lage explizit auszurechnen, so kann man viel einfacher vorgehen: Man ordnet die Koeffizienten aus (3.400) in der folgenden Determinante D und ihrer Unterdeterminante $D_1 = \det \boldsymbol{A}$ an und berechnet zusätzlich eine Größe $\boldsymbol{D}_2$:

$$D := \begin{vmatrix} a_{11} & a_{12} & b_1 \\ a_{12} & a_{22} & b_2 \\ b_1 & b_2 & c \end{vmatrix}, \quad D_1 := \begin{vmatrix} a_{11} & a_{12} \\ a_{12} & a_{22} \end{vmatrix}, \quad D_2 := (a_{11} + a_{22})c - b_1^2 - b_2^2. \tag{3.401}$$

Bildet man diese Größen speziell für die Normalformen in Tab. 3.7, so ergibt sich die Fallunterscheidung in Tab. 3.8.

Dies gilt aber auch bei allgemeinen quadratischen Gleichung (3.399), denn sie gehen ja durch Bewegung aus den Normalformen hervor (wie auch umgekehrt). Dabei ändern sich die Vorzeichen von D und D_1 nicht (wie man aus (3.388) im vorigen Abschnitt erkennen kann). Gilt aber

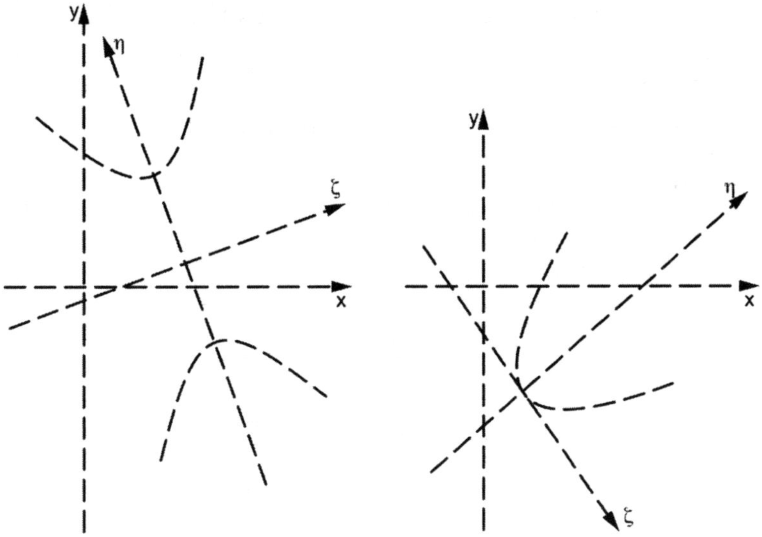

Fig. 3.25: Hyperbel und Parabel in allgemeiner Lage, mit Hauptachsen.

$D = D_1 = 0$, so ändert sich bei Bewegung das Vorzeichen von D_2 nicht (wieder aus (3.388) zu schließen). Somit folgt der

Satz 3.79:

(*Bestimmung von Kegelschnitt-Typen*) Ist eine quadratische Gleichung (3.400) gegeben, so kann man mit D, D_1, D_2 aus (3.401) und dem Schema in Tab. 3.8 den Typ des Kegelschnittes bestimmen.

Übung 3.66*

Welche Kegelschnitte werden durch die folgenden Gleichungen beschrieben:

(a) $6x^2 + 8xy + 10y^2 + 4x + 16y + 4 = 0$,

(b) $15x^2 + 48xy + 6y^2 + 6x + 6y + 6 = 0$,

(c) $9x^2 - 12xy + 4y^2 + 2x + 6y + 1 = 0$,

(d) $x^2 - 4xy + 4y^2 + x - 2y - \frac{1}{4} = 0$?

3.10.10 Flächen zweiten Grades: Ellipsoide, Hyperboloide, Paraboloide

Eine *Fläche zweiten Grades* im $\mathbb{R}^3$ ist durch eine quadratische Gleichung

$$\boldsymbol{x}^{\mathrm{T}} \boldsymbol{A} \boldsymbol{x} + 2\boldsymbol{b}^{\mathrm{T}} \boldsymbol{x} + c = 0 \quad \text{mit } \boldsymbol{A} = [a_{ik}]_{3,3} \neq \boldsymbol{0} \text{ symmetrisch, } \boldsymbol{b}, \boldsymbol{x} \in \mathbb{R}^3 \tag{3.402}$$

gegeben, genauer: Die Menge der $\boldsymbol{x} \in \mathbb{R}^3$, die diese Gleichung erfüllt, ist eine Fläche zweiten Grades (oder *Quadrik* im $\mathbb{R}^3$).

Tabelle 3.8: Zur Bestimmung von Kegelschnittypen

1. Fall

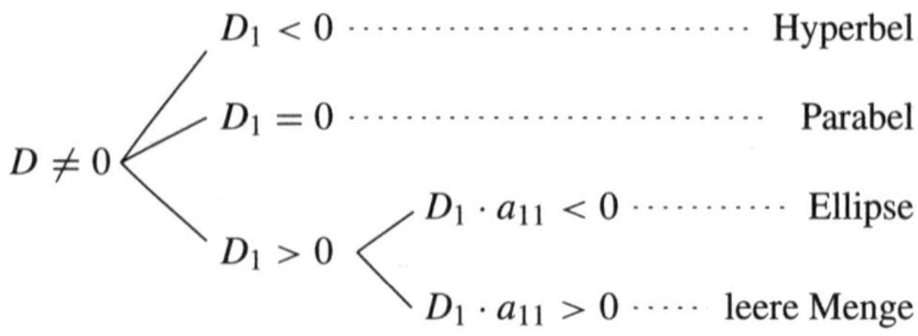
$D \neq 0$
$D_1 < 0$ Hyperbel
$D_1 = 0$ Parabel
$D_1 > 0$
$D_1 \cdot a_{11} < 0$ Ellipse
$D_1 \cdot a_{11} > 0$ leere Menge

2. Fall

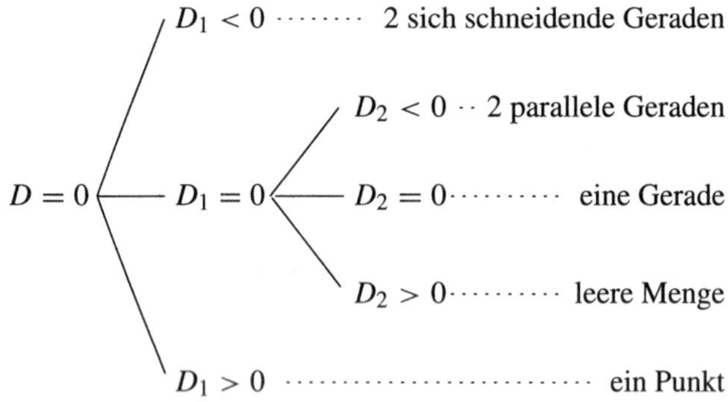
$D = 0$
$D_1 < 0$ 2 sich schneidende Geraden
$D_1 = 0$
$D_2 < 0$ 2 parallele Geraden
$D_2 = 0$ eine Gerade
$D_2 > 0$ leere Menge
$D_1 > 0$ ein Punkt

Nach Satz 3.77 in Abschn. 3.10.8 läßt sich die Gleichung durch eine geeignete Bewegung $\boldsymbol{x} = \boldsymbol{V}\boldsymbol{\xi} + \boldsymbol{p}$ ($\boldsymbol{V}$ orthogonal, $\det \boldsymbol{V} = 1$) auf eine der folgenden Normalformen transformieren:

$$\text{(a)}\ \lambda_1\xi_1^2 + \lambda_2\xi_2^2 + \lambda_3\xi_3^2 + \beta = 0\,, \tag{3.403}$$

$$\text{(b)}\ \lambda_1\xi_1^2 + \lambda_2\xi_2^2 + 2\gamma\xi_3 = 0 \quad (\gamma > 0)\,. \tag{3.404}$$

(3.405)

Hierbei ist in jeder Gleichung wenigstens ein $\lambda_i \neq 0$.

Je nachdem, welche der Zahlen λ_i und β positiv, negativ oder 0 sind, ergibt sich ein anderer Typ von Fläche. Wir geben im Folgenden eine vollständige Klassifizierung der Normalformen — und damit der Flächen zweiter Ordnung — an. Dabei wird überdies der zugehörige Rang von $\boldsymbol{A}$ und der Rang von

$$\boldsymbol{B} := \begin{bmatrix} \boldsymbol{A} & \boldsymbol{b} \\ \boldsymbol{b}^{\mathrm{T}} & c \end{bmatrix}$$

notiert. Da eine Bewegung $\boldsymbol{x} = \boldsymbol{V}\boldsymbol{\xi} + \boldsymbol{p}$ für das Polynom $\boldsymbol{x}^{\mathrm{T}}\boldsymbol{A}\boldsymbol{x} + 2\boldsymbol{b}^{\mathrm{T}}\boldsymbol{x} + c$ in der Form

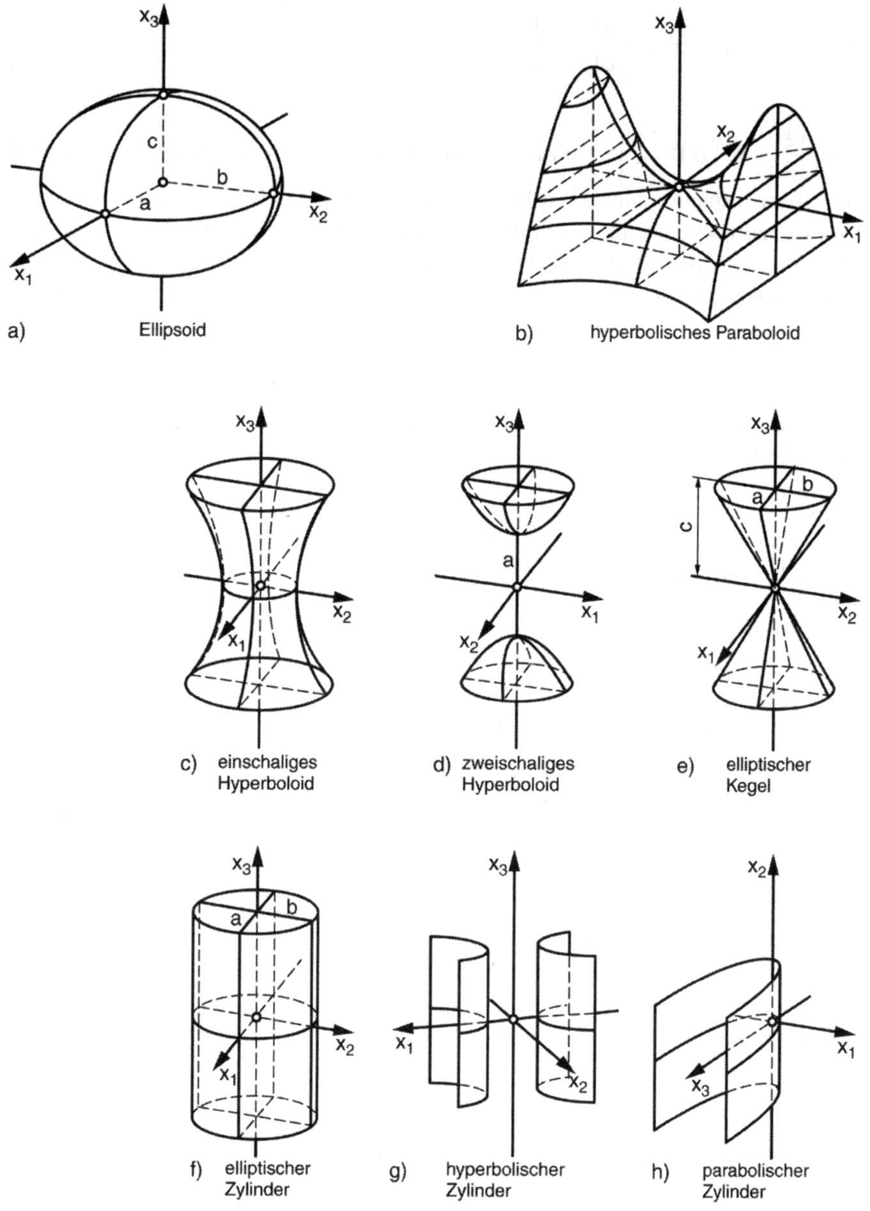

Fig. 3.26: Einige Flächen zweiten Grades.

$$\boldsymbol{W}^{\mathrm{T}}\boldsymbol{B}\boldsymbol{W}\,, \quad \text{mit} \quad \boldsymbol{W} = \begin{bmatrix} \boldsymbol{V} & \boldsymbol{p} \\ \boldsymbol{0}^{\mathrm{T}} & 1 \end{bmatrix},$$

in der Form $\begin{bmatrix} \boldsymbol{\xi} \\ 1 \end{bmatrix}^{\mathrm{T}} \boldsymbol{W}^{\mathrm{T}}\boldsymbol{B}\boldsymbol{W} \begin{bmatrix} \boldsymbol{\xi} \\ 1 \end{bmatrix}$ beschrieben werden kann, ändern sich Rang $\boldsymbol{A}$ und Rang $\boldsymbol{B}$ bei einer solchen Transformation nicht. Wir können sie daher aus den Normalformen ablesen und den einzelnen Flächentypen zuordnen (s. Tab. 3.9). Durch Rang $\boldsymbol{A}$ und Rang $\boldsymbol{B}$ läßt sich schon eine Vorentscheidung über den Flächentyp fällen. (Dabei wird in Tab. 3.9 x_i statt ξ_i geschrieben.) — Technischen Anwendungen: direkt geometrisch (Kühltürme usw.), indirekt (Trägheitsellipsoide u.ä.).

Tabelle 3.9: Klassifizierung der Flächen zweiten Grades

Flächentyp	Formel ($a > 0, b > 0, c > 0$)	Rang $\boldsymbol{B}$	Rang $\boldsymbol{A}$
Ellipsoid	$\frac{x_1^2}{a^2} + \frac{x_2^2}{b^2} + \frac{x_3^2}{c^2} = 1$	4	3
einschaliges Hyperboloid	$\frac{x_1^2}{a^2} + \frac{x_2^2}{b^2} - \frac{x_3^2}{c^2} = 1$	4	3
zweischaliges Hyperboloid	$-\frac{x_1^2}{a^2} - \frac{x_2^2}{b^2} + \frac{x_3^2}{c^2} = 1$	4	3
elliptisches Paraboloid	$\frac{x_1^2}{a^2} + \frac{x_2^2}{b^2} = x_3$	4	2
hyperbolisches Paraboloid (Sattel)	$\frac{x_1^2}{a^2} - \frac{x_2^2}{b^2} = x_3$	4	2
elliptischer Kegel	$\frac{x_1^2}{a^2} + \frac{x_2^2}{b^2} - \frac{x_3^2}{c^2} = 0$	3	3
ein Punkt	$\frac{x_1^2}{a^2} + \frac{x_2^2}{b^2} + \frac{x_3^2}{c^2} = 0$	3	3
elliptischer Zylinder	$\frac{x_1^2}{a^2} + \frac{x_2^2}{b^2} = 1$	3	2
hyperbolischer Zylinder	$\frac{x_1^2}{a^2} - \frac{x_2^2}{b^2} = 1$	3	2
parabolischer Zylinder	$x_1^2 = \alpha x_3 \quad (\alpha \neq 0)$	3	1
zwei sich schneidende Ebenen	$\frac{x_1^2}{a^2} - \frac{x_2^2}{b^2} = 0$	2	2
eine Gerade	$\frac{x_1^2}{a^2} + \frac{x_2^2}{b^2} = 0$	2	2
zwei parallele Ebenen	$x_1^2 = a^2$	2	1
eine Ebene	$x_1^2 = 0$	1	1
leere Menge $\emptyset$	sonst		

Übung 3.67:

Welche Fläche zweiter Ordnung beschreibt die Gleichung

$$2x_1^2 - 2x_1x_2 + 2x_2^2 + 4x_1x_3 + 5x_3^2 - 4x_2x_3 - 2x_1 + 2x_3 - 4 = 0\,?$$

Die Figuren 3.26 (a) bis (h) vermitteln ein Anschauung für die meisten dieser Flächen.

3.11 Lineare Ausgleichsprobleme

In Abschnitt 2.2.5 haben wir uns kurz mit rechteckigen linearen Gleichungssystemen befaßt, also mit Gleichungssystemen der Form

$$\boldsymbol{A}\boldsymbol{x} = \boldsymbol{b}\,, \tag{3.406}$$

wobei $\boldsymbol{A} \in \mathrm{Mat}(m, n; \mathbb{R})$ und $\boldsymbol{b} \in \mathbb{R}^m$ ist. Wir konnten die eindeutige Lösbarkeit von (3.406) genau dann nachweisen, wenn das Rangkriterium (s. Satz 2.10) erfüllt ist. Außerdem haben wir einen Zusammenhang zum Gaußschen Algorithmus aufgezeigt.

Wie sieht es nun aber mit *unlösbaren* linearen Gleichungssystemen aus, etwa solchen mit nichtinvertierbaren Matrizen $\boldsymbol{A}$, oder solchen, bei denen die Anzahl m der Gleichungen größer ist als die Anzahl n der Unbekannten? Sind diese für die Belange der Praxis überhaupt relevant? Dem ist so, denn: Aufgrund von *Meßfehlern* treten in den Anwendungen nur selten exakt lösbare lineare Gleichungssysteme auf. Es stellt sich dann die Aufgabe, *lineare Ausgleichsprobleme* zu lösen. Innerhalb dieses Abschnitts können wir nur einen kleinen Einblick in die Theorie und Numerik linearer Ausgleichsprobleme geben. Für eine detaillierte und zugleich umfassende Darstellung sei auf die Bücher von Björck [9] und Lawson/Hanson [88] verwiesen.

3.11.1 Die Methode der kleinsten Fehlerquadrate

Die Grundidee zur Lösung von linearen Ausgleichsproblemen findet sich schon bei C.F. Gauß, bekannt als »Methode der kleinsten Fehlerquadrate«. Wir wollen den Kerngedanken anhand eines einfachen Spezialfalls aufzeigen. Hierzu gehen wir von je m Meßwerten z_k und y_k ($k = 1, \ldots, m$) aus und tragen sie in ein (y, z)-Koordinatensystem ein. Dabei liege näherungsweise ein linearer Zusammenhang vor (s. Fig. 3.27). Wir haben dann eine Gerade $z = \alpha y$, die sogenannte *Ausgleichsgerade* zu bestimmen, die die gemessenen Werte möglichst gut annähert. Es ist also eine »optimale« Steigung $\widehat{\alpha}$ für eine solche Gerade zu ermitteln. Aufgrund der Meßwerte z_k und y_k gelangen wir zu einem linearen Gleichungssystem

$$\alpha y_k = z_k\,, \quad k = 1, \ldots, m\,, \tag{3.407}$$

das sich mit

$$\boldsymbol{y} := [y_1, \ldots, y_m]^{\mathrm{T}} \quad \text{und} \quad \boldsymbol{z} := [z_1, \ldots, z_m]^{\mathrm{T}} \tag{3.408}$$

in der Form

$$\alpha \boldsymbol{y} = \boldsymbol{z} \tag{3.409}$$

schreiben läßt. C.F. Gauß zeigte, daß man bei Beobachtungsgrößen, die mit zufälligen Fehlern behaftet sind, zu einer optimalen unverfälschten Schätzung für die unbekannte Größe (hier α) gelangt, wenn man das *Fehlerquadrat*

$$\sum_{k=1}^{m} (\alpha y_k - z_k)^2 \tag{3.410}$$

minimiert. Bezeichnet $|\,.\,|$ die euklidische Norm und $(\ ,\ )$ das Skalarprodukt zweier Vektoren, das diese Norm induziert (vgl. Abschn. 2.1.2 bzw. 2.4.9), so läßt sich (3.410) auch in der Form

$$|\alpha \boldsymbol{y} - \boldsymbol{z}|^2 = (\alpha \boldsymbol{y} - \boldsymbol{z}, \alpha \boldsymbol{y} - \boldsymbol{z})$$

darstellen. Diesen Ausdruck wollen wir minimieren. Mit

$$f(\alpha) := (\alpha \boldsymbol{y} - \boldsymbol{z}, \alpha \boldsymbol{y} - \boldsymbol{z}) = \alpha^2 |\boldsymbol{y}|^2 - 2\alpha(\boldsymbol{y}, \boldsymbol{z}) + |\boldsymbol{z}|^2$$

folgt aus $f'(\alpha) = 2\alpha|\boldsymbol{y}|^2 - 2(\boldsymbol{y}, \boldsymbol{z}) = 0$ der Extremalwert $\widehat{\alpha} = (\boldsymbol{y}, \boldsymbol{z})/|\boldsymbol{y}|^2$. Da wir $\boldsymbol{y} \neq \boldsymbol{0}$ voraussetzen dürfen, liegt wegen $f''(\widehat{\alpha}) = 2|\boldsymbol{y}|^2 > 0$ mit $\widehat{\alpha}$ das gesuchte Minimum vor.

Natürlich ist die Aufgabenstellung nicht notwendigerweise auf die Berechnung einer Ausgleichsgeraden beschränkt. Setzt man allgemein ein Polynom $p \in \Pi_{n-1}$ vom Grad kleiner oder gleich $n-1$ an, so erhalten wir mit der Darstellung

$$p(\omega) = \alpha_0 + \alpha_1 \omega + \ldots + \alpha_{n-1} \omega^{n-1} \tag{3.411}$$

analog zu (3.407) unter Verwendung der Werte $\omega = y_k$, $k = 1, \ldots, m$, das lineare Gleichungssystem

$$\sum_{i=0}^{n-1} \alpha_i y_k^i = z_k\,, \quad k = 1, \ldots, m\,, \tag{3.412}$$

welches sich unter Verwendung von $\boldsymbol{\alpha} := [\alpha_0, \ldots, \alpha_{n-1}]^{\mathrm{T}}$ und (3.408) in der Form

$$\boldsymbol{A\alpha} = \boldsymbol{z} \tag{3.413}$$

mit

$$\boldsymbol{A} = \begin{bmatrix} 1 & y_1 & y_1^2 & \ldots & y_1^{n-1} \\ \vdots & \vdots & & & \vdots \\ 1 & y_m & y_m^2 & \ldots & y_m^{n-1} \end{bmatrix} \in \mathrm{Mat}(m, n; \mathbb{R}) \tag{3.414}$$

schreiben läßt. Die Gleichung (3.409) gliedert sich in diesen Rahmen mit

$$A = \begin{bmatrix} y_1 \\ \vdots \\ y_m \end{bmatrix} \in \mathrm{Mat}(m,1;\mathbb{R}) \quad \text{und} \quad \alpha = \alpha_1 \in \mathbb{R} \tag{3.415}$$

ein.

Im Fall $n < m$ liegen in der Polynomdarstellung (3.411) weniger Freiheitsgrade vor, als Bedingungen in (3.412) auftreten. In Anlehnung an (3.410) werden wir daher wiederum die Summe der Fehlerquadrate

$$|A\alpha - z|^2 = \sum_{k=1}^{m} \left(\sum_{i=0}^{n-1} \alpha_i y_k^i - z_k \right)^2 \tag{3.416}$$

minimieren.

Nach diesen einführenden Überlegungen wenden wir uns nun dem allgemeinen Fall eines linearen Ausgleichsproblems zu. Zu gegebener Matrix

$$A \in \mathrm{Mat}(m, n; \mathbb{R})$$

und rechter Seite $b \in \mathbb{R}^m$ ist ein $\widehat{x} \in \mathbb{R}^n$ so zu bestimmen, daß der Ausdruck

$$|Ax - b| \tag{3.417}$$

minimiert wird.[76]

Definition 3.36:
Es sei $A \in \mathrm{Mat}(m, n; \mathbb{R})$, $m > n$, und $b \in \mathbb{R}^m$. Dann nennt man $\widehat{x} \in \mathbb{R}^n$ eine *Ausgleichslösung* von $Ax = b$, wenn

$$|A\widehat{x} - b| \leq |Ax - b| \quad \text{für alle } x \in \mathbb{R}^n$$

gilt. Wir sagen $\widetilde{x} \in \mathbb{R}^n$ ist *Optimallösung* von $Ax = b$, wenn $\widetilde{x}$ eine Ausgleichslösung ist, deren euklidische Norm minimal ist.

Die Vorgehensweise zur Lösung derartiger Ausgleichsprobleme läßt sich anhand des eingangs betrachteten Falls der Ausgleichsgeraden (s. Fig. 3.27) motivieren. Aufgrund des Zusammenhangs

$$(\widehat{\alpha} y, \widehat{\alpha} y - z) = \widehat{\alpha}^2 |y|^2 - \widehat{\alpha}(y, z) = \frac{(y, z)^2}{|y|^4} |y|^2 - \frac{(y, z)}{|y|^2}(y, z) = 0$$

ergibt sich die in Figur 3.28 dargestellte Orthogonalität der Vektoren $\widehat{\alpha} y$ und $\widehat{\alpha} y - z$.

76 Die Minimierung von $|Ax - b|$ und $|Ax - b|^2$ sind äquivalent, weshalb der zu minimierende Ausdruck je nach Bedarf gewählt werden kann.

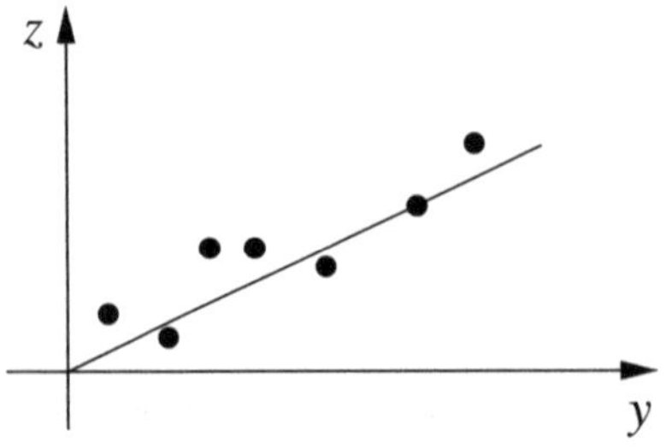

Fig. 3.27: Ausgleichsgerade

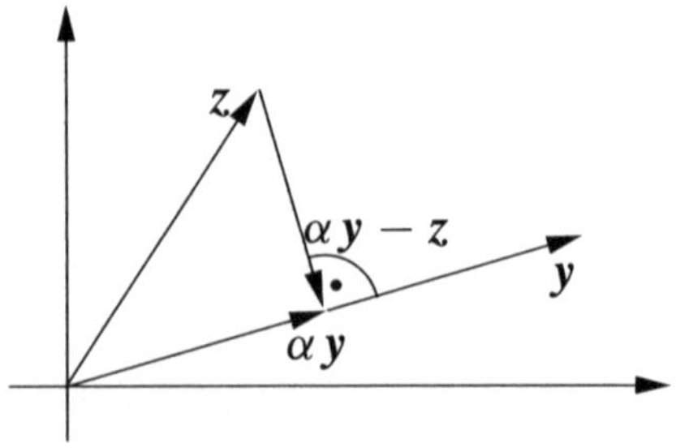

Fig. 3.28: Projektion von z.

Der Vektor $\widehat{\alpha}\boldsymbol{y} \in \mathbb{R}^m$ ergibt sich somit durch die orthogonale Projektion der rechten Seite $\boldsymbol{z}$ auf das Bild der in (3.415) aufgeführten Matrix

$$\boldsymbol{A} = \begin{bmatrix} y_1 \\ \vdots \\ y_m \end{bmatrix} \in \mathrm{Mat}(m, 1; \mathbb{R}) .$$

Aufgrund dieser Vorüberlegungen am Spezialfall, dürfte das folgende Resultat nicht mehr besonders überraschen:

Satz 3.80:
Es sei $\boldsymbol{A} \in \mathrm{Mat}(m, n; \mathbb{R})$ und $\boldsymbol{b} \in \mathbb{R}^m$. Dann ist $\widehat{\boldsymbol{x}}$ genau dann eine Ausgleichslösung von $\boldsymbol{A}\boldsymbol{x} = \boldsymbol{b}$, wenn $\boldsymbol{A}\widehat{\boldsymbol{x}}$ die Orthogonalprojektion von $\boldsymbol{b}$ auf Bild $\boldsymbol{A}$ ist.

Beweis:
Da Bild $\boldsymbol{A} \subset \mathbb{R}^m$ einen Untervektorraum darstellt, läßt sich nach Folgerung 2.3 aus Abschn. 2.1.4 jedes $\boldsymbol{b} \in \mathbb{R}^m$ eindeutig als Summe

$$\boldsymbol{b} = \boldsymbol{b}' + \boldsymbol{b}'' \quad \text{mit} \quad \boldsymbol{b}' \in \mathrm{Bild}\,\boldsymbol{A} \quad \text{und} \quad \boldsymbol{b}'' \in (\mathrm{Bild}\,\boldsymbol{A})^{\perp} \tag{3.418}$$

darstellen. Für beliebiges $\boldsymbol{x} \in \mathbb{R}^n$ erhalten wir wegen $\boldsymbol{A}\boldsymbol{x} - \boldsymbol{b}' \in \mathrm{Bild}\,\boldsymbol{A}$ die Orthogonalität der Vektoren

$$\boldsymbol{A}\boldsymbol{x} - \boldsymbol{b}' \quad \text{und} \quad \boldsymbol{b}'' = \boldsymbol{b} - \boldsymbol{b}' .$$

Nun wenden wir den Satz des Pythagoras im $\mathbb{R}^m$ an (s. Folg. 2.2, Abschn. 2.1.4):

$$|\boldsymbol{A}\boldsymbol{x} - \boldsymbol{b}|^2 = |\boldsymbol{A}\boldsymbol{x} - \boldsymbol{b}' - (\boldsymbol{b} - \boldsymbol{b}')|^2 \leq |\boldsymbol{A}\boldsymbol{x} - \boldsymbol{b}'|^2 + |\boldsymbol{b} - \boldsymbol{b}'|^2$$

für alle $\boldsymbol{x} \in \mathbb{R}^n$. Damit ist direkt zu erkennen, daß $|\boldsymbol{A}\widehat{\boldsymbol{x}} - \boldsymbol{b}|$ genau dann minimal ist, wenn $\boldsymbol{A}\widehat{\boldsymbol{x}} = \boldsymbol{b}'$ gilt und somit wegen (3.418) der Vektor $\boldsymbol{A}\widehat{\boldsymbol{x}}$ die Orthogonalprojektion von $\boldsymbol{b}$ auf Bild $\boldsymbol{A}$ darstellt. □

Bevor wir mit dem Zusammenhang zwischen dem Ausgleichsproblem und den Normalgleichungen einen ganz wesentlichen Aspekt betrachten, beweisen wir zunächst folgenden Hilfssatz:

Hilfssatz 3.4:
Sei $\boldsymbol{A} \in \text{Mat}(m, n; \mathbb{R})$, $m, n \in \mathbb{N}$, dann gilt

$$(\text{Bild}\,\boldsymbol{A})^{\perp} = \text{Kern}\,\boldsymbol{A}^{\text{T}}.$$

Beweis:
Sei $\boldsymbol{v} \in (\text{Bild}\,\boldsymbol{A})^{\perp}$, dann erhalten wir für alle $\boldsymbol{x} \in \mathbb{R}^n$ die Gleichung

$$0 = (\boldsymbol{Ax}, \boldsymbol{v}) = (\boldsymbol{Ax})^{\text{T}}\boldsymbol{v} = \boldsymbol{x}^{\text{T}}\boldsymbol{A}^{\text{T}}\boldsymbol{v}.$$

Mit der Wahl von $\boldsymbol{x} = \boldsymbol{A}^{\text{T}}\boldsymbol{v}$ ergibt sich somit

$$0 = (\boldsymbol{A}^{\text{T}}\boldsymbol{v})^{\text{T}}\boldsymbol{A}^{\text{T}}\boldsymbol{v} = |\boldsymbol{A}^{\text{T}}\boldsymbol{v}|^2,$$

womit $\boldsymbol{A}^{\text{T}}\boldsymbol{v} = 0$ und daher $\boldsymbol{v} \in \text{Kern}\,\boldsymbol{A}^{\text{T}}$ folgt. Hiermit gilt

$$(\text{Bild}\,\boldsymbol{A})^{\perp} \subset \text{Kern}\,\boldsymbol{A}^{\text{T}}.$$

Sei $\boldsymbol{w} \in \text{Kern}\,\boldsymbol{A}^{\text{T}}$, so ergibt sich für alle $\boldsymbol{x} \in \mathbb{R}^n$

$$(\boldsymbol{Ax}, \boldsymbol{w}) = \boldsymbol{x}^{\text{T}}\underbrace{\boldsymbol{A}^{\text{T}}\boldsymbol{w}}_{=0} = 0,$$

so daß $\boldsymbol{w} \in (\text{Bild}\,\boldsymbol{A})^{\perp}$ und demzufolge

$$\text{Kern}\,\boldsymbol{A}^{\text{T}} \subset (\text{Bild}\,\boldsymbol{A})^{\perp}$$

gilt. Zusammenfassend erhalten wir die Behauptung. □

Satz 3.81:
Sei $\boldsymbol{A} \in \text{Mat}(m, n; \mathbb{R})$ und $\boldsymbol{b} \in \mathbb{R}^m$. Dann ist $\widehat{\boldsymbol{x}} \in \mathbb{R}^n$ genau dann Ausgleichslösung von $\boldsymbol{Ax} = \boldsymbol{b}$, wenn $\widehat{\boldsymbol{x}}$ die sogenannte *Normalgleichung*

$$\boldsymbol{A}^{\text{T}}\boldsymbol{Ax} = \boldsymbol{A}^{\text{T}}\boldsymbol{b}$$

löst.

Beweis:
Unter Verwendung der in (3.418) dargestellten Zerlegung der rechten Seite $\boldsymbol{b}$ erhalten wir mit Hilfssatz 3.4 die Eigenschaft

$$\boldsymbol{b} - \boldsymbol{b}' = \boldsymbol{b}'' \in (\text{Bild}\,\boldsymbol{A})^{\perp} = \text{Kern}\,\boldsymbol{A}^{\text{T}}. \tag{3.419}$$

Sei $\widehat{\boldsymbol{x}}$ Ausgleichslösung, dann ergibt sich mit Satz 3.80 die Gleichung

$$\boldsymbol{A}^{\mathrm{T}}\boldsymbol{A}\widehat{\boldsymbol{x}} - \boldsymbol{A}^{\mathrm{T}}\boldsymbol{b} = \boldsymbol{A}^{\mathrm{T}}(\boldsymbol{A}\widehat{\boldsymbol{x}} - \boldsymbol{b}) = \boldsymbol{A}^{\mathrm{T}}(\boldsymbol{b}' - \boldsymbol{b}) \stackrel{(3.419)}{=} 0\,,$$

womit $\widehat{\boldsymbol{x}}$ eine Lösung der Normalgleichungen repräsentiert.

Sei $\widehat{\boldsymbol{x}}$ Lösung der Normalgleichung, so folgt $\boldsymbol{b} - \boldsymbol{A}\widehat{\boldsymbol{x}} \in \operatorname{Kern} \boldsymbol{A}^{\mathrm{T}} = (\operatorname{Bild} \boldsymbol{A})^{\perp}$. Mit

$$\boldsymbol{b} = \underbrace{\boldsymbol{A}\widehat{\boldsymbol{x}}}_{\in \operatorname{Bild} \boldsymbol{A}} + \underbrace{(\boldsymbol{b} - \boldsymbol{A}\widehat{\boldsymbol{x}})}_{\in (\operatorname{Bild} \boldsymbol{A})^{\perp}}$$

ergibt sich $\boldsymbol{A}\widehat{\boldsymbol{x}} = \boldsymbol{b}'$ aus der Eindeutigkeit der Summendarstellung, wodurch $\widehat{\boldsymbol{x}}$ nach Satz 3.80 die gesuchte Ausgleichslösung darstellt. □

Die nachgewiesene Äquivalenz des linearen Ausgleichsproblems zu der Normalgleichung werden wir zum Lösbarkeitsnachweis nutzen, wobei wir uns zunächst auf den Maximalrangfall ($\operatorname{Rang} \boldsymbol{A} = n$) konzentrieren.

Satz 3.82:

Sei $\boldsymbol{A} \in \operatorname{Mat}(m, n; \mathbb{R})$ mit $\operatorname{Rang} \boldsymbol{A} = n < m$, dann besitzt das lineare Ausgleichsproblem für jedes $\boldsymbol{b} \in \mathbb{R}^m$ genau eine Lösung.

Beweis:

Mit $\operatorname{Rang} \boldsymbol{A} = n$ folgt aus $\boldsymbol{A}\boldsymbol{y} = \boldsymbol{0}$ stets $\boldsymbol{y} = \boldsymbol{0}$. Für die Matrix $\boldsymbol{A}^{\mathrm{T}}\boldsymbol{A} \in \operatorname{Mat}(n; \mathbb{R})$ erhalten wir folglich für $\boldsymbol{y} \in \operatorname{Kern} \boldsymbol{A}^{\mathrm{T}}\boldsymbol{A}$ mit

$$0 = (\underbrace{\boldsymbol{A}^{\mathrm{T}}\boldsymbol{A}\boldsymbol{y}}_{=\boldsymbol{0}}, \boldsymbol{y}) = (\boldsymbol{A}\boldsymbol{y}, \boldsymbol{A}\boldsymbol{y}) = |\boldsymbol{A}\boldsymbol{y}|^2$$

die Aussage $\boldsymbol{A}\boldsymbol{y} = \boldsymbol{0}$ und somit aufgrund der Rangeigenschaft $\boldsymbol{y} = \boldsymbol{0}$.

Unter Verwendung von Satz 3.6, Abschn. 3.3.1, liegt mit $\boldsymbol{A}^{\mathrm{T}}\boldsymbol{A}$ eine reguläre Matrix vor, so daß die Normalgleichung $\boldsymbol{A}^{\mathrm{T}}\boldsymbol{A}\boldsymbol{x} = \boldsymbol{A}^{\mathrm{T}}\boldsymbol{b}$ für jedes $\boldsymbol{b} \in \mathbb{R}^m$ eindeutig lösbar ist. Satz 3.81 liefert hierdurch die Behauptung. □

Bevor wir zum Nachweis der Lösbarkeit des linearen Ausgleichsproblems im Fall einer *rangdefizitären Matrix* $\boldsymbol{A}$ ($\operatorname{Rang} \boldsymbol{A} < n$) kommen, werden wir einen hierfür nützlichen Hilfssatz beweisen.

Hilfssatz 3.5:

Sei $\boldsymbol{A} \in \operatorname{Mat}(m, n; \mathbb{R})$, $n \leq m$, dann gilt

$$\operatorname{Bild} \boldsymbol{A}^{\mathrm{T}}\boldsymbol{A} = \operatorname{Bild} \boldsymbol{A}^{\mathrm{T}}\,.$$

Beweis:

Für jeden Untervektorraum $V \subset \mathbb{R}^k$ gilt $(V^\perp)^\perp = V$, wodurch wir aus Hilfssatz 3.4 sowohl

$$\text{Bild}\, \boldsymbol{A}^{\mathrm{T}}\boldsymbol{A} = \text{Bild}(\boldsymbol{A}^{\mathrm{T}}\boldsymbol{A})^{\mathrm{T}} = (\text{Kern}\, \boldsymbol{A}^{\mathrm{T}}\boldsymbol{A})^\perp \tag{3.420}$$

als auch

$$\text{Bild}\, \boldsymbol{A}^{\mathrm{T}} = ((\text{Bild}\, \boldsymbol{A}^{\mathrm{T}})^\perp)^\perp = (\text{Kern}\, \boldsymbol{A})^\perp \tag{3.421}$$

erhalten. Zu zeigen bleibt somit Kern $\boldsymbol{A}^{\mathrm{T}}\boldsymbol{A} =$ Kern $\boldsymbol{A}$.

Sei $\boldsymbol{v} \in$ Kern $\boldsymbol{A}$, dann gilt

$$\boldsymbol{A}^{\mathrm{T}}\boldsymbol{A}\boldsymbol{v} = \boldsymbol{A}^{\mathrm{T}}\boldsymbol{0} = \boldsymbol{0}\,,$$

womit sich $\boldsymbol{v} \in$ Kern $\boldsymbol{A}^{\mathrm{T}}\boldsymbol{A}$ und daher Kern $\boldsymbol{A} \subset$ Kern $\boldsymbol{A}^{\mathrm{T}}\boldsymbol{A}$ ergibt. Für $\boldsymbol{v} \in$ Kern $\boldsymbol{A}^{\mathrm{T}}\boldsymbol{A}$ folgt

$$|\boldsymbol{A}\boldsymbol{v}|^2 = (\boldsymbol{A}\boldsymbol{v}, \boldsymbol{A}\boldsymbol{v}) = \boldsymbol{v}^{\mathrm{T}} \underbrace{\boldsymbol{A}^{\mathrm{T}}\boldsymbol{A}\boldsymbol{v}}_{=\boldsymbol{0}} = 0\,.$$

Demzufolge gilt $\boldsymbol{A}\boldsymbol{v} = \boldsymbol{0}$, so daß $\boldsymbol{v} \in$ Kern $\boldsymbol{A}$ die Eigenschaft Kern $\boldsymbol{A}^{\mathrm{T}}\boldsymbol{A} \subset$ Kern $\boldsymbol{A}$ liefert. Zusammenfassend erhalten wir Kern $\boldsymbol{A}^{\mathrm{T}}\boldsymbol{A} =$ Kern $\boldsymbol{A}$ und folglich aus den Gleichungen (3.420) und (3.421) die Behauptung. □

Satz 3.83:

Sei $\boldsymbol{A} \in \text{Mat}(m, n; \mathbb{R})$ mit Rang $\boldsymbol{A} < n < m$, dann stellt die Lösungsmenge $M \subset \mathbb{R}^n$ des linearen Ausgleichsproblems für jedes $\boldsymbol{b} \in \mathbb{R}^m$ eine $(n - \text{Rang}\, \boldsymbol{A})$-dimensionale Mannigfaltigkeit dar.

Beweis:

Mit Satz 3.81 können wir uns auf die Untersuchung der Lösungsmenge der Normalgleichung beschränken. Wegen

$$\boldsymbol{A}^{\mathrm{T}}\boldsymbol{b} \in \text{Bild}\, \boldsymbol{A}^{\mathrm{T}} \overset{\text{Hilfs. 3.5}}{=} \text{Bild}\, \boldsymbol{A}^{\mathrm{T}}\boldsymbol{A}$$

existiert zu jedem $\boldsymbol{b} \in \mathbb{R}^m$ ein $\boldsymbol{x}' \in \mathbb{R}^n$ mit

$$\boldsymbol{A}^{\mathrm{T}}\boldsymbol{A}\boldsymbol{x}' = \boldsymbol{A}^{\mathrm{T}}\boldsymbol{b}\,. \tag{3.422}$$

Für den Nullraum der Matrix $\boldsymbol{A}^{\mathrm{T}}\boldsymbol{A} \in \text{Mat}(n; \mathbb{R})$ erhalten wir aufgrund der im Beweis zum Hilfssatz 3.5 nachgewiesenen Eigenschaft Kern $\boldsymbol{A}^{\mathrm{T}}\boldsymbol{A} =$ Kern $\boldsymbol{A}$ die Raumdimension

$$\dim \text{Kern}\, \boldsymbol{A}^{\mathrm{T}}\boldsymbol{A} = \dim \text{Kern}\, \boldsymbol{A} = n - \dim \text{Bild}\, \boldsymbol{A} = n - \text{Rang}\, \boldsymbol{A}\,.$$

Jede Lösung des Ausgleichsproblems $\widehat{\boldsymbol{x}} \in M$ läßt sich daher in der Form

$$\widehat{\boldsymbol{x}} = \boldsymbol{x}' + \boldsymbol{x}''$$

mit einer speziellen Lösung $\boldsymbol{x}'$ von (3.422) und einem Vektor $\boldsymbol{x}'' \in \text{Kern}(\boldsymbol{A}^T\boldsymbol{A})$ darstellen, so daß M einen $(n - \text{Rang}\,\boldsymbol{A})$-dimensionalen affinen Untervektorraum des $\mathbb{R}^n$ darstellt. □

Zusammenfassend können wir folgende zentrale Aussagen festhalten:

- Das lineare Ausgleichsproblem ist äquivalent zu der zugehörigen Normalgleichung.
- Das lineare Ausgleichsproblem ist stets lösbar, wobei die Lösung genau dann eindeutig ist, wenn die Spaltenvektoren der Matrix $\boldsymbol{A}$ linear unabhängig sind.

Beispiel 3.44:

Zu den gegebenen Meßwerten

k	1	2	3	4	5
y_k	1,1	1,2	1,4	1,7	1,9
z_k	1,0	0,8	0,8	0,9	1,0

wird ein Polynom $p \in \Pi_2$, $p(y) = \alpha_0 + \alpha_1 y + \alpha_2 y^2$, gesucht, das die Summe der Fehlerquadrate gemäß (3.416) minimiert. Entsprechend (3.413) und (3.414) erhalten wir das lineare Ausgleichsproblem

$$|\boldsymbol{A}\alpha - z| = \min$$

mit

$$\boldsymbol{A} = \begin{bmatrix} 1 & y_1 & y_1^2 \\ 1 & y_2 & y_2^2 \\ 1 & y_3 & y_3^2 \\ 1 & y_4 & y_4^2 \\ 1 & y_5 & y_5^2 \end{bmatrix} = \begin{bmatrix} 1 & 1{,}1 & 1{,}21 \\ 1 & 1{,}2 & 1{,}44 \\ 1 & 1{,}4 & 1{,}96 \\ 1 & 1{,}7 & 2.89 \\ 1 & 1{,}9 & 3{,}61 \end{bmatrix} \in \text{Mat}(5,3;\mathbb{R})$$

und $\boldsymbol{z} = (z_1, z_2, z_3, z_4, z_5)^T = (1{,}0,\ 0{,}8\ 0{,}8,\ 0{,}9,\ 1{,}0)^T \in \mathbb{R}^5$ sowie $\boldsymbol{\alpha} = (\alpha_0,\ \alpha_1,\ \alpha_2)^T \in \mathbb{R}^3$. Wir betrachten die Normalgleichung

$$\underbrace{\begin{bmatrix} 5 & 7{,}3 & 11{,}11 \\ 7{,}3 & 11{,}11 & 17{,}575 \\ 11{,}11 & 17{,}575 & 28{,}7635 \end{bmatrix}}_{=\boldsymbol{A}^T\boldsymbol{A}} \boldsymbol{\alpha} = \underbrace{\begin{bmatrix} 4{,}5 \\ 6{,}61 \\ 10{,}141 \end{bmatrix}}_{\boldsymbol{A}^T\boldsymbol{z}}.$$

Unter Verwendung des Gaußschen Algorithmus (s. Abschn. 2.2.1) ergibt sich die Lösung

$$\boldsymbol{\alpha} = (\boldsymbol{A}^{\mathrm{T}}\boldsymbol{A})^{-1}\boldsymbol{A}^{\mathrm{T}}\boldsymbol{z} = \begin{bmatrix} 3{,}3233 \\ -3{,}4643 \\ 1{,}1857 \end{bmatrix},$$

so daß das gesuchte Polynom

$$p(\omega) = 3{,}3233 - 3{,}4643\omega + 1{,}1857\omega^2$$

lautet. Eine Darstellung des Lösungspolynoms und der vorliegenden Meßwerte kann der Fig. 3.29 entnommen werden.

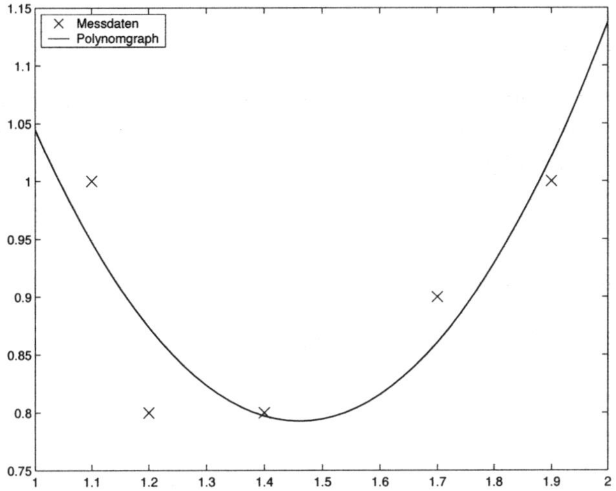

Fig. 3.29: Meßwerte und Ausgleichspolynom zum Beispiel 3.44.

Übung 3.68*

(a) Berechne die Ausgleichsparabel $p(\omega) = \alpha_0 + \alpha_1\omega + \alpha_2\omega^2$ zu den gegebenen Meßwerten z_k an den Meßpunkten $\omega = y_k$ gemäß

k	1	2	3	4
y_k	-1	0	1	2
z_k	-1,5	0,5	3,5	9,5

.

(b) Bestimme die Dimension des Lösungsraums und eine allgemeine Darstellung der Lösung zum linearen Ausgleichsproblem

$$|\boldsymbol{A\alpha} - \boldsymbol{z}| = \min$$

mit

$$A = \begin{bmatrix} 3 & 2 \\ 12 & 8 \\ 9 & 6 \end{bmatrix} \quad \text{und} \quad z = \begin{bmatrix} 78 \\ 0 \\ 0 \end{bmatrix}.$$

In den folgenden beiden Unterabschnitten werden wir uns mit der Lösung respektive der Lösungsdarstellung bei linearen Ausgleichsproblemen befassen. Hierbei wenden wir uns zunächst der Normalgleichung zu, die im Maximalrangfall sowohl mit der *Cholesky-Zerlegung* als auch mit dem Verfahren der *konjugierten Gradienten* gelöst werden kann. Der anschließende Paragraph widmet sich der Lösung des Minimierungsproblems mittels einer *QR-Zerlegung* beziehungsweise der Nutzung einer Pseudoinversen.

3.11.2 Lösung der Normalgleichung

In diesem Abschnitt betrachten wir ausschließlich den Fall eines linearen Ausgleichsproblems, dessen Matrix maximalen Rang besitzt, das heißt alle Spaltenvektoren linear unabhängig sind. In dieser Situation ergibt sich wegen

$$\boldsymbol{Ax} = \boldsymbol{0} \Leftrightarrow \boldsymbol{x} = \boldsymbol{0}$$

neben der offensichtlichen Symmetrie der Matrix $\boldsymbol{A}^{\mathrm{T}}\boldsymbol{A} \in \mathrm{Mat}(n;\mathbb{R})$ wegen

$$(\boldsymbol{A}^{\mathrm{T}}\boldsymbol{Ax}, \boldsymbol{x}) = (\boldsymbol{Ax}, \boldsymbol{Ax}) = |\boldsymbol{Ax}|^2 \geq 0 \quad \text{für alle} \quad \boldsymbol{x} \in \mathbb{R}^n$$

und

$$(\boldsymbol{A}^{\mathrm{T}}\boldsymbol{Ax}, \boldsymbol{x}) = |\boldsymbol{Ax}|^2 = 0 \Leftrightarrow \boldsymbol{Ax} = \boldsymbol{0} \Leftrightarrow \boldsymbol{x} = \boldsymbol{0}$$

auch dessen positive Definitheit.

Somit ergibt sich ein möglicher Lösungsansatz auf der Grundlage einer Cholesky-Zerlegung gemäß Abschnitt 3.8.3. Unter Verwendung der Berechnungsvorschriften (3.256) und (3.257) erhalten wir die Darstellung

$$\boldsymbol{A}^{\mathrm{T}}\boldsymbol{A} = \boldsymbol{L}\boldsymbol{L}^{\mathrm{T}}$$

mit einer linken Dreiecksmatrix $\boldsymbol{L} \in \mathrm{Mat}(n;\mathbb{R})$, so daß die Normalgleichung sich in der Form

$$\boldsymbol{L}\boldsymbol{L}^{\mathrm{T}}\boldsymbol{x} = \boldsymbol{A}^{\mathrm{T}}\boldsymbol{b}$$

schreiben und durch eine einfache Kombination von Rückwärts- und Vorwärtselimination lösen läßt.

Eine weitere Vorgehensweise stellt der Einsatz des Verfahrens der konjugierten Gradienten dar. Diese Methode repräsentiert einen für symmetrisch positiv definite Matrizen sehr effizienten Ansatz, der in die Klasse der Krylov-Unterraumverfahren eingeordnet werden kann und bei Vernachlässigung von Rundungsfehlern bei $\boldsymbol{A}^{\mathrm{T}}\boldsymbol{A} \in \mathrm{Mat}(n;\mathbb{R})$ nach spätestens n Schritten die

Lösung der Normalgleichung liefert. Theoretisch könnte die Methode daher in die Menge der direkten Verfahren eingruppiert werden. In der Praxis wird der Algorithmus jedoch als iterativer Ansatz genutzt, da einerseits Rundungsfehler die theoretischen Ergebnisse real oftmals nicht eintreten lassen und andererseits bei großem n nicht derart viele Iterationen durchgeführt werden sollen. Eine Implementierung des Verfahrens in MATLAB ist in Fig. 3.30 dargestellt.
Bezüglich einer ausführlichen Herleitung dieser sehr verbreiteten Methode und einer eingehenden Analyse ihrer Eigenschaften sei auf [96, 53, 144, 132, 141, 36] verwiesen.
Bemerkung: Die grundlegende Problematik beim Einsatz der Normalgleichung zur Lösung linearer Ausgleichsprobleme liegt im Auftreten der Matrix $\boldsymbol{A}^{\mathrm{T}}\boldsymbol{A}$, die im Vergleich zur Matrix $\boldsymbol{A}$ in der Regel eine deutlich größere *Konditionszahl* aufweist. Die Konditionszahl einer Matrix ist jedoch ein Maß für die Sensibilität des Gleichungssystems. Große Konditionszahlen weisen darauf hin, daß auch bei kleinen Störungen, hervorgerufen beispielsweise durch Rundungsfehler oder fehlerhafte Eingangsdaten, sehr große Störungen in den numerischen Ergebnissen auftreten können. Zudem hängt die Konvergenzgeschwindigkeit iterativer Lösungsmethoden wie beispielsweise das angesprochene Verfahren der konjugierten Gradienten (auch *CG-Verfahren* genannt) sehr stark von der Größe der Konditionszahl ab. Diese Auswirkungen sollten beim Einsatz dieser Lösungsstrategie stets berücksichtigt werden. Detailliertere Ausführungen zur Konditionszahl können beispielsweise [96] entnommen werden.

Übung 3.69*

Berechne die Cholesky-Zerlegung für die Matrix $\boldsymbol{A}^{\mathrm{T}}\boldsymbol{A}$ mit $\boldsymbol{A}$ gemäß Übung 3.68 (a).

3.11.3 Lösung des Minimierungsproblems

Neben der Betrachtung der Normalgleichung kann das lineare Ausgleichsproblem auch direkt durch die Minimierung der Fehlerquadrate gemäß der Formulierung $|\boldsymbol{A}\boldsymbol{x} - \boldsymbol{b}|^2$ mit $m > n$, $\boldsymbol{b} \in \mathbb{R}^m$, und $\boldsymbol{A} \in \mathrm{Mat}(m, n; \mathbb{R})$ gelöst werden. Bei diesem Vorgehen werden wir sowohl den Maximalrangfall ($\mathrm{Rang}\,\boldsymbol{A} = n$) als auch den Fall einer *rangdefizitären Matrix* ($\mathrm{Rang}\,\boldsymbol{A} < n$) berücksichtigen.

Maximalrangfall

Laut Satz 3.26, Abschn. 3.5.3, läßt die Multiplikation eines Vektors $\boldsymbol{y} \in \mathbb{R}^m$ mit einer orthogonalen Matrix $\boldsymbol{Q} \in \mathrm{O}(m)$ dessen euklidische Länge invariant, das heißt es gilt

$$|\boldsymbol{Q}\boldsymbol{y}| = |\boldsymbol{y}|$$

für alle $\boldsymbol{y} \in \mathbb{R}^m$.

Auf der Basis dieser Vorüberlegung liegt die Nutzung einer QR-Zerlegung der Matrix $\boldsymbol{A}$ zur Lösung des linearen Ausgleichsproblems nahe. Mit Satz 3.68 existieren zu der vorliegenden Matrix $\boldsymbol{A}$ wegen $\mathrm{Rang}\,\boldsymbol{A} = n$ eine reguläre rechte Dreiecksmatrix $\boldsymbol{R} \in \mathrm{Mat}(n; \mathbb{R})$ und eine orthogonale Matrix $\boldsymbol{Q} \in \mathrm{O}(m)$ mit

$$\boldsymbol{A} = \boldsymbol{Q}\begin{bmatrix}\boldsymbol{R}\\ \boldsymbol{0}\end{bmatrix}.$$

```
% KonjugGrad: Verfahren der konjugierten Gradienten
%
% Anwendungsbeispiele: Loese A*x=b;
%
% x =  KonjugGrad(A,b);
%
function x = KonjugGrad(A,b)
%
% OUTPUT VARIABLEN:
% ----------------
% x: Loesungsvektor
%
% INPUT VARIABLEN:
% ---------------
% A: quadratische n * n Matrix.
% b: rechte Seite.
% tol: Toleranz. Default = 1e-6
% maxit: Maximale Anzahl von Iterationen. Default = min(n,30)

  [m,n] = size(A);
  tol = 1.0e-6;
  maxit = min(n,30);
  x = zeros(n,1);
  normb = norm(b);
%
% MAIN ALGORITHM
%
  tolb = tol * normb;
  r = b - A * x;
  p = r;
  normr = norm(r);
  alpha = normr^2;
  % ITERATION
  for i = 1:maxit
    if (normr <= tolb)
%     converged
      break
    end
    v = A*p;
    vr = (v'*r);
    lambda = alpha/vr;
    x = x + lambda * p;
    r = r - lambda * v;
    alpha2 = alpha;
    normr = norm(r);
    alpha = normr^2;
    p = r + alpha/alpha2 * p;
  end

  return
```

Fig. 3.30: MATLAB-Implementierung des Verfahrens der konjugierten Gradienten.

Somit erhalten wir mit $\boldsymbol{Q}^{\mathrm{T}} = \boldsymbol{Q}^{-1} \in \mathrm{O}(m)$ die Eigenschaft

$$\boldsymbol{Q}^{\mathrm{T}} \boldsymbol{A} = \boldsymbol{Q}^{\mathrm{T}} \boldsymbol{Q} \begin{bmatrix} \boldsymbol{R} \\ \boldsymbol{0} \end{bmatrix} = \begin{bmatrix} \boldsymbol{R} \\ \boldsymbol{0} \end{bmatrix},$$

so daß

$$|\boldsymbol{A}\boldsymbol{x} - \boldsymbol{b}| = |\boldsymbol{Q}^{\mathrm{T}}(\boldsymbol{A}\boldsymbol{x} - \boldsymbol{b})| = \left| \begin{bmatrix} \boldsymbol{R} \\ \boldsymbol{0} \end{bmatrix} \boldsymbol{x} - \boldsymbol{Q}^{\mathrm{T}} \boldsymbol{b} \right|$$

folgt. Unter Verwendung der Notationen

$$\boldsymbol{b}' = \begin{bmatrix} \widehat{\boldsymbol{b}} \\ \widetilde{\boldsymbol{b}} \end{bmatrix} = \boldsymbol{Q}^{\mathrm{T}} \boldsymbol{b} \in \mathbb{R}^m$$

mit $\widehat{\boldsymbol{b}} \in \mathbb{R}^n$ und $\widetilde{\boldsymbol{b}} \in \mathbb{R}^{m-n}$ sowie $\widehat{\boldsymbol{x}} = \boldsymbol{R}^{-1}\widehat{\boldsymbol{b}} \in \mathbb{R}^n$ ergibt sich für alle $\boldsymbol{x} \in \mathbb{R}^n \setminus \{\widehat{\boldsymbol{x}}\}$ die Ungleichung

$$\begin{aligned} |\boldsymbol{A}\boldsymbol{x} - \boldsymbol{b}|^2 &= \left| \begin{bmatrix} \boldsymbol{R}\boldsymbol{x} \\ \boldsymbol{0} \end{bmatrix} - \boldsymbol{b}' \right|^2 = \underbrace{\sum_{j=1}^{n} |(\boldsymbol{R}\boldsymbol{x})_j - \widehat{\boldsymbol{b}}_j|^2}_{>0} + \sum_{j=1}^{m-n} |\widetilde{\boldsymbol{b}}_j|^2 \\ &> \underbrace{\sum_{j=1}^{n} |(\boldsymbol{R}\widehat{\boldsymbol{x}})_j - \widehat{\boldsymbol{b}}_j|^2}_{=0} + \sum_{j=1}^{m-n} |\widetilde{\boldsymbol{b}}_j|^2 = \left| \begin{bmatrix} \boldsymbol{R}\widehat{\boldsymbol{x}} \\ \boldsymbol{0} \end{bmatrix} - \boldsymbol{b}' \right|^2 = |\boldsymbol{A}\widehat{\boldsymbol{x}} - \boldsymbol{b}|^2 . \end{aligned}$$

Somit stellt $\widehat{\boldsymbol{x}}$ die eindeutig bestimmte Lösung des linearen Ausgleichsproblems dar. Algorithmisch ergibt sich demzufolge das Vorgehen:

- Bestimme eine QR-Zerlegung der Matrix $\boldsymbol{A}$ gemäß

$$\boldsymbol{A} = \boldsymbol{Q} \begin{bmatrix} \boldsymbol{R} \\ \boldsymbol{0} \end{bmatrix}.$$

- Berechne die Lösung des linearen Ausgleichsproblems $\widehat{\boldsymbol{x}} \in \mathbb{R}^n$ durch Rückwärtselimination ausgehend von

$$\boldsymbol{R}\widehat{\boldsymbol{x}} = \widehat{\boldsymbol{b}} = \begin{bmatrix} (\boldsymbol{Q}^{\mathrm{T}}\boldsymbol{b})_1 \\ \vdots \\ (\boldsymbol{Q}^{\mathrm{T}}\boldsymbol{b})_n \end{bmatrix}.$$

Für die verbleibende Summe der Fehlerquadrate gilt

$$|\boldsymbol{A}\widehat{\boldsymbol{x}} - \boldsymbol{b}|^2 = |\widetilde{\boldsymbol{b}}|^2$$

mit

$$\widetilde{\boldsymbol{b}} = \left((\boldsymbol{Q}^{\mathrm{T}}\boldsymbol{b})_{n+1}, \ldots, (\boldsymbol{Q}^{\mathrm{T}}\boldsymbol{b})_m\right)^{\mathrm{T}} \in \mathbb{R}^{m-n}.$$

Beispiel 3.45:
Wir betrachten das lineare Ausgleichsproblem

$$|\boldsymbol{A}\boldsymbol{x} - \boldsymbol{b}| = \min$$

mit

$$\boldsymbol{A} = \begin{bmatrix} 1 & 1 \\ 1 & 2 \\ 1 & 3 \end{bmatrix} \quad \text{und} \quad \boldsymbol{b} = \begin{bmatrix} 6 \\ 0 \\ 6 \end{bmatrix}.$$

Die zugehörige QR-Zerlegung, die beispielsweise mittels der Householder-Methode laut Abschnitt 3.10.2 ermittelt werden kann, lautet

$$\boldsymbol{A} = \underbrace{\begin{bmatrix} \frac{1}{\sqrt{3}} & -\frac{1}{\sqrt{2}} & -\frac{1}{\sqrt{6}} \\ \frac{1}{\sqrt{3}} & 0 & \frac{2}{\sqrt{6}} \\ \frac{1}{\sqrt{3}} & \frac{1}{\sqrt{2}} & -\frac{1}{\sqrt{6}} \end{bmatrix}}_{=\boldsymbol{Q}} \underbrace{\begin{bmatrix} \sqrt{3} & 2\sqrt{3} \\ 0 & \sqrt{2} \\ 0 & 0 \end{bmatrix}}_{=\begin{bmatrix} \boldsymbol{R} \\ \boldsymbol{0} \end{bmatrix}}.$$

Somit erhalten wir unter Verwendung von

$$\boldsymbol{b}' = \boldsymbol{Q}^{\mathrm{T}}\boldsymbol{b} = \begin{bmatrix} 4\sqrt{3} \\ 0 \\ -2\sqrt{6} \end{bmatrix}$$

die Lösung

$$\widehat{\boldsymbol{x}} = \boldsymbol{R}^{-1}\begin{bmatrix} 4\sqrt{3} \\ 0 \end{bmatrix} = \begin{bmatrix} 4 \\ 0 \end{bmatrix} \quad \text{mit} \quad |\boldsymbol{A}\widehat{\boldsymbol{x}} - \boldsymbol{b}| = 2\sqrt{6}.$$

Rangdefizitärer Fall

Aus den eingangs vorgenommenen Untersuchungen wissen wir, daß das lineare Ausgleichsproblem bei einer Matrix $\boldsymbol{A} \in \operatorname{Mat}(m, n; \mathbb{R})$, $m > n$ und $\operatorname{Rang}\boldsymbol{A} < n$ einen Lösungsraum der Dimension $n - \operatorname{Rang}\boldsymbol{A}$ aufweist. Somit stellt sich neben der Berechnung einer Lösung auch die Frage nach der Ermittelung der Optimallösung. Diese Aufgabenstellung werden wir unter

Verwendung einer sogenannten *Pseudoinversen* lösen, die auf der Basis einer *Singulärwertzerlegung* angegeben werden kann. Wir widmen uns daher zunächst einer Verallgemeinerung des Inversenbegriffs einer Matrix.

Definition 3.37:

Es sei $\boldsymbol{A} \in \mathrm{Mat}(m, n; \mathbb{R})$, $m \geq n$. Eine Matrix $\boldsymbol{G} \in \mathrm{Mat}(n, m; \mathbb{R})$ heißt *generalisierte Inverse* oder *Pseudoinverse* von $\boldsymbol{A}$, wenn

(i) $\boldsymbol{AGA} = \boldsymbol{A}$ und (ii) $\boldsymbol{GAG} = \boldsymbol{G}$

gelten. Erfüllt $\boldsymbol{G}$ zudem noch die Eigenschaften

(iii) $\boldsymbol{AG}$ und $\boldsymbol{GA}$ sind symmetrisch,

so sprechen wir von einer *Moore-Penrose-Inversen*[77], die wir mit $\boldsymbol{A}^\dagger$ bezeichnen.

Bemerkung: Man erkennt sofort, daß (i) und (ii) sinnvolle Ausdrücke darstellen und $\boldsymbol{G} = \boldsymbol{A}^{-1}$ für den Fall gilt, daß $\boldsymbol{A}$ eine invertierbare und quadratische Matrix ist. Aus der Beziehung $\mathrm{Rang}\,\boldsymbol{AG} \leq \min\{\mathrm{Rang}\,\boldsymbol{A}, \mathrm{Rang}\,\boldsymbol{G}\}$ (Formel (3.23), Abschn. 3.2.3) und (i) schließen wir $\mathrm{Rang}\,\boldsymbol{A} \leq \mathrm{Rang}\,\boldsymbol{G}$, und aus Gründen der Symmetrie ergibt sich: Ist $\boldsymbol{G}$ eine generalisierte Inverse von $\boldsymbol{A}$, dann gilt $\mathrm{Rang}\,\boldsymbol{G} = \mathrm{Rang}\,\boldsymbol{A}$.

Sofort einsichtig ist auch: Wenn $\boldsymbol{U} \in \mathrm{Mat}(m, n; \mathbb{R})$ und $\boldsymbol{V} \in \mathrm{Mat}(n, m; \mathbb{R})$ invertierbare Matrizen sind und $\boldsymbol{G}$ eine generalisierte Inverse von $\boldsymbol{A}$ ist, dann ist $\boldsymbol{V}^{-1}\boldsymbol{G}\boldsymbol{U}^{-1}$ eine generalisierte Inverse von $\boldsymbol{UAV}$ (s. Üb. 3.68). Während die Bedingungen (i) und (ii) die Operatoreigenschaften festlegen, liefern die Symmetriebedingungen (iii) die Eindeutigkeit der Pseudoinversen. Zum Nachweis der Existenz einer Moore-Penrose-Inversen benötigen wir den folgenden Hilfssatz.

Hilfssatz 3.6:

(*Orthogonale Normalform*) Zu jeder Matrix $\boldsymbol{A} \in \mathrm{Mat}(m, n; \mathbb{R})$ existieren orthogonale Matrizen $\boldsymbol{U} \in \mathrm{O}(m)$ und $\boldsymbol{V} \in \mathrm{O}(n)$ (zu den Bezeichnungen s. Abschn. 3.5) derart, daß $\boldsymbol{A}$ die Darstellung

$$\boldsymbol{A} = \boldsymbol{U} \begin{bmatrix} \boldsymbol{S} & \boldsymbol{0} \\ \boldsymbol{0} & \boldsymbol{0} \end{bmatrix} \boldsymbol{V}^{\mathrm{T}} \tag{3.423}$$

besitzt. Dabei ist $\boldsymbol{S} \in \mathrm{Mat}(r; \mathbb{R})$ eine Diagonalmatrix mit (bis auf die Reihenfolge eindeutig bestimmten) positiven Diagonalelementen und es gilt $r = \mathrm{Rang}\,\boldsymbol{A}$.

Zum Beweis s. z.B. [79, 9, 88, 52]. Für symmetrische Matrizen aus $\mathrm{Mat}(n; \mathbb{R})$ ist ein entsprechendes Resultat im Abschnitt 3.5 zu finden.

Die Einträge innerhalb der in (3.423) auftretenden Matrix $\boldsymbol{S}$ werden üblicherweise der Größe nach in absteigender Reihenfolge geordnet und als *Singulärwerte* der Matrix $\boldsymbol{A}$ bezeichnet. Die Darstellung (3.423) heißt dementsprechend *Singulärwertzerlegung* von $\boldsymbol{A}$.

---

77 Eliakim Hastings Moore (1862 – 1932), US-amerikanischer Mathematiker; Sir Roger Penrose (* 1931), englischer Mathematiker und theoretischer Physiker.

Aus (3.423) und den Beziehungen $\boldsymbol{U}^{\mathrm{T}}\boldsymbol{U} = \boldsymbol{E}$ sowie $\boldsymbol{V}^{\mathrm{T}}\boldsymbol{V} = \boldsymbol{E}$ ($\boldsymbol{E}$: Einheitsmatrix) folgt sofort

$$\boldsymbol{U}^{\mathrm{T}}\boldsymbol{A}\boldsymbol{V} = \begin{bmatrix} \boldsymbol{S} & \boldsymbol{0} \\ \boldsymbol{0} & \boldsymbol{0} \end{bmatrix}. \tag{3.424}$$

Mit diesem Resultat zeigen wir nun:

Satz 3.84:
Zu jeder Matrix $\boldsymbol{A} \in \mathrm{Mat}(m, n; \mathbb{R})$ existiert genau eine Moore-Penrose-Inverse. Unter Verwendung der in Hilfssatz 3.6 genutzten Notation hat diese die Darstellung

$$\boldsymbol{A}^{\dagger} = \boldsymbol{V} \begin{bmatrix} \boldsymbol{S}^{-1} & \boldsymbol{0} \\ \boldsymbol{0} & \boldsymbol{0} \end{bmatrix} \boldsymbol{U}^{\mathrm{T}} \in \mathrm{Mat}(n, m; \mathbb{R}). \tag{3.425}$$

Beweis:
Einfaches Nachrechnen zeigt

$$\begin{aligned} \boldsymbol{A}\boldsymbol{A}^{\dagger}\boldsymbol{A} &= \boldsymbol{U} \begin{bmatrix} \boldsymbol{S} & \boldsymbol{0} \\ \boldsymbol{0} & \boldsymbol{0} \end{bmatrix} \underbrace{\boldsymbol{V}^{\mathrm{T}}\boldsymbol{V}}_{=\boldsymbol{E}} \begin{bmatrix} \boldsymbol{S}^{-1} & \boldsymbol{0} \\ \boldsymbol{0} & \boldsymbol{0} \end{bmatrix} \underbrace{\boldsymbol{U}^{\mathrm{T}}\boldsymbol{U}}_{=\boldsymbol{E}} \begin{bmatrix} \boldsymbol{S} & \boldsymbol{0} \\ \boldsymbol{0} & \boldsymbol{0} \end{bmatrix} \boldsymbol{V}^{\mathrm{T}} \\ &= \underbrace{\boldsymbol{U} \begin{bmatrix} \boldsymbol{S} & \boldsymbol{0} \\ \boldsymbol{0} & \boldsymbol{0} \end{bmatrix} \begin{bmatrix} \boldsymbol{S}^{-1} & \boldsymbol{0} \\ \boldsymbol{0} & \boldsymbol{0} \end{bmatrix}}_{=\begin{bmatrix} \boldsymbol{E} & \boldsymbol{0} \\ \boldsymbol{0} & \boldsymbol{0} \end{bmatrix}} \begin{bmatrix} \boldsymbol{S} & \boldsymbol{0} \\ \boldsymbol{0} & \boldsymbol{0} \end{bmatrix} \boldsymbol{V}^{\mathrm{T}} = \boldsymbol{U} \begin{bmatrix} \boldsymbol{S} & \boldsymbol{0} \\ \boldsymbol{0} & \boldsymbol{0} \end{bmatrix} \boldsymbol{V}^{\mathrm{T}} = \boldsymbol{A}. \end{aligned}$$

Analog erhalten wir $\boldsymbol{A}^{\dagger}\boldsymbol{A}\boldsymbol{A}^{\dagger} = \boldsymbol{A}^{\dagger}$, womit die Eigenschaften einer Pseudoinversen nachgewiesen sind. Die Symmetriebedingungen sind mit

$$\begin{aligned} (\boldsymbol{A}\boldsymbol{A}^{\dagger})^{\mathrm{T}} &= \left(\boldsymbol{U} \begin{bmatrix} \boldsymbol{S} & \boldsymbol{0} \\ \boldsymbol{0} & \boldsymbol{0} \end{bmatrix} \boldsymbol{V}^{\mathrm{T}}\boldsymbol{V} \begin{bmatrix} \boldsymbol{S}^{-1} & \boldsymbol{0} \\ \boldsymbol{0} & \boldsymbol{0} \end{bmatrix} \boldsymbol{U}^{\mathrm{T}}\right)^{\mathrm{T}} = \left(\boldsymbol{U} \begin{bmatrix} \boldsymbol{S} & \boldsymbol{0} \\ \boldsymbol{0} & \boldsymbol{0} \end{bmatrix} \begin{bmatrix} \boldsymbol{S}^{-1} & \boldsymbol{0} \\ \boldsymbol{0} & \boldsymbol{0} \end{bmatrix} \boldsymbol{U}^{\mathrm{T}}\right)^{\mathrm{T}} \\ &= \left(\boldsymbol{U} \begin{bmatrix} \boldsymbol{E} & \boldsymbol{0} \\ \boldsymbol{0} & \boldsymbol{0} \end{bmatrix} \boldsymbol{U}^{\mathrm{T}}\right)^{\mathrm{T}} = \boldsymbol{U}^{\mathrm{T}\mathrm{T}} \begin{bmatrix} \boldsymbol{E} & \boldsymbol{0} \\ \boldsymbol{0} & \boldsymbol{0} \end{bmatrix} \boldsymbol{U}^{\mathrm{T}} = \boldsymbol{A}\boldsymbol{A}^{\dagger} \end{aligned}$$

und entsprechend für $\boldsymbol{A}^{\dagger}\boldsymbol{A}$ erfüllt, so daß die Existenz einer Moore-Penrose-Inversen in der Form (3.425) bewiesen ist.

Zum Nachweis der Eindeutigkeit überprüft man zunächst, daß mit

$$\widehat{\boldsymbol{A}}^{\dagger} = \boldsymbol{V}\boldsymbol{A}^{\dagger}\boldsymbol{U}^{\mathrm{T}}$$

eine Moore-Penrose-Inverse von $\widehat{\boldsymbol{A}} := \boldsymbol{U}^{\mathrm{T}}\boldsymbol{A}\boldsymbol{V} = \begin{bmatrix} \boldsymbol{S} & \boldsymbol{0} \\ \boldsymbol{0} & \boldsymbol{0} \end{bmatrix}$ vorliegt, wenn $\boldsymbol{A}^{\dagger}$ eine Moore-Penrose-Inverse von $\boldsymbol{A}$ darstellt. Wir werden uns nun auf die Eindeutigkeit der Moore-Penrose-

Inversen von $\begin{bmatrix} \boldsymbol{S} & \boldsymbol{0} \\ \boldsymbol{0} & \boldsymbol{0} \end{bmatrix}$ konzentrieren und anschließend hiermit die Eindeutigkeit der Pseudoinversen für $\boldsymbol{A}$ schlußfolgern. Schreiben wir

$$\widehat{\boldsymbol{A}}^\dagger = \begin{bmatrix} \boldsymbol{A}_{11} & \boldsymbol{A}_{12} \\ \boldsymbol{A}_{21} & \boldsymbol{A}_{22} \end{bmatrix}$$

mit $\boldsymbol{A}_{11} \in \mathrm{Mat}(r;\mathbb{R})$, $\boldsymbol{A}_{12} \in \mathrm{Mat}(r, m-r;\mathbb{R})$, $\boldsymbol{A}_{21}(n-r, r, \mathbb{R})$ und $\boldsymbol{A}_{22} \in \mathrm{Mat}(n-r, m-r;\mathbb{R})$. Unter Verwendung der Operatoreigenschaften (i) und (ii) laut Definition 3.37 erhalten wir aus

$$\begin{bmatrix} \boldsymbol{S} & \boldsymbol{0} \\ \boldsymbol{0} & \boldsymbol{0} \end{bmatrix} = \begin{bmatrix} \boldsymbol{S} & \boldsymbol{0} \\ \boldsymbol{0} & \boldsymbol{0} \end{bmatrix} \begin{bmatrix} \boldsymbol{A}_{11} & \boldsymbol{A}_{12} \\ \boldsymbol{A}_{21} & \boldsymbol{A}_{22} \end{bmatrix} \begin{bmatrix} \boldsymbol{S} & \boldsymbol{0} \\ \boldsymbol{0} & \boldsymbol{0} \end{bmatrix} = \begin{bmatrix} \boldsymbol{S}\boldsymbol{A}_{11}\boldsymbol{S} & \boldsymbol{0} \\ \boldsymbol{0} & \boldsymbol{0} \end{bmatrix}$$

aufgrund der Regularität von $\boldsymbol{S}$ den Zusammenhang

$$\boldsymbol{A}_{11} = \boldsymbol{S}^{-1}\boldsymbol{S}\boldsymbol{A}_{11}\boldsymbol{S}\boldsymbol{S}^{-1} = \boldsymbol{S}^{-1}\boldsymbol{S}\boldsymbol{S}^{-1} = \boldsymbol{S}^{-1},$$

so daß aus

$$\begin{bmatrix} \boldsymbol{S}^{-1} & \boldsymbol{A}_{12} \\ \boldsymbol{A}_{21} & \boldsymbol{A}_{22} \end{bmatrix} = \widehat{\boldsymbol{A}}^\dagger = \widehat{\boldsymbol{A}}^\dagger \widehat{\boldsymbol{A}} \widehat{\boldsymbol{A}}^\dagger = \begin{bmatrix} \boldsymbol{S}^{-1} & \boldsymbol{A}_{12} \\ \boldsymbol{A}_{21} & \boldsymbol{0} \end{bmatrix}$$

direkt $\boldsymbol{A}_{22} = \boldsymbol{0}$ folgt. Einsetzen der erzielten Darstellungen für $\boldsymbol{A}_{11}$ und $\boldsymbol{A}_{12}$ liefert

$$\widehat{\boldsymbol{A}}^\dagger \widehat{\boldsymbol{A}} = \begin{bmatrix} \boldsymbol{S}^{-1} & \boldsymbol{A}_{12} \\ \boldsymbol{A}_{21} & \boldsymbol{0} \end{bmatrix} \begin{bmatrix} \boldsymbol{S} & \boldsymbol{0} \\ \boldsymbol{0} & \boldsymbol{0} \end{bmatrix} = \begin{bmatrix} \boldsymbol{E} & \boldsymbol{0} \\ \boldsymbol{A}_{21}\boldsymbol{S} & \boldsymbol{0} \end{bmatrix}$$

und

$$\widehat{\boldsymbol{A}} \widehat{\boldsymbol{A}}^\dagger = \begin{bmatrix} \boldsymbol{S} & \boldsymbol{0} \\ \boldsymbol{0} & \boldsymbol{0} \end{bmatrix} \begin{bmatrix} \boldsymbol{S}^{-1} & \boldsymbol{A}_{12} \\ \boldsymbol{A}_{21} & \boldsymbol{0} \end{bmatrix} = \begin{bmatrix} \boldsymbol{E} & \boldsymbol{S}\boldsymbol{A}_{12} \\ \boldsymbol{0} & \boldsymbol{0} \end{bmatrix},$$

so daß die Symmetriebedingungen (iii) in Kombination mit der Invertierbarkeit der Matrix $\boldsymbol{S}$ direkt $\boldsymbol{A}_{21} = \boldsymbol{0}$ und $\boldsymbol{A}_{12} = \boldsymbol{0}$ implizieren. Folglich hat $\widehat{\boldsymbol{A}}^\dagger$ die eindeutig bestimmte Darstellung

$$\widehat{\boldsymbol{A}}^\dagger = \begin{bmatrix} \boldsymbol{S}^{-1} & \boldsymbol{0} \\ \boldsymbol{0} & \boldsymbol{0} \end{bmatrix}.$$

Seien $\boldsymbol{A}^\dagger$ und $\boldsymbol{B}^\dagger$ zwei Moore-Penrose-Inverse von $\boldsymbol{A}$, dann gilt aufgrund der oben nachgewiesenen Eindeutigkeit der Moore-Penrose-Inversen von $\widehat{\boldsymbol{A}}$ der Zusammenhang

$$\boldsymbol{V}\boldsymbol{A}^\dagger\boldsymbol{U}^{\mathrm{T}} = \widehat{\boldsymbol{A}}^\dagger = \boldsymbol{V}\boldsymbol{B}^\dagger\boldsymbol{U}^{\mathrm{T}},$$

so daß mit

$$\boldsymbol{A}^\dagger = \boldsymbol{V}^{\mathrm{T}}\boldsymbol{V}\boldsymbol{A}^\dagger\boldsymbol{U}^{\mathrm{T}}\boldsymbol{U} = \boldsymbol{V}^{\mathrm{T}}\widehat{\boldsymbol{A}}^\dagger\boldsymbol{U} = \boldsymbol{V}^{\mathrm{T}}\boldsymbol{V}\boldsymbol{B}^\dagger\boldsymbol{U}^{\mathrm{T}}\boldsymbol{U} = \boldsymbol{B}^\dagger$$

der Beweis des Satzes erbracht ist. □

Auf der Basis der Moore-Penrose-Inversen kann sowohl die Lösungsmenge als auch die Optimallösung des linearen Ausgleichsproblems explizit angegeben werden.

Satz 3.85:

Sei $\boldsymbol{A}^{\dagger} \in \text{Mat}(n, m; \mathbb{R})$ die Moore-Penrose-Inverse der Matrix $\boldsymbol{A} \in \text{Mat}(m, n; \mathbb{R})$. Dann ist die Lösungsmenge des linearen Ausgleichsproblems für gegebenes $\boldsymbol{b} \in \mathbb{R}^m$ durch

$$\boldsymbol{x} = \boldsymbol{A}^{\dagger}\boldsymbol{b} + \boldsymbol{y} - \boldsymbol{A}^{\dagger}\boldsymbol{A}\boldsymbol{y} \quad \text{mit} \quad \boldsymbol{y} \in \mathbb{R}^n \tag{3.426}$$

gegeben. Zudem stellt

$$\widehat{\boldsymbol{x}} = \boldsymbol{A}^{\dagger}\boldsymbol{b} \tag{3.427}$$

die Optimallösung im Sinne der Definition 3.36 dar.

Beweis:

Unter Verwendung der orthogonalen Normalform laut Hilfssatz 3.6 schreiben wir die Matrix $\boldsymbol{A}$ des linearen Ausgleichsproblems in der Form

$$\boldsymbol{A} = \boldsymbol{U}\begin{bmatrix} \boldsymbol{S} & \boldsymbol{0} \\ \boldsymbol{0} & \boldsymbol{0} \end{bmatrix}\boldsymbol{V}^{\mathrm{T}}.$$

Mit $\boldsymbol{w} := \boldsymbol{V}^{\mathrm{T}}\boldsymbol{x}$ erhalten wir hierdurch

$$|\boldsymbol{A}\boldsymbol{x} - \boldsymbol{b}| = \left|\boldsymbol{U}\begin{bmatrix} \boldsymbol{S} & \boldsymbol{0} \\ \boldsymbol{0} & \boldsymbol{0} \end{bmatrix}\boldsymbol{V}^{\mathrm{T}}\boldsymbol{x} - \boldsymbol{b}\right| = \left|\begin{bmatrix} \boldsymbol{S} & \boldsymbol{0} \\ \boldsymbol{0} & \boldsymbol{0} \end{bmatrix}\boldsymbol{w} - \boldsymbol{U}^{\mathrm{T}}\boldsymbol{b}\right|.$$

Analog zur Vorgehensweise beim QR-Ansatz wird der Ausdruck für

$$\widehat{\boldsymbol{w}} = \begin{bmatrix} \boldsymbol{S}^{-1} & \boldsymbol{0} \\ \boldsymbol{0} & \boldsymbol{0} \end{bmatrix}\boldsymbol{U}^{\mathrm{T}}\boldsymbol{b}$$

minimal, so daß mit

$$\widehat{\boldsymbol{x}} = \boldsymbol{V}\widehat{\boldsymbol{w}} = \boldsymbol{V}\begin{bmatrix} \boldsymbol{S}^{-1} & \boldsymbol{0} \\ \boldsymbol{0} & \boldsymbol{0} \end{bmatrix}\boldsymbol{U}^{\mathrm{T}}\boldsymbol{b} = \boldsymbol{A}^{\dagger}\boldsymbol{b}$$

eine Lösung des linearen Ausgleichsproblems vorliegt. Da für alle $\boldsymbol{v} \in \text{Kern}\,\boldsymbol{A}$ stets

$$|\boldsymbol{A}(\widehat{\boldsymbol{x}} + \boldsymbol{v}) - \boldsymbol{b}| = |\boldsymbol{A}\widehat{\boldsymbol{x}} - \boldsymbol{b}|$$

gilt und aufgrund der Dimensionsformel gemäß Satz 3.5 die Eigenschaft

$$\dim \text{Kern}\,\boldsymbol{A} = n - \text{Rang}\,\boldsymbol{A}$$

vorliegt, erhalten wir die Lösungsmenge des linearen Ausgleichsproblems unter Berücksichtigung des Satzes 3.83 in der Form

$$\widehat{\boldsymbol{x}} + \boldsymbol{v} \quad \text{mit} \quad \boldsymbol{v} \in \operatorname{Kern} \boldsymbol{A}\,.$$

Zum Nachweis der Lösungsstruktur (3.426) ist eine explizite Darstellung des Nullraums notwendig. Für $\widetilde{\boldsymbol{v}} \in \operatorname{Kern} \boldsymbol{A}$ gilt

$$\widetilde{\boldsymbol{v}} = \widetilde{\boldsymbol{v}} - \boldsymbol{A}^{\dagger} \underbrace{\boldsymbol{A}\widetilde{\boldsymbol{v}}}_{=\boldsymbol{0}}\,.$$

Entsprechend ergibt sich für beliebiges $\boldsymbol{y} \in \mathbb{R}^n$

$$\boldsymbol{A}(\boldsymbol{y} - \boldsymbol{A}^{\dagger}\boldsymbol{A}\boldsymbol{y}) = \boldsymbol{A}\boldsymbol{y} - \underbrace{\boldsymbol{A}\boldsymbol{A}^{\dagger}\boldsymbol{A}}_{=\boldsymbol{A}}\boldsymbol{y} = \boldsymbol{0}\,,$$

so daß

$$\operatorname{Kern} \boldsymbol{A} = \{\boldsymbol{v} \in \mathbb{R}^n \mid \text{Es gibt ein } \boldsymbol{y} \in \mathbb{R}^n \text{ mit } \boldsymbol{v} = \boldsymbol{y} - \boldsymbol{A}^{\dagger}\boldsymbol{A}\boldsymbol{y}\}$$

und folglich die Lösungsform (3.426) gilt. Unter Verwendung der Eigenschaften (iii) und (ii) der Moore-Penrose-Inversen ergibt sich die Orthogonalität von $\widehat{\boldsymbol{x}} = \boldsymbol{A}^{\dagger}\boldsymbol{b}$ zum Kern $\boldsymbol{A}$ durch Berücksichtigung der Übung 3.71 gemäß

$$\begin{aligned}(\boldsymbol{y} - \boldsymbol{A}^{\dagger}\boldsymbol{A}\boldsymbol{y}, \boldsymbol{A}^{\dagger}\boldsymbol{b}) &= (\boldsymbol{y}, \boldsymbol{A}^{\dagger}\boldsymbol{b}) - (\boldsymbol{A}^{\dagger}\boldsymbol{A}\boldsymbol{y}, \boldsymbol{A}^{\dagger}\boldsymbol{b}) = (\boldsymbol{y}, \boldsymbol{A}^{\dagger}\boldsymbol{b}) - (\boldsymbol{y}, (\boldsymbol{A}^{\dagger}\boldsymbol{A})^{\mathrm{T}}\boldsymbol{A}^{\dagger}\boldsymbol{b})\\ &\overset{\text{(iii)}}{=} (\boldsymbol{y}, \boldsymbol{A}^{\dagger}\boldsymbol{b}) - (\boldsymbol{y}, \boldsymbol{A}^{\dagger}\boldsymbol{A}\boldsymbol{A}^{\dagger}\boldsymbol{b}) \overset{\text{(ii)}}{=} (\boldsymbol{y}, \boldsymbol{A}^{\dagger}\boldsymbol{b}) - (\boldsymbol{y}, \boldsymbol{A}^{\dagger}\boldsymbol{b}) = 0\end{aligned}$$

für alle $\boldsymbol{y} \in \mathbb{R}^n$. Hieraus folgt mit dem Satz von Pythagoras

$$|\boldsymbol{x}|^2 \overset{(3.426)}{=} |\boldsymbol{y} - \boldsymbol{A}^{\dagger}\boldsymbol{A}\boldsymbol{y} + \boldsymbol{A}^{\dagger}\boldsymbol{b}|^2 = |\boldsymbol{y} - \boldsymbol{A}^{\dagger}\boldsymbol{A}\boldsymbol{y}|^2 + |\boldsymbol{A}^{\dagger}\boldsymbol{b}|^2 \geq |\boldsymbol{A}^{\dagger}\boldsymbol{b}|^2\,,$$

womit $\widehat{\boldsymbol{x}} = \boldsymbol{A}^{\dagger}\boldsymbol{b}$ Optimallösung des linearen Ausgleichsproblems ist. □

Bemerkung: Im Fall Rang $\boldsymbol{A} = n < m$ ergibt sich die gemäß der Normalgleichung zu erwartende Form der Pseudoinversen

$$\begin{aligned}\boldsymbol{A}^{\dagger} &\overset{(3.425)}{=} \boldsymbol{V}\begin{bmatrix}\boldsymbol{S}^{-1} & \boldsymbol{0}\end{bmatrix}\boldsymbol{U}^{\mathrm{T}} = \boldsymbol{V}\begin{bmatrix}\boldsymbol{S}^{-1} & \boldsymbol{0}\end{bmatrix}\begin{bmatrix}\boldsymbol{S}^{-1}\\ \boldsymbol{0}\end{bmatrix}\boldsymbol{V}^{\mathrm{T}}\boldsymbol{V}\begin{bmatrix}\boldsymbol{S} & \boldsymbol{0}\end{bmatrix}\boldsymbol{U}^{\mathrm{T}}\\ &= \boldsymbol{V}\boldsymbol{S}^{-1}\boldsymbol{S}^{-1}\boldsymbol{V}^{\mathrm{T}}\boldsymbol{V}\begin{bmatrix}\boldsymbol{S} & \boldsymbol{0}\end{bmatrix}\boldsymbol{U}^{\mathrm{T}} = (\boldsymbol{V}\boldsymbol{S}\boldsymbol{S}\boldsymbol{V}^{\mathrm{T}})^{-1}\left(\boldsymbol{U}\begin{bmatrix}\boldsymbol{S}\\ \boldsymbol{0}\end{bmatrix}\boldsymbol{V}^{\mathrm{T}}\right)^{\mathrm{T}}\\ &= \Bigg(\underbrace{\boldsymbol{V}\begin{bmatrix}\boldsymbol{S} & \boldsymbol{0}\end{bmatrix}\boldsymbol{U}^{\mathrm{T}}}_{=\boldsymbol{A}^{\mathrm{T}}}\underbrace{\boldsymbol{U}\begin{bmatrix}\boldsymbol{S}\\ \boldsymbol{0}\end{bmatrix}\boldsymbol{V}^{\mathrm{T}}}_{=\boldsymbol{A}}\Bigg)^{-1}\underbrace{\left(\boldsymbol{U}\begin{bmatrix}\boldsymbol{S}\\ \boldsymbol{0}\end{bmatrix}\boldsymbol{V}^{\mathrm{T}}\right)^{\mathrm{T}}}_{=\boldsymbol{A}^{\mathrm{T}}} = (\boldsymbol{A}^{\mathrm{T}}\boldsymbol{A})^{-1}\boldsymbol{A}^{\mathrm{T}}\,.\end{aligned} \tag{3.428}$$

Die Lösung des linearen Ausgleichsproblems ist laut Satz 3.82 eindeutig. Diese Eigenschaft wird auch durch die Lösungsdarstellung (3.426) bestätigt, denn es gilt für alle $\boldsymbol{y} \in \mathbb{R}^n$ die Umformung

$$\boldsymbol{x} \overset{(3.426)}{=} \boldsymbol{A}^{\dagger}\boldsymbol{b} + \boldsymbol{y} - \boldsymbol{A}^{\dagger}\boldsymbol{A}\boldsymbol{y} = (\boldsymbol{A}^{\mathrm{T}}\boldsymbol{A})^{-1}\boldsymbol{A}^{\mathrm{T}}\boldsymbol{b} + \boldsymbol{y} - \underbrace{(\boldsymbol{A}^{\mathrm{T}}\boldsymbol{A})^{-1}\boldsymbol{A}^{\mathrm{T}}\boldsymbol{A}}_{=\boldsymbol{E}}\,\boldsymbol{y} = (\boldsymbol{A}^{\mathrm{T}}\boldsymbol{A})^{-1}\boldsymbol{A}^{\mathrm{T}}\boldsymbol{b}\,.$$

Im Spezialfall einer regulären Matrix $\boldsymbol{A} \in \mathrm{Mat}(n;\mathbb{R})$ zeigt sich durch (3.428) nochmals die eingangs betrachtete Eigenschaft

$$\boldsymbol{A}^{\dagger} \overset{(3.428)}{=} (\boldsymbol{A}^{\mathrm{T}}\boldsymbol{A})^{-1}\boldsymbol{A}^{\mathrm{T}} = \boldsymbol{A}^{-1}\boldsymbol{A}^{-\mathrm{T}}\boldsymbol{A}^{\mathrm{T}} = \boldsymbol{A}^{-1}\,,$$

wodurch mit der Pseudoinversen eine Erweiterung des Inversenbegriffs erzielt wurde.

Mit

$$\boldsymbol{U} = \left[\boldsymbol{u}_1, \ldots, \boldsymbol{u}_m\right] \in \mathrm{O}(m)\,, \quad \boldsymbol{V} = \left[\boldsymbol{v}_1, \ldots, \boldsymbol{v}_n\right] \in \mathrm{O}(n)$$

und

$$\boldsymbol{S} = \begin{bmatrix} s_1 & & \\ & \ddots & \\ & & s_r \end{bmatrix} = \mathrm{diag}(s_1, \ldots, s_r) \in \mathrm{Mat}(r;\mathbb{R})$$

erhalten wir aus (3.425) und (3.427)

$$\widehat{\boldsymbol{x}} = \boldsymbol{A}^{\dagger}\boldsymbol{b} = \boldsymbol{V}\begin{bmatrix} \boldsymbol{S}^{-1} & \boldsymbol{0} \\ \boldsymbol{0} & \boldsymbol{0} \end{bmatrix}\boldsymbol{U}^{\mathrm{T}}\boldsymbol{b}$$

$$= \left[\boldsymbol{v}_1, \ldots, \boldsymbol{v}_n\right]\begin{bmatrix} \boldsymbol{S}^{-1} & \boldsymbol{0} \\ \boldsymbol{0} & \boldsymbol{0} \end{bmatrix}\begin{bmatrix} \boldsymbol{u}_1^{\mathrm{T}}\boldsymbol{b} \\ \vdots \\ \boldsymbol{u}_m^{\mathrm{T}}\boldsymbol{b} \end{bmatrix} = \left[\boldsymbol{v}_1, \ldots, \boldsymbol{v}_n\right]\begin{bmatrix} (\boldsymbol{u}_1^{\mathrm{T}}\boldsymbol{b})/s_1 \\ \vdots \\ (\boldsymbol{u}_r^{\mathrm{T}}\boldsymbol{b})/s_r \\ 0 \\ \vdots \\ 0 \end{bmatrix} = \sum_{i=1}^{r} \frac{\boldsymbol{u}_i^{\mathrm{T}}\boldsymbol{b}}{s_i}\boldsymbol{v}_i\,.$$

Zur Berechnung der Singulärwertzerlegung (3.423) einer Matrix $\boldsymbol{A}$ stehen derzeit unterschiedliche Verfahren zur Verfügung. So werden beim Jacobi-Verfahren sukzessive beidseitige oder einseitige orthogonale Transformationen genutzt. Die bereits in den 50er Jahren des vorigen Jahrhunderts vorgestellten Techniken gehen auf Kogbetlianz respektive Hestenes zurück und werden ausführlich in [9] vorgestellt. Eine andere Verfahrensklasse nutzt zunächst eine Überführung der Matrix $\boldsymbol{A}$ in eine *Bidiagonalgestalt* bei der neben der Diagonalen nur noch eine Nebendiagonale von Null verschiedene Elemente aufweist. In die Gruppe gehören der GKR-Algorithmus nach Goloub, Kahan und Reinsch sowie die Singulärwertzerlegung nach Chan und die Divide-and-Conquer Methode, die in [9, 36, 52] beschrieben werden.

Beispiel 3.46:

Wir betrachten das lineare Ausgleichsproblem

$$|Ax - b| = \min$$

mit

$$A = \begin{bmatrix} \frac{\sqrt{2}}{2} & \frac{\sqrt{2}}{2} \\ \frac{\sqrt{2}}{2} & \frac{\sqrt{2}}{2} \\ 1 & 1 \end{bmatrix} \quad \text{und} \quad b = \begin{bmatrix} 1 \\ -1 \\ 2 \end{bmatrix}$$

Unter Verwendung der Singulärwertzerlegung

$$A = \underbrace{\begin{bmatrix} \frac{1}{2} & \frac{\sqrt{2}}{2} & \frac{1}{2} \\ \frac{1}{2} & -\frac{\sqrt{2}}{2} & \frac{1}{2} \\ \frac{\sqrt{2}}{2} & 0 & -\frac{\sqrt{2}}{2} \end{bmatrix}}_{=U} \begin{bmatrix} 2 & 0 \\ 0 & 0 \\ 0 & 0 \end{bmatrix} \underbrace{\begin{bmatrix} \frac{\sqrt{2}}{2} & \frac{\sqrt{2}}{2} \\ \frac{\sqrt{2}}{2} & -\frac{\sqrt{2}}{2} \end{bmatrix}}_{=V^{\mathrm{T}}}$$

erhalten wir die Moore-Penrose-Inverse in der Form

$$A^{\dagger} = V \begin{bmatrix} \frac{1}{2} & 0 & 0 \\ 0 & 0 & 0 \end{bmatrix} U^{\mathrm{T}} = \begin{bmatrix} 0{,}1768 & 0{,}1768 & 0{,}25 \\ 0{,}1768 & 0{,}1768 & 0{,}25 \end{bmatrix}.$$

Die Optimallösung ergibt sich somit gemäß

$$\widehat{x} = A^{\dagger} b = \begin{bmatrix} \frac{1}{2} \\ \frac{1}{2} \end{bmatrix}.$$

Offensichtlich gilt

$$\dim \operatorname{Kern} A = 2 - \operatorname{Rang} A = 1\,,$$

und durch einfaches Nachrechnen folgt

$$v = y - A^{\dagger} A y = y - \begin{bmatrix} \frac{1}{2} & \frac{1}{2} \\ \frac{1}{2} & \frac{1}{2} \end{bmatrix} y = \begin{bmatrix} \frac{1}{2}(y_1 - y_2) \\ -\frac{1}{2}(y_1 - y_2) \end{bmatrix} \quad \text{für} \quad y = \begin{bmatrix} y_1 \\ y_2 \end{bmatrix} \in \mathbb{R}^2.$$

Der Lösungsraum hat somit die Gestalt

$$M = \left\{ \boldsymbol{x} \,\middle|\, \boldsymbol{x} = \begin{bmatrix} \frac{1}{2} \\ \frac{1}{2} \end{bmatrix} + \lambda \begin{bmatrix} 1 \\ -1 \end{bmatrix}, \quad \lambda \in \mathbb{R} \right\}.$$

Übung 3.70:

Zeige: Sind $\boldsymbol{U} \in \mathrm{Mat}(m, n; \mathbb{R})$, $\boldsymbol{V} \in \mathrm{Mat}(n, m; \mathbb{R})$ und $\boldsymbol{G}$ eine generalisierte Inverse von $\boldsymbol{A}$, dann ist $\boldsymbol{V}^{-1}\boldsymbol{G}\boldsymbol{U}^{-1}$ eine generalisierte Inverse von $\boldsymbol{U}\boldsymbol{A}\boldsymbol{V}$.

Übung 3.71*

Es seien $\boldsymbol{A} \in \mathrm{Mat}(m, n; \mathbb{R})$, $\boldsymbol{x} \in \mathbb{R}^n$ und $\boldsymbol{y} \in \mathbb{R}^m$. Dann gilt: $(\boldsymbol{A}\boldsymbol{x}, \boldsymbol{y}) = (\boldsymbol{x}, \boldsymbol{A}^{\mathrm{T}}\boldsymbol{y})$.

Übung 3.72*

Beweise, daß die Matrix

$$\boldsymbol{A} = \begin{bmatrix} 1 & 1 & 0 \\ 0 & 0 & 1 \\ 0 & 0 & 0 \end{bmatrix}$$

die Moore-Penrose-Inverse

$$\boldsymbol{A}^{\dagger} = \begin{bmatrix} \frac{1}{2} & 0 & 0 \\ \frac{1}{2} & 0 & 0 \\ 0 & 1 & 0 \end{bmatrix}$$

besitzt und berechne hiermit die Optimallösung des linearen Ausgleichsproblems

$$|\boldsymbol{A}\boldsymbol{x} - \boldsymbol{b}| = \min$$

mit

$$\boldsymbol{b} = \begin{bmatrix} 2 \\ 2 \\ 1 \end{bmatrix}.$$

4 Anwendungen

Wir wollen in diesem Abschnitt an einfachen Beispielen aufzeigen, wie sich Hilfsmittel aus der linearen Algebra bei verschiedenen Problemen der Technik vorteilhaft verwenden lassen.

4.1 Technische Strukturen

4.1.1 Ebene Stabwerke

Unser Anliegen ist es, technische Gebilde zu untersuchen, die aus idealisierten Bauteilen, den *Stäben* aufgebaut sind. Diese Stäbe sind in bestimmten Verbundstellen, den *Knoten* zusammengefügt, etwa gemäß Fig. 4.1. Gebilde dieser Art nennt man *Stabwerke*. Für die mathematische

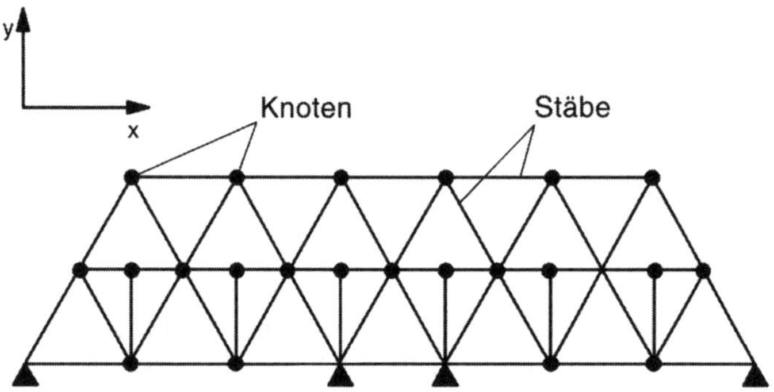

Fig. 4.1: Ebenes Stabwerk

Beschreibung eines Stabwerks sind drei Gesichtspunkte maßgebend: die Klärung der geometrischen Zusammenhänge, die Charakterisierung des materiellen Verhaltens sowie die Kräfte- und Momentebilanz. In den Anwendungen (z.B. im Brückenbau) interessiert man sich besonders dafür, wie ein solches i.a. dreidimensionales Stabwerk bei Belastungen reagiert. Zur Vereinfachung beschränken wir uns im Folgenden auf *ebene* Stabwerke; d.h. sämtliche Stäbe und Knoten liegen in derselben Ebene. Ferner sollen die Stäbe *gerade* sein und alle Belastungen nur in den Knoten auftreten. Um das Stabwerk als Gesamtgebilde zu erfassen, führen wir in der Ebene, in der das Stabwerk liegt, ein globales *Koordinatensystem* (s. etwa Fig. 4.1) ein: (x, y)-System. Zur Untersuchung einzelner Stäbe ist es vorteilhaft, zusätzlich *lokale Koordinatensysteme* zu verwenden, bei denen wir jeweils eine Achse in Stabrichtung, den »linken Knoten« [1] als Ursprung und die zweite Achse senkrecht zur ersten Achse wählen (s. Fig. 4.2): (ξ, η)-System. Zur weiteren

1 Numeriert man die Knoten der Reihe nach durch, so kann man z.B. in einem Stab den Knoten, dem eine kleinere Zahl entspricht als dem anderen Knoten, als links ansehen.

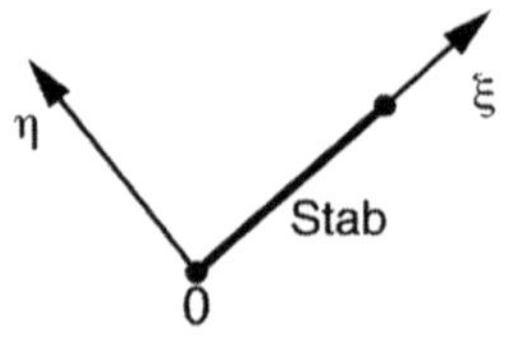

Fig. 4.2: Lokales Koordinatensystem

Untersuchung des Stabwerks numerieren wir die einzelnen Stäbe mit den natürlichen Zahlen $1,2,\ldots,q$ durch.

1. Berechnung der Formänderungsarbeit

Wir greifen zunächst den Stab mit der Nummer k heraus und berechnen für diesen die zugehörige Formänderungsarbeit. Der Stab besitze die Länge l_k. Ferner bezeichne

$N_k(\xi)$ die Normalkraft
$Q_k(\xi)$ das Biegemoment
$M_k(\xi)$ die Querkraft

an der »Schnittstelle ξ«, $0 \leq \xi \leq l_k$. Die Materialdaten

E Elastizitätsmodul
J Trägheitsmoment
G Schubmodul

und der Querschnitt F seien für alle Stäbe gleich. Nach bekannten Prinzipien der Elastizitätstheorie[2] besteht für die Formänderungsarbeit W_k für den Stab k die Beziehung

$$W_k = \frac{1}{EF}\int_0^{l_k} N_k^2(\xi)d\xi + \frac{1}{EJ}\int_0^{l_k} M_k^2(\xi)d\xi + \frac{1}{EG}\int_0^{l_k} Q_k^2(\xi)d\xi. \tag{4.1}$$

Da nach Voraussetzung die Belastungen nur in den Knoten, also an den beiden Enden des Stabes, angreifen, sind Normal- und Querkraft konstant:

$$\begin{aligned} N_k(\xi) &= N_k(0) = N_k(l_k) = \text{const} := N_k \\ Q_k(\xi) &= -\frac{1}{l_k}(M_k(0) + M_k(l_k)) = \text{const} := Q_k, \end{aligned} \tag{4.2}$$

$0 \leq \xi \leq l_k$. Ferner ist das Biegemoment eine lineare Funktion von ξ:

$$M_k(\xi) = (1 - \frac{\xi}{l_k})M_k(0) - \frac{\xi}{l_k}M_k(l_k)\,. \tag{4.3}$$

2 s. z.B. [22], S. 193

Setzen wir (4.2) und (4.3) in (4.1) ein, so ergibt sich nach Berechnung der entsprechenden Integrale

$$W_k = c_{11}^{(k)} N_k^2 + c_{22}^{(k)} M_k^2(0) + c_{33}^{(k)} M_k^2(l_k) - (c_{23}^{k} + c_{32}^{(k)}) M_k(0) M_k(l_k)\,. \tag{4.4}$$

Dabei sind die Koeffizienten in (4.4) durch

$$c_{11}^{(k)} := \frac{l_k}{EF}, \quad c_{22}^{(k)} := \frac{l_k}{3EJ} + \frac{1}{EGl_k}, \quad c_{33}^{(k)} := \frac{l_k}{3EJ} + \frac{1}{EGl_k}$$

und

$$c_{23}^{(k)} := \frac{l_k}{6EJ} + \frac{1}{EGl_k}, \quad c_{32}^{(k)} := \frac{l_k}{6EJ} + \frac{1}{EGl_k}$$

gegeben. Wir bilden nun den Vektor

$$\boldsymbol{w}_k := \begin{bmatrix} N_k \\ M_k(0) \\ M_k(l_k) \end{bmatrix} \tag{4.5}$$

und die *Flexibilitäts-Matrix*

$$\boldsymbol{C}_k := \begin{bmatrix} c_{11}^{(k)} & 0 & 0 \\ 0 & c_{22}^{(k)} & -c_{23}^{(k)} \\ 0 & -c_{32}^{(k)} & c_{33}^{(k)} \end{bmatrix}. \tag{4.6}$$

Dann läßt sich (4.4) in der Form

$$W_k = \boldsymbol{w}_k^{\mathrm{T}} \boldsymbol{C}_k \boldsymbol{w}_k \tag{4.7}$$

schreiben. Damit haben wir die Formänderungsarbeit für den Stab k durch eine quadratische Form[3] beschrieben.

Bemerkung: Häufig kann der Einfluß der Querkraft vernachlässigt werden. In diesem Fall lautet die Flexibilitäts-Matrix

$$\boldsymbol{C}_k := \begin{bmatrix} \frac{l_k}{EF} & 0 & 0 \\ 0 & \frac{l_k}{3EJ} & -\frac{l_k}{6EJ} \\ 0 & -\frac{l_k}{6EJ} & -\frac{l_k}{3EJ} \end{bmatrix} \tag{4.8}$$

Nun lösen wir uns von der Betrachtung des einzelnen Stabes und gehen zum gesamten Stabwerk über. Hierzu bilden wir die freien Summen (s. Abschn. 2.4.4) bzw. die direkten Summen (s.

3 s. Abschn. 3.5.4

Abschn. 3.5.8, Def. 3.14)

$$\boldsymbol{w} := \boldsymbol{w}_1 \dotplus \boldsymbol{w}_2 \dotplus \ldots \dotplus \boldsymbol{w}_n = \begin{bmatrix} \boldsymbol{w}_1 \\ \boldsymbol{w}_2 \\ \vdots \\ \boldsymbol{w}_n \end{bmatrix} \tag{4.9}$$

bzw.

$$\boldsymbol{C} := \boldsymbol{C}_1 \oplus \boldsymbol{C}_2 \oplus \ldots \oplus \boldsymbol{C}_n = \begin{bmatrix} \boldsymbol{C}_1 & & & 0 \\ & \boldsymbol{C}_2 & & \\ & & \ddots & \\ 0 & & & \boldsymbol{C}_n \end{bmatrix} \tag{4.10}$$

und mit diesen den Ausdruck

$$W := \boldsymbol{w}^{\mathrm{T}} \boldsymbol{C} \boldsymbol{w} \,. \tag{4.11}$$

Durch (4.11) ist die Formänderungsarbeit des Gesamtsystems gegeben. Die Formänderungsarbeit eines ebenen Stabwerks läßt sich also durch eine quadratische Form besonders übersichtlich und prägnant ausdrücken. Bei weiterführenden Untersuchungen von Stabwerken ist diese Darstellungsart besonders vorteilhaft.

2. Globales Gleichgewicht

Wir betrachten zunächst wieder ein einzelnes Stabwerk-Element: Wir greifen den Stab mit der Nummer k heraus. Die sechs *Stabendkräfte*, d.h. die Werte von Normalkraft, Querkraft und Biegemoment jeweils an den Enden des Stabes, fassen wir zu einem Vektor zusammen

$$\boldsymbol{s}_{(k)} = \begin{bmatrix} s_1^{(k)} \\ s_2^{(k)} \\ s_3^{(k)} \\ s_4^{(k)} \\ s_5^{(k)} \\ s_6^{(k)} \end{bmatrix} := \begin{bmatrix} N_{(k)}(0) \\ Q_{(k)}(0) \\ M_{(k)}(0) \\ N_{(k)}(l_k) \\ Q_{(k)}(l_k) \\ M_{(k)}(l_k) \end{bmatrix} . \tag{4.12}$$

Zwischen den Stabendkräften bestehen i.a. lineare Beziehungen, d.h. der Form $\alpha_1 s_1 + \alpha_2 s_2 + \ldots + \alpha_6 s_6 = 0$, wobei nicht sämtliche α_i verschwinden.

Wie sich herausstellen wird, kann man die Anzahl der Stabendkräfte, zwischen denen keine lineare Beziehung besteht, von sechs auf drei reduzieren. Wir bilden daher den Vektor

$$\boldsymbol{f}_k := \begin{bmatrix} f_1^{(k)} \\ f_2^{(k)} \\ f_3^{(k)} \end{bmatrix} . \tag{4.13}$$

Die Verbindung zwischen den Vektoren $\boldsymbol{s}_k$ und $\boldsymbol{f}_k$ wird durch die sogenannte *Kräfte-Transformations-Matrix* $\boldsymbol{K}_k$ hergestellt:

$$\boldsymbol{s}_k = \boldsymbol{K}_k \boldsymbol{f}_k\,. \tag{4.14}$$

Die Matrix $\boldsymbol{K}_k$ läßt sich aus einfachen Gleichgewichtsüberlegungen bestimmen: Aufgrund unserer Voraussetzung, daß die Belastungen in den Knoten des jeweiligen Stabes angreifen, gelten für die Normalkraft N, Querkraft Q und das Biegemoment M eines Stabes an der Schnittstelle $\xi, 0 \le \xi \le l$, die Beziehungen

$$N = a_1\,, \quad Q = a_2\,, \quad M = a_2\xi + a_3 \tag{4.15}$$

mit geeigneten Konstanten a_1, a_2, a_3. Jede statisch bestimmte Lagerung eines Stabes ermöglicht es nun, diese Konstanten — und damit den Zusammenhang zwischen $\boldsymbol{s}$ und $\boldsymbol{f}$ — festzulegen. Um dies zu verdeutlichen, betrachten wir als Beispiel die in Fig.4.3 angegebene Lagerart. Es bestehen folgende Zusammenhänge (s. auch Fig. 4.3):

$$\begin{aligned} s_1 &= f_1\,, \quad s_2 = -\frac{1}{l}(f_2 + f_3) \\ s_3 &= f_2\,, \quad s_4 = f_1 \\ s_5 &= \frac{1}{l}(f_2 + f_3)\,, \quad s_6 = f_3\,. \end{aligned}$$

Für die von uns gewählte Lagerart erhalten wir damit die Kräfte-Transformations-Matrix

$$\boldsymbol{K}_k = \begin{bmatrix} 1 & 0 & 0 \\ 0 & -\frac{1}{l} & -\frac{1}{l} \\ 0 & 1 & 0 \\ 1 & 0 & 0 \\ 0 & \frac{1}{l} & \frac{1}{l} \\ 0 & 0 & 1 \end{bmatrix}. \tag{4.16}$$

Bemerkung: Bei anderen statisch bestimmten Lagerungen geht man analog vor.

Wir wenden uns nun dem Gesamtsystem zu und nehmen dabei an, daß uns die einzelnen Kräfte-Transformations-Matrizen $\boldsymbol{K}_k$ $(k = 1,2,\ldots,q)$, die sich jeweils auf ein lokales Koordinatensystem $((\xi_k, \eta_k)-$ System, s. auch Fig. 4.4) beziehen, bekannt sind. Wir wollen sie nun auf unser globales Koordinatensystem $((x, y)$-System) umrechnen. Hierzu drehen wir das (ξ_k, η_k)-System im Uhrzeigersinn um seinen Koordinatenursprung, so daß die positive ξ_k- Achse in eine Parallele zur positiven x-Achse des globalen Koordinatensystems übergeht. Der Drehwinkel sei φ_k. Diese Drehung läßt sich mit Hilfe der Eulerschen Matrix (s. Abschn. 3.9.3, (3.359))

$$\boldsymbol{R}(\varphi_k) = \begin{bmatrix} \cos\varphi_k & -\sin\varphi_k & 0 \\ \sin\varphi_k & \cos\varphi_k & 0 \\ 0 & 0 & 1 \end{bmatrix} \tag{4.17}$$

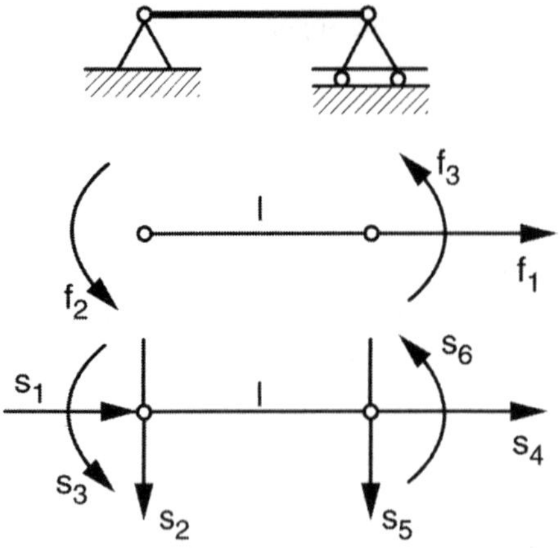

Fig. 4.3: Eine statisch bestimmte Lagerung

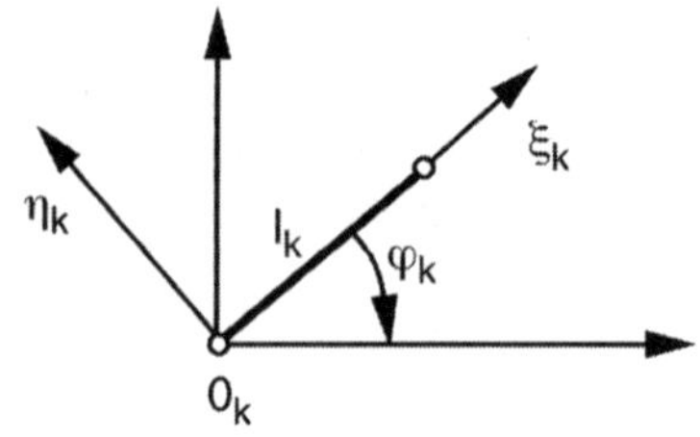

Fig. 4.4: Drehung des lokalen Koordinatensystems

beschreiben. Die letzte Zeile und Spalte bringen zum Ausdruck, daß sich die Momente bei der Drehung des Koordinatensystems nicht ändern. Nun bilden wir die Matrix

$$\boldsymbol{D}(\varphi_k) := \boldsymbol{R}(\varphi_k) \oplus \boldsymbol{R}(\varphi_k) \quad \text{(direkte Summe im Sinne von Abschn. 3.5.8)} \tag{4.18}$$

und ersetzen $\boldsymbol{K}_k$ durch das Matrix-Produkt $\boldsymbol{D}(\varphi_k)\boldsymbol{K}_k$.

$$\boldsymbol{K}_k \to \boldsymbol{D}(\varphi_k)\boldsymbol{K}_k . \tag{4.19}$$

Damit erhalten wir im globalen Koordinatensystem zwischen den aus den Stabendkräften des Stabes mit der Nummer k gebildeten Vektoren $\boldsymbol{s}_k$ und $\boldsymbol{f}_k$ den Zusammenhang

$$\boldsymbol{s}_k = \boldsymbol{D}(\varphi_k)\boldsymbol{K}_k \boldsymbol{f}_k \tag{4.20}$$

bzw. mit

$$\boldsymbol{A}_k := \boldsymbol{D}(\varphi_k)\boldsymbol{K}_k \;^{4} \tag{4.21}$$

die Beziehung

$$\boldsymbol{s}_k = \boldsymbol{A}_k \boldsymbol{f}_k . \tag{4.22}$$

Zur Beschreibung des globalen Gleichgewichts gehen wir aus von den p *Lastvektoren* in den inneren Knoten

$$\boldsymbol{r}_1 := \begin{bmatrix} r_1^{(1)} \\ r_2^{(1)} \\ r_3^{(1)} \end{bmatrix}, \quad \boldsymbol{r}_2 := \begin{bmatrix} r_1^{(2)} \\ r_2^{(2)} \\ r_3^{(2)} \end{bmatrix}, \quad \ldots, \boldsymbol{r}_p := \begin{bmatrix} r_1^{(p)} \\ r_2^{(p)} \\ r_3^{(p)} \end{bmatrix}$$

4 Mann nennt die zu $\boldsymbol{A}_k$ transponierte Matrix $\boldsymbol{A}_k^{\mathrm{T}}$ *lokale Gleichgewichtsmatrix.*

und den $(n - p)$ Lastvektoren in den Lagern

$$\boldsymbol{r}_{p+1} := \begin{bmatrix} r_1^{(p+1)} \\ r_2^{(p+1)} \\ r_3^{(p+1)} \end{bmatrix}, \quad \boldsymbol{r}_{p+2} := \begin{bmatrix} r_1^{(p+2)} \\ r_2^{(p+2)} \\ r_3^{(p+2)} \end{bmatrix}, \quad \ldots, \boldsymbol{r}_n := \begin{bmatrix} r_1^{(n)} \\ r_2^{(n)} \\ r_3^{(n)} \end{bmatrix},$$

die wir zu einem *Knotenlast-Vektor* $\boldsymbol{r}$ zusammenfassen:

$$\boldsymbol{r} := \boldsymbol{r}_1 \dotplus \boldsymbol{r}_2 \dotplus \ldots \dotplus \boldsymbol{r}_n = \begin{bmatrix} r_1^{(1)} \\ \vdots \\ r_n^{(1)} \end{bmatrix}. \tag{4.23}$$

Ebenso fassen wir die q Vektoren

$$\boldsymbol{s}_1 := \begin{bmatrix} s_1^{(1)} \\ \vdots \\ s_6^{(1)} \end{bmatrix}, \quad \boldsymbol{s}_2 := \begin{bmatrix} s_1^{(2)} \\ \vdots \\ s_6^{(2)} \end{bmatrix}, \quad \ldots, \quad \boldsymbol{s}_q := \begin{bmatrix} s_1^{(q)} \\ \vdots \\ s_6^{(q)} \end{bmatrix}$$

der Stabendkräfte zum *Stabkraft-Vektor* $\boldsymbol{s}$ zusammen:

$$\boldsymbol{s} := \boldsymbol{s}_1 \dotplus \boldsymbol{s}_2 \dotplus \ldots \dotplus \boldsymbol{s}_q = \begin{bmatrix} \boldsymbol{s}_1 \\ \boldsymbol{s}_2 \\ \vdots \\ \boldsymbol{s}_q \end{bmatrix}. \tag{4.24}$$

bzw. die Vektoren $\boldsymbol{f}_1, \ldots, \boldsymbol{f}_q$ zum Vektor

$$\boldsymbol{f} := \boldsymbol{f}_1 \dotplus \boldsymbol{f}_2 \dotplus \ldots \dotplus \boldsymbol{f}_q = \begin{bmatrix} \boldsymbol{f}_1 \\ \boldsymbol{f}_2 \\ \vdots \\ \boldsymbol{f}_q \end{bmatrix}. \tag{4.25}$$

Die Wechselwirkung der einzelnen Stäbe berücksichtigen wir durch die Einführung einer *Inzidenz-Matrix* $\boldsymbol{G} = [g_{km}]$, deren Elemente durch

$$g_{km} := \begin{cases} 1, & \text{wenn } s_m \text{ einen Beitrag zum Gleichgewicht in Richtung von } \boldsymbol{r}_k \text{ leistet} \\ 0, & \text{sonst} \end{cases}$$

erklärt sind. Die globale Gleichgewichtsbedingung lautet dann

$$\boldsymbol{G}\boldsymbol{s} = \boldsymbol{r}. \tag{4.26}$$

Zwischen den Vektoren $\boldsymbol{s}$ und $\boldsymbol{f}$ besteht wegen (4.22) der Zusammenhang

$$\boldsymbol{s} = (\boldsymbol{A}_1 \oplus \boldsymbol{A}_2 \oplus \ldots \oplus \boldsymbol{A}_q)\boldsymbol{f} \tag{4.27}$$

kurz

$$\boldsymbol{s} = (\oplus \boldsymbol{A}_k)\boldsymbol{f} \tag{4.28}$$

geschrieben, so daß aus (4.26) folgt:

$$\boldsymbol{G}(\oplus \boldsymbol{A}_k)\boldsymbol{f} = \boldsymbol{r} \tag{4.29}$$

(Gleichgewichtsbedingung für ein ebenes Stabwerk).

Bemerkung. Beziehung (4.29) kann auch als lineares Gleichungssystem zur Bestimmung des Stabkraft-Vektors $\boldsymbol{f}$ bei vorgegebenem Knotenlast-Vektor $\boldsymbol{r}$ interpretiert werden.

4.1.2 Elektrische Netzwerke

Im Folgenden untersuchen wir die Strom- bzw. Spannungsverteilung aus linearen Zweipol-Elementen (jeweils *ein* Eingang und *ein* Ausgang!). Ein Beispiel für ein solches Netzwerk zeigt Figur 4.5. Das Hilfsmittel der Vektor- bzw. Matrizenrechnung läßt sich dadurch heranziehen, daß man jedem Netzwerk einen *gerichteten und bewerteten Graphen zuordnet*[5] (s. auch Fig. 4.6):

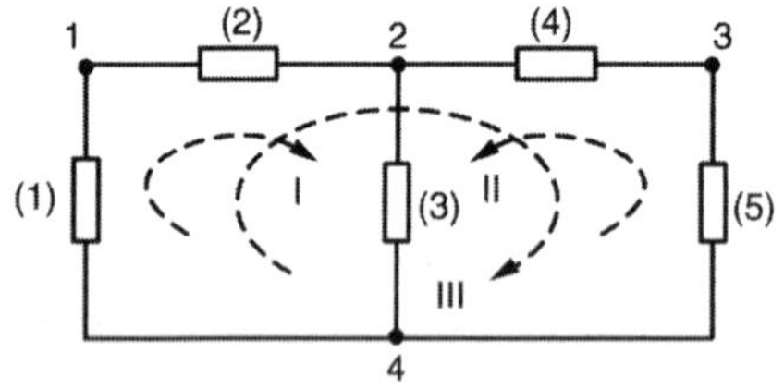

Fig. 4.5: Passives Netzwerk

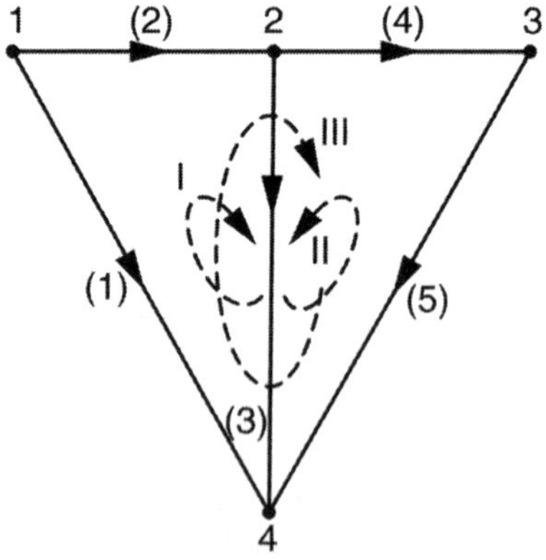

Fig. 4.6: Zugeordneter Graph

Jedem Knotenpunkt des Netzwerkes entspricht eine *Ecke* des Graphen und jedem elektrischen Leitungsstück (mit elektrischem Element) eine *Kante*, auch *Zweig* genannt. Aus dem Graphen wird ein *gerichteter (orientierter) Graph*, in dem auf jeder Kante (willkürlich) ein Anfangs-und ein Endpunkt ausgezeichnet wird (veranschaulicht durch einen Pfeil, der vom Anfangs- zum Endpunkt weist; s. auch Fig. 4.6). Die *Bewertung* erfolgt dadurch, daß jede Kante mit der dort

5 Für weitergehende Untersuchungen auf der Grundlage der Graphentheorie s. z.B [126] oder [143].

auftretenden Stromstärke belegt wird und jede Ecke mit der dort auftretenden Spannung. Außerdem kennzeichnen wir die einzelnen geschlossenen Kantenzüge: die *Kreise* (oder *Maschen*).[6] Diese werden ebenfalls (beliebig) orientiert, etwa wie in Fig. 4.6 gestrichelt dargestellt.

Beispiel 4.1:

Dem in Fig. 4.5 skizzierten *passiven Netzwerk*[7] wird der in Fig. 4.6 dargestellte Graph zugeordnet. Dabei sind folgende Numerierungen gewählt:

1,2,3,4	für die Ecken
(1), (2), (3), (4), (5)	für die Kanten
I, II, III	für die Kreise (Maschen).

Die in der Kante (m) auftretende Stromstärke, die i.a. von der Zeit t abhängt, bezeichnen wir mit $j_m(t)$. Für die der Ecke e zugeordnete Spannung schreiben wir $u_e(t)$. Eine Strom-Bilanz ergibt

$$\begin{array}{lllll} \text{in 1:} & j_1(t)+j_2(t) & & & =0 \\ \text{in 2:} & & -j_2(t)+j_3(t)+j_4(t) & & =0 \\ \text{in 3:} & & & -j_4(t)+j_5(t) & =0 \\ \text{in 4:} & -j_1(t) & \quad -j_3(t) & \quad -j_5(t) & =0\,. \end{array} \tag{4.30}$$

Dabei haben wir ein positives Vorzeichen genommen, wenn die Richtung der Kante von der jeweiligen Ecke wegweist. Im anderen Fall haben wir ein negatives Vorzeichen gewählt.

Eine Spannungsbilanz ergibt

$$\begin{array}{llll} \text{in I:} & -u_1(t)+u_2(t)+u_3(t) & & =0 \\ \text{in II:} & \quad +u_3(t)-u_4(t)-u_5(t) & & =0 \\ \text{in III:} & -u_1(t)+u_2(t) & +u_4(t)+u_5(t) & =0 \end{array} \tag{4.31}$$

(positives Vorzeichen wenn Kanten-und Maschenrichtung übereinstimmen, sonst negatives Vorzeichen).

Nun bilden wir die Koeffizienten-Matrizen von (4.30) bzw. (4.31):

$$\boldsymbol{A} := \begin{bmatrix} 1 & 1 & 0 & 0 & 0 \\ 0 & -1 & 1 & 1 & 0 \\ 0 & 0 & 0 & -1 & 1 \\ -1 & 0 & -1 & 0 & -1 \end{bmatrix} \quad \text{bzw.} \quad \boldsymbol{B} := \begin{bmatrix} -1 & 1 & 1 & 0 & 0 \\ 0 & 0 & 1 & -1 & -1 \\ -1 & 1 & 0 & 1 & 1 \end{bmatrix}$$

6 keine Ecke darf mehrmals durchlaufen werden.

7 Ein passives Netzwerk enthält keine Strom- bzw. Spannungsquellen.

und führen folgende Vektoren (Bewertungen) ein:

$$j(t) := \begin{bmatrix} j_1(t) \\ j_2(t) \\ \vdots \\ j_5(t) \end{bmatrix}, \quad u(t) := \begin{bmatrix} u_1(t) \\ u_2(t) \\ \vdots \\ u_5(t) \end{bmatrix}.$$

Damit lassen sich die Gl. (4.30) bzw. (4.31), also die *Kirchhoff'*schen [8] Strom- und Spannungsgesetze für unser elektrisches Netzwerk in Matrizenform schreiben:

$$\boldsymbol{A}\boldsymbol{j}(t) = \boldsymbol{0} \quad \text{bzw.} \quad \boldsymbol{B}\boldsymbol{u}(t) = \boldsymbol{0}. \tag{4.32}$$

Übung 4.1:

Für festes (zulässiges) t löse man die Gleichungssysteme (4.32) (bzw. (4.30) und (4.31)). Man ermittle insbesondere alle linear unabhängigen Strom-und Spannungsvektoren. Welchen Rang besitzen die Matrizen $\boldsymbol{A}$ und $\boldsymbol{B}$?

Wir behandeln nun den *allgemeinen Fall.* Dabei gehen wir davon aus, daß der gerichtete und bewertete Graph eines elektrischen Netzwerkes vorliegt. Die folgenden Überlegungen verdeutlichen interessante Analogien zu den ebenen Stabwerken, die wir im vorhergehenden Abschnitt betrachtet haben. Zur Erfassung der Wechselwirkung der jeweiligen Ecken und Kanten auf die gesamte Stromverteilung führen wir auch in diesem Fall eine Inzidenz-Matrix ein:

Definition 4.1:

Ist $\mathcal{G}$ ein gerichteter Graph mit den Ecken $e_1, e_2, \ldots, e_m$ und den Kanten $k_1, k_2, \ldots, k_n$ ($e_i, k_i \in \mathbb{N}$), dann verstehen wir unter der *(Ecken-Kanten-)Inzidenz-Matrix* von $\mathcal{G}$ eine Matrix

$$\boldsymbol{A} = [a_{il}]$$

mit dem Format (m, n), wobei

$$a_{il} := \begin{cases} +1, & \text{wenn } k_l \text{ den Anfangspunkt } e_i \text{ hat} \\ -1, & \text{wenn } k_l \text{ den Endpunkt } e_i \text{ hat} \\ 0, & \text{wenn } k_l \text{ die Ecken } e_i \text{ nicht trifft.} \end{cases}$$

Es sollen keine Kanten vorkommen, bei denen Anfangs- und Endpunkt übereinstimmen.

Übung 4.2:

Man bestätige, daß die Matrix A in Beispiel 4.1 auf diese Weise zustande kommt.

8 G.R. Kirchhoff (1824 – 1887), deutscher Physiker und Mathematiker.

Die Bedeutung der Inzidenz-Matrix für das mit dem Graphen korrespondierende Netzwerk beruht darauf, daß ein Vektor

$$\boldsymbol{j}(t) := \begin{bmatrix} j_1(t) \\ \vdots \\ j_n(t) \end{bmatrix}$$

genau dann die Zweigströme repräsentieren kann, wenn gilt

$$\boldsymbol{A}\boldsymbol{j}(t) = \boldsymbol{0} \quad \text{(Kirchhoffsches Stromgesetz)} \tag{4.33}$$

für alle zulässigen t.

Einführung von Schnittmengenmatrizen

Die in Definition 4.1 erklärte Inzidenz-Matrix $\boldsymbol{A}$ enthält i.a auch überflüssige Reihen, d.h. die Zeilenvektoren von $\boldsymbol{A}$ sind linear abhängig. An Beispiel 4.1 sehen wir, daß *eine* Stromgleichung entbehrlich ist (s. Üb. 4.1). Unser Anliegen ist es, $\boldsymbol{A}$ durch eine Matrix $\boldsymbol{C}$ zu ersetzen, bei der die überzähligen Reihen aus $\boldsymbol{A}$ entfernt sind, d.h. $\boldsymbol{C}$ soll nur linear unabhängige Zeilen enthalten. Zur Bestimmung von $\boldsymbol{C}$ ziehen wir einige Begriffsbildungen aus der Graphentheorie heran. Wir verzichten dabei auf die allgemeinen und präzisen Definition[9] und begnügen uns hier damit, diese Begriffe auf anschaulicher Ebene und anhand von einfachen Beispielen zu verdeutlichen. Ist ein zusammenhängender Graph vorgegeben (z.B. der in Fig. 4.6 dargestellte), so wird er zu einem *Baum*, wenn wir gerade so viele Zweige aus dem Graphen entfernen, daß die verbleibenden Zweige keine Kreise (Maschen) mehr bilden und der Graph zusammenhängend bleibt. Der Graph aus Beispiel 4.1 enthält die in Fig. 4.7 durchgezogen gezeichneten Bäume.

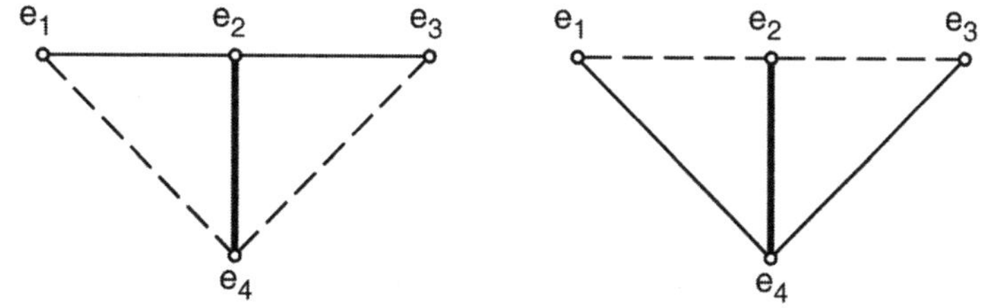

Fig. 4.7: Bäume eines Graphen

Im Folgenden setzen wir stets voraus, daß der von uns betrachtete Graph ein *ebener Graph* ist (d.h. der Graph liegt in einer Ebene und zwei verschiedene Kanten können sich nicht schneiden, abgesehen von einer Ecke, die beide gemeinsam haben).

Nun führen wir in einem Graphen »Schnitte« ein: Unter einem *Schnitt* verstehen wir eine

9 diese finden sich z.B. in [147] oder [152]

Kurve C[10], die den Graphen und die Ebene, in der der Graph liegt, in zwei Teile zerlegt. Dabei darf jeder Zweig (Kante) nur einmal geschnitten werden. Nun wählen wir aus dem Graphen einen Baum aus, der alle Ecken des Graphen enthält. Ein Schnitt des Graphen heißt *Fundamentalschnitt*, wenn er den gewählten Baum genau in einem Zweig des Baumes trifft. Der durchgeschnittene Zweig des Baumes ist so orientiert, daß er in eine der beiden Teilebenen weist. In jedem Punkt von C denken wir uns einen Pfeil angebracht, der in diesen Teil der Ebene weist. In Fig. 4.8a) bis c) sind Beispiele zur Erläuterung dieser Begriffsbildung gegeben:

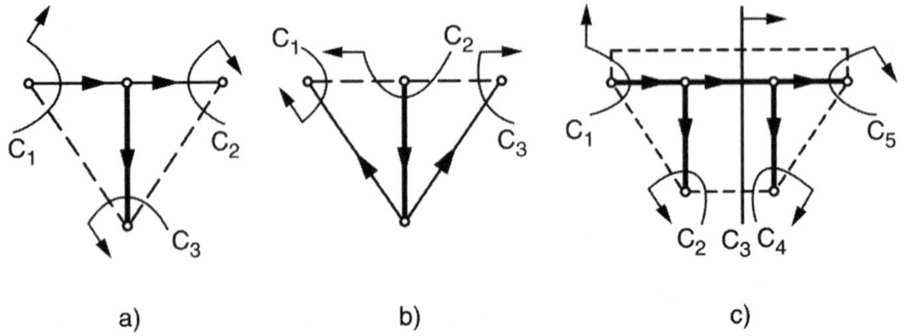

Fig. 4.8: Orientierte Fundamentalschnitte

Definition 4.2:

Sei $\mathcal{G}$ ein gerichteter Graph mit den Ecken $e_1, \ldots, e_m$ und den Kanten $k_1, \ldots, k_n$. $\mathcal{B}$ sei ein Baum aus $\mathcal{G}$, der alle Ecken enthält. Ferner seien $C_1, \ldots, C_s$ orientierte Fundamentalschnitte von $\mathcal{G}$, bezogen auf den Baum $\mathcal{B}$. Dabei werde jede Kante des Baumes von genau einem Schnitt C_j durchschnitten. Die Kanten des Baumes $\mathcal{B}$ sind den Schnitten C_j auf diese Weise umkehrbar eindeutig zugeordnet. Unter der Schnittmengen-Matrix von $\mathcal{G}$ verstehen wir die Matrix

$$\boldsymbol{C} := [c_{pq}]$$

vom Format (s, n) mit

$$c_{pq} := \begin{cases} +1, & \text{wenn die Orientierungen von } k_q \text{ und } C_p \text{ übereinstimmen} \\ -1, & \text{wenn die Orientierungen von } k_q \text{ und } C_p \text{ entgegengesetzt sind} \\ 0, & \text{wenn sich } k_q \text{ und } C_p \text{ nicht schneiden.} \end{cases} \tag{4.34}$$

Bemerkung 1: Man kann zeigen, daß die mit dem Stromvektor $\boldsymbol{j} = [j_1, \ldots, j_n]^{\mathrm{T}}$ gebildeten

10 genauer eine nicht geschlossene oder eine geschlossene Jordankurve (s. hierzu Burg/Haf/Wille (Vektoranalysis) [28].

Gleichungen

$$\boldsymbol{A}\boldsymbol{j}(t) = \boldsymbol{0} \quad \text{und} \quad \boldsymbol{C}\boldsymbol{j}(t) = \boldsymbol{0}$$

»gleichwertig« sind, d.h. daß jedes $\boldsymbol{j}(t)$ welches die linke Gleichung erfüllt, auch die rechte Gleichung erfüllt und umgekehrt. (Der Beweis wird hier aus Platzgründen übergangen, da er weitere Überlegungen bzgl. des Ranges von Matrizen erfordert. An Hand der skizzierten Netzwerke leuchtet die Gleichwertigkeit der beiden Gleichungen aber ein.)

Bemerkung 2: Wir haben gesehen, daß sowohl die Numerierung als auch die Orientierung der Zweige (Kanten) eines Graphen beliebig ist; ebenso die Numerierung der Fundamentalschnitte. Dennoch ist es oft zweckmäßig, die Fundamentalschnitte so zu numerieren, daß diese Nummern mit den Nummern der jeweils geschnittenen Baumzweige übereinstimmen. Dies führt dann dazu, daß in $\boldsymbol{C}$ eine Einheitsmatrix auftritt und daher der Rang von $\boldsymbol{C}$ sofort abgelesen werden kann (s. nachfolgende Beispiele).

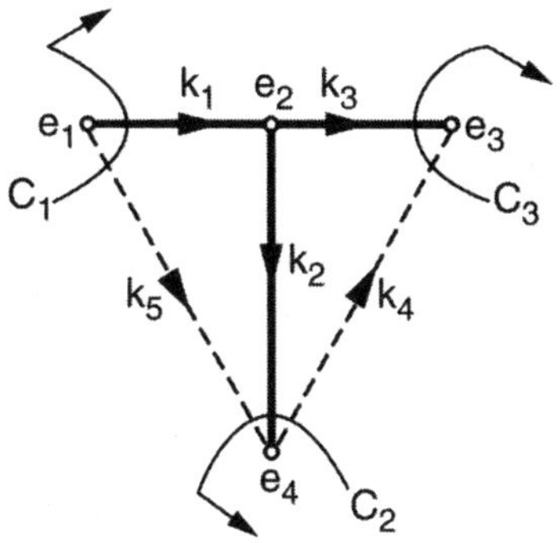

Fig. 4.9: Zur Bestimmung der Schnittmengenmatrix C

Beispiel 4.2:

Wir betrachten wieder das Netzwerk aus Beispiel 4.1, wählen den Baum aus Fig.4.8a) und gehen zur Numerierung und Orientierung der Fundamentalschnitte im Sinne von Bemerkung 2 vor (vgl. Fig.4.9:

Die Matrix $\boldsymbol{A}$ lautet in diesem Fall

$$\boldsymbol{A} := \begin{bmatrix} 1 & 0 & 0 & 0 & 1 \\ -1 & 1 & 1 & 0 & 0 \\ 0 & 0 & -1 & -1 & 0 \\ 0 & -1 & 0 & 1 & -1 \end{bmatrix}.$$

Das Format von $\boldsymbol{A}$ ist $(m,n) = (4{,}5)$ ihr Rang ist 3 (vgl. Üb. 4.1). Nun bestimmen wir die Schnittmengen Matrix $\boldsymbol{C}$: Wegen (4.34) ergibt sich

$$\boldsymbol{C} = [C_{pq}] = \begin{matrix} \\ C_1 \\ C_2 \\ C_3 \end{matrix} \begin{matrix} k_1 & k_2 & k_3 & k_4 & k_5 \\ \left[\begin{matrix} 1 & 0 & 0 \\ 0 & 1 & 0 \\ 0 & 0 & 1 \end{matrix}\right. & & & \left|\begin{matrix} 0 & 1 \\ -1 & 1 \\ 1 & 0 \end{matrix}\right] \end{matrix} = [\ \boldsymbol{E} \mid \boldsymbol{F}\ ]\,. \quad \underbrace{}_{=\boldsymbol{E}} \ \underbrace{}_{=\boldsymbol{F}} \tag{4.35}$$

Wir erkennen: $\boldsymbol{C}$ besitzt im Gegensatz zu $\boldsymbol{A}$ das Format $(\tilde{m}, n) = (3{,}5)$ (eine überzählige Zeile in $\boldsymbol{A}$ ist entfernt!). Ihr Rang läßt sich aus (4.35) unmittelbar ablesen: $r = \operatorname{Rang} \boldsymbol{C} = 3$. Nach Satz 3.53 d) ff., Abschn. 3.8.1 besitzt daher die Kirchhoffsche Stromgleichung

$$\boldsymbol{C}\boldsymbol{j} = \boldsymbol{0}, \quad \boldsymbol{j} = [j_1, \ldots, j_5]^{\mathrm{T}}$$

genau $n - r = 5 - 3 = 2$ linear unabhängige Lösungen. (Vgl. auch Üb. 4.1).

Beispiel 4.3:
Wir legen den orientierten Graphen gemäß Fig. 4.10 mit $m = 6$ Ecken und $n = 9$ Zweigen (Kanten) zugrunde und bestimmen eine geeignete Schnittmengen-Matrix. Hierzu wählen wir den in Fig. 4.11 dargestellten Baum und die dort angegebenen orientierten Fundamentalschnitte. Aus Fig. 4.11 ergibt sich wegen (4.34) die Schnittmengen-Matrix

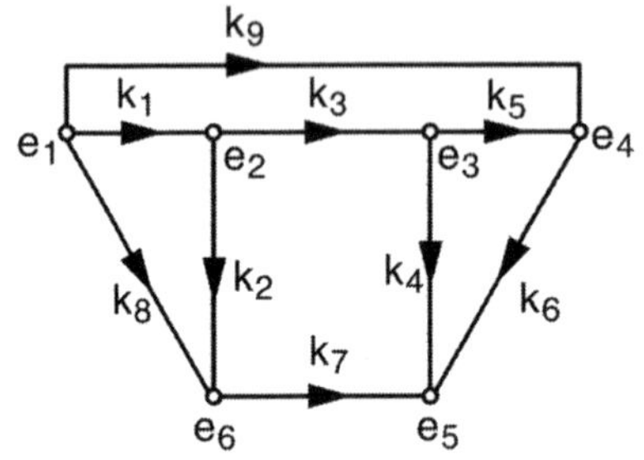

Fig. 4.10: Graph eines elektrischen Netzwerkes

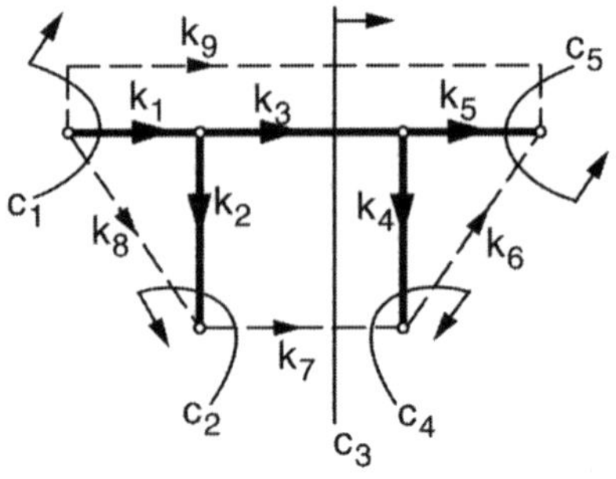

Fig. 4.11: Zugehöriger Baum mit orientierten Fundamentalschnitten

$$\boldsymbol{C} = [c_{pq}] = \begin{matrix} C_1 \\ C_2 \\ C_3 \\ C_4 \\ C_5 \\ \end{matrix} \begin{matrix} \left[\begin{array}{ccccc|cccc} 1 & 0 & 0 & 0 & 0 & 0 & 0 & 1 & 1 \\ 0 & 1 & 0 & 0 & 0 & 0 & -1 & 1 & 0 \\ 0 & 0 & 1 & 0 & 0 & 0 & 1 & 0 & 1 \\ 0 & 0 & 0 & 1 & 0 & -1 & 1 & 0 & 0 \\ 0 & 0 & 0 & 0 & 1 & 1 & 0 & 0 & 1 \end{array}\right] \\ \begin{array}{ccccccccc} k_1 & k_2 & k_3 & k_4 & k_5 & k_6 & k_7 & k_8 & k_9 \end{array} \end{matrix}$$

vom Format $(\tilde{m}, n) = (5,9)$ und dem Rang $r = 5$. Nach Abschn. 3.8.1 besitzt daher die Kirchhoffsche Stromgleichung $C\boldsymbol{j} = \mathbf{0}$ genau $n - r = 9 - 5 = 4$ linear unabhängige Lösungsvektoren.

Bei der Kirchhoffschen Maschengleichung (4.32)

$$\boldsymbol{B}\boldsymbol{u}(t) = \mathbf{0}$$

ist eine analoge Vorgehensweise möglich: Die Maschen-Matrix $\boldsymbol{B}$ läßt sich ebenfalls durch Elimination überzähliger Reihen »entrümpeln«. Wir gehen hierzu von einem gerichteten Graphen $\mathcal{G}$, mit den Ecken $e_1, \ldots, e_m$ und den Kanten $k_1, \ldots, k_n$ aus. Außerdem wählen wir aus $\mathcal{G}$ einen Baum aus (durch Entfernen entsprechender Kanten), der alle Ecken des Graphen enthält. Der Graph bestehe aus den s Maschen (Kreisen) $l_1, \ldots, l_s$, denen wir die Orientierung der entfernten Kanten geben (s. Fig. 4.12). Nun bilden wir die *Mascheninzidenz-Matrix*

$$\boldsymbol{M} := [\mu_{pq}] \tag{4.36}$$

vom Format (s, n) mit den Elementen

$$\mu_{pq} := \begin{cases} +1\,, & \text{wenn die Orientierung der Masche } l_p \text{ mit der Orientierung der} \\ & \text{Kante } k_q \text{ übereinstimmt und } k_q \text{ zur Masche } l_p \text{ gehört} \\ -1\,, & \text{wenn die Orientierungen entgegengesetzt sind} \\ 0\,, & \text{wenn die Kante } k_q \text{ nicht zur Masche } l_p \text{ gehört.} \end{cases} \tag{4.37}$$

Die Kirchhoffsche Maschengleichung lautet dann

$$\boldsymbol{M}\boldsymbol{u}(t) = \mathbf{0}. \tag{4.38}$$

Diese Gleichung und die Maschengleichung $\boldsymbol{B}\boldsymbol{u}(t) = \mathbf{0}$ sind gleichwertig; (4.38) enthält jedoch keine überzähligen Anteile mehr. Wir verdeutlichen die Konstruktion der Mascheninzidenz-Matrix anhand des in Beispiel 4.3 betrachteten Graphen. Unsere obigen Überlegungen führen zur nebenstehenden Fig. 4.12.

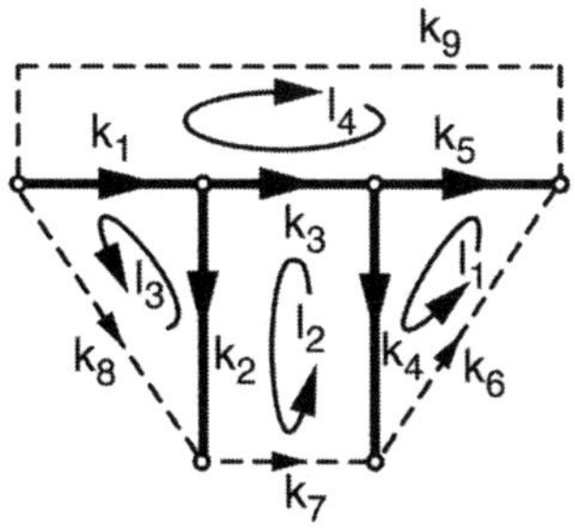

Fig. 4.12: Zur Bestimmung der Mascheninzidenz-Matrix $\boldsymbol{M}$

Mit (4.37) erhalten wir daher

$$M = [\mu_{pq}] = \begin{matrix} \\ l_1 \\ l_2 \\ l_3 \\ l_4 \end{matrix} \begin{matrix} \begin{matrix} k_1 & k_2 & k_3 & k_4 & k_5 & k_6 & k_7 & k_8 & k_9 \end{matrix} \\ \left[\begin{array}{ccccc|cccc} 0 & 0 & 0 & 1 & -1 & 1 & 0 & 0 & 0 \\ 0 & 1 & -1 & -1 & 0 & 0 & 1 & 0 & 0 \\ -1 & -1 & 0 & 0 & 0 & 0 & 0 & 1 & 0 \\ \underbrace{-1 \quad 0 \quad -1 \quad 0 \quad -1}_{=:-F^{\mathrm{T}}\ 11} & & & & & \underbrace{0 \quad 0 \quad 0 \quad 1}_{=:E} & & & \end{array}\right] \end{matrix} = [\ -F^{\mathrm{T}} \mid E\ ] .$$

Offensichtlich gilt: $r = \text{Rang}\, M = 4$. Nach Abschn. 3.8.1 besitzt daher die Gleichung $Mu = 0$ genau $n - r = 9 - 4 = 5$ linear unabhängige Spannungsvektoren als Lösung.

Bemerkung: Für ein (zusammenhängendes) Netzwerk mit m Knoten und n Zweigen läßt sich einfach nachweisen, daß die besprochenen Reduktionen auf

$m - 1$ Stromgleichungen

und

$n - m + 1$ Spannungs-(Maschen)gleichungen

führen. Die von uns betrachteten Beispiele bestätigen dies (prüfen!).

Zweigströme und Zweigspannungen bei vorgegebener Belastung

Wir wenden uns nun dem eigentlichen Anliegen der Netzwerkanalyse zu: der Bestimmung von Zweigströmen und -spannungen bei bekannter Belastung. Zur Vereinfachung nehmen wir an, daß diese zu $e^{i\omega t}$ proportional ist (i: Imaginäre Einheit). Für die passiven elektrischen Elemente führen wir die folgenden Matrizen ein

(1) Für die *Ohm*schen Widerstände[12]

$$R := \text{diag}[R_1, \ldots, R_\alpha] . \tag{4.39}$$

(2) Für die Kondensatoren

$$C^{-1} := \text{diag}\left[\frac{1}{C_{\alpha+1}}, \ldots, \frac{1}{C_{\alpha+\beta}}\right] . \tag{4.40}$$

(3) Für die Spulen

$$L := \begin{bmatrix} L_{\alpha+\beta+1,\alpha+\beta+1} & \cdots & L_{\alpha+\beta+1,\gamma} \\ \vdots & & \vdots \\ L_{\gamma,\alpha+\beta+1} & \cdots & L_{\gamma,\gamma} \end{bmatrix} . \tag{4.41}$$

11 Wir verwenden hier die in der Technik übliche Bezeichnung.

12 Georg Simon Ohm (1789 – 1854), deutscher Experimentalphysiker.

Hierbei bezeichnen R_i die Ohmschen Widerstände, C_i die Kapazitäten und L_{ik} die Induktivitäten der im Netzwerk vorhandenen elektrischen Elemente. Matrix (4.41) ist symmetrisch: $L_{ik} = L_{ki}$ und bringt zum Ausdruck, daß Wechselwirkungen zwischen den Spulen angenommen werden.

Wir fassen diese Matrizen durch direkte Summenbildung zur *Impedanz-Matrix*

$$\boldsymbol{Z} := \boldsymbol{R} \oplus \left(\frac{1}{\mathrm{i}\,\omega} \boldsymbol{C}^{-1} \right) \oplus (\mathrm{i}\omega \boldsymbol{L}) \tag{4.42}$$

zusammen.

Beispiel 4.4:
Für das in Fig. 4.13 skizzierte Netzwerk ergibt sich mit (4.42) die Impedanz-Matrix

$$\boldsymbol{Z} = \begin{bmatrix} R_1 & 0 & 0 & 0 & 0 & 0 \\ 0 & R_1 & 0 & 0 & 0 & 0 \\ 0 & 0 & \dfrac{1}{\mathrm{i}\,\omega C_3} & 0 & 0 & 0 \\ 0 & 0 & 0 & \dfrac{1}{\mathrm{i}\,\omega C_4} & 0 & 0 \\ 0 & 0 & 0 & 0 & \mathrm{i}\,\omega L_5 & \mathrm{i}\,\omega L_{56} \\ 0 & 0 & 0 & 0 & \mathrm{i}\,\omega L_{65} & \mathrm{i}\,\omega L_6 \end{bmatrix} .$$

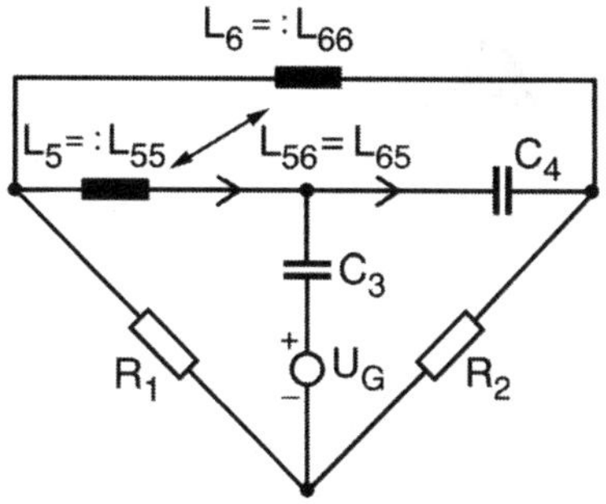

Fig. 4.13: Elektrisches Netzwerk bei Belastung

Mit Hilfe der durch (4.42) erklärten Impedanz-Matrix $\boldsymbol{Z}$ läßt sich das Ohmsche Gesetz in verallgemeinerter Form angeben:

$$\boldsymbol{u} - \boldsymbol{u}_G = \boldsymbol{Z}(\boldsymbol{j} - \boldsymbol{j}_G) . \tag{4.43}$$

Hierbei weist der Index G auf Quellgrößen (Strom-bzw. Spannungsquellen) hin. Die zu $\boldsymbol{Z}$ inverse Matrix (man nennt sie *Admittanz-Matrix*) bezeichnet man mit $\boldsymbol{Y}$. Multipliziert man (4.43) von links mit $\boldsymbol{Y}$, so ergibt sich die Beziehung

$$\boldsymbol{j} - \boldsymbol{j}_G = \boldsymbol{Y}(\boldsymbol{u} - \boldsymbol{u}_G)\,. \tag{4.44}$$

Es bezeichne $\boldsymbol{C}$ wieder die Schnittmengen-Matrix und $\boldsymbol{M}$ die Mascheninzidenz-Matrix. Setzen wir (4.43) in die Maschengleichung $\boldsymbol{M}\boldsymbol{u} = \boldsymbol{0}$ ein, so stehen uns mit

$$\boldsymbol{C}\boldsymbol{j} = \boldsymbol{0} \quad \text{und} \quad \boldsymbol{M}\boldsymbol{Z}\boldsymbol{j} = \boldsymbol{M}(\boldsymbol{Z}\boldsymbol{j}_G - \boldsymbol{u}_G) \tag{4.45}$$

genau so viele Gleichungen zur Verfügung, wie wir zur Berechnung des Stromvektors $\boldsymbol{j}$ benötigen.

Übung 4.3:

Bestimme die Stromverteilung für das in Fig. 4.13 dargestellte Netzwerk.

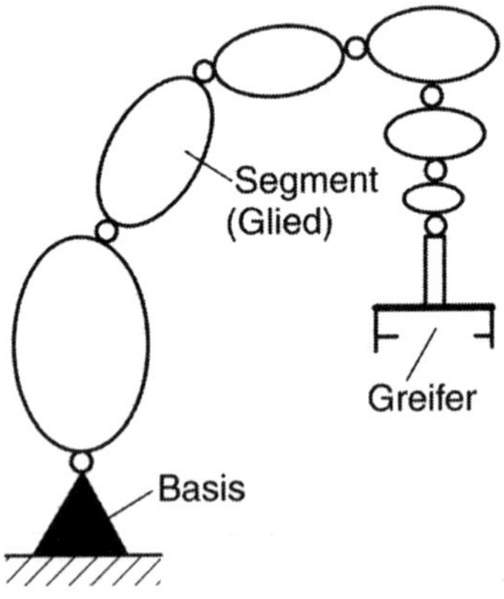

Fig. 4.14: Modell-Roboter

4.2 Roboter-Bewegung

4.2.1 Einführende Betrachtungen

Wir gehen von einer endlichen Menge von *Segmenten* (*Gliedern*) im $\mathbb{R}^3$ aus, die durch gewisse Gelenke paarweise miteinander verbunden sind und eine offene *Kette* (einen Verbund), etwa gemäß Fig. 4.14, bilden. Dabei setzen wir voraus, daß es sich bei diesen Segmenten um *starre Körper* handelt, d.h. daß sich der Abstand von beliebigen Segmentpunkten bei einer Bewegung des Segmentes nicht ändert. Das eine Ende dieses Verbundes ist durch die raumfeste *Basis* gegeben, während sich am anderen Ende der *Greifer* befindet.

Die Bewegungsmöglichkeiten des Roboters hängen von der Art der Verbindung der einzelnen Segmente ab und setzen sich im allgemeinen aus Translations- und aus Drehbewegungen zusammen. Beispiele für mögliche technische Realisierungen zeigen die Fig. 4.15 und 4.16 in schematischer Darstellung. Eine weitere Realisierung ist durch den E-2-Manipulator gegeben

(s. Fig. 4.21 am Ende von Abschn. 4.2.2)[13]. Bauteile mit rechteckigem Querschnitt weisen darauf hin, daß keine Drehungen um eine Achse senkrecht zum Querschnitt durchführbar sind; anders bei denjenigen mit kreisförmigem Querschnitt, die solche Drehungen gestatten.

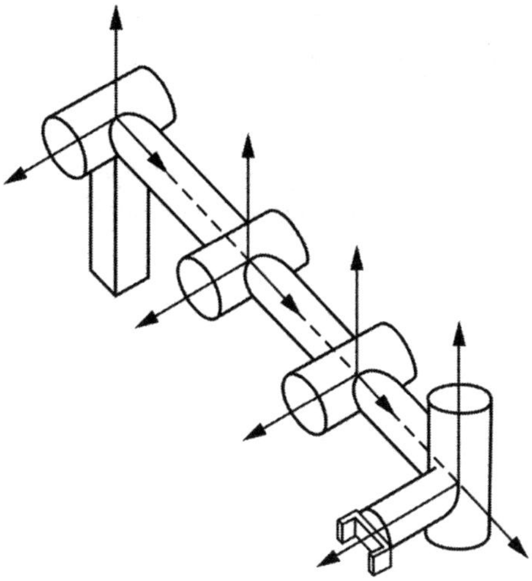

Fig. 4.15: Ellbogen-Manipulator

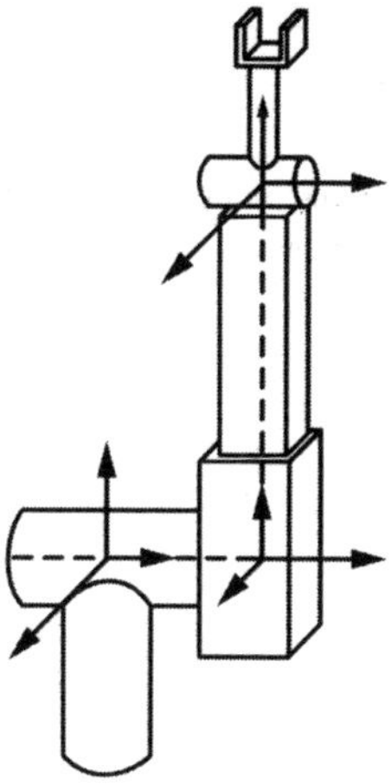

Fig. 4.16: Stanford-Manipulator

Die Beschreibung möglicher Bewegungsformen des Roboters beinhaltet zwei Aspekte: einen *kinematischen* und einen *dynamischen*. Im Folgenden beschränken wir uns auf die Untersuchung einiger einfacher kinematischer Fragestellungen, also auf solche, die die Geometrie der Bewegungen des Roboters zum Gegenstand haben.

Die Voraussetzung, daß die einzelnen Roboter-Segmente als starre Körper aufgefaßt werden, hat zur Folge, daß sich der Übergang von einer Segmentlage in eine andere (s. Fig. 4.17) mit Hilfe von abstandserhaltenden Abbildungen (s. Abschn. 3.5.3) beschreiben läßt. Nach Satz 3.54 setzt sich eine solche Abbildung aus einer Drehung[14] (ihr entspricht eine orthogonale Matrix) und einer Parallelverschiebung (durch einen Vektor berücksichtigt) zusammen (s. Fig. 4.18).

4.2.2 Kinematik eines $(n + 1)$-gliedrigen Roboters

1. Zusammenhang zweier benachbarter Segmente

Wir betrachten die in Fig. 4.19 dargestellte Situation. Mit zwei benachbarten Segmenten verbunden sei jeweils ein körperfestes Bezugssystem[15] $\langle 0; \boldsymbol{e}_1, \boldsymbol{e}_2, \boldsymbol{e}_3 \rangle$ bzw. $\langle 0'; \boldsymbol{e}'_1, \boldsymbol{e}'_2, \boldsymbol{e}'_3 \rangle$. Dabei sind $\langle \boldsymbol{e}_1, \boldsymbol{e}_2, \boldsymbol{e}_3 \rangle$ und $\langle \boldsymbol{e}'_1, \boldsymbol{e}'_2, \boldsymbol{e}'_3 \rangle$ Orthonormalbasen im $\mathbb{R}^3$ und überdies Rechtssysteme (s. Abschn. 1.2.4). Ferner sind 0 und $0'$ die Ursprünge (Nullpunkte) des jeweiligen Koordinatensystems.

13 Zahlreiche weitere Beispiele finden sich z.B. in [15] und in [113].

14 vgl. hierzu: »Axiale Drehungen« in Abschn. 3.9.3.

15 Da wir von starren Körpern ausgehen, ist die Gestalt der Segmente für deren Bewegung ohne Bedeutung. Es genügt die Zuordnungen der beiden Koordinatensysteme zu betrachten.

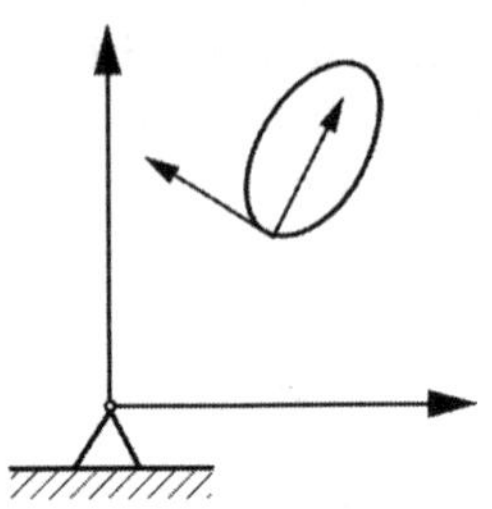

Fig. 4.17: Bewegung eines Starrkörper-Segmentes

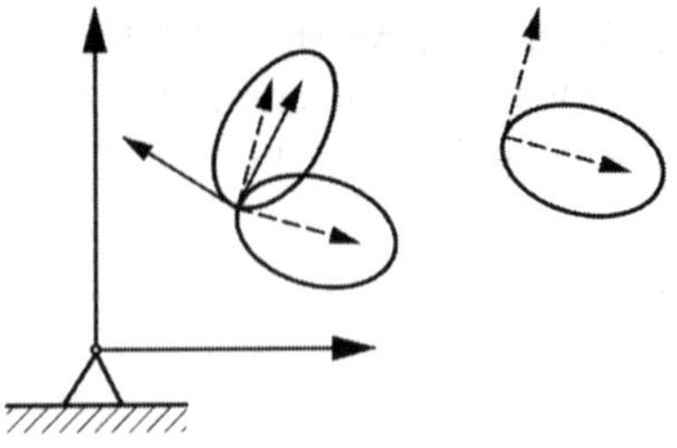

Fig. 4.18: Zusammensetzung einer Starrkörperbewegung aus Drehung und Parallelverschiebung

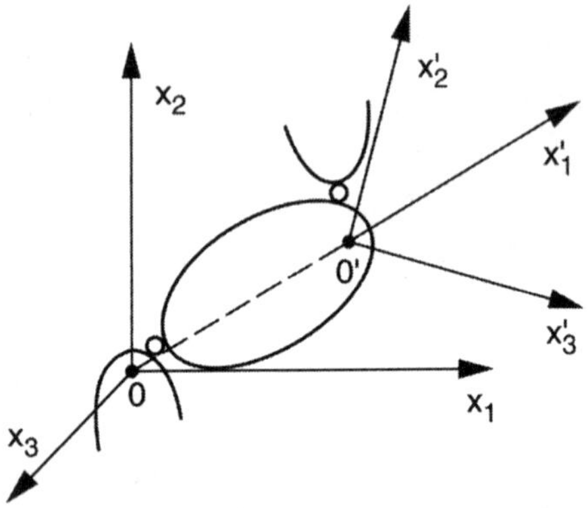

Fig. 4.19: Zwei benachbarte Segmente

Ein Punkt P des dreidimensionalen Raumes wird im ersten Koordinatensystem durch den Ortsvektor $\boldsymbol{x} = \sum_{i=1}^{3} x_i \boldsymbol{e}_i$, im zweiten durch den Ortsvektor $\boldsymbol{x}' = \sum_{i=1}^{3} x_i' \boldsymbol{e}_i'$, beschrieben. Wir drücken dies kurz aus durch

$$\boldsymbol{x} = \begin{bmatrix} x_1 \\ x_2 \\ x_3 \end{bmatrix} \quad \text{bzw.} \quad \boldsymbol{x}' = \begin{bmatrix} x_1' \\ x_2' \\ x_3' \end{bmatrix} .$$

Mit Hilfe von Abschn. 3.9.7, Beziehung (3.384):

$$\boldsymbol{x} = \boldsymbol{A}^{\mathrm{T}} \boldsymbol{x}' + \boldsymbol{b} \tag{4.46}$$

lassen sich die Koordinaten von $\boldsymbol{x}$ umrechnen. Dabei beschreibt der Vektor $\boldsymbol{b}$ die Position des Ursprungs $0'$ von System $\langle 0'; x_1', x_2', x_3' \rangle$ in den Koordinaten von System $\langle 0; x_1, x_2, x_3 \rangle$. Matrix $\boldsymbol{A}^{\mathrm{T}}$ (die zur Übergangsmatrix $\boldsymbol{A}$ transponierte Matrix) beschreibt die Drehung des in den Ursprung 0 von System $\langle 0; x_1, x_2, x_3 \rangle$ parallel verschobenen Systems $\langle 0'; x_1', x_2', x_3' \rangle$ in die mit System $\langle 0; x_1, x_2, x_3 \rangle$ zur Deckung gebrachte Lage. Wir greifen nun aus dem Segment-Verbund S_0 (Basis), $S_1, S_2, \ldots, S_n$ (Greifer) zwei beliebige benachbarte Segmente heraus: S_{k-1}, S_k. Die mit ihnen (wie oben) körperfest verbundenen Koordinatensysteme bezeichnen wir jetzt kurz mit

$$\textit{System } (k-1) \quad \text{bzw.} \quad \textit{System } k. \tag{4.47}$$

Die (4.46) entsprechende Beziehung lautet jetzt

$$\boldsymbol{x}_{k-1} = \boldsymbol{A}_k \boldsymbol{x}_k + \boldsymbol{b}_k. \tag{4.48}$$

Dabei haben wir für die zugehörige Matrix einfach die Schreibweise $\boldsymbol{A}_k$ (also ohne Transpositionszeichen!) benutzt und uns damit einer in der *Robotik* (=Robotertheorie) üblichen Bezeichnung angepaßt. Durch (4.48) läßt sich die Lage von Segment S_k (genauer: das mit S_k verbundene System k) in den Koordinaten von System $(k-1)$ ausdrücken, also durch die »Bestimmungsstücke« $\boldsymbol{A}_k$ und $\boldsymbol{b}_k$, die wir zu einem *Paar*

$$(\boldsymbol{A}_k, \boldsymbol{b}_k) \tag{4.49}$$

zusammenfassen. Für die Verkettung aller Segmente, bei der n Abbildungen der Form (4.48) hintereinander geschaltet werden müssen, erweist sich der »Verschiebungsanteil« $\boldsymbol{b}_k$ als ungünstig. Daher hat sich in der Robotik eine Vorgehensweise eingebürgert, bei der anstelle der Paare $(\boldsymbol{A}_k, \boldsymbol{b}_k)$, bestehend aus den Matrizen $\boldsymbol{A}_k \in \mathrm{Mat}(3; \mathbb{R})$ und den Vektoren $\boldsymbol{b}_k \in \mathbb{R}^3$, aus $\boldsymbol{A}_k$ und $\boldsymbol{b}_k$ gebildete *größer-formatige Matrizen* konstruiert werden. Um den Aufbau dieser Matrizen zu erläutern, gehen wir von einem Paar $(\boldsymbol{A}, \boldsymbol{b})$ aus. Mit

$$\boldsymbol{A} = \begin{bmatrix} a_{11} & a_{12} & a_{13} \\ a_{21} & a_{22} & a_{23} \\ a_{31} & a_{32} & a_{33} \end{bmatrix}, \quad \boldsymbol{b} = \begin{bmatrix} b_1 \\ b_2 \\ b_3 \end{bmatrix}, \quad \boldsymbol{0} = \begin{bmatrix} 0 \\ 0 \\ 0 \end{bmatrix}$$

bilden wir eine neue Matrix $\boldsymbol{T}$ nach folgendem Muster:

$$\boldsymbol{T} := \begin{bmatrix} \boldsymbol{A} & \boldsymbol{b} \\ \boldsymbol{0}^{\mathrm{T}} & 1 \end{bmatrix} = \left[\begin{array}{ccc|c} a_{11} & a_{12} & a_{13} & b_1 \\ a_{21} & a_{22} & a_{23} & b_2 \\ a_{31} & a_{32} & a_{33} & b_3 \\ \hline 0 & 0 & 0 & 1 \end{array}\right] \tag{4.50}$$

Wir beachten: $\boldsymbol{T}$ ist aus $\mathrm{Mat}(4; \mathbb{R})$!

Liegt nun die inhomogene Gleichung

$$\boldsymbol{x} = \boldsymbol{A}\boldsymbol{x}' + \boldsymbol{b} \tag{4.51}$$

vor, so läßt sich diese in eine (»erweiterte«) *homogene* Gleichung umformen: Hierzu erweitern wir die Vektoren

$$\boldsymbol{x} = \begin{bmatrix} x_1 \\ x_2 \\ x_3 \end{bmatrix} \quad \text{bzw.} \quad \boldsymbol{x}' = \begin{bmatrix} x_1' \\ x_2' \\ x_3' \end{bmatrix} \tag{4.52}$$

zu Vektoren $\overset{*}{\boldsymbol{x}}$ bzw. $\overset{*}{\boldsymbol{x}}{}'$ aus $\mathbb{R}^4$, indem wir ihre vierte Koordinate 1 setzen:

$$\overset{*}{\boldsymbol{x}} = \begin{bmatrix} \boldsymbol{x} \\ \\ 1 \end{bmatrix} = \begin{bmatrix} x_1 \\ x_2 \\ x_3 \\ 1 \end{bmatrix} \quad \text{bzw.} \quad \overset{*}{\boldsymbol{x}}{}' = \begin{bmatrix} \boldsymbol{x}' \\ \\ 1 \end{bmatrix} = \begin{bmatrix} x_1' \\ x_2' \\ x_3' \\ 1 \end{bmatrix} . \tag{4.53}$$

Legen wir jetzt unseren Betrachtungen die *homogene* Gleichung

$$\overset{*}{\boldsymbol{x}} = \boldsymbol{T}\overset{*}{\boldsymbol{x}}{}' \tag{4.54}$$

zugrunde, so sehen wir, daß sie die ursprüngliche inhomogene Gl. (4.51) »enthält«: Wir bestimmen zunächst $\boldsymbol{T}\overset{*}{\boldsymbol{x}}{}'$ als Produkt einer Block-Matrix mit dem Vektor (Formel (3.31), Abschn. 3.2.4 gilt hier entsprechend!):

$$\boldsymbol{T}\overset{*}{\boldsymbol{x}}{}' = \begin{bmatrix} \boldsymbol{A} & \boldsymbol{b} \\ \boldsymbol{0}^{\mathrm{T}} & 1 \end{bmatrix} \begin{bmatrix} \boldsymbol{x}' \\ 1 \end{bmatrix} = \begin{bmatrix} \boldsymbol{A}\boldsymbol{x}' + \boldsymbol{b} \\ 1 \end{bmatrix} .$$

Damit lautet (4.54)

$$\begin{bmatrix} \boldsymbol{x} \\ 1 \end{bmatrix} = \begin{bmatrix} \boldsymbol{A}\boldsymbol{x}' + \boldsymbol{b} \\ 1 \end{bmatrix} ,$$

d.h. die ersten drei »Koordinaten-Gleichungen« in (4.54) liefern gerade (4.51).

2. Verkettung aller Verbund-Segmente

Unser Modell-Roboter bestehe aus einem Verbund von $(n+1)$ Segmenten $(n \in \mathbb{N}) : S_0, S_1, \ldots, S_n$. Segment S_1 sei mit der Basis S_0 verbunden, und an S_n befinde sich der Greifer. Mit jedem Segment S_k $(k = 1, \ldots, n)$ sei wieder ein körperfestes Koordinatensystem k (s. Teil 1) verbunden. Der Roboter-Basis S_0 weisen wir den Koordinatenursprung 0 und die Standardbasis $\langle \boldsymbol{e}_1, \boldsymbol{e}_2, \boldsymbol{e}_3 \rangle$ zu. Wir wollen nun das Zusammenwirken aller Verbund-Segmente, beginnend bei der Basis S_0 des Roboters, beschreiben. Der Zusammenhang zwischen der Basis S_0 und dem Segment S_1 ist nach unseren vorhergehenden Überlegungen mit den dort verwendeten Bezeichnungen

durch das Paar $\quad (\boldsymbol{A}_1, \boldsymbol{b}_1)$

bzw.

durch die erweiterte Matrix $\quad \boldsymbol{T}_1 = \begin{bmatrix} \boldsymbol{A}_1 & \boldsymbol{b}_1 \\ \boldsymbol{0}^{\mathrm{T}} & 1 \end{bmatrix}$

hergestellt, genauer: die Lage des mit S_1 verbundenen Systems 1 bezogen auf das mit der Basis S_0 verbundenen Systems 0.

Nun nehmen wir ein weiteres Segment hinzu: S_2. Die Lage von S_2 bezogen auf System 1 wird durch

$$x_1 = A_2 x_2 + b_2\,, \tag{4.55}$$

also durch das Paar (A_2, b_2) ausgedrückt; die Lage von S_1 bezogen auf System 0 durch

$$x = A_1 x_1 + b_1 \tag{4.56}$$

also durch das Paar (A_1, b_1). Setzen wir (4.55) in (4.56) ein, schalten wir also die durch (4.55) und (4.56) erklärten Abbildungen hintereinander, so ergibt sich für die Lage von S_2 bezogen auf System 0

$$x = A_1(A_2 x_2 + b_2) + b_1 = A_1 A_2 x_2 + A_1 b_2 + b_1\,. \tag{4.57}$$

Dem Verbund der Segmente S_0, S_1, S_2 entspricht also das Paar

$$(A_1 A_2,\, A_1 b_2 + b_1) \tag{4.58}$$

bzw. die erweiterte Matrix

$$\begin{bmatrix} A_1 A_2 & A_1 b_2 + b_1 \\ 0^{\mathrm{T}} & 1 \end{bmatrix}. \tag{4.59}$$

Bilden wir das Produkt der Block-Matrizen

$$T_1 = \begin{bmatrix} A_1 & b_1 \\ 0^{\mathrm{T}} & 1 \end{bmatrix}, \quad T_2 = \begin{bmatrix} A_2 & b_2 \\ 0^{\mathrm{T}} & 1 \end{bmatrix}$$

mit Hilfe von Formel (3.31), Abschn. 3.4.2:

$$T_1 T_2 = \begin{bmatrix} A_1 & b_1 \\ 0^T & 1 \end{bmatrix} \begin{bmatrix} A_2 & b_2 \\ 0^{\mathrm{T}} & 1 \end{bmatrix} = \begin{bmatrix} A_1 A_2 & A_1 b_2 + b_1 \\ 0^{\mathrm{T}} & 1 \end{bmatrix},$$

so zeigt ein Vergleich dieser Beziehung mit (4.59), daß die Matrix (4.59) gerade durch $T_1 T_2$ gegeben ist. Hier zeigt sich deutlich der Vorteil des Arbeitens mit erweiterten Matrizen:

Der Hinzufügung eines weiteren Segmentes S_k entspricht die Blockmultiplikation von rechts mit T_k.

Mittels vollständiger Induktion ergibt sich (wir überlassen diesen einfachen Nachweis dem Leser):

Das Zusammenwirken der $(n+1)$ Verbund-Segmente S_0 (Basis), $S_1 \ldots, S_n$ (Greifer) eines $(n+1)$-gliedrigen Modell-Roboters wird beschrieben durch die erweiterte Matrix

$$T := T_1 T_2 \ldots T_n = \left[\begin{array}{c|c} A_1 A_2 \ldots A_n & A_1 A_2 \ldots A_{n-1} b_n + \ldots + A_1 b_2 + b_1 \\ \hline 0^{\mathrm{T}} & 1 \end{array}\right]. \tag{4.60}$$

Bemerkung 1: Mit Hilfe der Matrix (4.60) lassen sich Lage und Orientierung des mit dem Greifer S_n verbundenen Koordinatensystems n unter Berücksichtigung der Verkettung aller Roboter-Segmente in den Koordinaten des mit der Basis S_0 verbundenen Koordinatensystems 0 ausdrücken: Durch

$$\boldsymbol{A}_1\boldsymbol{A}_2\ldots\boldsymbol{A}_n$$

wird die Drehung und durch

$$\boldsymbol{A}_1\boldsymbol{A}_2\ldots\boldsymbol{A}_{n-1}\boldsymbol{b}_n+\ldots+\boldsymbol{A}_1\boldsymbol{A}_2\boldsymbol{b}_3+\boldsymbol{A}_1\boldsymbol{b}_2+\boldsymbol{b}_1$$

die Verschiebung von System n in Bezug auf das System 0 berücksichtigt.

Bemerkung 2: Die in (4.60) auftretenden Matrizen $\boldsymbol{A}_k$ und Vektoren $\boldsymbol{b}_k$ $(k=1,\ldots,n)$ hängen von der *Bauart* des Roboters ab. Sind sie bekannt, so ist $\boldsymbol{T}$ und damit die Kinematik des Roboters festgelegt.

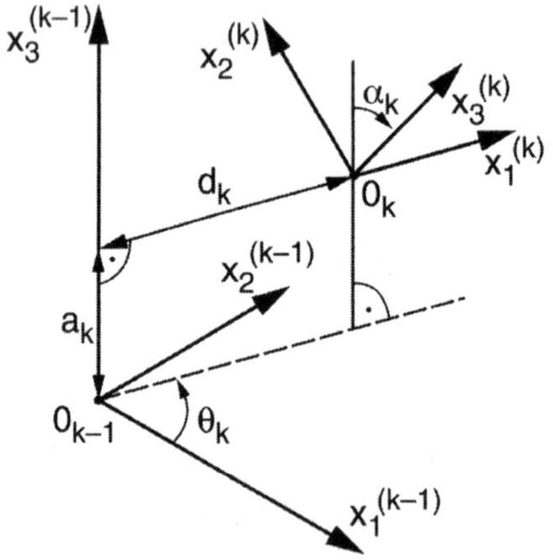

Fig. 4.20: Festlegung der Koordinatensysteme

Wir verdeutlichen unsere Überlegungen an einem in den Anwendungen häufig auftretenden

Spezialfall

Gegeben sei wieder ein $(n+1)$-gliedriger Roboter. Die Gelenkverbindung zwischen Segment S_{k-1} und S_k $(k=2,\ldots,n)$ besitze jeweils nur *einen Freiheitsgrad* der Bewegung, die Basis S_0 *keinen*. Dies hat zur Folge, daß der Roboter insgesamt n Freiheitsgrade der Bewegung hat. Die Bewegungen der einzelnen Segmente können aus Drehbewegungen um eine feste Achse oder aus Translationen bestehen. Wie oben sei mit jedem Segment S_k ein Koordinatensystem k fest verbunden, dessen Lage und Orientierung das Segment fixieren. Für unser Beispiel verwenden wir Koordinatensysteme nach der Denavit-Hartenberg-Konvention[16] gemäß Fig. 4.20. Diese benutzt

16 s. z.B.[15], p.110

zur Beschreibung der Lage von S_k vier Parameter: die Abstände a_k, d_k und die Winkel α_k, θ_k. Führt S_k eine *Rotation* aus, so sind a_k, d_k und α_k konstant, während θ_k variabel ist. Bei Translation sind a_k, α_k und θ_k fest, aber d_k variabel. Lage und Orientierung der Koordinatenachsen von System k bezüglich System $(k-1)$ (ohne Berücksichtigung der Parallelverschiebung $\overrightarrow{0_{k-1}0_k}$ sind durch die Winkel α_k und θ_k festgelegt, genauer:durch die »Richtungscosinus-Matrix«

$$\boldsymbol{A}_k = \begin{bmatrix} \cos\theta_k & -\cos\alpha_k \sin\theta_k & \sin\alpha_k \sin\theta_k \\ \sin\theta_k & \cos\alpha_k \cos\theta_k & -\sin\alpha_k \cos\theta_k \\ 0 & \sin\alpha_k & \cos\alpha_k \end{bmatrix} \quad (k = 1, \ldots, n). \tag{4.61}$$

Sie beschreibt die Drehung von Segment S_k in Bezug auf System $(k-1)$. Nach unseren vorhergehenden Überlegungen erhalten wir bei Zusammenwirken von $S_0, S_1, \ldots, S_{k-1}, S_k \ldots, S_n$ für das Segment S_n (Greifer), bezogen auf das mit der Basis S_0 verbundene Koordinatensystem die »Richtungscosinus-Matrix«

$$\boldsymbol{A}_1 \boldsymbol{A}_2 \ldots \boldsymbol{A}_n \,. \tag{4.62}$$

Wir haben noch die Translationen zu berücksichtigen: Sei wieder

$$\boldsymbol{b}_k = \overrightarrow{0_{k-1}0_k} \quad (k = 1, \ldots, n)\,. \tag{4.63}$$

Die Koordinaten dieser Vektoren lauten im System $(k-1)$ (vgl. Fig. 4.20):

$$\boldsymbol{b}_k = \begin{bmatrix} d_k \cos\theta_k \\ d_k \sin\theta_k \\ a_k \end{bmatrix} . \tag{4.64}$$

Damit ergeben sich die erweiterten Matrizen $\boldsymbol{T}_k$ zu

$$\begin{bmatrix} \cos\theta_k & -\cos\alpha_k \sin\theta_k & \sin\alpha_k \sin\theta_k & d_k \cos\theta_k \\ \sin\theta_k & \cos\alpha_k \cos\theta_k & -\sin\alpha_k \cos\theta_k & d_k \sin\theta_k \\ 0 & \sin\alpha_k & \cos\alpha_k & a_k \\ 0 & 0 & 0 & 1 \end{bmatrix} \quad (k = 1, \ldots, n)\,. \tag{4.65}$$

Die Bewegung von Segment S_n (Greifer) bezüglich des mit der Basis S_0 verbundenen Koordinatensystems kann dann wegen (4.60) mit Hilfe der Matrix

$$\boldsymbol{T} = \boldsymbol{T}_1 \boldsymbol{T}_2 \ldots \boldsymbol{T}_n \,. \tag{4.66}$$

beschrieben werden. Die Beziehungen (4.65) und (4.66) definieren somit die Kinematik des betrachteten Roboters.

Beispiel 4.5:

Gegeben sei ein dreigliedriger Roboter: S_0, S_1, S_2. Die Lage von S_1 bezüglich S_0 sei durch die vier Parameter $a_1 = 0\,,\quad d_1 = 1\,,\quad \alpha_1 = 90°\,,\quad \theta_1 = 0°$. festgelegt, die Lage von S_2 bezüglich S_1 durch $a_2 = 1\,,\quad d_2 = 1\,,\quad \alpha_2 = 0°\,,\quad \theta_2 = 45°$.

Mit (4.65) ergeben sich dann die Matrizen

$$T_1 = \begin{bmatrix} 1 & 0 & 0 & 1 \\ 0 & 0 & -1 & 0 \\ 0 & 1 & 0 & 0 \\ 0 & 0 & 0 & 1 \end{bmatrix}, \quad T_2 = \begin{bmatrix} \frac{1}{2}\sqrt{2} & -\frac{1}{2}\sqrt{2} & 0 & \frac{1}{2}\sqrt{2} \\ \frac{1}{2}\sqrt{2} & \frac{1}{2}\sqrt{2} & 0 & \frac{1}{2}\sqrt{2} \\ 0 & 0 & 1 & 1 \\ 0 & 0 & 0 & 1 \end{bmatrix}$$

Die Lage von S_2 bezogen auf das mit S_0 verbundene Koordinatensystem wird nach (4.66) durch

$$T = T_1 T_2 = \left[\begin{array}{ccc|c} \frac{1}{2}\sqrt{2} & -\frac{1}{2}\sqrt{2} & 0 & \frac{1}{2}\sqrt{2}+1 \\ 0 & 0 & -1 & -1 \\ \frac{1}{2}\sqrt{2} & \frac{1}{2}\sqrt{2} & 0 & \frac{1}{2}\sqrt{2} \\ \hline 0 & 0 & 0 & 1 \end{array}\right] \tag{4.67}$$

beschrieben: Wie bisher kennzeichnen wir die mit S_0, S_1, S_2 körperfest verbundenen Koordinatensysteme durch

$$\langle 0; e_1, e_2, e_3 \rangle, \quad \langle 0_1; e_1^{(1)}, e_2^{(1)}, e_3^{(1)} \rangle, \quad \langle 0_2; e_1^{(2)}, e_2^{(2)}, e_3^{(2)} \rangle.$$

Der Koordinatenursprung 0_2, bezogen auf System $\langle 0; e_1, e_2, e_3 \rangle$ ist dann wegen (4.67) durch

$$0_2 = \left(\frac{1}{2}\sqrt{2} + 1, -1, \frac{1}{2}\sqrt{2} \right) \tag{4.68}$$

gegeben. Die Basisvektoren $e_1^{(2)}, e_2^{(2)}, e_3^{(2)}$ beschreiben im System $\langle 0_2; e_1^{(2)}, e_2^{(2)}, e_3^{(2)} \rangle$ drei Punkte: P_1, P_2, P_3. Die Koordinaten dieser Punkte im System $\langle 0; e_1, e_2, e_3 \rangle$ ergeben sich wie folgt: Gehen wir von den erweiterten Basisvektoren

$$\overset{*(2)}{e_1} = \begin{bmatrix} e_1^{(2)} \\ \\ 1 \end{bmatrix} = \begin{bmatrix} 1 \\ 0 \\ 0 \\ 1 \end{bmatrix}, \quad \overset{*(2)}{e_2} = \begin{bmatrix} e_2^{(2)} \\ \\ 1 \end{bmatrix} = \begin{bmatrix} 0 \\ 1 \\ 0 \\ 1 \end{bmatrix}, \quad \overset{*(2)}{e_3} = \begin{bmatrix} e_3^{(2)} \\ \\ 1 \end{bmatrix} = \begin{bmatrix} 0 \\ 0 \\ 1 \\ 1 \end{bmatrix}$$

aus, und bestimmen wir mit (4.67)

$$T\overset{*(2)}{e_1} = \left[\begin{array}{c} \sqrt{2}+1 \\ -1 \\ \sqrt{2} \\ \hline 1 \end{array}\right], \quad T\overset{*(2)}{e_2} = \left[\begin{array}{c} 1 \\ -1 \\ \sqrt{2} \\ \hline 1 \end{array}\right], \quad T\overset{*(2)}{e_3} = \left[\begin{array}{c} \frac{1}{2}\sqrt{2}+1 \\ -2 \\ \frac{1}{2}\sqrt{2} \\ \hline 1 \end{array}\right], \tag{4.69}$$

so drücken die ersten drei Koordinaten dieser Vektoren die Lage von P_1, P_2, P_3 in den Koordinaten des mit der Basis S_0 verbundenen Koordinatensystems aus. Zusammen mit(4.68)sind damit

Lage und Orientierung des Greifer-Koordinatensystems in dem mit der Basis S_0 des Greifer-Koordinatensystems in dem mit der Basis S_0 verbundenen Koordinatensystems ausgedrückt. verbundenen Koordinatensystems ausgedrückt.

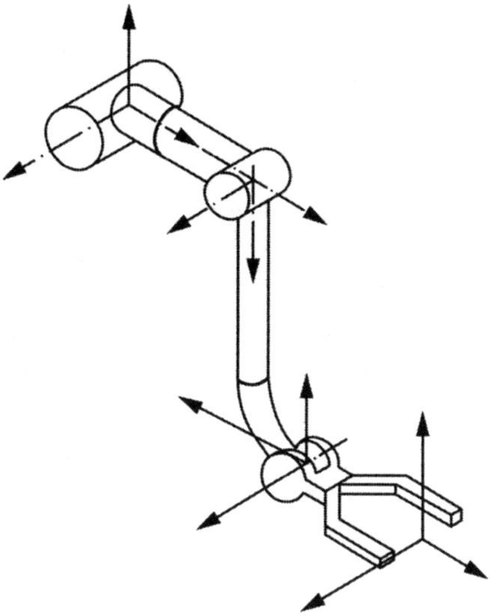

Fig. 4.21: E-2-manipulator

Wir wollen nun untersuchen, welche neue Lage der Greifer S_2 einnimmt (d.h. welche neue Lage 0_2 und die Punkte P_1, P_2, P_3 einnehmen), wenn

S_1 eine Translationsbewegung durchführt:
$d_1 = 1$ gehe in $d_1' = 2$ über

und

S_2 eine Rotationsbewegung durchführt:
$\theta_2 = 45°$ gehe in $\theta_2' = 90°$ über.

Den Matrizen $\boldsymbol{T}_1$, $\boldsymbol{T}_2$ entsprechen nun die Matrizen

$$\boldsymbol{T}_1' = \begin{bmatrix} 1 & 0 & 0 & 2 \\ 0 & 0 & -1 & 0 \\ 0 & 1 & 0 & 0 \\ 0 & 0 & 0 & 1 \end{bmatrix}, \quad \boldsymbol{T}_2' = \begin{bmatrix} 0 & -1 & 0 & 0 \\ 1 & 0 & 0 & 1 \\ 0 & 0 & 1 & 1 \\ 0 & 0 & 0 & 1 \end{bmatrix}.$$

Die gesuchte *neue* Lage des Greifers ist dann wegen (4.66) durch

$$T' = T_1' T_2' = \left[\begin{array}{ccc|c} 0 & -1 & 0 & 2 \\ 1 & 0 & -1 & -1 \\ 1 & 0 & 0 & 1 \\ \hline 0 & 0 & 0 & 1 \end{array}\right] \tag{4.70}$$

gegeben: Der Koordinatenursprung durch $0_2' = (2, -1, 1)$, während sich die Lage der Punkte P_1', P_2', P_3' aus den ersten drei Koordinaten der folgenden Vektoren ergibt:

$$T' \overset{*}{e}_1^{(2)} = \left[\begin{array}{c} 2 \\ -1 \\ 2 \\ \hline 1 \end{array}\right], \quad T' \overset{*}{e}_2^{(2)} = \left[\begin{array}{c} 1 \\ -1 \\ 1 \\ \hline 1 \end{array}\right], \quad T' \overset{*}{e}_3^{(2)} = \left[\begin{array}{c} 2 \\ -2 \\ 1 \\ \hline 1 \end{array}\right]. \tag{4.71}$$

Eine mögliche technische Realisierung des oben als *Spezialfall* behandelten Roboters ist durch den in Fig.4.21 skizzierten »Argonne National Laboratory E-2-manipulator« gegeben (s. hierzu auch [15], p. 292).

Bemerkung: Weitere vertiefende Untersuchungen der Roboter-Bewegung finden sich z.B. in [15]. Hier werden auch die dynamischen Aspekte berücksichtigt; ebenso in [113].

Anhang

A Lösungen zu den Übungen

Zu den mit $*$ versehenen Übungen werden Lösungswege skizziert oder Lösungen angegeben.

Zu Kapitel 1

Zu Übung 1.2: $F_\Delta = 23$.

Zu Übung 1.5: $r(\varphi) = \dfrac{4}{2\sin\varphi + \cos\varphi}$, $\arctan\left(-\frac{1}{2}\right) < \varphi < \pi + \arctan\left(-\frac{1}{2}\right)$.

Zu Übung 1.8: $|\overrightarrow{0M}| \doteq 5{,}148$.

Zu Übung 1.9: $\boldsymbol{F}_1 \doteq \begin{bmatrix} -11446 \\ -19825 \end{bmatrix}$N, $\boldsymbol{F}_2 \doteq \begin{bmatrix} 11446 \\ -9605 \end{bmatrix}$N, $\boldsymbol{Q}_1 \doteq \begin{bmatrix} -11446 \\ 0 \end{bmatrix}$N, $\boldsymbol{Q}_2 \doteq \begin{bmatrix} 11446 \\ 0 \end{bmatrix}$N.

Zu Übung 1.11: $d \geq 0{,}91$m.

Zu Übung 1.12: $\beta = \dfrac{\pi}{2}$.

Zu Übung 1.13: $t \doteq 152{,}8$s.

Zu Übung 1.14: $T \doteq 6$s.

Zu Übung 1.15: $\boldsymbol{F} = -0{,}084 \begin{bmatrix} 0{,}11\cos\omega t + 0{,}25\sin\omega t \\ 0{,}11\sin\omega t + 0{,}25\cos\omega t \end{bmatrix}$N
$-8{,}82 \cdot 10^{-4} \begin{bmatrix} (1+0{,}25t)\cos\omega t - 0{,}11 + \sin\omega t \\ (1+0{,}25t)\sin\omega t + 0{,}11 + \cos\omega t \end{bmatrix}$N (Corioliskraft).

Zu Übung 1.16: $\boldsymbol{F} = 14 \cdot 10^{-4} \begin{bmatrix} -3 \\ 2 \end{bmatrix}$N.

Zu Übung 1.18: $E_{\text{kin}} = 20233$Nm.

Zu Übung 1.21: a) $\varphi \doteq 49{,}4°$; b) $\varphi \doteq 60{,}26°$; c) $\varphi \doteq 23{,}84°$; d) $\varphi \doteq 20{,}8°$.

Zu Übung 1.23: Inneres Produkt der beiden Vektoren ist Null.

Zu Übung 1.24: a) $F = 15$, $\boldsymbol{s} = \dfrac{1}{3}\begin{bmatrix} 11 \\ -4 \end{bmatrix}$, b) $h_{\text{A}} = 3\sqrt{5}$, $h_{\text{B}} = 3{,}72$, $h_{\text{C}} = 2\sqrt{5}$.

Zu Übung 1.25: $\dfrac{d_1}{2} = 5\,\text{cm}$, $\dfrac{d_2}{2} = 9{,}57\,\text{cm}$.

Zu Übung 1.26: $\alpha = 56{,}3°$, $\beta = 29{,}9°$, $\gamma = 93{,}8°$, (Cosinussatz)
$s_a = 4{,}03$, $s_b = 5{,}32$, $s_c = \sqrt{8}$, (Parallelogramm-Gleichung).

Zu Übung 1.27: Man zerlege das Fünfeck in Dreiecke.

Zu Übung 1.28: Lege die Ecken des Dreiecks als Ortsvektoren $\boldsymbol{r}_0, \boldsymbol{r}_1, \boldsymbol{r}_2$ ins Koordinatensystem, berechne den Schwerpunkt $\boldsymbol{s}$ und dann $r = \max\{|\boldsymbol{s} - \boldsymbol{r}_i|, i = 0,1,2\}$.

Zu Übung 1.29: a) $\xi = -2$, $\eta = 7$, b) $I = \dfrac{1}{13}$A, $U = \dfrac{410}{13}$V.

Zu Übung 1.30: $\boldsymbol{F} = 3\boldsymbol{a} + 5\boldsymbol{b} + 4\boldsymbol{c}$.

Zu Übung 1.32: $\boldsymbol{v} = \left(1 + \dfrac{15}{\sqrt{6}}\right)\boldsymbol{u}$.

Zu Übung 1.33: $\alpha = 57{,}59°$, $\beta = 36{,}49°$, $\gamma = 104{,}94°$, $\alpha_{x,y} = 14{,}94°$, $\beta_{y,z} = 32{,}41°$, $\gamma_{z,x} = 53{,}50°$.

Zu Übung 1.34: $\boldsymbol{F}' \doteq 2{,}5[0{,}5;\ \cos 75°;\ \cos 34{,}26°]^{\mathrm{T}}\mathrm{N}$.

Zu Übung 1.35: $-241;\ 0;\ -30$.

Zu Übung 1.38: $\alpha = 80{,}26°$.

Zu Übung 1.40: Schreibe die rechte Seite als $-\boldsymbol{c} \times (\boldsymbol{a} \times \boldsymbol{b})$ und wende den Grassmannschen Entwicklungssatz auf beide Gleichungsseiten an.

Zu Übung 1.42: $\boldsymbol{M} = [34{,}3, -29]^{\mathrm{T}}\mathrm{Nm}$, $\boldsymbol{D} = \dfrac{28}{31}[6, -1{,}5]^{\mathrm{T}}\mathrm{Nm}$.

Zu Übung 1.43: $v_{\mathrm{F}} = \dfrac{1}{2}\sqrt{234 + 16\cos^2 t}$.

Zu Übung 1.46: $F \doteq 22{,}34$.

Zu Übung 1.47: a)
$$\begin{aligned} \boldsymbol{F}_{AB} &= 10^{-2}[2{,}4;\ -2{,}4;\ 0]^{\mathrm{T}}\mathrm{N}, & \boldsymbol{F}_{CD} &= -\boldsymbol{F}_{AB} \\ \boldsymbol{F}_{BC} &= 10^{-2}[2{,}34;\ -1{,}35;\ 1{,}32]^{\mathrm{T}}\mathrm{N}, & \boldsymbol{F}_{DA} &= -\boldsymbol{F}_{BC}\,. \end{aligned}$$
b) $\mathbf{0}_z = [0;\ 0;\ 1{,}967 \cdot 10^{-3}]^{\mathrm{T}}\,\mathrm{Nm}$.

Zu Übung 1.48: Sinnvoll: (b) (d), (f); sinnlos: (a), (c), (e).

Zu Übung 1.49: (a) 0, (b) $-2\boldsymbol{a}(\boldsymbol{b} \times \boldsymbol{c})$, (c) 0.

Zu Übung 1.50: $V = 1130{,}5\mathrm{cm}^3$.

Zu Übung 1.51: $\boldsymbol{e}_1 = [-\sin 70°;\ \cos 70°;\ 0]^{\mathrm{T}}$, $\boldsymbol{e}_2 = [-\cos 70° \sin 60°;\ -\sin 70° \sin 60°;\ 0{,}5]^{\mathrm{T}}$, $\boldsymbol{e}_3 = [0{,}5\cos 70°;\ 0{,}5\sin 70°;\ \sin 60°]$, $\xi = -8533\,\mathrm{km}$, $\eta = 4633\,\mathrm{km}$, $\rho = 71770\,\mathrm{km}$.

Zu Übung 1.53: $d = \dfrac{37}{\sqrt{1470}}$.

Zu Übung 1.55: $\boldsymbol{r} = [5{,}9{,}4]^{\mathrm{T}} + \lambda[7, -16{,}9]^{\mathrm{T}}$.

Zu Übung 1.56: a) $\boldsymbol{x}_0 = \dfrac{4}{9}[11, -2{,}10]^{\mathrm{T}}$, b) $\varphi \doteq 53{,}13°$, c) $\boldsymbol{r} = \boldsymbol{x}_0 + \lambda \cdot \left[-\dfrac{1}{3}, \dfrac{14}{15}, \dfrac{2}{15}\right]^{\mathrm{T}}$

Zu Kapitel 2

Zu Übung 2.2: $(1/\sqrt{394969}) \cdot [-260{,}2{,}122{,}559]^{\mathrm{T}} \cdot \boldsymbol{r} = 0$

Zu Übung 2.3: $x_1 = \dfrac{4001}{2389}$, $x_2 = \dfrac{393}{2389}$, $x_3 = \dfrac{2137}{2389}$, $x_4 = -\dfrac{1853}{2389}$.

Zu Übung 2.4: $x_1 = 0{,}208\,560\,818$, $x_2 = 0{,}029\,878\,822$, $x_3 = -0{,}662\,097\,39$.

Zu Übung 2.6: a) $\boldsymbol{x} = \left[\dfrac{1}{17}, 0, 0, -\dfrac{3}{17}\right]^{\mathrm{T}} + \lambda[-13{,}17{,}0, -46]^{\mathrm{T}} + \mu[20{,}0{,}17{,}59]^{\mathrm{T}}$,
b) $x_1 = x_2 = 1$.

Zu Übung 2.8: Die Kleinsche Vierergruppe hat genau 3 echte Untergruppen.

Zu Übung 2.10: Elemente von G/N: $e = \{-I, D_j\overline{D}\}$, $a = \{W_1, W_2, W_3\}$
$\Rightarrow ee = aa = e$, $ae = ea = a$.

Zu Übung 2.12: Zu zeigen ist hauptsächlich: Jedes $0 \neq a \in \mathbb{Z}_3$ hat ein Inverses a^{-1}.

Zu Übung 2.13: Die Gesetze gemäß Def. 2.26 sind erfüllt außer (S4): $1\boldsymbol{x} = \boldsymbol{x} \Rightarrow V$ ist *kein* Vektorraum über $\mathbb{K}$.

Zu Übung 2.14: Vektorräume: (b), (c), keine Vektorräume: (a), (d).

Zu Übung 2.15: Zu zeigen ist: aus $a_0 + \sum_{k=1}^{n}(a_k \cos kx + b_k \sin kx) = 0$ folgt $a_0 = 0$, $a_k = b_k = 0$ für $k = 1, \ldots, n$, siehe dazu Burg/Haf/Wille (Analysis) [27], (4.63).

Zu Übung 2.16: a) $\dim V = 10$, b) $\dim V = 9$.

Zu Übung 2.17: Sei $\dim U = s$, $\dim V = t \Rightarrow$ Es gibt Basen $B_U := (\boldsymbol{a}_1, \ldots, \boldsymbol{a}_s)$ für U und $B_V := (\boldsymbol{a}_{s+1}, \ldots, \boldsymbol{a}_{s+t})$ für V. Sei weiterhin $\dim(U \cap V) = k \Rightarrow B_{U \cap V} = (\boldsymbol{b}_1, \ldots, \boldsymbol{b}_k)$. Mit Satz 2.20 (Austauschsatz von Basiselementen) und Umbenennung folgt so $B_U = (\boldsymbol{b}_1, \ldots, \boldsymbol{b}_k, \boldsymbol{c}_{k+1}, \ldots, \boldsymbol{c}_s)$ und $B_V = (\boldsymbol{b}_1, \ldots, \boldsymbol{b}_k, \boldsymbol{d}_{k+1}, \ldots, \boldsymbol{d}_t) \Rightarrow B_{U+V} = (\boldsymbol{b}_1, \ldots, \boldsymbol{b}_k, \boldsymbol{c}_{k+1}, \ldots, \boldsymbol{c}_s, \boldsymbol{d}_{k+1}, \ldots, \boldsymbol{d}_t) \Rightarrow \dim(U + V) = s + t - k = \dim U + \dim V - \dim(U \cap V)$.

Zu Übung 2.18: $\begin{bmatrix} \cos 25{,}3^\circ & -\sin 25{,}3^\circ \\ \sin 25{,}3^\circ & \cos 25{,}3^\circ \end{bmatrix} = \begin{bmatrix} 0{,}904\,082\,55 & -0{,}427\,357\,863 \\ 0{,}427\,357\,863 & 0{,}904\,082\,55 \end{bmatrix}$

Zu Übung 2.19: $\dim \operatorname{Kern} f = 2$, $\operatorname{Rang} f = 1$.

Zu Übung 2.20: $\operatorname{Kern} f = \{y(x) = c\,\mathrm{e}^{2x} \mid c \in \mathbb{R}\}$.

Zu Übung 2.22: a) Winkel $= 0^\circ$, b) Winkel $\doteq 14{,}5^\circ$.

Zu Übung 2.23: $g_0 = \dfrac{1}{\sqrt{2}}$, $g_1 = \sqrt{\dfrac{3}{2}}x$, $g_2 = \sqrt{\frac{5}{8}}(3x^2 - 1)$.

Zu Übung 2.24: $f(\boldsymbol{x}) = f(x_1\boldsymbol{e}_1 + \ldots + x_n\boldsymbol{e}_n) = x_1 f(\boldsymbol{e}_1) + \ldots + x_n f(\boldsymbol{e}_n)$. Die Behauptung folgt mit : $\boldsymbol{v} = [f(\boldsymbol{e}_1), \ldots, f(\boldsymbol{e}_n)]^{\mathrm{T}}$.

Zu Übung 2.25: Zu b): Sei o.B.d.A. $[a, b] = [0{,}1]$. Wähle $f_n(x) = 0$ auf $\left[\dfrac{1}{n}, 1\right]$ und als spitzes Dreieck mit Höhe 1 auf $\left[0, \dfrac{1}{n}\right]$.

Zu Übung 2.26: Hinweis: Bier, Musik, Tanz.

Zu Kapitel 3

Zu Übung 3.2: $Z = \begin{bmatrix} 940 & 111 \\ 1030 & 560 \end{bmatrix} \Omega$, $U_1 = 276\,\mathrm{V}$, $U_2 = 250{,}8\,\mathrm{V}$.

Zu Übung 3.7: $\operatorname{Rang} \boldsymbol{A} = 2$, $\operatorname{Rang} \boldsymbol{B} = 1$, $\operatorname{Rang} \boldsymbol{x} = 1$.

Zu Übung 3.8: Mit (3.23) folgt: $n + n - n \le \operatorname{Rang} \boldsymbol{AB} \le \min\{n, n\} = n$.

Zu Übung 3.9: $\boldsymbol{C}\boldsymbol{X}_2 = \boldsymbol{B}_2$, $\boldsymbol{A}\boldsymbol{X}_1 = \boldsymbol{B}_1 - \boldsymbol{D}\boldsymbol{X}_2$.

Zu Übung 3.10: $\boldsymbol{A}^{-1} = \begin{bmatrix} 0 & 1 \\ 1 & 0 \end{bmatrix}$, $\boldsymbol{B}^{-1} = \dfrac{1}{488}\begin{bmatrix} -11 & 52 & -1 \\ -52 & 24 & 84 \\ 81 & -28 & -37 \end{bmatrix}$, $\boldsymbol{C}$ singulär.

Zu Übung 3.15: $\det(\boldsymbol{a}, \boldsymbol{b}, \boldsymbol{c}, \boldsymbol{a} - 3\boldsymbol{b} + \pi\boldsymbol{c}) = 0$.

Zu Übung 3.16: $\det \boldsymbol{A} = \det(-\boldsymbol{A}^{\mathrm{T}}) = -\det \boldsymbol{A}^{\mathrm{T}} = -\det \boldsymbol{A} \Rightarrow \det \boldsymbol{A} = 0$.

Zu Übung 3.17: a) $D_1 = 6465$, $D_2 = -182611$, b) $\det \boldsymbol{A} = \det\begin{bmatrix} \boldsymbol{B} & \boldsymbol{D} \\ \boldsymbol{0} & \boldsymbol{C} \end{bmatrix} \det\begin{bmatrix} \boldsymbol{0} & \boldsymbol{E} \\ \boldsymbol{E} & \boldsymbol{0} \end{bmatrix}$.

Zu Übung 3.18: Rang $A = 4$.

Zu Übung 3.21: $x_1 = -\frac{56}{1029}, x_2 = \frac{70}{1029}, x_3 = -\frac{98}{1029}, x_4 = -\frac{329}{1029}$.

Zu Übung 3.22: $A^{-1} = \frac{1}{23}\begin{bmatrix} 3 & -8 \\ 1 & 5 \end{bmatrix}, B^{-1} = \frac{1}{200}\begin{bmatrix} -1 & 4 & 19 \\ 27 & -8 & -13 \\ 17 & 32 & -23 \end{bmatrix}, C^{-1} = \begin{bmatrix} 0 & 0 & 1 & 0 \\ 1 & 0 & 0 & 0 \\ 0 & 0 & 0 & 1 \\ 0 & 1 & 0 & 0 \end{bmatrix}$.

Zu Übung 3.24: $D_1 = 839$, $D_2 = 2111$, $D_3 = a_{41} \cdot a_{32} \cdot a_{23} \cdot a_{14}$.

Zu Übung 3.25: a) Mit (3.20) folgt: $(\operatorname{adj} \boldsymbol{A}) \cdot \boldsymbol{A} = (\det \boldsymbol{A}) \cdot \boldsymbol{E}$
$\Rightarrow \det(\operatorname{adj} \boldsymbol{A}) \cdot \det \boldsymbol{A} = [(\det \boldsymbol{A}) \cdot \boldsymbol{E}] = (\det \boldsymbol{A})^n \cdot \det \boldsymbol{E} = (\det \boldsymbol{A})^n$.
b) $\operatorname{adj} \boldsymbol{A} = (\det \boldsymbol{A})\boldsymbol{A}^{-1}$
$\Rightarrow \operatorname{adj}(\operatorname{adj} \boldsymbol{A}) = \det(\operatorname{adj} \boldsymbol{A})(\operatorname{adj} \boldsymbol{A})^{-1} = (\det \boldsymbol{A})^{n-1} \cdot \frac{\boldsymbol{A}}{(\det \boldsymbol{A})} = (\det \boldsymbol{A})^{n-2} \cdot \boldsymbol{A}$.
c) Mit (3.67) folgt: $\operatorname{adj} \boldsymbol{A} = (\det \boldsymbol{A}) \cdot \boldsymbol{A}^{-1}$
$\Rightarrow \operatorname{adj}(\boldsymbol{AB}) = (\det(\boldsymbol{AB}))(\boldsymbol{AB})^{-1} = (\det \boldsymbol{A}) \cdot (\det \boldsymbol{B})\boldsymbol{B}^{-1} \cdot \boldsymbol{A}^{-1}$
$= (\det \boldsymbol{B})\boldsymbol{B}^{-1} \cdot (\det \boldsymbol{A})\boldsymbol{A}^{-1} = \operatorname{adj} \boldsymbol{B} \cdot \operatorname{adj} \boldsymbol{A}$.

Zu Übung 3.26: $\boldsymbol{X} = \boldsymbol{A}^{-1}\boldsymbol{B}$, Inversenformel anwenden!

Zu Übung 3.27: $(\boldsymbol{AB})^{-1} = \boldsymbol{B}^{-1}\boldsymbol{A}^{-1} = \boldsymbol{B}^{\mathrm{T}}\boldsymbol{A}^{\mathrm{T}} = (\boldsymbol{AB})^{\mathrm{T}}$.

Zu Übung 3.29: s. Abschn. 3.9.1, Satz 3.66.

Zu Übung 3.31: $\boldsymbol{S}_1, \boldsymbol{S}_3, \boldsymbol{S}_4$: positiv definit (Krit. (3.45)), $\boldsymbol{S}_2$ weder noch.

Zu Übung 3.32: $\boldsymbol{A}$, mit $r = \sqrt{257}$:
$\lambda_1 = \frac{q+r}{2}, \lambda_2 = \frac{q-r}{2}, \boldsymbol{x}_1 = \begin{bmatrix} 16 \\ 1-r \end{bmatrix}, \boldsymbol{x}_2 = \begin{bmatrix} 16 \\ 1+r \end{bmatrix}$
$\boldsymbol{B}$, mit $r = \sqrt{15}$:
$\lambda_1 = \frac{7+\mathrm{i}r}{2}, \lambda_2 = \frac{7-\mathrm{i}r}{2}, \boldsymbol{x}_1 = \begin{bmatrix} 12 \\ 3-\mathrm{i}r \end{bmatrix}, \boldsymbol{x}_2 = \begin{bmatrix} 12 \\ 3+\mathrm{i}r \end{bmatrix}$
$\boldsymbol{C}$, mit $r = \sqrt{15}$:
$\lambda_1 = 6, \lambda_2 = 2+r, \lambda_3 = 2-r, \boldsymbol{x}_1 = \begin{bmatrix} 1 \\ 0 \\ 0 \end{bmatrix}, \boldsymbol{x}_2 = \begin{bmatrix} -8-r \\ 1 \\ 5-r \end{bmatrix}, \boldsymbol{x}_3 = \begin{bmatrix} -8+r \\ 1 \\ 5+r \end{bmatrix}$.

Zu Übung 3.33: $\omega_1 = 249{,}9\,\mathrm{s}^{-1}, \omega_2 = 526{,}8\mathrm{s}^{-1}$.

Zu Übung 3.34: $\boldsymbol{A} = \frac{k}{m}\begin{bmatrix} -2 & 1 & & & 0 \\ 1 & -2 & 1 & & \\ & 1 & -2 & 1 & \\ & & \ddots & \ddots & \ddots \\ 0 & & & 1 & -2 \end{bmatrix}$.

Zu Übung 3.35: Hinweis: Verwende (3.157).
Zu Übung 3.36: $\lambda_1 = \alpha + \beta + \gamma, \lambda_{2/3} = \pm\sqrt{\alpha^2 + \beta^2 + \gamma^2 - \alpha\beta - \alpha\gamma - \beta\gamma}$
$\boldsymbol{x}_1 = [1,1,1]^{\mathrm{T}}, \boldsymbol{x}_{2/3} = [(\gamma - \beta) - \lambda_{2/3}, (\alpha - \gamma) + \lambda_{2/3}, \beta - \alpha]^{\mathrm{T}}$.

Zu Übung 3.37: Nein! Aber: Die Eigenvektoren von $\boldsymbol{B}$ und $\boldsymbol{C}$ gehen durch zyklisches Vertauschen der α, β, γ aus den $\boldsymbol{x}_1, \boldsymbol{x}_2, \boldsymbol{x}_3$ in Übung 3.36 hervor.

Zu Übung 3.39: Diagonalmatrizen: $\boldsymbol{D}_{\boldsymbol{A}} = \operatorname{diag}(16,10)$, $\boldsymbol{D}_{\boldsymbol{B}} = \operatorname{diag}(5,-5)$, $\boldsymbol{D}_{\boldsymbol{C}} = \operatorname{diag}(-6,6,3)$, $\boldsymbol{D}_{\boldsymbol{F}} = \operatorname{diag}(6,3,6)$, $\boldsymbol{D}_{\boldsymbol{S}} = \operatorname{diag}(3,3,9,9,15)$.

Transformationsmatrizen dazu: $\boldsymbol{C}_A^{\mathrm{T}} \boldsymbol{A} \boldsymbol{C}_A = \boldsymbol{D}_A$ usw.:

$$\boldsymbol{C}_A = \frac{1}{\sqrt{13}} \begin{bmatrix} 2 & 3 \\ 3 & -2 \end{bmatrix}, \boldsymbol{C}_B = \frac{1}{\sqrt{5}} \begin{bmatrix} 2 & 1 \\ 1 & -2 \end{bmatrix}, C_D = \frac{1}{\sqrt{6}} \begin{bmatrix} 3 & 1 & -\sqrt{2} \\ 0 & 2 & \sqrt{2} \\ -3 & 1 & -\sqrt{2} \end{bmatrix},$$

$$\boldsymbol{C}_F = \frac{1}{3 \cdot \sqrt{5}} \begin{bmatrix} 6 & -\sqrt{5} & 2 \\ 3 & 2\sqrt{5} & -4 \\ 0 & 2\sqrt{5} & 5 \end{bmatrix}, \boldsymbol{C}_S = \frac{1}{\sqrt{3}} \begin{bmatrix} 1 & 0 & 0 & 1 & -1 \\ 0 & 0 & 1 & 1 & 1 \\ 1 & 0 & 1 & -1 & 0 \\ 1 & 0 & -1 & 0 & 1 \\ 0 & \sqrt{3} & 0 & 0 & 0 \end{bmatrix}.$$

Zu Übung 3.42: Jordansche Normalformen zu $\boldsymbol{A}$, $\boldsymbol{B}$, $\boldsymbol{C}$ usw. werden mit $\boldsymbol{J}_A$, $\boldsymbol{J}_B$, $\boldsymbol{J}_C$ usw. bezeichnet und zugehörige Transformationsmatrizen mit $\boldsymbol{T}_A$, $\boldsymbol{T}_B$, $\boldsymbol{T}_C$ usw., d.h. $\boldsymbol{T}_A^{-1} \boldsymbol{A} \boldsymbol{T}_A = \boldsymbol{J}_A$ usw. (Die $\boldsymbol{T}_A, \boldsymbol{T}_B \dots$ sind nicht eindeutig bestimmt)

$$\boldsymbol{J}_A = \begin{bmatrix} -6 & 1 \\ 0 & -6 \end{bmatrix}, \boldsymbol{T}_A = \begin{bmatrix} 2 & 1 \\ 1 & 1 \end{bmatrix}, \boldsymbol{J}_B = \begin{bmatrix} 8 & 0 \\ 0 & -7 \end{bmatrix}, \boldsymbol{T}_B = \begin{bmatrix} 3 & 1 \\ 2 & 1 \end{bmatrix},$$

$$\boldsymbol{J}_C = \begin{bmatrix} 6 & 1 \\ 0 & 6 \end{bmatrix}, \boldsymbol{T}_C = \begin{bmatrix} 6 & 0 \\ 0 & 1 \end{bmatrix}, J_D = \begin{bmatrix} 5 & 1 & 0 \\ 0 & 5 & 0 \\ 0 & 0 & 5 \end{bmatrix}, \boldsymbol{T}_D = \begin{bmatrix} 1 & -1 & 3 \\ 2 & 1 & -1 \\ 0 & 1 & -2 \end{bmatrix},$$

$$\boldsymbol{J}_F = \begin{bmatrix} 3 & 0 & 0 \\ 0 & 3 & 0 \\ 0 & 0 & -2 \end{bmatrix}, \boldsymbol{T}_F = \begin{bmatrix} 1 & -1 & 3 \\ 2 & 1 & -1 \\ 0 & 1 & -2 \end{bmatrix} = \boldsymbol{T}_G, \boldsymbol{J}_G = \begin{bmatrix} 2 & 0 & 0 \\ 0 & 3 & 0 \\ 0 & 0 & 0 \end{bmatrix},$$

$$\boldsymbol{J}_H = \begin{bmatrix} 2 & 1 & & 0 \\ 0 & 2 & & \\ & & 2 & 1 \\ 0 & & 0 & 2 \end{bmatrix}, \boldsymbol{T}_H = \begin{bmatrix} 1 & 0 & 0 & 0 \\ -1 & 1 & -1 & 3 \\ 2 & 2 & 1 & -1 \\ 1 & 0 & 1 & -2 \end{bmatrix},$$

$$\boldsymbol{J}_M = \begin{bmatrix} 0 & 1 & & & 0 \\ & 0 & 1 & & \\ & & 0 & 1 & \\ & & & 0 & 1 \\ 0 & & & & 0 \end{bmatrix}, \boldsymbol{T}_M = \begin{bmatrix} 1 & 1 & 0 & 1 & -1 \\ 0 & 1 & 1 & 0 & 0 \\ 1 & 3 & 3 & 3 & 1 \\ 1 & 1 & 1 & 4 & 0 \\ -1 & 0 & 1 & 1 & 0 \end{bmatrix}.$$

Zu Übung 3.44: $\lambda_1 = -3$, $\lambda_2 = 2$, $\lambda_3 = 1$, $\lambda_4 = -1$.

Zu Übung 3.45: a) Rang $\boldsymbol{A} = 2$, Rang$[\boldsymbol{A}, \boldsymbol{b}] = 3$: keine Lösung

b) $\boldsymbol{x}_0 = [17,3,9]^{\mathrm{T}}$, c) $\boldsymbol{x} = \left[-\frac{1}{9}, \frac{1}{3}, 0\right]^{\mathrm{T}} + t[17,3,9]^{\mathrm{T}}$.

Zu Übung 3.46: $x_1 = -\frac{19}{22}$, $x_2 = \frac{67}{22}$, $x_3 = \frac{33}{22}$.

Zu Übung 3.50: $A^2 + 2A + \boldsymbol{E} = \boldsymbol{0} \Rightarrow A(-A - 2\boldsymbol{E}) = \boldsymbol{E} \Rightarrow A^{-1} = -A - 2\boldsymbol{E}$.

Zu Übung 3.53: Ist $\boldsymbol{A}$ regulär, so verwende (3.304) und $\boldsymbol{A}^{-1} = \operatorname{adj} \boldsymbol{A} / \det \boldsymbol{A}$ ($c_0 = \det \boldsymbol{A}$). Für singuläres $\boldsymbol{A}$ bilde $\boldsymbol{A}_\varepsilon := \boldsymbol{A} + \varepsilon \boldsymbol{E}$. Die Matrix $\boldsymbol{A}_\varepsilon$ ist regulär für $0 < \varepsilon < \varepsilon_0$ (ε_0 klein genug gewählt). Mit $\varepsilon \to 0$ folgt die Behauptung.

Zu Übung 3.60: Durch Vergleich von $\boldsymbol{A}$ mit Formel (3.361) findet man aus $a_{13} = -\sin\beta$ sofort $\sin\beta = -1/3$, und aus $a_{12} = -\cos\beta \sin\gamma$, $a_{23} = -\sin\alpha\cos\beta$ die Werte $\sin\alpha = 1/\sqrt{2}$, $\sin\gamma = -1/\sqrt{2}$, woraus sich $\boldsymbol{E}_1(\alpha)$, $\boldsymbol{E}_2(\beta)$, $\boldsymbol{E}_3(\gamma)$ ergeben.

Zu Übung 3.66: Hinweis: Als Volkssport erfreut sich das Kegeln nach wie vor steigender Beliebtheit!

Zu Übung 3.68:

(a) Die Normalgleichung lautet

$$\begin{bmatrix} 4 & 2 & 6 \\ 2 & 6 & 8 \\ 6 & 8 & 18 \end{bmatrix} \boldsymbol{\alpha} = \begin{bmatrix} 12 \\ 24 \\ 40 \end{bmatrix},$$

womit sich die Lösung $\boldsymbol{\alpha} = [0{,}2\,;\, 2{,}6\,;\, 1]^{\mathrm{T}}$ und somit

$$p(y) = 0{,}2 + 2{,}6y + y^2$$

ergeben.

(b) Wegen

$$\boldsymbol{A}^{\mathrm{T}}\boldsymbol{A} = \begin{bmatrix} 234 & 156 \\ 156 & 104 \end{bmatrix}$$

erhalten wir mit dim Kern $\boldsymbol{A}^{\mathrm{T}}\boldsymbol{A} = 1$ einen eindimensionalen Lösungsraum. Aus der Normalgleichung

$$\boldsymbol{A}^{\mathrm{T}}\boldsymbol{A}\boldsymbol{\alpha} = \begin{bmatrix} 234 \\ 156 \end{bmatrix}$$

ergibt sich die allgemeine Lösungsdarstellung

$$\boldsymbol{\alpha} = \begin{bmatrix} 1 \\ 0 \end{bmatrix} + \lambda \begin{bmatrix} 1 \\ -1{,}5 \end{bmatrix}, \quad \lambda \in \mathbb{R}\,.$$

Zu Übung 3.69: Aus Übung 3.68 (a) erhalten wir

$$\boldsymbol{A}^{\mathrm{T}}\boldsymbol{A} = \begin{bmatrix} 4 & 2 & 6 \\ 2 & 6 & 8 \\ 6 & 8 & 18 \end{bmatrix},$$

so daß sich unter Verwendung von (3.256) und (3.257) die Darstellung

$$\boldsymbol{A}^{\mathrm{T}}\boldsymbol{A} = \boldsymbol{L}\boldsymbol{L}^{\mathrm{T}}$$

mit

$$\boldsymbol{L} = \begin{bmatrix} 2 & 0 & 0 \\ 1 & \sqrt{5} & 0 \\ 3 & \sqrt{5} & 2 \end{bmatrix}$$

ergibt.

Zu Übung 3.71: Benutze: Für $\boldsymbol{A} \in \mathrm{Mat}(m, n; \mathbb{R})$, $\boldsymbol{B} \in \mathrm{Mat}(n, p; \mathbb{R})$ und $\boldsymbol{C} \in \mathrm{Mat}(p, q; \mathbb{R})$ gilt

$$(\boldsymbol{A}\boldsymbol{B})\boldsymbol{C} = \boldsymbol{A}(\boldsymbol{B}\boldsymbol{C})\,; \quad (\boldsymbol{A}\boldsymbol{B})^{\mathrm{T}} = \boldsymbol{B}^{\mathrm{T}}\boldsymbol{A}^{\mathrm{T}}$$

(s. Satz. 3.2, (M2) und (M5)), und zeige:

$$(\boldsymbol{A}\boldsymbol{x}, \boldsymbol{y}) = (\boldsymbol{A}\boldsymbol{x})^{\mathrm{T}}\boldsymbol{y} = (\boldsymbol{x}^{\mathrm{T}}\boldsymbol{A}^{\mathrm{T}})\boldsymbol{y} = \boldsymbol{x}^{\mathrm{T}}(\boldsymbol{A}^{\mathrm{T}}\boldsymbol{y}) = (\boldsymbol{x}, \boldsymbol{A}^{\mathrm{T}}\boldsymbol{y})\,.$$

Zu Übung 3.72: Wir erhalten

$$\boldsymbol{A}\boldsymbol{A}^{\dagger}\boldsymbol{A} = \begin{bmatrix} 1 & 1 & 0 \\ 0 & 0 & 1 \\ 0 & 0 & 0 \end{bmatrix} \begin{bmatrix} \frac{1}{2} & 0 & 0 \\ \frac{1}{2} & 0 & 0 \\ 0 & 1 & 0 \end{bmatrix} \begin{bmatrix} 1 & 1 & 0 \\ 0 & 0 & 1 \\ 0 & 0 & 0 \end{bmatrix}$$

$$= \begin{bmatrix} 1 & 0 & 0 \\ 0 & 1 & 0 \\ 0 & 0 & 0 \end{bmatrix} \begin{bmatrix} 1 & 1 & 0 \\ 0 & 0 & 1 \\ 0 & 0 & 0 \end{bmatrix} = \begin{bmatrix} 1 & 1 & 0 \\ 0 & 0 & 1 \\ 0 & 0 & 0 \end{bmatrix} = \boldsymbol{A}$$

und analog

$$\boldsymbol{A}^{\dagger}\boldsymbol{A}\boldsymbol{A}^{\dagger} = \boldsymbol{A}^{\dagger}\,.$$

Nachrechnen der Symmetriebedingungen

$$\boldsymbol{A}^{\dagger}\boldsymbol{A} = \begin{bmatrix} \frac{1}{2} & \frac{1}{2} & 0 \\ \frac{1}{2} & \frac{1}{2} & 0 \\ 0 & 0 & 1 \end{bmatrix} \quad \text{und} \quad \boldsymbol{A}\boldsymbol{A}^{\dagger} = \begin{bmatrix} 1 & 0 & 0 \\ 0 & 1 & 0 \\ 0 & 0 & 0 \end{bmatrix}$$

liefert somit den Nachweis. Die Optimallösung ergibt sich folglich gemäß

$$\widehat{\boldsymbol{x}} = \boldsymbol{A}^{\dagger}\boldsymbol{b} = \begin{bmatrix} 1 \\ 1 \\ 2 \end{bmatrix}.$$

Symbole

Einige Zeichen, die öfters verwendet werden, sind hier zusammengestellt.

$A \Rightarrow B$ aus A folgt B
$A \Leftrightarrow B$ A gilt genau dann, wenn B gilt
$x :=$ x ist definitionsgemäß gleich
$x \doteq$ x ist ungefähr gleich
Zur Mengenschreibweise s. Abschn. 1.1.4
$x \in M$ x ist Element der Menge M, kurz: »x aus M«
$x \notin M$ x ist nicht Element der Menge M
$\{x_1, x_2, \ldots, x_n\}$ Menge der Elemente $x_1, x_2, \ldots, x_n$
$\{x \mid x$ hat die Eigenschaft $E\}$ Menge aller Elemente x mit Eigenschaft E
$\{x \in N \mid x$ hat die Eigenschaft $E\}$ Menge aller Elemente $x \in N$ mit Eigenschaft E
$M \subset N, N \supset M$ M ist Teilmenge von N (d.h. $x \in M \Rightarrow x \in N$)
$M \cup N$ Vereinigungsmenge von M und N
$M \cap N$ Schnittmenge von M und N
$M \setminus A$ Restmenge von A in M
$\emptyset$ leere Menge
$A \times B$ cartesisches Produkt aus A und B

$A_1 \times A_2 \times \ldots \times A_n$ cartesisches Produkt aus $A_1, A_2, \ldots, A_n$
$\mathbb{N}$ Menge der natürlichen Zahlen 1, 2, 3, ...
$\mathbb{Z}$ Menge der ganzen Zahlen
$\mathbb{Q}$ Menge der rationalen Zahlen
$\mathbb{R}$ Menge der reellen Zahlen
$(x_1, \ldots, x_n)$ n-Tupel
$[a, b], (a, b), [a, b), (a, b]$ beschränkte Intervalle
$[a, \infty), (a, \infty), (-\infty, a], (-\infty, a), \mathbb{R}$ unbeschränkte Intervalle
$\mathbb{C}$ Menge der komplexen Zahlen (s. Burg/Haf/-Wille (Analysis) [27], Abschn. 2.5.2)
$\begin{bmatrix} x_1 \\ \vdots \\ x_n \end{bmatrix}$ Spaltenvektor der Dimension n (Abschn. 2.1.1)
$\mathbb{R}^n$ Menge aller Spaltenvektoren der Dimension n (wobei $x_1, x_2, \ldots, x_n \in \mathbb{R}$) (Abschn. 2.1.1)
$\mathbb{C}^n$ Menge aller Spaltenvektoren der Dimension n (wobei $x_1, x_2, \ldots, x_n \in \mathbb{C}$) (Abschn. 2.1.5)

Weitere Bezeichnungen

$\lvert \boldsymbol{v} \rvert$	1.1.3
$\lambda \boldsymbol{u}$	1.1.3
$\boldsymbol{u} + \boldsymbol{v}$	1.1.3
$\perp$	1.1.5
$\boldsymbol{u} \cdot \boldsymbol{v}$	1.1.5
$\boldsymbol{v}^R$	1.1.6
$\det(\boldsymbol{a}, \boldsymbol{b})$	1.1.7
$[\boldsymbol{a}, \boldsymbol{b}, \boldsymbol{x}]$	1.2.6
δ_{ik}	1.2.7
$\dim \boldsymbol{U}$	2.1.3
$\mathrm{Span}\{a_1, \ldots, a_m\}$	2.1.3
$\boldsymbol{U}^{\perp}$	2.1.3
$\boldsymbol{U}_v^{\perp}$	2.1.3
$[x_1, x_2, \ldots, x_n]^{\mathrm{T}}$	2.2.1
$\mathrm{Rang}\{\boldsymbol{c}_1, \ldots, \boldsymbol{c}_k\}$	2.2.5
$f \circ g$	2.3.2
$\mathrm{Perm}\, M$	2.3.2
S_n	2.3.2
$\mathrm{sgn}(p)$	2.3.3
$\mathbb{Z}_p$	2.3.5
$\mathbb{K}^n$	2.4.2
$C(I)$	2.4.2
$C^k(I)$	2.4.2
$U_1 \oplus U_2 \oplus \ldots \oplus U_m$	2.4.4
$U_1 \dotplus U_2 \dotplus \ldots \dotplus U_m$	2.4.4
$\mathrm{Kern}\, f$, $\mathrm{Bild}\, f$, $\mathrm{Rang}\, f$	2.4.7
$[a_{ik}]_{\substack{1 \le i \le m \\ 1 \le k \le n}}$	3.1.2
$[a_{ik}]_{m,n}$	3.1.2
$[\delta_{ik}]_{n,n}$	3.1.2
$\mathrm{Mat}(m, n; \mathbb{R})$	3.1.2
$[\boldsymbol{a}_1, \boldsymbol{a}_2, \ldots, \boldsymbol{a}_n]$	3.1.3
$\boldsymbol{A}^{\mathrm{T}}$	3.1.3
$\widehat{\boldsymbol{a}}_i$	3.1.3
$\boldsymbol{A}\boldsymbol{x}$	3.2.2
$\mathrm{Kern}\, \boldsymbol{A}$, $\mathrm{Bild}\, \boldsymbol{A}$, $\mathrm{Rang}\, \boldsymbol{A}$	3.2.2
$\boldsymbol{A}^{-1}$	3.3.2
$\det \boldsymbol{A}$	3.4.1
$\mathrm{GL}(n; \mathbb{K})$	3.4.5
$\mathrm{adj}\, \boldsymbol{A}$	3.4.7
$\boldsymbol{A}^*$, $\overline{\boldsymbol{A}}$	3.5.1
$\boldsymbol{0}(n)$, $\boldsymbol{U}(n)$, $\mathrm{Sym}(n)$, $\mathrm{Her}(n)$	3.5.1
$\mathrm{diag}(a_{11}, \ldots, a_{nn})$	3.5.1
$\boldsymbol{A} \oplus \boldsymbol{B}$	3.5.8
$\mathrm{Def}\, \boldsymbol{A}$	3.8.1
$\chi_{\boldsymbol{A}}(\lambda)$	3.6.1

Literaturverzeichnis

[1] Amann, H.: *Gewöhnliche Differentialgleichungen.* De Gruyter, Berlin, 2 Aufl., 1995.

[2] Aumann, G.: *Höhere Mathematik I – III.* Bibl. Inst., Mannheim, 1970 – 71.

[3] Ayres, F.: *Matrizen.* McGraw-Hill, Düsseldorf, 1 Aufl., 1978.

[4] Banchoff, T. und Wermer, J.: *Linear Algebra Through Geometry.* Springer, New York, 2 Aufl., 1992.

[5] Bartsch, H.: *Taschenbuch Mathematischer Formeln.* Fachbuchverlag, Leipzig, 20 Aufl., 2004.

[6] Becker, R. und Sauter, F.: *Theorie der Elektrizität*, Bd. 1. Stuttgart, Teubner, 21 Aufl., 1973.

[7] Beiglböck, W.: *Lineare Algebra. Eine anwendungsorientierte Einführung.* Berlin, Springer, 1983.

[8] Bishop, R.: *The Matrix Analysis of Vibration.* Cambridge University Press, Cambridge, 1965.

[9] Björck, Å.: *Numerical Methods for Least Squares Problems.* SIAM, Philadelphia, 1996.

[10] Bloom, D. M.: *Linear Algebra and Geometry.* Cambridge University Press, Cambridge, 1979.

[11] Boerner, H.: *Darstellungen von Gruppen.* Springer, Berlin, 2 Aufl., 1967.

[12] Böhmer, K.: *Spline-Funktionen, Theorie und Anwendungen.* Teubner, Stuttgart, 1974.

[13] Boseck, H.: *Grundlagen der Darstellungstheorie.* VEB Dt. Verl. d. Wiss., Berlin, 1973.

[14] Boseck, H.: *Einführung in die Theorie der linearen Vektorräume.* VEB Dt. Verl. d. Wiss., Berlin, 5 Aufl., 1984.

[15] Brady, M., Hollerbach, J., Johnson, T., Lozano-Pérez, T. und Mason, M. (Hrsg.): *Robot Motion and Control.* MIT Press, Cambridge, Massachusetts, 1983.

[16] Brauch, W., Dreyer, H. und Haacke, W.: *Beispiele und Aufgaben zur Ingenieurmathematik.* Teubner, Stuttgart, 1984.

[17] Brauch, W., Dreyer, H. und Haacke, W.: *Mathematik für Ingenieure.* Teubner, Wiesbaden, 11 Aufl., 2006.

[18] Brehmer, S. und Belkner, H.: *Einführung in die analytische Geometrie und lineare Algebra.* Harri Deutsch, Thun, 1972.

[19] Brenner, J.: *Mathematik für Ingenieure und Naturwissenschaftler I – IV.* Aula, Wiesbaden, 4 Aufl., 1989.

[20] Brickell, F.: *Matrizen und Vektorräume.* Verlag Chemie, Weinheim, 1976.

[21] Bronson, R.: *Matrix Methods.* Academic Press, San Diego, 2 Aufl., 1991.

[22] Bruhns, O. und Lehmann, T.: *Elemente der Mechanik*, Bd. 2 (Elastostatik). Vieweg, Wiesbaden, 2002.

[23] Budden, F.: *The Fascination of Groups.* Cambridge University Press, Cambridge, 1972.

[24] Burg, C., Haf, H. und Wille, F.: *Höhere Mathematik für Ingenieure*, Bd. 3. Teubner, Wiesbaden, 4 Aufl., 2002.

[25] Burg, C., Haf, H. und Wille, F.: *Höhere Mathematik für Ingenieure*, Bd. Partielle Differentialgleichungen. Teubner, Wiesbaden, 3 Aufl., 2004.

[26] Burg, C., Haf, H. und Wille, F.: *Höhere Mathematik für Ingenieure*, Bd. Funktionentheorie. Teubner, Wiesbaden, 1 Aufl., 2004.

[27] Burg, C., Haf, H. und Wille, F.: *Höhere Mathematik für Ingenieure*, Bd. 1. Teubner, Wiesbaden, 7 Aufl., 2006.

[28] Burg, C., Haf, H. und Wille, F.: *Höhere Mathematik für Ingenieure*, Bd. Vektoranalysis. Teubner, Wiesbaden, 1 Aufl., 2006.

[29] Cole, R. J.: *Vector Methods*. Van Nostrand, New York, 1974.

[30] Collatz, L.: *Funktionalanalysis und numerische Mathematik*. Springer, Berlin, 1968.

[31] Courant, R.: *Vorlesungen über Differential- und Integralrechnung 1 – 2*. Springer, Berlin, 3 Aufl., 1969.

[32] Cracknell, A. P.: *Angewandte Gruppentheorie*. Vieweg, Braunschweig, 2 Aufl., 1994.

[33] Cunningham, J.: *Vektoren*. Vieweg, Braunschweig, 1982.

[34] Curtis, C. W.: *Linear Algebra*. Springer, Berlin, 4 Aufl., 1984.

[35] Dallmann, H. und Elster, K.-H.: *Einführung in die Höhere Mathematik 1 – 3*. Stuttgart, UTB für Wissenschaft, 3 Aufl., 1991.

[36] Demmel, J.: *Applied Numerical Linear Algebra*. SIAM, Philadelphia, 1997.

[37] Dietrich, G. und Stahl, H.: *Matrizen und Determinanten*. Harri Deutsch, Thun, 1978.

[38] Doerfling, R.: *Mathematik für Ingenieure und Techniker*. Oldenbourg, München, 11 Aufl., 1982.

[39] Dörrie, H.: *Vektoren*. Oldenbourg, München, 1941.

[40] Dreszer, J. (Hrsg.): *Mathematik-Handbuch für Technik und Naturwissenschaften*. Harri Deutsch, Zürich, 1975.

[41] Duschek, A.: *Vorlesungen über Höhere Mathematik 1 – 2, 4*. Springer, Wien, 1961 – 65.

[42] Eisenreich, G.: *Lineare Algebra und Analytische Geometrie*. Akademie-Verlag, Berlin, 1980.

[43] Endl, K. und Luh, W.: *Analysis I – III*. Aula, Wiesbaden, 8 Aufl., 1989 – 94.

[44] Engeln-Müllges, G. und Reutter, F.: *Formelsammlung zur numerischen Mathematik mit Standard-FORTRAN-Programmen*. Bibl. Inst., Mannheim, 7 Aufl., 1988.

[45] Faddejew, D. und Faddejewa, W.: *Numerische Methoden der linearen Algebra*. Oldenbourg, München, 1979.

[46] Fetzer, A. und Fränkel, H.: *Mathematik 2*. Springer, Berlin, 5 Aufl., 1999.

[47] Fetzer, A. und Fränkel, H.: *Mathematik 1*. Springer, Berlin, 8 Aufl., 2005.

[48] Fischer, G.: *Lineare Algebra. Eine Einführung für Studienanfänger*. Vieweg, Wiesbaden, 15 Aufl., 2005.

[49] Fletcher, T.: *Linear Algebra through its Applications*. Van Nostrand, New York, 1972.

[50] Frazer, R.: *Elementary Matrices*. Cambridge University Press, Cambridge, 1963.

[51] Gantmacher, F. R.: *Matrizentheorie*. Springer, Berlin, 1986.

[52] Golub, G. und Loan, C. van: *Matrix Computations*. The Johns Hopkins University Press, Baltimore, 3 Aufl., 1996.

[53] Greenbaum, A.: *Iterative Methods for Solving Linear Systems*, Bd. 17 d. Reihe *Frontiers in Applied Mathematics*. SIAM, Philadelphia, 1997.

[54] Gröbner, W.: *Matrizenrechnung*. Bibl. Inst., Mannheim, 1966.

[55] Grosche, G., Ziegler, V., Ziegler, D. und Zeidler, E. (Hrsg.): *Teubner-Taschenbuch der Mathematik*, Bd. 2. Teubner, Wiesbaden, 8 Aufl., 2003.

[56] H., M.: *Algorithmische lineare Algebra*. Vieweg, Wiesbaden, Vieweg.

[57] Haacke, W., Hirle, M. und Maas, O.: *Mathematik für Bauingenieure*. Teubner, Stuttgart, 2 Aufl., 1980.

[58] Hainzl, J.: *Mathematik für Naturwissenschaftler*. Teubner, Stuttgart, 4 Aufl., 1985.

[59] Heinhold, J., Behringer, F., Gaede, K. und Riedmüller, B.: *Einführung in die Höhere Mathematik 1 – 4*. Hanser, München, 1976.

[60] Henrici, P. und Jeltsch, R.: *Komplexe Analysis für Ingenieure 1*. Birkhäuser, Basel, 3 Aufl., 1998.

[61] Henrici, P. und Jeltsch, R.: *Komplexe Analysis für Ingenieure 2*. Birkhäuser, Basel, 2 Aufl., 1998.

[62] Herrmann, D.: *Angewandte Matrizenrechnung*. Vieweg, Braunschweig, 1985.

[63] Heuser, H.: *Lehrbuch der Analysis*, Bd. 2. Teubner, Wiesbaden, 13 Aufl., 2004.

[64] Heuser, H.: *Funktionalanalysis*. Teubner, Wiesbaden, 4 Aufl., 2006.

[65] Heuser, H.: *Lehrbuch der Analysis*, Bd. 1. Teubner, Wiesbaden, 16 Aufl., 2006.

[66] Hoffmann, B.: *About Vectors*. Dover Publications, New York, 1975.

[67] Hohn, F.: *Elementary Matrix Algebra*. Collier MacMillan Publishers, London, 1973.

[68] Holland, D. und Treeby, T.: *Vectors*. Edward Arnold, London, 1977.

[69] Jahnke, E., Emde, F. und Lösch, F.: *Tafeln höherer Funktionen*. Teubner, Stuttgart, 7 Aufl., 1966.

[70] Jeffrey, A.: *Mathematik für Naturwissenschaftler und Ingenieure 1 – 2*. Verlag Chemie, Weinheim, 1973 – 1980.

[71] Jeger, M. und Eckermann, B.: *Einführung in die vektorielle Geometrie und lineare Algebra*. Birkhäuser, Basel, 1967.

[72] Joos, G.: *Lehrbuch der theoretischen Physik*. Aula, Wiesbaden, 15 Aufl., 1989.

[73] Jordan-Engeln, G. und Reutter, F.: *Numerische Mathematik für Ingenieure*. Bibl. Inst., Mannheim, 1984.

[74] Jänich, K.: *Analysis für Physiker und Ingenieure*. Springer, Berlin, 4 Aufl., 2001.

[75] Kamke, E.: *Das Lebesgue-Stieltjes-Integal*. Teubner, Leipzig, 1956.

[76] Kantorowitsch, L. und Akilow, G.: *Funktionalanalysis in normierten Räumen*. Harri Deutsch, Thun, 1978.

[77] Keller, O.: *Analytische Geometrie und lineare Algebra*. VEB Dt. Verl. d. Wiss., Berlin, 2 Aufl., 1963.

[78] Kochendörffer, R.: *Determinanten und Matrizen*. Teubner, Stuttgart, 1957.

[79] Koecher, M.: *Lineare Algebra und analytische Geometrie*. Springer, Berlin, 4 Aufl., 1997.

[80] Kostrikin, A.: *Introduction to Algebra*. Springer, New York, 1982.

[81] Kowalsky, H.-J. und Michler, G.: *Lineare Algebra*. Walter de Gruyter, Berlin, 12 Aufl., 2003.

[82] Kreyszing, E.: *Introductory Functional Analysis with Applications*. Wiley, New York, 1978.

[83] Kühnlein, T.: *Differentialrechnung II, Anwendungen.* Mentor-Verlag, München, 11 Aufl., 1975.

[84] Kühnlein, T.: *Integralrechnung II, Anwendungen.* Mentor-Verlag, München, 12 Aufl., 1977.

[85] Lambertz, H.: *Vektorrechnung für Physiker.* Klett, Stuttgart, 1976.

[86] Lang, S.: *Algebraische Strukturen.* Vandenhoek und Ruprecht, Göttingen, 1979.

[87] Laugwitz, D.: *Ingenieur-Mathematik I – V.* Bibl. Inst., Mannheim, 1964 – 67.

[88] Lawson, C. und Hanson, R.: *Solving Least Squares Problems*, Bd. 15 d. Reihe *Classics in Applied Mathematics.* SIAM, Philadelphia, 1995.

[89] Ledermann, W. und Vajda, S. (Hrsg.): *Handbook of Applicable Mathematics*, Bd. 1: Algebra. John Wiley, New York, 1980.

[90] Leis, R.: *Vorlesungen über partielle Differentialgleichungen zweiter Ordnung.* Bibl. Inst., Mannheim, 1967.

[91] Lewis, P. (Hrsg.): *Vectors and Mechanics.* Cambridge University Press, Cambridge, 1971.

[92] Lingenberg, R.: *Einführung in die lineare Algebra.* Bibl. Inst., Mannheim, 1976.

[93] Ljubarski, G.: *Anwendungen der Gruppentheorie in der Praxis.* VEB Dt. Verl. d. Wiss., Berlin, 1962.

[94] Martensen, E.: *Analysis I – IV.* Spektrum, Heidelberg, 1992 – 1995.

[95] Meinardus, G. und Merz, G.: *Praktische Mathematik I – II.* Bibl. Inst., Mannheim, 1979 – 82.

[96] Meister, A.: *Numerik linearer Gleichungssysteme.* Vieweg, Wiesbaden, 3 Aufl., 2008.

[97] Meschede, D. (Hrsg.): *Gehrtsen Physik.* Springer, Berlin, 22 Aufl., 2004.

[98] Milne, E.: *Vectorial Mechanics.* Methuen, London, 1948.

[99] Mirsky, L.: *An Introduction to linear Algebra.* Clarendon Press, Oxford, 1972.

[100] Morgenstern, D. und Szabó, I.: *Vorlesungen über Theoretische Mechanik.* Springer, Berlin, 1961.

[101] Muir, T.: *A Treatise on the Theory of Determinants.* Dover Publications, New York, 1960.

[102] Müller, M.: *Approximationstheorie.* Akad. Verlagsges., Wiesbaden, 1978.

[103] Müller, T.: *Darstellungstheorie von endlichen Gruppen.* Teubner, Stuttgart, 1980.

[104] Murdoch, C.: *Analytic Geometry with an Introduction to Vectors and Matrices.* John Wiley, New York, 1966.

[105] Nickel, K.: *Die numerische Berechnung eines Polynoms.* Numerische Math., 9:80 – 98, 1966.

[106] Nickel, K.: *Algorithmus 5: Die Nullstellen eines Polynoms.* Computing, 2:284 – 288, 1967.

[107] Nickel, K.: *Fehlerschranken zu Näherungswerten von Polynomwurzeln.* Computing, 6:9 – 29, 1970.

[108] Noble, B. und Daniel, J.: *Applied linear Algebra.* Prentice Hall, Englewood Cliffs, 2 Aufl., 1977.

[109] Oberschelp, A.: *Aufbau des Zahlensystems.* Vandenhoek u. Ruprecht, Göttingen, 3 Aufl., 1976.

[110] Oden, J.: *Applied Functional Analysis.* Prentice Hall, Englewood Cliffs, 1979.

[111] Parlett, B. N.: *The Symmetric Eigenvalue Problem*, Bd. 20 d. Reihe *Classics in Applied Mathematics.* Soc. for Industrial and Applied Math., Philadelphia, 1998.

[112] Parlett, B.: *The Symmetric Eigenvalue Problem.* Prentice Hall, Englewood Cliffs, 1980.

[113] Pfeiffer, F. und Reithmeier, E.: *Roboterdynamik. Eine Einführung in die Grundlagen und technischen Anwendungen.* Teubner, Stuttgart, 1996.

[114] Plato, R.: *Numerische Mathematik kompakt.* Vieweg, Wiesbaden, 3 Aufl., 2006.

[115] Pullmann, N.: *Matrix theory and its applications.* M. Dekker, New York, 1976.

[116] Pupke, H.: *Einführung in die Matrizenrechnung.* VEB Dt. Verl. d. Wiss., Berlin, 1953.

[117] Rang, O.: *Einführung in die Vektorrechnung.* Steinkopff, Darmstadt, 1974.

[118] Rothe, R.: *Höhere Mathematik für Mathematiker, Physiker und Ingenieure.* Teubner, Stuttgart, 1960 – 65.

[119] Ryshik, I. und Gradstein, I.: *Summen-, Produkt- und Integraltafeln.* Harri Deutsch, Frankfurt, 5 Aufl., 1981.

[120] Sauer, R.: *Ingenieurmathematik 1 – 2.* Springer, Berlin, 1968 – 69.

[121] Schaefke, F.: *Einführung in die Theorie der speziellen Funktionen der mathematischen Physik.* Springer, Berlin, 1963.

[122] Schmidt, F.: *Vektorrechnung I und II.* Aschendorff, Münster, 1948.

[123] Schmidt, G.: *Basic linear Algebra with Applications.* R.E. Krieger Publ. Comp., New York, 1980.

[124] Schmidt, W.: *Lehrprogramm Vektorrechnung.* Physik Verlag, Weinheim, 1978.

[125] Schwarz, H. und Köckler, N.: *Numerische Mathematik.* Teubner, Wiesbaden, 6 Aufl., 2006.

[126] Schüßler, H.: *Netzwerke, Signale und Systeme 1.* Springer, Berlin, 3 Aufl., 1991.

[127] Shubnikow, A. und Koptsik, V.: *Symmetry in Science and Art.* Plenum Press, New York, 1974.

[128] Smirnow, W.: *Lehrgang der höheren Mathematik I – V.* VEB Dt. Verl. d. Wiss., Berlin, 1971 – 77.

[129] Sonar, T.: *Angewandte Mathematik, Modellbildung und Informatik.* Vieweg, Wiesbaden, 2001.

[130] Sperner, E.: *Einführung in die analytische Geometrie und Algebra.* Vandenhoek und Ruprecht, Göttingen, 1969.

[131] Stanek, J.: *Einführung in die Vektorrechnung für Elektrotechniker.* Verlag Technik, Berlin, 1958.

[132] Steinbach, O.: *Lösungsverfahren für lineare Gleichungssysteme.* Teubner, Wiesbaden, 2005.

[133] Steinberg, D.: *Computational Matrix Algebra.* Mc-Graw-Hill, London, 1974.

[134] Stewart, G.: *Introduction to Matrix Computation.* Academic Press, New York, 1973.

[135] Stiefel, E. und Fässler, A.: *Gruppentheoretische Methoden und ihre Anwendung.* Teubner, Stuttgart, 1979.

[136] Stoer, J.: *Numerische Mathematik I.* Springer, Berlin, 9 Aufl., 2004.

[137] Stoer, J. und Burlisch, R.: *Numerische Mathematik II.* Springer, Berlin, 5 Aufl., 2005.

[138] Strang, G.: *Linear Algebra and its Applications.* Academic Press, New York, 1976.

[139] Strubecker, K.: *Einführung in die Höhere Mathematik I – IV.* Oldenbourg, München, 1966 – 84.

[140] Szabo, I.: *Höhere Technische Mechanik.* Springer, Berlin, 6 Aufl., 2001.

[141] Trefethen, L. und Bau, D.: *Numerical Linear Algebra.* SIAM, Philadelphia, 1997.

[142] Tropper, M.: *Matrizenrechnung in der Elektrotechnik.* Bibl. Inst., Mannheim, 1964.

[143] Unbehauen, R.: *Elektrische Netzwerke.* Springer, Berlin, 3 Aufl., 1990.

[144] van der Vorst, H.: *Iterative Krylov Methods for Large Linear Systems*, Bd. 13 d. Reihe *Cambridge monographs on Applied and Computational Mathematics.* Cambridge University Press, Cambridge, 2003.

[145] Varga, R.: *Matrix Iterative Analysis*, Bd. 27 d. Reihe *Springer Series in Computational Mathematics*. Springer, Berlin, 2 Aufl., 2000.

[146] Vogel, H.: *Probleme aus der Physik. Aufgaben mit Lösungen aus Gehrtsen/Kneser/Vogel, Physik*. Springer, Berlin, 16 Aufl., 1989.

[147] Wagner, K.: *Graphentheorie*. Bibl. Inst., Mannheim, 1970.

[148] Weidmann, J.: *Lineare Operatoren in Hilberträumen — Teil 1: Grundlagen*. Teubner, Stuttgart, 2000.

[149] Weidmann, J.: *Lineare Operatoren in Hilberträumen — Teil 2: Anwendungen*. Teubner, Wiesbaden, 2003.

[150] Werner, H.: *Praktische Mathematik 1, Methoden der linearen Algebra*. Springer, Berlin, 3 Aufl., 1982.

[151] Wille, F.: *Analysis*. Teubner, Stuttgart, 1976.

[152] Wilson, R.: *Einführung in die Graphentheorie*. Vandenhoek und Ruprecht, Göttingen, 1976.

[153] Wittig, A.: *Vektoren in der analytischen Geometrie*. Vieweg, Braunschweig, 1968.

[154] Wittig, A.: *Einführung in die Vektorrechnung*. Vieweg, Braunschweig, 2 Aufl., 1971.

[155] Wolfgang, B. und Bunse-Gerstner, A.: *Numerische lineare Algebra*. Teubner, Stuttgart, 1985.

[156] Wörle, H. und Rumpf, H.: *Ingenieur-Mathematik in Beispielen I–IV*. Oldenbourg, München, 1992–95.

[157] Zeidler, E. (Hrsg.): *Teubner-Taschenbuch der Mathematik. Begr. v. I.N. Bronstein und K.A. Semendjajew. Weitergef. v. G. Grosche, V. Ziegler und D. Ziegler*. Teubner, Wiesbaden, 2 Aufl., 2003.

[158] Zurmühl, R. und Falk, S.: *Matrizen und ihre Anwendungen*, Bd. 2. Springer, Berlin, 5 Aufl., 1986.

[159] Zurmühl, R. und Falk, S.: *Matrizen und ihre Anwendungen*, Bd. 1. Springer, Berlin, 7 Aufl., 1997.

Stichwortverzeichnis

T

U